近代物理
修訂版
Concepts of Modern Physics, 6e

Arthur Beiser
原著

張勁燕
逢甲大學電子工程學系
整譯

US   Boston   Burr Ridge, IL   Dubuque, IA   Madison, WI   New York   San Francisco   St. Louis

International   Bangkok   Bogotá   Caracas   Kuala Lumpur   Lisbon   London   Madrid   Mexico City   Milan   Montreal   New Delhi   Santiago   Seoul   Singapore   Sydney   Taipei   Toronto

國家圖書館出版品預行編目資料

```
近代物理 / Arthur Beiser 原著 ; 張勁燕 整譯.
  -- 二版. -- 臺北市 : 麥格羅希爾, 2006[民 95]
   面 ；  公分. -- (電子/電機叢書 ; EE018)
      含索引
   譯自：Concepts of modern physics, 6th ed.
   ISBN 978-986-157-262-8 (平裝)

   1. 近代物理

   339                                    95004384
```

電子／電機叢書 EE018

近代物理 修訂版

作　　　者	Arthur Beiser
整　譯　者	張勁燕
教 科 書 編 輯	張文惠
企 劃 編 輯	李本鈞
業 務 行 銷	李本鈞 陳佩狄 曹書毓
業 務 副 理	黃永傑
出　版　者	美商麥格羅‧希爾國際股份有限公司台灣分公司
地　　　址	10044 台北市中正區博愛路 53 號 7 樓
網　　　址	http://www.mcgraw-hill.com.tw
讀 者 服 務	E-mail：tw_edu_service@mheducation.com
	TEL：(02) 2311-3000　　FAX: (02) 2388-8822
法 律 顧 問	惇安法律事務所盧偉銘律師、蔡嘉政律師
總經銷(台灣)	臺灣東華書局股份有限公司
地　　　址	10045 台北市重慶南路一段 147 號 3 樓
	TEL: (02) 2311-4027　　FAX: (02) 2311-6615
	郵撥帳號：00064813
門　市　一	10045 台北市重慶南路一段 77 號 1 樓　TEL: (02) 2371-9311
門　市　二	10045 台北市重慶南路一段 147 號 1 樓　TEL: (02) 2382-1762
出 版 日 期	2013 年 5 月（二版五刷）

Traditional Chinese Translation Copyright ©2006 by McGraw-Hill International Enterprises LLC., Taiwan Branch
Original: Concepts of Modern Physics, 6e　ISBN: 978-0-07-244848-1
Copyright ©2003, 1995, 1987, 1981, 1973, 1989, 1986 by McGraw-Hill Education
All rights reserved.

ISBN：978-986-157-262-8

※著作權所有，侵害必究。如有缺頁破損、裝訂錯誤，請寄回退換

校正序

　　近一世紀，由於近代物理的蓬勃發展，包括愛因斯坦的相對論等，許多理論相繼出籠，全球科技也隨之突飛猛進，尤其是電子科技、光電科技和奈米科技等領域。若想進一步鑽研這些領域，對近代物理的了解更是不可或缺。

　　本書主要介紹原子、分子、固態及原子內結構內的一些物理基本性質，不僅是所有理工科系學生的學習基礎，對電子、電機、材料、光電、物理、化學等熱門科系學生而言，更是其專業領域內進階課程之必備知識。本書不對任何一個主題做過深的探討，而是廣泛地涉獵各個題材，並以循序漸進的方式介紹基本的物理意涵，使讀者了解近代物理的精髓。作者也不強調繁雜瑣碎的數學推導過程，而是著重在基本概念及近代物理的思考邏輯，讓讀者對近代物理有巨觀的了解，並且對解決實際問題有更深一層的體悟。

　　本書初版發行至今已四十餘年，可說是近代物理教科書之佳作，麥格羅‧希爾出版公司台灣分公司已推出中文版及中文導讀版，這次更針對中文版進行全書校正，推出修訂版，期許藉由這項有意義的工作，能讓學生獲得更正確、豐富的資訊。

張勁燕

於逢甲大學電子工程學系

前言

近代物理於1900年時普朗克發現黑體輻射中的能量量子化開始，跟隨著這個革命性的觀念為愛因斯坦所發表同等革命性的相對論理論和光量子理論，今日的學生一定會好奇為何要在這個物理分支加上「近代」這個標籤，但是它並非那樣地令人肅然起敬：比如說我的父親生於1900年，而當我學習近代物理時，大部分的創始者，包括愛因斯坦，都仍然活著，我甚至還有這個榮幸能和其中幾位會面過，包含了海森堡、包利和迪拉克。當代科學的一些觀點——的確也是當代生活的觀點——不會被近代物理所提供對於物質和能量的了解改變，而近代物理也會在進入它第二個世紀的時候，仍然為一個活躍的科學領域。

本書是針對已經學習過基本物理和微積分課程的學生修習一學期的近代物理時使用，相對論和量子觀念首先用於提供原子及原子核物理的基本了解，隨後的原子理論是利用量子力學觀念來發展，接著便是原子集合的特性討論，包括統計力學，最後則探討原子核粒子和基本粒子。

本書著重於觀念的時間比實驗方法及實際應用還多，因為我相信對剛開始的學生而言，以觀念架構教導比詳細教學來得好，基於相似的原因，主題的排列順序是基於邏輯而非歷史順序，自從四十年前第一版問世之後，此方法的優點已使得前五版的「近代物理」廣為全世界使用，包含了許多語言的翻譯本。

重要的學科應該盡可能以基本層面來介紹，可使得甚至是沒有準備的學生也能從一開始就可以了解，並且鼓勵那些無法由數學領域中激發出熱情的讀者來培養物理的直觀。本書材料比一學期所能涵蓋的範圍還多。不論是否為一般性介紹，這兩個原因使得教師能改變他們所欲教授的課程為更深入的進階課程，或是結合兩者的課程。

如同本文，本書的習題難度分布在所有範圍，從相當簡單（對於實用和再確定而言）到需要真實概念的習題（對於發現的快樂），習題以對應到書中不同的章節分類，且書末附有奇數題答案。除此之外，英文版學生解答手冊已由Craig Watkins撰寫完成，並且包含了奇數題的解答。

因為近代物理剛提出時，其觀念象徵了思考上的全新方向，而非先前知識的延伸，所以它們發展的故事格外有趣，雖然在此沒有多餘的時間可完整地說明解釋，但在適當的時候，39個重要貢獻者的生平簡介分布在本書各處以提供人性的觀點，對歷史有興趣的人可參閱許多敘述近代物理歷史的書，如 Abraham Pais 和 Emilio Segré 所著的書，他們本身為傑出的物理學家，故我強烈建議他們所著的書。

此版近代物理對於特殊相對論、量子力學和基本粒子的討論得到了許多重要的修正，除此之外，本書也做了許多微小的改變和更新，並且加入了一些新的主題，如愛因斯坦推導普朗克輻射定律的過程。本書也包含了一些描述了近代物理重要因素的天文學觀點教材，也正因為如此，討論到相關的主題時才會敘述這些因素，而非單獨於同一章中討論。

　　許多學生雖然能夠跟上本書的討論，但在運用他們的知識時仍可能會遇到麻煩。為了幫助他們，每章都有一些範例，加上習題解答共有超過350個不同難度問題的答案，理解這些問題可使得沒有解答的偶數習題也能被理解。

　　在修訂近代物理第六版的過程中，我從下列一些審閱者中得到許多建設性的批評，他們慷慨的協助給了我很大的幫助：Widener University 的Steven Adams，The University of Iowa 的 Amitava Bhattacharjee，California University of Pennsylvania 的 William E. Dieterle，Denison University 的 Nevin D. Gibson，Millsaps College 的 Asif Khand Ker，American University 的 Teresa Larkin-Hein，University of Texas at El Paso 的 Jorge A. López，West Virginia University 的 Carl A. Rotter 和 Texas A&m University-Kingsville 的 Daniel Susan，我也很感激一些前幾版的審閱者所給予我的建議和指教：Michigan Technological University的 Donald R. Beck，University of Missouri-Rolla的 Ronald J. Bieniek，Sonoma State University 的 Lynn R. Cominsky，United States Military Academy 的 Brent Cornstubble，University of Cincinnati 的 Richard Gass，Arizon State University 的 Nicole Herbot，Clarkson University 的 Vladimir Privman，State University of New York-Stony Brook 的 Arnold Strassenberg，在 Clarkson 和 Arizon State Univeristies 以自己觀點來衡量前一版的學生，以及 Pennsylvania State University 的 Paul Sokol，他補充了許多非常棒的習題，我特別要感謝MIT的Craig Watkin，他以非常謹慎且懷疑的眼光審閱我的初稿。最後，我想要感謝我在麥格羅希爾(McGraw-Hill)的朋友，因為他們在整本書的出版過程中所提供的技術協助以及熱忱的幫忙。

Arthur Beiser

目錄

CHAPTER 1
相對論

1.1 特殊相對論 1-2
所有運動都是相對的,對所有觀察者而言,光在自由空間中的速度都相同

1.2 時間擴張 1-5
運動中的時鐘滴答比靜止時還慢

1.3 都卜勒效應 1-11
宇宙被認為正在擴張的理由

1.4 長度收縮 1-15
快即意味著短

1.5 孿生難題 1-18
一個較長的生命,但乍看之下並不會較長

1.6 電與磁 1-20
相對論是橋樑

1.7 相對論動量 1-22
重新定義一個重要的量

1.8 質量與能量 1-27
$E_0 = mc^2$ 的由來

1.9 能量與動量 1-31
它們在相對論中如何適應

1.10 廣義相對論 1-34
重力為時空的扭曲

附錄一:勞倫茲轉換 1-37

附錄二:時空 1-46

CHAPTER 2
波的粒子特性

2.1 電磁波 2-2
電與磁的耦合振盪以光速行進並且顯示出典型的波動行為

2.2 黑體輻射 2-6
只有光量子理論可以解釋其來源

2.3 光電效應 2-11
被光所釋放之電子能量和光的頻率相關

2.4 光是什麼？ 2-16
波和粒子兩面的

2.5 x 射線 2-17
由高能光子所組成

2.6 x 射線繞射 2-21
如何決定 x 射線的波長

2.7 康普頓效應 2-23
光子模型的進一步驗證

2.8 配對產生 2-28
能量轉換為物質

2.9 光子與重力 2-33
雖然光子沒有靜止質量，它們仍顯得像是具有重量一樣

CHAPTER 3
粒子的波特性

3.1 德布羅依波 3-2
一個移動中的物體表現出似乎具有波動性質

3.2 什麼波？ 3-4
機率波

3.3 描述一個波 3-6
波的一般公式

3.4 相速度與群速度 3-8
組合而成的一群波，其速度未必會等於波本身的速度

3.5 粒子繞射 3-13
一個驗證德布羅依波存在的實驗

3.6 箱子中的粒子 3-16
為何一個被捕捉的粒子之能量會被量子化

3.7 測不準原理一 3-18
我們不能預知未來，因為我們不知道現在

3.8 測不準原理二 3-23
由粒子著手處理得到相同結果

3.9 測不準原理應用 3-25
一個有用的工具，而不只是一個負面的陳述

CHAPTER 4
原子結構

4.1 核原子 4-2
原子內部有很大的空間

4.2 電子軌道 4-6
原子的行星模型及其為何失敗

4.3 原子光譜 4-9
每個元素具有特徵的線光譜

4.4 波耳原子 4-13
原子中的電子波動

4.5 能階和光譜 4-15
當電子由一個能階躍遷至另一個較低的能階時會釋放出光子

4.6 對應原理 4-20
量子數越大時，量子物理越接近古典物理

4.7 原子核運動 4-22
原子核質量影響光譜線的波長

4.8 原子激發 4-25
　　原子如何吸收和釋放能量

4.9 雷射 4-28
　　如何產生完全一致的光波

附錄：拉塞福散射 4-34

CHAPTER 5
量子力學

5.1 量子力學 5-2
　　古典力學為量子力學的近似

5.2 波動方程式 5-4
　　它可以是許多種類的解，包含了複數形式

5.3 薛丁格方程式：時間相依型 5-7
　　一個不能由其他原理推導出來的基本物理定律

5.4 線性與疊加 5-10
　　波函數相加，而非機率

5.5 期望值 5-11
　　如何由波函數中擷取資訊

5.6 運算子 5-13
　　另一個求出期望值的方法

5.7 薛丁格方程式：穩態形式 5-15
　　本徵值及本徵函數

5.8 箱子中的粒子 5-18
　　邊界條件與正規化如何決定波函數

5.9 有限位能井 5-24
　　波函數穿透牆，使能階降低

5.10 穿隧效應 5-25
　　一個沒有足夠能量可以跨越電位障的粒子仍有可能穿隧它

5.11 諧振子 5-28
　　　其能階為相等間隔

附錄：穿隧效應 5-33

CHAPTER 6
氫原子的量子理論

6.1 氫原子的薛丁格方程式 6-2
　　　對稱性建議球狀極座標

6.2 變數分離 6-4
　　　每個變數的微分方程式

6.3 量子數 6-6
　　　三維，三個量子數

6.4 主量子數 6-8
　　　能量的量子化

6.5 軌道量子數 6-9
　　　角動量大小的量子化

6.6 磁量子數 6-11
　　　角動量方向的量子化

6.7 電子機率密度 6-12
　　　沒有明確的軌道

6.8 輻射躍遷 6-18
　　　當電子由一個態到另一個時發生什麼事情

6.9 選擇規則 6-20
　　　某些躍遷比其他躍遷更有可能發生

6.10 塞曼效應 6-23
　　　原子如何與磁場相互作用

CHAPTER 7

多電子原子

7.1 電子自旋 7-2
　　　不停地繞圈

7.2 不相容原理 7-4
　　　原子中每一個電子其量子數集合不同

7.3 對稱及反對稱波函數 7-6
　　　費米子及波色子

7.4 週期表 7-8
　　　整合元素

7.5 原子結構 7-11
　　　電子的殼與子殼

7.6 解釋週期表 7-13
　　　原子的電子結構如何決定其化學行為

7.7 自旋－軌道耦合 7-20
　　　角動量的磁性連結

7.8 總角動量 7-22
　　　大小和方向都被量子化

7.9 x 射線光譜 7-27
　　　它們是由於躍遷至內殼而產生

附錄：原子光譜 7-31

CHAPTER 8

分子

8.1 分子鍵 8-2
　　　電力將原子結合在一起形成分子

8.2 電子共享 8-4
　　　共價鍵的機制

8.3 H_2^+ 分子離子 8-5
　　　鍵結需要對稱波函數

8.4 氫分子 8-9
　　　電子自旋必須為反平行

8.5 複雜分子 8-10
　　　幾何形狀依原子的外層電子波函數

8.6 轉動能階 8-15
　　　分子的轉動光譜位於微波區域

8.7 振動能階 8-20
　　　一個分子可能有許多不同的振動模式

8.8 分子的電子光譜 8-25
　　　螢光與磷光是如何產生的

CHAPTER 9
統計力學

9.1 統計分布 9-2
　　　三種

9.2 馬克士威爾－波茲曼統計 9-4
　　　像氣體分子之類的古典粒子所遵守的

9.3 理想氣體中的分子能量 9-5
　　　它們變動，平均約為 $\frac{3}{2}kT$

9.4 量子統計學 9-11
　　　波色子與費米子有不同的分布函數

9.5 瑞利－金斯公式 9-16
　　　處理黑體輻射之古典方式

9.6 普朗克輻射定律 9-19
　　　光子氣的行為如何

9.7 愛因斯坦的處理方法 9-23
　　　引進受激放射

9.8 固體的比熱 9-26
古典物理再度失效

9.9 金屬中的自由電子 9-28
每個量子態不會超過一個電子

9.10 電子能量分布 9-31
為何除了在很高和很低溫,金屬中電子不會影響比熱的原因

9.11 瀕死之星 9-32
當一個星球用盡燃料時會發生的事情

CHAPTER 10
固態

10.1 晶態與非晶態固體 10-2
長距序與短距序

10.2 離子晶體 10-4
相反的吸引力可產生一個穩定的結合

10.3 共價晶體 10-8
共用電子導致最強的鍵結

10.4 凡德瓦鍵 10-11
弱但到處都有

10.5 金屬鍵 10-14
自由電子氣決定了金屬的特徵特性

10.6 固體的能帶理論 10-21
固體的能帶結構決定其是否為導體、絕緣體或半導體

10.7 半導體元件 10-28
p-n 接面的特性決定了微電子工業的發展

10.8 能帶:另一種分析 10-36
一個晶體晶格的週期性如何導致允許帶及禁止帶

10.9 超導性 10-43
完全沒有電阻,但只能在極低溫(目前為止)

10.10 束縛電子對 10-47
　　　　超導性的關鍵

CHAPTER 11
原子核結構

11.1 原子核組成 11-2
　　　　同一個元素的原子核有相同的質子數，但可能有不同的中子數

11.2 原子核的一些特性 11-6
　　　　尺寸小，一個原子核可以有角動量及磁力矩

11.3 穩定原子核 11-11
　　　　為何一些中子和質子的結合比其他的穩定

11.4 束縛能 11-14
　　　　維繫一個原子核需要失去的能量

11.5 液滴模型 11-18
　　　　一個對於束縛能曲線的簡單解釋

11.6 殼模型 11-23
　　　　原子核中的魔術數字

11.7 原子核力的介子理論 11-27
　　　　粒子交換可以產生吸引或是排斥

CHAPTER 12
核子的轉換

12.1 放射性衰變 12-2
　　　　五種

12.2 半衰期 12-7
　　　　越來越少，但總是殘留一些

12.3 放射系 12-14
　　　　四種衰變序列，且每一個都結束於一個穩定的子產物

12.4 阿爾法衰變 12-16
　　　　不可能出現於古典物理，然而它卻發生了

CHAPTER 12 (續)

12.5 貝他衰變 12-20
為何微中子應該存在，以及它如何被發現

12.6 伽瑪衰變 12-24
像一個受激原子，受激原子核可放射光子

12.7 截面積 12-25
測量特殊交互作用的可能性

12.8 核子反應 12-30
在許多情況，先產生一個複核

12.9 核子分裂 12-34
分裂與克服

12.10 核子反應爐 12-38
$E_0 = mc^2 + \$\$\$$

12.11 星球中的核融合 12-43
太陽與星球如何得到它們的能量

12.12 融合反應爐 12-47
未來的能源在那兒？

附錄：阿爾法衰變的理論 12-51

CHAPTER 13
基本粒子

13.1 交互作用與粒子 13-2
那個會影響那個

13.2 輕子 13-4
真實基本粒子的三種配對

13.3 強子 13-8
粒子遭遇到強交互作用

13.4 基本粒子的量子數 13-12
在外表混沌中找到秩序

13.5 夸克 13-17
強子的終極組成物

13.6　場波色子 13-22
　　　　交互作用的載子

13.7　標準模型與超越其極限 13-24
　　　　把所有東西集合在一起

13.8　宇宙的歷史 13-26
　　　　由霹靂開始

13.9　未來 13-29
　　　　「我的開始是我的結束」（T. S. Eliot，四重奏）

Appendix
原子量

奇數題的解答

進階閱讀

索引

CHAPTER 1

相對論
Relativity

根據相對論,沒有任何物質的速度能超過光速,雖然現今的太空梭速度可以超過 10 km/s,但距離此極限值仍非常遙遠。

1.1 **特殊相對論**
所有運動都是相對的,對所有觀察者而言,光在自由空間中的速度都相同

1.2 **時間擴張**
運動中的時鐘滴答比靜止時還慢

1.3 **都卜勒效應**
宇宙被認為正在擴張的理由

1.4 **長度收縮**
快即意味著短

1.5 **孿生難題**
一個較長的生命,但乍看之下並不會較長

1.6 **電與磁**
相對論是橋樑

1.7 **相對論動量**
重新定義一個重要的量

1.8 **質量與能量**
$E_0 = mc^2$ 的由來

1.9 **能量與動量**
它們在相對論中如何適應

1.10 **廣義相對論**
重力為時空的扭曲

附錄一:勞倫茲轉換

附錄二:時空

在1905年，一個二十六歲的年輕科學家亞伯特‧愛因斯坦(Albert Einstein)證明出時間和空間的量測如何被觀察者及被觀測物之間的運動所影響。說愛因斯坦的相對論使科學發生了革命一點也不誇張。相對論連結了空間與時間、物質與能量、電與磁——這些連結對於真實宇宙的瞭解非常重要。相對論中有許多非凡的預測，至今全部都已經被實驗所證實，雖然它很深奧，許多結論卻可僅由最簡單的數學來表示。

1.1 特殊相對論
Special Relativity

所有運動都是相對的，對所有觀察者而言，光在自由空間中的速度都相同

在基本物理中，當我們考慮長度、時間和質量等量值時，討論它們如何被量測並無特殊意義，因為一個標準的單位存在於每個數值中，做出某些決定的人似乎沒有差別——每個人應該得到相同的結果。舉例來說，當我們在飛機上時，找出飛機的長度基本上是沒有問題的，我們所需做的只是將捲尺的一端置於機頭，並且觀察在機尾端的刻度即可。

但如果飛機是在飛行中而我們在地面上時會發生什麼事呢？利用捲尺建立一條基線、勘測員的測量角度和三角測量知識，來決定一個遠距離物體的長度並不困難；然而，當我們從地面測量一個移動中的飛機時，我們發現該飛機對我們而言比對飛機上的人來說更短。為瞭解這個不可預期的差異是如何產生的，我們必須把運動考慮進來以分析量測的過程。

參考座標系

第一個步驟即是闡明所謂的移動（亦即運動），當我們說某個物體在移動時，是指該物體相對於其他物體的相對位置正在改變。一個乘客相對於飛機在移動，飛機相對於地球在移動，地球相對於太陽在移動，太陽相對於銀河系在移動，依此類推。在每個狀況中，**參考座標系**(*frame of reference*)為其運動描述的一部分，也就是說某運動物體總是意味著一個特殊的參考座標系。

慣性參考座標系(*inertial frame of reference*)為一個符合牛頓第一運動定律的座標系，在這樣的座標系中，如果沒有外力影響時，一個靜止的物體將會持續地靜止，而一個運動中的物體則會持續地以等速度移動（速率和方向相同）。任何相對於慣性座標系以等速運動的參考座標系，其本身亦為慣性座標系。

所有慣性座標的效用都一樣，假設我們看到某物體相對於我們以等速度改變其位置，是它在移動還是我們在移動呢？假設我們在一個牛頓第一定律成立的密閉實

驗中，實驗室是運動抑或是靜止的呢？這些問題都是無意義的，因為所有的等速運動都是相對性的，沒有任何一個通用參考座標可以適用在所有地方，而且也沒有「絕對運動」這樣的事情。

相對論(*theory of relativity*)處理缺少通用參考座標系的結果。愛因斯坦於 1905 年所發表的**特殊相對論**(*special relativity*)，乃是處理和慣性座標系有關的問題。在十幾年後由愛因斯坦發表的**廣義相對論**(*general relativity*)，旨在描述空間的重力及幾何形狀與時間的關係；這些特殊的理論對於大部分的物理學而言產生了巨大的影響，故在此我們將特別討論這些理論。

特殊相對論假設

兩個假設構成了特殊相對論，第一個為**相對論原理**(*principle of relativity*)：

物理定律在所有慣性座標系中都相同。

這個假設是基於缺乏通用參考座標系而來的，如果物理定律對於在相對運動中的不同觀察者而言不同的話，觀察者將會從這些不同中發現，在空間中有些為「靜止」，而有些正在「移動」，事實上這兩種差別並不存在，而相對論原理可以表現出這個事實。

第二個假設是基於許多實驗的結果而來：

光在自由空間中的速度對於所有慣性座標系而言皆相同。

該速度為 2.998×10^8 m/s，此數值僅顯示出光速的前四個有效位數。

為瞭解這些假設的重要性，讓我們來看一個假想實驗，此實驗與已經以許多方法進行的真實實驗相差無幾。假設當你在太空船中以速度 2×10^8 m/s 飛過時，我打開探照燈（圖1.1），我們同時使用相同的儀器來量測由探照燈射出的光波速度。

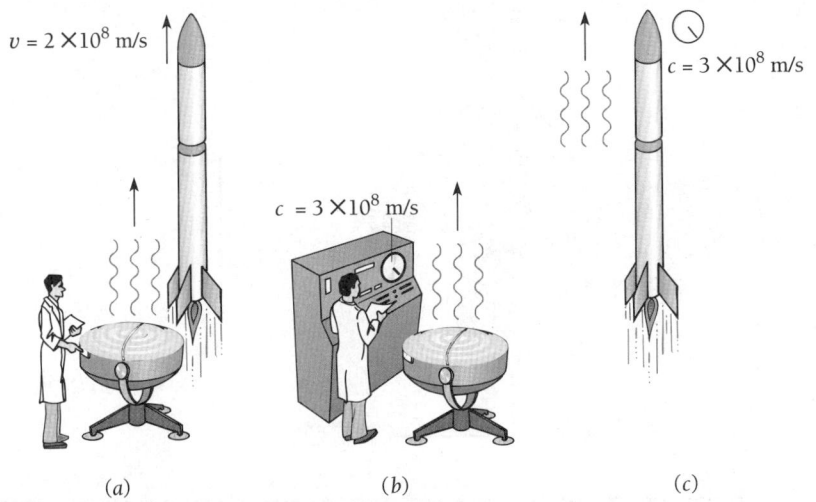

圖 1.1 光速對所有觀察者而言皆相同。

亞伯特・邁克生(Albert A. Michelson, 1852-1931)出生於德國，在二歲時和他的雙親來到美國並且在內華達定居。他進入了位於安那波里斯（美國馬里蘭州首府）的美國海軍學校就讀，在海軍服役兩年之後，他獲聘為專門教授科學的大學講師。為了增進他最想鑽研的光學知識，他前往歐洲並且在柏林和巴黎學習。隨後他離開海軍，先在俄亥俄州的凱西應用科學大學工作，然後到麻州的克拉克大學，最後在芝加哥大學，這也是他從1892至1929年間引領物理學界所在的地方。他的特殊專長在於高精確度的量測，幾十年來他對於光速的量測是最有效的。他重新以特殊光譜線的波長來定義米尺，並且發明了一個能決定星球直徑的干涉儀（即使是在威力最強大的望遠鏡裡，星球也只是一個小光點而已）。

邁克生最卓越的貢獻是在1887年，和艾德華・莫力(Edward Morley)共同完成量測地球通過以太(ether)的實驗。以太是人類假想使光波存在於宇宙空間的媒介；以太的概念是在光波被確定為電磁波之前的殘留物，但在當時似乎沒有人願意放棄光是相對於某種通用參考座標系傳播的構想。

為了尋找地球透過以太的運動，邁克生和莫力使用一對由半鍍銀膜形成的光束，如圖1.2，一道光束沿著一條垂直於以太流(ether current)的路徑而被導至一鏡面，另一道光束則沿著平行於以太流的路徑行進而導至另一個鏡面。兩道光束終止於相同的觀察視幕上，而乾淨的玻璃板確保兩道光束通過相同厚度的空氣和玻璃。如果兩道光束的傳輸時間相同，它們將會同相地到達視幕並且產生建設性干涉；然而，由於地球運動所產生的以太流平行於另一道光束，將會造成光束有不同的傳輸時間並且在視幕上產生破壞性干涉，這是此實驗的要點。

雖然實驗設備具有令人驚訝的靈敏度，能量測出所期望的以太流，但是卻沒有發現任何結果。這樣的實驗結果導致了兩個後果，第一、它顯示出以太並不存在，且並沒有相對於以太而言的絕對運動：所有的運動都是相對於特有的參考座標系，而不是相對於通用參考座標系；第二、此結果顯示出光速對於所有觀察者而言皆相同，這對於需要介質來傳遞的波而言，並非事實（如聲波和水波）。

邁克生—莫力實驗已為愛因斯坦1905年的特殊相對論做好準備，而這正是邁克生所不情願接受的事實。的確，相對論和量子理論於物理界產生革命的不久前，邁克生宣稱未來的物理發現是屬於第六位小數點之後的事，而這種想法對於當時來說是很普遍的。他在1907年得到諾貝爾獎，這也是美國人第一次獲獎。

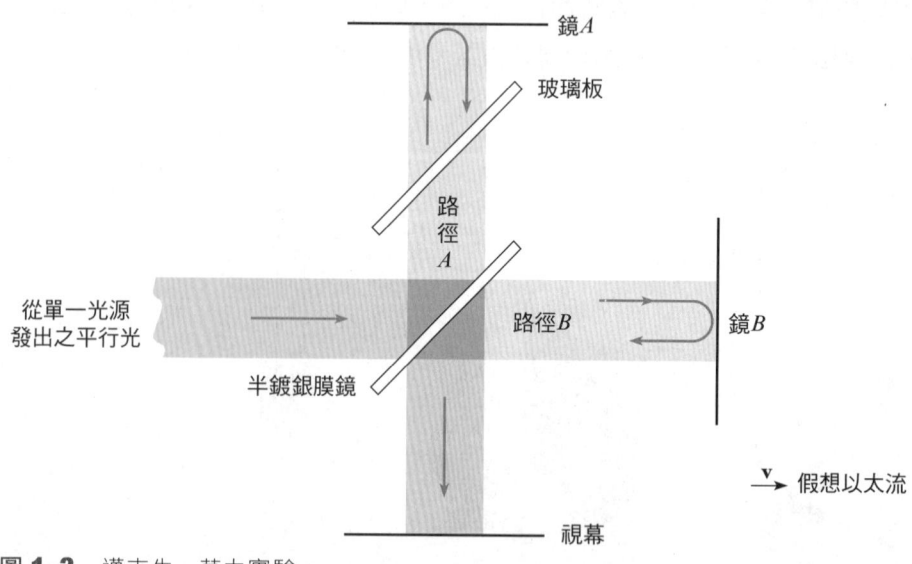

圖 1.2 邁克生－莫力實驗。

在地面上我發現它們的速度和平常一樣皆為 3×10^8 m/s，「常識」告訴我們，你會發現對於同樣的光波而言，其速度應為$(3-2) \times 10^8$ m/s，或是1×10^8 m/s，但是你也會發現它們的速度為 3×10^8 m/s，甚至對我來說，你似乎是以速度 2×10^8 m/s 和光波平行地移動。

只有一個方法能解釋這些結果而不違背相對論原理；時間和空間的量測不能是絕對的，且與觀察者和被觀測物之間的相對運動有關，以上這兩件事必須是事實。如果我從地面來量測你的時鐘滴答速率和米尺長度，會發現時鐘滴答速率比在地面靜止不動時來得慢，而米尺長度在太空船的運動方向上顯得比較短。對你而言，你的時鐘和米尺與它們未離開地面時一樣；而對我來說，由於相對運動的關係，它們將變得不同，而你所量測到的光速和我量測到的一樣皆為 3×10^8 m/s。時間間隔和長度為相對的數值，但自由空間中的光速對於所有觀察者而言皆相同。

在愛因斯坦的相對論之前，牛頓運動定律和由馬克士威爾所發展出的統一電磁理論之間的矛盾已存在許久，牛頓力學(Newtonian mechanics)已使用了兩個世紀，而馬克士威爾理論不但涵蓋了所有電磁現象，並且也預測了電磁波的存在，光波即為其中一例。然而，牛頓力學方程式和電磁方程式在慣性座標系中所做之量測和不同的慣性座標系中所做的量測有所不同。

愛因斯坦證明了馬克士威爾的理論和特殊相對論是一致的，而牛頓力學則否，而他對力學的修正使得這些物理分支歸於一致。正如同我們將會發現的，相對論和牛頓力學在相對速度遠小於光速時互相符合，這也就是為何牛頓力學長久以來似乎是正確的原因。在較高速時，牛頓力學將會失效，而必須以相對論觀點來取代。

1.2 時間擴張

Time Dilation

運動中的時鐘滴答比靜止時還慢

時間間隔的測量受觀察者和被觀測物之間的相對運動所影響，因此，相對於觀察者移動的時鐘所發出的滴答聲，會比它們相對於觀察者靜止時所發出之滴答聲還慢，且當它們在不同的慣性座標系中，所有的過程對於觀察者而言會比較慢發生。

如果一個正在移動之太空船上的人發現，在太空船上兩個事件發生的時間間隔為 t_0，在地面上的我們會發現該時間間隔為 t，數值 t_0 是由發生在一個觀察者參考座標系中同樣地方的事件來決定，我們稱這個數值為事件間隔的**固有時間**(*proper time*)。當我們在地面上看到此事件發生時，該事件之開始及結尾處的記號在不同的地方，而此事件間隔的時間比固有時間還長，此效應稱為**時間擴張**(*time dilation*)(擴張即是指變大)。

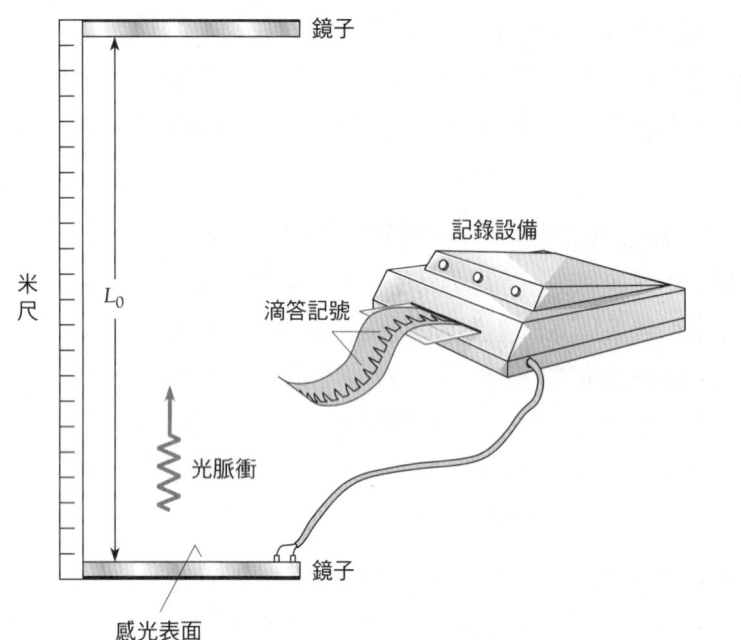

圖 **1.3** 一個簡單的時鐘裝置，每一次滴答聲對應於光脈衝由下面的鏡子行進到上面的鏡子來回所需要的時間。

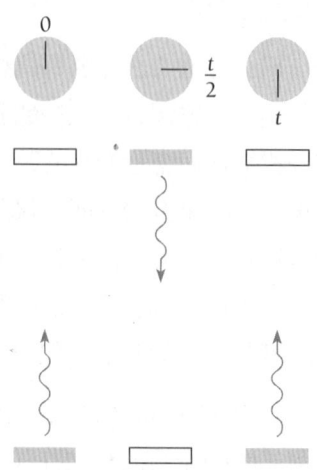

圖 **1.4** 位於地面上的觀察者所見到的靜止光脈衝時鐘，圓盤代表在地面上的傳統時鐘。

為瞭解時間擴張是如何發生的，讓我們想像有兩個樣式特別簡單的時鐘，如圖1.3所示。在每個時鐘裡，一個光脈衝在距離為 L_0 的兩個鏡子間來回地反射，當光波行進至下面的鏡子時，便產生一個電訊號以便在錄音磁帶中做記號，每個記號則對應著時鐘的每一次滴答聲。

在地面上實驗室的時鐘是靜止的，而在太空船裡的另一個時鐘則是以相對於地面的速度 v 移動，在實驗室裡的觀察者看到兩個時鐘：她會發現兩個時鐘的滴答速率相同嗎？

圖1.4顯示出實驗室裡的時鐘，在每個滴答間的時間間隔為固有時間 t_0，對於以光速 c 行進的光脈衝而言，在兩個鏡子之間傳播所需要的時間為 $t_0/2$，因此 $t_0/2 = L_0/c$ 且

$$t_0 = \frac{2L_0}{c} \tag{1.1}$$

圖1.5顯示了移動中的時鐘與相對於地面垂直運動方向的鏡子，滴答之間的時間間隔為 t，因為時鐘在移動，故從地面上看過去則會覺得光波沿著鋸齒狀路徑行進。在它從下面的鏡子行進至上面的鏡子的時間間隔 $t/2$，光脈衝也行進了一水平距離為 $v(t/2)$，故總距離為 $c(t/2)$，但因為 L_0 為兩面鏡子的垂直距離，所以

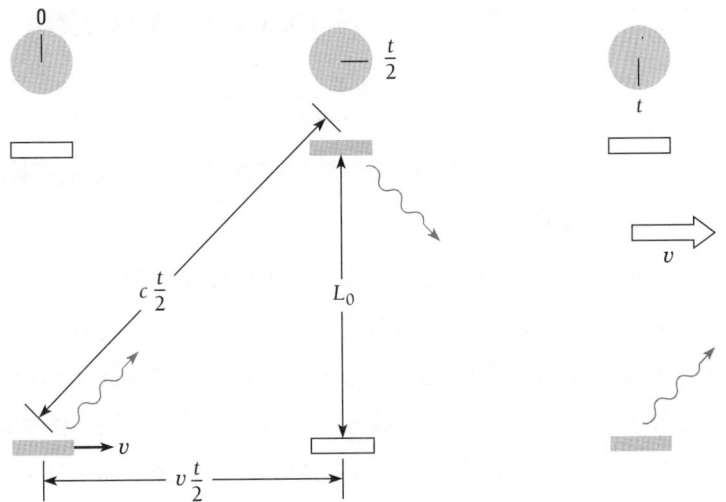

圖 1.5 地面上的觀察者所看到在太空船中的光脈衝時間，鏡子和太空船的運動方向平行，圓盤代表在地面上的傳統時鐘。

$$\left(\frac{ct}{2}\right)^2 = L_0^2 + \left(\frac{vt}{2}\right)^2$$

$$\frac{t^2}{4}(c^2 - v^2) = L_0^2$$

$$t^2 = \frac{4L_0^2}{c^2 - v^2} = \frac{(2L_0)^2}{c^2(1 - v^2/c^2)}$$

$$t = \frac{2L_0/c}{\sqrt{1 - v^2/c^2}} \tag{1.2}$$

但是 $2L_0/c$ 為地面上時鐘的滴答時間間隔 t_0，如式(1.1)所示，所以

時間擴張 $$t = \frac{t_0}{\sqrt{1 - v^2/c^2}} \tag{1.3}$$

在此我們列出式(1.3)的符號所代表的意義：

t_0 = 相對於觀察者而言，靜止之時鐘滴答的時間間隔 = 固有時間

t = 相對於觀察者而言，移動之時鐘滴答的時間間隔

v = 相對運動的速度

c = 光速

因為對於一個移動中的物體而言，$\sqrt{1 - v^2/c^2}$ 總是比 1 小，故 t 總是比 t_0 大，太空船中移動的時鐘對於地面上的觀察者而言，滴答速率比地面上靜止的時鐘還慢。

同樣的分析結果對於在太空船上的駕駛者觀察地面上的時鐘時也成立，對他而言，地面時鐘的光脈衝遵循著鋸齒狀路徑行進，且來回需要的總時間為 t，而他自

己的時鐘相對於太空船而言是靜止的，且時間間隔為 t_0，他也會發現

$$t = \frac{t_0}{\sqrt{1-v^2/c^2}}$$

故此效應是可逆的：每個觀察者會發現相對於他在移動的時鐘滴答速率會比相對於他靜止的時鐘滴答速率還慢。

我們的討論是基於一個稍微不同的時鐘，如果是使用機械式的時鐘——彈簧控制的齒輪裝置、音叉裝置、振動石英晶體或其他裝置——以固定速率產生滴答聲，仍會得到相同的結論嗎？答案必然是肯定的，因為如果一個鏡鐘和傳統時鐘位於太空船上，當太空船在地面時兩者將會一致，而太空船開始飛行時，兩個時鐘將會產生差異，我們則可以利用這個差異來找出太空船的速度，而不需要任何外在的參考座標系——這和所有運動都是相對性的原理互相違背。

終極速度極限

地球和其他太陽系的行星似乎是太陽進化的自然產物，因為太陽是個相當平凡的星球，所以在其他星球的周圍找到與太陽系相似的行星系統並不令人驚訝。生命在地球上發展，但並沒有任何顯著的原因顯示出為何其他行星上沒有生命，我們有能力去參觀它們或甚至是拜訪其他的宇宙公民嗎？問題在於幾乎所有的星球都距離非常遙遠——幾千或幾百萬光年那樣地遙遠（一光年是光行進一年所走的距離，為 9.46×10^{15} m）。但是如果我們建造出一個速度為光速 c 的幾千倍或幾百萬倍的太空船，這樣的距離將不再會是問題了。

哎，一個基於愛因斯坦假設的論證顯示出沒有任何物體的速度能超過光速 c，假設你在一個以相對於地球等速 v 前進的太空船中，且速度大於光速 c，當我從地球上觀察時，太空船上的燈泡突然熄滅，你打開閃光燈以找到太空船前端的保險絲盒並更換燒斷的保險絲之後（圖 1.6a），燈泡又再度亮起。

但是我從地面上來看就相當不同了，對我而言，因為你的速度 v 大於光速 c，從你的閃光燈發出的光線將會照亮太空船的尾端（圖 1.6b），我僅能做出在你的慣性座標系中和我的慣性座標系中的物理定律不一樣的結論——和相對論原理違背。避免這個難題的唯一方法便是假設沒有任何東西能比光速還快地運動，這個假設已經在實驗上被證明很多次，並且結論總是正確的。

相對論中的光速 c 在自由空間中為 3.00×10^8 m/s，在所有的材料介質裡，如空氣、水或玻璃等，光速都會比較慢，而原子粒子速度卻能在這些介質中比光速還快。當一個帶電粒子穿越一個透明介質的速度比光速在該介質中的速度還快時，便會產生一個錐形光波(cone of light wave)，這好比是一艘船通過水面會產生比水波

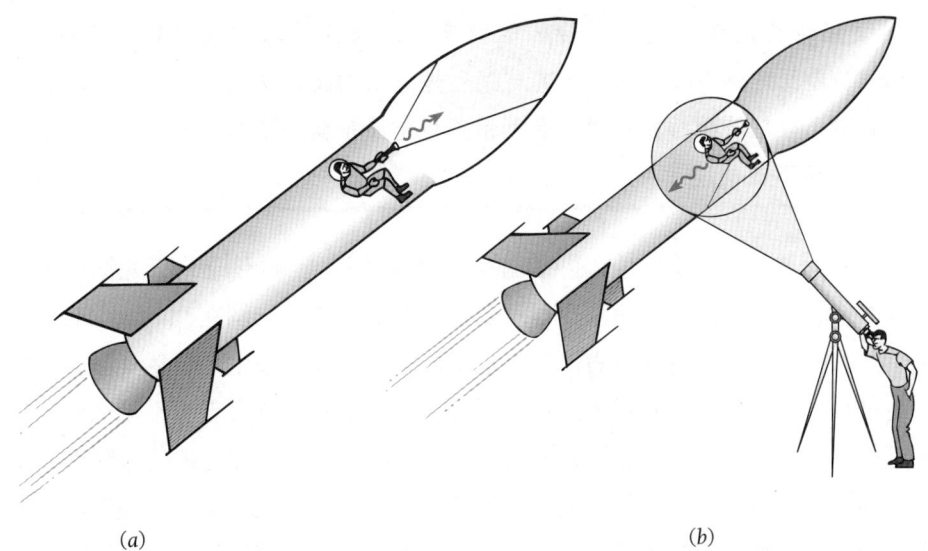

圖 1.6 在太空船裡的一個人打開閃光燈,並假設其相對於地球的速度大於光速。(a)在太空船的座標系中,光波行進至太空船的前端;(b)在地球的座標系中,光波行進至太空船的尾端;因為在太空船裡和地球上的觀察者看到不同的事件,違背了相對論原理,而結論是太空船相對於地球的速度不能比光速還快(或是相對於所有物體而言)。

還快的弓形波(bow wave),這些光波稱為**賽倫克夫輻射**(*Cerenkov radiation*),並且形成了決定這些粒子速度的理論基礎。粒子在一個折射率為 n 的介質中,放射出賽倫克夫輻射的最小速度為 c/n。當粒子束的密度大時,賽倫克夫輻射將有如藍色輝光一樣地明顯可見。

例 1.1

一個太空船相對於地球在移動,一個在地球上的觀察者根據她的時鐘,發現在下午一點至二點之間,太空船上的時鐘共走了3601秒,試問太空船相對於地球的速度為何?

解

此處 $t_0 = 3600$s 為地球上的固有時間,且 $t = 3601$s 為從地球上觀察到的移動座標系的時間間隔,我們如下列計算:

$$t = \frac{t_0}{\sqrt{1 - v^2/c^2}}$$

$$1 - \frac{v^2}{c^2} = \left(\frac{t_0}{t}\right)^2$$

$$v = c\sqrt{1 - \left(\frac{t_0}{t}\right)^2} = (2.998 \times 10^8 \text{ m/s})\sqrt{1 - \left(\frac{3600 \text{ s}}{3601 \text{ s}}\right)^2}$$

$$= 7.1 \times 10^6 \text{ m/s}$$

今日的太空船遠比這個速度還慢，舉例來說，飛往月球的太空船阿波羅 11 號 (Apollo 11)最高速為 10,840 m/s，其時鐘和地球上的時鐘不同，慢了約 10^{-9} 秒。大部分的實驗已確認時間擴張現象，且利用不穩定原子核和基本粒子，很容易地就能達到距離光速不遠的速度。

雖然時間為一個相對的數值，但並非所有由每天經驗形成的概念都是不正確的，舉例來說，時間對於所有觀察者而言是不會倒退的。一個在 $t_1, t_2, t_3,...$ 時間點所發生事件的序列對於所有觀察者而言，也是以相同的次序發生，雖然其發生的間隔不一定是 $t_2 - t_1, t_3 - t_2,...$。同樣地，沒有任何一個在遠處的觀察者，不論他是否在移動，能夠在事件發生之前就觀察到——更精確地說，比在事件附近的觀察者還早看到——因為光速是有限的，且信號需要行進距離 L 的最小時間為 L/c。沒有任何方式能看到未來，雖然過去的事情對於不同的觀察者而言看起來似乎是不一樣的。

（AIP 尼爾‧波耳圖書館）

亞伯特‧愛因斯坦(Albert Einstein, 1879-1955)在德國出生時，因為德國學校教育的嚴格死板而感到不開心，十六歲時到瑞士完成他的學業，並且稍後在瑞士專利局找到一個檢查專利應用的工作，在 1905 年時，當他應該已經專心於其他事情時（他的一個數學老師稱他為「懶狗」），一個在他心中早已萌芽許多年的概念發展為三篇短論文，而這個概念不只決定性地改變了物理，同樣地也改變了現代人類文明。

第一篇論文的重點在光電效應(photoelectric effect)，假設光有粒子及波動二元特性；第二篇論文的重點則為布朗運動(Brownian motion)，微小懸浮粒子的不規則鋸齒狀運動，如水中的花粉。愛因斯坦證明了布朗運動是隨機移動的分子所產生的粒子轟擊藉由在流體中的懸浮粒子所產生，這提供了一個明確的連結，說服了那些長久以來對於物質的分子理論抱持懷疑的人；第三篇論文則介紹了特殊相對論。

雖然大部分的物理世界原本不是中立就是懷疑的，甚至愛因斯坦最不能預期的結論都馬上被驗證，並且被認真地稱為近代物理的開端。1913年時瑞士和捷克大學宣布了他的論文之後，他開始到柏林的凱撒威廉研究院(Kaiser Wilhelm Institute)工作，該研究院使他免於財務問題及行政雜務的干擾。愛因斯坦當時的興趣主要在於重力，他從牛頓在兩世紀之前所停止的地方開始研究。

愛因斯坦於1916年所公布的廣義相對論中，將重力和空間及時間的結構連結起來，在他的理論中，重力可被視為由環繞於物體四周的時間扭曲現象所造成，使得附近的質量傾向於被吸引，正如同一顆珠子最後會掉入碟型盤子中間的洞。從廣義相對論發展出許多預測，如光會被重力牽引，最後都由實驗所驗證出來，稍後的發現則預測宇宙正在擴張。在1917年時愛因斯坦引進了受激輻射的放射(stimulated emission of radiation)，這個概念也在四十年後雷射被發明出來以後開花結果。

1920年代時期量子力學的發展困擾著愛因斯坦，他絕不能接受在原子尺度中為機率論而不是決定論，他說：「上帝不會和世界玩骰子」；但是他的物理直觀導致他往錯誤的方向前進。

愛因斯坦——對於現今世界而言的偉人——1933年希特勒掌權之後離開了德國，並且終其一生都在位於紐澤西州的普林斯頓大學高等研究院裡度過，他逃過了數以百萬計的猶太裔歐洲人被德國人屠殺的命運，並且晚年專注於尋找一個將重力和電磁力整合在一起的理論，這個問題值得他的天賦來探討，但到目前為止仍尚未被解決。

阿波羅 11 號脫離它的支撐架以便開始人類的第一次月球旅行,它以相對於地球的最高速度 10.8 km/s 行進時,時鐘僅比地球上的時鐘少了十億分之一秒而已。

1.3 都卜勒效應
Doppler Effect

宇宙被認為正在擴張的理由

我們都很熟悉當聲源接近我們時(或是我們接近聲源),聲波頻率會增加,而當聲源遠離我們時(或我們遠離聲源),聲波頻率會減少。這些頻率的改變構成了**都卜勒效應**(*Doppler effect*),而其來源是非常直接的。舉例來說,因為聲源的前進,由該聲源所發出往觀察者行進的連續波將會比正常波更加密集,因為波的間隔即為聲波的波長,對應的頻率將會增加。聲源頻率ν_0和被觀測頻率ν的關係為

聲波中的都卜勒效應
$$\nu = \nu_0 \left(\frac{1 + v/c}{1 - V/c} \right) \tag{1.4}$$

其中　　c = 聲速
　　　　v = 觀察者的速度(+ 表示接近聲源,− 表示遠離聲源)
　　　　V = 聲源速度(+ 表示接近觀察者,− 表示遠離觀察者)

如果觀察者是靜止的,$v = 0$;而如果聲源是靜止的,$V = 0$。

　　聲波的都卜勒效應變化是根據聲源、觀察者或兩者是否同時在運動來決定,這似乎違背了相對論原理:在聲源及觀察者之間的運動應該是相對運動。但是聲波僅存在於空氣或水的介質中,而這個介質本身是量測聲源及觀察者運動的參考座標系,因此並沒有違背之處。然而在光的情況中,並沒有牽涉到任何一種介質,且只

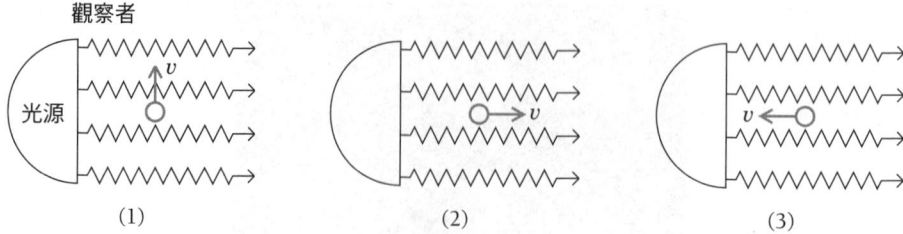

圖 1.7 觀察者所看到光的頻率和觀察者相對於光源的運動方向和速度有關。

有光源及觀察者的相對運動才是有意義的，因此光波的都卜勒效應必然和聲波的都卜勒效應不同。

我們可以考慮一個光源作為每秒滴答 ν_0 次的時鐘，來分析光波的都卜勒效應，且每次時鐘滴答時釋放出一個光波，我們可以在圖 1.7 中檢視下列三種狀況。

1. 觀察者沿著一條垂直於他本身及光源連線的路徑移動。每次滴答間的固有時間為 $t_0 = 1/\nu_0$，故在觀察者的參考座標系中，每二次滴答的時間間隔為 $t = t_0/\sqrt{1 - v^2/c^2}$，於是他所發現的頻率為

$$\nu(橫向) = \frac{1}{t} = \frac{\sqrt{1 - v^2/c^2}}{t_0}$$

光的橫向都卜勒效應 $\qquad \nu = \nu_0 \sqrt{1 - v^2/c^2} \qquad$ (1.5)

被觀測之頻率 ν 總是比光源頻率 ν_0 小。

2. 觀察者遠離光源。現在觀察者在二個滴答間遠離光源行進了 vt 距離，這意味著從一特定的滴答至下一個滴答之間，光波行進了 vt/c，因此在這兩個連續的光波之間的時間間隔為

$$T = t + \frac{vt}{c} = t_0 \frac{1 + v/c}{\sqrt{1 - v^2/c^2}} = t_0 \frac{\sqrt{1 + v/c}\sqrt{1 + v/c}}{\sqrt{1 + v/c}\sqrt{1 - v/c}} = t_0 \sqrt{\frac{1 + v/c}{1 - v/c}}$$

被觀測之頻率為

$$\nu(遠離) = \frac{1}{T} = \frac{1}{t_0}\sqrt{\frac{1 - v/c}{1 + v/c}} = \nu_0 \sqrt{\frac{1 - v/c}{1 + v/c}} \qquad (1.6)$$

被觀測到的頻率 ν 比光源頻率 ν_0 還低，不像聲波一樣，光波相對於材料介質傳播時，不論觀察者遠離光源或光源遠離觀察者，其結果都一樣。

3. 觀察者接近光源時。觀察者在二個滴答間往光源行進了 vt 距離，故每道光都各自比前一道光少了 vt/c 的時間，在此狀況中，$T = t - vt/c$，且結果為

$$\nu(接近) = \nu_0 \sqrt{\frac{1 + v/c}{1 - v/c}} \qquad (1.7)$$

被觀測頻率比光源頻率還高，故同一公式對於光源遠離觀察者的運動再度成立。

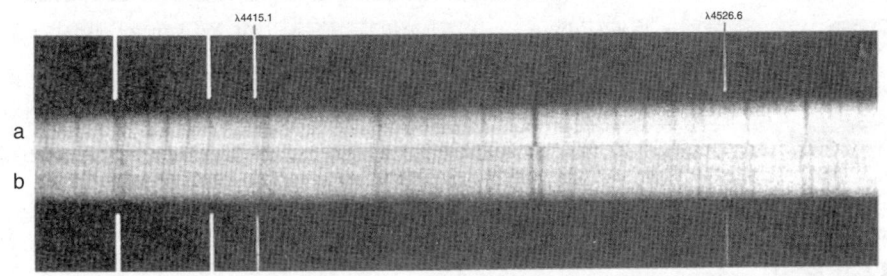

由兩個星球組成質心之雙星米扎兒(Mizar)光譜，為二天之間所拍攝而得。在a中，星球並沒有接近或是遠離地球，故其光譜線直接相加起來；在b中，一個星球往地球接近而另一個則遠離地球，故前者的光譜線呈現出往藍色光譜線位移的都卜勒現象，而後者則呈現出紅位移現象。

式(1.6)和(1.7)可結合為一個單一公式

光的縱向都卜勒效應 $$\nu = \nu_0 \sqrt{\frac{1 + v/c}{1 - v/c}} \tag{1.8}$$

當光源和觀察者互相接近時，v為正(+)，而當兩者互相遠離時，v為負(−)。

例 1.2

一個駕駛者闖紅燈時被逮捕，駕駛者對法官宣稱由於都卜勒效應之故，他所看到的燈為綠色($\nu = 5.60 \times 10^{14}$ Hz)而非紅色($\nu_0 = 4.80 \times 10^{14}$ Hz)。法官接受他的解釋，且改為速度超過 80 km/h，每 1 km/h 罰款 1 美金，請問他要罰多少錢？

解

解方程式(1.8)中的v得到

$$v = c\left(\frac{\nu^2 - \nu_0^2}{\nu^2 + \nu_0^2}\right) = (3.00 \times 10^8 \text{ m/s})\left[\frac{(5.60)^2 - (4.80)^2}{(5.60)^2 + (4.80)^2}\right]$$
$$= 4.59 \times 10^7 \text{ m/s} = 1.65 \times 10^8 \text{ km/h}$$

因為 1 m/s = 3.6 km/h，故需罰 $1.65 \times 10^8 - 80 = 164{,}999{,}920$ 美金。

可見光是人眼所能觀測頻帶的電磁波所組成，其他如雷達(radar)或是無線電通訊(radio communication)所使用的電磁波，也顯示出和式(1.8)一致的都卜勒效應。雷達波的都卜勒效應被警方用來測量車輛速度，而由人造衛星(satellite)所放射出來的無線電波都卜勒位移，則形成了高精確度的航海運輸系統。

擴張中的宇宙

光的都卜勒效應在天文學中是個很重要的工具，星球釋放出某種稱之光譜線的特徵頻率光線，且星球接近或遠離地球時會在頻率中顯示出都卜勒位移。遙遠的銀河系星球的光譜線全部都有往低頻（紅色）端移動現象，故稱之為紅位移(red shift)，這

愛德恩・哈伯(Edwin Hubble, 1889-1953)生於密蘇里州，雖然他總是對天文學著迷，卻仍然在芝加哥大學修習其他科目，之後他前往英格蘭的牛津大學學習法律、西班牙文和重量級拳擊，在印地安納高中教了二年書之後，哈伯瞭解到他真正的才能所在，並且回到芝加哥大學學習天文學。

在加州的威爾森山(Mt. Wilson)觀測所中，哈伯對距離我們所在的銀河系非常遙遠的螺旋狀星雲，做出第一次正確的量測，我們早已知道這樣的星雲在其光譜線有紅位移的現象並指出它正遠離銀河系，而哈伯和具有紅位移的遙遠圖形推論出遠離速度和距離成正比。這暗示著宇宙正在擴張，此現象為構成現代宇宙圖形的重大發現，在1949年，哈伯首次在加州帕洛瑪山(Mt. Palomar)使用200吋望遠鏡，而此望遠鏡許多年來一直是世界最大的望遠鏡。在他後期的研究中，哈伯藉由找出遠端星雲濃度如何隨著距離變化，試著去決定宇宙的結構。這是一項非常艱鉅的任務，也只有到了今日才得以完成實現。

樣的位移顯示出銀河正在遠離我們且互相遠離中，而遠離的速度被觀測到與距離成正比，故可推測整個宇宙是正在擴張的（圖1.8）。這樣的比例特性稱為**哈伯定律**(*Hubble's law*)。

擴張很明顯地發生在一百三十億年前，當時由一個原始的熾熱濃密火球爆炸，一般而言我們稱之為**大霹靂**(*Big Bang*)。如第13章所描述，物質瞬間變為電子、質子和中子，這些粒子構成了現今宇宙。在擴張時期聚集而成的物質變成了今日的銀河，而現在的資料顯示出目前的擴張行為將一直持續下去。

例 1.3

一個位於天蛇座(Hyda)的遙遠星雲正以速度 6.12×10^7 m/s 遠離地球，此星雲釋放波長為 500 nm 的綠色光譜線，它向紅色光譜線的邊緣移動多遠？

解

因為 $\lambda = c/\nu$ 且 $\lambda_0 = c/\nu_0$，從式(1.6)我們得到

$$\lambda = \lambda_0 \sqrt{\frac{1 + v/c}{1 - v/c}}$$

此處 $v = 0.204c$ 且 $\lambda_0 = 500$ nm，所以

$$\lambda = 500 \text{ nm} \sqrt{\frac{1 + 0.204}{1 - 0.204}} = 615 \text{ nm}$$

其為位於光譜線的橘色部分。位移為 $\lambda - \lambda_0 = 115$ nm，此星雲距離確信有二十九億光年之遙。

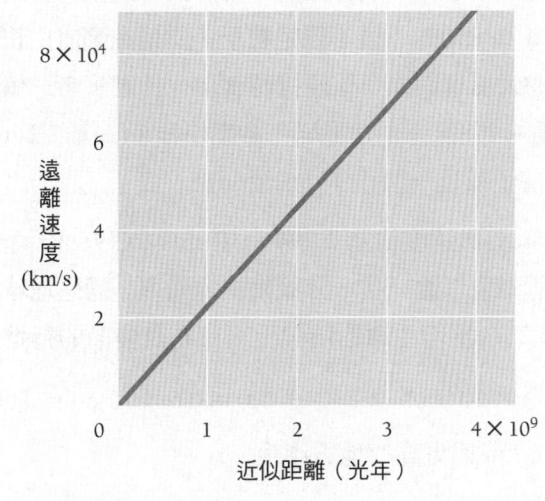

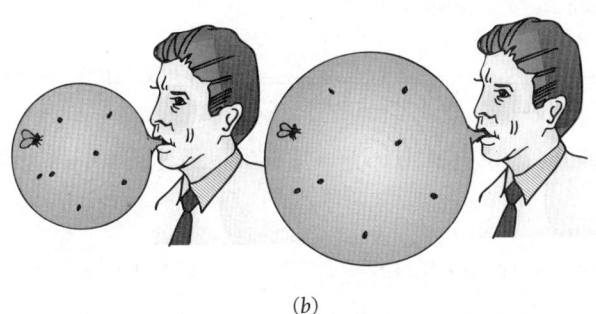

圖 **1.8** (*a*)對於遙遠星雲而言，遠離速度和距離的關係圖，平均的遠離速度約為每百萬光年 21 km/s；(*b*)擴張宇宙的二維類比，當氣球膨脹時，斑點會越變越大，在氣球表面的蟲會發現每個點和它的距離越來越遠，而且斑點的遠離速度似乎越來越快，不論蟲的位置在那兒，這個現象都是正確的。在宇宙的情形中，星雲若是離我們越遠，它們會離開地越來越快，這意味著宇宙正在均勻地擴張中。

1.4 長度收縮

Length Contraction

快即意味著短

長度的量測和時間一樣都會被相對運動所影響，一個在運動中的物體相對於觀察者的長度為L，總是比靜止時的長度L_0來得短，這個長度收縮僅發生在相對運動的方向上，一個物體在靜止座標系中的長度為L_0稱為**固有長度**(*proper length*)（我們注意在圖 1.5 中，時鐘和 **v** 的方向垂直，因此 $L = L_0$）。

長度收縮可由許多方法導出，或許最簡單的方式即是基於時間擴張和相對論而來，讓我們考慮稱為渺(muon)的一種不穩定粒子，渺是在高處由快速的宇宙射線所產生，當它們在地球的大氣層與原子核碰撞時會發生什麼事？一個渺質量比電子重207倍，而其電量不是+e即是−e，在平均生命期(life time)為 $2.2\ \mu s\ (2.2 \times 10^{-6}\ s)$ 之後，它會衰變成一個電子或是一個正子(positron)。

宇宙射線(cosmic-ray)渺速度約為 2.994×10^8 m/s $(0.998c)$，並且會大量地到達海平面——其中有一個渺會以比一次一分鐘稍快的頻率，通過地球每平方公分區域的表面，但是在 $t_0 = 2.2\ \mu s$ 平均生命的情況下，渺在衰變前的行進距離僅為

$$vt_0 = (2.994 \times 10^8\ \text{m/s})(2.2 \times 10^{-6}\ \text{s}) = 6.6 \times 10^2\ \text{m} = 0.66\ \text{km}$$

然而它們卻在高度為 6 km 或更高的地方產生。

為解決這個難題，我們注意到渺生命期 $t_0 = 2.2\ \mu s$ 是一個相對於渺為靜止的觀察者所發現的，因為渺以速度 $0.998c$ 向我們猛衝而來，在我們的參考座標系中，它們的生命期將藉由時間擴張而延長至

$$t = \frac{t_0}{\sqrt{1 - v^2/c^2}} = \frac{2.2 \times 10^{-6}\ \text{s}}{\sqrt{1 - (0.998c)^2/c^2}} = 34.8 \times 10^{-6}\ \text{s} = 34.8\ \mu s$$

移動中的渺其生命期約為靜止渺的16倍，在時間間隔為 $34.8\ \mu s$ 之間，一個速度為 $0.998c$ 的渺可行進

$$vt = (2.994 \times 10^8\ \text{m/s})(34.8 \times 10^{-6}\ \text{s}) = 1.04 \times 10^4\ \text{m} = 10.4\ \text{km}$$

雖然渺生命期在其參考座標系中僅為 $t_0 = 2.2\ \mu s$，它卻可以從 10.4 km 的高度到達地面，因為在量測這些高度的參考座標系中，其生命期為 $t = 34.8\ \mu s$。

如果有人和渺一起以 $v = 0.998c$ 的速度下降，對他而言渺是靜止時會發生何事呢？觀察者和渺在同一個參考座標系中，且渺生命期僅為 $2.2\ \mu s$，對觀察者而言，渺在衰變之前只可行進 0.66 km，解釋渺到達地面的唯一方式是從移動中的觀察者座標系中來看，是否渺行走的距離會因其運動縮短呢（圖1.9）？相對論敘述了縮短的範圍——它必須和由靜止觀察者的觀點來看之渺生命期延長因子 $\sqrt{1 - v^2/c^2}$ 一樣。

因此我們推論一個相對於地面為 h_0 的高度，在渺的參考座標系中其高度較低

$$h = h_0 \sqrt{1 - v^2/c^2}$$

在我們的參考座標系中，因為時間擴張之故，渺可以行進 $h_0 = 10.4$ km；而在渺的參考座標系中，並沒有時間擴張現象，故行進距離縮短為

$$h = (10.4\ \text{km}) \sqrt{1 - (0.998c)^2/c^2} = 0.66\ \text{km}$$

如同我們所知道的，一個渺在 $2.2\ \mu s$ 之內以 $0.998c$ 的速度前進。

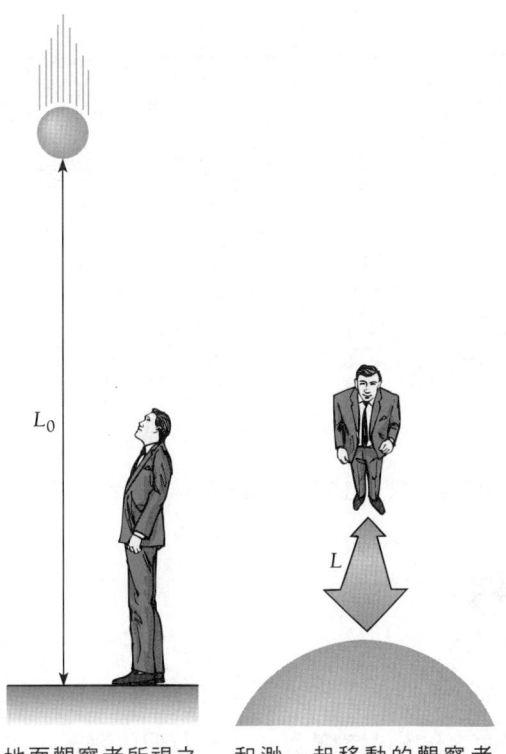

地面觀察者所視之渺高度為 L_0。

和渺一起移動的觀察者發現地面在該渺下方的距離為 L，比 L_0 還短。

圖 1.9 不同觀察者所見到之渺衰變現象。此處我們將渺誇張地放大，事實上，渺看起來像是一個點粒子，幾乎不佔任何空間。

距離的相對縮短為運動方向上長度縮短的例子：

長度縮短 $$L = L_0 \sqrt{1 - v^2/c^2} \tag{1.9}$$

圖1.10為 L/L_0 和 v/c 之間的關係圖，很清楚地長度收縮現象在速度接近光速時最為明顯，1000 km/s 速度對我們來說似乎很快，但是它僅僅將長度縮短為固有長度的 99.9994 % 而已；另一方面，以光速的十分之九行進時，長度會縮短為固有長度的 44%，這是一個相當顯著的改變。

如同時間擴張一樣，長度收縮為一個可逆效應，對一個在太空船裡的人而言，地球上的物體似乎比他在地球上看還來得短 $\sqrt{1 - v^2/c^2}$ 倍，而對於靜止中的某人而言，太空船同樣地縮短了一樣的倍數。對於所有觀察者來說，在靜止座標系中的固有長度 L_0 是所能量測到的最大長度，如同前面所提，只有在運動方向上的長度才會收縮，因此對於一個外在的觀察者而言，飛行中的太空船長度變短，但是並不會變窄。

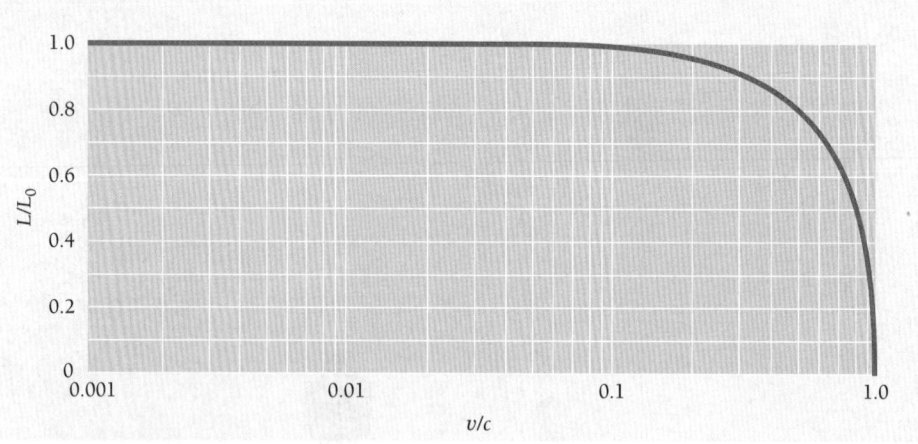

圖1.10 相對長度的收縮，只有在運動方向上的長度才會被影響，水平軸採對數尺度。

1.5 孿生難題
Twin Paradox
一個較長的生命，但乍看之下並不會較長

現在我們處於瞭解最有名的相對論效應──稱為孿生難題，這個難題牽涉到兩個同樣的時鐘，一個是在地球上而另一個則以速度v在太空中航行，而最後將被帶回至地球。將這兩個時鐘以雙胞胎迪克(Dick)和珍(Jane)來取代是很平常的事情，因為其生命的過程──心跳、呼吸等等──組成了具有合理規律性的生物時鐘，使得兩者互換也完全可以令人接受。

當迪克20歲時，他以$0.80c$的速度開始太空航行到一個20光年遠的星球，對於待在地球的珍而言，迪克的生命步調將比她的還要慢

$$\sqrt{1-v^2/c^2} = \sqrt{1-(0.80c)^2/c^2} = 0.60 = 60\%$$

對珍來說，她的心臟每跳5次，迪克僅跳3次；迪克每呼吸3次，她卻呼吸了5次；她每想了5次，迪克只想了3次。最後，根據珍的月曆，50年以後迪克回到地球時，對迪克來說他只去了30年，故迪克只有50歲，而他待在地球的孿生姊妹珍卻已經70歲了（圖1.11）。

矛盾之處在那裡？如果我們從太空船中迪克的觀點來考慮時，在地球的珍以相對於他$0.80c$的速度運動，當太空船回來，在迪克是70歲時珍不應該是50歲嗎？跟先前的結論是相反的？

但是這兩個情況並不相同，當迪克開始太空航行時、當他返回地球時、當他著陸地球時，他從一個慣性座標系改變至另一個座標系，然而珍在他的整個太空旅行中始終維持著同一個慣性座標系，時間擴張公式可應用於珍對於迪克的觀察，但卻不適用於迪克對珍的觀察。

圖 1.11 一個從太空航行回來的太空人在回到地球時，將比他（或她）的孿生兄弟（或姐妹）來得年輕，此現象在速度接近光速時（此處 $v = 0.8c$）才會明顯。

從迪克的觀點來看他的太空航行，我們必須考慮他所行進的距離 L，其縮短為

$$L = L_0 \sqrt{1 - v^2/c^2} = (20\text{ 光年})\sqrt{1-(0.80c)^2/c^2} = 12\text{ 光年}$$

對迪克而言，時間以正常的速率前進，但是他的旅程去時花了 $L/v = 15$ 年，而回程也花了 15 年，總共是 30 年。當然，迪克的生命並沒有延長，僅因為珍等了 50 年，他在整個旅行中只花了 30 年。

孿生兄弟的非對稱老化已利用在環繞世界的飛機上面的時鐘和另一個在地面上的相同時鐘互相比較而獲得驗證，遠離慣性系統且在相對於系統移動之後返回的觀察者總是會發現他的時鐘比停留在系統中的時鐘慢。

例 1.4

迪克和珍在迪克離開之後每年都發送出一個無線電信號，迪克會收到多少個信號？珍會收到多少個信號？

解

在離開的旅程中，迪克和珍以 $0.80c$ 的速度分開，利用 1.3 節用來分析都卜勒效應的推理，我們發現他們兩人每隔

$$T_1 = t_0 \sqrt{\frac{1+v/c}{1-v/c}} = (1\text{ y})\sqrt{\frac{1+0.80}{1-0.80}} = 3\text{ y}$$

會收到一個信號；在回程時，迪克和珍會以相同的速率接近對方，故會更加頻繁地以每隔

$$T_2 = t_0 \sqrt{\frac{1-v/c}{1+v/c}} = (1\text{ y})\sqrt{\frac{1-0.80}{1+0.80}} = \frac{1}{3}\text{ y}$$

收到信號。

對迪克來說，去程需要 15 年，而他從珍那兒收到 15/3 = 5 個信號，在回程的 15 年中，迪克收到 15/(1/3) = 45 個從珍發出的信號，故總共收到 50 個信號，因此迪克推論珍在他離開地球的時候老了 50 歲，所以迪克和珍都同意在這段太空旅行結束時，珍已經 70 歲了。

對珍而言，迪克需要 $L_0/v = 25$ 年抵達該星球，因為該星球距離地球 20 光年遠，在地球上的珍每三年接收到迪克每年發出的信號，在迪克抵達該星球之後持續了 20 年，因此珍每三年收到一次信號，共 25y + 20y = 45y，故收到 45/3 = 15 個信號（這 15 個信號是在迪克抵達該星球之前所發射出來的）。然後對於珍而言，剩下的 5 年太空旅行中，從迪克發出的訊號以每 1/3 年發射出來，故可收到 5/(1/3) = 15 個信號，因此珍總共收到 30 個信號，且推論出在迪克離開的這段時間內僅老了 30 歲——和迪克自己的狀況相同，迪克在回到地球之後比他的孿生姐妹珍年輕了 20 歲。

1.6 電與磁

Electricity and Magnetism

相對論是橋樑

使愛因斯坦去嘗試特殊相對論的一個難題便是連結電與磁，而他的理論使得電與磁的連結特性更加明朗便是其中的一項勝利。

因為移動中電荷（通常是電子）的交互作用會產生許多磁力，對我們來說這些熟悉的電荷速度遠小於 c，所以說電動機的運轉基於相對論效應是非常不明顯的。然而當我們仔細考慮電力的強度時，這個現象將變得越來越真實，舉例來說，在氫原子中的電子與質子之間的電吸引力比它們之間的重力大了 10^{39} 倍，因此就算是由於相對運動對這兩種力產生很小的改變，而表現在磁力時，也會產生很大的影響。此外，雖然在一導線中的單一電子速度(< 1 mm/s)小於一隻疲累的毛毛蟲，在每公分的長度仍然會有 10^{20} 個或更多的移動電子存在，故整體效應必須考慮進來。

雖然關於相對論如何將電與磁以數學形式連結起來的整個故事是非常複雜的，仍有一些觀點很容易瞭解，在兩平行電流之間的磁力便是一例。一個很重要的觀點是——它們的速度就像是光速，

電荷為相對論性不變。

在某一個參考座標系中的電荷大小為 Q，則在另一個參考座標系亦為 Q。

讓我們看圖 1.12a 中的兩個理想導體，它們包含相同數目的正電荷和負電荷，且彼此之間的距離相等，因為導體為電中性，故在兩者之間並無作用力產生。

圖 1.12b 顯示出兩個在同方向分別帶有 i_I 和 i_II 電流的相同導體，正電荷往右移動而負電荷向左移動，且從實驗室參考座標系中來看其速度皆為 v（在導線中真實的電流僅由電子組成，當然，此處的電子等效模型僅為了方便分析，且結果是相同的）。因為電荷在移動，它們之間的距離比之前少了 $\sqrt{1 - v^2/c^2}$ 倍，而且對於兩個電荷來說速度皆為 v，它們的間隔也會減少一樣的倍數且導體對於實驗室的觀察者而言仍維持著電中性，但是導體卻會開始互相吸引，為什麼？

讓我們由導體 I 中負電荷的參考座標系來看導體 II，因為在此座標系中導體 II 的負電荷是靜止的，它們的間隔並不會縮短，如圖 1.12c。另一方面，在 II 中的正電荷其速度為 $2v$，且其相對應的間隔也較實驗室座標系中短，因此導體 II 擁有淨正電荷，且對於 I 中的負電荷產生吸引力。

再來我們從導體 I 中正電荷的參考座標系來看導體 II，II 中的正電荷現在是靜止的，且負電荷以 $2v$ 向左移動，因此負電荷會比正電荷來得靠近，如圖 1.12d 所示，整個導體為負電，因此會對 I 中的正電荷產生吸引力。

相同的論證顯示出導體 II 的負電荷和正電荷被 I 吸引，因此每個導體的所有電荷都會受到相互吸引的作用力。對於每個電荷而言，作用力只是因為在另外一個導體中，相反電荷比同電性電荷更加接近所產生的一般性電場力，故另外一個導體顯示出淨電荷。從實驗室座標系來看，此狀況較不直接，在此座標系中兩個導體皆為中性，要解釋它們之間的交互吸引力，很自然地便會歸因於電流之間特殊的磁交互作用。

一個相似的分析可以解釋攜帶同方向電流的平行導體間的排斥力，雖然以不同於電力的磁力觀點來思考是很方便的，但它們都是由帶電粒子之間的單一電磁交互作用所產生。

很清楚地，在一個參考座標系中，一個攜帶電流的電中性導體在別的座標系中可能不是中性的，這個觀察如何與電荷守恆一致呢？答案是我們必須考慮導體只是整體電路的一部分，因為電路必須為封閉的，電流才得以流動，對於每個方向的電流而言，一個移動的觀察者會發現一個正電荷；而在另一個方向上，同一個觀察者會發現一個負電荷。因此磁力總是會作用在同一電路的不同部分，縱使在該電路對於觀察者而言是電中性的情況下亦然。

前面的討論僅考慮一個特別的磁效應，所有其他的磁現象也可基於庫侖定律 (Coulomb's law)、電荷守恆和特殊相對論來解釋，儘管這些分析通常是比較複雜的。

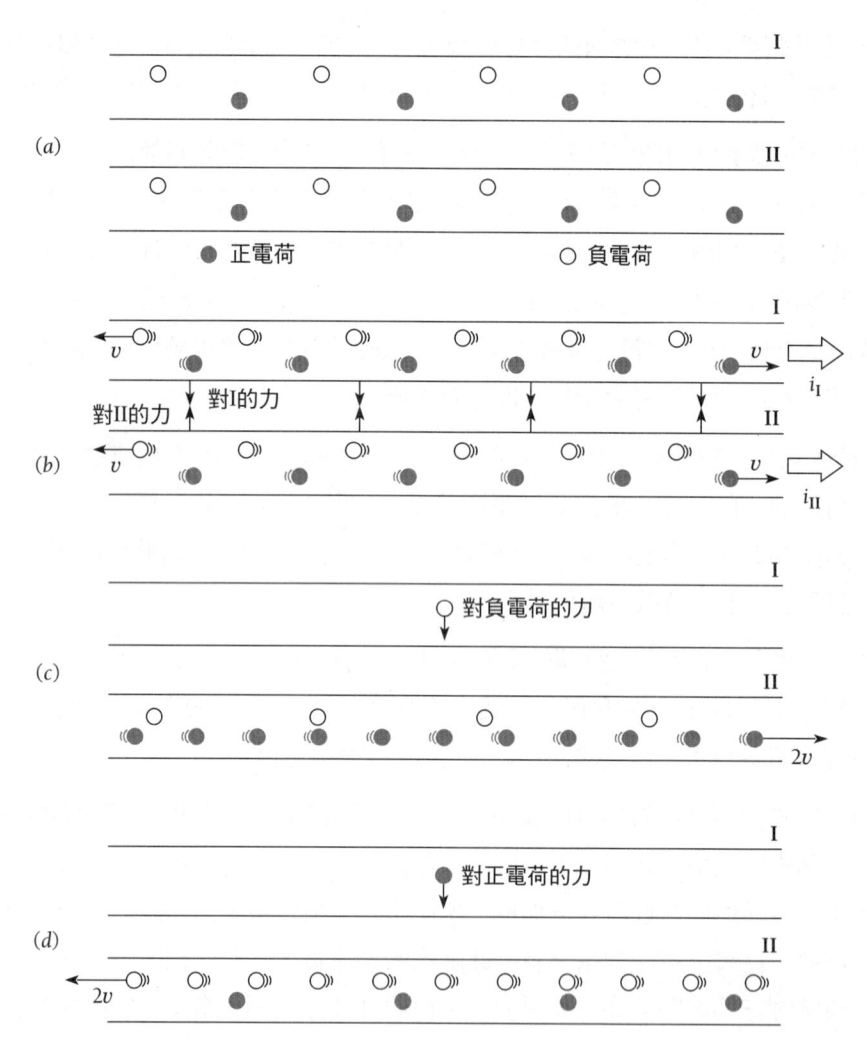

圖 1.12 兩個平行電流產生磁吸引力的方式。(a)包含相同數目的正電荷及負電荷之理想平行導體；(b)當導體攜帶電流時，從實驗室來看會發現移動電荷之間的距離縮短；(c)從 I 中的一個負電荷來看，II 中的負電荷是靜止的，而正電荷是移動的，後者的間隔縮短導致了 II 中的淨正電荷並吸引 I 中的負電荷；(d)從 I 中的一個正電荷來看，II 中的正電荷靜止而負電荷在移動，後者間隔縮短導致 II 產生淨負電荷，並且吸引 I 中的正電荷。在 b、c、d 中的間隔縮短是誇張地放大以作為示意圖。

1.7 相對論動量

Relativistic Momentum

重新定義一個重要的量

在古典力學中，線性動量 **p** = m**v** 為一個很有用的量，因為它在一個不被外力影響的粒子系統中守恆，當一個隔離系統內發生碰撞或是爆炸時，在該事件發生前，系統內所有粒子的向量總和會等於發生後的向量總和。現在我們必須問在相動運動的慣性座標系中，以 **p** = m**v** 定義動量是否有效？如果無效的話，相對性正確的定義為何？

一開始對於所有等速相對運動的觀察者而言，在碰撞中我們需要 **p** 守恆，同樣地我們知道在古典力學中若 $v \ll c$，則 **p** = m**v** 成立。不論 **p** 是否相對論正確，對於這樣的速度而言，它必須減化至 $m\mathbf{v}$。

首先我們討論兩位觀察者在兩個均勻相對運動的參考座標系 S 和 S' 中，A 與 B 兩粒子之間的彈性碰撞(elastic collision)(亦即為一種動能守恆的碰撞行為)，當我們分別在對於 A 和 B 相對靜止的參考座標系中量測時，它們性質都相同。圖1.13為 S 和 S' 的轉向(orientation)圖，S' 在 $+x$ 方向以速度 **v** 相對於 S 運動。

在碰撞前，粒子 A 靜止於座標系 S 中，而粒子 B 靜止於座標系 S' 中，在同一瞬間，A 以速度 V_A 被拋向 $+y$ 方向，B 以速度 V'_B 被拋向 $-y'$ 方向，其中

$$V_A = V'_B \tag{1.10}$$

因此由 S 觀察 A 和由 S' 觀察 B 的性質完全一樣。

當兩個粒子碰撞時，A 以速率 V_A 彈回 $-y$ 方向，而 B 以速率 V'_B 彈回 $+y'$ 方向，如果兩粒子是從相距 Y 的位置拋出，則在 S 中的觀察者會發現碰撞發生在 $y = \frac{1}{2}Y$，S' 的觀察者會發現碰撞發生在 $y' = y = \frac{1}{2}Y$。在 S 參考座標系中，A 在碰撞前後所行走的時間 T_0 為

$$T_0 = \frac{Y}{V_A} \tag{1.11}$$

而 B 在 S' 中也得到相同的結果

$$T_0 = \frac{Y}{V'_B}$$

在 S 中速度 V_B 可由

$$V_B = \frac{Y}{T} \tag{1.12}$$

求得，其中 T 為 B 在 S 中所量測而得碰撞前後的時間，然而在 S' 中，B 的碰撞前後的時間為 T_0，而根據前面的結果

$$T = \frac{T_0}{\sqrt{1 - v^2/c^2}} \tag{1.13}$$

雖然在兩個座標系中的觀察者看到同一個事件，但對於不同座標系拋出之粒子，他們所看到的碰撞前後時間長度並不一致。

以等效 T_0 取代式(1.12)之 T，我們得到

$$V_B = \frac{Y\sqrt{1 - v^2/c^2}}{T_0}$$

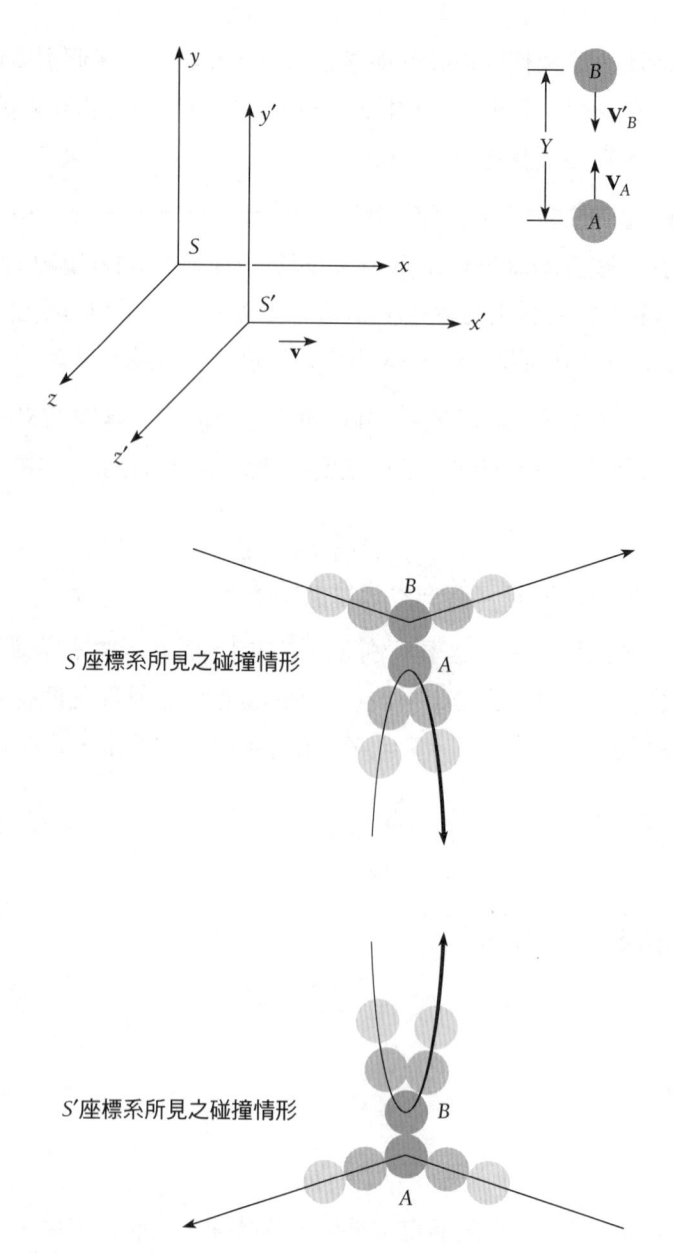

圖 1.13 在兩個不同的參考座標系中觀察彈性碰撞，兩球起初距離為 Y，從 S' 往 x 方向移動之後，兩球在兩個座標系中的距離仍為 Y。

從式(1.11)
$$V_A = \frac{Y}{T_0}$$

如果我們使用古典的動量定義，$\mathbf{p} = m\mathbf{v}$，則在 S 座標系中

$$p_A = m_A V_A = m_A \left(\frac{Y}{T_0}\right)$$

$$p_B = m_B V_B = m_B \sqrt{1 - v^2/c^2} \left(\frac{Y}{T_0}\right)$$

這意味著在此座標系中，如果 $m_A = m_B$ 時，動量不會守恆，其中 m_A 和 m_B 為 S 座標系中所量測到的質量；然而，如果

$$m_B = \frac{m_A}{\sqrt{1 - v^2/c^2}} \qquad (1.14)$$

則動量將會守恆。

在圖 1.13 中的碰撞中，A 和 B 都在兩個座標系中移動，現在假設 V_A 和 V_B' 相對於兩座標系的相對速度 v 非常小，在此狀況下，S 中的觀察者將會看到 B 以速度 v 接近 A，並做瞬時碰撞（因為 $V_B' \ll v$），然後繼續前進。在 $V_A = 0$ 的極限中，如果 m 為 A 在 S 中的靜止質量，則 $m_A = m$；如果在 $V_B' = 0$ 的極限中，如果 $m(v)$ 為 B 在 S 中以速度 v 移動的質量，則 $m_B = m(v)$。因此式(1.14)變為

$$m(v) = \frac{m}{\sqrt{1 - v^2/c^2}} \qquad (1.15)$$

如果線性動量被定義為

相對論動量 $$p = \frac{mv}{\sqrt{1 - v^2/c^2}} \qquad (1.16)$$

我們可以看到在特殊相對論中動量守恆仍成立。當 $v \ll c$ 時，式(1.16)變成如同古典力學中的動量 $\mathbf{p} = m\mathbf{v}$。式(1.16)常被寫成

相對論動量 $$p = \gamma m v \qquad (1.17)$$

其中

$$\gamma = \frac{1}{\sqrt{1 - v^2/c^2}} \qquad (1.18)$$

在此定義中，m 為相對於觀察者而言靜止物體的**固有質量**(*proper mass*)（或稱為**靜止質量**(*rest mass*)）（符號 γ 為希臘字母伽瑪）。

相對論質量

我們可能會認為物體的動量增加超過其古典值是由於物體的質量增加，則我們會稱 $m_0 = m$ 為物體的靜止質量，而式(1.17)中的 $m = m(v)$ 為物體的相對論質量，當該物體相對於某個觀察者而言移動時，動量為 $\mathbf{p} = m\mathbf{v}$，這是在過去常使用的觀點，甚至愛因斯坦一度也是這樣認為。然而，愛因斯坦稍後指出相對論質量觀點並不好，因為並沒有清楚的定義，故除了靜止質量 m 之外，不引進其他質量的觀點是比較好的。在本書中，質量和其符號 m 將是指固有（或靜止）質量，而靜止質量在相對論中被視為不變。

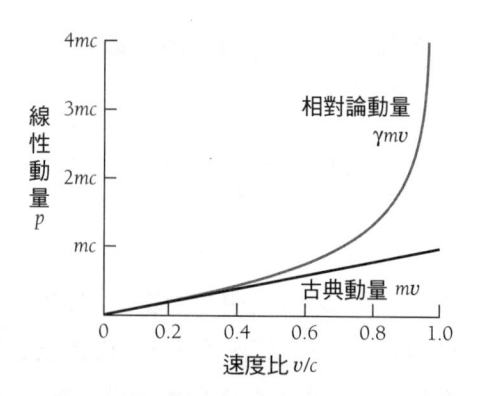

圖 1.14 相對於觀察者以速度 v 移動的物體動量，物體的質量 m 為其相對於觀察者而言靜止時的質量，物體速度不能接近 c，因為其動量將變成無限大，而這是不可能的；相對論動量 γmv 總是正確的，而古典動量 mv 只有在速度遠小於 c 時才有效。

　　圖 1.14 顯示出對於 γmv 和 mv 而言，p 和 v/c 之間的關係圖，當 v/c 小時，γmv 和 mv 非常接近（當 $v = 0.01c$ 時僅差 0.005%，當 $v = 0.1c$ 時相差 0.5%，仍然很小）；然而當 v 接近 c 時，γmv 的曲線將會越來越陡峭地上升（當 $v = 0.9c$ 時，差了 229%）。如果 $v = c$，則 $p = \gamma mv = \infty$，這是不可能的，因此我們推論沒有任何物體速度可以比光速還快。

　　但如果一太空船以相對於地球的速度 $v_1 = 0.5c$ 在同一方向上發射一顆速度為 $v_2 = 0.5c$ 的拋射物時會發生何事呢？在地球上的我們可能會預期觀察到拋射物的速度為 $v_1 + v_2 = c$，事實上，如本章附錄一中所討論的，相對論中的速度相加並非如此簡單的過程，我們會發現在此狀況中，拋射物的速度僅為 $0.8c$。

相對論第二定律

在相對論中牛頓第二運動定律為

相對論的第二定律 $$\mathbf{F} = \frac{d\mathbf{p}}{dt} = \frac{d}{dt}(\gamma m\mathbf{v}) \tag{1.19}$$

這比古典公式 $\mathbf{F} = m\mathbf{a}$ 還複雜，因為 γ 為 v 的函數，當 $v \ll c$ 時，γ 非常接近 1，$\mathbf{F}$ 幾乎等於 $m\mathbf{v}$。

例 1.5

當不變的力 $\mathbf{F}$ 施加於質量 m 且速度為 $\mathbf{v}$ 之粒子上，算出粒子之加速度；其中 $\mathbf{F}$ 方向和 $\mathbf{v}$ 方向互相平行。

解

從式 (1.19) 中，因為 $a = dv/dt$

$$F = \frac{d}{dt}(\gamma mv) = m\frac{d}{dt}\left(\frac{v}{\sqrt{1-v^2/c^2}}\right)$$
$$= m\left[\frac{1}{\sqrt{1-v^2/c^2}} + \frac{v^2/c^2}{(1-v^2/c^2)^{3/2}}\right]\frac{dv}{dt}$$
$$= \frac{ma}{(1-v^2/c^2)^{3/2}}$$

我們注意到 F 等於 $\gamma^3 ma$ 而非 γma，只是將 m 以 γm 取代不見得總是能得到在相對論中正確的結果。

粒子的加速度為
$$a = \frac{F}{m}(1-v^2/c^2)^{3/2}$$

甚至在外力為一常數時，當粒子速度增加，其加速度會減少。當 $v \to c$ 時，$a \to 0$，故粒子決不會達到光速，此結論亦為我們所預期的。

1.8 質量與能量
Mass and Energy

$E_0 = mc^2$ 的由來

愛因斯坦從特殊相對論——威力有多強大——得到之著名關係為質量與能量的關係，讓我們來看這個關係如何由我們所知的推導出來。

當我們回憶基本物理時，一個大小固定為 F 的外力對一物體在距離 s 中所做的功為 $W = Fs$，其中 **F** 和 **s** 的方向相同。如果該物體沒有其他外力且一開始為靜止時，外力對物體所做的總功會變成動能(KE)，故 $\text{KE} = Fs$。在 F 不必為常數的一般情形中，動能公式為積分值

$$\text{KE} = \int_0^s F\,ds$$

在非相對論性的物理中，質量為 m 且速度為 v 之物體動能為 $\text{KE} = \frac{1}{2}mv^2$，為求出 KE 的正確相對論公式，我們從第二運動定律的相對論形式開始，式(1.19)得到

$$\text{KE} = \int_0^s \frac{d(\gamma mv)}{dt}ds = \int_0^{mv} v\,d(\gamma mv) = \int_0^v v\,d\left(\frac{mv}{\sqrt{1-v^2/c^2}}\right)$$

利用分部積分 ($\int x\,dy = xy - \int y\,dx$)

$$\text{KE} = \frac{mv^2}{\sqrt{1-v^2/c^2}} - m\int_0^v \frac{v\,dv}{\sqrt{1-v^2/c^2}} = \frac{mv^2}{\sqrt{1-v^2/c^2}} + \left[mc^2\sqrt{1-v^2/c^2}\right]_0^v$$
$$= \frac{mc^2}{\sqrt{1-v^2/c^2}} - mc^2$$

動能
$$KE = \gamma mc^2 - mc^2 = (\gamma - 1)mc^2 \qquad (1.20)$$

這個結果陳述了一個物體的動能為 γmc^2 和 mc^2 的差,式(1.20)可寫成

總能量
$$E = \gamma mc^2 = mc^2 + KE \qquad (1.21)$$

如果我們將 γmc^2 解釋為物體的**總能量**(total energy)E 時,我們發現在物體為靜止時,KE = 0,但仍擁有能量 mc^2,故 mc^2 稱為質量為 m 之物體的**靜止能量**(rest energy)E_0,並可得

$$E = E_0 + KE$$

其中

靜止能量
$$E_0 = mc^2 \qquad (1.22)$$

如果一個物體在移動,總能量為

總能量
$$E = \gamma mc^2 = \frac{mc^2}{\sqrt{1 - v^2/c^2}} \qquad (1.23)$$

例 1.6

一個靜止的物體爆炸分為二個碎片,每個碎片質量為 1.0 kg 且相對於原物體以速度 0.6c 飛離,計算物體原來的質量。

解

原來物體的靜止能量必須等於碎片的總能量,因此

$$E_0 = mc^2 = \gamma m_1 c^2 + \gamma m_2 c^2 = \frac{m_1 c^2}{\sqrt{1 - v_1^2/c^2}} + \frac{m_2 c^2}{\sqrt{1 - v_2^2/c^2}}$$

且

$$m = \frac{E_0}{c^2} = \frac{(2)(1.0 \text{ kg})}{\sqrt{1 - (0.60)^2}} = 2.5 \text{ kg}$$

因為質量與能量不是互相獨立的物理量,它們各自的守恆定律僅是質量守恆定律中的一個例子而已,質量可以被創造或毀滅,但會伴隨著等量的能量消逝並且生成物質,反之亦然;質量和能量只是同一件事的不同觀點而已。

值得強調的是,在一個守恆(conserved)量,如總能量和一個不變(invariant)量中,如固有質量之間的差異性,E 的守恆意味著在一個特定的參考座標中,某個隔離系統中不論發生什麼事件,其總能量維持固定,然而卻可能和由其他座標中所量到的總能量不同。另一方面,m 的不變意味著 m 在所有慣性座標中都相同。

1.8 質量與能量

質量單位（公斤）和能量單位（焦耳）間的轉換因子為c^2，故一公斤的物質——如本書的質量——其能量為$mc^2 = (1\text{ kg})(3 \times 10^8\text{ m/s})^2 = 9 \times 10^{16}$ J，這足以將一百萬噸的重量送至月球。此能量是如何被儲存在一個質量很小物質中的觀點，為何在愛因斯坦之前沒有人能明白呢？

事實上，靜止能量釋放的過程也非常相似，只是我們平常沒有這樣想罷了，在每個牽涉到能量的化學反應中，一定量的物質會消失，但是消失的質量僅不過是反應物質總質量中很小的部分，並且察覺不到，因此在化學中有所謂的質量守恆定律。舉例來說，當一公斤的炸藥爆炸時，只有6×10^{-11} kg的物質會消失，這麼微小的量是很難被量測到的，但是被釋放的五百萬焦耳能量卻很難不被注意。

例 1.7

太陽能(solar energy)以垂直於地球表面每平方公尺 1.4 kW 的速率到達地球（圖1.15）。由於這個能量損失，太陽每秒減少多少質量？地球軌道的平均半徑為 1.5×10^{11} m。

解

半徑 r 的球其表面積為 $A = 4\pi r^2$，太陽輻射的總功率為半徑等於地球軌道半徑的球體所吸收的功率

$$P = \frac{P}{A} A = \frac{P}{A}(4\pi r^2) = (1.4 \times 10^3 \text{ W/m}^2)(4\pi)(1.5 \times 10^{11}\text{ m})^2 = 4.0 \times 10^{26}\text{ W}$$

因此太陽每秒損失 $E_0 = 4.0 \times 10^{26}$ J 的能量，這意指太陽的靜止質量每秒減少了

$$m = \frac{E_0}{c^2} = \frac{4.0 \times 10^{26}\text{ J}}{(3.0 \times 10^8\text{ m/s})^2} = 4.4 \times 10^9\text{ kg}$$

因為太陽的質量為 2.0×10^{30} kg，並不會有立即消耗殆盡的危險。在太陽和大部分的星球中，主要的能量產生過程為其內部的氫轉換為氦，每個氦原子核的形成都伴隨著 4.0×10^{-11} J 的能量釋放，所以太陽每秒會產生 10^{37} 個氦原子核。

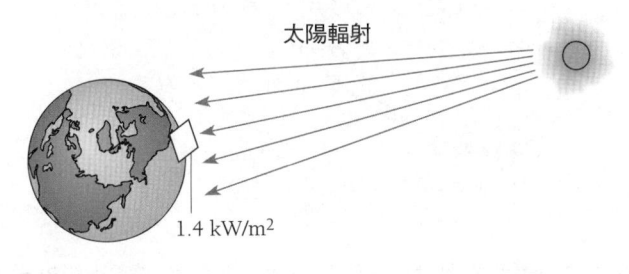

圖 1.15

在低速時的動能

當相對速度v對於c來說很小時，動能公式一定會簡化為熟悉的$\frac{1}{2}mv^2$，而實驗中證明了對這樣的v的正確性。讓我們來看這是否屬實，動能的相對論公式為

動能
$$\text{KE} = \gamma mc^2 - mc^2 = \frac{mc^2}{\sqrt{1 - v^2/c^2}} - mc^2 \qquad (1.20)$$

因為$v^2/c^2 \ll 1$，我們可利用二項式近似$(1 + x)^n \approx 1 + nx$，對於$|x| \ll 1$而言為有效，得到

$$\frac{1}{\sqrt{1 - v^2/c^2}} \approx 1 + \frac{1}{2}\frac{v^2}{c^2} \qquad v \ll c$$

因此我們得到結果為

$$\text{KE} \approx \left(1 + \frac{1}{2}\frac{v^2}{c^2}\right)mc^2 - mc^2 \approx \frac{1}{2}mv^2 \qquad v \ll c$$

物體在低速運動時，動能的相對論表示式的確會簡化為古典表示式，就目前所知而言，力學的正確公式在相對論中有其基礎，而古典力學的表示式僅在$v \ll c$時才有效，圖1.16顯示出運動物體的動能分別依據古典和相對論力學與其速度的變動關係。

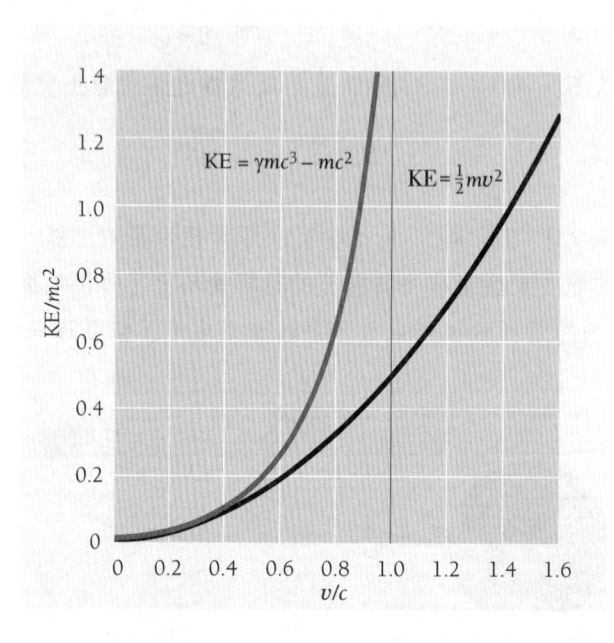

圖1.16 在古典力學和相對論中，運動物體的動能和其靜止能量mc^2之間的比較。在低速時，兩個公式會得到相同的結果；但是當速度接近光速時，兩條曲線便開始發散。根據相對論力學來看，一物體若要以光速行進時，必須要有無限大的動能，在古典力學中，僅需要其相當於靜止能量一半的動能即可達到光速。

所需精確的程度決定了是否適合使用古典或是相對論公式來計算動能，舉例來說，當 $v = 10^7$ m/s $(0.033c)$ 時，$\frac{1}{2}mv^2$ 只低估了約 0.08% 的真實動能；而當 $v = 3 \times 10^7$ m/s $(0.1c)$ 時，大約低估了 0.8% 的動能；當 $v = 1.5 \times 10^8$ m/s $(0.5c)$ 時，誤差量為 19%；且當 $v = 0.999c$ 時，誤差已達 4300%。因為 10^7 m/s 約為 6310 mi/s，非相對論公式 $\frac{1}{2}mv^2$ 對於找到一般物體的動能是相當令人滿意的，它只有在基本粒子 (elementary particle) 於某些特定環境中的超高速度下才會失效。

1.9 能量與動量
Energy and Momentum
它們在相對論中如何適應

總能量和動量在一個隔離系統中為守恆，而一個粒子的靜止質量是不變的，因此這些量比速度或動能來得更為基本，現在讓我們深入瞭解總能量、靜止能量和粒子動量之間的關係。

我們由式(1.23)中的總能量開始

總能量
$$E = \frac{mc^2}{\sqrt{1 - v^2/c^2}} \tag{1.23}$$

將等式兩邊平方得到

$$E^2 = \frac{m^2c^4}{1 - v^2/c^2}$$

從式(1.17)中的動量公式

動量
$$p = \frac{mv}{\sqrt{1 - v^2/c^2}} \tag{1.17}$$

我們發現

$$p^2c^2 = \frac{m^2v^2c^2}{1 - v^2/c^2}$$

現在我們將 E^2 減去 p^2c^2

$$E^2 - p^2c^2 = \frac{m^2c^4 - m^2v^2c^2}{1 - v^2/c^2} = \frac{m^2c^4(1 - v^2/c^2)}{1 - v^2/c^2}$$
$$= (mc^2)^2$$

因此

能量與動量
$$E^2 = (mc^2)^2 + p^2c^2 \tag{1.24}$$

這是我們想要的公式，我們注意到因為 mc^2 不變，故 $E^2 - p^2c^2$ 也不會變，這個量對一個粒子而言，在所有的參考座標系中都相同。

對多粒子而非單一粒子的系統而言，式(1.24)成立提供了靜止能量mc^2，也可以說是以質量m為整體系統的能量。如果系統中的粒子相互遠離時，它們的靜止能量總和不等於系統的靜止能量，可由例1.6中看到一個質量2.5 kg的靜止物體爆炸成二個各為1.0 kg的較小物體得到驗證。如果在系統中，我們會將質量0.5 kg的差異解釋為轉換至較小物體的動能。但由整體來看，系統在爆炸前後都是靜止的，所以系統並不會得到動能，因此系統的靜止能量包含了內在運動的動能，並且在爆炸前後對應於質量2.5 kg。

在一已知的狀況中，隔離系統的靜止能量可能會大於、等於或小於成員的靜止能量總和。一個系統靜止能量小於其成員靜止能量和的重要例子為吸引力所構成的粒子系統，如原子核中的中子與質子，原子核的靜止能量（除了單質子的氫原子核以外）小於組成粒子的總靜止能量，這個差稱為原子核的**束縛能**(binding energy)，而想要完全打斷原子核則需要至少等於束縛能的能量。這個主題我們會在11.4節中仔細討論，讀者也許有興趣現在就知道原子束縛能的大小——通常約為每公斤12^{10} kJ，我們可比較液態水中的水分子束縛能僅為2260 kJ/kg，這個能量即為一公斤的水在100°C時沸騰變為氣體所需的能量。

無質量粒子

一個無質量粒子(massless particle)可以存在嗎？更明確地說，一個沒有靜止質量但是展現出能量或是動量等類似粒子特性的粒子能夠存在嗎？在古典力學中，因為能量和動量的關係，一個粒子必須擁有靜止質量，但在相對論力學中，這項要求並不一定要成立。

從式(1.17)和(1.23)中得知，當$m = 0$且$v \ll c$，很清楚地$E = p = 0$，所以一個速度小於光速的無質量粒子不能擁有能量和動量；然而當$m = 0$且$v = c$時，$E = 0/0$且$p = 0/0$，而後兩者為不確定的數值：E和p可為任何數值。因此式(1.17)和(1.23)與擁有能量和動量的無質量粒子是一致的，並且顯示出它們將以光速行進。

式(1.24)給了我們一個$m = 0$的粒子之E和p間的關係

無質量粒子 $$E = pc \tag{1.25}$$

此結論並非是說無質量粒子一定會出現，僅說明物理定律並沒有將其可能性排除，只要$v = c$且$E = pc$即可。事實上，一個無質量粒子——光子(photon)——的確存在，且其特性正如預期一樣，我們將會在第2章中發現。

電子伏特

在原子物理中，能量的常用單位為**電子伏特**(electrovnvolt, eV)，其中1 eV為一個電子經過1伏特電位差加速而得的能量，因為$W = QV$，故

$$1 \text{ eV} = (1.602 \times 10^{-19} \text{ C})(1.000 \text{ V}) = 1.602 \times 10^{-19} \text{ J}$$

一般以電子伏特來表示的兩個量為原子的游離能(ionization energy)（移去電子所需做的功）和分子的束縛能（將分子打斷為兩個分離原子所需的能量），因此氮的游離能為 14.5 eV，而氫分子 H_2 的束縛能為 4.5 eV。在原子範疇裡，較高能量以**仟電子伏特**(*kiloelectronvolt, keV*)來表示，其中 $1 \text{ keV} = 10^3 \text{ eV}$。

在核子與基本粒子物理中，keV對大部分的情況而言甚至都還太小，故**百萬電子伏特**(*megaelectronvolt, MeV*)和**十億電子伏特**(*gigaelectronvolt, GeV*)為較適合的單位，其中

$$1 \text{ MeV} = 10^6 \text{ eV} \qquad 1 \text{ GeV} = 10^9 \text{ eV}$$

一個以MeV表示的粒子為某種鈾(U)原子核分裂為二時所釋放的能量，每個這樣的分裂事件會放出約 200 MeV 的能量，這是核子反應爐與武器獲得動力的步驟。

基本粒子的靜止能量通常以MeV和GeV來表示，且對應之靜止質量為MeV/c^2和GeV/c^2，以後面的單位來表示質量的好處為靜止能量即等於靜止質量，如 0.938 GeV/c^2（質子的靜止質量）為 $E_0 = mc^2 = 0.938$ GeV，如果質子的動能為 5.000 GeV 時，求出其總能量非常容易：

$$E = E_0 + KE = (0.938 + 5.000) \text{ GeV} = 5.938 \text{ GeV}$$

同樣地，有時以MeV/*c*和GeV/*c*表示線性動量是很方便的，假設我們想要知道一個速度為 $0.800c$ 的質子動量時，從式(1.17)中得到

$$p = \frac{mv}{\sqrt{1-v^2/c^2}} = \frac{(0.938 \text{ GeV}/c^2)(0.800c)}{\sqrt{1-(0.800c)^2/c^2}}$$

$$= \frac{0.750 \text{ GeV}/c}{0.600} = 1.25 \text{ GeV}/c$$

例 1.8

一個電子($m = 0.511$ MeV/c^2)和一個光子($m = 0$)的動量都為 2.000 MeV/*c* 時，求出每個粒子的總能量。

解

(*a*) 從式(1.24)中，電子的總能量為

$$E = \sqrt{m^2c^4 + p^2c^2} = \sqrt{(0.511 \text{ MeV}/c^2)^2 c^4 + (2.000 \text{ MeV}/c)^2 c^2}$$
$$= \sqrt{(0.511 \text{ MeV})^2 + (2.000 \text{ MeV})^2} = 2.064 \text{ MeV}$$

(b) 從式(1.25)中，光子的總能量為

$$E = pc = (2.000 \text{ MeV}/c)c = 2.000 \text{ MeV}$$

1.10 廣義相對論
General Relativity
重力為時空的扭曲

特殊相對論僅和無加速的慣性參考座標系有關，而愛因斯坦在1916年的**廣義相對論**(*general theory of relativity*)更加深入地探討加速度對於我們所觀察的影響。其重要結論為重力是由物體周圍的時空扭曲(warping)所產生的（圖1.17），所以一般來說，一個經過某個空間的物體，會遵循著曲線行進而非直線，甚至有可能被吸進去。

等效性原理(*principle of equivalence*)為廣義相對論的核心：

在封閉實驗室中的觀察者不能分辨由重力場和實驗室的加速度所分別產生的效應。

這個原理由實驗的觀察而來（精確到一兆分之一），當一個物體受力時，其慣性質量將會決定加速度，並且總是和對其他物體施力的重力質量相等（兩個質量事實上成比例關係，適當地選擇重力常數 G 以可得到該比例常數為 1）。

重力和光

根據等效性原理，光應該會被重力所影響，如果一道光束被導過一個加速度的實驗室，如圖1.18所示，它相對於實驗室的路徑將會被彎曲，這意味著如果光束被等效於實驗室加速度的重力場影響時，光束將會遵循同一條彎曲的路徑。

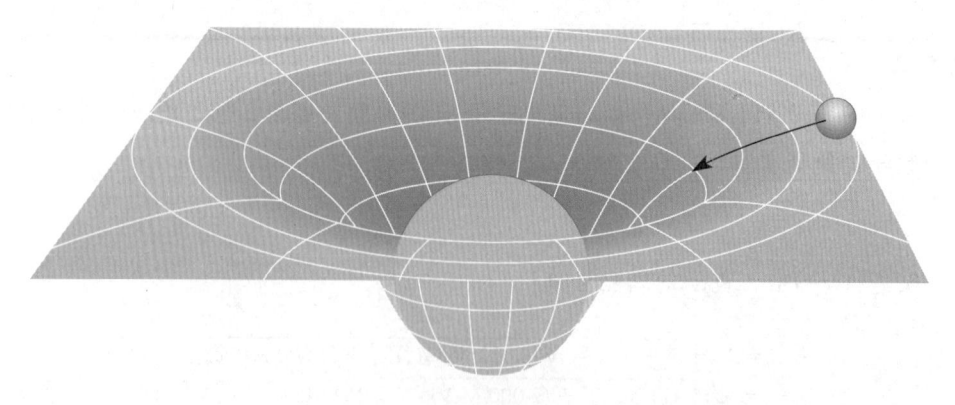

圖1.17 廣義相對論繪出由於物質的存在，重力為時空的扭曲分布，附近的物體會因為這個扭曲而被吸引，就像一顆彈珠滾到壓縮橡膠薄片的底部，解釋惠勒(J. A. Wheeler)所說過的話，時空說明了質量如何移動，質量則說明了時空如何扭曲。

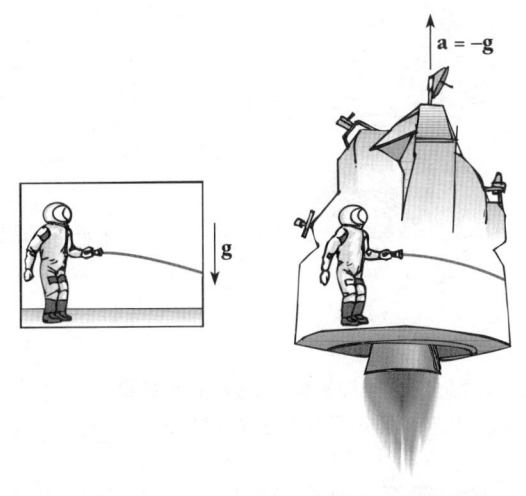

圖 1.18 根據等效性原理，在加速實驗室發生的事件和重力場所發生的事件是無法被分辨的，因此相對於加速實驗室的觀察者而言，光束的偏折意味著光在重力場中也同樣地被偏折。

根據廣義相對論，掠過太陽的光線其路徑應該會被彎曲0.005°——相當於從一哩遠的地方看一角硬幣的直徑。這個預測在1919年首度藉由日蝕(eclipse)的時候，太陽的環被月球掩蓋，才能觀測到太陽附近的星空所呈現出來的星球圖片得到驗證，這個圖片和另一張在太陽遠離時所拍攝同一星空的圖片相比較（圖1.19），愛因斯坦因此而變成世界名人。

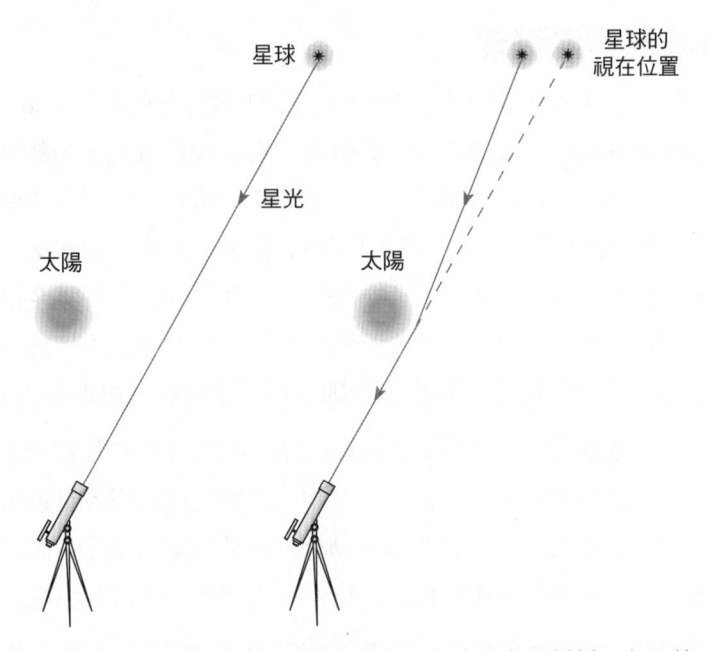

圖 1.19 通過太陽附近的星光被其強大的重力場偏折，在日蝕的期間，太陽光環被月亮遮蔽而顯得模糊時，此偏折將可被測量。

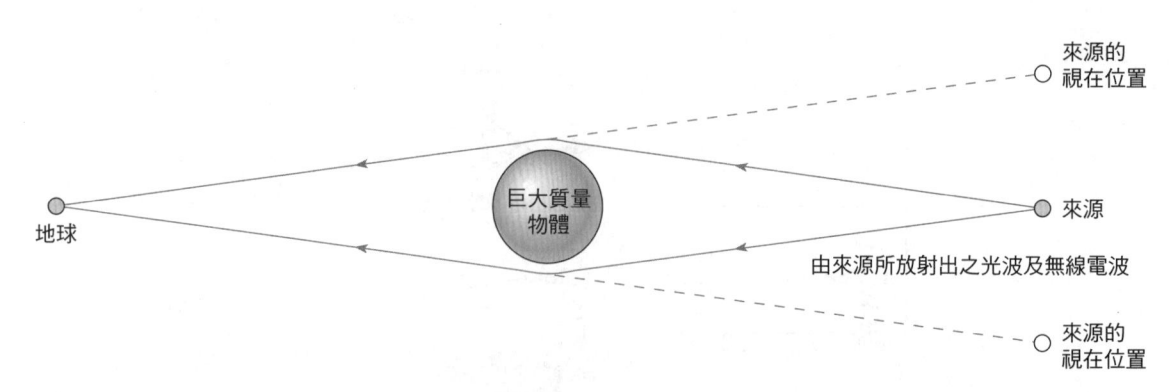

圖1.20 重力透鏡。如類星體之來源所放射出之光波和無線電波會被星雲之類的巨大質量物體所偏折，以致於它們似乎是由兩個或更多的相同來源而來，目前已證實許多這樣的重力透鏡現象。

因為光在重力場中會被偏折，高質量密度——如星雲——可以像透鏡般對於遠端光源產生在其後端的多重影像（圖1.20）。**類星體**(*quasar*)——年輕星雲的核心——比一千億個星球都還亮，但並不比太陽系大。第一次對於重力透鏡作用(gravitational lensing)的觀察為1979年時發現一對鄰近的類星體，但實際上只有一個類星體，因為其光線被中間的巨大質量物體所偏折，從此之後，其他許多重力透鏡現象都陸續被發現，從遙遠的來源所發出的無線電波會發生此效應，光波也有同樣的效應。

重力和光之間的交互作用也會產生重力紅位移(gravitational red shift)和黑洞(black hole)現象，我們將在第2章中討論。

廣義相對論的其他發現

廣義相對論更進一步的成功在於消除天文學中長期以來的難題，一個行星(planet)軌道的近日點(perihelion)為其最接近太陽的位置，水星(Mercury)軌道較為奇怪，其近日點每一世紀進動(precess)1.6°（圖1.21），此偏移中的43″（1″ = 1弧秒 = $\frac{1}{3600}$度）是由於其他行星的吸引所造成，這個差異曾被當成一個尚未被發現，且名為祝融(Vulcan)星球的證據，其軌道位於水星的內側。當重力很弱時，廣義相對論和牛頓公式$F = Gm_1m_2/r^2$會得到相同的結果，但是水星很接近太陽，故其在一個很強的重力場中運動，若以愛因斯坦的廣義相對論則能預測水星軌道每世紀可前進43″。

以光速行進的**重力波**(*gravitational wave*)是廣義相對論中仍待被證實的，想像一個重力波，我們可以思考圖1.17之模型，其中二維空間以被嵌入質量所扭曲的橡膠薄片來表示，如果其中的一個重量物質振動時，波動將會在薄片中傳送使得其他的物質也產生振動，一個振動電荷同樣地也會傳送電磁波，使得其他電荷產生振動。

在兩種波之間一個重要差異為非常微弱的重力波，儘管目前為止仍沒有許多的成果可被直接地量測到。然而在1974年，在一個由鄰近雙星、**脈衝星**(*pulsar*)互相

旋轉所組成的系統中，發現了重力波的強烈證據。脈衝星是非常小且濃密的星體，主要以快速自旋的中子所組成，並且以固定的速率送出光波和無線電波信號，如燈塔的轉動光線（參見9.11節）。在這個特殊雙星系統中的脈衝星每59毫秒(ms)放射一個脈衝(pulse)，且它與伴星之軌道週期為8小時（可能是別的中子星）。根據廣義相對論，這樣的系統應該會釋放出重力波，並因此而損失能量且減少其軌道週期，使得星球間會以螺旋狀互相接近。軌道週期的改變意味著脈衝星脈衝到達時間的變化，在所觀察的雙星系統中，軌道週期被發現每年減少75 ms，這和廣義相對論對於此系統所做的預測相當接近，無疑地這是由重力輻射所造成。1993年諾貝爾物理獎也因此頒給了約瑟夫·泰勒(Joseph Taylor)和羅素·豪斯(Russell Hulse)。

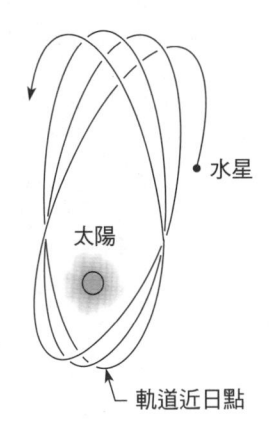

圖 1.21 水星軌道近日點的前進。

更具威力的重力波來源應該會由二個黑洞碰撞和超新星(supernova)爆炸之類的事件所產生，殘餘的星球核心會塌陷為中子星(neutron star)物體的重力波由於重力場變動會產生漣波(ripple)扭曲，因為重力非常微弱——質子和電子之間的電吸引力比兩者之間的重力大了10^{39}倍——在銀河中由超新星所產生的重力波（平均每30年發生一次），在地球的扭曲僅為一百萬兆分之一(10^{-18})，對一個遙遠的超新星而言會更小，這對應於一個變化，例如，人的高度變化在一個原子核的直徑以內，以現在科技而言似乎是可以被量測到的。

有一種方法為把一條大金屬棒冷卻到低溫以將其原子的隨機熱運動極小化，並用感測器量測由重力波所產生的振動。而另一個方法，相似於圖1.2中的干涉儀和雷射光源用來尋找鏡子所附著支臂的變化，這兩種量測仍在運作，到目前為止尚未成功。

一個相當具有野心的計畫已經被提出，它是利用六個環繞於太陽的太空船成對放置於三角形的三個頂點，每邊長約五百萬公里，而太空船中的感測器會量測到由於重力波通過所造成的間隔距離改變。假以時日，此最大尺度之重力波將可提供許多有關宇宙擾動之數據。

附錄一

勞倫茲轉換
The Lorentz Transformation

假設我們在一個慣性參考座標系 S 中，發現時間 t 的某事件座標軸為 x, y, z。在另一個相對於 S 以等速度 **v** 移動之慣性座標系 S' 的觀察者將會發現同樣的

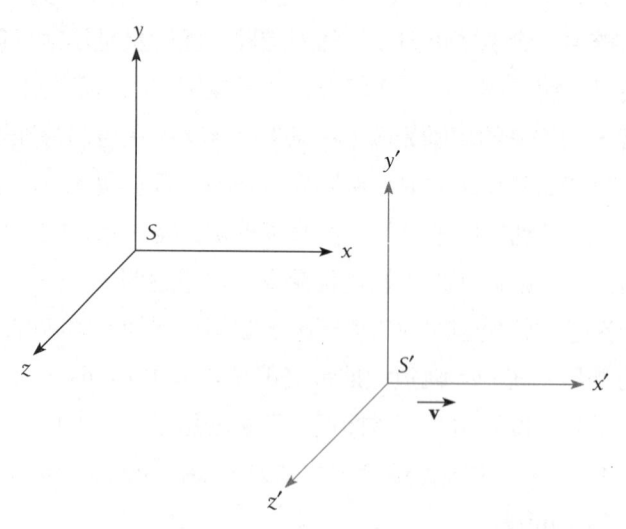

圖 1.22 座標系 S' 在 $+x$ 方向以相對於座標系 S 之速度 v 移動，必須使用勞倫茲轉換以轉換其中一個座標系的量測成為另一個座標系的等效值。

事件於時間 t' 的座標軸為 x', y', z'（為簡化我們的計算，我們假設 $\mathbf{v}$ 在 $+x$ 方向，如圖 1.22 所示），x, y, z, t 和 x', y', z', t' 之間的關係為何？

伽利略轉換

在特殊相對論之前，由一個慣性系統中的量測轉換至別的系統似乎是很明顯的，如果當 S 和 S' 的原點重疊時，兩個系統中的時鐘開始計時，在 x 方向的量測使得 S 會比 S' 多了 vt，這個量為 S' 在 x 方向已移動的距離

$$x' = x - vt \tag{1.26}$$

在 y 和 z 方向沒有相對運動，故

$$y' = y \tag{1.27}$$

$$z' = z \tag{1.28}$$

在沒有任何跡象顯示違反日常經驗的原則下，我們假設

$$t' = t \tag{1.29}$$

式(1.26)至(1.29)即為**伽利略轉換**(*Galilean transformation*)。

根據伽利略轉換，將 S 座標系中所量測到的速度成份轉換為 S' 座標系中的等效值，僅需將 x', y', z' 對時間微分

$$v'_x = \frac{dx'}{dt'} = v_x - v \tag{1.30}$$

$$v'_y = \frac{dy'}{dt'} = v_y \qquad (1.31)$$

$$v'_z = \frac{dz'}{dt'} = v_z \qquad (1.32)$$

雖然伽利略轉換和其對應的速度轉換似乎是很直覺的，它們卻和特殊相對論的兩項假設相違背。第一項假設要求在 S 和 S' 慣性座標中都具有相同的物理方程式，但是當我們應用伽利略轉換將一參考系之電與磁的方程式轉換為另一參考系之等效方程式時，其形式會變得非常不同；第二個假設要求不論在 S 或 S' 中，光速 c 都必須相等，如果我們在 S 系統中的 x 方向量到光速為 c，根據式(1.30)，在 S' 系統中光速應為

$$c' = c - v$$

如果要滿足特殊相對論的假設時，顯然地需要一個不同的轉換，而我們預期時間擴張與長度收縮很自然地會遵循這個新轉換。

勞倫茲轉換

對於 x 和 x' 之間正確關係的性質所做的合理推測為

$$x' = k(x - vt) \qquad (1.33)$$

此處 k 為不隨 x 或 t 而變，且為 v 函數的因子，選擇式(1.33)是由於下列考慮：

1. x 和 x' 為線性關係，因此座標系 S 中的單一事件必然對應到 S' 中的單一事件。
2. 它很簡單，且通常探討一個問題時，總是先由簡單的答案開始。
3. 它有可能簡化為式(1.26)，我們知道在一般力學裡，式(1.26)是正確的。

因為物理方程式在 S 和 S' 中必須具有相同形式，我們僅需改變 v 的符號（為了將相對運動方向中的差異考慮進去）以寫出以 x' 和 t' 所表示 x 的對應方程式：

$$x = k(x' + vt') \qquad (1.34)$$

在兩個參考座標系中，因子 k 必須相同，因為除了 v 的方向以外，S 和 S' 之間並無差異。

如同伽利略轉換的情形一樣，沒有現象可以顯示互相對應的座標 y, y' 之間與 z, z' 之間可能會有不同，而 y, y' 和 z, z' 和 v 的方向垂直。因此我們再令

$$y' = y \qquad (1.35)$$
$$z' = z \qquad (1.36)$$

然而，時間座標 t 和 t' 並不相同，可看到將式(1.33)得到之 x' 值代入式(1.34)中會得到

$$x = k^2(x - vt) + kvt'$$

其中我們可求得

$$t' = kt + \left(\frac{1-k^2}{kv}\right)x \tag{1.37}$$

式(1.33)以及式(1.35)至(1.37)組成了一組滿足特殊相對論第一項假設的座標轉換。

相對論的第二項假設給了我們一個計算 k 的方式，在 $t=0$ 時，兩參考座標系 S 和 S' 的原點在同一處，根據我們的初始條件，$t'=0$；假設當 $t=t'=0$ 時，S 和 S' 的共同原點處發射一閃光信號，而每一個參考座標系的觀察者量測閃光信號擴散的速度，兩個觀察者必定會發現速度皆為 c（圖 1.23），這意味著在 S 座標系中

$$x = ct \tag{1.38}$$

而在 S' 座標系中

$$x' = ct' \tag{1.39}$$

(a)

由閃光所發出的光線　　每個觀察者量測到從自己
　　　　　　　　　　　　的船上所擴散出的光波

(b)

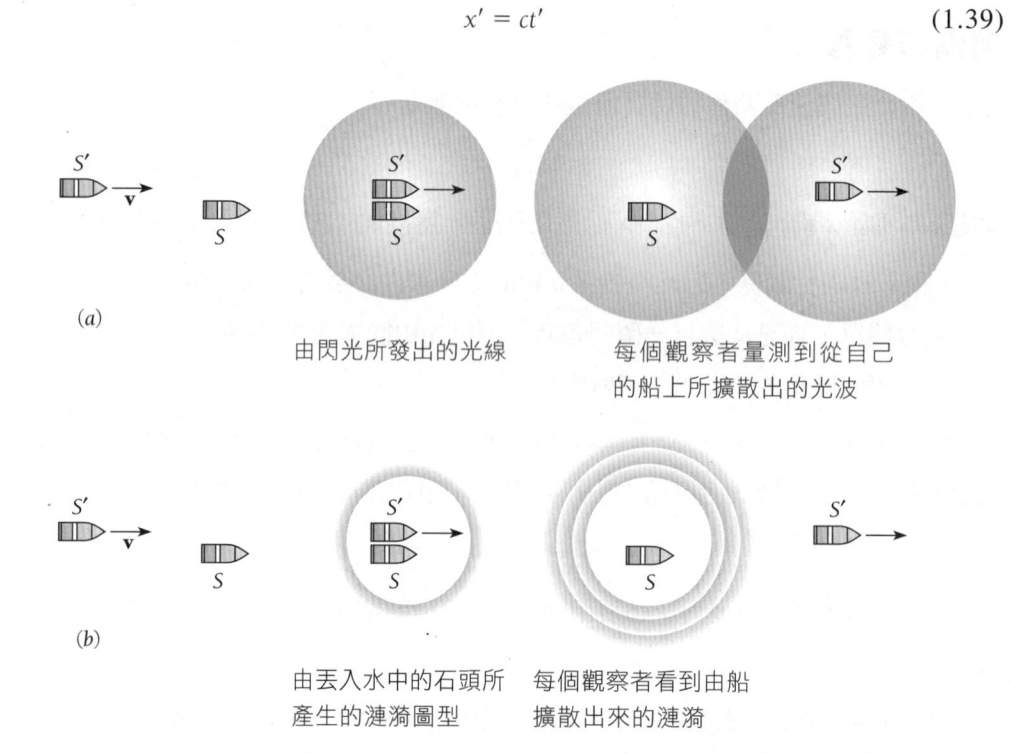

由丟入水中的石頭所　　每個觀察者看到由船
產生的漣漪圖型　　　　擴散出來的漣漪

圖 1.23　(a)慣性座標系 S' 為相對於參考座標系 S 之另一船而言，在 $+x$ 方向以速度 v 移動的船，當 $t=t_0=0$ 時，S' 緊接著 S 且 $x=x_0=0$，此時在兩船釋放出閃光，在船 S 上的觀察者量測到從他的船上擴散出去且速度為 c 之光波；在船 S' 上的觀察者也量測到從她的船上擴散出去且速度亦為 c 的光波，甚至 S' 相對於 S 而言向右移動；(b)如果相反地，在 $t=t_0=0$ 時將一個石頭丟落水中，觀察者會發現漣漪圖型相對於他們的船而言，將以不同的速度在 S 附近擴散出去。在(a)和(b)之間的差別為，漣漪移動所在的水本身為參考座標系，而光線移動所在的空間並不是參考座標系。

利用式(1.33)和(1.37)將式(1.39)中的 x' 和 t' 取代可得

$$k(x - vt) = ckt + \left(\frac{1-k^2}{kv}\right)cx$$

解出 x 得到

$$x = \frac{ckt + vkt}{k - \left(\frac{1-k^2}{kv}\right)c} = ct\left[\frac{k + \frac{v}{c}k}{k - \left(\frac{1-k^2}{kv}\right)c}\right] = ct\left[\frac{1 + \frac{v}{c}}{1 - \left(\frac{1}{k^2} - 1\right)\frac{c}{v}}\right]$$

x 的表示式將和式(1.38)所給定的 x 一樣，亦即 $x = ct$，讓其中括弧內的數值等於 1，可得

$$\frac{1 + \frac{v}{c}}{1 - \left(\frac{1}{k^2} - 1\right)\frac{c}{v}} = 1$$

和

$$k = \frac{1}{\sqrt{1 - v^2/c^2}} \tag{1.40}$$

最後我們將此 k 值代入式(1.36)和(1.40)中，現在我們得到一個在 S 中發生事件的量測完全轉換為 S' 中所對應的量測：

勞倫茲轉換

$$x' = \frac{x - vt}{\sqrt{1 - v^2/c^2}} \tag{1.41}$$

$$y' = y \tag{1.42}$$

$$z' = z \tag{1.43}$$

$$t' = \frac{t - \frac{vx}{c^2}}{\sqrt{1 - v^2/c^2}} \tag{1.44}$$

這些方程式組成了**勞倫茲轉換**(*Lorentz transformation*)，它們首次由德國物理學家勞倫茲(H. A. Lorentz)證明了只有在式(1.41)至(1.44)被使用時，電磁學的基本公式在所有慣性座標系中都相同。直到許多年後才被愛因斯坦發現它們完整的特性。很明顯的是當相對速度 v 小於光速 c 時，勞倫茲轉換將會簡化為伽利略轉換。

例 1.9
利用勞倫茲轉換推導出相對論的長度收縮。

解

讓我們考慮位於移動座標系 S' 之 x' 軸方向的柱子，在這個座標系中的觀察者決定了其尾端座標為 x'_1 和 x'_2，故此棒的固有長度為

$$L_0 = x'_2 - x'_1$$

為了求得 $L = x_1 - x_2$，在時間 t 時，可量測靜止座標系 S 中柱子的長度，我們使用式(1.41)得到

$$x'_1 = \frac{x_1 - vt}{\sqrt{1 - v^2/c^2}} \qquad x'_2 = \frac{x_2 - vt}{\sqrt{1 - v^2/c^2}}$$

因此
$$L = x_2 - x_1 = (x'_2 - x'_1)\sqrt{1 - v^2/c^2} = L_0\sqrt{1 - v^2/c^2}$$

這和式(1.9)的結果是相同的。

反勞倫茲轉換

在例1.9中，運動柱子尾端的座標在相同的時間 t 於靜止座標系 S 中量測，而利用式(1.41)以 L_0 和 v 來表示 L 非常地簡單，如果我們想要檢查時間擴張的話，式(1.44)不是很方便，因為當在不同的相對位置 x_1 和 x_2 上移動時鐘時，必須選定時間的起點與終點 t_1 和 t_2 才得以量測。在這種情形中，使用將移動座標系 S' 中的量測轉換至 S 中的等效值之**反勞倫茲轉換**(*inverse Lorentz transformation*)是較為容易的。

為得到反勞倫茲轉換，將式(1.41)中上標和不具上標的數值與式(1.44)交換，且 v 以 $-v$ 代換：

反勞倫茲轉換
$$x = \frac{x' + vt'}{\sqrt{1 - v^2/c^2}} \tag{1.45}$$

$$y = y' \tag{1.46}$$

亨德列克‧勞倫茲(Hendrik A. Lorentz, 1853-1928)出生於荷蘭的阿爾漢姆(Arnhem)並且在萊登大學(University of Leyden)就讀，十九歲時他返回阿爾漢姆並且在當地的高中教書。同時他也擴充馬克士威爾的電磁理論以解釋光線折射與反射的詳細情形，並以此為題撰寫博士論文。在1878年時他成為了萊登大學的理論物理教授，也是荷蘭史上的第一位，而他也在那裡待了三十四年才搬到哈琳姆(Haarlem)。勞倫茲繼續將馬克士威爾理論重新公式化並且簡化之，引進了電磁場是由原子層級中的電荷所產生的觀念，他認為原子所放射出來的光和許多不同的光現象可追溯到原子電子的運動和交互作用。1896年他的學生彼得‧塞曼(Pieter Zeeman)發現了這個現象，即在磁場中輻射的原子光譜線，會分裂成許多不同頻率的成份，證實勞倫茲的著述，也使得他們獲得了1902年的諾貝爾獎。

勞倫茲在1895年發現，在一參考座標系中的電磁量可被轉換至另一個相對於前者在運動的參考座標系之方程式，雖然它們的重要性直到十年後愛因斯坦的特殊相對論才被重視。勞倫茲推測如果相對於觀察者而言，運動方向上的長度收縮時，邁克生－莫力實驗結果的失敗是可以理解的，接下來的實驗證明了雖然這樣的收縮存在，但它們可能不是邁克生－莫力實驗結果的真正原因，因為並不存在所謂的以太來作為一個通用參考座標系。

$$z' = z' \tag{1.47}$$

$$t = \frac{t' + \frac{vx'}{c^2}}{\sqrt{1 - v^2/c^2}} \tag{1.48}$$

例 1.10
利用反勞倫茲轉換推導出時間擴張的公式。

解

讓我們考慮一個在移動座標系 S' 中位於 x' 的時鐘，在 S' 中的觀察者發現時間為 t'_1，而另一個觀察者會發現為 t_1，而從式(1.48)中得到

$$t_1 = \frac{t'_1 + \frac{vx'}{c^2}}{\sqrt{1 - v^2/c^2}}$$

在時間間隔 t_0（對他而言）之後，在移動系統中的觀察者根據他的時鐘會發現目前時間為 t'_2，亦即

$$t_0 = t'_2 - t'_1$$

然而在 S 中的觀察者量測到同樣時間間隔的結尾為

$$t_2 = \frac{t'_2 + \frac{vx'}{c^2}}{\sqrt{1 - v^2/c^2}}$$

故對她而言，時間間隔 t 為

$$t = t_2 - t_1 = \frac{t'_2 - t'_1}{\sqrt{1 - v^2/c^2}} = \frac{t_0}{\sqrt{1 - v^2/c^2}}$$

這就是我們先前利用一個光脈衝時鐘所得到的結果。

速度相加

特殊相對論假設了自由空間中的光速 c 對於所有觀察者而言都相同，而不論其相對運動，「常識」（此處指伽利略轉換）告訴我們如果我們從一個速度為 30 m/s 的車子向前扔出一個速度為 10 m/s 的球時，球相對於道路的速度是 40 m/s，其為兩個速度的和。但是當車速為 v 時，如果我們打開車頭燈會發生何事呢？同樣的推理預測了從 S' 參考座標系（汽車）中放射出來的光線，在相對於另一個座標系 S（道路）方向上運動，由 S 所量測到的速度應為 $c + v$，但這個結果將會違背上述具有足夠實驗證明的假設，在這裡以常識做為科學的指引方向已不再可靠，而我們必須回到勞倫茲轉換方程式來找出速度相加的正確表示法。

假設某物相對於 S 和 S' 而言在移動，在 S 的觀察者量測到三個速度分量為

$$V_x = \frac{dx}{dt} \qquad V_y = \frac{dy}{dt} \qquad V_z = \frac{dz}{dt}$$

對 S' 中的觀察者而言

$$V'_x = \frac{dx'}{dt'} \qquad V'_y = \frac{dy'}{dt'} \qquad V'_z = \frac{dz'}{dt'}$$

將反勞倫茲轉換方程式相對於 x, y, z 和 t 做微分，我們得到

$$dx = \frac{dx' + v\,dt'}{\sqrt{1 - v^2/c^2}} \qquad dy = dy' \qquad dz = dz' \qquad dt = \frac{dt' + \frac{v\,dz'}{c^2}}{\sqrt{1 - v^2/c^2}}$$

因此

$$V_x = \frac{dx}{dt} = \frac{dx' + v\,dt'}{dt' + \frac{v\,dx'}{c^2}} = \frac{\frac{dx'}{dt'} + v}{1 + \frac{v}{c^2}\frac{dx'}{dt'}}$$

相對論速度轉換
$$V_x = \frac{V'_x + v}{1 + \frac{vV'_x}{c^2}} \tag{1.49}$$

相似地，
$$V_y = \frac{V'_y\sqrt{1 - v^2/c^2}}{1 + \frac{vV'_x}{c^2}} \tag{1.50}$$

$$V_z = \frac{V'_z\sqrt{1 - v^2/c^2}}{1 + \frac{vV'_x}{c^2}} \tag{1.51}$$

如果 $V'_x = c$，亦即是說如果光在移動的座標系 S' 以相對於 S 的運動方向釋放出來時，在座標系 S 中的觀察者將會量測到速度為

$$V_x = \frac{V'_x + v}{1 + \frac{vV'_x}{c^2}} = \frac{c + v}{1 + \frac{vc}{c^2}} = \frac{c(c + v)}{c + v} = c$$

因此在汽車和路上的觀察者會發現相同的光速，正如同光速所必須擁有的值。

例 1.11

太空船阿爾法號(Alpha)以相對於地球速度 $0.90c$ 前進，如果太空船貝他號(Beta)在相同方向上以相對於阿爾法號速度 $0.50c$ 前進時，貝他號相對於地球的速度為何？

解

根據伽利略轉換，貝他號相對於地球所需的速度為 $0.90c + 0.50c = 1.40c$，我們知道這是不可能的，然而根據式(1.49)，$V'_x = 0.50c$ 且 $v = 0.90c$，所需的速度僅為

$$V_x = \frac{V'_x + v}{1 + \frac{vV'_x}{c^2}} = \frac{0.50c + 0.90c}{1 + \frac{(0.90c)(0.50c)}{c^2}} = 0.97c$$

比 c 還小，為了以相對速度 $0.50c$ 通過一個速度為 $0.90c$ 的太空船，必須要比太空船快約 10% 才能得到。

同時性

時間和空間的相對角色有許多的暗示，特別是對於觀察者而言，看起來似乎是同時發生的事件，對於相對運動中的觀察者而言並不同時，反之亦然。

讓我們考慮兩個事件——釋放一對閃光——對在地球上的某人而言發生在同樣時間 t_0，但發生在不同的位置 x_1 和 x_2，在飛行中的太空船駕駛者會看到什麼？對她而言，根據式(1.44)，在 x_1 和 t_0 的閃光發生在時間

$$t'_1 = \frac{t_0 - vx_1/c^2}{\sqrt{1 - v^2/c^2}}$$

根據式(1.44)，在 x_2 和 t_0 的閃光發生在時間為

$$t'_2 = \frac{t_0 - vx_2/c^2}{\sqrt{1 - v^2/c^2}}$$

因兩個同時發生的事件對於一個觀察者和另一個相對速度 v 的觀察者而言，其時間間隔為

$$t'_2 - t'_1 = \frac{v(x_1 - x_2)/c^2}{\sqrt{1 - v^2/c^2}}$$

誰是正確的？當然，問題是無意義的：兩個觀察者都是正確的，因為每個觀察者僅觀察他自己所看到的。

因為同時性(simultaneity)為一個相對性觀念而非絕對性觀念，在不同位置的事件需要同時性的物理定律是不可能有效的。舉例來說，在隔離系統中的總能量是守恆的，但並不會排除某處消失之 ΔE 能量，而會出現另一處，且並沒有實際的能量轉換。因為同時性是相對的，過程中的某些觀察者將會發現許多不守恆的能量，我們必須說當能量在某處消失而在別處出現時，它實際上會從第一個位置轉移到第二個位置。因為能量在所有地方為局部守恆，而不僅只是考慮隔離系統時才會守恆——這也是這個原理較強的陳述。

附錄二

時空
Spacetime

我們都知道,自然界中空間與時間的觀念是難以分開的,某觀察者只需要用米尺量測,另一個觀察者可能同時需要米尺和時鐘才能量測,一個表示特殊相對論結果方便且優雅的方法,就是把事件當作發生在四維的**時空**(*spacetime*)中,其中三個座標軸為表示空間的 x, y, z 以及表示時間的第四個座標軸 ict,其中 $i = \sqrt{-1}$。雖然我們無法具體地想像時空,但在數學計算中並不比三維空間系統難。

選定 ict 做為時間軸而不用 t 的原因是因為這個數值

$$s^2 = x^2 + y^2 + z^2 - (ct)^2 \tag{1.52}$$

在經過勞倫茲轉換之後並不會改變,那就是說如果一事件發生在慣性座標系 S 中的 x, y, z, t 和 S' 中的 x', y', z', t' 時,則

$$s^2 = x^2 + y^2 + z^2 - (ct)^2 = x'^2 + y'^2 + z'^2 - (ct')^2$$

因為 s^2 不變,我們可將勞倫茲轉換想成 x, y, z, ict 軸在時空之中的轉動(圖1.24)。

在時空中以四個座標軸 x, y, z, ict 定義一向量,且不論慣性座標系 S 與 S' 之間的觀點不同,在時空中的四向量仍維持固定。

另一個經過勞倫茲轉換後仍維持不變的四個向量其分量為 $p_x, p_y, p_z, iE/c$,此處 p_x, p_y, p_z 為總能量 E 之物體的線性動量,因此

$$p_x^2 + p_y^2 + p_z^2 - \frac{E^2}{c}$$

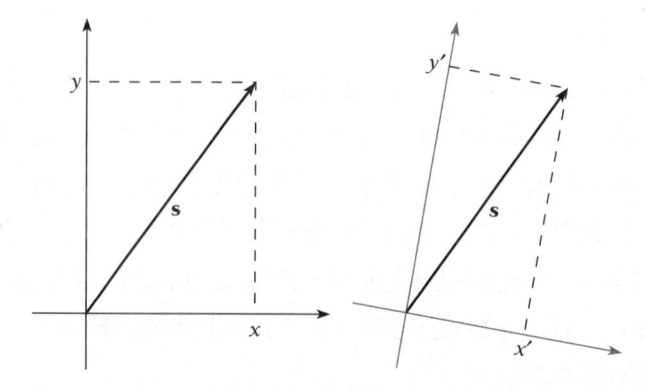

圖1.24 轉動一個二維座標系統並不會改變 $s^2 = x^2 + y^2 = x'^2 + y'^2$,其中 s 為向量 **s** 的長度,這個結果也可以推廣至四維時空座標系統 x, y, z, ict 中。

對所有慣性座標系都相同,即使 p_x, p_y, p_z, E 分別來說是不同的。這個不變性在稍早已被提及和式(1.24)有關,注意其中 $p^2 = p_x^2 + p_y^2 + p_z^2$。

一個在數學上較為精確的公式是將電場**E**與磁場**B**以一個稱為張量(tensor)的不變量來表示,這個方法可將特殊相對論融入物理中,並且可使我們更加深入地瞭解自然定律並發現新現象與新關係。

時空間隔

利用時空的概念很容易地確認1.2節結尾(P. 10)對時空所做的陳述,圖1.25顯示了兩個繪於 x 和 tc 軸上的事件,事件一發生在 $x = 0$ 和 $t = 0$,而事件二發生在 $x = \Delta x$ 和 $t = \Delta t$,它們之間的時空間隔 Δs 被定義為

事件之間的時空間隔 $\qquad (\Delta s)^2 = (c\Delta t)^2 - (\Delta x)^2 \qquad (1.53)$

這個定義的優點在於 $(\Delta s)^2$ 和式(1.52)之 s^2 一樣不會因勞倫茲轉換而改變。如果 Δx 和 Δt 為 S 座標系中兩個事件在時間和空間中所量測到的差距,而 $\Delta x'$ 和 $\Delta t'$ 為 S' 座標系中兩個事件在時間和空間所量測到的差距時,則

$$(\Delta s)^2 = (c\Delta t)^2 - (\Delta x)^2 = (c\Delta t')^2 - (\Delta x')^2$$

因此事件一在 S 座標系的原點,則只要是由 S 座標系中所得之結論都可應用於其他等速相對運動之座標系中。

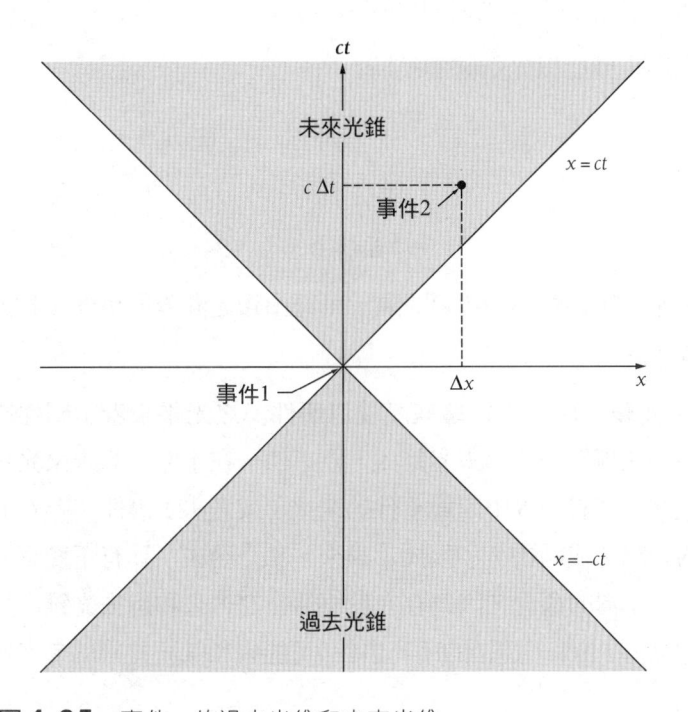

圖 1.25 事件一的過去光錐和未來光錐。

現在讓我們來觀察事件一和事件二之間可能發生的關係，如果有一種比光速傳遞訊號還慢的方法能夠連結事件，則我們可以利用某種方式將事件一和二產生因果關係

$$c\Delta t > |\Delta x|$$

或

類時間間隔 $\qquad (\Delta s)^2 > 0 \qquad$ (1.54)

$(\Delta s)^2 > 0$的間隔稱為**類時間的**(*timelike*)間隔，每個連結事件一和其他事件的類時間間隔都在 $x = \pm ct$ 邊界內的**光錐**(*light cone*)中，如圖1.25所示。所有已經影響事件一的事件都在過去光錐中，而所有事件一可能影響的事件則位於未來光錐中（凡被類時間間隔連結的事件不一定要有關連，當然它們有可能有關連）。

相反地，事件一和二之間無因果關係的標準是

$$c\Delta t < |\Delta x|$$

或

類空間間隔 $\qquad (\Delta s)^2 < 0 \qquad$ (1.55)

$(\Delta s)^2 < 0$的間隔稱為**類空間的**(*spacelike*)間隔，每個經由類空間間隔與事件一連結的事件都在事件一的光錐外，無論是在過去或是未來，這事件都不可能與事件相互作用，這兩個事件必定是完全無關的事件。

當事件一和二僅能以光信號連結時，

$$c\Delta t = |\Delta x|$$

或

類光間隔 $\qquad \Delta s = 0 \qquad$ (1.56)

$\Delta s = 0$的間隔稱為**類光的**(*lightlike*)間隔，可經由類光間隔與事件一相連結的事件都在光錐的邊界上。

因為$(\Delta s)^2$不變，所以上述這些結論以事件二之光錐來表示同樣成立，舉例來說，如果事件二在事件一的過去光錐內，則事件一在事件二的未來光錐內。一般來說，存在於從參考座標系S中所視事件的未來（或過去）事件，存在於其他座標系S'中此事件的未來（或過去）。因此「未來」和「過去」具有不變意義。然而，同時性是一個含糊不清的觀念，因為存在於事件一之未來和過去光錐以外的全部事件（即由類空間間隔和事件一連結的所有事件）可能會和某一特別的參考座標系中的事件一同時發生。

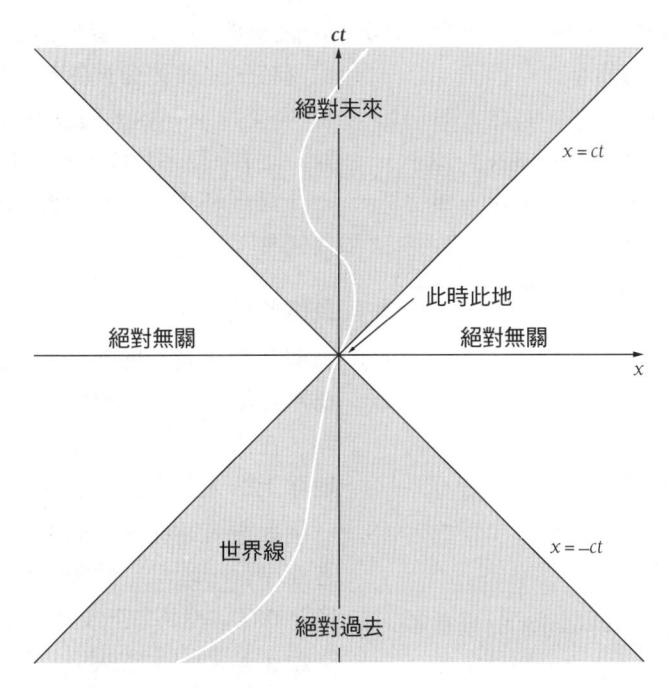

圖 1.26 時空中粒子的世界線。

粒子在時空中的路徑稱為世界線(world line)，如圖1.26所示，粒子的世界線必須存在於它自己的光錐之內。

習題

But be ye doers of the word, and not hearers only, deceiving your own selves -James I:22

1.1 特殊相對論

1. 如果光速比它現在的值小，相對論現象會比現在更加明顯或是模糊呢？

2. 對一個電視映像管中的電子束來說，以超過光速移動經過屏幕是可能的。為何這個現象並沒有違背特殊相對論？

1.2 時間擴張

3. 一個運動員已學習了足夠的物理知識，並瞭解到如果從地球上量測一個移動中的太空船時間間隔，他所發現的會比在太空船上的人量測到的大。因此他提出 100 米短跑由移動太空船上的觀察者來計時以締造世界紀錄，這是個好主意嗎？

4. 太空船中的觀察者以相對於地球的速度 $0.700c$ 運動，發現了一輛汽車花了 40.0 分鐘的車程，而這輛車的駕駛者花了多少時間呢？

5. 兩個觀察者，A 在地球上而 B 在速度為 2.00×10^8 m/s 的太空船中，當太空船和地球並列時，兩人將他們的錶設定為相同時間。(a)在兩個錶相差 1.00 秒時，A 經過了多少時間？(b)對 A 而言，B 的錶似乎走得比較慢；對 B 而言，A 的錶走得比較快？慢？或是和他自己相同呢？

6. 一個飛機以 300 m/s (672 mi/h)的速度飛行，在飛機上的時鐘和地面上的時鐘相差 1.00 秒時，共經過了多少時間？

7. 相對於地球而言，太空船上的一天對應到地球的兩天時，其速度為何？

8. 太空船阿波羅 11 號於 1969 年在月球上登陸，並且以相對於地球 1.08×10^4 m/s 的速度飛行，對地球上的觀察者而言，在太空船上的一天比他的一天長多少？

9. 某一粒子在靜止時量測到的生命期為 1.00×10^{-7} s，當它產生時如果以 $0.99c$ 行進，在其衰變之前能走多遠？

1.3 都卜勒效應

10. 一個以速度 $0.97c$ 遠離地球的太空船以 1.00×10^4 pulses/s 的頻率傳送資料，它們被接收的頻率為何？

11. 在大熊星座(constellation Ursa Major)的星雲以 15,000 km/s 的速度遠離地球，如果星雲釋放的特徵光波長為 550 nm 時，在地球上的天文學家所量測到的對應波長為何？

12. 從遙遠星雲而來的光，其光譜線頻率被發現為其附近星球所釋放出來的相同光譜線的三分之二，求出遙遠星雲的遠離速度。

13. 一個遠離地球的太空船以固定頻率 10^9 Hz 傳送無線電訊號，如果地球上的接收器可測量最接近赫茲的頻率時，在相對論和古典都卜勒效應之間，能測量到太空船的速度差為何？對古典效應而言，假設地球為靜止的。

14. 一個以速度 150 km/h (93 mi/h)移動的汽車接近一輛雷達速度感應器頻率為 15 GHz 的靜止的警車，從速度感應器上發現的頻率變化為何？

15. 如果頻率為 ν_0 的光源運動方向和其觀察者方向之間的角度為 θ 時，觀察者所發現到的頻率 ν 為

$$\nu = \nu_0 \frac{\sqrt{1-v^2/c^2}}{1-(v/c)\cos\theta}$$

其中 v 為光源的相對速度。證明此公式包含式(1.5)至(1.7)的特殊狀況。

16. (a)證明當 $v \ll c$，對於觀察者接近來源或相反時，光波和聲波的都卜勒效應皆簡化為 $\nu \approx \nu_0(1+v/c)$，故 $\Delta\nu/\nu \approx v/c$【提示：對 $x \ll 1$ 來說，$1/(1+x) \approx 1-x$】；(b)當 $v \ll c$ 時，觀察者遠離來源或相反時其公式為何？

1.4 長度收縮

17. 一個在地球其高度恰為 6 呎的太空人，躺在平行於太空船相對於地球速度 $0.90c$ 的軸，在太空船裡的人量測到其高度為何？地球上的人量測到的結果又為何？

18. 一個太空人站在太空船中的方向和其運動方向平行，地球上的觀察者發現太空船速度為 $0.60c$，且太空人身高為 1.3 m，在太空船上量測到太空人高度為何？

19. 一個米尺以相對於觀察者而言 $0.100c$ 的速度通過觀察者要花多少時間？米尺和運動方向平行。

20. 一個相對於觀察者移動的米尺對她而言僅為 500 nm 長，其相對速度為何？通過她要花多少時間呢？此米尺方向和其運動方向平行。

21. 一個太空船天線和太空船的軸的角度為 $10°$ 如果太空船以速度 $0.70c$ 遠離地球時，從地球看過去的天線的角度為何？

1.5 孿生難題

22. 雙胞胎 A 以速度 $0.60c$ 到 12 光年遠的星球做星際航行，而雙胞胎 B 則待在地球，每個雙胞胎每年送給對方一個信號。(a)A 在航程中送了多少個信號？B 呢？(b)A 收到了幾個信號？B 呢？

23. 一個女人坐太空船離開地球做航行，以速度 $0.9c$ 到約 4 光年遠的最近星球，當她回到地球時，她比留在地球的孿生姊妹年輕多少呢？

1.7 相對論動量

24. (a)一個電子的速度由 0.2c 加倍為 0.4c，其動量增加了多少比例？(b)當電子速度由 0.4c 加倍至 0.8c 時，動量比會如何？

25. 所有的定義都是任意的，但有些定義比其他更有用。若定義線性動量為 **p** = m**v**，而不以更複雜的形式 **p** = γm**v** 來表示時，其缺點為何？

26. 證明
$$\frac{1}{\sqrt{1-v^2/c^2}} = 1 + \frac{p^2}{m^2c^2}$$

1.8 質量與能量

27. 炸藥在爆炸時釋放 5.4×10^6 J/kg 的能量，它佔了總能量多少比例？

28. 在 0°C 時的冰會溶化為 0°C 的水，並且得到 1.00 kg 的質量，其初始質量為何？

29. 在速度為何時，粒子的動能會等於靜止能量？

30. 將太空船由靜止加速至 0.90c 時，每公斤靜止質量需要多少焦耳的能量？

31. 一個電子具有動能 0.100 MeV，算出古典力學和相對論力學的速度。

32. 證明當 $E \gg E_0$，
$$\frac{v}{c} \approx 1 - \frac{1}{2}\left(\frac{E_0}{E}\right)^2$$

33. 一粒子動能為靜止能量的 20 倍，以光速 c 來表示粒子速度。

34. (a)質子速度由 0.20c 增加至 0.40c 時，動能增加的比例為多少呢？(b)質子速度再加倍為 0.80c 時，動能又再增加多少呢？

35. 將電子速度由 1.2×10^8 m/s 增加至 2.4×10^8 m/s 時需要做多少功？以 MeV 表示。

36. (a)靜止質量 m 的粒子在折射率為 n 的介質中，釋放出賽倫克夫輻射，導出所需的極小動能公式【提示：從式(1.21)和(1.23)出發】；(b)利用此公式求出在 n = 1.5 的介質中求出電子的極小動能 KE_{min}。

37. 證明 $\frac{1}{2}\gamma mv^2$ 不等於以相對論速度前進的粒子動能。

38. 一個移動的電子撞到一個靜止的電子，並產生電子－正子(positron)(為一帶正電的電子)，在碰撞後四種粒子速度都相同時，此過程所需的動能為極小，使用相對論計算來證明 $KE_{min} = 6mc^2$，其中 m 為電子的靜止質量。

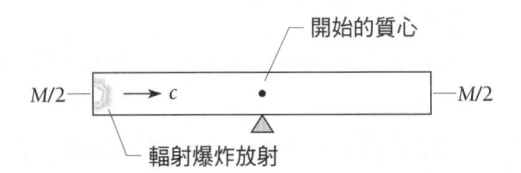

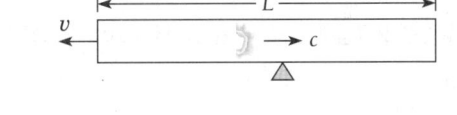

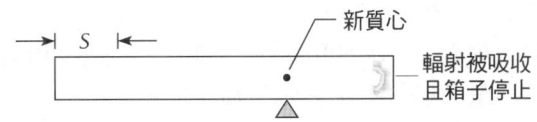

圖 1.27 當箱子停止時，向左邊移動距離 S。

39. 另一個推導質能公式 $E_0 = mc^2$ 的方法亦由愛因斯坦所提出，是基於隔離系統之質心位置不能藉由其內部所發生的任何過程而改變。圖 1.27 顯示出一個長為 L 的剛體盒子，靜止在無磨擦表面的上方，質量 M 的盒子在其兩端之間被等分，盒子的一端輻射出電磁能量 E_0，根據古典物理，輻射具有動量 $p = E_0/c$ 且當輻射產生時，盒子會以速度 $v \approx E_0/c$ 反彈，使得系統的總動量為 0。在時間 $t \approx L/c$ 後，輻射會到達盒子的另一端且被吸收，並且使得盒子移動距離 S 之後停止，輻射必須將一端的質量轉移給另一端，證明此質量為 $m = E_0/c^2$。

1.9 能量與動量

40. 求出質量單位 MeV/c^2 和動量單位 MeV/c 在 SI 中的等效單位。

41. 在質子的參考座標中，它必須花費五分鐘來穿過銀河系(Milky Way)星雲，其直徑約為 10^5 光年。
    (a) 質子以電子伏特所表示的近似能量為何？
    (b) 對銀河的參考座標軸的觀察者而言，質子需要花費多少時間來穿越銀河系？

42. 動量和動能為 10.0 MeV 之質子相同的光子能量為何？

43. 求出速度為 $0.600c$ 的電子動量（以 MeV/c 表示）。

44. 求出速度為 $0.900c$ 之質子總能量、動能（以 GeV 表示）和動量（以 GeV/c 表示），質子質量為 0.938 GeV/c^2。

45. 求出動能和其靜止能量皆為 511 keV 的電子動量。

46. 證明 $v/c = pc/E$。

47. 總能量為 3.500 GeV 的質子，其速度和動量（以 GeV/c 表示）為何？

48. 求出動量為 1.200 GeV/c 之中子(m = 0.940 GeV/c^2) 的總能量。

49. 一粒子具有動能 62 MeV 和動量 335 MeV/c，求出其質量（以 MeV/c^2 表示）和速度（以光速的分數來表示）。

50. (a) 求出總能量為 4.00 GeV，且動量為 1.45 GeV/c 的粒子質量（以 GeV/c^2 表示）；(b) 求出此粒子在動量為 2.00 GeV/c 的參考座標系中的總能量為何？

附錄一：勞倫茲轉換

51. 一個觀察者發現兩個爆炸，一個在她附近某時，而另一個於 2.00 ms 之後在 100 km 遠的地方發生。另一個觀察者發現這兩個爆炸發生在同一個地方，對於第二個觀察者而言，這兩個爆炸的時間間隔為何？

52. 一觀察者同時量測到兩個分別在她附近和距離 100 km 的爆炸，另一個觀察者發現二次爆炸的距離為 160 km，對第二個觀察者而言爆炸的時間間隔為何？

53. 一個往 +x 方向移動的太空船接收到在 xy 平面上的來源所發生的光信號，在恆星座標系中，太空船的速度為 v 且到達的信號和太空船軸之間的角度為 θ；(a) 利用勞倫茲轉換以求出信號到達太空船參考座標系的角度 θ'；(b) 你能從太空船其中一邊艙窗所看到的結果中推論出星球看到什麼？

54. 一個相對於觀察者以速度 $0.500c$ 運動的物體分裂為相對於質心兩個方向相反的碎片，並且沿著原來物體的相同運動路徑。一碎片以相對於質心倒退的速度 $0.600c$，而另一個在前進方向的速度為 $0.500c$，觀察者所發現的速度為何？

55. 在月球上的人看到兩個太空船 A 和 B，從相反方向分別以速度 $0.800c$ 和 $0.900c$ 朝著他接近。(a) 在 A 上的人測量到他接近月球的速度為何？接近 B 的速度又為何？(b) 在 B 上的人測量到他接近月球的速度為何？接近 A 的速度又為何？

56. 速度相對於實驗室的觀察者而言為 $0.800c$ 的電子同時被和電子運動方向相同，且相對於實驗室速度為 $0.500c$ 的觀察者所觀測，對於觀察者而言電子的動能（以 MeV 表示）為何？

CHAPTER 2

波的粒子特性
Particle Properties of Waves

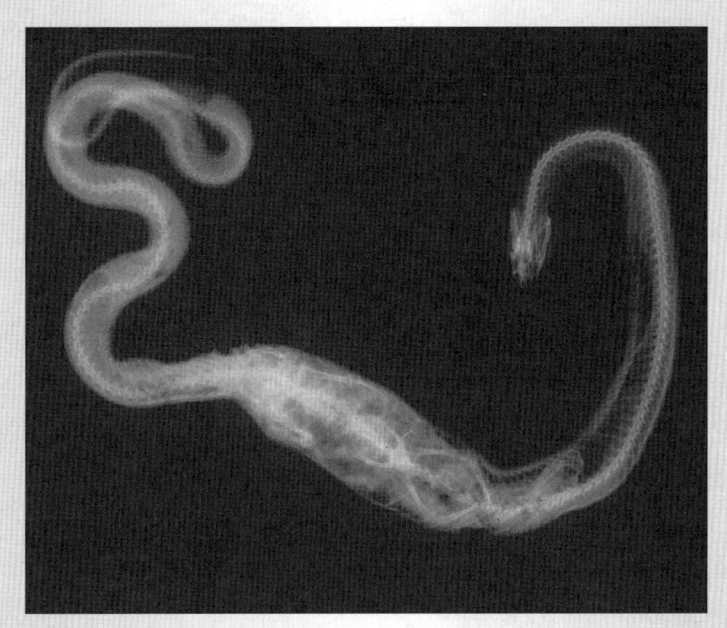

x射線的穿透力顯示了一條吞下青蛙的蛇，蛇的下顎非常鬆弛以致於可以張得很開。

2.1 **電磁波**
電與磁的耦合振盪以光速行進並且顯示出典型的波動行為

2.2 **黑體輻射**
只有光量子理論可以解釋其來源

2.3 **光電效應**
被光所釋放之電子能量和光的頻率相關

2.4 **光是什麼？**
波和粒子兩面的

2.5 **x射線**
由高能光子所組成

2.6 **x射線繞射**
如何決定x射線的波長

2.7 **康普頓效應**
光子模型的進一步驗證

2.8 **配對產生**
能量轉換為物質

2.9 **光子與重力**
雖然光子沒有靜止質量，它們仍顯得像是具有重量一樣

在我們日常生活經驗中，**粒子**(*particle*)和**波動**(*wave*)的觀念十分地清楚，並沒有任何神秘或是混淆不清的感覺。石頭落入水中且漣漪由落水處向四周散開，很明顯地僅將能量和動量由一處傳遞至別處。古典物理反映出在我們感覺裡的「物理真實性」(physical reality)，把粒子和波視為真實的兩個部分。粒子和波動光學傳統上被視為兩門獨立的學科，各自擁有自己的實驗和基於實驗結果的原理。

我們所察覺到的物理真實性是導因於原子與分子、電子與原子核的微觀世界裡所發生的現象，我們將電子視為粒子是因為它具有電荷與質量，且依照粒子力學定律展現其特性，如我們熟悉的電視映像管(television picture tube)。然而我們會發現許多證據解釋電子運動具有波動性質，正如同其具有粒子性質般一樣地正確。我們將電磁波視為波動是因為在適當的情況下，它們呈現出繞射(diffraction)、干涉(interference)和極化(polarization)現象；同樣地，我們也會發現在某些情況下，電磁波又似乎是由一連串的粒子所組成。特殊相對論和波動──粒子二元性(wave-particle duality)是瞭解近代物理的中心思想，而在本書中，幾乎很少章節沒有涉及到這些基本觀念。

2.1　電磁波
Electromagnetic Waves

電與磁的耦合振盪以光速行進並且顯示出典型的波動行為

在 1864 年，英國物理學家詹姆士·克拉克·馬克士威爾(James Clerk Maxwell) 做出了重大的假設，加速電荷能產生無限傳播於空間中且相互連結的電擾動和磁擾動(disturbance)。如果電荷週期性地振盪，兩種擾動為相互垂直之電和磁分量，且為各自垂直於傳播方向的波動，如圖 2.1 所示。

從早期法拉第(Faraday)的觀點來看，馬克士威爾知道變化的磁場可以在導線迴路中產生電流，因此變化的磁場等效於對電場所產生的效應，馬克士威爾提出反向的看法：一個變化的電場也會產生相關的磁場。被電磁感應(electromagnetic induction)所產生的電場比較容易觀測，因為金屬能產生較低電阻以供電荷流動，在金屬內，即使很弱的電場也可以產生可量測的電流，但弱磁場則較難量測，因此馬克士威爾的假設是基於對稱性的觀點而非實驗上的發現。

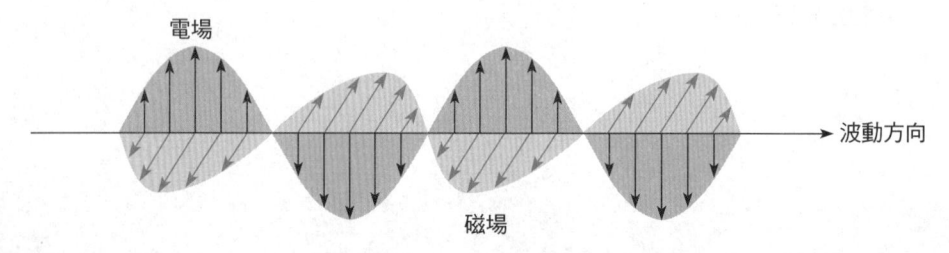

圖 2.1　在電磁波中一起變化的電場和磁場，這些場互相垂直且各自垂直於波的傳播方向。

詹姆士・克拉克・馬克士威爾(James Clerk Maxwell, 1831-1879)出生於蘇格蘭，在麥可・法拉第(Michael Faraday)發現電磁感應之前，他19歲時進入劍橋大學研讀物理和數學。當他還是學生時，他發現了彩色光的物理現象，且隨後使用他的觀念製作出第一張彩色照片。馬克士威爾在24歲時曾證明出土星(Saturn)環可能不是固體或液體，而是由許多分離的小物體所組成時，這使他在科學世界中開始成名。大約這個時候，他對電和磁開始產生興趣，並且確信法拉第和其他人所發現的豐富現象並非是獨立的效應，且必定具有某種共同的一致性。在1856年時馬克士威爾開始建立這個一致性，並在論文〈在法拉第的力線上〉(*On Faraday's Lines of Force*)中發展一個電場與磁場的數學描述式。

馬克士威爾於1856年離開劍橋到蘇格蘭的一所學院教書，隨後到達倫敦的國王學院，在這段期間，他擴展了他的電磁理論，並創造了一整合的電磁理論，他的基本方程式到今日仍為電磁學的基石。從這些方程式中，馬克士威爾預測電磁波應該以光速存在，且描述了波動應有的特性，而推測出光是由電磁波所組成。令人傷心的是，他並沒有活到德國科學家亨利希・赫茲(Heinrich Hertz)在其實驗中確認它們的存在。

馬克士威爾對動力理論和統計力學的貢獻如同他對於電磁學一樣，他的計算證明了氣體的黏性應該和其壓力無關，這個驚人的結果由馬克士威爾在夫人的協助下於實驗室中得到確認。他們也發現了黏性和氣體的絕對溫度成比例。馬克士威爾對於這個比例常數的解釋，使他得以估算分子的大小和質量，這在當時只能用猜測而得。馬克士威爾和波茲曼(Boltzmann)共同分享分子能量分布方程式的榮譽。

在1865年時，馬克士威爾回到他在蘇格蘭的家鄉，他繼續他的研究並且動筆寫下可做為幾十年來他對於電磁理論所做研究的標準範本文章，在一世紀後仍然繼續出版。在1871年時，馬克士威爾回到劍橋建立並且主持卡文迪西(Cavendish)實驗室，以開創物理學家亨利・卡文迪西(Henry Cavendish)之名命名。1879年，馬克士威爾48歲時死於癌症，這一年也是愛因斯坦的誕生年，馬克士威爾是十九世紀最偉大的理論物理學家，愛因斯坦則為二十世紀最偉大的理論物理學家（另一個相似的巧合，是牛頓出生於伽利略逝世的那一年）。

如果馬克士威爾是正確的，電磁波發生時，固定變化的電場和磁場會藉由電磁感應和他所提出的反向機制互相耦合。馬克士威爾能夠證明自由空間的電磁波速度 c 為

$$c = \frac{1}{\sqrt{\epsilon_0 \mu_0}} = 2.998 \times 10^8 \text{ m/s}$$

其中 ϵ_0 為自由空間中的介電率(permittivity)，而 μ_0 為導磁率(permeability)。電磁波速度和光速相同，而這個對應性大到不該是件巧合的事，故馬克士威爾推論光是由電磁波所組成。

在馬克士威爾的有生之年中，電磁波的概念仍然沒有得到實驗的支持，最後在1888年，德國科學家亨利希・赫茲(Heinrich Hertz)證實了電磁波的確存在且行為如同馬克士威爾所預期的。赫茲將一個交流電施加於兩金屬球之間的空氣間隔以產生電磁波，間隔寬度使得電流每次到達極大值時，便會產生火花(spark)。一個有小間隔導線迴路作為偵測器(detector)，電磁波會在迴路中產生振盪且會在間隔裡產生火

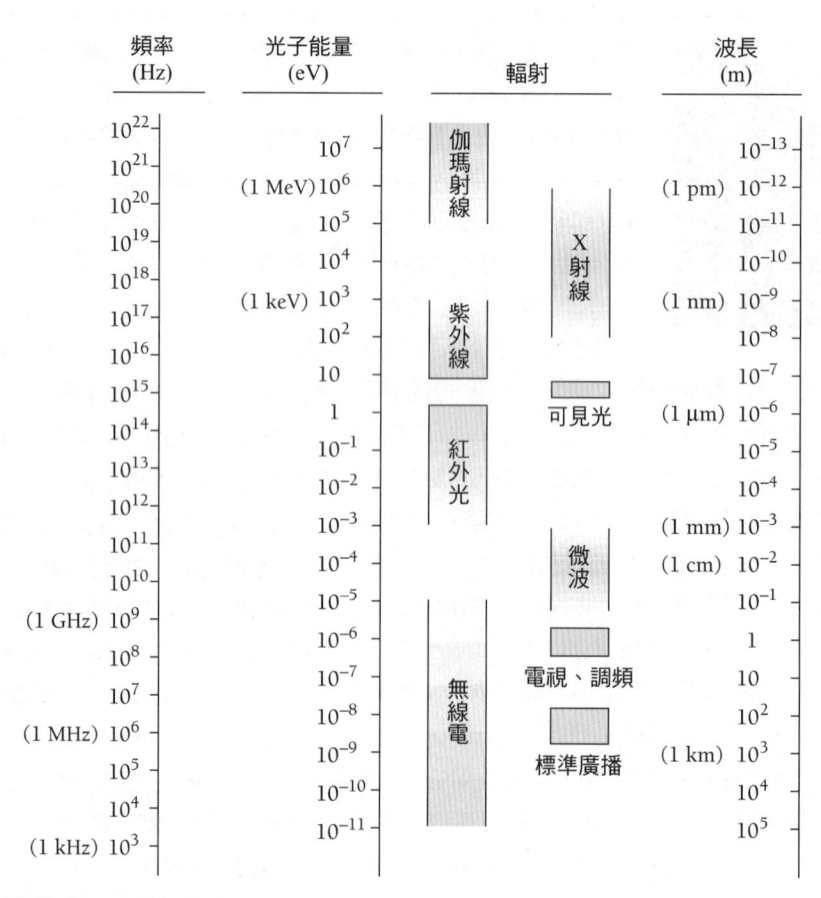

圖 2.2 電磁輻射的光譜。

花。赫茲決定了他產生的波長和速度,證明出它們具有電和磁的分量,並發現它們可以被反射、折射和繞射。

　　光並非電磁波的唯一例子,雖然所有這樣的波動都具有相同的基本特性,但許多它們與物質的交互作用特性則視其頻率而定。光波為人眼所能看見的電磁波,其頻率從紅光的 4.3×10^{14} Hz 至紫光的 7.5×10^{14} Hz,圖 2.2 顯示了電磁波光譜,從無線電通訊所使用的低頻率到 x 射線和 γ 射線中的高頻率。

　　所有波動都具有的一個特徵便是它們都遵守**疊加原理**(*principle of superposition*):

當同樣性質的兩個或多個波動在同一時間通過同一點時,瞬間振幅為其各別波之瞬間振幅的總和。

　　瞬間振幅(instantaneous amplitude)為某特定空間和時間波動變數(wave variable)之數值。(「振幅」是指波動變數的極大值。)因此在一條拉伸的帶子中,波的瞬間振幅為該帶子相對於原來位置的位移;對水波而言為相對於水平面的高度。因為光波的電場與磁場之關係式為 $E = cB$,其瞬間振幅可用 E 或是 B 來表示,通常用 E

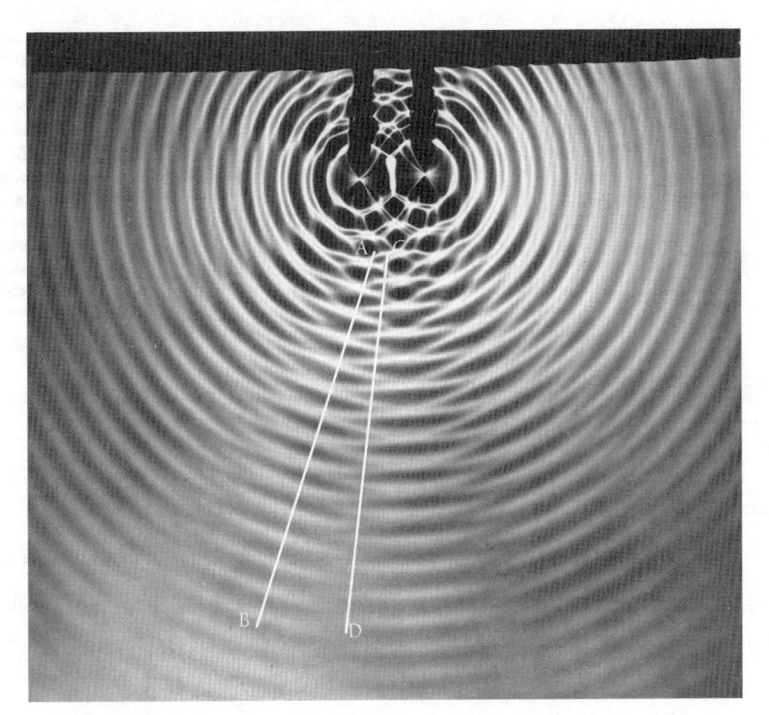

水波的干涉。建設性干涉沿著 *AB* 連線出現,而破壞性干涉則沿著 *CD* 連線產生。

來表示,因為幾乎所有一般光學效應都是由光波電場所產生,並且和物質交互作用。

當兩列或是更多的光波在同一個區域中交會時,它們會互相**干涉**(*interfere*)而產生一個新的波,而新波的瞬間振幅為原來那些光波的總和。建設性干涉是指同一相位(phase)的波產生較大的振幅,而破壞性干涉是指部分或完全的波因相位不同而抵消(圖2.3)。如果原來的波擁有不同的頻率,結果就會像圖2.4中所示的建設性和破壞性干涉的混合物了。

光波的干涉在1801年首度被湯瑪士・楊(Thomas Young)證實,他利用單一光源所發出的單色光(monochromatic)照射一對狹縫(slit)(圖2.4),在每個狹縫中的二次波會擴散,如同從狹縫中所發出一樣,這是一個**繞射**(*diffraction*)的例子,像干涉一樣,繞射為光波的基本特性。由於干涉之故,屏幕不會被平均地照射,會產

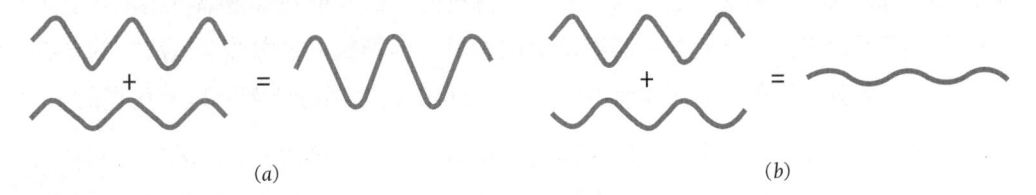

(*a*)   (*b*)

圖2.3 (*a*)在建設性干涉中,同相位的疊加波會互相增強;(*b*)在破壞性干涉中,不同相位的波會部分或是完全地抵消。

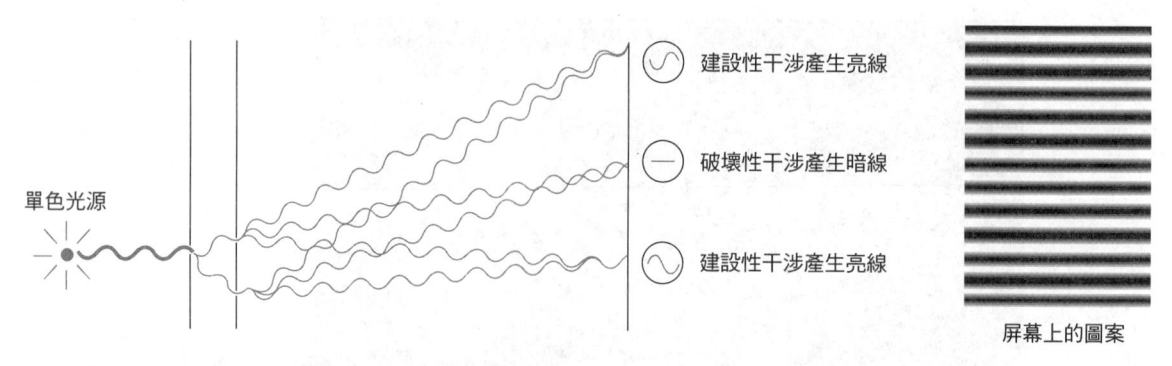

圖 2.4 楊氏實驗的干涉圖案。建設性干涉會在從狹縫至屏幕的路徑長度為 λ, 2λ, 3λ 的地方發生；破壞性干涉會在從狹縫至屏幕的路徑長度為 λ/2, 3λ/2, 5λ/2 的地方產生。

生交替的亮線(bright line)與暗線(dark line)。在兩個狹縫的路徑差為半波長奇數倍(λ/2, 3λ/2, 5λ/2, ...)的屏幕位置上，會因破壞性干涉而產生暗線。而在兩個狹縫的路徑差為半波長偶數倍(λ, 2λ, 3λ, ...)的屏幕位置上，會產生建設性干涉和亮線。在干涉的中間部分僅產生部分干涉效應，故在屏幕上光線強度分布在亮線和暗線間逐漸地變化。

干涉和繞射僅在波動中發現──我們所熟悉的粒子並沒有這樣的現象，如果光波是由古典粒子所組成的話，整個屏幕將會是暗的，因此楊氏實驗證明了光是由波所組成的。馬克士威爾理論更告訴我們它們是何種波：電磁波，但直到十九世紀的尾聲時，光的性質才被完全確定。

2.2 黑體輻射
Blackbody Radiation

只有光量子理論可以解釋其來源

根據赫茲的實驗，光基本特性的問題似乎非常清楚：光是由符合馬克士威爾定律的電磁波所組成。但這個結論僅持續了十幾年，第一個嚴重錯誤的信息是在試圖解釋物質的輻射現象時發現的。

我們對於一個熾熱金屬所發出的光輝都很熟悉，其釋放的可見光色彩會隨著金屬溫度而變化，當溫度越來越熱時，將由紅光到黃光，進而到白光。事實上，我們肉眼無法看到的其他頻率光也同樣存在，一個物體不需要很熱就會輻射出電磁能，所有的物體不論其溫度為何都會連續地釋放能量，儘管頻率是由溫度來決定的。在室溫下，大部分的輻射都位於光譜中的紅外(infrared)光部分，因此是不可見的。

物體輻射的能力和其吸收輻射的能力非常有關，這是可預期的，因為一個在常溫下的物體處於和環境熱平衡的狀態中，必須以相同的速率吸收及釋放能量。為方便起見，可以假設有一個理想的物體，它可以吸收所有入射的輻射能量而不論其頻率為何，這樣的物體稱為**黑體**(*blackbody*)。

在熱輻射的討論中引進理想黑體的觀念，我們可以不考慮輻射精密的性質，因為所有的黑體行為都相同。在實驗室中，黑體可用一個具有非常小的洞以通往其內部的中空物體來近似（圖2.5），任何撞擊到洞的輻射會進入腔體內，而陷在內部來回地反射直到被吸收為止。腔體會持續地放釋放及吸收輻射，而我們所感興趣的是輻射（**黑體輻射**(blackbody radiation)）的特性。

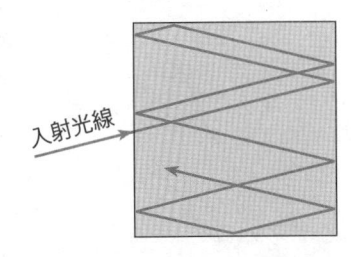

圖 **2.5** 中空物體牆壁的洞是黑體輻射的最佳近似。

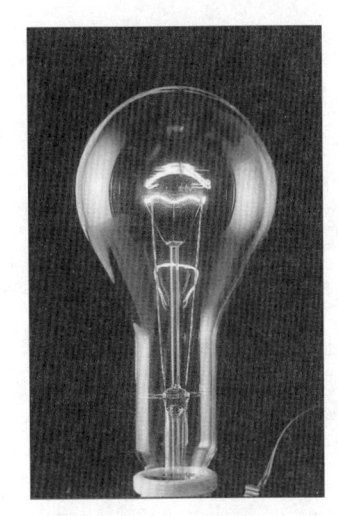

實驗上，我們可以藉由檢查從腔中的洞所放出的輻射，來對黑體輻射進行採樣檢查，結果和日常生活中的經驗相互吻合。黑體在熱時會比在冷時釋放出較多的輻射，而熱黑體的光譜其峰值頻率比冷黑體還高，我們回憶鐵棒受熱至非常高溫時的行為：首先它會呈現暗紅色，然後會變成橘紅色，再逐漸變成「白熾」的狀況。兩個不同溫度的黑體輻射光譜如圖 2.6 所示。

紫外線大災難

為何黑體輻射光譜會如圖2.6所示呢？這個問題在十九世紀末時曾被瑞利男爵(Lord Rayleigh)和詹姆士・金斯(James Jeans)檢驗，仔細的計算將在第9章中討論。他們一開始考慮在絕對溫度 T 時腔體的內部輻射，而腔壁為完美的反射器以產生一連串的電磁駐

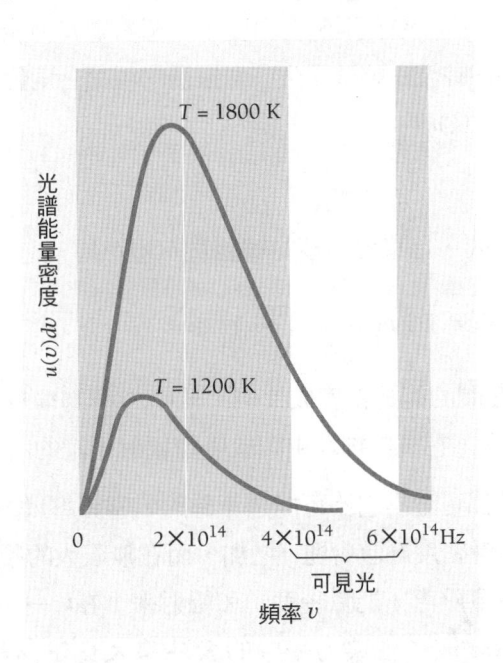

一個受熱物體直到發光之前的顏色和亮度，如燈泡的燈絲，和其溫度相關，此處約為3000 K。一個呈現白熾光芒的物體比其在發紅光時還熱，且釋放出較多的光。

圖**2.6** 黑體光譜。輻射的能量光譜分布僅和物體的溫度有關，溫度越高時，輻射量越大且極大放射頻率也會越高。後者和溫度的相關性遵循著文氏位移定律(Wien's displacement law)，將在9.6節中討論。

波(standing wave)(圖 2.7)，這是一個在拉伸繩索中的三維駐波一般化的結果。在這個腔體中駐波存在的條件為牆壁的路徑長必須為半波長的整數倍，不論其方向為何，節點會發生在每個反射表面上。在頻率ν和$d\nu$之間的每單位體積獨立駐波數目$G(\nu)d\nu$為

腔體中的駐波密度 $$G(\nu)d\nu = \frac{8\pi\nu^2 d\nu}{c^3} \tag{2.1}$$

這個公式和腔體的形狀無關。正如我們所預期的，頻率ν越高時，波長越短，其可能的駐波數目也會越多。

下一個步驟便是求出每個駐波的平均能量，根據古典物理的支柱即**能量均分定律**(*theorem of equipartition of energy*)，在溫度T的熱平衡狀態下，系統中一個物體（如理想氣體中的一個分子）的每一個自由度的平均能量為$\frac{1}{2}kT$，此處k為**波茲曼常數**(*Boltzmann's constant*)：

波茲曼常數 $$k = 1.381 \times 10^{-23} \text{ J/K}$$

一個自由度(degree of freedom)為擁有能量的模式，因此一個理想單原子氣體分子有三個自由度，對應其三個獨立方向的動能，故平均總能量為$\frac{3}{2}kT$。

一維的諧振子(harmonic oscillator)有兩個自由度，一個對應其動能，而另一個對應其位能，因為腔體中的每個駐波在腔壁產生一個振盪的電荷，兩個自由度和波動有關，且應該具有平均能量$2(\frac{1}{2})kT$：

每個駐波的古典平均能量 $$\bar{\epsilon} = kT \tag{2.2}$$

腔體中在頻率ν和$\nu + d\nu$之間，每單位體積的總能量$u(\nu)d\nu$為

瑞利－金斯公式 $$u(\nu) \, d\nu = \bar{\epsilon}G(\nu) \, d\nu = \frac{8\pi kT}{c^3} \nu^2 \, d\nu \tag{2.3}$$

這個輻射率與頻率ν和$\nu + d\nu$之間的能量密度成比例，式(2.3)稱為**瑞利－金斯公式**(*Rayleigh-Jeans formula*)，包含了在古典物理中關於黑體輻射光譜的所有事情。

即便是對式(2.3)輕輕一瞥都可看出它不可能是正確的，當頻率ν增加至光譜的紫外光端時，這公式預測了能量密度應該會隨ν^2增加，而在無限大的頻率時$u(\nu)d\nu$應該也會趨近無限大。當然在實際上，能量密度（和輻射率）在$\nu \to \infty$時會降至0（圖 2.8），這個不一致之處變成了古典力學中的**紫外線大災難**(*ultraviolet catastrophe*)，瑞利和金斯是那裡出錯了呢？

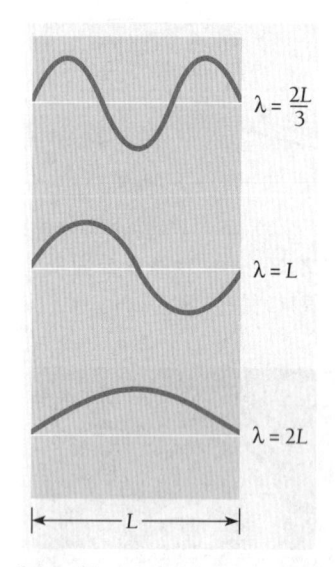

圖 2.7 牆壁為完美反射器之腔體中的電磁輻射，由駐波所組成，其節點位於牆壁上，並且限制了它們的可能波長，圖示為兩對面牆壁距離為L時的三個可能波長。

$\lambda = \frac{2L}{3}$

$\lambda = L$

$\lambda = 2L$

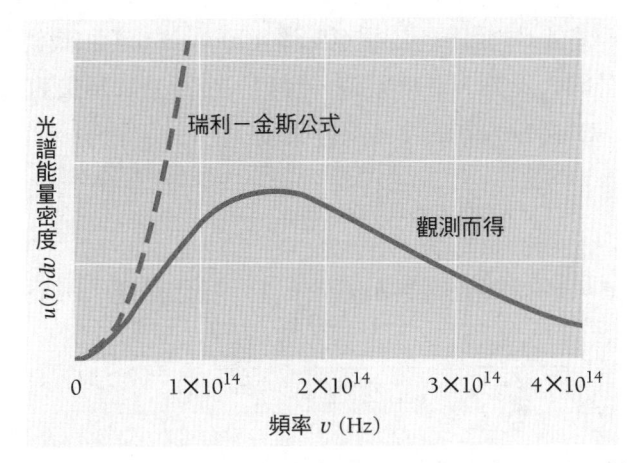

圖 2.8 對一個溫度 1500 K 黑體輻射的瑞利－金斯公式和所觀測到的光譜比較圖，這個不一致為著名的紫外線大災難，因為它會隨著頻率增加而增加，古典物理的失敗導致普朗克發現輻射是由能量為 $h\nu$ 的量子所釋放。

普朗克輻射公式

在1900年時，德國物理學家麥克斯‧普朗克(Max Planck)使用「幸運的猜測」(lucky guesswork)（他後來自稱的）以想出黑體輻射的光譜能量密度公式：

普朗克輻射公式 $$u(\nu)\, d\nu = \frac{8\pi h}{c^3} \frac{\nu^3\, d\nu}{e^{h\nu/kT} - 1} \tag{2.4}$$

此處 h 為一常數，其值為

普朗克常數 $$h = 6.626 \times 10^{-34}\ \text{J} \cdot \text{s}$$

麥克斯‧普朗克(Max Planck, 1858-1947)出生於基爾(Kiel)並且在慕尼黑(Munich)和柏林接受教育，他在柏林大學就讀時受教於克希荷夫(Kirchhoff)和荷姆霍茲(Helmholtz)，而赫茲在稍早前已在此完成學業。普朗克瞭解到黑體輻射非常重要，因為它是一個和原子結構無關的基本效應，在十九世紀末時原子結構仍然是個謎，而他花了六年才找到輻射公式。他「從它的發現那天開始便努力地給予其物理上的解釋」，而結果便是發現輻射會以 $h\nu$ 的能階來釋放。雖然這個發現使他得到1918年的諾貝爾獎，且被視為近代物理的開端，普朗克本身仍一直懷疑量子的物理真實性，如同他後來所說：「我對於基本量子和古典理論徒勞無功的嘗試已持續了很多年，並且花費了我很大的努力……，現在我知道量子的作用比我原先懷疑的更具有基礎的重要性。」

像許多物理學家一樣，普朗克是個很能幹的音樂家（有時他會和愛因斯坦一同演奏），此外他也喜歡爬山。雖然普朗克在希特勒時代一直待在德國，但是他反對納粹對於猶太科學家的方式，並因此而失去凱撒威廉(Kaiser Wilhelm)研究院領導者的職位，1945年時，他的一個兒子被暗指預謀殺害希特勒並且被處決。在二次世界大戰之後，該研究院以普朗克命名並且再度請他回來繼續領導該院直到他逝世為止。

在高頻時，$h\nu \gg kT$ 且 $e^{h\nu/kT} \to \infty$，這意味著 $u(\nu)d\nu \to 0$，和我們所觀察到的結果一樣，不再有紫外線大災難。在低頻時，瑞利－金斯公式為量測資料的良好近似（圖 2.8），$h\nu \ll kT$ 且 $h\nu/kT \ll 1$，一般來說

$$e^x = 1 + x + \frac{x^2}{2!} + \frac{x^3}{3!} + \cdots$$

如果 x 很小時，$e^x \approx 1 + x$，且因為 $h\nu/kT \ll 1$，我們得到

$$\frac{1}{e^{h\nu/kT}-1} \approx \frac{1}{1+\frac{h\nu}{kT}-1} \approx \frac{kT}{h\nu} \qquad h\nu \ll kT$$

因此在低溫時，普朗克公式變成

$$u(\nu)\,d\nu \approx \frac{8\pi h}{c^3}\nu^3 \left(\frac{kT}{h\nu}\right) d\nu \approx \frac{8\pi kT}{c^3}\nu^2\,d\nu$$

等於瑞利－金斯公式。普朗克公式很清楚地在正確道路上，它最後被證明是完全正確的。

　　普朗克接下來繼續以物理原理來確認式(2.4)的問題，似乎需要新的原理來解釋他的公式，但那是什麼？在「我一生中最艱困的工作」的幾個星期之後，普朗克發現了答案：腔壁上振盪器可能的能量 ϵ 不可能具有連續分布，必須具有某些特定的能量

振盪器能量 $\qquad\qquad\qquad \epsilon_n = nh\nu \qquad n = 0, 1, 2, \ldots \qquad\qquad$ (2.5)

一個振盪器從一個能階掉至較低的下一個能階時會釋放出頻率 ν 的輻射，而當它吸收頻率 ν 的輻射會躍升至較高的能階。每一個離散的能量束 $h\nu$ 稱為**量子**(*quantum*)（其複數形為 quanta），其由來為拉丁字中的「多少」(how much)。

　　振盪器能量則限制為腔壁中每個振盪器的平均能量 $nh\nu$——每個駐波也是如此——對振盪器能量的連續分布來說並非 $\bar{\epsilon} = kT$，而是

每個駐波實際平均能量 $\qquad\qquad \epsilon = \dfrac{h\nu}{e^{h\nu/kT}-1} \qquad\qquad$ (2.6)

這個平均能量導出式(2.4)。黑體輻射將在第 9 章中做更深入的討論。

例 2.1

假設一個 660 Hz 的音叉可視為一個振動能量為 0.04 J 的諧振子，比較此音叉和吸收頻率為 5.00×10^{14} Hz 橘色光的原子振盪器之間的能量量子。

解

(a) 對音叉而言

$$h\nu_1 = (6.63 \times 10^{-34} \text{ J} \cdot \text{s})(660 \text{ s}^{-1}) = 4.38 \times 10^{-31} \text{ J}$$

因此音叉的振動總能量為量子能量 $h\nu$ 的 10^{29} 倍，音叉中的能量量子化(quantization)很明顯地太小以致於無法被觀測到，而我們確認音叉現象仍遵守古典物理。

(b) 對於原子振盪器而言

$$h\nu_2 = (6.63 \times 10^{-34} \text{ J} \cdot \text{s})(5.00 \times 10^{14} \text{ s}^{-1}) = 3.32 \times 10^{-19} \text{ J}$$

以原子物理中較常用的能量單位電子伏特來表示，

$$h\nu_2 = \frac{3.32 \times 10^{-19} \text{ J}}{1.60 \times 10^{-19} \text{ J/eV}} = 2.08 \text{ eV}$$

這在原子尺度中是很大的能量，而古典力學無法解釋這樣尺度中的現象也並不令人驚訝。

腔壁中的振盪器觀念可將能量以量子 $h\nu$ 形式轉換至腔內的駐波，這從古典物理的角度來看是不可能被理解的。普朗克認為他的量子假說是絕望的舉動，且和當時其他物理學家一樣，並不確定把量子視為物理真實的元素是件嚴重的事。許多年來他仍然認為雖然能量在電振盪器和電磁波之間的轉換明顯地可被量子化，但是電磁波本身仍然在可能的連續能量範圍中完全遵循著古典的方式。

2.3 光電效應
Photoelectric Effect
被光所釋放之電子能量和光的頻率相關

在赫茲對電磁波做實驗時，他注意到當紫外光導入金屬球時，火花會比較容易在發射器之空氣間隔中出現，他並沒有繼續這個觀察，而別人卻繼續下去。他們很快發現原因是當光的頻率夠高時會放出電子，這個現象被稱為**光電效應**(*photoelectric effect*)，且被放出的電子稱為**光電子**(*photoelectron*)，這也是歷史上出乎意料的結果之一，證明光由電磁波組成的結果，也首次暗示了這還不是事件的全貌。

圖 2.9 顯示出光電效應是如何被研究出來的，一個抽真空的管子由兩個連結可變電壓源的電極和表面被輻射做為陽極的金屬板所組成，一些由表面釋放且不論其負極性的光電子有足夠的能量到達陰極，並且構成了量測電流；而較慢的光電子在它們到達陰極之前即被排斥。當電壓增加到一定值 V_0 時，其值約為幾個伏特，將不會有再多的光電子到達，如圖所示電流為零。這個訊熄電壓(extinction voltage)對應到極大的光電子動能。

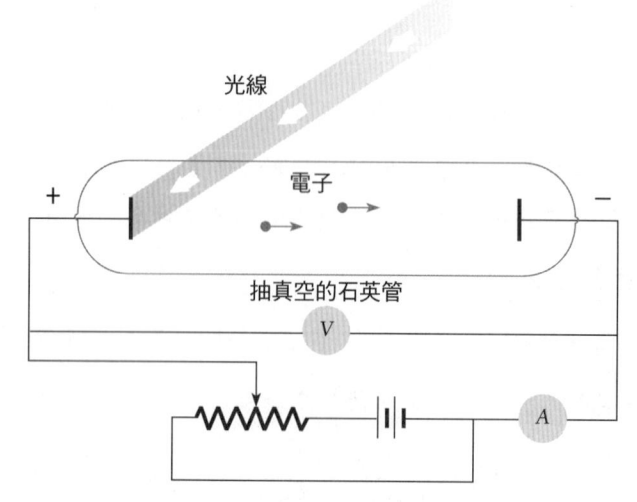

圖 2.9 光電子效應的實驗觀察。

光電子效應的存在並不驚訝，畢竟光波攜帶能量且部分能量被金屬吸收後可能集中於個別電子上，而成為電子的動能再度出現。這個情況就像水波將小鵝卵石子逐出海灘一樣，但是實驗上的發現並不能顯示出光電效應可以如此簡單地解釋。

1. 在實驗正確性的限制中（約 10^{-9} s），到達金屬表面的光和光電子的釋放並沒有時間的延遲，然而因為電磁波中的能量會沿著波前(wavefront)擴散，故在個別的電子累積足夠能量（幾個電子伏特）以離開金屬之前需要一段時間，當電磁能量 10^{-6} W/m^2 被鈉(Na)表面吸收時會產生一個可量測到的光電子電流。一層鈉原子之面積為 1 m^2，包含了 10^{19} 個原子，所以如果入射光在最上層原子層被吸收時，原子所接收的平均能量速率為 10^{-25} W，在這個速率下，原子需要一個月才能使得鈉表面光電子累積到足夠的能量。

2. 一道亮光比同樣頻率的暗光能產生較多的光電子，但是電子能量皆相同（圖 2.10）。相反地，光的電磁理論預測了當光越強時，電子能量越強。

3. 光的頻率越高時，光電子能量越多（圖 2.11），藍光所產生的電子能量比紅光還多。每一種金屬均具有特定的臨界頻率(critical frequency)，當光低於臨界頻率 ν_0 時，沒有電子被釋放；當高於臨界頻率 ν_0 時，光電子能量範圍可從 0 至一個可隨頻率線性增加的極大值（圖 2.12），這個觀察同樣地不能由光的電磁理論來解釋。

光的量子理論

當普朗克導出他的公式時，愛因斯坦是其中一個──或許是第一個──瞭解到振盪器的能量量子化假說是多麼地基本：「它就好像地面是從地下一樓被拉上來一樣」。幾年之後，在1905年時，愛因斯坦瞭解到如果光的能量不是由波前擴散而是

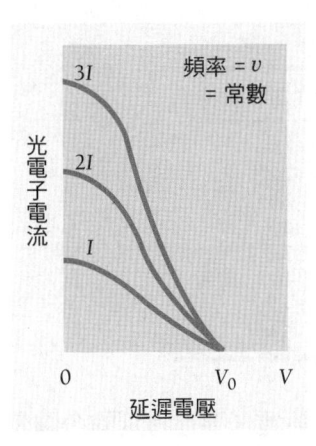

圖2.10 對所有延遲電壓(retarding voltage)而言，光電子電流和光強度成比例，在同樣頻率ν下，對所有光強度而言，對應於極大光電子能量的阻止電位(stopping potential)V_0皆相同。

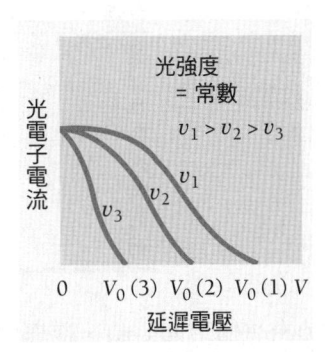

圖2.11 阻止電位V_0和極大光電子能量與光頻率相關，當延遲電位$V = 0$時，在某個光強度下，不論其頻率為何，光電子電流皆相同。

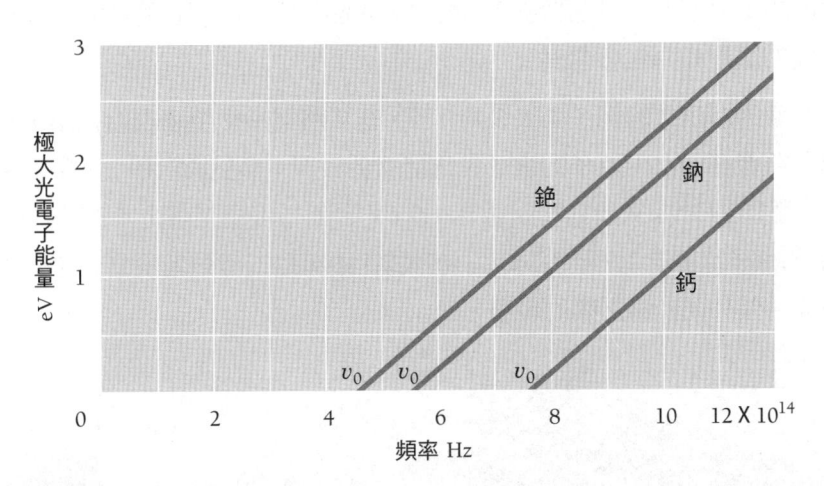

圖2.12 極大光電子動能 KE_{max} 在三種金屬界面中和入射光頻率之關係圖。

集中於一個小封包或**光子**(*photon*)時，光電效應就可以被理解（光子和1926年化學家吉伯特・劉易士(Gilbert Lewis)所提到的名詞一樣），每個頻率為ν的光子能量為$h\nu$，和普朗克的量子能量相同。普朗克認為雖然電振盪器的能量明顯地必須以分別的量子$h\nu$給予電磁波，波本身仍然和傳統的波理論特性相符。愛因斯坦對於古典物理的突破則較為激烈：能量不只是以分別的量子給予電磁波，並且被電磁波以分別的量子所攜帶。

　　上述所列的三個實驗觀察直接由愛因斯坦的假設而來。(1)因為電磁波能量集中於光子且不會散開，光電子釋放應該不會有任何的延遲；(2)頻率ν的所有光子具有相同的能量，故改變單色光的強度只會改變光電子的數目而不會改變其能量；(3)頻率ν越高時，光子能量$h\nu$也越大，故光電子能量也越多。

表 2.1　光電功函數

金屬	符號	功函數（電子伏特）
銫	Cs	1.9
鉀	K	2.2
鈉	Na	2.3
鋰	Li	2.5
鈣	Ca	3.2
銅	Cu	4.7
銀	Ag	4.7
鉑	Pt	6.4

在沒有光電流產生時，臨界頻率的意義為何？對電子要從特別的金屬表面或其他電子脫離而言，必然存在一個極小的能量，此能量稱為金屬的**功函數**(*work function*)，利用下列公式可與ν_0連結在一起

功函數
$$\phi = h\nu_0 \tag{2.7}$$

一個金屬的功函數越大，即需要越多的能量，才能使電子離開它的表面，同時放射光電子所需的臨界頻率也會愈高。

一些光電的功函數的例子如表2.1所示。為了將電子從金屬表面拉出，一般所需的能量為將金屬中自由原子的電子拉出能量的一半（參見圖7.10），舉例來說，銫(Cs)的游離能為3.9 eV而其功函數為1.9 eV。因為可見光譜由4.3至7.5×10^{14} Hz，對應的量子能量為1.7至3.3 eV，在表2.1中可以很清楚地看到光電效應為發生在可見光和紫外光頻譜之間的現象。

完全光敏感偵測器，這包含了人眼和用於視訊攝影機的鏡頭，其原理都是利用光子所照射到原子的電子會吸收光子的能量。

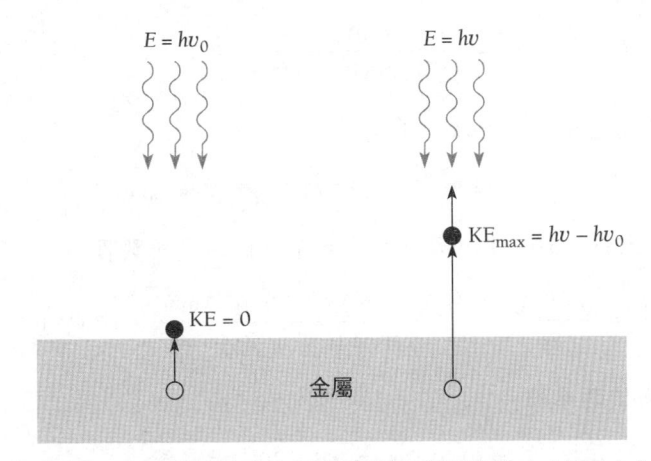

圖 2.13 如果將電子由金屬表面移開所需能量（功函數）為 $h\nu_0$，當頻率 ν 的光照射在表面時，極大的電子動能為 $h\nu - h\nu_0$。

根據愛因斯坦的理論，在某一特定金屬中的光電效應，應該遵循下列方程式

光電效應
$$h\nu = KE_{max} + \phi \tag{2.8}$$

其中 $h\nu$ 為光子能量，KE_{max} 為極大光電子能量（和阻止電位成比例），而 ϕ 為一個電子離開金屬所需之極小能量，因為 $\phi = h\nu_0$，式(2.8)可被重寫為（圖2.13）

$$h\nu = KE_{max} + h\nu_0$$
$$KE_{max} = h\nu - h\nu_0 = h(\nu - \nu_0) \tag{2.9}$$

此公式解釋了從實驗而得之 KE_{max} 和 ν 之間的關係，如圖2.12所示，如果愛因斯坦是正確的，線的斜率應該會等於普朗克常數 h，而事實上也的確如此。

以電子伏特來表示，光子能量公式 $E = h\nu$ 變成

光子能量
$$E = \left(\frac{6.626 \times 10^{-34} \text{ J} \cdot \text{s}}{1.602 \times 10^{-19} \text{ J/eV}} \right) \nu = (4.136 \times 10^{-15}) \nu \text{ eV} \cdot \text{s} \tag{2.10}$$

如果我們以光的波長 λ 來表示時，因為 $\nu = c/\lambda$ 我們得到

光子能量
$$E = \frac{(4.136 \times 10^{-15} \text{ eV} \cdot \text{s})(2.998 \times 10^8 \text{ m/s})}{\lambda} = \frac{1.240 \times 10^{-6} \text{ eV} \cdot \text{m}}{\lambda} \tag{2.11}$$

例 2.2

波長 350 nm 和強度 1.00 W/m² 的紫外光照射於鉀(K)原子表面。(a)求出光電子的極大 KE 值；(b)0.50% 的入射光子產生光電子，如果鉀原子表面積為 1.00 cm²，則每秒有多少光電子產生？

解

(a) 從式(2.11)中，因為 1 nm = 1 奈米 = 10^{-9} m，光子的能量為

$$E_p = \frac{1.24 \times 10^{-6} \text{ eV} \cdot \text{m}}{(350 \text{ nm})(10^{-9} \text{ m/nm})} = 3.5 \text{ eV}$$

表 2.1 顯示鉀的功函數為 2.2 eV，所以

$$\text{KE}_{\max} = h\nu - \phi = 3.5 \text{ eV} - 2.2 \text{ eV} = 1.3 \text{ eV}$$

(b) 光子能量為 5.68×10^{-19} J，因此每秒到達表面的光子數目為

$$n_p = \frac{E/t}{E_p} = \frac{(P/A)(A)}{E_p} = \frac{(1.00 \text{ W/m}^2)(1.00 \times 10^{-4} \text{ m}^2)}{5.68 \times 10^{-19} \text{ J/光子}} = 1.76 \times 10^{14} \text{ 光子/s}$$

因此光電子放射的速率為

$$n_e = (0.0050)n_p = 8.8 \times 10^{11} \text{ 光電子/s}$$

熱離子放射

愛因斯坦對於光電效應的解釋被熱離子放射(thermionic emission)所支持，很久以前就已經發現一個非常熱的物體會使鄰近空氣的導電率增加，最後發現這個效應為物體所釋放的電子所造成。熱離子放射使得電視映像管變為可行，因其高溫金屬燈絲或是特殊鍍膜陰極會補充大量的電子給電視映像管。

釋放的電子最後會從金屬粒子的熱擾動中得到能量，我們預期電子需要某極小能量以逃脫金屬，這個極小能量可由許多表面來決定，對同樣的表面而言，此能量總是跟光電功函數相當接近。在光電放射中，光子提供電子所需脫離的能量，在熱離子放射中，熱提供了相同的能量。

2.4 光是什麼？

What Is Light?

波和粒子兩面的

光以一連串的小封包(packet)傳播的觀念和光的波動理論相反（圖 2.14）。兩個觀點都有很強的實驗支持，正如我們所看到的一樣。根據波動理論，光波離開光源時，攜帶的能量連續地以波動型態傳播；根據量子理論，光是由獨立的光子所組成，每一個都小到足以讓單一電子吸收。但是，儘管光的粒子概念如其所顯示的，量子理論需要光的頻率來描述光子能量。

我們該相信那個理論呢？許多偉大的科學概念發現與新概念不符合時必須修改或是放棄，而在此第一次需要有兩個不同理論解釋單一現象，這個狀況與相對論和牛頓力學之間的情況並不相同，因為牛頓力學僅為相對論的近似而已。波動和量子理論之間的連結則是完全不同的事情。

為理解這個連結，讓我們考慮雙狹縫在屏幕上所形成的圖案。在波動模型中，屏幕上某處的光強度和 $\overline{E^2}$ 有關，此數值為電磁波電場之瞬間振幅平方在一個完整週期中的平均值。在粒子模型中，這個強度卻和 $Nh\nu$ 有關，其中 N 為到達屏幕上的相同地方每單位面積每秒的光子數目。這兩個描述必須得到相同的強度，故 N 和 $\overline{E^2}$ 成正比。如果 N 夠大，會使得某人觀察屏幕時會看到一般的雙狹縫干涉圖案，故沒有任何理由懷疑波動理論；如果 N 很小——或許小到一次只有一個光子到達屏幕——觀察者會發現一連串明顯的隨機閃光出現，並且假設他正看到量子行為。

如果觀察者持續地追蹤閃光夠長的時間，這些圖案在 N 很大時仍一樣不變，因此觀察者將會推論出在某時某處找到一個光子的機率和那裡的 $\overline{E^2}$ 有關。如果我們將每個光子視為擁有相關波動現象時，在屏幕上某處的波強度決定了一個光子是否會到達該處的可能性，當它經過狹縫時，光表現的像是波，當光照射到一屏幕時，則像是個粒子。光傳播時明顯地以波的形式前進，但吸放能量時則以一連串的粒子行為出現。

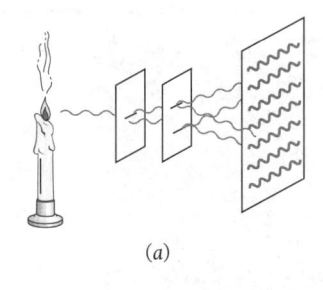

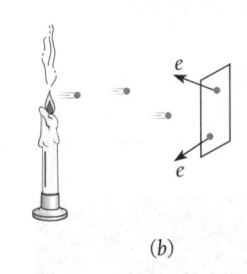

圖 **2.14** (*a*)光的波動理論解釋了繞射和干涉現象，而量子理論卻不能解釋；(*b*)量子理論解釋了光電效應，而波動理論無法解釋。

我們可以想像光有一個二元性(dual character)，**波動理論和量子理論互相補充**(The wave theory and the quantum theory complement each other)，每個理論本身都是整個事件的一部分且僅能解釋某些效應。讀者會發現很難去瞭解光如何同時為波動和粒子：在愛因斯坦死前不久，他說：「這五十年來清醒的沉思並沒有讓我距離「光量子是什麼？」這個問題的答案近一點，光的「真實性質」包含了波動和粒子特性，儘管在日常生活中沒有任何事物能幫助我們想像它。

2.5　x射線

X-Rays

由高能光子所組成

光電效應提供了一項令人信服的證據，即光子能轉移能量給電子，同樣地逆向的過程能發生嗎？也就是說移動電子的部分或是全部動能是否可以轉移給光子呢？是的，逆向光電效應不但的確存在，且早在普朗克和愛因斯坦的研究工作之前便已經被發現了（雖然並不瞭解）。

在1895年時，崙琴(Wilhelm Roentgen)發現當快速電子撞擊物質時，會產生一種未知性質的高穿透力輻射。這些 **x射線**(*x-ray*)很快又被發現是以直線前進，並且不會被電磁場所影響，它可以穿過不透明物質，使得磷光物質發光，還可以使得照像底片感光。初始電子速度越快，所產生的x射線穿透力越強，且電子數目越多時，x射線強度也越強。

崙琴(Wilhelm Konrad Roentgen, 1845-1923)生於德國的雷內普(Lennep)，且在德國與荷蘭求學，在德國許多大學求學期間，崙琴變成了伍茲堡(Würzburg)大學的物理學教授，而在1895年11月8日，他注意到當他打開附近完全被黑色硬紙板蓋住的陰極射線管時，一張鍍上鋇氰化鉑的紙張會發光，陰極射線管中的電子在真空中被電場加速，這些電子會撞擊到管的玻璃端並產生穿透的「x」射線（因為它的性質在當時仍然未知），並使得鹽發光。崙琴說當人們聽到這件事時，都說：「崙琴有可能瘋了。」事實上，x射線是立即的感應，且在兩個月後被用在醫學上，它們也在新方向中刺激了新的研究；貝可勒爾(Becquerel)則在之後一年內發現放射性。崙琴在1902年獲得了第一屆諾貝爾物理獎。他拒絕由他的研究來得到財務資助，並在一次世界大戰後德國的通貨膨脹時期因貧困去世。

在現代的x射線管中，環繞油把熱從靶中帶走，並透過熱交換器釋放至外面的空氣。使用x射線做為醫學上診斷的工具是利用不同的組織吸收不同的能量。因為骨頭中含有鈣，對於x射線來說骨頭比肌肉較為不透明，而肌肉又比脂肪不透明。為加強對比，給予病人含鋇食物可使其消化系統更加明顯，而其他化合物也可注入血液中使得血管的狀況可供研究。

x射線發現不久之後，人們便懷疑它是電磁波，電磁理論預測一個加速電荷能放射電磁波且快速移動之電子突然停止也的確是被加速。在這些情況中所產生的輻射稱為**制動輻射**（德文為 *bremsstrahlung*，英文為 *braking radiation*）。制動輻射導致的能量損失對電子比較電子重的粒子來說更重要，因為電子接近原子核時，在其路徑中加速較快。而電子的能量越大且所碰撞到的原子核之原子序越大時，其制動輻射也越強。

在1912年時發明了一個測量x射線波長的方法，當時繞射實驗已被認為非常完善，但是從物理光學角度來看，若要得到滿意的結果，繞射光柵相鄰兩線的間隔必須和光波長差不多，且x射線所需的光柵間隔非常小，這在當時是無法做到的。馬克士·馮羅(Max von Laue)認為x射線的波長和晶體中兩原子的間隔大小相當，因此他認為晶體中做為三維光柵的晶格可使得x射線產生繞射現象，在次年所做的實驗中，發現了波長由0.013至0.048 nm的x射線為可見光波長的10^{-4}倍，故量子能量為其10^4倍。

我們將波長從0.01至10 nm的電磁輻射分類為x射線，這個分類並非是很明顯的：短波長端會和伽瑪射線(gamma ray)重疊，而長波長端則和紫外光重疊（見圖2.2）。

圖2.15所示為x射線管，通以電流加熱的燈絲將陰極加熱，並且由熱離子放射而補充大量的電子，在陰極和金屬靶之間維持的高電位差V會對往金屬靶移動的電子加速。金屬靶面相對於電子流成一角度，而離開靶之x射線會穿透射線管，管子抽真空的目的是使電子從陰極到達靶時不會受到任何阻礙。

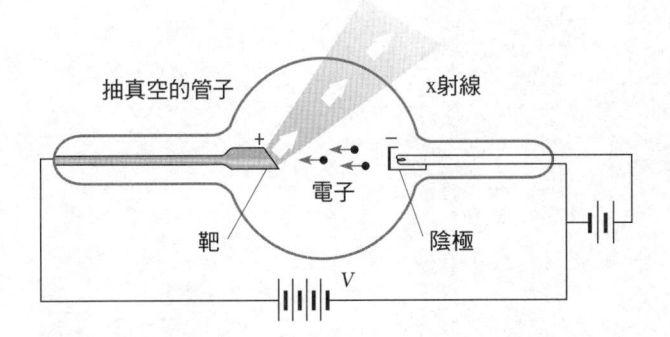

圖 2.15　x射線管。加速電壓 V 越高時，電子速度越快且 x 射線波長越短。

　　如前面所提，古典電磁理論預測電子因制動輻射而加速，一般而言，這項理論解釋了 x 射線管中 x 射線出現的原因。然而理論和實驗之間的結果在某些重要的角度中並不吻合，圖2.16和2.17顯示了當電子經過不同的加速電位時，撞擊鎢靶和鉬靶所得之 x 射線光譜，圖中曲線顯示出兩項電磁理論無法解釋的特性：

1. 就鉬(Mo)的情形來看，在某些波長處出現一些強度峰值顯示出x射線增加，對不同物質的靶而言，這些峰值出現於不同的特定波長，此現象源起於靶內原子之電子結構受撞擊電子干擾之後而重新排列。此現象將於7.9節討論，而除了連續x射線光譜之外，特定波長的 x 射線出現是件重要的事情，無疑地這是一種非古典效應。

2. 對一已知加速電位 V 所產生的x射線而言，波長並不一致，但卻不能比某一特定值 λ_{min} 小，V 增加則 λ_{min} 會減少。在一特定的 V 時，鎢(W)靶和鉬靶的 λ_{min} 相同。杜安(Duane)跟杭特(Hunt)在實驗中發現了 λ_{min} 和 V 成反比，而它們之間的精確關係為

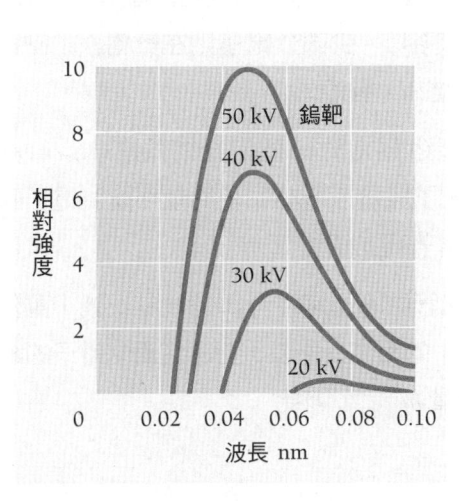

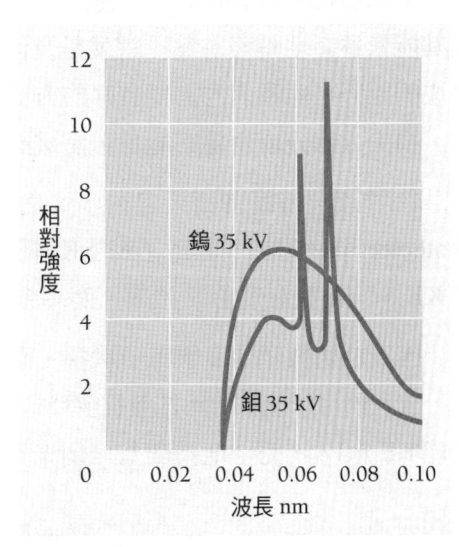

圖 2.16　在不同加速電位下，鎢的 x 射線光譜。

圖 2.17　鎢和鉬在 35 kV 加速電位下的 x 射線光譜。

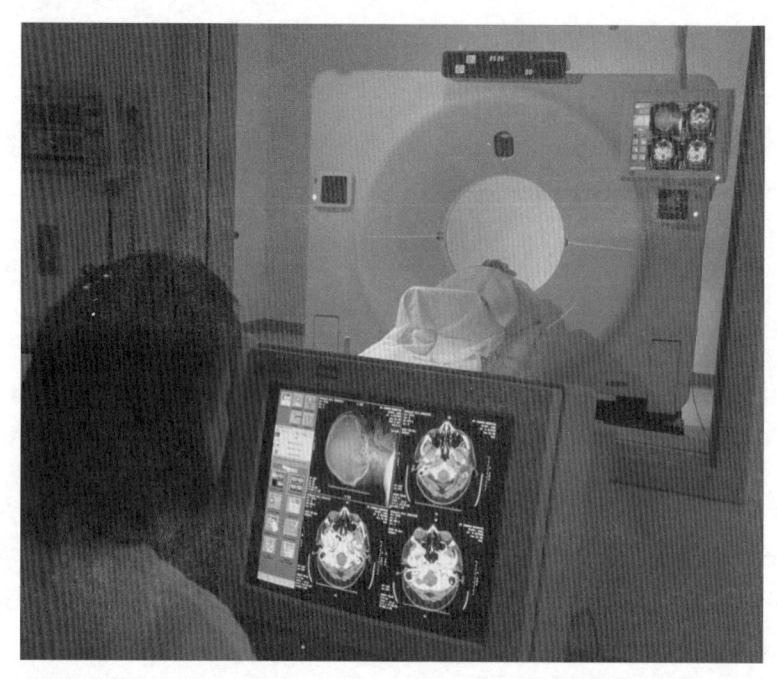

在電腦斷層掃描(computerized tomography, CT)掃描器中,從不同方向對病人照射一連串的x射線,並利用電腦組成身體待檢查部分的橫截面影像。經由x射線照射,身體組織等效於被電腦切成薄片來分析。任何想要的薄片都可以顯示出來。這個技術使得異常組織可以被檢測出來且確定位置所在,這對於普通x射線圖來說可能是做不到的(斷層這個字是源自於希臘字 tomos,即「切」的意思)。

x 射線的產生
$$\lambda_{min} = \frac{1.24 \times 10^{-6}}{V} \text{ V·m} \tag{2.12}$$

第二項觀察和輻射量子理論符合,大部分的電子射入靶後,會遭到許多碰撞,而其能量逐漸地轉變為熱〔這就是為何 x 射線管中的靶通常由高熔點金屬(如鎢)製成的原因,而我們也需要良好的方法使靶冷卻〕。少部分電子則在與靶原子碰撞中,損失大部分或全部的能量,而這能量將變為 x 射線。

除了第一項觀察結果之外,x 射線的產生相當於一種逆光電效應(inverse photoelectric effect),即電子動能 KE 轉換為光子能量,而非光子能量轉換為電子動能 KE。短波長意謂著高頻率,而高頻率意謂著高光子能量 $h\nu$。

因為功函數僅為幾個電子伏特,而 x 射線管中的加速電位卻是幾萬或幾十萬伏特,故我們可以忽略功函數並且解釋式(2.12)中的短波長極限,對應到轟擊電子的總動能 KE = Ve,完全地轉變為一個光子的能量 $h\nu_{max}$,因此

$$Ve = h\nu_{max} = \frac{hc}{\lambda_{min}}$$

$$\lambda_{min} = \frac{hc}{Ve} = \frac{1.240 \times 10^{-6}}{V} \text{ V·m}$$

為式(2.12)之杜安－杭特公式(Duane Hunt formula)——的確和式(2.11)相同，除了單位不同之外。因此將 x 射線產生視為逆光電效應是很適當的。

例 2.3
求出加速電位為 50,000 V 之 x 射線機所能發射出的最短波長。

解
從式(2.12)中我們得到

$$\lambda_{\min} = \frac{1.24 \times 10^{-6}\ \text{V} \cdot \text{m}}{5.00 \times 10^{4}\ \text{V}} = 2.48 \times 10^{-11}\ \text{m} = 0.0248\ \text{nm}$$

對應到此波長的頻率為

$$\nu_{\max} = \frac{c}{\lambda_{\min}} = \frac{3.00 \times 10^{8}\ \text{m/s}}{2.48 \times 10^{-11}\ \text{m}} = 1.21 \times 10^{19}\ \text{Hz}$$

2.6　x 射線繞射
X-Ray Diffraction

如何決定 x 射線的波長

一個晶體是由許多原子規則排列而成，且每個原子都能散射電磁波，這個散射的機制非常直接，在固定電場中的原子產生極化現象，因為負電性電子和正電性原子核受到相反方向的作用力，而這些力相對於使原子結合所需的力來說很小，故其結果為一個扭曲電荷的分布等效於電偶極(electric dipole)。在頻率 ν 之電磁波的交流電場中，極化現象將會以頻率 ν 來回地變化，入射波的能量減少以產生一個振盪的電偶極，而振盪電偶極會輻射頻率 ν 的電磁波，而這些二次波會往除了沿著偶極軸以外的所有方向發散出去（在非極化輻射照射下的原子中，上述的限制不會出現，因為各個原子的輻射將是隨機分布的）。

在波動術語中，二次波為球面波前而不是入射波的平面波前（圖2.18），散射的過程包含了吸收入射平面波並且再輻射出相同頻率的球面波。

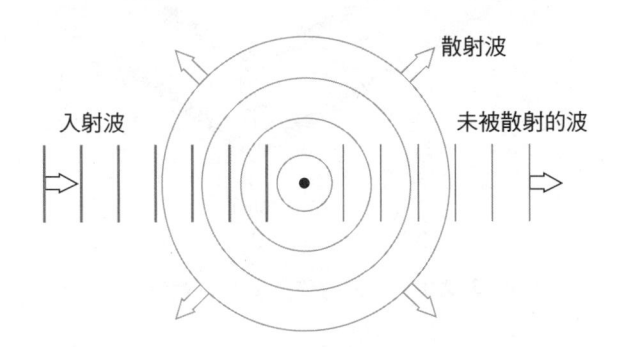

圖 2.18　被一群原子造成的電磁輻射散射，入射平面波將以球面波型態再被釋放出來。

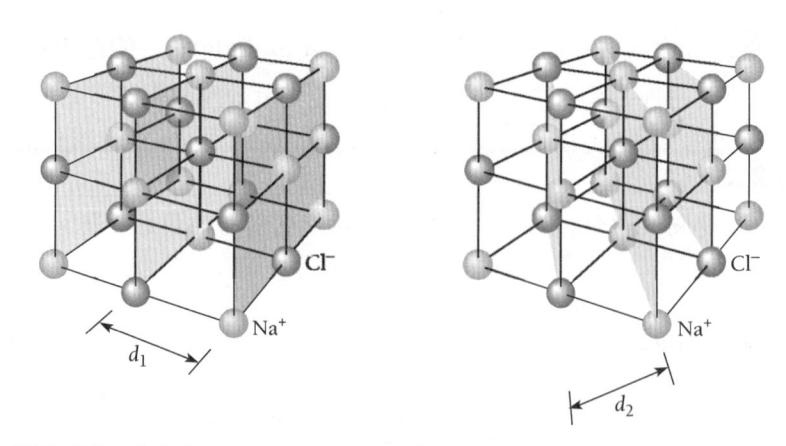

圖 2.19 在氯化鈉(NaCl)晶體中的兩種布拉格平面。

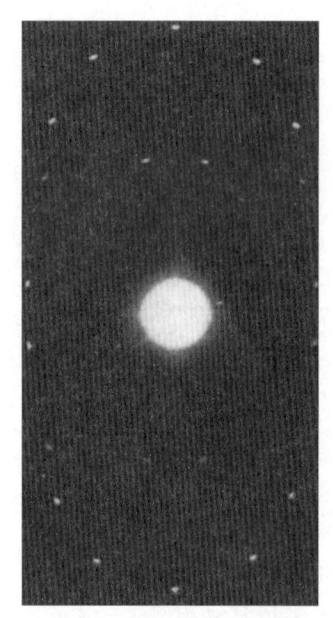

入射於晶體上的單色 x 射線會往所有方向散射，然而因為原子的規則排列，某一個方向的散射波會產生建設性干涉，而另一個方向則會產生破壞性干涉。晶體中的原子可被用來定義許多平行平面族，如圖2.19所示，每一個平面族之間具有特定的間隔，這個分析是在 1913 年時由布拉格(W. L. Bragg)所提出，而為了紀念他，我們將上述的平面稱為**布拉格平面**(*Bragg plane*)。

被晶體原子散射之輻射所碰到的建設性干涉必須符合的條件可由圖 2.20 得到。一條包含波長 λ 之 x 射線射入晶體中，其入射方向和間隔 d 之布拉格平面族的角度為 θ，光線通過第一平面的原子 A 和下一個平面的原子 B，部分光線會被散射至任意方向。建設性干涉僅發生在那些互相平行且光程差為 λ, 2λ, 3λ 等的散射光線中，亦即是說光程差必須為 $n\lambda$，其中 n 為整數，被 A 和 B 散射的光線分別在圖 2.20 中以 I 和 II 標示出來。

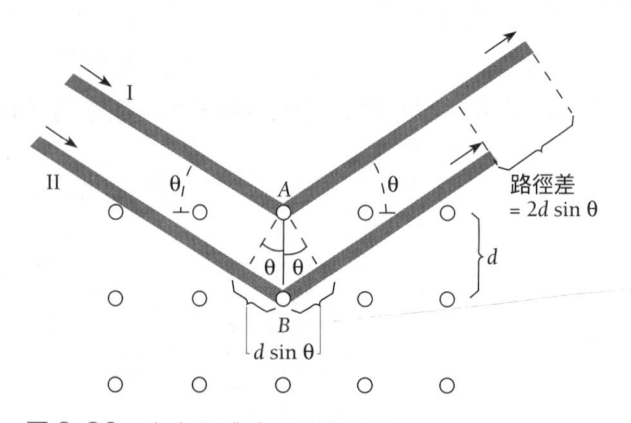

從NaCl晶體的離子中散射的 x 射線所產生的干涉圖案。明亮的圓點對應到晶體中的不同層散射出來的 x 射線產生建設性干涉的地方，NaCl 的立方圖案由其四重對稱圖形所推論出來，中間的大圓點是由於未散射的 x 射線束所產生。

圖 2.20 立方晶體的 x 射線散射。

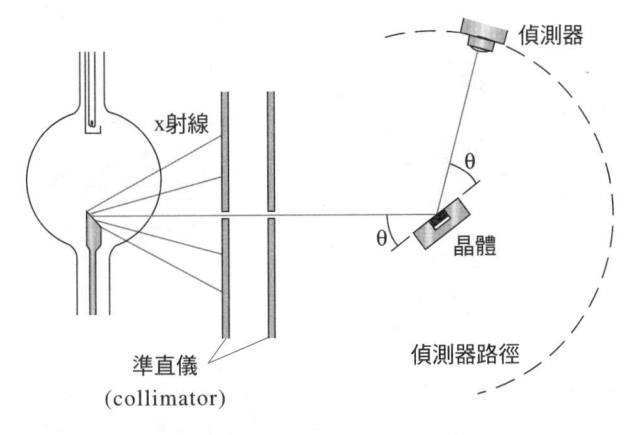

圖 **2.21** x 射線光譜儀。

I 和 II 的第一個條件即是它們的散射角度必須等於入射光線的入射角 θ（這個條件和波長無關，在光學中和一般的鏡子反射相同：入射角 = 反射角）。第二個條件為

$$2d \sin \theta = n\lambda \qquad n = 1, 2, 3, \ldots \tag{2.13}$$

因為光線 II 必須比光線 I 多行進 $2d \sin\theta$ 距離，整數 n 為散射束的**冪次**(order)。

基於布拉格的分析而設計的 x 射線光譜儀(spectrometer)的概略設計如圖 2.21 所示，一道窄的 x 射線以角度 θ 入射一晶體，並放置一偵測器以記錄散射角度亦為 θ 的光線，任何到達偵測器的 x 射線遵守布拉格第一項條件。當 θ 變化時，偵測器記錄那些對應於式(2.13)所預測冪次的強度峰值。如果晶體中相鄰布拉格平面的間隔 d 為已知時，則 x 射線波長 λ 可被計算出來。

2.7 康普頓效應
Compton Effect

光子模型的進一步驗證

根據光的量子理論，光子除了沒有靜止質量之外，其餘行為皆和粒子相似，而這個類比可以延伸至多遠呢？舉例來說，如果光子和電子都是撞球時，我們能夠考慮它們之間的碰撞情形嗎？

圖 2.22 顯示了這樣的碰撞：一個 x 射線光子撞擊一個電子（假設在實驗室座標系統中一開始為靜止），當電子接受到脈衝且開始運動時，它將會由原來的運動方向被散射離開。我們可以想像光子在此碰撞中損失的能量等於電子所得到的動能 KE，雖然事實上包含了不同的光子。如果初始光子頻率為 ν，而散射光子頻率為較低的 ν'，其中

$$\text{光子損失的能量} = \text{電子得到的能量}$$
$$h\nu - h\nu' = \text{KE} \tag{2.14}$$

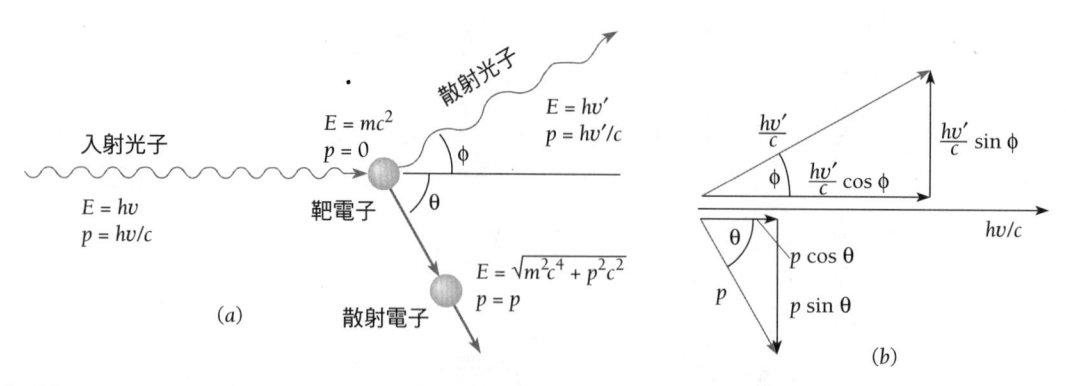

圖 2.22 (a)電子所造成的光子散射稱為康普頓效應。能量和動量在每個事件中守恆，因此散射光子（較長波長）比入射光子能量少；(b)入射光子、散射光子和散射電子的動量和其分量的向量圖。

從第 1 章中，我們回想一個無質量粒子的動量和其能量相關，藉由下列公式

$$E = pc \tag{1.25}$$

因為光子能量為 $h\nu$，其動量為

光子動量
$$p = \frac{E}{c} = \frac{h\nu}{c} \tag{2.15}$$

不像能量一樣，動量是一個包含方向和大小的向量，在碰撞時，動量必須在每一個互相垂直的方向上守恆（當兩個以上的物體碰撞時，動量必須在三個互相垂直的方向上守恆）。此處我們所選擇的方向為原來光子的方向，以及與此方向垂直且位於包含電子和散射光子平面上的方向（圖 2.22）。

初始的光子動量為 $h\nu/c$，散射的光子動量為 $h\nu'/c$，而初始和最終的電子動量分別為 0 和 p，在原來的光子方向上

初始動量 = 最終動量

$$\frac{h\nu}{c} + 0 = \frac{h\nu'}{c} \cos\phi + p \cos\theta \tag{2.16}$$

而垂直此方向上

初始動量 = 最終動量

$$0 = \frac{h\nu'}{c} \sin\phi - p \sin\theta \tag{2.17}$$

初始光子和散射光子方向之間的角度為 ϕ，而 θ 為初始光子和反彈電子方向之間的角度。從式(2.14)、(2.16)和(2.17)中，我們可以找到一個將初始光子和散射光子之間波長差和夾角 ϕ 關聯的公式，而這兩個變數都為可量測的數值（不像反彈電子的能量與動量）。

第一步便是把式(2.16)和(2.17)乘上 c，並重寫成

$$pc \cos \theta = h\nu - h\nu' \cos \phi$$
$$pc \sin \theta = h\nu' \sin \phi$$

將這兩個方程式平方並且相加可消去 θ，得到

$$p^2c^2 = (h\nu)^2 - 2(h\nu)(h\nu') \cos \phi + (h\nu')^2 \tag{2.18}$$

從第 1 章中我們知道粒子的總能量有兩個公式

$$E = \text{KE} + mc^2 \tag{1.20}$$
$$E = \sqrt{m^2c^4 + p^2c^2} \tag{1.24}$$

令這兩個表示一粒子總能量的方程式相等可得

$$(\text{KE} + mc^2)^2 = m^2c^4 + p^2c^2$$
$$p^2c^2 = \text{KE}^2 + 2mc^2 \text{KE}$$

因為

$$\text{KE} = h\nu - h\nu'$$

我們得到

$$p^2c^2 = (h\nu)^2 - 2(h\nu)(h\nu') + (h\nu')^2 + 2mc^2(h\nu - h\nu') \tag{2.19}$$

從式(2.18)中減去此值 p^2c^2，最後我們得到

$$2mc^2(h\nu - h\nu') = 2(h\nu)(h\nu')(1 - \cos \phi) \tag{2.20}$$

這個關係式以波長 λ 表示時較為簡單，把式(2.20)除以 $2h^2c^2$

$$\frac{mc}{h}\left(\frac{\nu}{c} - \frac{\nu'}{c}\right) = \frac{\nu}{c}\frac{\nu'}{c}(1 - \cos \phi)$$

而因為 $\nu/c = 1/\lambda$ 且 $\nu'/c = 1/\lambda'$，所以

$$\frac{mc}{h}\left(\frac{1}{\lambda} - \frac{1}{\lambda'}\right) = \frac{1 - \cos \phi}{\lambda\lambda'}$$

康普頓效應
$$\lambda' - \lambda = \frac{h}{mc}(1 - \cos \phi) \tag{2.21}$$

式(2.21)在 1920 年代早期由康普頓(Arthur H. Compton)所推導出，因為他是第一個觀察到此現象的人，故命名為**康普頓效應**(*Compton effect*)，這個現象提供了強烈的證據來支持量子輻射理論。

式(2.21)得到光子波長的預期變化，這個變化和入射光子的波長 λ 無關，這個量

亞瑟‧荷利‧康普頓(Arthur Holly Compton, 1892-1962)出生於俄亥俄州，並且在伍斯特和普林斯頓大學接受教育。當他在華盛頓大學聖路易校區時，他發現x射線在散射時波長會增加。在1923年他以光的量子理論做了解釋，這個成果說服了對於光子真實性剩餘的懷疑者。

他在1927年獲得諾貝爾獎，之後他在芝加哥大學研究宇宙射線並且協助確立這些宇宙射線在太空中為快速旋轉的帶電粒子（即為今日我們所知的原子核，其組成大部分為質子）而不是高能的伽瑪射線。他證明了宇宙射線強度隨緯度而變化，而這只有在這些宇宙射線為地球磁場所影響的離子時才是正確的。在二次世界大戰時，康普頓為發明原子彈的領導者之一。

康普頓波長
$$\lambda_C = \frac{h}{mc} \tag{2.22}$$

稱為散射粒子的**康普頓波長**(*Compton wavelength*)。對一個電子而言，$\lambda_C = 2.426 \times 10^{-12}$ m，亦等於 2.426 pm（1 pm = 1 皮米 = 10^{-12} m），式(2.21)以λ_C來表示

康普頓效應
$$\lambda' - \lambda = \lambda_C(1 - \cos\phi) \tag{2.23}$$

康普頓波長得到入射光子波長的變化範圍，從式(2.23)中我們注意到，當波長變為康普頓波長λ_C的兩倍時，可能的極大波長變化對應於$\phi = 180°$，因為對電子而言$\lambda_C = 2.426$ pm，對於其他粒子而言，由於其靜止質量較大，故其康普頓波長較小，而康普頓效應的極大波長變化為4.852 pm。這個大小附近的變化僅在x射線中才容易量測得到：可見光波長位移小於初始波長的0.01 %，而對於$\lambda = 0.1$ nm的x射線而言，則為幾個百分點。康普頓效應為x射線經過物質時失去能量的主要方法。

例 2.4

波長10.0 pm的x射線由一個靶中散射出來；(*a*)求出經過45°散射的x射線波長；(*b*)求出在散射x射線中的極大波長；(*c*)求出反彈電子的極大動能。

解

(*a*) 從式(2.23)中，$\lambda' - \lambda = \lambda_C(1 - \cos\phi)$，且

$$\begin{aligned}\lambda' &= \lambda + \lambda_C(1 - \cos 45°) \\ &= 10.0 \text{ pm} + 0.293\lambda_C \\ &= 10.7 \text{ pm}\end{aligned}$$

(*b*) 當$(1 - \cos\phi) = 2$ 時，$\lambda' - \lambda$為極大，其中

$$\lambda' = \lambda + 2\lambda_C = 10.0 \text{ pm} + 4.9 \text{ pm} = 14.9 \text{ pm}$$

(*c*) 極大反彈動能等於入射和散射光子之間的能量差，所以

$$KE_{max} = h(\nu - \nu') = hc\left(\frac{1}{\lambda} - \frac{1}{\lambda'}\right)$$

其中 λ' 由(b)而得。因此

$$KE_{max} = \frac{(6.626 \times 10^{-34}\,\text{J}\cdot\text{s})(3.00 \times 10^{8}\,\text{m/s})}{10^{-12}\,\text{m/pm}}\left(\frac{1}{10.0\,\text{pm}} - \frac{1}{14.9\,\text{pm}}\right)$$
$$= 6.54 \times 10^{-15}\,\text{J}$$

等於 40.8 keV。

康普頓效應的實驗證明非常直接簡單，如圖2.23所示，一道已知波長的單色x射線射入靶中，而散射x射線的波長將由不同的角度ϕ來決定，此結果如圖2.24所示，顯示出如式(2.21)預測之波長位移，但在每個角度的散射x射線也包含了許多初始波長的部分。這個現象並不難理解，當我們導出式(2.21)時，我們假設散射粒子能

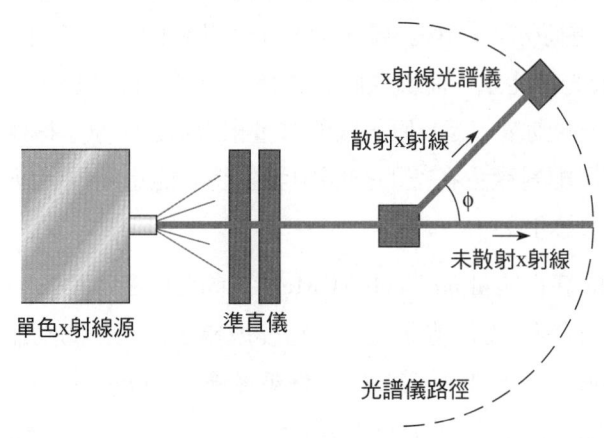

圖 2.23 康普頓效應的實驗證明。

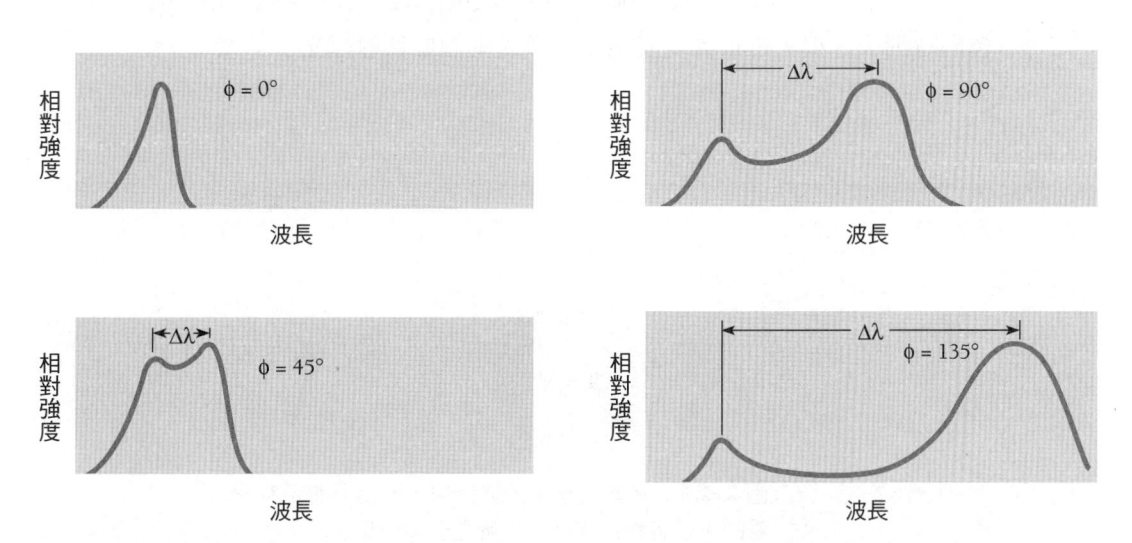

圖 2.24 康普頓散射的實驗確認，根據式(2.21)，散射角度越大，則波長的變化越大。

夠自由地移動，這項假設十分合理，因為物質中的許多電子僅鬆散地被其原子束縛。其餘電子則被緊緊地束縛住，當它們被光子撞擊時整個原子會反彈而不是單一電子。在這個情況中，式(2.21)中所使用的 m 為整個原子的質量，其數值比電子質量大數萬倍，因此所產生的康普頓效應位移將會很小，使其無法被測量到。

2.8 配對產生
Pair Production

能量轉換為物質

如我們所看到的，在碰撞中一個光子會將其全部(光電效應)或部分(康普頓效應)能量給予電子，對一個光子而言也可能轉化成一個電子和一個正子(帶正電的電子)也是有可能的，這個過程稱為**配對產生**(*pair production*)，電磁能量會轉換為物質。

當電子－正子對在原子核附近產生時（圖2.25）並不會違背守恆定律，電子電荷($q = -e$)和正子電荷($q = +e$)和為零，與光子電荷相同；電子和正子的總能量（包含靜止能量）等於光子能量，而線性動量也藉由原子核而守恆，因為原子核會在作用過程中帶走光子的動量。因為原子核的質量相當地大，原子核僅吸收光子極小的一部分能量（如果配對產生在空的空間中發生時，能量和線性動量將不會同時守恆，故在那裡不會發生）。

電子或正子的靜止能量 mc^2 為 0.51 MeV，因此配對產生需要至少一個光子的能量 1.02 MeV，任何多餘的光子能量都會變成電子或正子的動能，所對應的極大光子波長為 1.2 pm。這樣的電磁波稱為**伽瑪射線**(*gamma ray*)，其符號為 γ，可在自然界的放射性原子核及宇宙射線中發現。

當正子在電子附近，且兩粒子在其相反電荷的作用下會產生逆配對，兩個粒子會同時消失，損失質量會變成能量，形成兩個伽瑪射線光子：

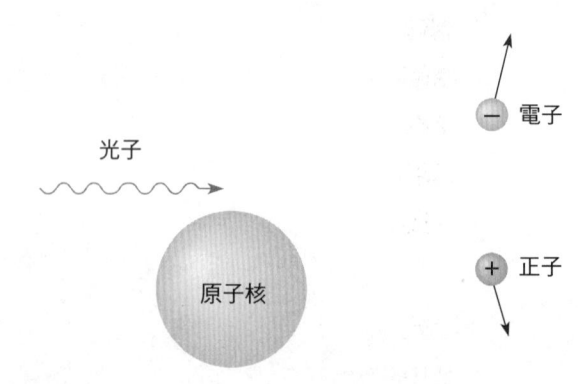

圖 2.25 在配對產生的過程中，一個具有足夠能量的光子將會物質化為一個電子和一個正子。

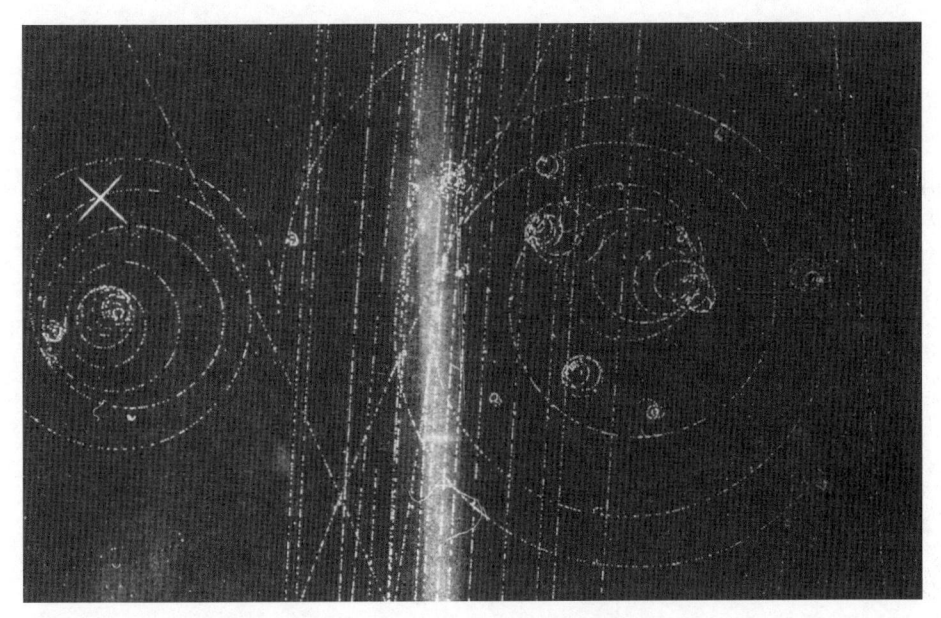

電子−正子對形成的氣泡室圖，一個垂直於頁面的磁場使得電子和正子分別以相反的曲線運動，此曲線路徑為螺旋狀，因為粒子在空間中運動時會損失能量。在一個氣泡室中，液體（此處為氫）處於能使其保持為液體的壓力下被加熱超過其沸點，隨後壓力釋放，氣泡會在不穩定過熱液體中的任意離子附近形成，此時液體運動的帶電粒子將會留下氣泡痕跡，使得我們可以繪製成圖形。

$$e^+ + e^- \rightarrow \gamma + \gamma$$

正子和電子總質量相當於 1.02 MeV，且每個光子能量 $h\nu$ 為 0.51 MeV，加上相對於質心粒子的一半動能，光子方向將使其能量和線性動量守恆，而**配對滅絕**(*pair annihilation*)不需要原子核或其他粒子也會發生。

例 2.5

證明配對產生不會在空的空間中發生。

解

從能量守恆來看

$$h\nu = 2\gamma mc^2$$

其中 $h\nu$ 為光子能量，且 γmc^2 為電子和正子對中每個成員的總能量。圖2.26為光子、電子和正子的線性動量向量圖，因為動量在橫切方向上必須守恆，故角度 θ 相等。在光子的運動方向中，動量必須守恆時

$$\frac{h\nu}{c} = 2p \cos \theta$$

$$h\nu = 2pc \cos \theta$$

必然是事實。因為對於電子和正子而言 $p = \gamma m v$，且

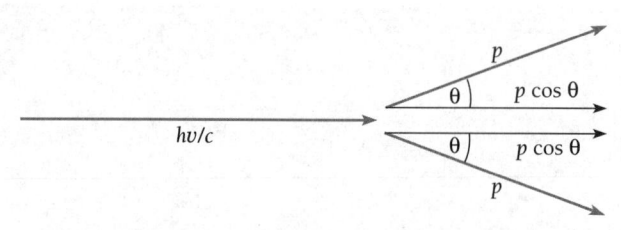

圖2.26 假設光子在空的空間中被物質化為電子－正子對時的動量向量圖，因為此事件無法使得能量和動量守恆，故不會發生。配對產生總是牽涉到原子核，因其會帶走初始光子的部分動量。

$$h\nu = 2\gamma mc^2 \left(\frac{v}{c}\right) \cos\theta$$

因為 $v/c < 1$ 且 $\theta \le 1$，

$$h\nu < 2\gamma mc^2$$

但是能量守恆需要 $h\nu = 2\gamma mc^2$，因此對於配對產生而言，能量及動量不可能守恆，除非有其他物質參與過程以帶走初始光子的部分動量。

例 2.6

當一個電子和一個正子互相結合而滅絕時，在 +x 方向上並排以速度 $0.500c$ 平行運動，沿著 x 軸產生兩個光子；(a) 兩個光子都是沿著 +x 方向嗎？(b) 每個光子的能量為何？

解

(a) 在一個隨初始粒子移動的質心 (center-of-mass, CM) 系統中，光子將會在相反方向上運動，而使動量守恆，光子在實驗室系統中必須如此，因為CM系統的速度比光子速度 c 小。

(b) 假設 p_1 為沿著 +x 方向移動的光子動量，而 p_2 為沿著 −x 方向移動的光子動量，動量守恆使得（在實驗室系統中）

$$p_1 - p_2 = 2\gamma mv = \frac{2(mc^2)(v/c^2)}{\sqrt{1 - v/c^2}}$$

$$= \frac{2(0.511 \text{ MeV}/c^2)(c^2)(0.500c)/c^2}{\sqrt{1 - (0.500)^2}} = 0.590 \text{ MeV}/c$$

能量守恆使得

$$p_1 c + p_2 c = 2\gamma mc^2 = \frac{2mc^2}{\sqrt{1 - v^2/c^2}} = \frac{2(0.511 \text{ MeV})}{\sqrt{1 - (0.500)^2}} = 1.180 \text{ MeV}$$

所以

$$p_1 + p_2 = 1.180 \text{ MeV}/c$$

現在我們將這兩個結果相加並解出 p_1 和 p_2：

$$(p_1 - p_2) + (p_1 + p_2) = 2p_1 = (0.590 + 1.180) \text{ MeV}/c$$
$$p_1 = 0.885 \text{ MeV}/c$$
$$p_2 = (p_1 + p_2) - p_1 = 0.295 \text{ MeV}/c$$

因此光子能量為

$$E_1 = p_1c = 0.885 \text{ MeV} \qquad E_2 = p_2c = 0.295 \text{ MeV}$$

光子吸收

光子、x射線和伽瑪射線交互作用的三個主要的方式概述如圖2.27所示，在所有的情況中，光子能量轉換至電子，而電子損失能量給吸收材料中的原子。

在低光子能量時，光電效應為能量損失的主要機制，光電效應的重要性會隨著能量增加而減少，接著而來的是康普頓散射；當吸收子的原子序越大，光電效應若要持續保持顯著，需要較高的能量。在較輕的元素中，康普頓散射在光子能量為幾十keV時為主要效應，而在較重的元素中，這將不會發生，除非光子能量幾乎高達 1 MeV（圖 2.28）。

當光子能量超過臨限值(threshold) 1.02 MeV 時，比較可能會發生配對產生。吸收子的原子序越大時，配對產生藉由伽瑪射線做為能量損失的主要不變之能量會越小。在最重的元素中，跨越(crossover)能量約為 4 MeV，但對於較輕的元素而言則超過 10 MeV，因此在放射性輻射能量範圍中的伽瑪射線，大部分藉由康普頓散射來與物質交互作用。

x射線和伽瑪射線的強度 I 等於光束每單位截面積所傳輸能量的速率，光束通過某個厚度為 dx 的吸收子時，部分能量 $-dI/I$ 損失發現和 dx 成正比：

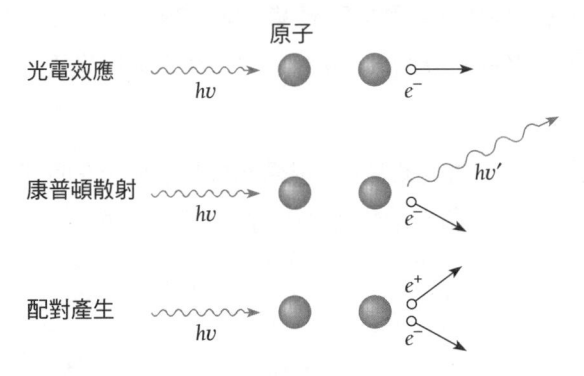

圖 2.27 x射線和伽瑪射線與物質主要是經由光電效應、康普頓散射和配對產生來交互作用。配對產生至少需要 1.02 MeV 能量的光子。

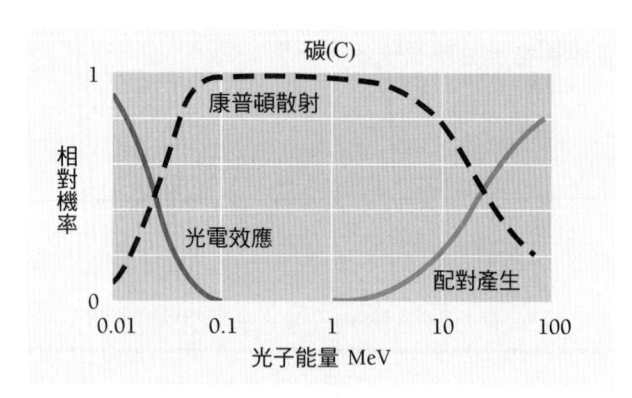

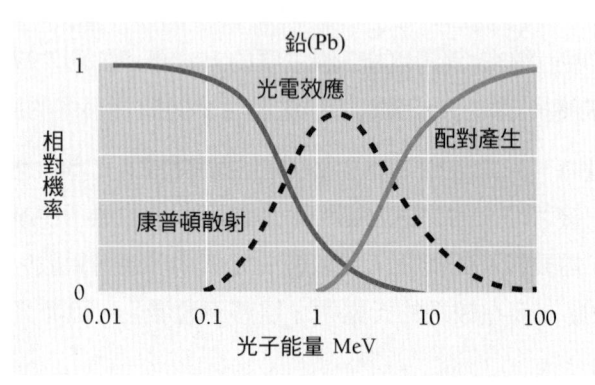

圖 2.28 在碳原子（輕元素）和鉛原子（重元素）中，光電效應、康普頓散射和配對產生之相對機率和能量之間的關係圖形。

$$-\frac{dI}{I} = \mu\, dx \tag{2.24}$$

比例常數 μ 稱為**線性衰減係數**(*linear attenuation coefficient*)且其數值和光子能量及吸收材料的特性有關。將式(2.24)積分得到

輻射強度
$$I = I_0 e^{-\mu x} \tag{2.25}$$

輻射強度會隨著吸收子厚度 x 呈現指數衰減。圖 2.29 為鉛(Pb)中光子之線性衰減係數和光子能量之間的關係圖，康普頓散射和配對產生對於光電效應 μ 值之影響亦如圖所示。

我們可以使用式(2.25)將需要減少x射線和伽瑪射強度的吸收子厚度 x 以及衰減係數 μ 連結起來。如果最終和初始強度比為 I/I_0，則

$$\frac{I}{I_0} = e^{-\mu x} \qquad \frac{I_0}{I} = e^{\mu x} \qquad \ln\frac{I_0}{I} = \mu x$$

吸收子厚度
$$x = \frac{\ln(I_0/I)}{\mu} \tag{2.26}$$

2.9 光子與重力　　**2-33**

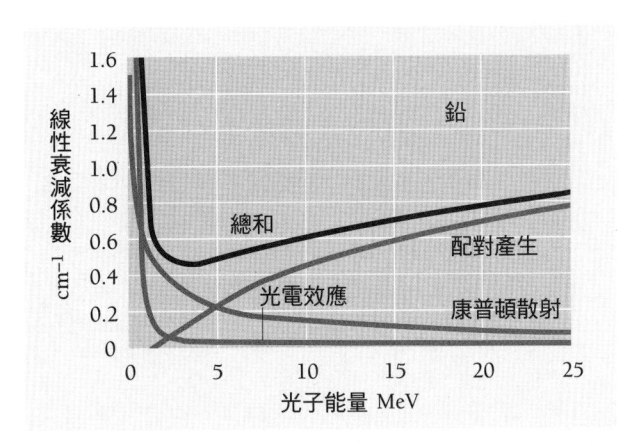

圖 **2.29** 鉛中光子的線性衰減係數。

例 2.7

在水中 2.0 MeV 伽瑪射線的線性衰減係數為 4.9 m⁻¹，(a) 求出 2.0 MeV 伽瑪射線通過 10 cm 的水之後，相對強度為何？(b) 當此光線強度減少為原先值的百分之一時，此光線在水中走了多遠？

解

(a) 此處 μx = (4.9 m⁻¹)(0.10 m)= 0.49，且從式 (2.25) 中得知

$$\frac{I}{I_0} = e^{-\mu x} = e^{-0.49} = 0.61$$

光線通過 10 cm 的水之後，其強度減少為初始值的 61%。

(b) 因為 I/I_0=100，式 (2.26) 產生

$$x = \frac{\ln(I_0/I)}{\mu} = \frac{\ln 100}{4.9 \text{ m}^{-1}} = 0.94 \text{ m}$$

2.9 光子與重力

Photons and Gravity

雖然光子沒有靜止質量，它們仍顯得像是具有重量一樣

在1.10節中，藉由在質量附近的時空曲面，我們學習到光線會被重力所影響，而另一個處理光線重力特性的方式則遵循光子和電子的交互作用，儘管光子並無靜止質量，其慣性質量(inertial mass)為

光子「質量」
$$m = \frac{p}{v} = \frac{h\nu}{c^2} \tag{2.27}$$

（我們回想對一個光子而言，$p = h\nu/c$ 且 $v = c$）。根據等效性原理，重力質量總是等於慣性質量，故光子頻率ν應該會表現像是具有質量 $h\nu/c^2$ 的粒子。

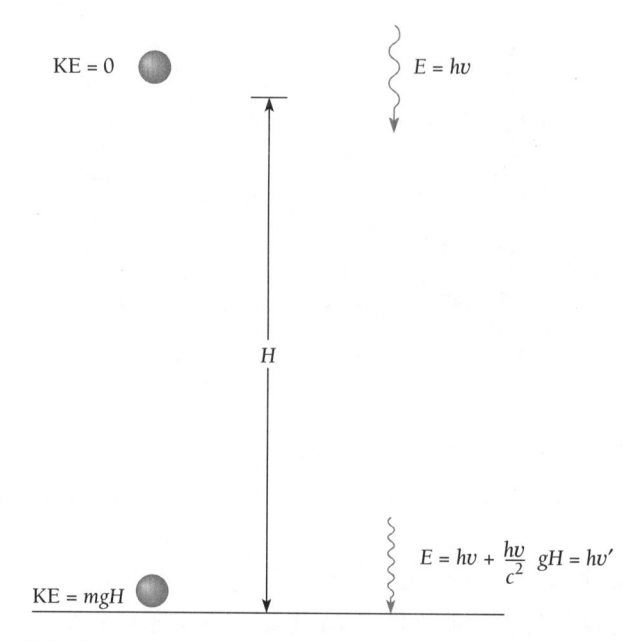

圖 2.30 在一個重力場中降落的光子和石頭一樣會得到能量，這個能量的獲得會顯示在頻率由 ν 增加至 ν' 的時候。

光的重力行為可在實驗室中得到驗證，當我們從地表附近的高度 H 丟下一個質量為 m 的石頭時，石頭在下降時由於地球的重力牽引會使其加速，而石頭在到達地面的路徑中得到 mgH 的能量，石頭最後的動能 $\frac{1}{2}mv^2$ 等於 mgH，故其最終速度為 $\sqrt{2gH}$。

所有光子以光速行進且不能比光速更快，然而一個從高度 H 下降之光子可能會顯示出增加的能量 mgH，使其頻率由 ν 增加至 ν'（圖 2.30），在實驗室的尺度中，因為頻率變化非常小，故我們可以忽略光子「質量」$h\nu/c^2$ 的對應變化。

因此

$$\text{最終光子能量} = \text{初始光子能量} + \text{能量增加}$$

$$h\nu' = h\nu + mgH$$

故

$$h\nu' = h\nu + \left(\frac{h\nu}{c^2}\right)gH$$

光子下降高度 H 之後的能量　　$h\nu' = h\nu\left(1 + \frac{gH}{c^2}\right)$ （2.28）

例 2.8

1960 年時，下降光子的能量增加首度由龐德(Pound)和瑞布卡(Rebka)在哈佛大學(Harvard University)觀察到。在他們的研究中，H 為 22.5 m，求出頻率 7.3×10^{14}

Hz 的紅光子從 22.5 m 處降落之後，頻率變化為何。

解

從式(2.28)中，頻率變化為

$$\nu' - \nu = \left(\frac{gH}{c^2}\right)\nu$$

$$= \frac{(9.8 \text{ m/s}^2)(22.5 \text{ m})(7.3 \times 10^{14} \text{ Hz})}{(3.0 \times 10^8 \text{ m/s})^2} = 1.8 \text{ Hz}$$

龐德和瑞布卡實際上是利用更高頻率的伽瑪射線，如習題 53 所敘述。

重力紅位移

光的重力行為推論出一個有趣的天文效應，如果向地球移動的光子頻率增加時，則遠離地球的光子頻率會減少。

地球的重力場並非特別地強，但許多星球卻是。假設一個頻率 ν 的光子由質量 M、半徑 R 的星球被釋放出來，如圖 2.31，則在此星球表面質量 m 的位能為

$$\text{PE} = -\frac{GMm}{R}$$

其中負號是因為 M 和 m 之間為吸引力，因此「質量」$h\nu/c^2$ 的光子在星球表面的位能為

$$\text{PE} = -\frac{GMh\nu}{c^2R}$$

而其總能 E 為 PE 和量子能量 $h\nu$ 的和

$$E = h\nu - \frac{GMh\nu}{c^2R} = h\nu\left(1 - \frac{GM}{c^2R}\right)$$

在較遠的距離時，如地球相對於該星球，光子將不會受到該星球的重力場影響，但其總能仍維持相同，現在光子的能量完全為電磁能，且

$$E = h\nu'$$

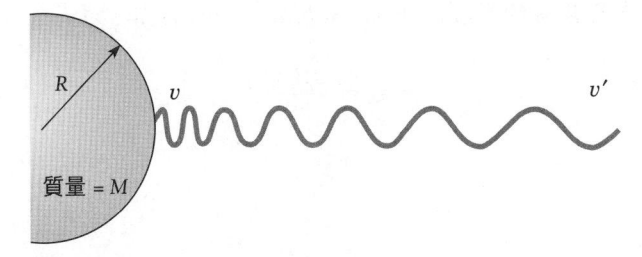

圖 2.31 從星球釋放出來的光子遠離該星球時，頻率會減少。

其中ν'為到達光子的頻率（光子在地球重力場的位能與該星球的位能相較之下是可被忽略的），因此

$$h\nu' = h\nu\left(1 - \frac{GM}{c^2R}\right)$$

$$\frac{\nu'}{\nu} = 1 - \frac{GM}{c^2R}$$

而其相對的頻率變化為

重力紅位移 $\qquad \dfrac{\Delta\nu}{\nu} = \dfrac{\nu - \nu'}{\nu} = 1 - \dfrac{\nu'}{\nu} = \dfrac{GM}{c^2R}$ (2.29)

光子在地球頻率較低，對應其離開該星球場所損失的能量。

因此在可見光頻譜中的光子會移往紅端，而此現象便稱為**重力紅位移**(*gravitational red shift*)，這個和遙遠星雲遠離地球時所產生的都卜勒紅位移是不同的，因為遠離似乎是因為宇宙擴張所造成的。

我們將在第4章學到，適當地激發每個元素的原子，僅會釋放出某個頻率的光子，式(2.29)的有效性可藉由比較星球的光譜及實驗室所得光譜之間的頻率而得，對包括太陽的大部分星球而言，M/R太小以致於重力紅位移不夠明顯，然而，對於一類稱為**白矮星**(*white dwarf*)的星球來說，恰好位於量測極限上——且已經被觀察到了。白矮星為一古老星球，其內部由具有塌陷電子結構的原子所組成，故非常地小：一個典型的白矮星大小和地球相當而質量卻和太陽一樣大。

黑洞

一個很有趣的問題是，如果一個星球密度很高時$GM/c^2R \geq 1$，會發生何事呢？如果在此情況下，從式(2.29)中我們看到將沒有光子能離開星球，因為離開該星球需要比初始能量$h\nu$還高的能量。而實際上紅位移將光子波長拉伸至無限大，此類的星球將無法輻射，所以看不到——為太空中的一個**黑洞**(*black hole*)。

在重力能量和總能量差不多的情況中，對黑洞中的光子而言，必須仔細地應用廣義相對論才可以解釋。對一個星球要變成黑洞而言，正確的判斷標準為$GM/c^2R \geq \frac{1}{2}$，質量M的**史瓦茲希德半徑**(*Schwarzschild radius*)R_S定義為

史瓦茲希德半徑 $\qquad R_S = \dfrac{2GM}{c^2}$ (2.30)

類星體與銀河

即使是在最強大的望遠鏡中，**類星體**(*quasar*)看起來仍像是個光點，跟星球一樣。不像星球的地方是，類星體是個強大的無線電波源，故其名稱為**類星體電波源**(*quast-stellar radio source*)的縮寫，目前已經發現了數百顆類星體，而且似乎還有更多尚未被發現。雖然典型的類星體比太陽系小，其能量輸出可能是我們整個銀河系輸出的幾千倍之多。

大多數的天文學家相信每個類星體的核心質量至少為一億個太陽質量的黑洞，當附近的星球被拉近黑洞時，它們的物質會被擠壓並被加熱而產生輻射；當其被吞沒時，一個星球會釋放出比其一生所釋放還要多十倍的能量，每年吸收一些星球似乎足以使得類星體保持著被偵測到的輻射產生速率。類星體為新生成星雲的核心，所有的星雲曾經歷過類星體時期嗎？目前為止尚未有人如此說，但是有證據顯示所有的星雲，包括銀河，在其中心包含了巨大質量的黑洞。

如果所有質量都位於此半徑的球內時，該物體即為黑洞。黑洞的邊界稱為**事件視界**(*event horizon*)，脫離黑洞的速度在史瓦希德半徑時等於光速c，因此不會有任何東西能離開黑洞。對一個質量和太陽相等的星球而言，R_s為3公里，比太陽現在的半徑小二十五萬倍，任何經過黑洞附近的物質將被吸入，且絕無法回到外面的世界。

因為黑洞是不可見的，要如何觀測它呢？一個為雙星系統成員的黑洞（雙星相當常見）可藉由對於另外一個星球的重力顯示出其存在二個星球彼此環繞，此外，黑洞的強大重力場將會從別的星球中吸引物質，使其被壓縮且加熱至x射線將被大量放射的溫度。天文學家於黑洞的領域中所相信的一種不可見物體為天鵝座 X-1 (Cygnus X-1)，其質量可能為太陽的8倍，而其半徑可能僅為 10 km，在輻射x射線黑洞其附近的區域將會向外延伸幾百公里遠。

只有非常重的星球會以黑洞結束其生命，較輕的星球會轉變為白矮星和中子星（如其名一樣，由中子所組成，見9.11節）。但隨著時間流逝，白矮星和中子星的強大重力場會吸引許多宇宙塵埃(cosmic dust)與氣體。當集合成足夠的質量時，它們也有可能變成黑洞。如果宇宙能活得夠久，所有的物質可能都會變成以黑洞型態存在。

黑洞也被認為存在於銀河系的核心，同樣地，線索是來自黑洞附近物體的運動和其所釋放的輻射量及種類。靠近銀河系中心的星球被觀測到很快速移動，以致於只有非常大質量的物體才能以重力拉住它們，使其能在軌道上運行而不飛離。多大質量呢？至少跟太陽質量的十億倍一樣大，且在黑洞曾經是星球的假設下，銀河系中心會釋放出大量輻射，而只有黑洞才能產生這樣的現象。

習題

"Why," said the Dodo, *"the best way to explain it is to do it."* -Lewis Carroll, Alice's Adventures in Wonderland

2.2 黑體輻射

1. 如果普朗克常數比其現在的值小，量子現象會比現在更加明顯或是模糊呢？
2. 以波長來表示普朗克輻射公式。

2.3 光電效應

3. 極大光電子能量 KE_{max} 和入射光的頻率 ν 成正比是正確的嗎？如果不是，KE_{max} 和 ν 之間關係的正確敘述為何？
4. 比較光的粒子和波動特性，為何你認為光的波特性比粒子特性還早被發現呢？
5. 求出 700 nm 光子的能量。
6. 求出 100 MeV 光子的波長和頻率。
7. 1.00 kW 的無線電傳送器在頻率 880 kHz 下運作，每秒發射多少光子？
8. 在良好的環境中，人眼可感測到 1.0×10^{-18} J 的電磁能，這代表多少個 600 nm 的光子？
9. 從太陽到達地球的光，平均行進了 1.5×10^{11} m，以速率 1.4×10^{3} W/m² 垂直照射地面，假設太陽光為單色且頻率為 5.0×10^{14} Hz。(a)直接面對太陽的地球表面，每平方公尺中每秒有多少個光子？(b)太陽的功率輸出為何？且每秒釋放多少個光子？(c)在地球附近每立方公尺有多少光子？
10. 剝落的視網膜可藉由波長為 632 nm 的 0.50 W 雷射以 20 ms 脈衝照射來修復，在每個脈衝中有多少個光子？
11. 鎢的光電放射之極大波長為 230 nm，為了要使電子以極大能量 1.5 eV 射出，需要使用多少波長的光？
12. 在銅中，光電放射的極小頻率為 1.1×10^{15} Hz，求出以 1.5×10^{15} Hz 的光照射銅表面時，光電子的極大能量（以 eV 表示）。

13. 從鈉產生光電效應的極大波長為何？如果 200 nm 的光照射鈉表面時，光電子的極大動能為何？
14. 一個銀球被一繩索吊在真空室中，且被波長 200 nm 的紫外光照射，此球會得到多少電位能？
15. 1.5 mW 的 400 nm 光直接打入光電電池中，如果 0.10 % 的入射光子產生光電子時，求出在電池中的電流。
16. 如圖 2.9 中的設備裡，一金屬表面照射 400 nm 的光，金屬的功函數為 2.50 eV。(a)求出訊熄電壓，亦即光電子電流消失時的減速電壓；(b)求出最快的光電子速度。
17. 以 8.5×10^{14} Hz 的光照射金屬表面，釋放極大能量為 0.52 eV 的電子，以 12.0×10^{14} Hz 照射相同表面所釋放出的電子之極大能量為 1.97 eV，從這些資料中求出普朗克常數以及表面功函數。
18. 鎢表面的功函數為 5.4 eV，當表面以波長 175 nm 的光照射時，極大光電子能量為 1.7 eV，從這些資料中求出普朗克常數值。
19. 證明對於一個光子而言，要釋放其所有能量和動量給一個自由電子是不可能的。這也正是為何光電效應僅發生於光子撞擊束縛電子的原因。

2.5 x 射線

20. 要施加多少電壓至 x 射線管，才能使其放射出極小波長為 30 pm 的 x 射線？
21. 電子在電視映像管中經過 10 kV 的電位差被加速，當電子撞擊螢幕時，所釋放電磁波的最高頻率為何？屬於那種電磁波？

2.6 x射線繞射

22. 在氯化鉀(KCl)中，對於 0.30 nm 的 x 射線而言，極小布拉格散射角為 28.4°，求出氯化鉀中原子平面間的距離。

23. 在方解石(calcite, $CaCO_3$)中鄰近原子平面間的距離為 0.300 nm，求出波長 0.030 nm x 射線之布拉格散射的極小角度。

24. 求出食鹽晶體中的原子間隔，其結構如圖 2.19 所示。食鹽的密度為 2.16×10^3 kg/m^3，且鈉原子和氯原子的平均質量分別為 3.82×10^{-26} kg 和 5.89×10^{-26} kg。

2.7 康普頓效應

25. 動量 1.10×10^{-23} kg·m/s 的 x 射線光子頻率為何？

26. 如果光子具有 10 MeV 質子的動量時，其能量為何？

27. 在 2.7 節中，被晶體散射的 x 射線波長假設為不變，證明這個假設在計算鈉原子的康普頓效應時為合理，且和波長為 0.1 nm 的典型 x 射線比較。

28. 一道 x 射線以 46° 被靶散射，此單色 x 射線束的波長為 55.8 pm，求散射 x 射線的波長。

29. x 射線束以 45° 被靶散射，x 射線波長為 2.2 pm，入射 x 射線的波長為何？

30. 初始頻率為 1.5×10^{19} Hz 的 x 射線光子由與頻率為 1.2×10^{19} Hz 的電子碰撞產生，多少動能給電子？

31. 初始頻率為 3.0×10^{19} Hz 的 x 射線光子和電子碰撞並且以 90° 散射，求出新的頻率。

32. 求出能夠以極大能量 50 keV 轟擊電子的 x 射線光子能量。

33. 100 keV 的入射 x 射線離開靶時能量為 90 keV，其散射角為何？

34. (a)求出波長為 80 pm 的 x 射線被靶以 120° 散射之波長變化；(b)求出反彈電子和入射光子之間的角度；(c)求出反彈電子的能量。

35. 一個頻率ν的光子被一個初始狀態為靜止的電子散射，證明反彈電子的極大動能為 $KE_{max} = (2h^2\nu^2/mc^2)/(1 + 2h\nu/mc^2)$。

36. 在入射 x 射線波長為 10.0 pm 的康普頓效應實驗中，以某個角度散射的 x 射線光子波長為 10.5 pm，求出反彈電子的動量（大小和方向）。

37. 一個能量等於電子靜止能量的光子，遭到電子的康普頓碰撞，如果電子以 40° 離開原先入射光子方向時，散射光子的能量為何？

38. 能量為 E 的光子被靜止能量為 E_0 的粒子散射，求出反彈粒子的極大動能，並且以 E 和 E_0 來表示。

2.8 配對產生

39. 一個正子撞擊到一個電子且同時消滅，每個粒子動能為 1.00 MeV，求出所產生光子的波長。

40. 動能為 2.000 MeV 的正子和靜止的電子碰撞，且兩個粒子都消滅而產生兩個光子，一個移動方向和入射正子相同而另一個則在相反方向行進，求光子的能量。

41. 證明不管初始能量為何，一個光子的康普頓效應散射角度不能超過 60°，且仍能產生電子－正子對。【提示：將電子的康普頓波長以配對產生所需之極大光子波長來表示開始。】

42. (a)證明在有質量 M 的靜止原子核時，創造電子－正子對的光子所必須擁有的極小能量為 $2mc^2(1 + m/M)$（m 為電子的靜止質量）；(b)求出在質子參與反應時，配對產生所需之極小能量。

43. (a)證明要減少輻射束強度為一半的吸收子厚度為 $x_{1/2} = 0.693/\mu$；(b)求出減少強度為十分之一時的吸收子厚度。

44. (a)證明當 $\mu x \ll 1$ 時，被厚度為 x 的吸收子所吸收的輻射強度為 $I_0 \mu x$；(b)如果 $\mu x = 0.100$，使用此公式而不用式(2.25)所產生的百分比誤差為何？

45. 在鉛中 1 MeV 伽瑪射線的線性吸收係數為 78 m^{-1}，求出減少伽瑪射線束強度為一半時所需的鉛厚度。

46. 對 50 keV 的 x 射線而言，海平面空氣的線性吸收係數為 5.0×10^{-3} m^{-1}，此 x 射線光束通過 0.50 m 的空氣時，強度減少多少？通過 5.0 m 的空氣呢？

47. 對 2.0 MeV 伽瑪射線而言，水和鉛的線性吸收係數分別為 4.9 m^{-1} 和 52 m^{-1}，水厚度為多少時會相當於 10 mm 的鉛對伽瑪射線所做的屏蔽？

48. 銅對於 80 keV 的 x 射線之線性吸收係數為 4.7×10^4 m^{-1}，求出 80 keV 的 x 射線束通過 0.10 mm 厚的銅箔片後的相對強度。

49. 減少習題 48 中的 x 射線束強度為一半時，需要多厚的銅？

50. 在鉛和鐵中 0.05 nm x 射線的線性吸收係數分別為 5.8×10^4 m^{-1} 和 1.1×10^4 m^{-1}，鐵屏障應該多厚使其能提供像 10 mm 的鉛一樣對 x 射線的保護呢？

2.9 光子與重力

51. 太陽質量為 2.0×10^{30} kg，且其半徑為 7.0×10^8 m，求出太陽釋放出 500 nm 光波的近似重力紅位移。

52. 質量等於太陽但半徑和地球一樣為 6.4×10^6 m 的白矮星，求出其所釋放出波長 500 nm 光的重力紅位移近似值？

53. 如第 12 章所討論的，某些原子核從「受激」能態到「基態」或正常能態躍遷時會釋放出光子，這些光子組成了伽瑪射線。當原子核釋放光子時，它將會往反方向反彈。(a) $^{57}_{27}Co$ 原子核以 K 捕捉而衰變為 $^{57}_{26}Fe$，隨後會釋放一個 14.4 keV 的光子而到達其基態，$^{57}_{26}Fe$ 原子的質量為 9.5×10^{-26} kg。由於光子必須和反彈原子分享能量和動量，光子能量會從完整的 14.4 keV 減少多少呢？(b)在某些晶體中，原子被緊緊地束縛，故釋放出伽瑪射線時整個晶體會反彈，而非單一原子，這個現象稱為**莫斯堡爾效應**(Mössbauer effect)，如果受激 $^{57}_{26}Fe$ 原子核為 1.0 g 晶體中的一部分時，光子在此狀況中會減少多少能量？(c)和 b 中情況相似的伽瑪射線的不反彈輻射意指建立一個虛擬的單一能量源是有可能的，亦即單色光子，若這樣的光源使用於 2.9 節描述的實驗中，則 14.4 keV 伽瑪射線光子在地球表面下降 20 m 時，其原先頻率和改變的頻率為何？

54. 求出地球的史瓦茲希德半徑，地球的質量為 5.98×10^{24} kg。

55. 一質量為 m 之物體距離質量 M 之中心為 R，而相對於質量為 m 之物體，其無限遠處的重力位能 U 為 $-GmM/R$。(a)如果 R 為質量 M 物體的半徑，求出物體的脫離速度 v_e，此速度為永久脫離該物體所需之極小速度；(b)設定 $v_e = c$（光速），求出史瓦茲希德半徑公式，並解出 R（當然，在此相對論計算才是正確的，但看古典計算所得到的結果是很有趣的）。

CHAPTER 3

粒子的波特性
Wave Properties of Particles

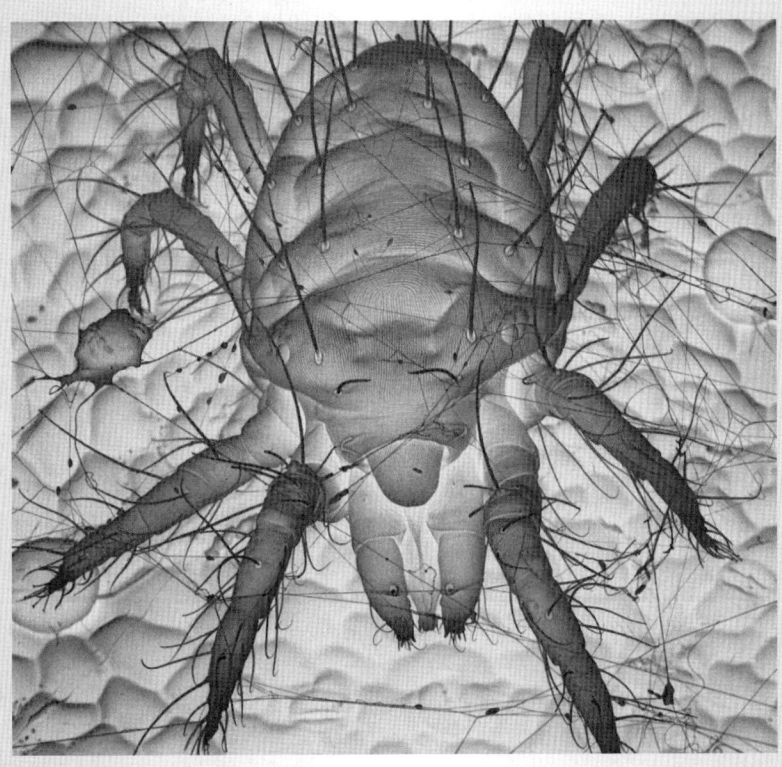

在一個掃瞄電子顯微鏡中,一道掃瞄標本的電子束會產生大量被反射出來的二次電子,且二次電子會隨著表面角度而變。適當的資料顯示出標本的三維形式,在樹葉上紅蜘蛛的高解析度影像為移動電子的波動性質所造成的結果。

3.1 **德布羅依波**
  一個移動中的物體表現出似乎具有波動性質

3.2 **什麼波?**
  機率波

3.3 **描述一個波**
  波的一般公式

3.4 **相速度與群速度**
  組合而成的一群波,其速度未必會等於波本身的速度

3.5 **粒子繞射**
  一個驗證德布羅依波存在的實驗

3.6 **箱子中的粒子**
  為何一個被捕捉的粒子之能量會被量子化

3.7 **測不準原理一**
  我們不能預知未來,因為我們不知道現在

3.8 **測不準原理二**
  由粒子著手處理得到相同結果

3.9 **測不準原理應用**
  一個有用的工具,而不只是一個負面的陳述

第3章 粒子的波特性

往回看,1905年發現波的粒子特性和1924年推測粒子可能也有波動特性之間經過了二十年,這似乎是很奇怪的。然而,這是一件能解釋謎樣資料,且不需強烈實驗證據便可推論的革命性觀念。1924年時德布羅依(Loius de Broglie)做了此實驗且提出運動中的物體不但具有粒子特性,也具有波動特性。不同的是,當時的科學界對於德布羅依所提出的世紀理論很快地就接受了,而較早由普朗克和愛因斯坦所提出的量子理論,儘管有實驗支持,卻大大地被忽略。德布羅依波的存在於1927年被實驗證實,而它們所展現的二元特性(duality)提供了薛丁格(Schrödinger)在前一年對於量子力學成功發展的起點。

3.1 德布羅依波
De Broglie Waves

一個移動中的物體表現出似乎具有波動性質

一個頻率ν的光子動量為

$$p = \frac{h\nu}{c} = \frac{h}{\lambda}$$

因為$\lambda\nu = c$,因此光子的波長可以動量來表示,根據下列的關係

光子波長 $$\lambda = \frac{h}{p} \tag{3.1}$$

德布羅依推論式(3.1)為一個普遍的公式,能應用於所有物質粒子及光子。質量為m且速度為v之粒子動量為$p = \gamma m v$,故其對應的**德布羅依波長**(*de Broglie wavelength*)為

德布羅依波長 $$\lambda = \frac{h}{\gamma m v} \tag{3.2}$$

路易・德布羅依(Louis de Broglie, 1892-1987),雖然長久以來在外交及軍事考量下被認為來自法國家庭,且一開始為歷史系學生,但最後追隨他的哥哥馬里斯(Maurice)研究物理學。1924年時,他的博士論文提出運動中的物體具有波動特性,並和其粒子特性相配:「這些似乎不相容的觀念可各自代表著一個事實的不同層面……。它們可能象徵著不同事實而不會互相衝突。」德布羅依部分的靈感來自於波耳(Bohr)對於氫原子的理論,電子被認為僅在某些特定的軌道中環繞著原子。「這個使我想到電子的觀念……可能不僅被視為粒子,並且具有一定的週期。」兩年後薛丁格(Schrödinger)利用德布羅依的觀念發展出一個普遍性理論,可用於解釋許多原子的現象。德布羅依波的存在於1927年電子束繞射實驗中得到驗證,在1929年時他也因此而獲得諾貝爾獎。

粒子的動量越大，波長越短。在式(3.2)中，γ為相對論因子

$$\gamma = \frac{1}{\sqrt{1-v^2/c^2}}$$

如同電磁波的狀況一樣，運動中物體的波動和粒子特性無法同時觀察到。因此我們不能問那一個是正確的描述。我們只能說在某種狀況下，一個運動的物體像是波，而在別的狀況中則像是粒子。何種效應比較明顯與德布羅依波長、物體大小及其交互作用的大小有關。

例 3.1
求出(a) 46 g 且速度為 30 m/s 的高爾夫球；和(b)以速度 10^7 m/s 運動之電子的德布羅依波長。

解

(a) 因為 $v \ll c$，我們假設 $\gamma = 1$，因此

$$\lambda = \frac{h}{mv} = \frac{6.63 \times 10^{-34} \text{ J·s}}{(0.046 \text{ kg})(30 \text{ m/s})} = 4.8 \times 10^{-34} \text{ m}$$

高爾夫球的波長和其大小相比非常地小，故我們無法預期能找到波的行為。

(b) 同樣地，因為 $v \ll c$，且質量 m 為 9.1×10^{-31} kg，我們得到

$$\lambda = \frac{h}{mv} = \frac{6.63 \times 10^{-34} \text{ J·s}}{(9.1 \times 10^{-31} \text{ kg})(10^7 \text{ m/s})} = 7.3 \times 10^{-11} \text{ m}$$

原子大小和此值差不多——舉例來說，氫原子的半徑為 5.3×10^{-11} m，因此運動中電子的波動特性，可做為瞭解原子結構和行為的關鍵並不足為奇。

例 3.2
求出德布羅依波長為 1000 飛米(femto meter, fm) = 1.000×10^{-15} m 的質子動能，此波長大約為質子的直徑。

解

對於質子而言，除非 pc 遠比質子靜止能量 $E_0 = 0.938$ GeV 小，否則我們需要相對論計算，為求出其動能，我們使用式(3.2)來決定 pc 值：

$$pc = (\gamma m v)c = \frac{hc}{\lambda} = \frac{(4.136 \times 10^{-15} \text{ eV·s})(2.998 \times 10^8 \text{ m/s})}{1.000 \times 10^{-15} \text{ m}} = 1.240 \times 10^9 \text{ eV}$$
$$= 1.2410 \text{ GeV}$$

因為 $pc > E_0$，故需要用相對論計算，從式(1.24)中得知光子的總能量為

$$E = \sqrt{E_0^2 + p^2c^2} = \sqrt{(0.938 \text{ GeV})^2 + (1.2340 \text{ GeV})^2} = 1.555 \text{ GeV}$$

所對應之動能為

$$KE = E - E_0 = (1.555 - 0.938) \text{ GeV} = 0.617 \text{ GeV} = 617 \text{ MeV}$$

德布羅依沒有直接的實驗證據來支持他的猜測，然而，他能夠證明能量可以自然的方式量子化(quantization)——限制於某種特定的能量值——波耳於1913年時在氫原子模型中已做了假設（此模型將在第4章中討論）。幾年之內，式(3.2)被晶體中的電子繞射實驗所確認，而在我們考慮這些實驗之前，讓我們來看一個問題—德布羅依物質波牽涉到那一種波的現象？

3.2 什麼波？
Waves of What?

機率波

在水波中，週期性變化的數值為水平面的高度；在聲波中為壓力；在光波中為電磁場的變化。在物質波中是什麼呢？

組成物質波變化的數值稱為**波函數**(*wave function*)，符號為Ψ（希臘字母 psi），運動物體在空間中點 x, y, z 且在時間 t 的波函數值與在當時發現該物體存在的機率有關。

邁克士·波恩(Max Born, 1882-1970)在當時德國的城市布瑞士勞(Breslau)長大，而該城現今隸屬於波蘭。1907年時在哥廷根(Göttingen)大學取得應用數學博士，隨後他決定專研物理學，於1909年時回到哥廷根大學當講師。在那裡他從事晶格的理論研究，這個題目是他往後常回來研究的「主要興趣」。1915年在普朗克的建議下，波恩變成了柏林大學的物理學教授，在那裡他常彈著鋼琴和著愛因斯坦的小提琴。在一次世界大戰服役和法蘭克福大學之後，波恩再度回到哥廷根大學教授物理，在他的帶領下發展了一個非常著名的理論物理中心：海森堡(Heisenberg)和包利(Pauli)當時都是他的助理，而費米(Fermi)、迪拉克(Dirac)、韋格納(Wigner)和庫柏特(Goeppert)則為他的同事，這些人都獲頒諾貝爾獎。在那些日子裡，波恩寫道：「在德國大學裡有完全教學及學習的自由，且沒有課堂考試也不用控制學生，學校僅需提供演講，而學生必須決定他想要聽那個演講。」

波恩是從古典物理的明亮面走向未被發現新量子力學的黑暗處，他也是第一個使用量子力學的人。從波恩之後粒子的波函數Ψ和發現該粒子存在機率有關的基本觀念才為人使用，他以愛因斯坦試圖藉由解釋光波的振幅為光子出現的機率密度，來理解粒子和波之二元性的觀念開始，這個觀念可延伸到Ψ函數：$|\Psi|^2$必須象徵電子（或其他粒子）的機率密度，要說明這個觀念很簡單，但要如何證明呢？因為這個理論，原子散射過程可以自我預測。波恩對於原子散射（原子和其他粒子的碰撞）量子理論的發展不只是確認了自然現象的新思維，也建立起理論物理的重要分支。

波恩和許多科學家一樣，於1933年納粹統治時離開德國，他變成了英國的公民且在劍橋及愛丁堡大學教書，直到1953年他退休為止。在他發現蘇格蘭嚴峻的氣候並且希望貢獻戰後德國的民主之後，他在鄰近哥廷根的小鎮派拉蒙(Bad Pyrmont)度過了他的餘生，多年以來，他所著的近代物理和光學教科書成為這些學科的標準範本。

然而波函數Ψ本身沒有直接的物理意義，對Ψ而言，有一個不能以實驗來證明的簡單原因，某物在特定時間位於某地的機率必定在0（很確定地不在那邊）和1（物體很明確地就在那邊）之間，一個中間的機率，比如0.2，意味著有20%的機率能發現該物體，但是波的振幅也可能為負的，而負的機率，比如−0.2是無意義的，因此Ψ本身不能做為一個可觀察的數值。

這個反駁論調不適用在$|\Psi|^2$，波函數的絕對值平方，我們稱為**機率密度**(*probability density*)：

在實驗上藉由波函數Ψ來描述該物體位於 x, y, z 和時間 t 的機率，正比於時間 t 時$|\Psi|^2$的值。

大的$|\Psi|^2$值意味物體出現的機率高，而小$|\Psi|^2$則意味著出現機率低，只要$|\Psi|^2$不為0，不論多小，在那邊都會有量測到該物體存在的機率，這個解釋在1926年時由波恩(Max Born)首度提出。

事件的機率和事件本身之間有著一個很大的差異，雖然我們可以說波函數可描述粒子在空間中的分布狀況，但這並不意味著物體本身可以散開(spread out)，舉例來說，當我們做一個量測電子的實驗時，整個電子不是在某時某處被發現，要不就是在別處被發現，並沒有百分之二十電子出現的狀況。然而，電子有百分之二十的機率出現在某時某地是完全可能的，並且以$|\Psi|^2$來表示此可能性。

x射線繞射的先驅布拉格(W. L. Bragg)下了一個寬鬆但很有活力的解釋：「在物質和輻射的波及粒子性質間的分隔線為『現在時刻』，在目前的時刻中，經過時間的穩定發展，它將會凝結未來的波動成為過去的粒子……，每件發生在未來的事都是波動，每件發生在過去的事都是粒子。」如果現在時刻被視為是量測的時間時，思考這樣的狀況是很合理的。（哲學家凱克卡德(Søren Kierkegaard)已經預期了近代物理的這個觀點，他寫道：「生命只能往回去瞭解，但它總是向前在進行的。」）

另外，如果一個實驗牽涉到許多都以相同波函數Ψ描述的物體，而物體在 x, y, z 和時間 t 時的真實密度（每單位體積的數量）和對應的$|\Psi|^2$值成比例。比較Ψ和粒子密度之間的連結是很有意義的，而該密度描述了2.4節中所討論的電磁場中，電場 E 和光子密度 N 之間的關聯性。

雖然一個運動物體的德布羅依波長可藉由簡單的公式 $\lambda = h/\gamma mv$ 來得到，但要求出以位置和時間做為其函數的Ψ振幅則是很困難的。如何計算Ψ將在第5章中討論，而在此我們討論的觀念會應用至第6章中的原子結構，目前為止，我們可以假設我們已經知道每個狀況中的Ψ。

3.3 描述一個波
Describing a Wave

波的一般公式

德布羅依波的傳播速度有多快呢？因為我們將德布羅依波和運動物體相關連，我們預期這個波的速度將和物體的速度相同，如果這是事實，來看以下的討論。

如果我們回憶德布羅依波速度 v_p，我們可以利用一般公式

$$v_p = \nu\lambda$$

來求出 v_p。波長 λ 為德布羅依波長 $\lambda = h/\gamma mv$，為求出頻率，我們將能量的量子表示式 $E = h\nu$ 和相對論表示式 $E = \gamma mc^2$ 相等，得到

$$h\nu = \gamma mc^2$$

$$\nu = \frac{\gamma mc^2}{h}$$

因此德布羅依波速度為

德布羅依相速度
$$v_p = \nu\lambda = \left(\frac{\gamma mc^2}{h}\right)\left(\frac{h}{\gamma mv}\right) = \frac{c^2}{v} \tag{3.3}$$

因為粒子速度 v 必須比光速 c 小，德布羅依波總是比光速快！為瞭解這個不可預期的結果，我們必須瞭解**相速度**(*phase velocity*)和**群速度**(*group velocity*)的不同（相速度即為我們所稱之波速度）。

讓我們從波如何由數學來描述開始，為簡化之故，我們考慮一個沿著 x 軸被拉伸的繩，振幅在 y 方向，如圖 3.1 所示，且在特性上為一簡諧運動(simple harmonic motion)。如果當 $x = 0$ 時繩的位移 y 為最大時，我們選定 $t = 0$，而在任何未來的時間 t 時，同一個位置的位移可以下列公式表示

$$y = A \cos 2\pi\nu t \tag{3.4}$$

其中 A 為振盪的振幅（亦即是說在 x 軸上任一邊的最大位移）且頻率為 ν。

式(3.4)告訴我們在繩上某點的位移為時間 t 的函數。然而，拉伸繩索中波動運動的完整描述應該告訴我們任意點和時間下的 y 值。我們想要得到的是一個已知 y 為 x 和 t 函數的公式。

為得到這樣的一個公式，讓我們想像在 $t = 0$ 時於 $x = 0$ 處振動繩索，一個波便開始往 $+x$ 方向前進（圖3.2）。這個波的速度 v_p 和繩索的特性有關。在時間 t 之間，波行進了距離 $x = v_p t$，所以在 $x = 0$ 波動形成與其到達點 x 的時間間隔為 x/v_p，因此在任何時間 t 時，繩索位於點 x 之位移 y 等於較早時間 $t - x/v_p$ 時 $x = 0$ 處的 y 值。將式(3.4)中的 t 以 $t - x/v_p$ 取代，我們得到以 x 和 t 來表示 y 的公式為：

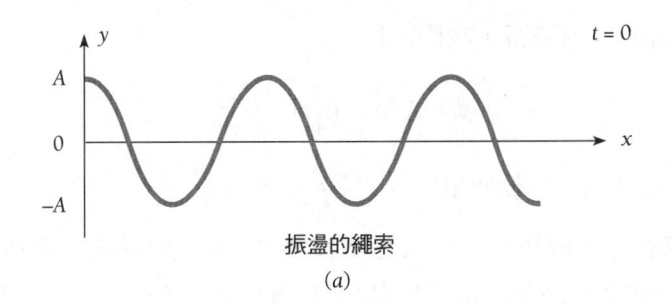

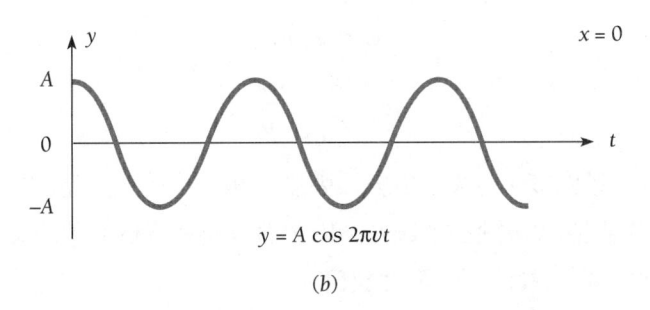

圖 3.1 (a)在某個時刻下被拉伸繩索的波動表現；(b)繩上某點的位移隨時間變化的狀況。

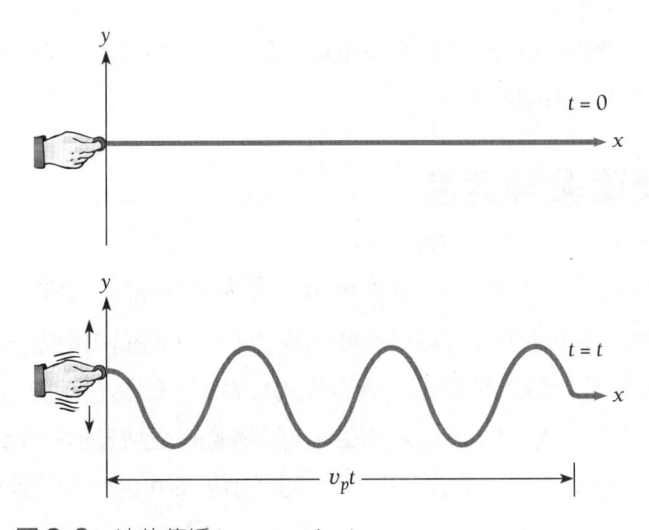

圖 3.2 波的傳遞(propagation)。

波動公式
$$y = A \cos 2\pi \nu \left(t - \frac{x}{v_p} \right) \qquad (3.5)$$

我們注意到當 $x = 0$ 時，式(3.5)會簡化為式(3.4)，這可做為一個檢查的方法。

式(3.5)可以重寫為

$$y = A \cos 2\pi \left(\nu t - \frac{\nu x}{v_p} \right)$$

因為波速率可由 $v_p = \nu\lambda$ 求得，我們得到

波動公式 $$y = A \cos 2\pi\left(\nu t - \frac{x}{\lambda}\right) \tag{3.6}$$

式(3.6)通常比式(3.5)更方便使用。

然而，或許最常被用來描述波是式(3.5)的另一個形式，**角頻率**(*angular frequency*) ω 和**波數**(*wave number*) k 可以下列方程式定義

角頻率 $$\omega = 2\pi\nu \tag{3.7}$$

波數 $$k = \frac{2\pi}{\lambda} = \frac{\omega}{v_p} \tag{3.8}$$

ω 的單位為每秒弧度，而 k 為每公尺弧度，角頻率的由來是因為一致的環繞運動，粒子每秒鐘掃過 ν 次，共掃了 $2\pi\nu$ rad/s，而因為在一個完整的波中有 2π 弧度，故波數等於對應一公尺長波列的弧度數目。

以 ω 和 k 來表示式(3.5)如下

波動公式 $$y = A \cos(\omega t - kx) \tag{3.9}$$

在三維空間中，k 變成垂直於波前的向量 **k**，而以半徑向量 **r** 來取代 x，**k · r** 的純量乘積被用來取代式(3.9)中的 kx。

3.4 相速度與群速度
Phase and Group Velocities

組合而成的一群波，其速度未必會等於波本身的速度

對應於運動物體的德布羅依波振幅可反映出物體在特定時間和地點出現的機率。很清楚地，德布羅依波無法以類似式(3.9)的公式來表示，因為它僅描述了具有相同振幅 A 之一連串不確定的波，相反地我們預期運動物體的波動表示對應到一**波包**(*wave packet*)或**波群**(*wave group*)，如圖3.3所示，物體出現的可能性和此波的振幅有關。

波群如何發生的一個熟悉例子為**節拍**(*beat*)，當兩個相同振幅而頻率稍異的聲波同時產生時，我們聽到的頻率為兩個頻率的平均值，而振幅會週期性地增減，振幅變化的頻率等於兩個初始頻率之間的差異。如果初始聲波頻率為 440 和 442 Hz 時，我們將會聽到一個具有兩個大小強度並且以頻率 441 Hz 振動的聲波，我們稱之為節拍，節拍的產生如圖3.4所示。

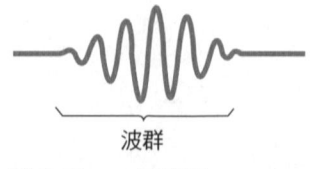

圖 3.3 一個波群。

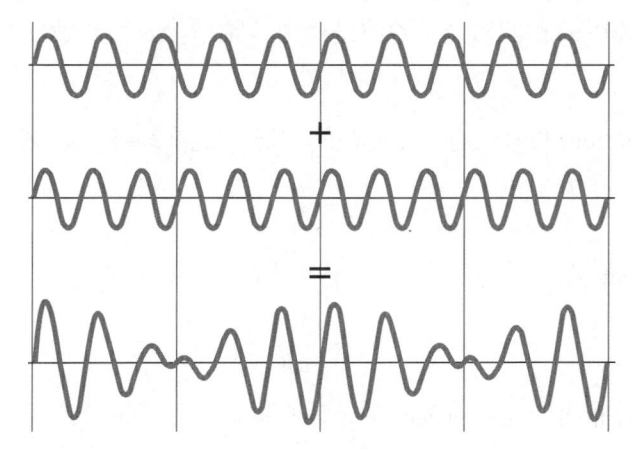

圖 3.4 由兩個不同頻率的波疊加所產生的節拍。

一個以數學描述波群的方法是讓不同波長的個別波疊加(supperposition)，彼此干涉以產生振幅的變化，以定義群的形狀。如果波的速度相同，波群會以相同的相速度前進。然而，如果相速度隨波長變化，不同的個別波不會一起行進，此現象稱為**色散**(*dispersion*)，所以波群速度和組成波群之波的相速度不同，而這也就是德布羅依波的情況。

求得波群的速度v_g並不困難，讓我們假設波群由兩個具有相同振幅A、角頻率差為$\Delta\omega$且波數差Δk的波組成。我們可以下列公式表示原來的波

$$y_1 = A \cos(\omega t - kx)$$
$$y_2 = A \cos[(\omega + \Delta\omega)t - (k + \Delta k)x]$$

在任意時間t和地點x所產生y的位移為y_1和y_2的和，藉由恆等公式

$$\cos\alpha + \cos\beta = 2\cos\tfrac{1}{2}(\alpha+\beta)\cos\tfrac{1}{2}(\alpha-\beta)$$

和關係

$$\cos(-\theta) = \cos\theta$$

我們發現

$$y = y_1 + y_2$$
$$= 2A\cos\tfrac{1}{2}[(2\omega + \Delta\omega)t - (2k + \Delta k)x]\cos\tfrac{1}{2}(\Delta\omega\, t - \Delta k\, x)$$

因為$\Delta\omega, \Delta k$和ω, k相較之下很小，

$$2\omega + \Delta\omega \approx 2\omega$$
$$2k + \Delta k \approx 2k$$

且

節拍
$$y = 2A\cos(\omega t - kx)\cos\left(\frac{\Delta\omega}{2}t - \frac{\Delta k}{2}x\right) \tag{3.10}$$

第3章 粒子的波特性

式(3.10)代表角頻率ω和波數為k的波是藉由角頻率$\frac{1}{2}\Delta\omega$和波數$\frac{1}{2}\Delta k$的調變疊加而成。

調變(modulation)的效果可產生連續的波群,如圖3.4所示,相速度v_p為

相速度
$$v_p = \frac{\omega}{k} \tag{3.11}$$

而波群的速度v_g為

群速度
$$v_g = \frac{\Delta\omega}{\Delta k} \tag{3.12}$$

當ω和k有連續分布而非先前討論的單一數值時,群速度將等於

群速度
$$v_g = \frac{d\omega}{dk} \tag{3.13}$$

群速度可能會大於或者等於其組成波的相速度,端賴在特定情況下相速度如何隨著波數變化而論。如果對於所有波長而言相速度皆相同時(如空的空間中的光波),群速度和相速度會相等。

對應於質量為m且以速度v行進的物體而言,其德布羅依波的角頻率和波數的關係為

$$\omega = 2\pi\nu = \frac{2\pi\gamma mc^2}{h}$$

德布羅依波的角頻率
$$= \frac{2\pi mc^2}{h\sqrt{1-v^2/c^2}} \tag{3.14}$$

$$k = \frac{2\pi}{\lambda} = \frac{2\pi\gamma mv}{h}$$

德布羅依波的波數
$$= \frac{2\pi mv}{h\sqrt{1-v^2/c^2}} \tag{3.15}$$

ω和k皆為物體速度v的函數。

物體運動所產生的德布羅依波的群速度v_g為

$$v_g = \frac{d\omega}{dk} = \frac{d\omega/dv}{dk/dv}$$

現在
$$\frac{d\omega}{dv} = \frac{2\pi mv}{h(1-v^2/c^2)^{3/2}}$$

$$\frac{dk}{dv} = \frac{2\pi m}{h(1-v^2/c^2)^{3/2}}$$

電子顯微鏡

運動電子的波動性質為電子顯微鏡的基礎，第一部電子顯微鏡 (electron microscope)於1932年被製作出來。任何繞射所限制之光學儀器的解析度，和用來照射待測樣本的光波長成正比。在一個使用可見光良好顯微鏡的情況中，最大放大倍率為500倍，更高的放大倍率不會產生更精細的影像。然而快電子波長比可見光還短，且因其電荷之故，快電子很容易藉由電場和磁場來控制。x射線也有短波長特性，但無法適當地聚焦（目前為止？）。

在一台電子顯微鏡中，攜帶電流的線圈產生做為將電子束聚焦至樣本的磁場作用像透鏡(lens)，故可在螢光幕或是感光片上產生放大影像（圖3.5）。為了預防光線散射以致於影像模糊，必須使用薄樣本且整體系統必須抽真空。

磁透鏡技術實際上並不能讓電子波達到理論上的解析度，舉例來說，100 keV的電子其波長為 0.0037 nm，但它們在電子顯微鏡中所能提供的真實解析度可能僅為 0.1 nm。然而，這對 200 nm 解析度 (resolution)的光學顯微鏡而言仍為一大突破，且已有放大倍率超過一百萬倍的電子顯微鏡問世。

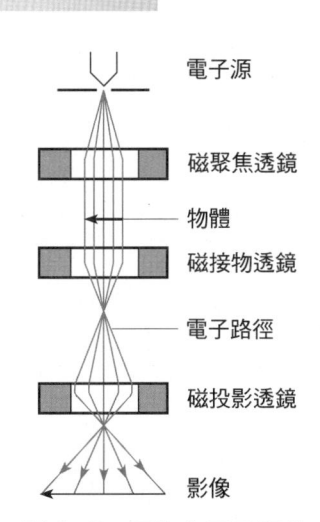

圖 3.5 因為在電子顯微鏡中的快電子波長比光學顯微鏡中的光波還短，電子顯微鏡可以產生更大的倍率且更細微的影像，而電子顯微鏡中的電子束由磁場來聚焦。

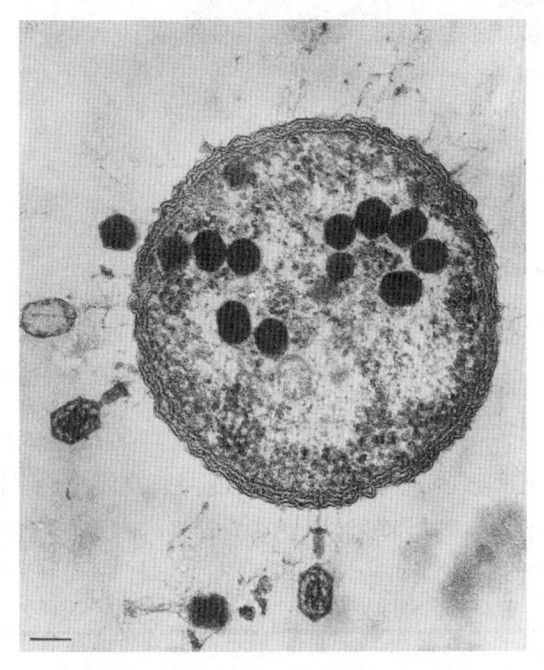

電子顯微鏡圖像顯示了在大腸桿菌中的噬菌體病毒，此細菌約為 1 μm。

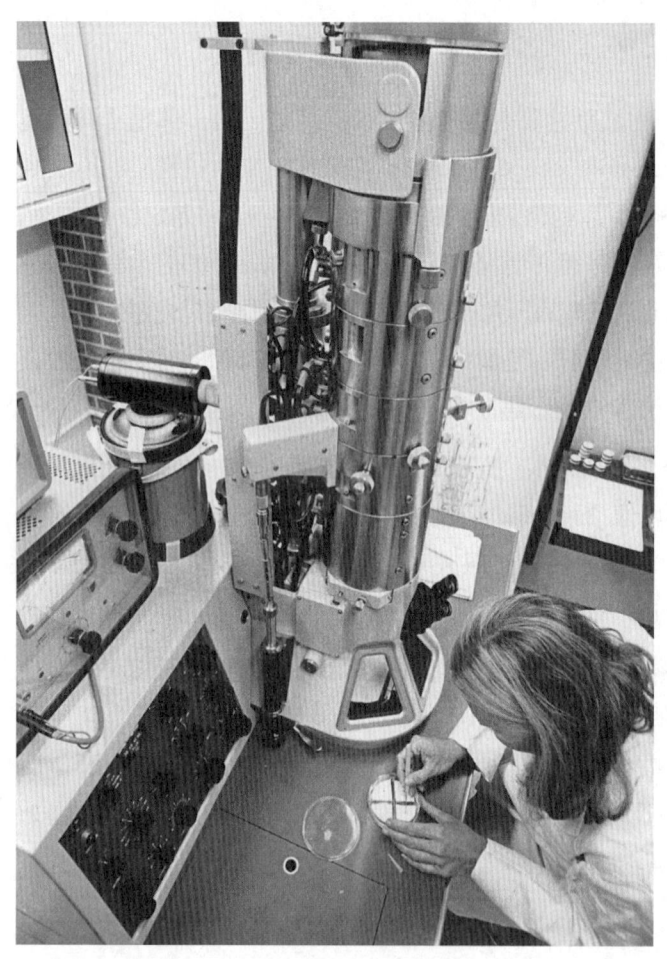

一台電子顯微鏡。

故群速度會變成

德布羅依群速度 $$v_g = v \tag{3.16}$$

運動物體之德布羅依波群速度和物體速度相同。

如同我們先前所得到的，德布羅依波的相速度v_p為

德布羅依相速度 $$v_p = \frac{\omega}{k} = \frac{c^2}{v} \tag{3.3}$$

這將超過物體的速度v和光速c，因為$v < c$；然而v_p並沒有物理意義，因為對應到物體的運動是波群運動，而非組成波群的波運動，且$v_g < c$。所以對於德布羅依波而言，$v_p > c$並不會違背特殊相對論。

例 3.3

一個電子的德布羅依波長為$2.00 \text{ pm} = 2.00 \times 10^{-12} \text{ m}$，求出其動能和德布羅依波的相速度與群速度。

解

(a) 第一個步驟為計算電子的 pc

$$pc = \frac{hc}{\lambda} = \frac{(4.136 \times 10^{-15} \text{ eV} \cdot \text{s})(3.00 \times 10^8 \text{ m/s})}{2.00 \times 10^{-12} \text{ m}} = 6.20 \times 10^5 \text{ eV}$$

$$= 620 \text{ keV}$$

電子的靜止能量為 $E_0 = 511$ keV，所以

$$\text{KE} = E - E_0 = \sqrt{E_0^2 + (pc)^2} - E_0 = \sqrt{(511 \text{ keV})^2 + (620 \text{ keV})^2} - 511 \text{ keV}$$

$$= 803 \text{ keV} - 511 \text{ keV} = 292 \text{ keV}$$

(b) 電子速度可由下式得到

$$E = \frac{E_0}{\sqrt{1 - v^2/c^2}}$$

故

$$v = c\sqrt{1 - \frac{E_0^2}{E^2}} = c\sqrt{1 - \left(\frac{511 \text{ keV}}{803 \text{ keV}}\right)^2} = 0.771c$$

因此相速度和群速度分別為

$$v_p = \frac{c^2}{v} = \frac{c^2}{0.771c} = 1.30c$$

$$v_g = v = 0.771c$$

3.5 粒子繞射

Particle Diffraction

一個驗證德布羅依波存在的實驗

無法和牛頓粒子行為類似的波動效應為繞射現象(diffraction)，所以是波的行為。1927 年美國的戴文生(Clinton Davisson)、基瑪(Lester Germer)和英國的湯姆森(G. P. Thomson)，分別利用電子束被晶體的規則原子陣列散射所產生的繞射線，證明了德布羅依波的存在。〔這三個人都獲得了諾貝爾獎；老湯姆森（J. J. Thomson，G. P. 湯姆森的父親）在稍早因為確認了電子的粒子特性（波和粒子的二元性似乎是他們的家族事業）而獲得了諾貝爾獎。〕我們現在來看戴文生和基瑪的實驗，因為他們的說明比較直接。

戴文生和基瑪利用圖 3.6 所示的實驗裝置來研究固體中電子的散射現象。在原始光束中的電子能量中，電子到達靶的角度和偵測器的位置都可以改變。古典物理預測了散射電子將會發散於

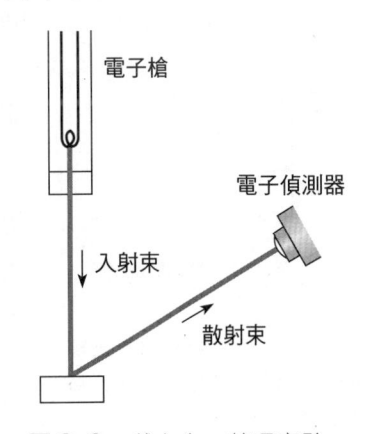

圖 **3.6** 戴文生－基瑪實驗。

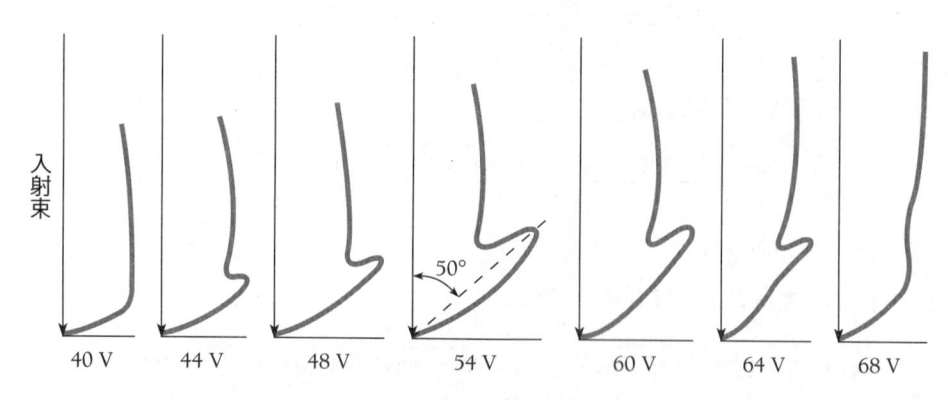

圖 3.7 戴文生－基瑪實驗的結果，顯示出散射電子的數量如何隨入射束及晶體表面的角度而變化。晶體中原子的布拉格平面和晶體表面並不平行，故相對於平面族的入射和散射角度皆為 65°（見圖 3.8）。

各個方向，而其強度與散射角度只有些關係，但和一次電子的能量較無關。利用鎳(Ni)塊做為靶材，戴文生和基瑪驗證了這些預測。

當他們的實驗到半途時，意外地讓空氣進入儀器裝置中使得金屬表面氧化。為減少純鎳的氧化，靶材被拿至熱爐中烘烤，在熱處理完之後，將靶材放回儀器裝置中以繼續先前的實驗。

現在結果變得非常不同，散射電子強度並非連續地變化，而出現了極大值與極小值，並且出現位置和電子能量有關！圖 3.7 顯示了在此意外事件發生之後，一般電子強度的極座標(polar coordinate)圖形，而繪製此圖形的方法是利用在任何角度的強度與曲線從散射點量得角度的距離成正比。如果強度在每個散射角度上都相同，曲線將會是一個以散射點為圓心的圓。

現在馬上出現兩個問題：這些新效應的原因為何？為什麼鎳靶要烘烤後才會發生此現象呢？

德布羅依假說推論出電子波會被靶繞射，就像 x 射線被晶體中的原子平面繞射一樣。當我們理解到鎳塊在高溫時產生會組成單一大晶體的許多小晶體，其原子排列成規則的晶格狀，德布羅依假說即得到了支持的證據。

讓我們來看我們是否能證明德布羅依波足以解釋戴文生和基瑪所發現的現象。在一個特別狀況中，一束 54 eV 的電子垂直入射於鎳靶，而最大的電子分布位於和入射束成 50° 之處，入射束和散射束相對於此布拉格平面族的角度皆為 65°，如圖 3.8 所示，而藉由 x 射線繞射所量測到此平面族的平面間隔為 0.091 nm，繞射圖形中最大值的布拉格方程式為

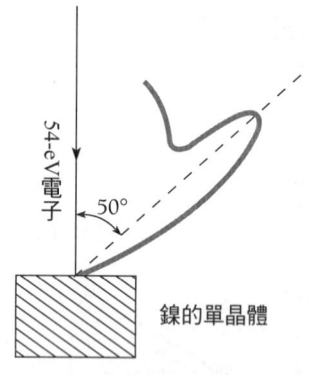

圖 3.8 被靶繞射的德布羅依波說明了戴文生和基瑪實驗的結果。

$$n\lambda = 2d \sin \theta \qquad (2.13)$$

此處 $d = 0.091$ nm 且 $\theta = 65°$。當 $n = 1$ 時，繞射電子的德布羅依波長 λ 為

$$\lambda = 2d \sin \theta = (2)(0.091 \text{ nm})(\sin 65°) = 0.165 \text{ nm}$$

現在我們利用德布羅依公式 $\lambda = h/\gamma mv$ 來計算電子的預期波長。54 eV 的電子動能和 0.51 MeV 的靜止能量 mc^2 相較之下非常地小，故我們假設 $\gamma = 1$，因為

$$\text{KE} = \tfrac{1}{2}mv^2$$

電子動量 mv 為

$$\begin{aligned}mv &= \sqrt{2m\text{KE}} \\ &= \sqrt{(2)(9.1 \times 10^{-31} \text{ kg})(54 \text{ eV})(1.6 \times 10^{-19} \text{ J/eV})} \\ &= 4.0 \times 10^{-24} \text{ kg} \cdot \text{m/s}\end{aligned}$$

因此電子波長為

$$\lambda = \frac{h}{mv} = \frac{6.63 \times 10^{-34} \text{ J} \cdot \text{s}}{4.0 \times 10^{-24} \text{ kg} \cdot \text{m/s}} = 1.66 \times 10^{-10} \text{ m} = 0.166 \text{ nm}$$

這和所觀測到的波長 0.165 nm 相吻合，因此戴文生－基瑪實驗直接驗證了運動物體的德布羅依波性質。

分析戴文生－基瑪實驗事實上並非如上述簡單，因為當電子帶著等於晶體表面功函數的能量進入晶體時，電子能量會增加。因此在實驗中的電子速度比在晶體中大，而其德布羅依波長也比晶體外面來得短。另一個複雜的原因是因為不同布拉格平面族繞射的波會造成干涉，這使得極大值的產生必須為滿足布拉格方程式的特殊電子能量值和入射角，而非其任意的組合。

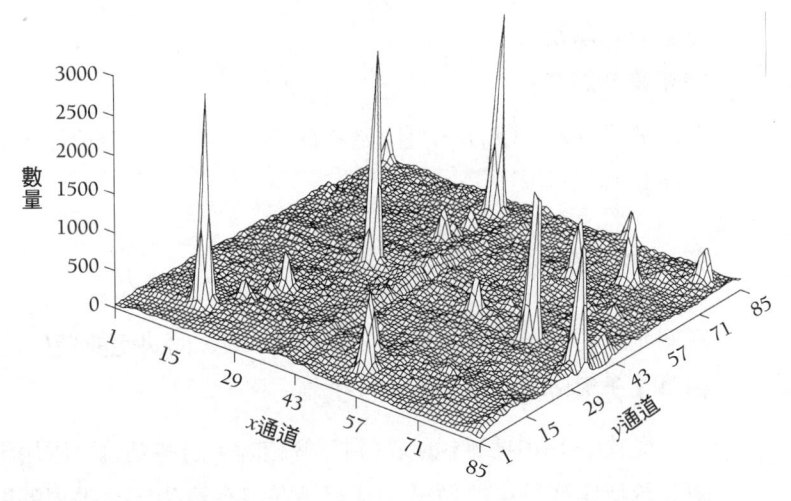

被石英晶體繞射的中子，峰值代表建設性干涉。（感謝羅特拉(Frank J. Rotella)和舒茲(Arthur J. Shultz)，阿岡(Argonne)國家實驗室。）

電子並非唯一被證明具有波動行為的粒子，當中子或整個原子被適當的晶體散射時，其繞射現象也已經被觀察到，和x射線及電子繞射一樣，這些繞射現象已被做為研究晶體結構之用。

3.6 箱子中的粒子
Particle in a Box

為何一個被捕捉的粒子之能量會被量子化

當運動粒子被限制於某些區域而非自由移動時，其波性質會導致相當重要的結果。

最簡單的狀況為圖3.9所示，在一個箱中來回反彈的粒子，我們假設箱壁為無限堅硬，故粒子每次撞擊壁時不會損失能量，且速度夠小使得相對論效應可以忽略。正如我們所假設的一樣，此模型需要相當精細的數學才能做適當的分析，我們將在第5章中討論。然而，即便是粗略的計算也可以顯示出一些重要的結論。

從波的觀點來看，一個陷於箱中的粒子正如同在箱壁間拉伸繩索中的駐波一樣。在這兩個狀況中（繩索的橫向位移及運動物體的波函數Ψ），波函數在壁上必須為0，因為波會在壁上停止。因此箱中粒子可能的德布羅依波長被箱子的寬度 L 所決定，如圖3.10所示，最長的波長為 $\lambda = 2L$，下一個為 $\lambda = L$，再來為 $\lambda = 2L/3$，依此類推。允許波長的一般公式為

$$\lambda_n = \frac{2L}{n} \qquad n = 1, 2, 3, \ldots$$

因為 $mv = h/\lambda$，箱子寬度對於德布羅依波長 λ 的限制等效於對粒子動量的限制，故亦會限制其動能，動量 mv 的粒子動能為

被捕陷粒子的德布羅依波長
$$\text{KE} = \tfrac{1}{2}mv^2 = \frac{(mv)^2}{2m} = \frac{h^2}{2m\lambda^2} \qquad (3.17)$$

允許波長為 $\lambda_n = 2L/n$，且因為在此模型中粒子並無位能，故其擁有的能量為

箱中的粒子
$$E_n = \frac{n^2 h^2}{8mL^2} \qquad n = 1, 2, 3, \ldots \qquad (3.18)$$

每個允許的能量被稱為**能階**(*energy level*)，而決定能階 E_n 的整數 n 被稱為**量子數**(*quantum number*)。

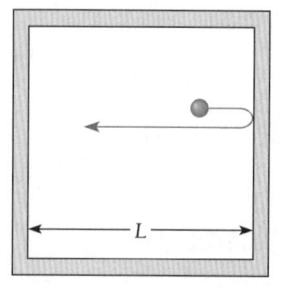

圖 3.9 一粒子被限制於寬為 L 的箱中，假設粒子在箱壁之間以直線來回地運動。

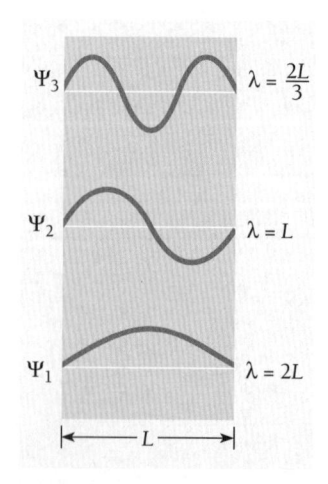

圖 3.10 被捕陷在寬 L 的箱中的粒子的波函數。

$\Psi_3 \quad \lambda = 2L/3$

$\Psi_2 \quad \lambda = L$

$\Psi_1 \quad \lambda = 2L$

從式(3.18)中我們可以得到三個結論，這些結論可應用至任何被限制於特定空間中的粒子（甚至是在沒有清楚定義邊界的區域）。舉例來說，被帶正電原子核所吸引的原子電子。

1. 捕陷粒子並不能如同自由粒子一樣，擁有任意的能量，這個限制導致了波函數的限制，使得粒子僅能擁有特定的能量，而這些能量和粒子質量以及如何被捕陷有關。

2. 捕陷粒子能量不能為 0，因為粒子的德布羅依波長為 $\lambda = h/mv$，故速度為 0 意指波長為無限大。沒有任何方法能說明捕陷粒子的波長無限大，所以粒子至少必須擁有一些動能。對一捕陷粒子而言，$E = 0$ 的例外，如 E 被限制於離散值，是在允許所有非負能量（包含零）之古典物理中沒有相對應的現象的結果。

3. 因為普朗克常數很小——只有 6.63×10^{-34} J·s ——能量的量子化僅當 m 和 L 非常小時才會顯著，這也就是為何在我們自己的經驗中對能量量子化並不清楚的原因。下面兩個例子可讓我們更加清楚。

例 3.4

一個在寬為 0.10 nm 箱中的電子，這個箱子大小和原子尺寸相當，求出允許的能量。

解

在此 $m = 9.1 \times 10^{-31}$ kg 且 $L = 0.10$ nm $= 1.0 \times 10^{-10}$ m，故允許電子能量為

$$E_n = \frac{(n^2)(6.63 \times 10^{-34} \text{ J} \cdot \text{s})^2}{(8)(9.1 \times 10^{-31} \text{ kg})(1.0 \times 10^{-10} \text{ m})^2} = 6.0 \times 10^{-18} n^2 \text{ J}$$
$$= 38n^2 \text{ eV}$$

電子的最小能量為 38 eV，對應的 n 為 1。能階序列為 $E_2 = 152$ eV、$E_3 = 342$ eV、$E_4 = 608$ eV，依此類推（圖 3.11）。如果這樣的箱子存在，捕陷電子能量的量子化將是系統的特徵之一（能量量子化也的確是原子電子中最顯著的特色之一）。

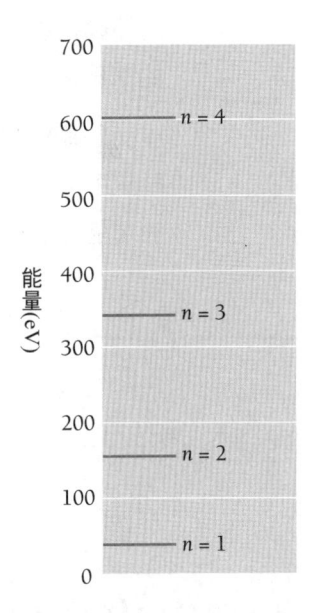

圖 3.11 被限制於寬 0.1 nm 箱中的電子能階。

例 3.5

一個 10 g 的彈珠位於 10 cm 寬的箱中，求出其允許能量。

解

$m = 10$ g $= 1.0 \times 10^{-2}$ kg 且 $L = 10$ cm $= 1.0 \times 10^{-1}$ m，

$$E_n = \frac{(n^2)(6.63 \times 10^{-34} \text{ J} \cdot \text{s})^2}{(8)(1.0 \times 10^{-2} \text{ kg})(1.0 \times 10^{-1} \text{ m})^2}$$
$$= 5.5 \times 10^{-64} n^2 \text{ J}$$

彈珠的極小能量為 5.5×10^{-64} J，對應的 n 為 1。具有此動能的彈珠速度為 3.3×10^{-31} m/s，因此並無法由實驗分辨它和靜止彈珠的差異。彈珠合理的速度可能為 $\frac{1}{3}$ m/s——對應能階的量子數為 $n = 10^{30}$！允許的能階非常接近，故沒有方法能決定彈珠是否位於式(3.18)所預測的能量或是別的能量。因此在我們日常生活經驗中，量子效應是無法被察覺到的，這也解釋了牛頓力學(Newtonian mechanics)在日常生活中之所以成功的原因。

3.7 測不準原理一

Uncertainty Principle 1

我們不能預知未來，因為我們不知道現在

將運動物體當做波群，暗示著我們所能量測的粒子特性，如位置和動量，有一基本的準確極限。

為瞭解其中的原因，讓我們來看圖3.3中的波群。對應到此波群的粒子在已知時間下可能位於波群中的任何地方。當然，機率密度$|\Psi|^2$在群中間有極大值，所以最有可能在那裡出現，但是我們仍能在$|\Psi|^2$不為 0 的任意地方發現粒子。

當波群越窄時，一個粒子的位置越能被精確地描述（圖3.12a）。然而窄波包中的波長無法被清楚地定義，因為沒有足夠的波可正確地量測λ，這意味著因為 $\lambda = h/\gamma mv$，粒子動量γmv並不是一個精確值，如果我們一連串地量測動量，我們會發現寬範圍的數值。

另一方面，一個寬波群，如圖3.12b所示，有一個定義很清楚的波長。因此對應此波長的動量為一精確值，且一連串的量測會得到窄範圍的數值，但是粒子的位置在那裡？波的寬度對我們而言太大，以致使無法正確地說出粒子在一已知時間下的位置。

因此我們得到**測不準原理**(uncertainty principle)：

不可能同時知道一個物體的正確位置和正確動量。

這個原理於1927年被海森堡(Heisenberg)發現，並且為物理定律的重要發現之一。

一個正式的分析支持了上述的結論，並讓我們做為定量計算的基礎。波群形成最簡單的例子已在3.4節中列出，兩個頻率ω和波數k稍微不同的波疊加，並產生如圖3.4中的波群序列。一個移

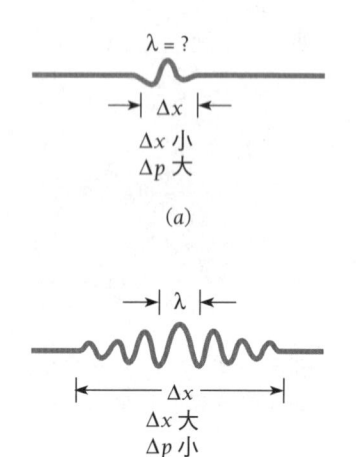

圖3.12 (a) 一個窄德布羅依波群，粒子的位置可被精確地決定(故粒子的動量亦同)，但其波長無法確定，因為沒有足夠的波可供量測；(b) 一個寬波群，現在波長可被精確地決定，但是卻無法確定粒子的位置。

圖3.13 一個獨立波群為無限多個不同波長的波疊加組成。波群越窄，波長的範圍越廣。因此一個窄德布羅依波意味著清楚定義的位置（Δx較小），但其波長並不明確，且波群會顯示出粒子動量具有大的測不準量Δp。一個寬的波群則意味著較精確的動量，但其位置較不明確。

動中的物體對應於一個單一波群，而非一連串的波群，但是一個單一波群也可以被視為一列諧波的疊加。然而，無限多不同頻率、波數和振幅所組成的波，才能產生任意形狀的獨立波群，如圖3.13所示。

在某一時間t，波群函數$\Psi(x)$可以**傅利葉積分**(*Fourier integral*)來表示

$$\Psi(x) = \int_0^\infty g(k) \cos kx \, dk \tag{3.19}$$

其中函數$g(k)$描述了組成$\Psi(x)$的波振幅如何隨著波數k變化，此函數稱為$\Psi(x)$的**傅利葉轉換**(*Fourier transform*)，它將和$\Psi(x)$一樣決定波群。圖3.14包含了一個脈衝和一個波群的傅利葉轉換圖形。為比較之故，一個無限諧波組成的波之傅利葉轉換也可被包括進來，當然，在這狀況中只含有一個單一波數。

嚴格來說，需要表示波群的波數從$k = 0$到$k = 8$，但是對於一個有限長度Δx的波群而言，振幅$g(k)$大得可被察覺的波數在有限範圍Δk內，如圖3.14所示，波群越窄時，所需描述的波數範圍越廣，反之亦然。

在距離Δx和波數展開Δk之間的關係，和波群形狀以及Δx與Δk如何定義有關。$\Delta x \Delta k$乘積的極小值發生在波包具有類似高斯函數(Gaussian function)的鐘形形狀時。在此狀況中，傅利葉轉換也必須是高斯函數。如果Δx和Δk分別為函數$\Psi(x)$和$g(k)$的

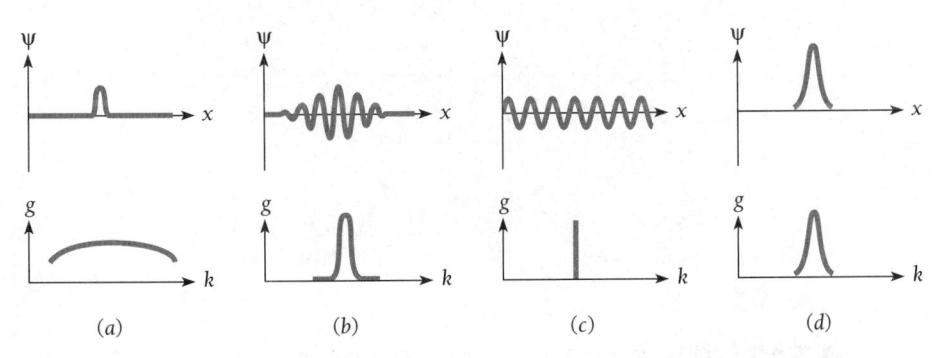

圖3.14 (*a*) 脈衝；(*b*) 波群；(*c*) 波列；(*d*) 高斯分布的波函數與傅利葉轉換。一個短時間擾動比長時間擾動需要更寬的頻率範圍才得以描述。高斯函數的傅利葉轉換也是高斯函數。

標準偏差(standard deviation)時，則最小值為 $\Delta x \Delta k = \frac{1}{2}$，因為波群一般來說不具有高斯形式，故以下列關係式來表示較為實際

$$\Delta x \, \Delta k \geq \tfrac{1}{2} \tag{3.20}$$

高斯函數

當實驗誤差為隨機出現時，對 x 所做的一連串量測結果通常為**高斯分布**(*Gaussian distribution*)，其形狀為圖3.15所示之鐘形曲線。量測的標準偏差 σ 為數值 x 對於其平均值 x_0 的差異的量測。如果我們做了 N 次量測

標準偏差
$$\sigma = \sqrt{\frac{1}{N} \sum_{i=1}^{N} (x_1 - x_0)^2}$$

高斯曲線在其最大值一半的寬度為 2.35σ。

描述上述曲線的**高斯函數**(*Gaussian function*) $f(x)$ 為

高斯函數
$$f(x) = \frac{1}{\sigma\sqrt{2\pi}} e^{-(x-x_0)^2/2\sigma^2}$$

其中 $f(x)$ 為 x 在一次特別量測中被發現的機率(probability)。在物理學和數學中高斯函數也同樣地應用在許多地方。（黎柏曼(Gabriel Lippmann)這樣描述高斯函數：「實驗學家認為它是數學理論，而數學家認為它是實驗事實。」）

某一段 x 值範圍中的量測機率，比如說 x_1 和 x_2，為 $f(x)$ 曲線在這兩個極限值之間的面積，此面積為積分

$$P_{x_1 x_2} = \int_{x_1}^{x_2} f(x) \, dx$$

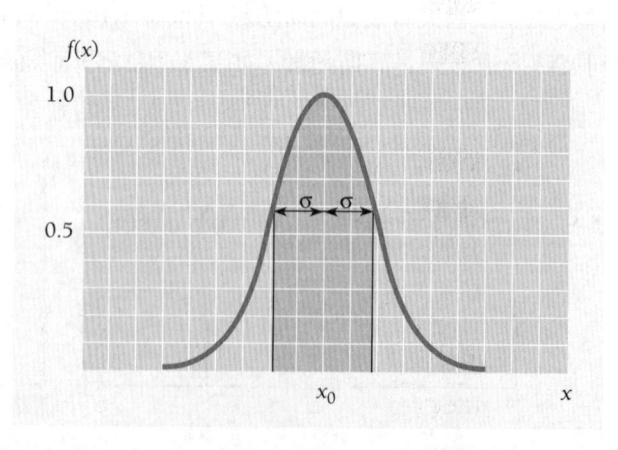

圖3.15 高斯分布。發現 x 值的機率由高斯函數 $f(x)$ 所決定。x 的平均值為 x_0，曲線最大值一半的總寬度為 2.35σ，σ 為分布的標準偏差。在 x_0 的一個標準偏差之間求得 x 的機率等於陰影的區域，且為 68.3%。

一個有趣的問題是在這一連串的量測中,有多少部分的值是在平均值x_0的標準偏差裡面,在這個狀況中,$x_1 = x_0 - \sigma$, $x_2 = x_0 + \sigma$ 且

$$P_{x_0 \pm \sigma} = \int_{x_0 - \sigma}^{x_0 + \sigma} f(x)\, dx = 0.683$$

因此有68.3%的量測位於此間隔中,如圖3.15中顏色較暗的部分。一個相似的計算顯示出95.4%的量測位於平均值的兩個標準偏差之間。

動量p的粒子其德布羅依波長為$\lambda = h/p$,且對應的波數為

$$k = \frac{2\pi}{\lambda} = \frac{2\pi p}{h}$$

因此以波數表示的粒子動量為

$$p = \frac{hk}{2\pi}$$

因此粒子的德布羅依波數的測不準量Δk導致了粒子動量Δp的測不準量,根據下列公式

$$\Delta p = \frac{h\, \Delta k}{2\pi}$$

海森堡(Werner Heisenberg, 1901-1976)生於德國杜埃斯堡,於慕尼黑學習理論物理時熱衷於滑雪與登山。1924年在哥廷根擔任波恩(Max Born)助理時,對於當時原子的力學模型感到不信服,事後他評論說:「任何可想像的原子圖像都是有缺陷的。」他認為運用矩陣代數(matrix algebra)的抽象方法是較好的替代品。1925年,他與波恩和喬丹(Pascual Jordan)將這個方法發展成一個與量子力學一致的理論,但是這個方法太難讓人瞭解以致於對當時物理的影響不大。薛丁格以波的形式解釋的量子力學在幾年後則較為成功;薛丁格與其他人證明了波與矩陣版本的量子力學在數學上是等同的。

1927年於波耳(Bohr)在哥本哈根的研究機構工作時,海森堡將包利的想法發展成測不準原理。剛開始海森堡覺得這個原理是所有量測都不可避免的擾動所造成的。另一方面波耳則認為測不準的基礎在於波與粒子的二元性,所以是自然世界天生的而不僅只是量測的結果而已。在幾番爭論後,海森堡逐漸認同了波耳的觀點(而愛因斯坦對量子力學保持懷疑的態度,曾在一場海森堡對測不準原理的演講後說:「了不起!現在年輕人的想法真不簡單。但是我一句話都不信。」)海森堡於1932年得到諾貝爾獎。

在納粹時代,海森堡是非常少數得到諾貝爾獎後仍留在德國境內的傑出科學家之一。二次大戰時他領導關於原子武器的研究,但直到戰爭結束後仍進展不多。實際原因仍不清楚,但沒有明顯的證據證明如他事後聲稱的是因為對發展這樣的武器有道德上的憂慮而有意無意地放慢了他的腳步。海森堡較早時認為這種「會造成不可想像後果的炸藥」能夠被發展出來,他與他的團隊應該比實際上做到的更多。事實上,美國政府曾因為得到消息說海森堡正在進行原子彈的計畫,而在1944年派出前波士頓紅襪隊的捕手伯格(Moe Berg)狙擊海森堡,當時海森堡正在中立國瑞士發表一篇演說,伯格坐在第二排,但是他發現從海森堡的演說中無法確定德國的計畫到底有多先進,而沒有將他的槍從口袋中掏出來。

因為$\Delta x \Delta k \geq \frac{1}{2}$，$\Delta k \geq 1/(2\Delta x)$且

測不準原理 $$\Delta x \, \Delta p \geq \frac{h}{4\pi} \tag{3.21}$$

這個方程式陳述了物體在某一時刻中，其位置的測不準量Δx和其動量在x方向上分量的測不準量Δp的乘積等於或大於$h/4\pi$。

如果我們排列物體對應到一個窄的波群，使得Δx非常小，則Δp會很大；如果我們減少Δp時，不可避免地會產生寬的波群且Δx會很大。

這些測不準量並非源於器材的不準確，而是自然特性中與量子相關的不精確性。任何測量中儀器與統計的測不準量只會增加$\Delta x \Delta p$的乘積。因為我們不可能同時知道粒子現在的位置與動量為何，故無法明確地說出它未來將在何處或是它將運動地多快。**因為無法確定現在，就無法確定未來**。但是我們並不是全然無知的：我們知道這個粒子在一個地方比另一個地方更容易出現，還有它的動量是某個值的機率比其他值大。

H-Bar

$h/2\pi$這個量常在近代物理中出現，因為它剛好是角動量的基本單位。因此為了方便起見將$h/2\pi$簡寫成$\hbar$ (h-bar)：

$$\hbar = \frac{h}{2\pi} = 1.054 \times 10^{-34} \text{ J} \cdot \text{s}$$

這本書之後的部分將用$\hbar$代替$h/2\pi$。由$\hbar$所表示的測不準原理變成

測不準原理 $$\Delta x \, \Delta p \geq \frac{\hbar}{2} \tag{3.22}$$

例 3.6

某次對質子的位置測量準確度為$\pm 1.00 \times 10^{-11}$ m。求出一秒後質子位置的測不準量。假設$v \ll c$。

解

設時間$t = 0$時，質子位置的測不準量為Δx_0。此時它的動量測不準量可從式(3.22)求出，

$$\Delta p \geq \frac{\hbar}{2\Delta x_0}$$

因為$v \ll c$，動量的測不準量為$\Delta p = \Delta(mv) = m\Delta v$，所以質子速度的測不準量為

$$\Delta v = \frac{\Delta p}{m} \geq \frac{\hbar}{2m\,\Delta x_0}$$

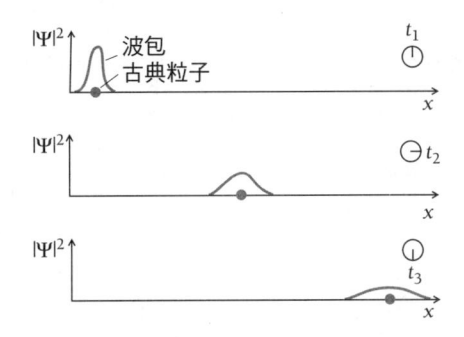

圖3.16 對應到一個移動包的波包由許多個別的波組成，如圖3.13所示。個別波的相速度隨波長而改變。結果是，當粒子移動時，波包在空間中散開。原始波包越窄——也就是我們對當時它的位置知道的越精準——它就會分散地越開，因為它是由大量不同相速度的波所組成。

在時間 t 內質子出現範圍的準確度不可能超過

$$\Delta x = t\, \Delta v \geq \frac{\hbar t}{2m\, \Delta x_0}$$

因此 Δx 會反比於 Δx_0：我們對於 $t = 0$ 的質子位置知道的越清楚，我們就會對於 $t > 0$ 的位置知道的越少。在 $t = 1.00$ s 時，Δx 的值為

$$\Delta x \geq \frac{(1.054 \times 10^{-34}\ \text{J}\cdot\text{s})(1.00\ \text{s})}{(2)(1.672 \times 10^{-27}\ \text{kg})(1.00 \times 10^{-11}\ \text{m})}$$

$$\geq 3.15 \times 10^3\ \text{m}$$

答案是 3.15 km——接近 2 哩！原本的波群竟然散布到這麼寬的範圍（圖3.16）。發生的原因在於組合波的相速度隨波數而改變，而原本狹窄的波群，需要很大範圍的波數才得以表達出來。見圖3.16。

3.8 測不準原理二
Uncertainty Principle II

由粒子著手處理得到相同結果

測不準原理不但可以從粒子的波動特性導出，也可以從波的粒子特性推導出。

我們要量測一個物體在某時的位置與動量。為了達成這個目的，必須要用某種東西碰觸此物體後再帶著我們所需的資訊回來。也就是說，我們必須拿根竿子戳戳它，或是用光照射它、或是某些類似的舉動。這個測量過程本身需要用某種方法干涉這個物體。如果我們仔細考慮這個干涉，就會發現這個干涉產生的測不準量與之前移動物體的波動性質時討論的測不準量是一樣的。

假設我們用波長為 λ 的光觀察一個電子，如圖3.17，這個光的每個光子擁有動量 h/λ。當其中之一的光子被電子反彈回來時（如果我們要「看」到這個光子的話），

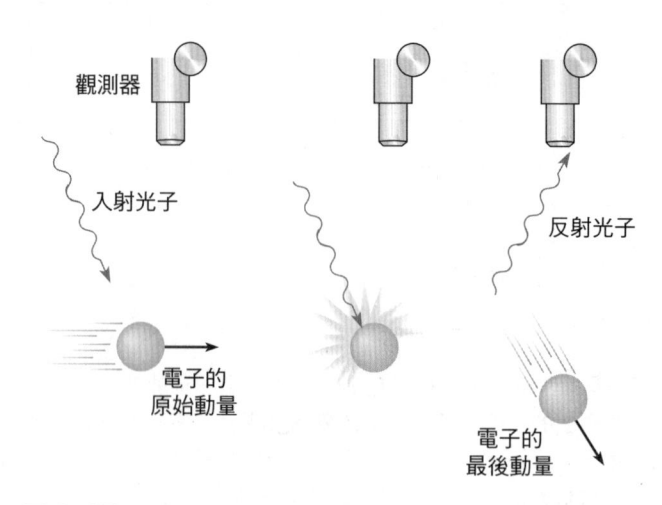

圖 3.17 電子無法在不改變動量的情況下被測量。

電子的原始動量將會改變。實際上的改變量Δp無法被預測,但是它的大小等級約與光子的動量h/λ相同。因此

$$\Delta p \approx \frac{h}{\lambda} \tag{3.23}$$

觀察的光子波長越長,電子動量的測不準量就會越小。

因為光是波的現象亦為粒子的現象,即使不考慮儀器的因素,我們仍不能期望完全準確地決定電子的位置。一個最小測不準量的合理量測可說是一個光子的波長,所以

$$\Delta x \geq \lambda \tag{3.24}$$

波長越短,位置的測不準量就越小。然而,如果我們用短波長的光波來增加位置量測的準確性,相對地對於動量測量的準確性就會降低,因為較高的光子動量將更嚴重地擾動電子的運動,長波長的光將產生較準的動量測量,但是位置測量則較為不準。

將式(3.23)與(3.24)合併後得到

$$\Delta x \, \Delta p \geq h \tag{3.25}$$

這個結果與式(3.22)的$\Delta x \Delta p \geq \hbar/2$相符合。

與前面的討論相似,雖然表面上很有吸引力,但是必須謹慎地討論。上面的討論暗示電子在任何時刻可以擁有明確的位置和動量,問題是量測過程導致$\Delta x \Delta p$無法決定。相反的,這個**無法決定的量是運動物體的內在自然性質**。許多類似的衍生理論首先要證明無法找到一個避開測不準原理的方法;再來就是提出一個比波群更讓人可以接受與熟悉的觀點來解釋測不準原理。

3.9 測不準原理應用
Applying the Uncertainty Principle

一個有用的工具，而不只是一個負面的陳述

普朗克常數 h 是一個非常小的量，以致測不準原理提出的限制只對原子範圍的量測有顯著影響。然而在這樣的尺度下，此原理對於瞭解許多現象有很大的幫助。值得注意的是 $\Delta x \Delta p$ 的下限 $\hbar/2$ 其實很難達到。大部分的 $\Delta x \Delta p \geq \hbar$，或甚至是（如前面所看到的）$\Delta x \Delta p \geq h$。

例 3.7

一個典型原子核的半徑約為 5.0×10^{-15} m。利用測不準原理求出電子為原子核的一部分時所需要的能量下限。

解

令 $\Delta x = 5.0 \times 10^{-15}$ m 則得到

$$\Delta p \geq \frac{\hbar}{2\Delta x} \geq \frac{1.054 \times 10^{-34} \text{ J} \cdot \text{s}}{(2)(5.0 \times 10^{-15} \text{ m})} \geq 1.1 \times 10^{-20} \text{ kg} \cdot \text{m/s}$$

如果這是核電子動量的測不準量，則動量 p 本身必須具有與其相當的強度。一個有這樣動量的電子動能 KE 比它的靜止能量 mc^2 大了好幾倍。從式(1.24)中我們看到可以假設 KE = pc，準確度不會差太多。因此

$$\text{KE} = pc \geq (1.1 \times 10^{-20} \text{ kg} \cdot \text{m/s})(3.0 \times 10^8 \text{ m/s}) \geq 3.3 \times 10^{-12} \text{ J}$$

因為 1 eV = 1.6×10^{-19} J，在核中的電子動能必須超過 20 MeV。實驗證明由某些不穩定核中射出的電子能量遠小於此值，從這裡我們可以得到結論就是原子核不可能含有電子。不穩定核所發射的電子，是因為當時原子核衰變所造成（見 11.3 和 12.5 節）。

例 3.8

一個氫原子(H)的半徑為 5.3×10^{-11} m。運用測不準原理估算在此原子中電子所需具備的極小能量。

解

這裡我們發現 $\Delta x = 5.3 \times 10^{-11}$ m。

$$\Delta p \geq \frac{\hbar}{2\Delta x} \geq 9.9 \times 10^{-25} \text{ kg} \cdot \text{m/s}$$

具有這種大小等級動量的電子表現和古典的粒子相似，它的動能為

$$\text{KE} = \frac{p^2}{2m} \geq \frac{(9.9 \times 10^{-25} \text{ kg} \cdot \text{m/s})^2}{(2)(9.1 \times 10^{-31} \text{ kg})} \geq 5.4 \times 10^{-19} \text{ J}$$

也就是 3.4 eV。在氫原子最低能階的電子動能實際上是 13.6 eV。

能量與時間

另一種形式的測不準原理與能量和時間有關。我們也許希望量測原子在時間間隔 Δt 中所發射出的能量 E。如果能量以電磁波的形式存在，則有限時間使得準確度受到限制，而無法準確地量測波的頻率 ν。讓我們假設量測波群的波數目時，極小的測不準量是一個波。因為所研究波的頻率等於我們所數到的數目除以時間間隔，我們對頻率的測不準量 $\Delta\nu$ 為

$$\Delta\nu \geq \frac{1}{\Delta t}$$

對應的能量測不準量為

$$\Delta E = h \, \Delta\nu$$

所以

$$\Delta E \geq \frac{h}{\Delta t} \quad \text{或} \quad \Delta E \, \Delta t \geq h$$

由波群的性質可得到一個更精確的計算，所得結果變為

能量與時間的測不準 $$\Delta E \, \Delta t \geq \frac{\hbar}{2} \tag{3.26}$$

式(3.26)陳述能量測量的測不準量 ΔE 與測量所需的時間測不準量 Δt 的乘積等於或大於 $\hbar/2$。這個結果也可由其他方法導出，並不只限定於電磁波。

例 3.9

一個「激發的」原子將多餘的能量用於發射出某個特徵頻率的光子，如第 4 章所述。平均一個原子從激發至輻射所花的時間約為 1.0×10^{-8} s。求光子頻率中的天生的測不準。

解

光子能量的測不準量為

$$\Delta E \geq \frac{\hbar}{2\Delta t} \geq \frac{1.054 \times 10^{-34} \text{ J} \cdot \text{s}}{2(1.0 \times 10^{-8} \text{ s})} \geq 5.3 \times 10^{-27} \text{ J}$$

對應光頻率的測不準量為

$$\Delta\nu = \frac{\Delta E}{h} \geq 8 \times 10^6 \text{ Hz}$$

這就是用來決定原子所發射之輻射頻率的準確度一定不可減少的限制。如結果所示，從一群激發的原子不會以準確的頻率 ν 出現。假設一個光子的頻率為 5.0×10^{14} Hz，$\Delta\nu/\nu = 1.6 \times 10^{-8}$。實際上其他現象如都卜勒效應對於譜線變寬的貢獻遠大於前者。

習題

It is only the first step that takes the effort. -Marquise du Deffand

3.1 德布羅依波

1. 一個光子與一個粒子有同樣的波長。可以比較它們的線性動量嗎？光子的能量與粒子的總能量比較如何？光子的能量與粒子的動能比較為何？

2. 求出下列的德布羅依波長。(a) 速率 2.0×10^8 m/s 的電子。(b) 速率 2.0×10^8 m/s 的電子。

3. 求出 1.0 mg 的砂被速率 20 m/s 的風吹走時的德布羅依波長。

4. 求出一電子顯微鏡所用的 40 keV 電子的德布羅依波長。

5. 100 keV 的電子用非相對論的方法計算德布羅依波長會有多少百分比的誤差？

6. 求出 1.00 MeV 質子的德布羅依波長。需要用相對論的計算法嗎？

7. 岩鹽 (rock salt, NaCl) 的原子間隔為 0.282 nm。求出具有 0.282 nm 德布羅依波長的中子動能（以 eV 表示）。需要用相對論的方法計算嗎？這樣的中子可用於學習晶格結構。

8. 求出具有德布羅依波長與 100 keV x 射線相同的電子動能。

9. 綠光的波長約為 550 nm。電子在多大的電位差下可以被加速到具有這樣的波長？

10. 證明質量 m 動能 KE 之粒子的德布羅依波長為

$$\lambda = \frac{hc}{\sqrt{KE(KE + 2mc^2)}}$$

11. 證明運動粒子的總能量遠大於它的靜止能量，它的德布羅依波長接近一個具有相同總能量的光子。

12. (a) 導出帶電粒子經由相對論修正後的德布洛依波長公式，以加速此粒子的電位差 V 表示。(b) 當 $eV \ll mc^2$ 時，這個公式的非相對論的近似為何？

3.4 相速度與群速度

13. 一個電子與質子有相同的速度。比較它們的波長和它們的德布羅依波的相速度與群速度。

14. 一個電子與質子有相同的動能。比較它們的波長和它們的德布羅依波的相速度與群速度。

15. 證明課文中的敘述：如果某個波現象的所有波長下的相速度都相同（也就說沒有色散），它們的群速度與相速度都會相同。

16. 液體表面漣漪的相速度為 $\sqrt{2\pi S/\lambda\rho}$，其中 S 是表面張力，ρ 為液體密度。求出漣漪的群速度。

17. 海浪的相速度為 $\sqrt{g\lambda/2\pi}$，其中 g 是重力加速度。求海浪的群速度。

18. 求出速度 $0.900c$ 之電子的德布羅依波的相速度與群速度。

19. 求出動能為 500 keV 之電子的德布羅依波的相速度與群速度。

20. 證明一個波的群速度為 $v_g = d\nu/d(1/\lambda)$。

21. (a) 證明一質量為 m 且德布羅依波長為 λ 的粒子之德布羅依波相速度為

$$v_p = c\sqrt{1+\left(\frac{mc\lambda}{h}\right)^2}$$

(b) 比較一德布羅依波長剛好為 1×10^{-13} m 的電子相速度與群速度。

22. 在德布羅依的原始論文中，他提出 $E=h\nu$ 且 $p=h/\lambda$，為電磁波所遵守的，也同樣對運動粒子有效。運用這些關係證明德布羅依波群的群速度為 dE/dp，再由式(1.24)證明對於以速度 v 運動的粒子來說，$v_g = v$。

3.5 粒子繞射

23. 戴文生—基瑪實驗中若增加電子的能量，會對散射角度有何影響？

24. 一中子束射入含有不同能量的中子反應爐中。為了要獲得能量為 0.050 eV 的中子，中子束通過原子平面為 0.20 nm 間隔的晶體。在與原中子束為多少角度的地方得到所需的繞射中子？

25. 在 3.5 節中提到電子進入一個晶體時能量增加，德布羅依波長減少。考慮一束 54 eV 的電子直接射向一個鎳靶。進入鎳靶的電子能量改變 26 eV。(a) 比較電子在靶外與靶內的速度。(b) 比較個別的德布羅依波長。

26. 一束 50 keV 的電子射向一晶體，然後繞射電子在對於原電子束角度 50° 的地方出現。晶體的原子平面間隔為何？λ 需要運用相對論來計算。

3.6 箱子中的粒子

27. 求一個在寬為 1.00×10^{-14} m 的一維箱中的中子能階（以 MeV 表示）。中子的最小能量為何？（寬度與原子核的大小在同一等級。）

28. 某個被束縛在箱中的粒子極小能量為 1.00 eV。(a) 次低的兩個粒子可能的能量為何？(b) 如果粒子是一個電子，則箱子有多寬？

29. 一維箱中的質子第一激發態的能量為 400 keV。箱子有多寬？

3.7 測不準原理一
3.8 測不準原理二
3.9 測不準原理應用

30. 運用測不準原理，討論在寬 L 箱中粒子不可能 $E=0$。如果 $\Delta x = L$，比較這樣粒子的極小動量與測不準原理所需動量的測不準量。

31. 固體中的原子擁有某個極小的**零點能量** (*zero point energy*)，甚至在 0 K，然而對理想氣體的分子卻沒有這樣的限制。運用測不準原理解釋這個敘述。

32. 比較限制在 1.00 nm 箱中電子和質子速度的測不準量。

33. 1.00 keV 電子的位置與動量同時被決定。如果它的位置限制在 0.100 nm，它的動量測不準量為百分之多少？

34. (a) 量測速度為 10.0 m/s 電子的動能需要多少時間？而測不準量要在 0.100 % 之內，在這段時間內，電子走了多遠？(b) 對一個 1.00 g 也有相同速度的昆蟲做相同計算。這些數據有何意義？

35. $v \ll c$ 質子的動能不超過 1.00 keV，位置可以量測的多準？

36. (a) 求箱中粒子在第 n 態的動量大小。(b) 一粒子的動量極小變化量，對應到一量測可造成量子數 n 有 ± 1 的變化。如果 $\Delta x = L$，證明 $\Delta p \Delta x \geq \hbar/2$。

37. 一個航海用雷達的工作頻率為 9400 MHz，發射電磁波群的時間為 0.0800 μs。反射波群回來所需的時間指出目標的距離。(a) 求出每個波群的長度與所含有的波數。(b) 雷達接收器所需吸收的極小近似頻寬為何（也就是頻率色散的範圍）？

38. 一個不穩定的基本粒子叫做 η 介子(eta meson)，靜止質量為 549 MeV/c^2，平均生命期為 7.00×10^{-19} s。其靜止質量的測不準量為何？

39. 質量 m 彈簧常數為 C 之諧振子的振動頻率為 $\nu = \sqrt{C/m}/2\pi$。振子的能量為 $E = p^2/2m + Cx^2/2$，其中 p 為動量，x 為與平衡位置之間的位移。在古典物理中振子的極小能量為 $E_{min} = 0$。運用測不準原理只以 x 來表示 E，並證明實際的極小能量為 $E_{min} = h\nu/2$，可由 $dE/dx = 0$ 解出 E_{min}。

40. (a) 證明測不準原理可寫成下列形式 $\Delta L \Delta \theta \geq \hbar/2$，其中 ΔL 為粒子角動量的測不準量，$\Delta \theta$ 為角位置的測不準量。【提示：考慮質量 m 的粒子以半徑為 r 的圓運動，速度為 v，所以 $L = mvr$。】(b) 粒子的角位置變成完全無法決定時，L 的測不準量為何？

CHAPTER 4

原子結構
Atomic Structure

固態紅外光雷射切割厚度 1.6 mm 的鋼板,這種雷射利用掺雜釹(Nd)元素的釔－鋁－石榴石(yttrium-aluminum-garnet)晶體為材料。利用小型半導體雷射來激發釹發生輻射為一種高效率的方法。

4.1 核原子
原子內部有很大的空間

4.2 電子軌道
原子的行星模型及其為何失敗

4.3 原子光譜
每個元素具有特徵的線光譜

4.4 波耳原子
原子中的電子波動

4.5 能階和光譜
當電子由一個能階躍遷至另一個較低的能階時會釋放出光子

4.6 對應原理
量子數越大時,量子物理越接近古典物理

4.7 原子核運動
原子核質量影響光譜線的波長

4.8 原子激發
原子如何吸收和釋放能量

4.9 雷射
如何產生完全一致的光波

附錄:拉塞福散射

很久以前人們便開始懷疑，在微觀尺度中，物質是否具有一個超乎我們直覺想像的明確結構，儘管這看來應該是有連貫性的。這個懷疑在大約一個半世紀以前，都沒有具體的討論，因為原子和分子——物質在一般狀態下的基本粒子——的存在已經得到證明，而基本的組成粒子——電子、質子和中子，也已經被發現且經過詳細的研究。在本章及後面的章節，我們主要的課題為原子結構，因為原子的結構幾乎決定了我們周遭世界各個物質所表現的特性。

每個原子由一個包含質子和中子的小原子核以及一些圍繞在核外的電子所組成。試想電子圍繞著原子核有如行星圍繞著太陽，然而古典電磁理論否定了這種原子軌道穩定存在的可能性。在解決這個矛盾的努力上，1913年波耳(Niels Bohr)應用了量子的觀點在原子結構的研究上，得到一個至今仍易於想像的輪廓，儘管這個想法有其不適當，並且已經被更精確實用的量子力學理論取代。除了以上的理由，波耳的氫原子理論之所以值得我們研究也是因為這個理論為後來更精確的原子量子理論，提供了很有參考價值的研究基礎。

4.1 核原子

The Nuclear Atom

原子內部有很大的空間

19世紀末大部分的科學家都認同化學元素是由原子所組成的觀點，但他們對原子本身幾乎一無所知。線索之一為他們發現所有原子的內部都包含了電子，既然電子帶負電而原子為電中性，原子內部必定存在某種帶正電的物質，是那一種？如何排列？

西元1898年時，英國的物理學家湯姆森(J. J. Thomson)提出一個假設，認為原子其實只是一團帶正電的物質，而電子埋在這些物質裡面，好像水果蛋糕裡面的葡萄乾一樣（圖4.1）。因為湯姆森在電子的發現上扮演著重要的角色，他的假設很值得注意，但真正的情況卻完全不同。

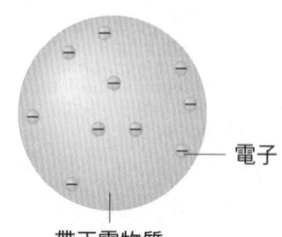

想要知道水果蛋糕裡面有什麼，最直接的方法就是用手指戳進去看看。1911年蓋格(Hans Geiger)和馬士丹(Ernest Marsden)正是採用這個方法。在拉塞福(Ernest Rutherford)的建議之下，他們利用一些輻射性元素輻射出來的高速α粒子(*alpha particle*)當作探針，α粒子是失去兩個電子的氦原子，帶 $2e$ 個正電。

蓋格和馬士丹在具有一個小洞的鉛(Pb)製屏幕後面放置了一個會放射α射線的材料，如圖4.2，如此可以得到一個很窄的α粒子束。這個粒子束會打向一個很薄的金(Au)箔，而當受到α粒子撞擊會放出閃光

圖 4.1 湯姆森原子模型。拉塞福散射實驗證實它是錯誤的。

4.1 核原子　　4-3

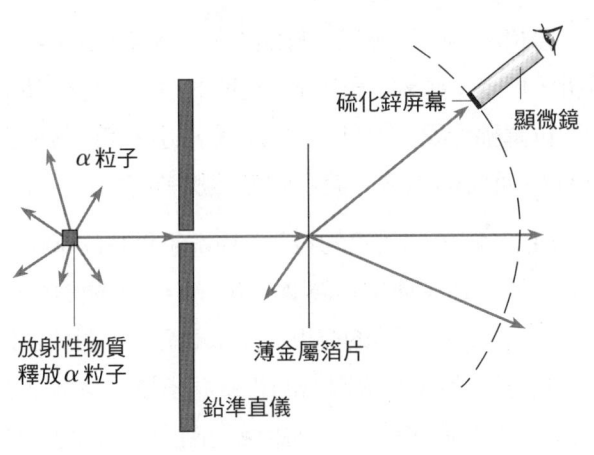

圖 4.2　拉塞福散射實驗。

的硫化鋅(ZnS)屏幕則裝置在金箔的另一邊。透過顯微鏡可以觀察到α粒子撞擊到屏幕時所發出的閃光。

預想的情況是α粒子將直接通過箔，幾乎沒有任何偏折，這樣的結果符合湯姆森的原子模型，電子是均勻地分布在原子內部的空間中，只有微弱的電子作用力會作用在α粒子上，因此通過薄箔時只會產生輕微的偏斜，大約為 1°，或甚至更少。

拉塞福(Ernest Rutherford, 1871-1937)是一個土生土長的紐西蘭人。得到英國劍橋大學研究所的獎學金時，他正在他的家庭農場中挖掘馬鈴薯。「這將是我挖掘的最後一個馬鈴薯」他說，隨即丟下了他的鏟子。十三年後他贏得了諾貝爾化學獎。

拉塞福在劍橋時是湯姆森(J. J. Thomson)——後來成為電子的發現者——的研究生。拉塞福自己的研究著重於新發現的輻射性現象，並且他很快地辨別出輻射性材料所釋放出的兩種不同的輻射物質，α粒子和β粒子。1898年，他到加拿大的麥吉爾(McGill)大學從事研究工作，發現了α粒子為氦原子的原子核，且輻射性元素的衰變會形成另一種元素。在和化學家索迪(Frederick Soddy)等人的合作之下，拉塞福追蹤到輻射性元素的連續性轉變，例如鈾(U)和鐳(Ra)，直到它們轉變為穩定的鉛。

1907年拉塞福回到英國的曼徹斯特擔任物理學教授，1911年他證明了原子核模型是唯一可以解釋薄金屬箔散射實驗的原子模型。拉塞福最後一個重大的發現，發表於1919年，就是有關氮(N)原子核受到α粒子的轟擊時產生衰變的現象，這是第一個人為控制的元素間衰變的例子。在其他類似的實驗之後，他主張所有的原子核都包含氫(H)原子核，稱之為質子。他同時認為原子核中還存在一種中性粒子。

1919年拉塞福成為劍橋卡文迪西實驗室(Cavendish Laboratory)的主持人，在他的激勵之下實驗室在原子核的研究方面有卓越的躍進。1932年查德威克(James Chadwick)發現了中子。卡文迪西實驗室是第一個擁有製造高能量粒子加速器的單位。這個加速器曾首次發現由較輕的原子核結合成較重的原子核核融合反應。

拉塞福不是絕對正確的：就在發現核分裂反應和第一個核子反應爐開始建造的前幾年，拉塞福還認為要實際應用核能是一種空想。他因疝氣引發的併發症死於1937年，安葬於西敏寺修道院(Westminster Abbey)，就在牛頓安息之處附近。

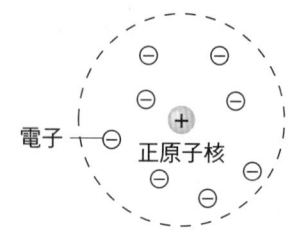

圖 4.3 拉塞福原子模型。

蓋格和馬士丹發現，實際上雖然大部分的α粒子的確沒有太大的偏折，但有一些α粒子出現大角度的散射，部分甚至往反方向散射。如同拉塞福所說，「真是不可思議，這就好像當你對著一張面紙發射一顆 15 英吋的砲彈，而子彈竟然反彈打中你。」

α粒子屬於比較重的粒子（約電子質量的 8000 倍），而且在實驗時以高速行進（典型地為 2×10^7 m/s），顯然需要相當強大的力量才足以造成這麼顯著的偏折。拉塞福發現，對於這樣的結果唯一的解釋，就是想像原子的組成包括了結構緊密的正電原子核，整個原子的質量大都集中於此且帶正電，而電子則圍繞在核外的某距離範圍內（圖4.3）。既然原子內大部分的區域都是空無一物，所以很容易就可以瞭解為什麼大部分的α粒子會直接穿過金箔。然而，當某一個α粒子碰巧通過原子核附近的時候，強大的電場造成的散射則會使它以較大的角度偏折。原子中的電子質量很輕，並不足以對α粒子產生影響。

蓋格和馬士丹的實驗和之後類似的研究也提供了關於不同材料的箔片，並且組成原子的原子核資料。α粒子通過原子核附近的偏折角度，決定於原子核帶電量的大小。比較不同材料的箔產生的散射角，可以提供一個方法以求出產生散射的原子核所帶之電量。

同一種元素的原子都具有相同且特定的原子核電量，並且隨著元素週期表上的排列依序增加。原子核電量總是 $+e$ 的整數倍，正整數 Z 代表原子核所帶之單位正電荷量，稱之為元素的**原子序**(atomic number)。我們已知每一個質子帶有一單位的正電荷，作為原子核內的正電荷，所以一個元素的原子序相當於原子核內的質子數。

因此，一般物質的原子內部大部分都是空蕩蕩的。桌子用的木頭、支撐橋樑的鋼架以及腳邊的石頭，都只是一群高密度帶電粒子的集合，而這些帶電粒子彼此之間的距離分散程度遠超過太陽與其行星之間的距離。如果能夠把我們身體上所有實際存在的物質，電子和原子核，緊密地束縛在一起，我們將會皺縮成一個只能在顯微鏡下才看得到的微粒。

拉塞福散射公式

拉塞福以原子核模型為基礎得到α粒子通過薄箔的散射公式為

拉塞福散射公式
$$N(\theta) = \frac{N_i n t Z^2 e^4}{(8\pi\epsilon_0)^2 r^2 \, \text{KE}^2 \sin^4(\theta/2)} \tag{4.1}$$

這個公式的推導參見本章的附錄。式(4.1)的符號定義如下：

$N(\theta)$ = 單位面積上以散射角θ到達屏幕的α粒子數

N_i = 到達屏幕的所有α粒子數

n = 箔單位體積內的原子數

Z = 箔原子的原子序

r = 屏幕與箔的距離

KE = α粒子的動能

t = 箔厚度

式(4.1)的預測與蓋格和馬士丹的實驗量測一致，證實原子核存在的假設成立。這就是為什麼拉塞福會被譽為原子核的「發現者」之故。因為$N(\theta)$反比於$\sin^4(\theta/2)$，所以$N(\theta)$相對於θ的變化相當顯著（圖4.4）：只有0.14%的入射α粒子被散射的角度大於1°。

原子核的尺寸

式(4.1)的推導過程中，拉塞福假設靶原子核的尺寸小於α粒子入射到原子核但尚未發生散射之前與原子核的最近距離R，因此拉塞福散射提出一個方法，找原子核尺寸的上限。

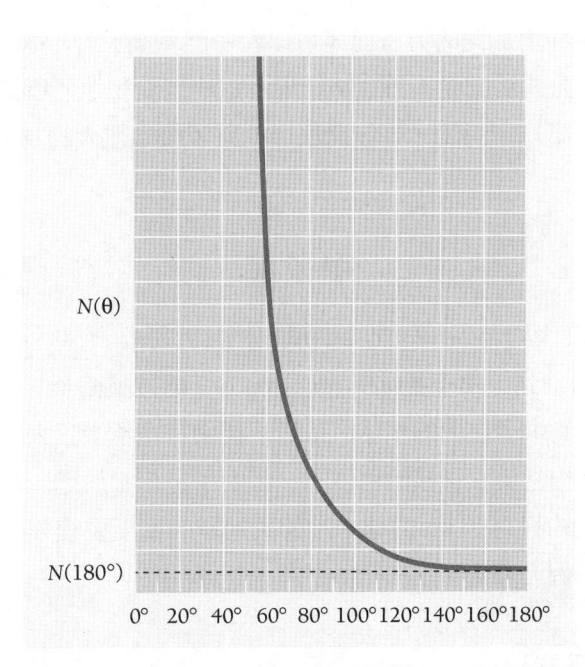

圖**4.4** 拉塞福散射。$N(\theta)$代表單位面積上以散射角θ到達屏幕的入射α粒子；$N(180°)$代表反方向散射的數目。這個實驗的結果符合原子的核模型推論的曲線。

讓我們看看之前的實驗中，大部分的高能量α粒子與原子核接近時的最小距離R為何。當α粒子正面靠近原子核的時候，會造成180°的散射，此時會有最小距離R。最小距離發生的時候，α粒子的初始動能 KE 會完全轉換為電位能，所以在此時

$$\text{KE}_{\text{initial}} = \text{PE} = \frac{1}{4\pi\epsilon_0} \frac{2Ze^2}{R}$$

因為α粒子的電量為 $2e$ 而原子核的電量為 Ze，因此

最靠近的距離 $$R = \frac{2Ze^2}{4\pi\epsilon_0 \text{KE}_{\text{initial}}} \tag{4.2}$$

在自然原始情況下，α粒子的極大動能為 7.7 MeV，即 1.2×10^{-12} J。而 $1/4\pi\epsilon_0 = 9.0 \times 10^9$ N·m²/C²，所以

$$R = \frac{(2)(9.0 \times 10^9 \text{ N} \cdot \text{m}^2/\text{C}^2)(1.6 \times 10^{-19} \text{ C})^2 Z}{1.2 \times 10^{-12} \text{ J}}$$

$$= 3.8 \times 10^{-16} Z \text{ m}$$

金——典型的箔材料——的原子序 $Z = 79$，所以

$$R(\text{Au}) = 3.0 \times 10^{-14} \text{ m}$$

因此金的原子核半徑會小於 3.0×10^{-14} m，比所有的原子半徑小了大約 10^4 倍以上。

最近幾年人類利用加速的方法已經可以產生能量高於 7.7 MeV 的粒子，並且已經證實拉塞福散射公式終究會不符實驗結果。這些實驗和他們所提供關於實際原子核尺寸的資訊將在第11章討論。最後發現金的原子核半徑大約為上面求得R(Au) 值的五分之一。

中子星

原子核的密度大約為 2.4×10^{17} kg/m³，相當於每立方英吋40億噸的重量。在9.11節會討論到，**中子星**(neutron star)為一種被壓縮至其組成原子內的質子和電子都已經融合到中子之內的星球，這是一種物質在承受巨大壓力下最穩定的狀態。中子星的密度相當於原子核的密度：一個中子星相當於把一個或兩個太陽的質量塞進一個半徑大約只有10 km的球中。如果地球的密度要變成這樣，則體積將會縮小到可以塞入一個大公寓中。

4.2 電子軌道

Electron Orbits

原子的行星模型及其為何失敗

拉塞福原子模型經過實驗的強力佐證，描繪的是一個很小、重的帶正電原子核，在相對遙遠的外圍環繞著相當數量的電子，使整個原子保持電中性。在此模型這些電

子無法保持靜止，因為沒有其他力量幫助電子抵抗原子核吸引的電力。然而，如果這些電子維持在運動狀態，則類似行星圍繞太陽的動態穩定軌道是可能存在的（圖4.5）。

我們考慮氫原子的古典動力學，因為它只有一個電子，是所有原子中最單純的情況。為了方便起見，我們假設電子的軌道是圓形的，雖然合理的軌道應該是橢圓形的。向心力為

$$F_c = \frac{mv^2}{r}$$

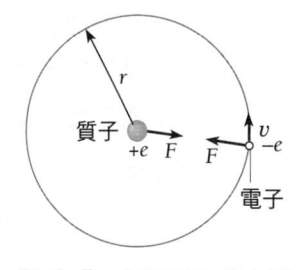

圖 **4.5** 氫原子內的力平衡。

使電子以軌道半徑 r 圍繞著原子核，由它們之間的電力提供，

$$F_e = \frac{1}{4\pi\epsilon_0}\frac{e^2}{r^2}$$

動態平衡的軌道必須滿足

$$F_c = F_e$$
$$\frac{mv^2}{r} = \frac{1}{4\pi\epsilon_0}\frac{e^2}{r^2} \tag{4.3}$$

電子繞行半徑為 r 的軌道，速度 v 公式為

電子速度
$$v = \frac{e}{\sqrt{4\pi\epsilon_0 mr}} \tag{4.4}$$

氫原子中電子的總能量 E 為電子動能和位能的總和，分別為

$$KE = \frac{1}{2}mv^2 \qquad PE = -\frac{e^2}{4\pi\epsilon_0 r}$$

（負號表示當 $r = 8$ 時，也就是電子和原子核相距無窮遠處，PE = 0）。因此

$$E = KE + PE = \frac{mv^2}{2} - \frac{e^2}{4\pi\epsilon_0 r}$$

以式(4.4)之 v 代入得到

$$E = \frac{e^2}{8\pi\epsilon_0 r} - \frac{e^2}{4\pi\epsilon_0 r}$$

氫原子的總能量
$$E = -\frac{e^2}{8\pi\epsilon_0 r} \tag{4.5}$$

每個原子內的電子總能量為負，代表在原子內的電子受到原子核的束縛。如果 E 大於零，電子將不會遵循一個封閉的軌道繞行原子核。

當然，實際上總能量 E 不只代表電子的能量，而是代表原子核和電子整個系統的總能量。關於電子和原子核如何分配總能量 E 將在4.7節討論。

例 4.1

實驗顯示需要 13.6 eV 的能量才能將氫原子的質子和電子分離;也就是說,它的總能量為 $E = -13.6$ eV。求出氫原子的軌道半徑和電子速度。

解

因為 13.6 eV $= 2.2 \times 10^{-18}$ J,由(4.5)式

$$r = -\frac{e^2}{8\pi\epsilon_0 E} = -\frac{(1.6 \times 10^{-19} \text{ C})^2}{(8\pi)(8.85 \times 10^{-12} \text{ F/m})(-2.2 \times 10^{-18} \text{ J})}$$
$$= 5.3 \times 10^{-11} \text{ m}$$

求出的原子半徑和利用其他方法得到的答案一致。電子速度可利用式(4.4)求得:

$$v = \frac{e}{\sqrt{4\pi\epsilon_0 mr}} = \frac{1.6 \times 10^{-19} \text{ C}}{\sqrt{(4\pi)(8.85 \times 10^{-12} \text{ F/m})(9.1 \times 10^{-31} \text{ kg})(5.3 \times 10^{-11} \text{ m})}}$$
$$= 2.2 \times 10^6 \text{ m/s}$$

因為 $v \ll c$,在氫原子的情況下可以忽略特殊相對論的效應。

古典物理的失敗

以上的分析結果是基於牛頓運動定律和庫侖電力定律──古典物理的兩大棟樑──並且按照實驗的觀察,原子會處於穩定狀態。然而,這樣的分析並不能滿足電磁理論──古典物理的另一個棟樑──所預測加速運動中的電荷會以電磁波的形式輻射出能量。電子沿著曲線軌道加速行進,因此會持續地失去能量並且很快地以螺旋形的軌跡向內墜落至原子核(圖4.6)。

但實際上原子並沒有崩潰。這個矛盾進一步說明了前兩章所看到的問題:在巨觀世界裡適用的物理定律,在微觀世界裡不一定成立。

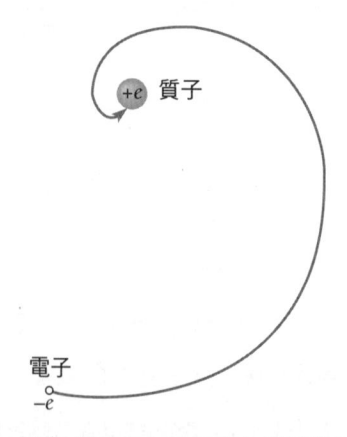

圖 4.6 因為原子內的電子在加速度運動過程中會向外輻射能量,根據古典物理的觀念,電子會以螺旋形的軌跡快速地墜落至原子核。

拉塞福的分析是有效的嗎？

現在我們考慮一個有趣的問題。拉塞福推導散射公式的時候，運用了相同的物理定律，因此在原子穩定性的問題上招致令人沮喪的挫敗。也許可能的問題並不在於公式本身的錯誤，而是拉塞福建構的電子在遙遠的距離圍繞中心原子核的原子模型，實際上並不是原子真正的結構模型。這不是一個平凡的課題，而是一個令人好奇的巧合，使用量子力學分析薄箔散射α粒子得到的公式竟然和拉塞福的分析一模一樣。

為了驗證古典計算至少是近似正確的結果，首先考慮在速度為2.0×10^7 m/s的時候，α粒子的德布羅依波長為

$$\lambda = \frac{h}{mv} = \frac{6.63 \times 10^{-34} \text{ J} \cdot \text{s}}{(6.6 \times 10^{-27} \text{ kg})(2.0 \times 10^7 \text{ m/s})}$$
$$= 5.0 \times 10^{-15} \text{ m}$$

如同4.1節所述，此波長的α粒子最接近金(Au)原子核的距離為3.0×10^{-14} m，是德布羅依波長的六倍。因此，在整個作用過程中將α粒子視為古典粒子恰好是合理的。我們可用拉塞福模型來想像原子的結構，儘管在討論原子內的電子動態時——是另外一回事——需要非古典的處理。

古典物理無法為原子結構提供一個合理的解釋，主要是因為古典物理將自然界的現象區分為「純」粒子和「純」波動現象。實際上，粒子和波動有許多共同的特性，但由於普朗克常數值很小，所以在巨觀世界下很難察覺到粒子和波動的二元性。所觀察的物理現象範圍越小，古典物理的適用性就越小，而必須同時引入波動的粒子現象，和粒子的波動現象這兩種觀念才能瞭解原子的結構。在本章的其他部分，我們將介紹結合了古典物理和近代物理的觀念的波耳原子模型，如何完成後面部分的任務。在介紹量子力學的觀點之前，我們將無法得到一個真正完整的理論來解釋原子結構，且量子力學的觀點和我們日常生活中直覺的想法是完全不相容的。

4.3 原子光譜
Atomic Spectra
每個元素具有特徵的線光譜

對於一個成功的原子理論而言，原子的穩定性並不是唯一的滿足條件。光譜線的存在，是另一個古典物理所不能解釋的重要現象。

在第2章中我們介紹在任何溫度下的凝態（固態和液態）物質會輻射所有波長的電磁波，但強度並不相同。普朗克在對這個現象的解釋中，並沒有提到它是如何由輻射性材料產生，也沒有提到輻射性材料的性質。根據他的解釋，我們觀察到的現象其實是很多原子交互作用的綜合現象，而不是表現某一個特定元素之原子的特性。

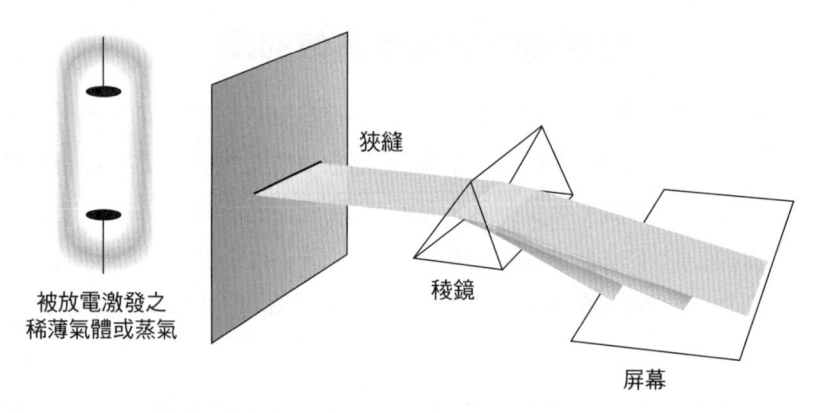

圖 4.7 理想的光譜儀。

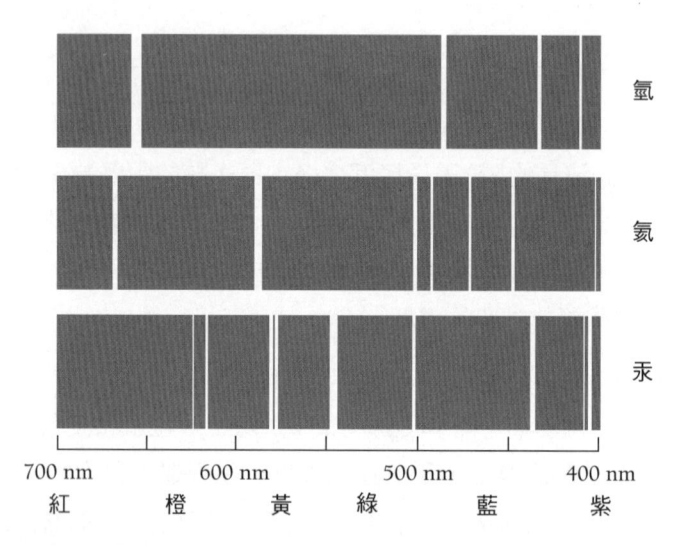

圖 4.8 一些氫原子、氦原子以及汞原子的主要放射線光譜。

　　但在另一種極端的情況下，稀薄氣體中的原子或分子之間的平均距離很遠，所以只在偶然的碰撞機會下發生反應。在這樣的情況下，我們預期所有的輻射現象應該屬於某一特定原子或分子的特性。

　　當原子氣體或蒸氣壓力小於大氣壓力時，是適合「被激發」的狀態，通常以施加電流的方式達成，而產生的輻射光譜僅包含一些特定的波長。一個理想化的原子光譜量測方法如圖4.7所示；實際上的光譜儀則是利用繞射柵來達成。圖4.8顯示一些元素的**放射線光譜**(*emission line spectrum*)。每一個元素在蒸氣狀態若受到激發時，會顯示其獨特的線光譜。因此光譜學為用來分析未知物質成分很實用的方法。

　　當白光穿過一種氣體時，我們發現氣體會吸收某些出現在放射光譜中的波長。此時產生的光譜稱之為**吸收線光譜**(*absorption line spectrum*)，看起來是明亮的背景加上一些代表著被吸收光波長位置的暗線（圖4.9）；放射光譜則是在暗的背景中具有一些亮線。太陽光譜有暗線，因為太陽發光部分產生的輻射相當於加熱到5800 K

在管中被電激發之氣體原子，釋放出所使用氣體之特徵光波長。

圖 4.9 一個元素的吸收光譜中的暗線對應到其放射光譜中的亮線。

的黑體輻射，並且被一團溫度較低的氣體所包圍，而吸收了一些特定波長的光。大部分其他星球產生的光譜也都屬於這一類。

一個元素光譜的譜線數量、強度和確切的波長，取決於溫度、壓力、電和磁場的存在與否，以及光源的運動。透過光譜的研究不僅能夠知道成分元素的種類，甚至能夠分辨原子所處的物理狀態。例如，天文學家可以藉由分析一個星球的光譜，知道它的大氣成分為那些元素、是否被游離，以及這個星球是正在遠離或靠近地球移動。

光譜系

一個世紀以前，科學家發現元素光譜的波長位置會落在一些集合上，稱為**光譜系**(*spectral series*)。第一個光譜系是由巴默(J. J. Balmer)於1885年在研究氫原子光譜的可見光部分的時候所發現。圖4.10顯示的是**巴默系**(*Balmer series*)。波長656.3 nm為最長的光譜線，命名為H_α，接下來是波長486.3 nm的光譜，命名為H_β，依此類推。隨著波長遞減，光譜線會越密集且強度會越弱，直到波長為364.6 nm的**系極限**(*series limit*)，超過這個波長的譜線就不再是分散的譜線，只是一群模糊的連續光譜。巴默推導出這個系列的波長公式為

巴默 $$\frac{1}{\lambda} = R\left(\frac{1}{2^2} - \frac{1}{n^2}\right) \quad n = 3, 4, 5, \ldots \tag{4.6}$$

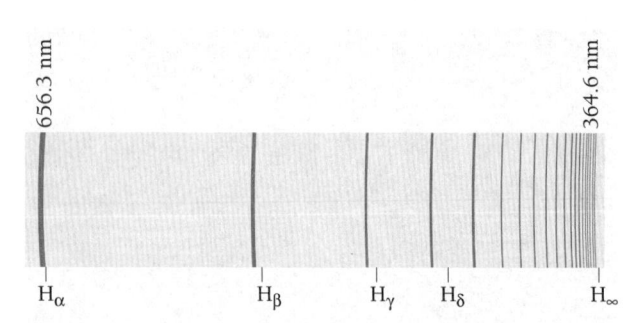

圖 4.10 氫原子的巴默系。H_α 線為紅色，H_β 線為藍色，H_γ 和 H_δ 線為紫色，其他的線則在近紫外光。

R 代表**雷德堡常數**(*Rydberg constant*)，其值為

雷德堡常數 $\qquad R = 1.097 \times 10^7 \text{ m}^{-1} = 0.01097 \text{ nm}^{-1}$

H_α 對應的是 $n = 3$ 的線，H_β 對應的是 $n = 4$ 的線，依此類推。系極限對應到 $n = \infty$，發生的波長位置在 $4/R$，和實驗結果相符。

巴默系包含氫原子光譜可見光部分的波長範圍。氫原子光譜位於紫外光及紅外光的部分則落在其他系。**萊曼系**(*Lyman series*)包含了紫外光的部分，波長的公式為

萊曼 $\qquad \dfrac{1}{\lambda} = R\left(\dfrac{1}{1^2} - \dfrac{1}{n^2}\right) \qquad n = 2, 3, 4, \ldots \qquad (4.7)$

紅外光的部分，已發現三個系的光譜線，由以下的公式可以得到波長

帕申 $\qquad \dfrac{1}{\lambda} = R\left(\dfrac{1}{3^2} - \dfrac{1}{n^2}\right) \qquad n = 4, 5, 6, \ldots \qquad (4.8)$

布萊克 $\qquad \dfrac{1}{\lambda} = R\left(\dfrac{1}{4^2} - \dfrac{1}{n^2}\right) \qquad n = 5, 6, 7, \ldots \qquad (4.9)$

方德 $\qquad \dfrac{1}{\lambda} = R\left(\dfrac{1}{5^2} - \dfrac{1}{n^2}\right) \qquad n = 6, 7, 8, \ldots \qquad (4.10)$

這些氫原子的光譜線在圖 4.11 中以波長位置標示出來；**布萊克系**(*Brackett series*)明顯地與**帕申系**(*Paschen series*)和**方德系**(*Pfund series*)有部分重疊。(4.6)式到(4.10)式中的 R 值均相同。

觀察氫原子光譜以及其他更複雜的元素光譜的規則，可以為任何有關原子結構的理論提供一個明確的檢驗方法。

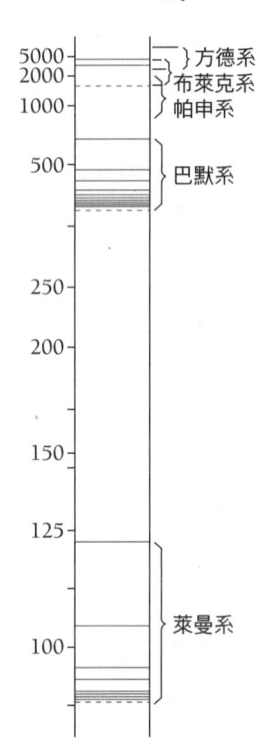

圖 4.11 氫原子的光譜系。每個系中的波長可以用簡單的公式表示。

4.4 波耳原子
The Bohr Atom
原子中的電子波動

第一個成功的原子理論由波耳(Bohr)在1913年所提出。德布羅依發現,引入物質波的觀念可以從比較自然的觀點來得到這個理論,而這正是我們現在所要遵循的途徑。波耳自己採用了一個不同的想法,而德布羅依的研究成果大約是在十年之後發表,使得波耳的研究更顯卓越不凡。而這兩個研究結果是完全相同的。

首先,我們檢驗圍繞在氫原子核軌道上的電子所表現出來的波動行為(在本章中,因為電子的速度遠小於光速c,我們將假設$\gamma = 1$並忽略γ在每個方程式中的影響)。電子的德布羅依波長為

$$\lambda = \frac{h}{mv}$$

由式(4.4)可得電子速度v為

$$v = \frac{e}{\sqrt{4\pi\epsilon_0 mr}}$$

因此

軌道上的電子波長 $$\lambda = \frac{h}{e}\sqrt{\frac{4\pi\epsilon_0 r}{m}} \tag{4.11}$$

電子軌道半徑r值用5.3×10^{-11} m代入(參見例4.1),可得電子波長為

$$\lambda = \frac{6.63 \times 10^{-34} \text{ J} \cdot \text{s}}{1.6 \times 10^{-19}\text{C}} \sqrt{\frac{(4\pi)(8.85 \times 10^{-12} \text{ C}^2/\text{N} \cdot \text{m}^2)(5.3 \times 10^{-11}\text{m})}{9.1 \times 10^{-31} \text{ kg}}}$$

$$= 33 \times 10^{-11} \text{ m}$$

這個波長恰好等於電子軌道的圓周長

$$2\pi r = 33 \times 10^{-11} \text{ m}$$

氫原子軌道可以對應到一個電子波的頭尾相連(圖4.12)!

氫原子的電子軌道周長恰好是一個電子波波長的事實,提供了一個建構這個理論的線索。如果考慮一個線圈的振動,我們會發現線圈的周長總是振動波長的整數倍,才能使每一個波能夠恰好彼此相連。如果線圈的材質是完全彈性的,則振動會永遠持續下去。為什麼只有這些振動條件可以發生在線圈上?如果是非整數倍的波長環繞線圈振動,如圖4.14,這些波環繞著線圈行進時會產生破壞性干涉,振動會很快地消失。

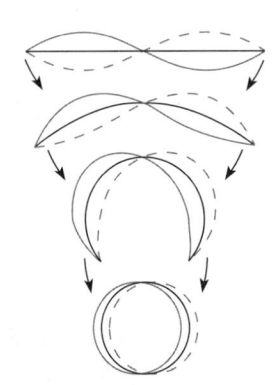

—— 電子路徑
—— 德布羅依電子波

圖 4.12 氫原子中電子的軌道,對應到一個可以頭尾相連的電子德布羅依波。

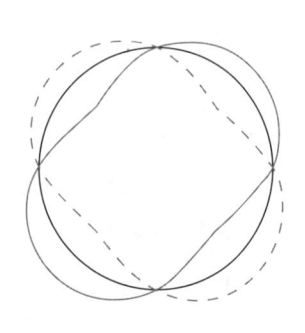

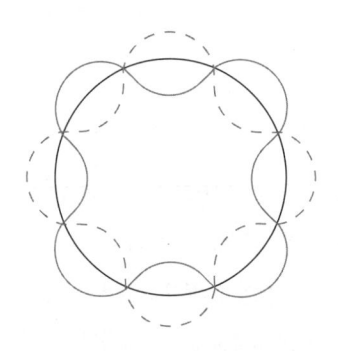

圓周長 = 二倍波長　　　　圓周長 = 四倍波長　　　　圓周長 = 八倍波長

圖 4.13　線圈的一些振動模式。在每個情況下線圈的圓周長正好為波長的整數倍。

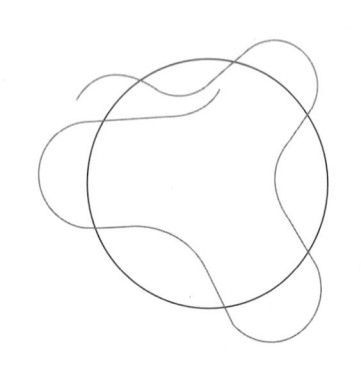

圖 4.14　非整數倍波長的情況不能持續存在，因為會發生破壞性干涉。

考慮氫原子的電子波行為和線圈振動之間的類比，我們可以說

一個電子只能在周長為電子的德布羅依波長整數倍的軌道上繞行原子核。

這個敘述結合了電子的粒子性和波動性，因為電子的波長和維持與原子核之間的引力平衡所需的軌道行進速率有關。為了證實這一點，雖然原子內部的電子和圖4.13所示駐波之間的類比關係並不會是這個主題的最後描述，但它還是提供了一個啟發性的步驟，藉此進入更深奧、更廣泛卻也更精要的原子量子力學理論。

這個條件可簡單地表示為一個電子軌道上可以容納整數個德布羅依波長。半徑為 r 的圓形軌道周長為 $2\pi r$，因此穩定軌道的條件為

軌道穩定條件　　　　$n\lambda = 2\pi r_n$　　$n = 1, 2, 3, \ldots$　　　　(4.12)

r_n 表示包含 n 個波長的軌道半徑。整數 n 稱為軌道的**量子數**(quantum number)。電子波長 λ 以式(4.11)的結果代入，得到

$$\frac{nh}{e}\sqrt{\frac{4\pi\epsilon_0 r_n}{m}} = 2\pi r_n$$

所以可能的電子軌道半徑為

波耳原子的軌道半徑　　　　$r_n = \dfrac{n^2 h^2 \epsilon_0}{\pi m e^2}$　　$n = 1, 2, 3, \ldots$　　　　(4.13)

原子最內層的軌道半徑通常稱為**波耳半徑**(Bohr radius)，以 a_0 表示：

波耳半徑　　　　$a_0 = r_1 = 5.292 \times 10^{-11}$ m

波耳(Niels Bohr, 1884-1962)出生於丹麥的哥本哈根，大部分的時間都生活在這裡。1911年得到博士學位之後，波耳為了拓展自己的科學研究領域而前往英國。在拉塞福位於曼徹斯特的實驗室中，波耳接觸到在當時剛剛發現的原子核模型，與當時已知的物理原理是互相衝突的。波耳認為嘗試只以當時的古典物理的架構解釋原子的結構是「毫無希望」的，並且他認為量子理論在某種程度上一定會是瞭解原子結構的關鍵。

1913年波耳回到哥本哈根，一個朋友向他建議說巴默的氫原子光譜線公式可能會和他的想法有關聯。波耳後來說道，「就在我看到巴默的公式那一刻，對我而言一切都豁然開朗了。」為了建構他的理論，波耳從他的兩個革命性想法開始。首先，原子內的電子只能以一些特定的軌道繞行原子核，另外就是原子內的電子從一個軌道躍遷到另一個軌道時，原子會放射或吸收光子。

可以存在的軌道條件是什麼？為了找出這個條件，波耳採用了後來稱為對應性原理的觀念作為導引：當量子數很大的時候，量子效應將不明顯，則量子理論和古典物理應該會得到相同的結果。應用這個原理證明在可以存在的軌道上，電子必須遵守角動量是 $\hbar = h/2\pi$ 的整數倍。十年以後，德布羅依以移動電子波動來解釋這個角動量量子化的結果。

波耳能夠解釋氫原子所有的光譜系，而不只是巴默系而已，但是這個理論的發表引起了很大的爭議。愛因斯坦，一個對這個理論熱衷的支持者（多年後他仍提到，「對我而言這就像是奇蹟——即使到今天看來仍是一個奇蹟」），仍然對這個貿然地將古典觀念和量子觀念混合在一起的想法提出批評，「達到這項成就的人應該感到羞愧，因為耶穌會的格言中早已說明：『別讓你的左手知道右手在做什麼。』」其他知名的物理學家感受到更嚴重的困擾：史坦(Otto Stern)和馮羅(Max von Laue)說如果波耳是對的，他們會退出物理界（他們後來改變主意了）。波耳和其他人試著將他的模型推廣到多電子原子，得到了某些成功——例如，他們成功預測了後來命名為鉿(Hf)元素的性質——但真正的突破得等到包利(Wolfgang Pauli)在1925年時提出的不相容原理。

1916年波耳回到拉塞福的實驗室，一直待到1919年。之後在哥本哈根一所為他建立的理論物理學院擔任指導的工作，一直到去世為止。這個學院就像是一個大磁鐵般，吸引了全世界許多量子理論學家齊聚一堂，透過定期的會議交換心得來相互激勵。波耳在1922年得到諾貝爾獎。他的最後一項重要的研究發表於1939年，利用一個大原子核和一個水滴之間的類比，來解釋一個當時剛發現只會在某些原子核中發生的核融合現象。在第二次世界大戰期間，波耳在新墨西哥的羅沙拉摩斯(Los Alamos)國家實驗室致力於原子彈的發展。戰後他回到哥本哈根，於1962年過世。

其他的軌道半徑可以用 a_0 表示成以下的公式

$$r_n = n^2 a_0 \tag{4.14}$$

4.5 能階和光譜
Energy Levels and Spectra

當電子由一個能階躍遷至另一個較低的能階時會釋放出光子

不同的電子軌道與不同的電子能量有關。電子能量 E_n 可以由式(4.5)以軌道半徑 r_n 表示

$$E_n = -\frac{e^2}{8\pi\epsilon_0 r_n}$$

將式(4.13)的 r_n 代入可得

能階 $$E_n = -\frac{me^4}{8\epsilon_0^2 h^2}\left(\frac{1}{n^2}\right) = \frac{E_1}{n^2} \qquad n = 1, 2, 3, \ldots \tag{4.15}$$

$$E_1 = -2.18 \times 10^{-18} \text{ J} = -13.6 \text{ eV}$$

式(4.15)定義的能量稱為氫原子的**能階**(energy level)，如圖 4.15 所示。這些能階均為負值，代表電子沒有足夠的能量以脫離原子核。一個原子內的電子只能有這些能階而沒有其他的。一個簡單的類比就是，一個人站在梯子上時，只能站在其中一個階梯上而不能站在兩個階梯之間。

最低的能階 E_1 稱為原子的**基態**(ground state)，較高的能階 E_2, E_3, E_4,...稱為**受激態**(excited state)。量子數 n 增加時，對應的能量 E_n 越接近零。在 $n = \infty$ 的極限情況之下，$E_\infty = 0$ 且電子不再受限於原子核的引力來構成一個原子。能量為正值的原

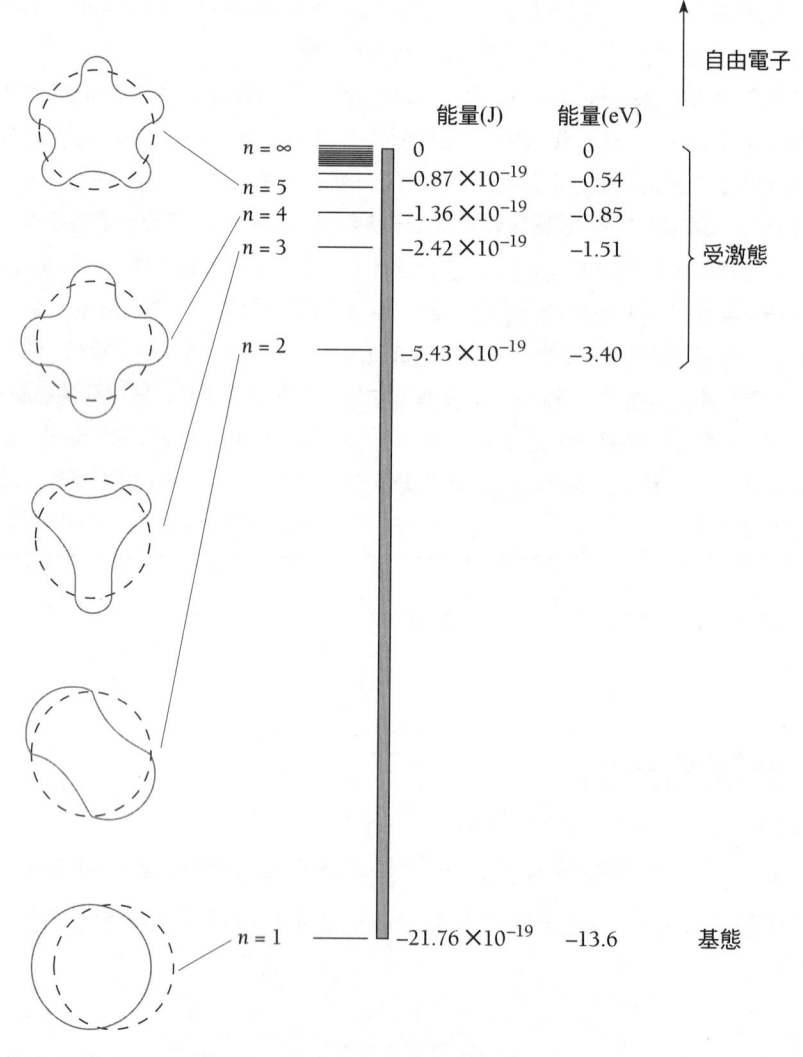

圖 4.15 氫原子的能階。

子核──電子組合系統意謂著電子是自由的,且不再滿足量子化條件;當然,這樣的系統不會形成一個原子。

將一個電子從原子的基態移除所需的能量稱為**游離能**(*ionization energy*)。因此游離能即為將電子的能量從基態增加到 $E = 0$,也就是自由的狀態,所需的能量 $-E_1$。以氫原子的例子來說,因為氫原子的基態能量為 -13.6 eV,故游離能為 13.6 eV,圖 7.10 顯示了一些元素的游離能。

例 4.2

一個電子和一個基態的氫原子相撞並且將它激發到 $n = 3$ 的受激態。在這個非彈性碰撞(動能不守恆)中,氫原子獲得多少能量?

解

在式(4.15)氫原子由量子數 n_i 初始狀態到量子數 n_f 最終狀態的能量變化為

$$\Delta E = E_f - E_i = \frac{E_1}{n_f^2} - \frac{E_1}{n_i^2} = E_1\left(\frac{1}{n_f^2} - \frac{1}{n_i^2}\right)$$

在本題中,$n_i = 1$, $n_f = 3$,且 $E_1 = -13.6$ eV,因此

$$\Delta E = -13.6\left(\frac{1}{3^2} - \frac{1}{1^2}\right) \text{eV} = 12.1 \text{ eV}$$

例 4.3

在實驗室裡已經可以製造出處於高量子數狀態的氫原子並且可在太空中觀察到,這些氫原子稱為**雷德堡原子**(*Rydberg atom*)。(*a*)求出一個半徑為 0.0100 mm 的波耳軌道氫原子量子數。(*b*)在這個狀態下的氫原子能量為何?

解

(*a*) 由式(4.14)且 $r_n = 1.00 \times 10^{-5}$ m,

$$n = \sqrt{\frac{r_n}{a_0}} = \sqrt{\frac{1.00 \times 10^{-5} \text{ m}}{5.29 \times 10^{-11} \text{ m}}} = 435$$

(*b*) 由式(4.15),

$$E_n = \frac{E_1}{n^2} = \frac{-13.6 \text{ eV}}{(435)^2} = -7.19 \times 10^{-5} \text{ eV}$$

雷德堡原子明顯地非常脆弱且容易被游離,這也是為什麼在自然的情況下,只有接近真空的空間才可以發現它們的存在。雷德堡原子光譜分布範圍至無線電頻率(radio ferquency),它們的存在便是透過無線電望遠鏡(radio telescope)所觀測到的資料而確定的。

線光譜的來源

我們現在必須將以上推導的公式以實驗來驗證。一個特別震撼的結果是原子的吸收和放射光譜都是線光譜。這樣的光譜遵循我們的模型嗎？

氫原子中離散電子能階的出現暗示著其間的關係。假設電子由受激態落到一個較低的能態，損失的能量為釋放出一個光子的能量。依照我們的模型，電子只能存在於原子內某些特定的能階。電子從一個能階躍遷到另一個能階，不同能階之間的能量差會全部集中於一個光子，而不是以漸進的方式來符合這個模型。

原子世界中的量子化

序列化的能階是所有的原子都具有的特性，並不限於氫原子。如同在箱子裡的一個粒子，電子被侷限在空間中的某個區域，可能的波函數會受到限制，因而可能的能量限制於某些特定的值。原子能階的存在是微觀下物理量被量子化或粒狀的更進一步的實例。

在日常生活的世界中，物質、電荷、能量等等，看來都是連續的。相反的，原子的世界裡，物質是由具有確定靜止質量的基本粒子所組成，電荷量總是 $+e$ 或 $-e$ 的整數倍，頻率ν的電磁波表現像是一個個具有能量 $h\nu$ 的光子聚集而成的光子流，穩定系統中的粒子，例如原子，只能具有某些能量。如同我們發現的，自然界中其他的量也被量子化，而這種量子化的情況，會從各個角度以相似的特性來決定電子、質子和中子之間如何相互作用，影響我們周圍的所有物質。

如果初始（能量較高）狀態的量子數為 n_i，最終（能量較低）狀態的量子數為 n_f，我們推斷

$$\text{初始能量} - \text{最終能量} = \text{光子能量}$$

$$E_i - E_f = h\nu \tag{4.16}$$

其中ν為輻射出來的光子頻率。由式(4.15)得到

$$E_i - E_f = E_1\left(\frac{1}{n_i^2} - \frac{1}{n_f^2}\right) = -E_1\left(\frac{1}{n_f^2} - \frac{1}{n_i^2}\right)$$

之前提到 E_1 為負值（事實上為 -13.6 eV），所以 $-E_1$ 為正值。因此在這個躍遷中放出的光子頻率為

$$\nu = \frac{E_i - E_f}{h} = -\frac{E_1}{h}\left(\frac{1}{n_f^2} - \frac{1}{n_i^2}\right) \tag{4.17}$$

因為$\lambda = c/\nu, 1/\lambda = \nu/c$，所以

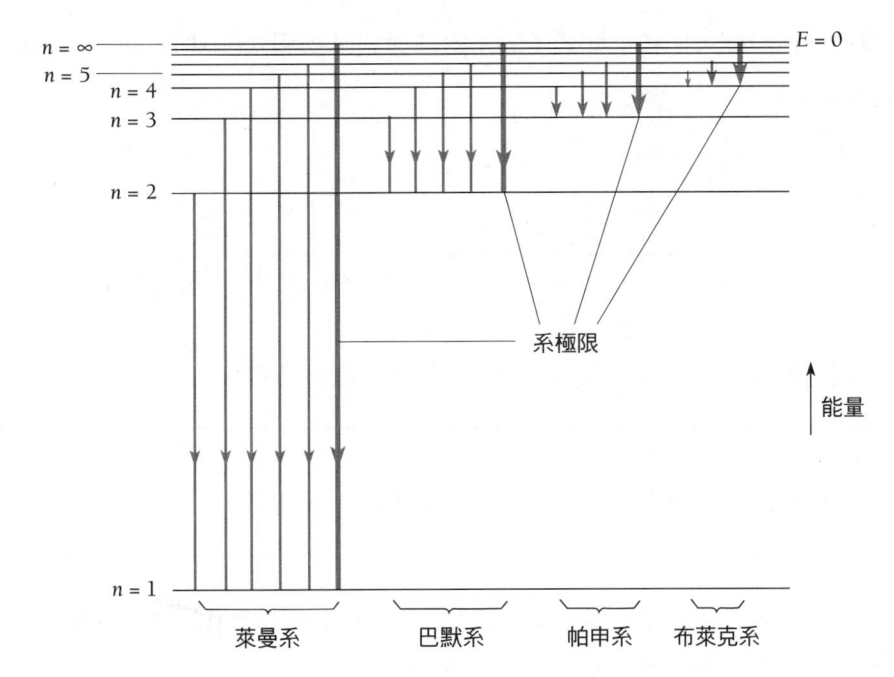

圖4.16 光譜線起源於能階之間的躍遷。圖示為氫原子的光譜系。當 $n = \infty$ 時，電子為自由的。

氫光譜
$$\frac{1}{\lambda} = -\frac{E_1}{ch}\left(\frac{1}{n_f^2} - \frac{1}{n_i^2}\right) \tag{4.18}$$

式(4.18)表示受激的氫原子釋放的輻射只包含某些波長。進一步說明，這些波長會以量子數為 n_f 的最終電子能階為依據，落在特定的序列上（圖4.16）。為了有多餘的能量可以放出一個光子，必須滿足 $n_i > n_f$，所以前五個序列的公式為

萊曼　　　　$n_f = 1$: $\quad \dfrac{1}{\lambda} = -\dfrac{E_1}{ch}\left(\dfrac{1}{1^2} - \dfrac{1}{n^2}\right) \quad n = 2, 3, 4, \ldots$

巴默　　　　$n_f = 2$: $\quad \dfrac{1}{\lambda} = -\dfrac{E_1}{ch}\left(\dfrac{1}{2^2} - \dfrac{1}{n^2}\right) \quad n = 3, 4, 5, \ldots$

帕申　　　　$n_f = 3$: $\quad \dfrac{1}{\lambda} = -\dfrac{E_1}{ch}\left(\dfrac{1}{3^2} - \dfrac{1}{n^2}\right) \quad n = 4, 5, 6, \ldots$

布萊克　　　$n_f = 4$: $\quad \dfrac{1}{\lambda} = -\dfrac{E_1}{ch}\left(\dfrac{1}{4^2} - \dfrac{1}{n^2}\right) \quad n = 5, 6, 7, \ldots$

方德　　　　$n_f = 5$: $\quad \dfrac{1}{\lambda} = -\dfrac{E_1}{ch}\left(\dfrac{1}{5^2} - \dfrac{1}{n^2}\right) \quad n = 6, 7, 8, \ldots$

這些序列的形式和之前討論光譜系的經驗公式完全相同。萊曼系對應到 $n_f = 1$；巴默系對應到 $n_f = 2$；帕申系對應到 $n_f = 3$；布萊克系對應到 $n_f = 4$；方德系對應到 $n_f = 5$。

最後一個步驟,比較上面式子的常數項與式(4.6)到式(4.10)中的雷德堡常數,常數項的值為

$$-\frac{E_1}{ch} = \frac{me^4}{8\epsilon_0^2 ch^3}$$

$$= \frac{(9.109 \times 10^{-31} \text{ kg})(1.602 \times 10^{-19} \text{ C})^4}{(8)(8.854 \times 10^{-12} \text{ C}^2/\text{N} \cdot \text{m}^2)(2.998 \times 10^8 \text{ m/s})(6.626 \times 10^{-34} \text{ J} \cdot \text{s})^3}$$

$$= 1.097 \times 10^7 \text{ m}^{-1}$$

此值確實等於 R。因此波耳的氫原子模型符合光譜的資料。

例 4.4

求出氫原子巴默系光譜中最長的波長,且對應到 H_α 的譜線。

解

巴默系中最終狀態的量子數為 $n_f = 2$。在這個譜系中波長最長的譜線對應到的是能量差最小的兩個能階。因此初始能階必為 $n_i = 3$

$$\frac{1}{\lambda} = R\left(\frac{1}{n_f^2} - \frac{1}{n_i^2}\right) = R\left(\frac{1}{2^2} - \frac{1}{3^2}\right) = 0.139R$$

$$\lambda = \frac{1}{0.139R} = \frac{1}{0.139(1.097 \times 10^7 \text{m}^{-1})} = 6.56 \times 10^{-7} \text{m} = 656 \text{ nm}$$

位於可見光波長內的紅光波段邊緣。

4.6 對應原理

Correspondence Principle

量子數越大時,量子物理越接近古典物理

在微觀的世界裡,量子物理的結果和我們直觀上的古典物理有很大的不同,然而在巨觀的世界裡,古典物理中曾經實驗證明為有效的結果,量子物理則必須能夠得到相同的結果。我們已經看到這個基本要求,對於移動物體之波動性的例子是成立的。現在我們要驗證這個條件在波耳氫原子模型中也成立。

依照電磁理論,一個繞行圓形軌道的電子所輻射出來的電磁波頻率,會等於旋轉的頻率和旋轉頻率之諧波頻率(也就是旋轉頻率的整數倍)。由式(4.4),氫原子中電子的速度為

$$v = \frac{e}{\sqrt{4\pi\epsilon_0 mr}}$$

其中 r 為軌道半徑。因此電子旋轉頻率 f 等於

$$f = \frac{電子速度}{軌道周長} = \frac{v}{2\pi r} = \frac{e}{2\pi\sqrt{4\pi\epsilon_0 mr^3}}$$

穩定軌道半徑 n_r 與量子數 n 的關係由式(4.13)可得

$$r_n = \frac{n^2 h^2 \epsilon_0}{\pi m e^2}$$

所以旋轉頻率為

旋轉頻率
$$f = \frac{me^4}{8\epsilon_0^2 h^3}\left(\frac{2}{n^3}\right) = \frac{-E_1}{h}\left(\frac{2}{n^3}\right) \tag{4.19}$$

例 4.5

(a) 求出 $n=1$ 和 $n=2$ 的波耳軌道旋轉頻率。(b) 當電子由 $n=2$ 的軌道落到 $n=1$ 的軌道時，放出的光子頻率為何？(c) 基本上電子落到較低能階並放出光子之前，停留在受激態的時間大約為 10^{-8} 秒。在這段時間內，電子在 $n=2$ 的波耳軌道上轉了幾圈？

解

(a) 由式(4.19)

$$f_1 = \frac{-E_1}{h}\left(\frac{2}{1^3}\right) = \left(\frac{2.18 \times 10^{-18}\,\text{J}}{6.63 \times 10^{-34}\,\text{J} \cdot \text{s}}\right)(2) = 6.58 \times 10^{15}\,\text{rev/s}$$

$$f_2 = \frac{-E_1}{h}\left(\frac{2}{2^3}\right) = \frac{f_1}{8} = 0.823 \times 10^{15}\,\text{rev/s}$$

(b) 由式(4.17)

$$v = \frac{-E_1}{h}\left(\frac{1}{n_f^2} - \frac{1}{n_i^2}\right) = \left(\frac{2.18 \times 10^{-18}\,\text{J}}{6.63 \times 10^{-34}\,\text{J} \cdot \text{s}}\right)\left(\frac{1}{1^3} - \frac{1}{2^3}\right) = 2.88 \times 10^{15}\,\text{Hz}$$

這個頻率介於 f_1 與 f_2 之間。

(c) 電子旋轉圈數為

$$N = f_2\,\Delta t = (8.23 \times 10^{14}\,\text{rev/s})(1.00 \times 10^{-8}\,\text{s}) = 8.23 \times 10^6\,\text{rev}$$

地球需要 8.23 百萬年才能繞行太陽這麼多圈。

波耳原子在什麼情形會滿足古典物理的行為？如果電子的軌道大到我們可以直接測量，那麼量子效應該不會是主要的影響。例如 0.01 mm 的軌道就符合這個特性。如同例 4.3 所求得，此軌道的量子數 $n = 435$。

那麼波耳的理論預測這個原子會輻射什麼？依照式(4.17)，一個氫原子由第 n_i 個能階落到第 n_j 個能階會放出一個光子，頻率為

$$\nu = \frac{-E_1}{h}\left(\frac{1}{n_f^2} - \frac{1}{n_i^2}\right)$$

將初始的量子數 n_i 寫成 n，最終的量子數 n_f 寫成 $n - p$（其中 $p = 1, 2, 3,...$）。代換之後得到

$$\nu = \frac{-E_1}{h}\left[\frac{1}{(n-p)^2} - \frac{1}{n^2}\right] = \frac{-E_1}{h}\left[\frac{2np - p^2}{n^2(n-p)^2}\right]$$

當 n_i 和 n_f 都很大，且 n 遠大於 p 時，則

$$2np - p^2 \approx 2np$$
$$(n-p)^2 \approx n^2$$

因此

光子頻率 $$\nu = \frac{-E_1}{h}\left(\frac{2p}{n^3}\right) \tag{4.20}$$

當 $p = 1$ 時，輻射的頻率 ν 恰等於式(4.19)中電子繞行軌道的速度。這個頻率的整數倍代表 $p = 2, 3, 4,...$的輻射頻率。因此在量子數很大時，原子的量子觀點和古典觀點可以得到相同的預測。當 $n = 2$ 時，式(4.19)預測的輻射頻率和式(4.20)的結果誤差大約 300%。當 $n = 10,000$ 時，誤差大約只有 0.01%。

在量子數很大的情況下，量子物理的結論必須和古典物理具有相同的條件，波耳稱之為**對應原理**(correspondence principle)，它在物質的量子理論的發展中扮演了重要的角色。

波耳自己反向地使用了對應原理，也就是說，反過來看軌道穩定性的條件。由式(4.19)開始，他證明一個穩定的電子軌道，其角動量必須滿足

軌道穩定的條件 $$mvr = \frac{nh}{2\pi} \qquad n = 1, 2, 3, \ldots \tag{4.21}$$

因為電子的德布羅依波長為 $\lambda = h/mv$，所以式(4.21)和式(4.12)中 $n\lambda = 2\pi r$ 是一樣的，說明了一個電子軌道上必包含整數倍的波長。

4.7　原子核運動
Nuclear Motion

原子核質量影響光譜線的波長

目前為止我們都假設軌道上的電子旋轉時，氫原子核（質子）是靜止不動的。當然，實際情況則必須考慮原子核和電子其實是繞著它們共同的質量中心旋轉，而由於原子核的質量遠大於電子質量，它們的質心會非常靠近原子核（圖4.17）。這樣的系統等同於單一個質量 m' 的粒子繞著一個較重的粒子（這個對等關係將在8.6節中證明）。如果電子質量為 m 而原子核質量為 M，則 m' 為

4.7 原子核運動

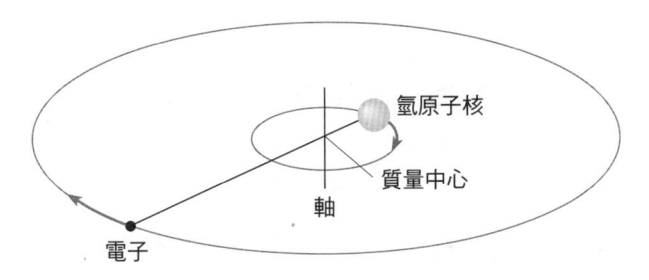

圖 **4.17** 氫原子中的電子和原子核均圍繞著一個共同的質量中心旋轉（沒有按比例！）。

縮減質量
$$m' = \frac{mM}{m+M} \quad (4.22)$$

m' 稱為電子的**縮減質量**(*reduced mass*)，因為它的數值小於 m。

考慮氫原子內原子核的運動，則我們需要做的是將電子用一個質量為 m' 的粒子取代。則原子的能階可改寫成

考慮原子核運動後修正的能階
$$E'_n = -\frac{m'e^4}{8\epsilon_0^2 h^2}\left(\frac{1}{n^2}\right) = \left(\frac{m'}{m}\right)\left(\frac{E_1}{n^2}\right) \quad (4.23)$$

由於原子核的運動，氫原子所有的能階都產生一小部分變化

$$\frac{m'}{m} = \frac{M}{M+m} = 0.99945$$

因為 E_n 的絕對值變小而 E_n 值為負數，故相當於 0.055% 的增加量。

用式(4.23)取代式(4.15)可以消除氫原子光譜線的預測值與測量值之間的一個很小但確實存在的誤差。精確到8位小數的雷德堡常數 R，在未經考慮原子核的運動前為 1.0973731×10^7 m^{-1}；經過修正後降為 1.0967758×10^7 m^{-1}。

縮減質量的概念在氘(*deuterium*)的發現上扮演重要的角色，氘是氫的同位素(isotope)，原子量幾乎為一般氫原子的兩倍，因為它的原子核包含一個質子和一個中子。大約每6000個氫原子中會有一個氘原子。因為原子量較大，氘的光譜線會比一般的氫原子光譜線稍微向短波長移動。因此氘的 H$_\alpha$ 譜線，也就是從 $n = 3$ 遷移到 $n = 2$ 的能階產生的光譜線，發生在 656.1 nm，而氫的 H$_\alpha$ 譜線發生在 656.3 nm。在1932年，美國的化學家哈洛・尤瑞(Harold Urey)藉由這個波長的差異確定了氘的存在。

例 4.6

正電子(*positronium*)「原子」為一個正電子(positron)和一個電子相互繞行的系統。試比較正電子原子的光譜線波長與一般氫原子光譜線的波長。

解

在這裡兩個粒子具有相同的質量 m，因此縮減質量為

$$m' = \frac{mM}{m+M} = \frac{m^2}{2m} = \frac{m}{2}$$

m 為電子質量。由式(4.23)可得正電子「原子」的能階為

$$E'_n = \left(\frac{m'}{m}\right)\frac{E_1}{n^2} = \frac{E_1}{2n^2}$$

這表示雷德堡常數——式(4.18)中的常數項——在正電子原子中為一般氫原子的一半。因此正電子原子光譜線所有的波長均為氫原子光譜線波長的兩倍。

例 4.7

渺(muon, μ)是一種不穩定的基本粒子，質量為電子質量(m_e)的207倍，帶一單位的正電或負電，一個負渺(μ^-)可以被一個原子核攫取而形成一個渺原子。(a)一個質子攫取一個負渺，求出這個原子的第一波耳軌道半徑。(b)求出這個原子的游離能。

解

(a) 此處，$m = 207\, m_e$，且 $M = 1836\, m_e$，所以縮減質量為

$$m' = \frac{mM}{m+M} = \frac{(207m_e)(1836m_e)}{207m_e + 1836m_e} = 186 m_e$$

依照式(4.13)，對應到 $n = 1$ 的軌道半徑為

$$r_1 = \frac{h^2 \epsilon_0}{\pi m_e e^2}$$

其中 $r_1 = a_0 = 5.29 \times 10^{-11}$ m。因此對應到縮減質量 m' 的半徑 r' 為

$$r'_1 = \left(\frac{m}{m'}\right) r_1 = \left(\frac{m_e}{186 m_e}\right) a_0 = 2.85 \times 10^{-13} \text{ m}$$

渺比電子靠近質子，大約為186倍，因此一個包含渺的氫原子會遠小於一般的氫原子。

(b) 由式(4.23)，$n = 1$ 且 $E_1 = -13.6$ eV，可以得到

$$E'_1 = \left(\frac{m'}{m}\right) E_1 = 186 E_1 = -2.53 \times 10^3 \text{ eV} = -2.53 \text{ keV}$$

因此游離能為 2.53 keV，為一般氫原子的 186 倍。

4.8 原子激發
Atomic Excitation

原子如何吸收和釋放能量

有兩個主要的方法可以將基態的原子激發到較高能量的能階，得以輻射能量。其中一個方法是用其他的粒子加以碰撞，使原子吸收一部分碰撞產生的動能。如此形成的受激原子平均約會在 10^{-8} 秒內回到基態，釋放出一個或多個光子（圖 4.18）。

為了在稀薄的氣體中製造發光放電效應，必須建立電場加速電子和原子的離子，直到它們的動能足以激發被撞擊到的原子。當碰撞粒子間的質量相等時會產生極大的能量轉移，所以在提供放電效應的能量上電子會比離子來得有效率（見圖 12.22）。霓虹燈和水銀燈是兩個熟悉的例子，說明在充滿氣體的管兩端的電極上，施加強大的電場會使氣體產生特徵光譜的輻射，霓虹燈為帶紅色的光而水銀燈為帶青色的光。

另一個激發的機制，是當一個原子吸收到的光子能量正好足以使原子激發到更高能階的情況。例如，當一個氫原子由 $n = 2$ 的能階落到 $n = 1$ 的能階時會放射一個波長為 121.7 nm 的光子。吸收一個波長為 121.7 nm 的光子會使氫原子由初始的 $n = 1$ 能階激發到 $n = 2$ 能階（圖 4.19）。這個過程說明了吸收光譜的來源。

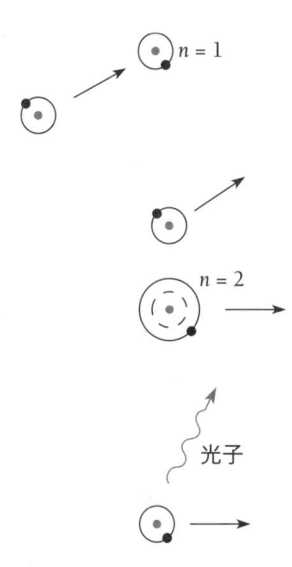

圖 4.18 碰撞激發。一些能量被其中一個原子吸收，使原子達到受激態。之後原子釋放出一個光子並回到基（正常）態。

極光的形成是由於太陽發射出來的高速質子和電子激發了上層大氣的原子。極光呈現的綠色光澤來自於氧，紅色來自於氧和氮。此極光發生在阿拉斯加。

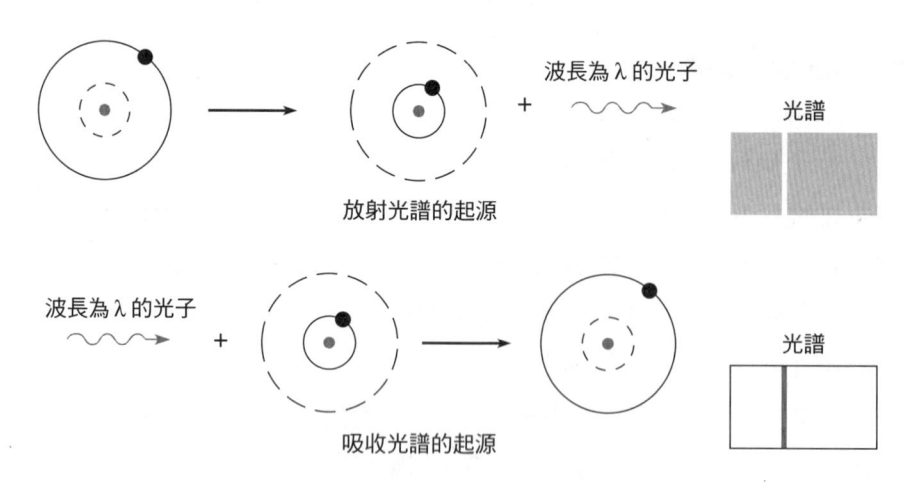

圖 4.19 放射和吸收光譜的起源。

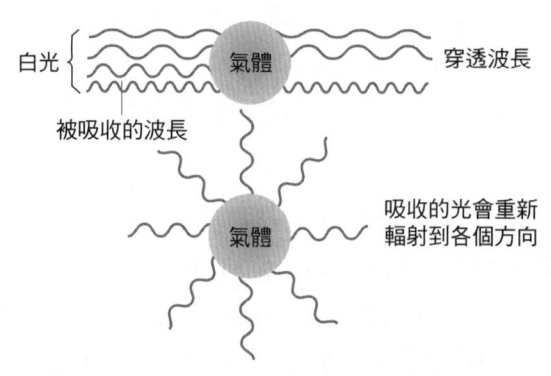

圖 4.20 吸收光譜中的暗線不是完全黑暗的。

當包含所有波長的白光通過氫氣時，對應到能階之間的轉換能量的光子會被吸收。產生的受激氫原子幾乎會一次將所有的受激能量再輻射出來，但這些光子會往任意的方向輻射，只有少部分會與原來的白光在同方向上（圖4.20）。因此吸收光譜中的暗線不會是完全黑暗的，而只是和白色背景呈現對比的情況。我們預期任何元素的吸收光譜應該和其遷移到基態的放射光譜完全吻合，此現象和觀察結果相符（見圖4.9）。

法朗克－赫茲實驗

原子光譜不是探索原子內部能階的唯一方法。從1914年開始，由詹姆士・法朗克(James Franck)和古斯塔夫・赫茲(Gustav Hertz)〔亨利希・赫茲(Heinrich Hertz)的姪子〕進行了一系列基於碰撞激發的實驗。這些實驗證明了原子能階的確存在，甚至和線光譜推導的結果相同。

法朗克和赫茲利用已知能量的電子轟擊多種不同元素的原子，使用的裝置如圖4.21所示。在柵極和收集極板之間施加電位差V_0，防止能量低於某個極小值的電子

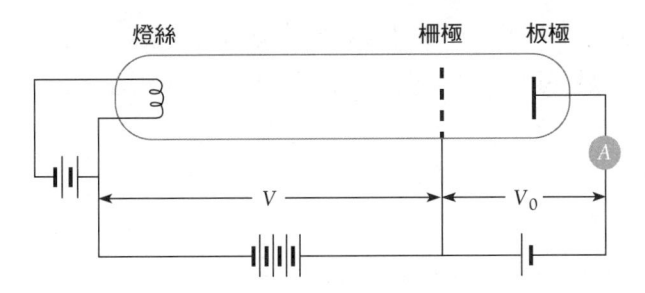

圖 4.21 法朗克－赫茲實驗裝置圖。

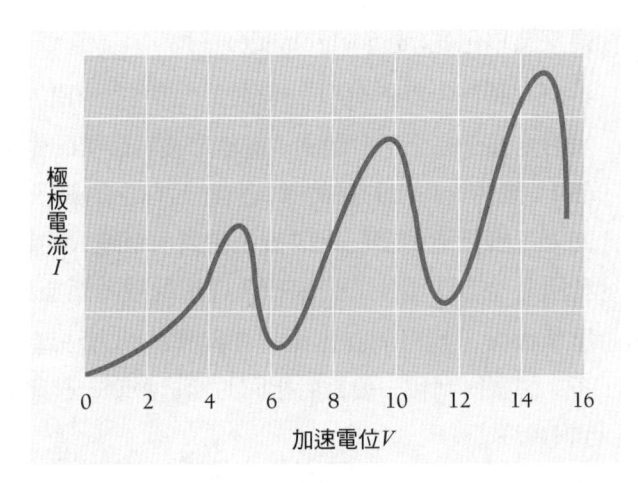

圖 4.22 法朗克－赫茲實驗的結果，顯示出水銀蒸氣的臨界電位。

通過安培計，使電流值增大。當加速電位差增加時，越來越多的電子到達極板使得電流 I 增加（圖 4.22）。

如果在電子和蒸氣中的一個原子的碰撞過程中動能是守恆的，電子僅是反彈到另一個方向。因為原子遠比電子重得多，電子在這個過程中動能幾乎沒有損失。然而，到達某個臨界能量之後，極板的電流會突然下降。這表示電子碰撞原子時損失了部分或是全部的動能，使基態的原子激發到較高的能階。這樣的碰撞稱為非彈性碰撞，對比於彈性碰撞的動能守恆。這個電子臨界能量等於將原子激發到能量最低的受激態所需的能量。

因此，當加速電壓繼續增加時，極板電流會再度上升，因為這時候電子在途中經過非彈性碰撞後，仍有足夠的能量到達極板。最後極板上的電流會再次發生突降，因為有其他的原子也受到電子激發而到達相同的受激態。如圖 4.22 所示，可得到已知原子一系列的臨界電壓。因此較高的電壓導因於兩次以上的非彈性碰撞，電壓值為最低電壓的倍數。

為了驗證臨界電壓起因於原子能階，法朗克和赫茲觀察在電子轟擊過程中氣體的放射光譜。以水銀蒸氣為例，他們發現激發水銀在波長為 253.6 nm 的光譜線所

需的極小電子能量為4.9 eV。在波耳發表他的氫原子理論之後不久，法朗克—赫茲便著手進行實驗，最終以不同的方式驗證了波耳的基本觀念。

4.9 雷射
The Laser

如何產生完全一致的光波

雷射(*laser*)是一種可以產生具有下列卓越特性光的裝置。

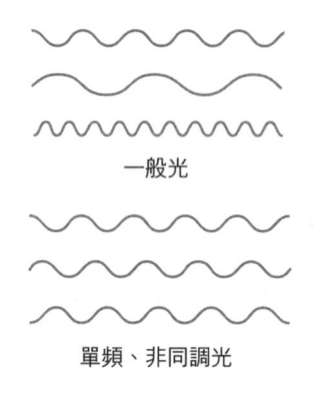

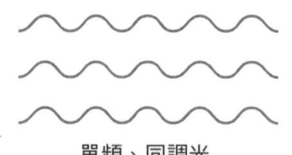

1. 幾乎為單色光(monochromatic)。
2. 具有同調性(coherent)，也就是完全相同的相位（圖4.23）。
3. 雷射光幾乎完全不會散開。從地球發射這樣的光束，傳播到阿波羅 11 號(Apollo 11)探險隊留置在月球上的鏡子，再反射回來的光束寬度仍然夠窄而足以被偵測到，距離大約超過 75 萬公里。利用其他方法產生的光束都會嚴重的散開而無法達成。
4. 能量很強，到目前為止比起任何其他的方法產生的光束都強得多。想要得到和一般雷射相同的能量密度，必須將一個物體加熱到 10^{30} K。

上述最後的兩個特性來自於第二個性質。

雷射這個名詞代表經由受激的輻射放射引起之光放大（*light amplification by stimulated emission of radiation*）。雷射產生的關鍵在於許多原子內的一個或多個電子的受激態，其生命週期比一般 10^{-8} 秒來得長，也許是 10^{-3} 秒或是更長。像這樣生命週期相對較長的態稱為**亞穩**(*metastable*)（暫時穩定）；見圖 4.24。

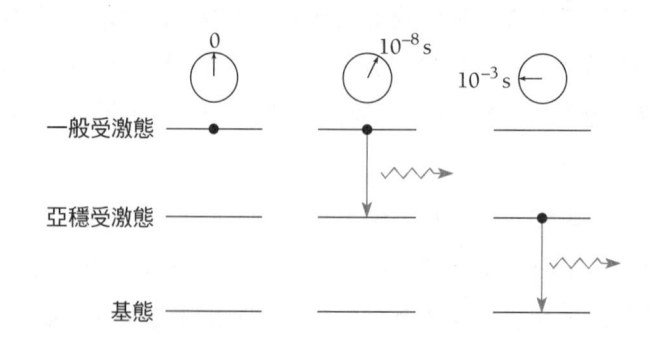

一般光

單頻、非同調光

單頻、同調光

圖 4.23 雷射產生的光束具有相同的頻率（單色光）並且彼此相位相同（同調）。束非常地準直，即使經過很長的距離，散開的程度仍然非常微小。

圖4.24 在產生輻射以前，原子相對於一般能階而言，在亞穩態能階可以停留較長的時間。

4.9 雷射　　**4-29**

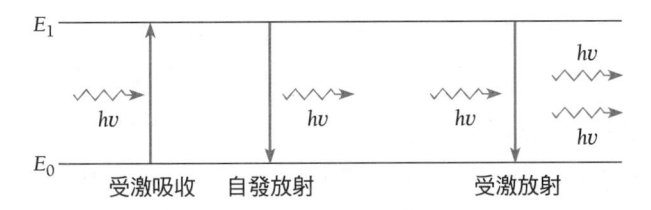

圖 4.25 在一個原子中兩個能階之間的躍遷，可以藉由受激吸收、自發放射以及受激放射而產生。

位於一個原子內的兩個能階(E_0, E_1)間與電磁輻射有關的遷移，可能的情況有三種（圖4.25）。如果一個原子一開始在較低的能階E_0，它可以藉由吸收一個能量為$E_1 - E_0 = h\nu$的光子而躍遷到E_1的能階。這樣的過程稱為**受激吸收**(*stimulated absorption*)。如果一個原子一開始在較高的能階E_1，它可以藉由釋放出一個能量為$h\nu$的光子而落到E_0的能階，稱之為**自發放射**(*spontaneous emission*)。

1917年，愛因斯坦首先提出第三種可能性，稱之為**受激放射**(*stimulated emission*)，說明一個能量為$h\nu$的光子入射，可以產生由E_1能階落到E_0能階的遷移。在受激放射的過程中，輻射出來的光與入射光完全同相位，其結果就是一種同調增強的光束。愛因斯坦證明受激放射和受激吸收具有相同的機率（見9.7節）。也就

查爾斯・道恩斯(Charles H. Townes, 1915-)生於美國南卡羅來納州的格里維爾並就讀於當地的富爾曼大學。在杜克大學和加州理工學院完成研究所學業之後，1939年到1947年間他在貝爾電話實驗室研究設計雷達控制的轟炸系統。之後道恩斯進入哥倫比亞大學物理系。1951年，當他坐在公園的板凳上時，想到了一個用來產生高功率微波的方法——**邁射**(*maser*)（受激的輻射放射引起之微波放大(*microwave amplification by stimulated emission of radiation*)），並且在1953年第一次開始使用邁射。在這個裝置中，阿摩尼亞（氨）分子被激發到振動態(vibrational state)並且進入一個共振腔內。如同雷射的共振腔內，受激輻射產生了一連串波長相同的光子，波長1.25公分屬於微波的頻譜。非常精確的「原子鐘」便是基於這個觀念而設計的，並且固態邁射放大器也應用到無線電天文學的領域中。

在1958年道恩斯和夏洛(Arthur Schawlow)提出一篇論文有關以上述的方法應用到光波長的可能性吸引了很大的注意。稍早之前，一位哥倫比亞大學的研究生高德(Gordon Gould)已經得到相同的結論，但是並未立即發表他的計算結果因而妨礙了專利申請。高德嘗試在私人企業發展這個他取名為雷射的技術，但是國防部認定這項計畫(包括他的原始筆記本)為機密，並且禁止他繼續從事這項研究。過了二十年，高德終於成功地建立他的優先權並且得到兩項雷射技術的專利，隨後又得到第三個。第一個使用的雷射是由梅曼(Theodore Maiman)於1960年在休斯研究實驗室(Hughes Research Laboratory)建立的。1964年道恩斯和兩個俄國的雷射研究方面的先驅普羅克赫羅夫(Aleksander Prokhorov)以及巴索夫(Nikolai Basov)共同獲得諾貝爾獎。1981年夏洛利用雷射研究精密的光譜學也獲頒諾貝爾獎。

在這項發明之後，因為當時已知的應用範例很少，因此雷射被形容為「先有答案再尋找問題」(solution looking for a problem)。當然，時至今日，雷射已經廣泛地應用到各個領域中。

是說，一個能量為 $h\nu$ 的光子入射到一個位於較高能階 E_1 的原子，造成一個能量為 $h\nu$ 的光子輻射，和入射到位於較低能階 E_0 的原子而被吸收的機率是一樣的。

受激放射並未牽涉到新奇的觀念。其中一個類比是諧振子，諧振子受到的正弦作用力週期恰等於其振盪的自然週期，單擺就是一個例子。如果施加的作用力恰好與單擺的擺動同相位，則擺動的振幅會增加。這種情形對應到受激吸收。然而，如果施加的作用力與擺動恰為180°反相位，則擺動的振幅會減小。對應的情況為受激放射。

最簡單的一種雷射為**三階雷射**(three-level laser)，利用比基態能量高 $h\nu$ 的亞穩態能階，和另一個能量較高且會衰減到亞穩態能階的受激態能階的原子集合（圖4.26）。我們希望的情況是存在於亞穩態的原子多於存在基態的原子。如果我們可以達到這個情況並且對著這個物質照射頻率為 ν 的光，在亞穩態的原子產生受激放射的現象會多於基態原子產生受激吸收，這個結果就是一種原始輸入光的放大現象。這種觀念建構了雷射的操作原理。

居量反轉(population inversion)這個名詞描述一群大多處於基態能階之上的原子；在一般的情況下處在基態的原子應該佔大多數。

有一些方法可以達成居量反轉。其中一種方法叫做**光泵**(optical pumping)，如圖4.27。這裡使用了一個外加光源，而這個光源的頻率必須能夠將基態的原子激發成為受激態的原子，然後自發性的衰減到我們希望的亞穩態。

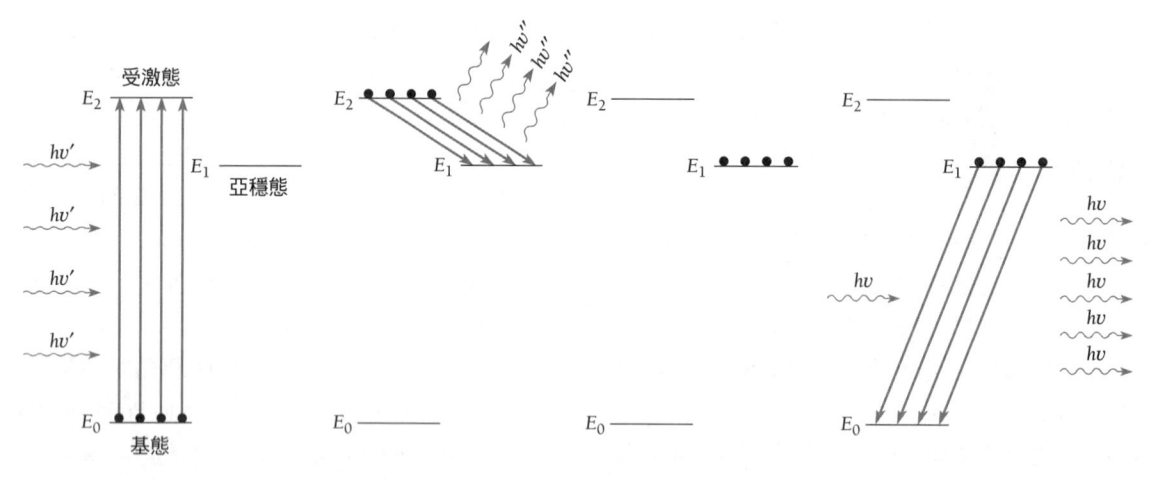

基態的原子被能量為 $h\nu' = E_2 - E_0$ 的光子泵（或是經由碰撞）至態 E_2。

藉由自發放射出能量為 $h\nu'' = E_2 - E_1$ 的光子快速地躍遷（或是其他方式）至亞穩態 E_1。

許多原子佔據了亞穩態。

能量 $h\nu = E_1 - E_0$ 的光子入射產生受激放射，產生之二次光子再誘使後續的躍遷，使同調光子雪崩。

圖 4.26 雷射的原理。

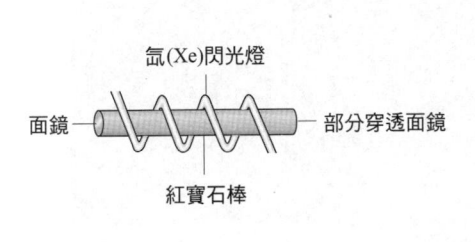

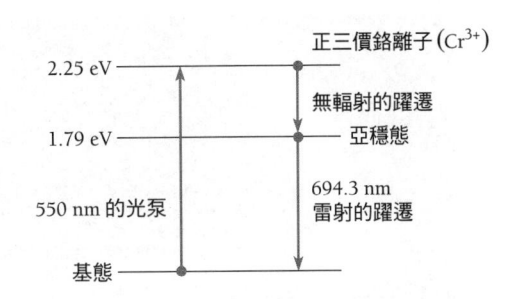

圖4.27 紅寶石雷射。為了使受激放射超過受激吸收，紅寶石棒中半數的正三價鉻離子必須處於亞穩態。這種雷射在燈每一次閃光後會產生一個紅光脈衝。

　　為什麼需要使用三能階系統？假設只有兩個能階的話，也就是包含基態和比基態能量高 $h\nu$ 的亞穩態這兩個能階。使用越多頻率為 ν 的光子激發原子時，會產生越多由基態到亞穩態的向上躍遷，同時這些光子也會激發由亞穩態到基態的向下躍遷。當兩個能階的原子數量各佔一半時，受激輻射的速率會等於受激吸收的速率，所有不會再有超過一半的原子處於亞穩態。在這樣的情況下，雷射光放大效應不會發生。受激吸收必須將原子激發到比發生受激輻射的亞穩態更高的能階，居量反轉才有可能出現，同時避免受激輻射效應而減少處於亞穩態的原子數。

　　在三階雷射中，半數以上的原子必須處在亞穩態，使得受激放射成為主要的效應。對於**四階雷射**(*four-level laser*)而言，情況則有所不同。如圖4.28，這個雷射躍遷從亞穩態到達一個不穩定的**中間態**(*intermediate state*)而不是基態。因為這個中間態會很快地落到基態，所以只會有少量的原子處於這個中間態。因此不需要很強的激發能量便足以使亞穩態的原子數遠超過中間態的原子數，滿足雷射放大的要求。

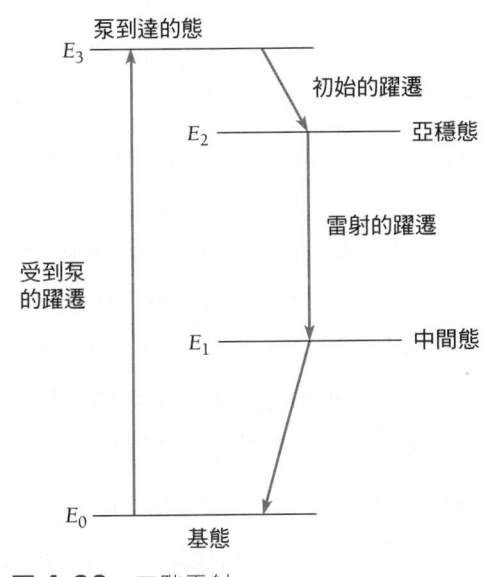

圖 4.28 四階雷射。

一個機器手臂裝載了成衣工業中用來切割布料的雷射

實際的雷射

第一個成功的雷射是**紅寶石雷射**(*ruby laser*)，利用正三價鉻離子(Cr^{3+})形成如圖 4.27的三能階系統。紅寶石是一種鋁氧化物(Al_2O_3)——三氧化二鋁——的晶體，其中有一些鋁離子被鉻離子取代而形成紅色。鉻離子有一個生命期約為 0.003 秒的亞穩階。在紅寶石雷射中，氙氣閃光燈會激發鉻離子到高於亞穩態的能階，然後再放出一些能量給晶體內其他的離子而落到亞穩階。一些自發衰變的鉻離子釋放出來的光子在紅寶石棒兩端的鏡面之間來回反射，再激發其他的鉻離子產生輻射。在幾微秒之後，便從棒子的部分穿透端產生一個很大的單色、同調的紅光脈衝。

棒子的長度必須精確地設計為半波長的整數倍，使侷限在裡面的輻射光形成駐波。因為受激放射是由駐波引發的，所以這些光波和駐波是都是一致的。

一般的**氦氖氣體雷射**(*helium-neon gas laser*)利用不同的方法達成居量反轉。在兩端裝置互相平行鏡子的玻璃管內，填充低壓(約1 torr)氦氣和氖氣的混合氣體，比例約為十比一。鏡子之間的距離同樣也是半波長的整數倍(其實所有的雷射都是如此)。在玻璃管兩端的電極施加高頻交流電源產生氣體高壓放電，產生的電子碰撞激發氦原子和氖原子達到超過其基態能量分別為 20.61 與 20.66 eV 的亞穩態(圖4.29)。在碰撞過程中一些受激態的氦原子將能量轉移給基態的氖原子，提供額外 0.05 eV 的能量。因此氦原子的目的為幫助氖原子達到居量反轉。

氖原子內的雷射躍遷是從 20.66 eV 的亞穩態到 18.70 eV 的受激態，放出波長為 632.8 nm 的光子。然後再躍遷到更低的亞穩態並且自發放射另一個光子；這個躍遷只會產生非同調性的光。其餘的激發能量則在與管壁之間的碰撞中散逸。因為

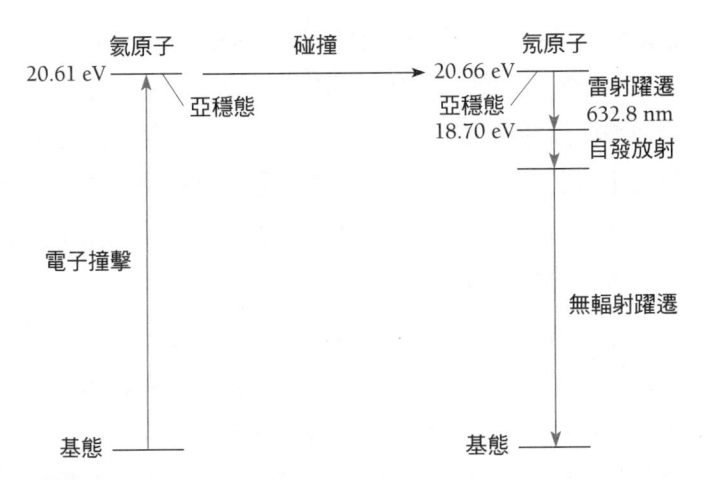

圖 4.29 氦氖雷射。像這樣的四階雷射，連續運作是可能的。氦氖雷射常被用來讀取條碼。

電子的衝擊會同時激發氦原子和氖原子，所以不像紅寶石雷射中利用氙氣閃燈的脈衝激發，氦氖雷射是連續運作的。超級市場中用來讀取條碼(bar code)的窄小紅色光束就是這種雷射。氦氖雷射中，任何時刻只有少部分（百萬分之一）的原子參與雷射運作的過程。

啾頻光脈衝放大

功率最強的雷射是脈衝雷射，可以產生週期很短的輸出。1996年，脈衝週期小於兆分之一秒(10^{-12} sec)的出現已經超過了霹瓦(petawatt, 10^{15} W)的臨限——不是每一個脈衝都有這麼大的能量，而是其傳遞能量的速率大約超過了整個美國電力網路傳輸速率的1000倍。一種巧妙的方法稱為**啾頻光脈衝放大**(*chirped pulse amplification*)實現了這個可能，並且在過程中不會對雷射裝置造成破壞。一開始實現的是週期很短的低功率雷射脈衝，只有0.1皮秒(10^{-13} s)。因為脈衝很短，涵蓋的波長範圍很大，如3.7節中的討論（見圖3.13和3.14）。一個繞射光柵會按照波長將光展開到不同的路徑，因而將脈衝拉長到三奈秒(3×10^{-9} s)，30,000倍的長度。結果可以降低峰值功率，使得雷射放大器可以提高每個束的能量。最後這些波長有些微不同的放大束會利用經過另一個光柵而重新結合，製造出一個週期小於0.5皮秒，能量為1.3霹瓦的脈衝。

很多其他種類的雷射已經設計成功。其中一些利用的是分子而不是原子。**化學雷射**(*chemical laser*)的製造是利用處於亞穩態受激分子的化學反應。這種雷射很有效率而且功率很強：一種利用氫原子和氟原子結合而成的氟化氫(HF)所製造的化學雷射，可以產生功率超過兩百萬瓦的紅外光束。**染料雷射**(*dye laser*)使用能階很接近的分子，因此可以在一個接近於連續的波長範圍內達到「光放大」(lase)的效應

（見8.7節）。在這個範圍內，染料雷射可以調整而發出各種波長的雷射光。**釹雅各雷射**(*Nd:YAG laser*)在外科手術上有很大的用處，使用的是一種摻雜釹元素的釔鋁石榴石，看起來像玻璃般透明的固體，在切割組織時是利用雷射光束將欲切割部位的水分蒸發同時將小血管封住，因而有止血的功用。功率強大的**二氧化碳氣體雷射**(*carbon dioxide gas laser*)輸出功率可達幾千瓦，常用在工業上幾乎任何材料的精密切割，包括鋼鐵，還可用來焊接。

數以百萬計微小的**半導體雷射**(*semiconductor laser*)處理和傳遞今日的訊息（這種雷射的工作原理在第10章說明）。在**光碟機**(*compact disk player*)的應用上，將半導體雷射光束聚焦成微米尺寸(10^{-6} m)，讀取直徑 12 cm 反射碟片上的資料，凹陷的部分看起來就是暗點。一張光碟片可以儲存超過 600 MB 的數位資料，大約是個人電腦使用的磁碟片(floop disk)容量的 1000 倍。如果儲存的是數位音樂，播放時間可以超過一小時。

半導體雷射對於光纖傳輸線來說是理想的光源，通常用銅線傳輸的電子訊號則依照標準編碼格式轉換成一連串的脈衝。然後雷射將這些脈衝轉換成紅外線的閃光訊號，在很薄(5-50 μm)的玻璃光纖中傳輸，到達另一端再轉換回電訊號。一條光纖可以承載上百萬的電話通話量；相較之下，雙絞線傳輸線只能同時承載 32 通電話。今日的電話光纖系統連結許多城市並且聯絡城市內的任何角落，而**光纖纜線**(*fiber optic cable*)甚至跨越世界上各個海洋。

附錄

拉塞福散射
Rutherford Scattering

拉塞福的原子模型能夠為大家所接受，原因是他能夠根據這個模型，推導出一個公式來描述α粒子被薄箔散射的情況，並且和實驗結果互相吻合。他一開始先假設α粒子和與它作用的原子核都小到可以視為質點和點電荷；α粒子和原子核（都帶正電）之間的斥力是唯一的作用力；而且原子核比α粒子的質量大得多，以至於原子核在作用過程中不會移動。接下來看看如何由這些假設推導出式(4.1)。

散射角

由於電力變化正比於 $1/r^2$，其中 r 代表α粒子和原子核之間的瞬間距離，α粒子的路徑是一個以原子核為外焦點的雙曲線（圖4.30）。**撞擊參數**(*impact parameter*) b 表示α粒子接近原子核時，彼此之間如果沒有作用力時所能夠到達的最近距離，而**散射**

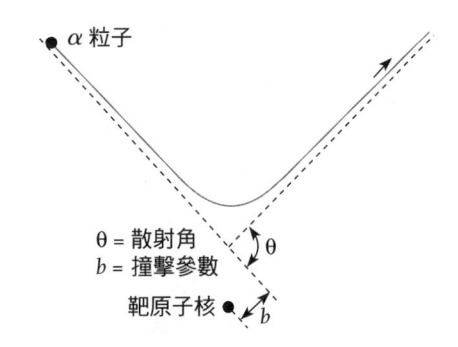

```
                    • α 粒子


                          ↗


                    ╲   ╱
                     ╲ ╱
              θ = 散射角  ⌒θ
              b = 撞擊參數
                  靶原子核 •↙b
```

圖 4.30 拉塞福散射。

角 (*scattering angle*) θ 表示 α 粒子靠近和遠離時漸進線方向之間的角度。我們第一個任務就是找出 b 和 θ 的關係。

由於原子核給予的脈衝 (impulse) 為 ∫ **F**，α 粒子的動量變化 Δ**p** 是由初始 **p**₁ 的變化為最後的 **p**₂。也就是

$$\Delta p = p_2 - p_1 = \int F \, dt$$

根據假設，因為原子核在 α 粒子通過的期間保持靜止不動，所以 α 粒子的動能在散射發生前後維持不變。因此動量值也維持不變，而且

$$p_1 = p_2 = mv$$

這裡的 v 代表 α 粒子距離原子核很遠時的速度。

從圖 4.31，根據正弦定律，可知

$$\frac{\Delta p}{\sin \theta} = \frac{mv}{\sin \frac{\pi - \theta}{2}}$$

因為

$$\sin \frac{1}{2}(\pi - \theta) = \cos \frac{\theta}{2}$$

且

$$\sin \theta = 2 \sin \frac{\theta}{2} \cos \frac{\theta}{2}$$

我們得到動量的量值變化為

$$\Delta p = 2mv \sin \frac{\theta}{2} \tag{4.25}$$

因為脈衝 ∫ **F** 和動量變化 Δ**p** 的方向相同，它的量值為

$$\left| \int F \, dt \right| = \int F \cos \phi \, dt \tag{4.26}$$

φ 代表沿著 α 粒子的路徑上 **F** 與 Δ**p** 之間的瞬時角度。將式 (4.25) 與式 (4.26) 代入式 (4.24) 得

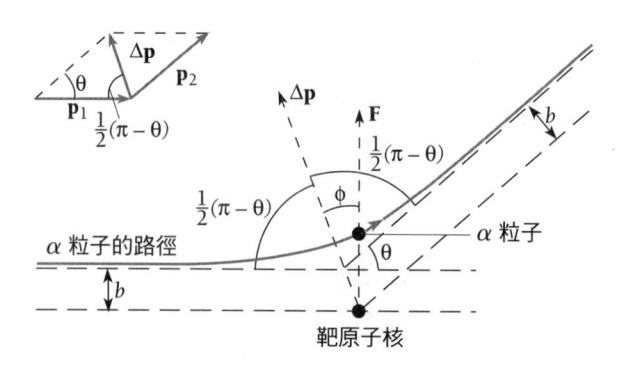

圖 **4.31** 拉塞福散射圖的幾何關係。

$$2mv \sin \frac{\theta}{2} = \int_{-\infty}^{\infty} F \cos \phi \, dt$$

為了將式子右邊的變數由 t 代換成 ϕ，我們注意到積分極限將變成 $-\frac{1}{2}(\pi - \theta)$ 和 $+\frac{1}{2}(\pi - \theta)$，分別對應到 $t = -\infty$ 和 $t = \infty$ 時的 ϕ 值，所以

$$2mv \sin \frac{\theta}{2} = \int_{-(\pi-\theta)/2}^{+(\pi-\theta)/2} F \cos \phi \, \frac{dt}{d\phi} \, d\phi \tag{4.27}$$

$d\phi/dt$ 恰好是 α 粒子相對於原子核的角速度 ω（由圖 4.31 可知）。

原子核作用在 α 粒子上的電力沿著連接彼此的半徑向量方向，因此沒有力矩 (torque) 作用在 α 粒子上，而且角動量 $m\omega r^2$ 會守恆。因此

$$m\omega r^2 = 常數 = mr^2 \frac{d\phi}{dt} = mvb$$

可以得到

$$\frac{dt}{d\phi} = \frac{r^2}{vb}$$

代入式 (4.27) 中的 $dt/d\phi$ 得到

$$2mv^2 b \sin \frac{\theta}{2} = \int_{-(\pi-\theta)/2}^{+(\pi-\theta)/2} Fr^2 \cos \phi \, d\phi \tag{4.28}$$

回憶之前所述，F 表示原子核作用於 α 粒子上的電力。原子核電荷為 Ze，Z 為原子序，α 粒子電量為 $2e$。因此

$$F = \frac{1}{4\pi\epsilon_0} \frac{2Ze^2}{r^2}$$

且

$$\frac{4\pi\epsilon_0 mv^2 b}{Ze^2} \sin \frac{\theta}{2} = \int_{-(\pi-\theta)/2}^{+(\pi-\theta)/2} \cos \phi \, d\phi = 2 \cos \frac{\theta}{2}$$

散射角 θ 與撞擊參數 b 的關係以下式表示

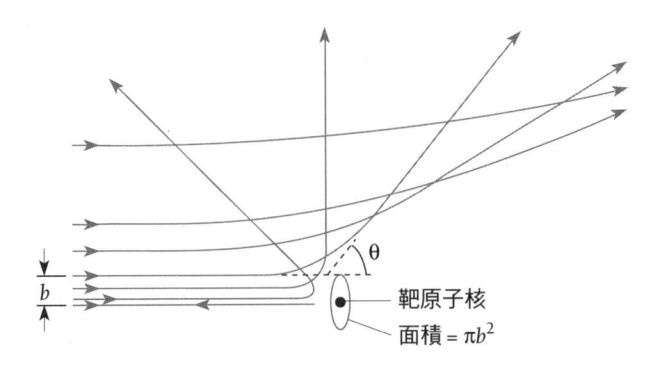

$$\cot\frac{\theta}{2} = \frac{2\pi\epsilon_0 mv^2}{Ze^2}b$$

用α粒子的動能 KE 取代質量和速度項會更方便；代換後可得

散射角 $$\cot\frac{\theta}{2} = \frac{4\pi\epsilon_0 \text{KE}}{Ze^2}b \qquad (4.29)$$

圖4.32為式(4.29)的圖形；θ很明顯地對b呈現快速的衰減。只有非常靠近原子核且沒有擊中靶才能得到大角度的偏折。

拉塞福散射公式

式(4.29)不能直接對照到實驗上，因為我們無法測量到一個對應特定散射角的撞擊參數。必須採用一個間接的策略。

首先，注意到所有α粒子接近靶原子核的撞擊參數從0變化到b時，會散射到θ以上的角度，其中θ和b的關係如式(4.29)。這表示α粒子一開始朝向原子核周圍一個面積為πb²的區域入射，會散射到θ以上的角度（圖4.32）。因此這個區域稱為作用的**截面積**(*cross section*)。一般表示截面積的符號為σ，因此在這裡

截面積 $$\sigma = \pi b^2 \qquad (4.30)$$

當然，α粒子實際上在到達最靠近原子核附近的區域之前就會發生散射，因此不會在距離b的範圍內通過原子核。

現在我們考慮一個厚度為t，單位體積內包含n個原子的箔。單位面積上靶原子核的數量為nt，因此α粒子入射到面積為A的區域會碰撞到ntA個原子核。對應到散射角為θ以上的散射總截面積，為靶原子核數ntA乘以每個原子的散射截面積σ，即為ntAσ。因此，入射的α粒子中，散射角為θ以上的角度散射比例f為總截面積ntAσ和散射的靶總面積A的比例。也就是

$$f = \frac{\text{散射角為 } \theta \text{ 以上的 } \alpha \text{ 粒子}}{\text{入射的 } \alpha \text{ 粒子}}$$

$$= \frac{\text{總截面積}}{\text{靶面積}} = \frac{ntA\sigma}{A}$$

$$= nt\pi b^2$$

將式(4.30)的 b 代入

$$f = \pi nt \left(\frac{Ze^2}{4\pi\epsilon_0 KE}\right)^2 \cot^2 \frac{\theta}{2} \tag{4.31}$$

在這個計算過程中,我們假設箔的厚度夠薄,故相鄰原子核的截面積不會重疊,因此一個 α 粒子所受到的偏向完全來自於單一原子核。

例 4.8

求出能量為 7.7 MeV 的 α 粒子束入射到厚度為 3×10^{-7} m 的金箔時,散射角大於 45° 的比例。這些數據為蓋格和馬士丹當初使用的典型數據。做個比較,人類的毛髮直徑大約為 10^{-4} m。

解

首先,利用下式求出單位體積金箔內所含的金原子數 n

$$n = \frac{\text{原子}}{\text{m}^3} = \frac{\text{質量} / \text{m}^3}{\text{質量} / \text{原子}}$$

因為金的密度為 1.93×10^4 kg/m³,金原子質量為 197 u,1 u = 1.66×10^{-27} kg,可得

$$n = \frac{1.93 \times 10^4 \text{ kg/m}^3}{(197 \text{ u/atom})(1.66 \times 10^{-27} \text{ kg/u})}$$

$$= 5.90 \times 10^{28} \text{ atoms/m}^3$$

金的原子序為 79,動能為 7.7 MeV 相當於 1.23×10^{-12} J,且 $\theta = 45°$;從這些數據可以得到被散射的角度大於 45°以上的 α 粒子比例 f 為

$$f = 7 \times 10^{-5}$$

大約只有 0.007%。一個這麼薄的金箔對於 α 粒子來說幾乎是透明的。

在實際的實驗中,偵測器偵測到的散射 α 粒子是介於 θ 與 $\theta + d\theta$ 的散射角之間,如圖 4.33。散射到這角度範圍的 α 粒子之比例可以將式(4.31)對 θ 作微分,得到

$$df = -\pi nt \left(\frac{Ze^2}{4\pi\epsilon_0 KE}\right)^2 \cot \frac{\theta}{2} \csc^2 \frac{\theta}{2} d\theta \tag{4.32}$$

負號表示 f 隨著 θ 增加而減少。

附錄 拉塞福散射 | **4-39**

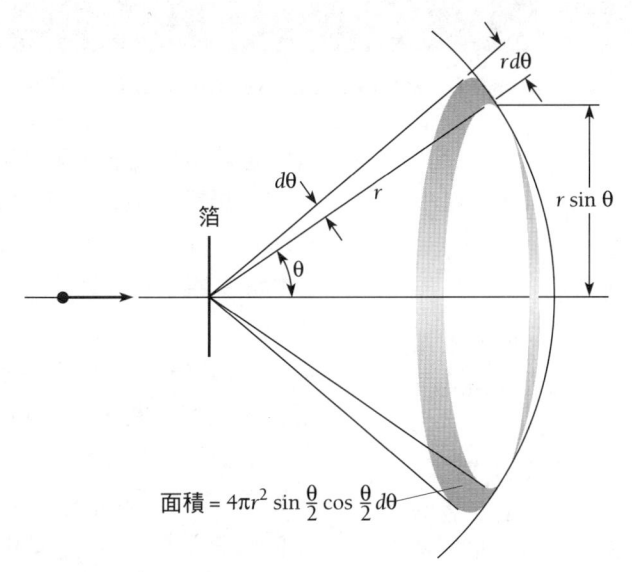

圖 4.33 在拉塞福實驗中，偵測到的粒子是散射介於 θ 與 $\theta + d\theta$ 之間。

如圖4.2，蓋格和馬士丹在金箔後方距離為 r 處放置了一個螢光屏幕(fluorescent screen)，藉著散射的 α 粒子擊中屏幕產生閃爍而得以觀測。這些散射角介於 θ 與 $\theta + d\theta$ 的 α 粒子將分布在一個半徑為 r 的球面區域，寬度為 $r\,d\theta$。這個區域本身的半徑為 $r\sin\theta$，所以屏幕上被 α 粒子撞擊的面積 dS 為

$$N(\theta) = \frac{N_i |df|}{dS} = \frac{N_i \pi nt \left(\dfrac{Ze^2}{4\pi\epsilon_0 KE}\right)^2 \cot\dfrac{\theta}{2} \csc^2\dfrac{\theta}{2} d\theta}{4\pi r^2 \sin\dfrac{\theta}{2}\cos\dfrac{\theta}{2} d\theta}$$

$$N(\theta) = \frac{N_i nt Z^2 e^4}{(8\pi\epsilon_0)^2 r^2\, KE^2 \sin^4(\theta/2)}$$

如果實驗進行時有總數 N_i 的 α 粒子撞擊金箔，則散射到 θ 角度中 $d\theta$ 的範圍的 α 粒子數為 $N_i df$。則實際量測到在單位面積中以角度 θ 撞擊到屏幕的 α 粒子數 $N(\theta)$ 為

$$N(\theta) = \frac{N_i |df|}{dS} = \frac{N_i \pi nt \left(\dfrac{Ze^2}{4\pi\epsilon_0 KE}\right)^2 \cot\dfrac{\theta}{2} \csc^2\dfrac{\theta}{2} d\theta}{4\pi r^2 \sin\dfrac{\theta}{2}\cos\dfrac{\theta}{2} d\theta}$$

拉塞福散射公式
$$N(\theta) = \frac{N_i nt Z^2 e^4}{(8\pi\epsilon_0)^2 r^2\, KE^2 \sin^4(\theta/2)} \tag{4.1}$$

式(4.1)為拉塞福散射公式。圖 4.4 則顯示了 $N(\theta)$ 隨 θ 變化的情形。

習題

It isn't that they can't see the solution. It is that they can't see the problem. -Gilbert Chesterton

4.1 核原子

1. 大部分的 α 粒子通過氣體和很薄的金屬箔時不會發生偏折。對於原子結構，這樣的觀察結果可以得到什麼結論？

2. 一個半徑為 R 的球體內均勻分布了電量 Q，則在球內距離球心 r 處的電場強度為 $Qr/4\pi\epsilon_0 R_3$，其中 $r < R$。這樣的球體可以對應到湯普姆森原子模型。試證明球體內的電子會以球心為中心作簡諧運動，並推導這個簡諧運動的頻率公式。計算在氫原子中電子的振盪頻率，並且和氫原子光譜線的頻率相比較。

3. 求出能量為 1.00 MeV 的質子入射到金原子核時可到達的最近距離。

4.2 電子軌道

4. 求出在古典氫原子模型中電子的旋轉頻率。這個頻率屬於那個範圍的電磁波？

4.3 原子光譜

5. 布萊克光譜系中波長最短的光譜線為何？

6. 帕申光譜系中波長最短的光譜線為何？

4.4 波耳原子

7. 波耳模型中，電子處於穩定的運動狀態。這樣的電子如何有負的能量？

8. 在沒有德布羅依的假說的引導之下，假設軌道電子的角動量必須為 h 的整數倍，波耳推導出他的原子模型。證明這個假設可以得到式(4.13)。

9. **精細結構常數**(*fine structure constant*)定義為 $\alpha = e^2/2\epsilon_0 hc$。德國物理學家阿諾·薩莫菲爾德(Arnold Sommerfeld)嘗試藉由假設橢圓形和圓形都有可能是波耳模型的軌道形狀，來解釋光譜線中的精細結構（多條光譜線靠在一起而不是單一的線）的時候，首度定義這個名詞。雖然薩莫菲爾德的方法方向錯誤，但是這個常數 α 卻成為原子物理中一個有用的常數。(a)證明 $\alpha = v_1/c$，v_1 為波耳原子在基態時的電子速度。(b)證明 α 值非常接近 1/137 且是一個無因次量。因為移動中的電荷受磁力影響的行為和它的速度有關，所以 α 值可以代表電子在原子中的行為受到磁力或電力影響的相對量值。(c)證明 $\alpha a_0 = \lambda_C/2\pi$，$a_0$ 代表基態波耳軌道半徑，而 λ_C 是電子的康普頓波長。

10. 一個電子在距離一個質子很遠處由靜止狀態釋放並開始向質子移動。(a)證明這個電子的德布羅依波長正比於 $\sqrt{r}$，r 表示電子和質子之間的距離。(b)求出電子與質子距離為 a_0 時的波長。這個量值和基態的波耳軌道上的電子波長比較結果為何？(c)為了使電子能夠被質子捕捉而形成基態氫原子，這個系統必須損失一些能量。試問要損失多少？

11. 求出描述地球圍繞太陽軌道的量子數。地球的質量為 6.0×10^{24} kg，軌道半徑為 1.5×10^{11} m，軌道速度為 3.0×10^4 m/s。

12. 假設一個質子和一個電子僅藉由重力吸引結合成一個氫原子。求出這個原子的能階公式、基態波耳軌道半徑以及游離能（以 eV 為單位）。

13. 試比較電子侷限在長度為 a_0 的一維空間之動量不確定性與電子在基態波耳軌道中的動量不確定性。

4.5 能階和光譜

14. 一個具有連續光譜的輻射光通過一定體積的基態氫原子氣體，會出現什麼譜系的吸收光譜？

15. 受激發的氣體原子在快速隨機運動狀態下，對其光譜線會產生什麼影響？

16. 用能量為 13.0 eV 的電子束轟擊氣態氫。此時會輻射那些波長的譜系？

17. 初始狀態為靜止的一個質子和一個電子結合形成一個基態的氫原子。過程中輻射出一個光子，其波長為何？

18. 初始狀態在能階 $n = 5$ 的氫原子光譜會包括那些不同的波長？

19. 求出氫原子從能階 $n = 10$ 躍遷到基態時所對應的光譜線波長。這個波長屬於那一部分的光譜線？

20. 求出氫原子從能階 $n = 6$ 躍遷到能階 $n = 3$ 時所對應的光譜線波長。屬於那一部分的光譜線？

21. 以一個電子束轟擊氫的樣本。電子需以多大的電位差加速才能使樣本放射出巴耳末系的第一條光譜線？

22. 需要多少能量才能將一個電子從態 $n = 2$ 的氫原子中移出？

23. 萊曼系中波長最長的譜線為 121.5 nm 而巴耳末系中波長最短的譜線為 364.6 nm。利用這些數據求出可將氫原子游離的光之最長波長。

24. 萊曼系波長中最長的譜線為 121.5 nm。利用這個波長及 c 和 h 的數據，求出氫的游離能。

25. 一個受激態氫原子回到基態時輻射出一個波長為 λ 的光子。(a) 推導出以 λ 和 R 表示初始受激態能階的量子數公式。(b) 利用這個公式求出 $\lambda = 102.55$ nm 時的量子數 n_i。

26. 一個質量為 m、初始速度為 v 的受激態原子在運動方向上輻射一個光子。若 $v \ll c$，利用線性動量守恆和能量守恆的條件證明這個光子的頻率比原子在靜止時輻射出來的光子頻率高出 $\Delta v/v \approx v/c$（參考第 1 章習題的第 16 題）。

27. 當受激原子輻射一個光子時，光子的線性動量必須被原子反彈的動量平衡。因此，原子的一些受激能量必須轉移到反彈能量。(a) 修正式(4.16)以包含這個效應的影響。(b) 求出氫原子從能階 $n = 3$ 躍遷到能階 $n = 2$ 時反彈能量和光子能量的比例，其中 $E_f - E_i = 1.9$ eV。這是一個主要的效應嗎？在此以非相對論計算已足夠。

4.6 對應原理

28. 在波耳模型中，當 n 值增加時，下列的值會增加或減少？旋轉頻率、電子速度、電子波長、角動量、位能、動能、總能量。

29. 證明氫原子從 $n + 1$ 階躍遷到 n 階時，輻射的光子頻率總是介於對應的軌道電子旋轉頻率之間。

4.7 原子核運動

30. 反質子和質子的質量相同但是帶電量為 $-e$。如果一個質子和一個反質子相互繞行，這樣的系統在基態時兩者的距離為多少？為什麼你認為這樣的系統可能不存在？

31. 考慮位於一個 $n = 2$ 態且原子核為質子的渺原子中的一個負渺 μ^-。求出這個渺原子落到基態時輻射出來的光子頻率。這個光子的波長屬於那個譜系？

32. 試比較正電子原子與氫的游離能。

33. 激發一種氫和氚(tritium)的混合物並且觀察其光譜，其中氚是氫的同位素，其原子核質量大約為一般氫原子核的三倍以上。兩種元素的 H_α 光譜線波長相差多少？

34. 求出在基態的正二價鋰離子中的電子半徑和速度，並且和基態的氫原子中的電子做比較（鋰離子原子核 Li++ 帶電量為 $3e$）。

35. (a) 推導類氫原子的能階公式，類氫原子是一種離子，如 He+ 或 Li2+，原子核電量為 $+Ze$ 且包含單一電子。(b) 畫出氦離子 He+ 的能階圖並且和氫原子的能階比較。(c) 一

個電子和一個裸氦原子核結合形成氦離子。求出這個過程中輻射出的光子頻率，如果這個電子與原子核結合時並不具有動能。

4.9 雷射

36. 用來產生雷射的介質至少要有三個能階。這些能階必須具備那些性質？為什麼至少要三個？

37. 某種紅寶石雷射發射能量為 1.00 J、波長為 694 nm 的脈衝。紅寶石內至少有多少個鉻離子(Cr^{3+})？

38. 100°C 的水蒸氣可以視為處於受激態的 100°C 的水。假設在水蒸氣轉變成水的時候，散逸的能量以光子的形式表現而形成雷射。則這樣的光子頻率為何？對應到那個頻譜範圍？水的蒸發熱為 2260 kJ/kg，且莫耳質量為 18.02 kg/kmol。

附錄：拉塞福散射

39. 為何當散射角度很小的時候，拉塞福散射公式與實驗數據並不符合，請解釋。

40. 證明當一 2.0 MeV 的質子通過一薄箔時，散射大於一已知角時，其機率和 4.0 MeV 的α粒子相同。

41. 一個能量為 5.0 MeV 的α粒子趨近金原子核時，撞擊參數為 2.6×10^{-13} m。將會被散射到什麼角度？

42. 一個能量為 5.0 MeV 的α粒子趨近金原子核時的散射角為 10°，其撞擊參數為何？

43. 能量為 7.7 MeV 的α粒子束入射到厚度為 3.0×10^{-7} m 的金箔時，多少部分的α粒子的散射角會小於 1°？

44. 7.7 MeV 的α粒子束入射到厚度為 3.0×10^{-7} m 的金箔時，多少部分的α粒子散射角為 90°或以上？

45. 證明散射角在 60°到 90°之間的α粒子數量為散射角在 90°或以上的α粒子數量的兩倍。

46. 8.3 MeV 的α粒子束被導引至一個鋁箔。當散射角超過 60°時，拉塞福散射公式將不符合實際情況。如果α粒子的半徑小到可以忽略，求出鋁原子核的半徑。

47. 在特殊相對論中，光子可視為具有「質量」$m = E_\nu/c^2$。這表示我們可以把通過太陽附近的光子想像成拉塞福散射實驗中通過原子核附近的α粒子，只需將電斥力換為吸引重力。利用式(4.29)，若光子距離太陽中心為 $b = R_{sun}$ 時，求出光子的偏折角度 θ。太陽的質量與半徑分別為 2.0×10^{30} kg 與 7.0×10^8 m。事實上，廣義相對論會說明計算的結果是實際偏折角度的一半，而在 1.10 節所述於日蝕時做的觀察也支持此結論。

CHAPTER 5

量子力學
Quantum Mechanics

金原子在碳（石墨）基板上的掃描穿隧顯微圖(scanning tunneling micrograph)。金原子團簇約有 1.5 nm 寬，三個原子高。

5.1 量子力學
古典力學為量子力學的近似

5.2 波動方程式
它可以是許多種類的解，包含了複數形式

5.3 薛丁格方程式：時間相依型
一個不能由其他原理推導出來的基本物理定律

5.4 線性與疊加
波函數相加，而非機率

5.5 期望值
如何由波函數中擷取資訊

5.6 運算子
另一個求出期望值的方法

5.7 薛丁格方程式：穩態形式
本徵值及本徵函數

5.8 箱子中的粒子
邊界條件與正規化如何決定波函數

5.9 有限位能井
波函數穿透牆，使能階降低

5.10 穿隧效應
一個沒有足夠能量可以跨越電位障的粒子仍有可能穿隧它

5.11 諧振子
其能階為相等間隔

附錄：穿隧效應

雖然第4章討論過的波耳(Bohr)原子理論可進一步說明很多原子現象，但仍然有不少應用上的限制。第一，它只能應用於氫原子和其他單一電子的離子如He^+和Li^{2+}——它甚至不能用在普通的氦(He)原子中。波耳理論不能解釋為何某些光譜線的強度比其他還大（即為何某些能階的躍遷機率比較大），也不能說明為何會觀察到某些特別的光譜線是由幾個波長接近卻又彼此分開的光譜線所組成。也許更重要的是，波耳理論不能讓我們獲得一個成功的原子理論：藉由我們所觀察到的物理和化學特性，來瞭解單一原子如何交互作用而形成巨觀的物質集合體。

前述的反對意見對於波耳理論來說並非刁難，而是強調一個更廣義理論的迫切需要。事實上，波耳理論可說是其後的科學思想演進的起源之一。這個演進的理論在 1925-1926 年為薛丁格(Erwin Schrödinger)、海森堡(Werner Heisenberg)、波恩(Max Born)、迪拉克(Paul Dirac)與其他人所發展出來，名為**量子力學**(*quantum mechanics*)。這個領域的先驅之一韋格納(Eugene Wigner)曾說：「量子力學可說是個意外的發現，它運用了全新的理論基礎來解釋這個物質世界，這對我們大部分的人來說看起來都像是個奇蹟。」在1930年早期，量子力學用於解決原子核、原子、分子及固態物質的問題，使我們有機會解釋大量的數據（迪拉克認為這些數據佔了物理學的一大部分及全部的化學），而且——對任何理論都是最重要的——它可以做非常準確的預測。目前為止，量子力學的推論在所有的實驗中都被成功地驗證，甚至是那些意料之外的。

5.1 量子力學
Quantum Mechanics

古典力學為量子力學的近似

古典力學（或牛頓力學）與量子力學基本上的差異在於描述的對象不同。在古典力學裡，粒子的未來完全決定於它的初始位置、動量與作用力。在日常生活中，牛頓力學對於這些可量測值的預測也與我們的發現相同。

量子力學也是在說明可觀察量之間的關係，但在原子的範圍內，測不準原理告訴我們這些可觀察量的性質會有所不同。因果關係在量子力學裡仍然存在，但是實際上的關係卻需要慎重的判斷。在量子力學裡，因為粒子的初始狀態無法準確的決定，所以不可能像古典力學一樣確定未來的特性。如3.7節所述，我們對於粒子現在的位置知道得愈清楚，我們對於它的動量知道得就會愈少，因此對於它未來的位置就愈無法得知。

量子力學以**機率**(*probability*)的方式來研究這些量之間的關係。例如，波耳理論說氫原子的電子在基態時的軌道半徑恰好是5.3×10^{-11} m；量子力學卻說5.3×10^{-11} m 是一個**最可能的**(*most probable*)半徑值。在大部分的實驗中會量到一個或大或小的值，但最常被量測到的值會是 5.3×10^{-11} m。

量子力學乍看之下像是古典力學差的替代品。然而實際上古典力學剛好只是量子力學的一個近似版本。古典力學的確定性其實是個假象，而它表面上與實驗結果相同,其實是因為普通物體是由非常多的原子所組成，而個別原子與整體的差異不容易被察覺。為了避免使用兩套物理理論來分別描述巨觀和微觀的世界，在量子力學只有一套。

波函數

如第3章提到的，量子力學考慮的量是一個物體的**波函數**(wave function)Ψ。Ψ本身並沒有物理意義，某一特定時間、地點得到的Ψ的絕對值平方$|\Psi|^2$正比於該物體在該時間、地點出現的機率。物體的動量、角動量、能量與其他量值可由Ψ算出。量子力學的問題在於當物體的運動的自由受到外力限制時如何決定Ψ。

波函數常以複數出現有實數和虛數部分，然而機率一定是正實數量，因此複數Ψ的機率密度$|\Psi|^2$可由Ψ與其**共軛複數**(complex conjugate)Ψ^*的乘積$\Psi^*\Psi$得到。將任一函數中所有出現的i（即為$\sqrt{-1}$）替換為$-i$，可以得到此函數的共軛複數。所有的複數函數Ψ可以寫成以下形式

波函數 $$\Psi = A + iB$$

其中A和B都是實數函數。Ψ的共軛複數Ψ^*為

共軛複數 $$\Psi^* = A - iB$$

所以 $$|\Psi|^2 = \Psi^*\Psi = A^2 - i^2B^2 = A^2 + B^2$$

因為$i^2 = -1$。因此$|\Psi|^2 = \Psi^*\Psi$永遠是正實數，正如前述的要求。

正規化

在我們討論Ψ的實際計算之前，其實可以先建立一些必須滿足的條件。首先，因為$|\Psi|^2$正比於Ψ所述物體出現的機率密度P，所以$|\Psi|^2$在整個空間的積分一定是有限值——畢竟物體一定出現在某個地方。如果

$$\int_{-\infty}^{\infty} |\Psi|^2 \, dV = 0$$

則物體並不存在。而積分值若為無限大則無意義。另外，由於$|\Psi|^2$的定義，它也不會是負值或是複數。因此，如果Ψ描述實際物體時，上述積分的唯一可能結果為一個有限量。

為方便起見，我們讓$|\Psi|^2$直接等於Ψ所述粒子出現的機率密度P，而不僅是正比關係而已。如果要讓$|\Psi|^2$等於P，則下式一定為真

正規化
$$\int_{-\infty}^{\infty} |\Psi|^2 \, dV = 1 \tag{5.1}$$

因為粒子在任何時間內一定存在於某個地點，則

$$\int_{-\infty}^{\infty} P \, dV = 1$$

波函數若遵守式(5.1)，則稱為**被正規化**(*normalized*)。任一個可接受的波函數都可以乘上某個適當的常數而正規化；我們將簡短地討論其做法。

良好行為的波函數

除了可被正規化之外，由於 P 在某一特定時間與地點只有一個值，Ψ 應該也為單一值且連續。基於動量的考慮（見5.6節），偏微分 $\partial\Psi/\partial x, \partial\Psi/\partial y, \partial\Psi/\partial z$ 都必須為有限、連續且單一值。只有具備上述條件的波函數可以計算出有物理意義的結果，稱為「良好行為的」波函數，能夠以數學式來代表真實物體。歸納如下：

1. Ψ 於任何地方都是連續且為單一值。
2. $\partial\Psi/\partial x, \partial\Psi/\partial y, \partial\Psi/\partial z$ 於任何地方都是連續且為單一值。
3. Ψ 必須可被正規化，也就是說當 $x \to \pm\infty$，$y \to \pm\infty$，$z \to \pm\infty$ 時，Ψ 趨近於0，積分值 $\int|\Psi|^2 dV$ 於整個空間時為有限常數。

在模型中的粒子波函數不一定遵守上述的規則只是近似。例如，在一個有無限硬的箱子中，粒子波函數之偏微分在壁的界面會不連續，因為箱外 Ψ = 0（見圖5.4）。但在真實世界中不會有無限硬的壁，所以Ψ在壁的界面不會有劇烈的變化，其微分也是連續的。習題7中舉出了另一個非良好行為的波函數的例子。

已知一正規化且可被接受的波函數Ψ，在某一區域內該粒子出現的機率即為機率密度$|\Psi|^2$在該區域內的積分值，因此在 x 方向運動的粒子，在 x_1 與 x_2 之間出現的機率會是

機率
$$P_{x_1 x_2} = \int_{x_1}^{x_2} |\Psi|^2 \, dx \tag{5.2}$$

我們會在本章後面和第6章看到其他計算的例子。

5.2 波動方程式

The Wave Equation

它可以是許多種類的解，包含了複數形式

薛丁格方程式(*Schrödinger's equation*)就像牛頓第二運動定律是牛頓力學的基礎一樣，為量子力學的基礎。它是一個以Ψ為變數的波動方程式。

在我們處理薛丁格方程式之前，先回顧一下波動方程式。

波動方程式
$$\frac{\partial^2 y}{\partial x^2} = \frac{1}{v^2}\frac{\partial^2 y}{\partial t^2} \tag{5.3}$$

上式描述了一個波，它的變數是 y，沿 x 方向且以速度 v 傳遞。例如上式可描述一條拉直的繩，y 為繩與 x 軸的位移；或是描述聲波，y 為壓力差；或為光波時，y 可以是電場或是磁場強度。式(5.3)可以從機械波由第二運動定律導出，或是從電磁波以馬克士威爾方程式(Maxwell's equations)導出。

偏微分

如果我們有一個函數 $f(x, y)$，包含兩個變數 x 和 y。我們想要知道 f 如何隨著其中一個變數改變，例如 x。可以這樣做，將函數 f 對 x 微分，並將另一個變數 y 視為常數。結果便是 f 對 x 的**偏微分**(*partial derivative*)，可以寫成 $\partial f/\partial x$

$$\frac{\partial f}{\partial x} = \left(\frac{df}{dx}\right)_{y=\text{常數}}$$

常微分(ordinary differentiation)的規則對於偏微分仍然有效。舉例來說，如 $f = cx^2$，

$$\frac{df}{dx} = 2cx$$

所以，如果 $f = yx^2$，

$$\frac{\partial f}{\partial x} = \left(\frac{df}{dx}\right)_{y=\text{常數}} = 2yx$$

若將 $f = yx^2$ 對另一個變數 y 來做偏微分，則

$$\frac{\partial f}{\partial y} = \left(\frac{df}{dy}\right)_{x=\text{常數}} = x^2$$

二階偏微分在物理學中常用到，如波動方程式。要求 $\partial f^2/\partial x^2$，我們可先計算 $\partial f/\partial x$，再對其偏微分一次，並仍舊將 y 當作常數：

$$\frac{\partial^2 f}{\partial x^2} = \frac{\partial}{\partial x}\left(\frac{\partial f}{\partial x}\right)$$

如 $f = yx^2$，

$$\frac{\partial^2 f}{\partial x^2} = \frac{\partial}{\partial x}(2yx) = 2y$$

同樣的
$$\frac{\partial^2 f}{\partial y^2} = \frac{\partial}{\partial y}(x^2) = 0$$

$$y = A\cos\omega(t - x/v)$$

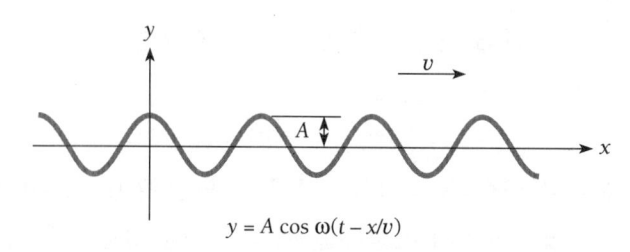

圖 5.1 在 xy 平面上,波沿著 x 軸拉直的弦上往 $+x$ 方向移動。

這些波動方程式的解也許有很多種形式,反映出多種波的可能性——單一的行進脈波、一連串互相疊加在一起並具有相同振幅及波長的波、一連串互相疊加在一起但具有不同振幅與波長的波、一個在兩端點固定的弦上駐波等等。所有的解都一定具有同樣的形式

$$y = F\left(t \pm \frac{x}{v}\right) \tag{5.4}$$

其中 F 可以是任何可微分的函數。解 $F(t - x/v)$ 代表一個往 $+x$ 方向前進的波,而 $F(t + x/v)$ 代表往 $-x$ 方向前進的波。

讓我們再來考慮一個等效於「自由粒子」(free particle)的波。粒子不受任何力的影響,因此它以等速往一直線方向運動。此波函數可由式(5.3)導出一通解,具有無阻尼(undamped)(即具有固定振幅 A),單色(monochromatic)(即有一常數角頻率 ω)的諧波並往 $+x$ 方向行進,即

$$y = Ae^{-i\omega(t - x/v)} \tag{5.5}$$

在這式子 y 為一個複數量,同時具有實部與虛部。

因為

$$e^{-i\theta} = \cos\theta - i\sin\theta$$

式(5.5)也可以寫成下列形式

$$y = A\cos\omega\left(t - \frac{x}{v}\right) - iA\sin\omega\left(t - \frac{x}{v}\right) \tag{5.6}$$

式(5.6)只有實部(與式(3.5)相同)對於拉直弦上的波有意義。此時 y 代表弦與其正常位置之間的位移(圖 5.1),式(5.6)的虛部沒有意義而捨棄。

例 5.1

證明式(5.5)是波動方程式的一個解。

解

指數函數 e^u 的微分為

$$\frac{d}{dx}(e^u) = e^u \frac{du}{dx}$$

式(5.5)的 y 對 x 的偏微分（即將 t 視為常數）為

$$\frac{\partial y}{\partial x} = \frac{i\omega}{v} y$$

且二階偏微分為

$$\frac{\partial^2 y}{\partial x^2} = \frac{i^2 \omega^2}{v^2} y = -\frac{\omega^2}{v^2} y$$

因為 $i^2 = -1$，y 相對於 t 的偏微分（現在將 x 維持不變）為

$$\frac{\partial y}{\partial t} = -i\omega y$$

二階偏微分則為

$$\frac{\partial^2 y}{\partial t^2} = i^2 \omega^2 y = -\omega^2 y$$

結合以上的結果可以得到

$$\frac{\partial^2 y}{\partial x^2} = \frac{1}{v^2} \frac{\partial^2 y}{\partial t^2}$$

和式(5.3)相同，因此式(5.5)是波動方程式的一個解。

5.3 薛丁格方程式：時間相依型
Schrödinger's Equation: Time-Dependent Form
一個不能由其他原理推導出來的基本物理定律

在量子力學中波函數Ψ相當於波動中的變數 y。然而，y 本身並不是一個可量測的值，因此是複數。基於這個原因，我們假設在 +x 方向上自由運動粒子的Ψ表示如下

$$\Psi = Ae^{-i\omega(t-x/v)} \tag{5.7}$$

將上式的ω代換為$2\pi\nu$，再將v代換為$\lambda\nu$

$$\Psi = Ae^{-2\pi i(\nu t - x/\lambda)} \tag{5.8}$$

這樣的寫法是因為我們知道ν和λ可以由Ψ所述粒子的能量 E 和動量 p 來表示，理由如下

$$E = h\nu = 2\pi\hbar\nu \quad 且 \quad \lambda = \frac{h}{p} = \frac{2\pi\hbar}{p}$$

由此我們可以得到

自由粒子 $$\Psi = Ae^{-(i/\hbar)(Et-px)} \tag{5.9}$$

式(5.9)的涵義在於說明一個具有總能量 E 動量 p，沿 $+x$ 方向運動的不受限制的粒子等同於式(5.5)所描述的波一樣，就像是在拉直的弦上自由運動的諧合位移的波。

式(5.9)所表達的波函數Ψ只能用來描述自由運動的粒子。然而，我們最感興趣的卻是粒子受各種限制下運動的情形。舉例來說，電子被原子核以電場限制而束縛於原子中的運動就是一個很重要的問題。我們目前所需要做的就是得到關於Ψ的基本微分方程式，可以依此來針對一些條件求解。所需的方程式就是薛丁格方程式，可從一些方法來得到，但卻不能從任何現有的物理原理來導出，所以代表這個方程式擁有某些新的內涵。接下來要做的是以其中一種方法來推導Ψ的波動方程式，再來討論結果的重要性。

我們將式(5.9)中的Ψ對 x 微分二次，得到

$$\frac{\partial^2 \Psi}{\partial x^2} = -\frac{p^2}{\hbar^2}\Psi$$

$$p^2\Psi = -\hbar^2\frac{\partial^2 \Psi}{\partial x^2} \tag{5.10}$$

對式(5.9)的 t 微分一次可以得到

$$\frac{\partial \Psi}{\partial t} = -\frac{iE}{\hbar}\Psi$$

$$E\Psi = -\frac{\hbar}{i}\frac{\partial \Psi}{\partial t} \tag{5.11}$$

在速度相對於光速來說很小，粒子的總能量 E 是動能 $p^2/2m$ 和位能 U 之和，U 為位置 x 和時間 t 之函數：

$$E = \frac{p^2}{2m} + U(x, t) \tag{5.12}$$

函數U代表整個宇宙中粒子以外部分對粒子的影響。當然，宇宙中只會有一小部分會與粒子有某個程度以上的交互作用。譬如對氫原子中的電子而言，就只要考慮原子核的電場即可。

將式(5.12)兩邊同乘上波函數Ψ得到

$$E\Psi = \frac{p^2\Psi}{2m} + U\Psi \tag{5.13}$$

再將 $E\Psi$ 及 $p^2\Psi$ 以式(5.10)和(5.11)代換，可得到與**時間相依型薛丁格方程式**(*time-dependent form of Schrödinger's equation*)：

一維的時間相依型薛丁格方程式

$$i\hbar\frac{\partial \Psi}{\partial t} = -\frac{\hbar^2}{2m}\frac{\partial^2 \Psi}{\partial x^2} + U\Psi \tag{5.14}$$

爾文・薛丁格（Erwin Schrödinger, 1887-1961)生於維也納，父親為奧地利人，母親則有一半的英國血統。薛丁格在當地的大學得到博士學位，並於一次大戰時服役擔任砲兵軍官。戰後，在擔任瑞士蘇黎士的物理教授之前曾被派任於一些德國的大學。在1925年的11月下旬，在德布羅依(de Broglie)的運動粒子具有波動性質理論的啟發下發表了一場演講。一個同事於事後提醒他，處理波的時候，需要一個波動方程式。他將這個建議秉記於心，幾週後，「要與一個新的原子理論奮鬥，如果我懂更多的數學就好了！我對這件事情非常樂觀……只要我能解出來，結果會很漂亮。」（薛丁格並不是唯一發現自己需要高深數學技巧的物理學家；傑出的數學家希伯特(David Hilbert)那時候曾說「物理對於物理學家太難了。」）

奮鬥的結果是成功的。1926年1月4篇論文中的第一篇〈量子化即本徵值問題〉(*Quantization as an Eigenvalue Problem*)完成了。在這個劃時代的論文中，薛丁格介紹了這個以他為名的方程式，並解出了氫原子模型，打開了通往現代原子觀點的大門，其他理論都只能從門縫中略窺一二而已。到了六月，薛丁格已成功地將理論應用於諧振子(harmonic oscillator)、雙原子分子、電場中的氫原子模型、輻射的吸收和放射、原子和分子的輻射散射。他還證明了他的波動力學在數學上等同於更抽象的海森堡－波恩－喬登矩陣力(Heisenberg-Born-Jordan matrix mechanics)。

薛丁格的成就立刻就受到重視。1927年他繼承普朗克(Planck)的衣缽任教於柏林大學，直到1933獲得諾貝爾獎後離開德國，那時也是納粹當權的開始。從1993年起，他任職於都柏林高等研究院進行研究，直到1956年返回奧地利為止。在都柏林，他開始對生物學感興趣，尤其是遺傳的問題。他似乎是第一個提出明確基因觀念的人，並認為基因應是一個大分子物質，並以其不同的原子排列來攜帶資訊。1944年薛丁格出版的《生命是什麼？》(*What Is Life?*)影響甚鉅，不單單只是提出他的說法而已，還為生物學家指引了一個新的觀點──物理學家的觀點。《生命是什麼？》啟發了華生(James Watson)尋找「基因的秘密」的研究，並與克里克(Francis Crick)(物理學家)於1953年發現了DNA分子的結構。

在三維的情形下，時間相依薛丁格方程式會變成

$$i\hbar\frac{\partial \Psi}{\partial t} = -\frac{\hbar^2}{2m}\left(\frac{\partial^2 \Psi}{\partial x^2} + \frac{\partial^2 \Psi}{\partial y^2} + \frac{\partial^2 \Psi}{\partial z^2}\right) + U\Psi \tag{5.15}$$

其中粒子的位能 U 是 x, y, z 及 t 的函數。

任何影響粒子運動的限制都會改變位能函數U。一旦知道U，薛丁格方程式就可以解出粒子的波函數Ψ，然後算出在特定 x, y, z, t 下的機率密度$|\Psi|^2$。

薛丁格方程式的有效性

這裡的薛丁格方程式是從一個自由運動粒子（位能U = 常數）的波函數所導出。我們如何確定它可以應用到粒子？受到任意且隨空間及時間而變的力作用之一般情況下[$U = U(x, y, z, t)$]，將式(5.10)、(5.11)代入式(5.13)是一個沒有嚴謹驗證的大膽嘗試；這問題同樣存在於所有其他方法導出的薛丁格方程式，包括薛丁格自己的方法。

所以我們必須做的就是假設薛丁格方程式為真，以此解出不同物理狀況下計算結果與實驗得到結果比較。如果兩者相符，那薛丁格方程式的假設就沒錯。如果兩者相異，那這個假設就該被丟棄，並尋找其他方法來滿足實驗結果。也就是說

> 薛丁格方程式無法從其他物理基本原理中導出，因為它本身就是一個基本原理。

結果是薛丁格方程式非常準確地預測了所有實驗的結果。當然，式(5.15)只可以用在所有非相對論的問題下，當粒子速度趨近光速的時候，則需要一個更複雜的公式。但是考慮平常的經驗都在它的適用範圍下，所以薛丁格方程式可說是一個對物理世界某些方面中有效的陳述。

值得注意的一點是，薛丁格方程式並沒有使我們在描述物理世界的作用時需要更多的原理。只要提供相關的一些值，古典力學的基本公式牛頓第二運動定律 $F = ma$ 可以從薛丁格方程式導出，而這些數值在這裡被當作平均值而不是準確值。（牛頓運動定律也不是從任何其他的原理中導出。就像薛丁格方程式一樣，這些定律被視為有效，是因為在它們的應用範圍內與實驗結果相同。）

5.4 線性與疊加

Linearity and Superposition

波函數相加，而非機率

薛丁格方程式的一個重要特性為線性波函數 Ψ。也就是說在方程式裡只有 Ψ 和它的微分項，沒有與 Ψ 獨立的項，也沒有 Ψ 更高次方或更高階微分項。因此，一已知系統中，薛丁格方程式解的線性組合也都會是一個解。如果 Ψ_1 和 Ψ_2 是兩組解（即兩個滿足方程式的波函數），則

$$\Psi = a_1\Psi_1 + a_2\Psi_2$$

也會是一個解，其中 a_1 和 a_2 是常數（見習題8）。因此波函數 Ψ_1 和 Ψ_2 就像其他波一樣遵守疊加原理(superposition principle)（見2.1節），我們也可以得知波函數會有干涉效應(interference effect)，就如同其他波一樣，如光波、音波、水波以及電磁波。實際上，3.4節及3.7節的討論已經假設德布羅依波(de Broglie wave)符合疊加原理。

接下來讓我們將疊加原理應用到電子束的繞射。圖5.2a繪出的是一束同樣能量的平行電子通過一對狹縫，打到螢幕上。如果只有狹縫1打開，結果會是如圖5.2b所示的強度變化，對應著機率密度

$$P_1 = |\Psi_1|^2 = \Psi_1^*\Psi_1$$

如果只有狹縫2開啟，對應的機率密度就會如圖 5.2c 所示

$$P_2 = |\Psi_2|^2 = \Psi_2^*\Psi_2$$

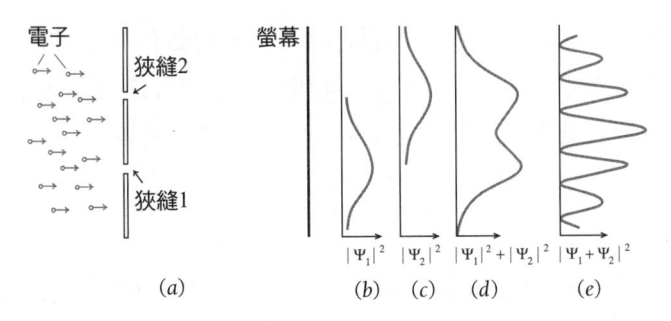

圖 5.2 (a)雙狹縫實驗的安排。(b)只有狹縫 1 開啟時螢幕上的電子強度。(c)只有狹縫 2 開啟時螢幕上的電子強度。(d)將(b)與(c)強度相加的結果。(e)開啟狹縫 1 及狹縫 2 實際上螢幕的強度。波函數Ψ_1和Ψ_2相加可得到螢幕上的結果，而不是$|\Psi_1|^2$與$|\Psi_2|^2$相加。

我們可以假定同時打開兩個狹縫時，得到電子的強度變化會如$P_1 + P_2$所描述，如同圖5.2d所示。然而實際情況並非如此，在量子力學中應該是波函數相加，並非機率相加。雙狹縫打開的結果應該是如圖5.2e所示，具有交替的極大及極小亮度的圖形，和圖 2.4 一束單色光通過雙狹縫的結果相同。

圖5.2e的繞射圖形源自於電子通過狹縫 1 和 2 的波函數Ψ_1及Ψ_2之疊加Ψ：

$$\Psi = \Psi_1 + \Psi_2$$

因此在螢幕上的機率密度會是

$$\begin{aligned} P &= |\Psi|^2 = |\Psi_1 + \Psi_2|^2 = (\Psi_1^* + \Psi_2^*)(\Psi_1 + \Psi_2) \\ &= \Psi_1^*\Psi_1 + \Psi_2^*\Psi_2 + \Psi_1^*\Psi_2 + \Psi_2^*\Psi_1 \\ &= P_1 + P_2 + \Psi_1^*\Psi_2 + \Psi_2^*\Psi_1 \end{aligned}$$

等式右邊的兩項代表圖 5.2d 與 5.2e 的差別，造成了電子強度在螢幕上的振盪。在6.8節中相似的計算將應用於研究氫原子從一個量子狀態躍遷較低能量時為何會產生輻射。

5.5 期望值

Expectation Values

如何由波函數中擷取資訊

特定物理狀態下，粒子的薛丁格方程式一旦被解出，得到的波函數$\Psi(x, y, z, t)$包含了所有關於粒子在測不準原理允許範圍內的資訊。除了被量子化的變數以外，這些資訊都是以機率而非特定數的方式呈現。

舉例來說，我們可以來計算波函數$\Psi(x, t)$所描述的一個 x 軸上粒子位置的**期望值**(*expectation value*)$\langle x \rangle$。這個值就是我們在某瞬間 t 量測具有同一波函數的大量粒子位置平均值。

為了更清楚地說明這個過程，我們先回答一個稍微有點不同的問題：一群在 x 軸上分布的相同粒子平均位置 $\bar{x}$ 是什麼？如果在 x_1 有 N_1 個粒子、x_2 有 N_2 個粒子……依此類推，平均位置就會是在整群粒子分布的質心上，所以

$$\bar{x} = \frac{N_1 x_1 + N_2 x_2 + N_3 x_3 + \cdots}{N_1 + N_2 + N_3 + \cdots} = \frac{\sum N_i x_i}{\sum N_i} \tag{5.16}$$

當我們處理單一粒子時，我們必須將在 x_i 位置的粒子數 N_i 替換為該粒子在 x_i 附近的 dx 範圍內出現的機率 P_i。這個機率為

$$P_i = |\Psi_i|^2\, dx \tag{5.17}$$

這裡的 Ψ_i 是粒子在 $x = x_i$ 的波函數。替換後可將加法改成積分，就可以得到單一粒子位置的期望值

$$\langle x \rangle = \frac{\int_{-\infty}^{\infty} x|\Psi|^2\, dx}{\int_{-\infty}^{\infty} |\Psi|^2\, dx} \tag{5.18}$$

如果 Ψ 為正規化的波函數，式(5.18)的分母等於粒子在 $x = -\infty$ 與 $x = \infty$ 之間的機率，因此值為 1。所以

位置的期望值
$$\langle x \rangle = \int_{-\infty}^{\infty} x|\Psi|^2\, dx \tag{5.19}$$

例 5.2

一個限制於 x 軸上的粒子，在 $x = 0$ 與 $x = 1$ 之間的波函數 $\Psi = ax$；在其他位置時則為 $\Psi = 0$。(a)求出粒子在 $x = 0.45$ 與 $x = 0.55$ 之間出現的機率。(b)求出粒子位置的期望值 $\langle x \rangle$。

解

(a) 機率為

$$\int_{x_1}^{x_2} |\Psi|^2\, dx = a^2 \int_{0.45}^{0.55} x^2\, dx = a^2 \left[\frac{x^3}{3}\right]_{0.45}^{0.55} = 0.0251 a^2$$

(b) 期望值為

$$\langle x \rangle = \int_0^1 x|\Psi|^2\, dx = a^2 \int_0^1 x^3\, dx = a^2 \left[\frac{x^4}{4}\right]_0^1 = \frac{a^2}{4}$$

同樣的過程可應用於求任何量的期望值 $\langle G(x) \rangle$——例如位能 $U(x)$——只要它是由波函數 Ψ 所描述的粒子位置 x 的函數。結果為

期望值
$$\langle G(x) \rangle = \int_{-\infty}^{\infty} G(x)|\Psi|^2\, dx \tag{5.20}$$

動量的期望值 $\langle p \rangle$ 無法由此法算得，因為根據測不準原理沒有這樣的函數 $p(x)$ 存在。如果指定 x，則 $\Delta x = 0$，因為 $\Delta x \Delta p \geq \hbar/2$ 而無法指定對應的 p。同樣的問題也會發生在能量的期望值 $\langle E \rangle$，因為 $\Delta E \Delta t \geq \hbar/2$ 同樣意謂著若我們在確定的時間 t 時，不可能算出函數 $E(t)$。5.6 節我們會看到如何決定 $\langle p \rangle$ 和 $\langle E \rangle$。

古典物理中沒有這樣的限制，因為在巨觀世界下測不準原理的效應可以被忽略。當我們應用第二運動定律於一個受到許多力的物體時，可以解出 $p(x, t)$ 和 $E(x, t)$，就如同我們可以得到 $x(t)$ 一樣。古典力學的解給予我們這個物體運動未來所有的過程。另一方面，在量子力學直接應用薛丁格方程式於粒子的運動問題時，我們能得到的是波函數 Ψ，而粒子運動的未來過程──就如同初始狀態一樣──是機率而不是確定的。

5.6 運算子
Operators

另一個求出期望值的方法

我們還有另一個計算 $\langle p \rangle$ 和 $\langle E \rangle$ 方法的建議。將自由粒子的波函數 $\Psi = Ae^{-(i/\hbar)(Et-px)}$ 對 x 和對 p 微分。我們發現

$$\frac{\partial \Psi}{\partial x} = \frac{i}{\hbar} p \Psi$$

$$\frac{\partial \Psi}{\partial t} = -\frac{i}{\hbar} E \Psi$$

也可以寫成另一個形式

$$p\Psi = \frac{\hbar}{i} \frac{\partial}{\partial x} \Psi \tag{5.21}$$

$$E\Psi = i\hbar \frac{\partial}{\partial t} \Psi \tag{5.22}$$

明顯地，動態量 p 感覺上可以與微分運算符號 $(\hbar/i)\partial/\partial x$ 對應，而動態量 E 同樣地對應到微分運算子 $i\hbar\, \partial/\partial t$。

一個**運算子**(*operator*)告訴我們如何對跟在它後面的量去做運算。因此運算子 $i\hbar\, \partial/\partial t$ 指示我們將跟在運算子後的量對 t 微分後乘上 $i\hbar$。式(5.22)也曾在奧地利用來註銷郵票的郵戳上，以紀念薛丁格的 100 歲冥誕。

通常在運算子上會加上一個脫字符 ^，如 $\hat{p}$ 是對應到動量 p 的運算子，$\hat{E}$ 是對應到總能量 E 的運算子。從式(5.21)和(5.22)可得這些運算子

動量運算子
$$\hat{p} = \frac{\hbar}{i} \frac{\partial}{\partial x} \tag{5.23}$$

總能量運算子 $$\hat{E} = i\hbar \frac{\partial}{\partial t} \tag{5.24}$$

雖然我們只證明式(5.23)、(5.24)可應用於自由粒子，它們實際上是一個通用的公式，就如同薛丁格方程式一般。為了證明以上的說法，我們可以將粒子總能量的方程式 $E = \text{KE} + U$ 代換為運算子的方程式

$$\hat{E} = \hat{\text{KE}} + \hat{U} \tag{5.25}$$

運算子$\hat{U}$就是$U(\Psi)$。動能 KE 以動量 p 來表示

$$\text{KE} = \frac{p^2}{2m}$$

所以我們可以得到

動能運算子 $$\hat{\text{KE}} = \frac{\hat{p}^2}{2m} = \frac{1}{2m}\left(\frac{\hbar}{i}\frac{\partial}{\partial x}\right)^2 = -\frac{\hbar^2}{2m}\frac{\partial^2}{\partial x^2} \tag{5.26}$$

式(5.25)因此寫成

$$i\hbar \frac{\partial}{\partial t} = -\frac{\hbar^2}{2m}\frac{\partial^2}{\partial x^2} + U \tag{5.27}$$

現在讓我們把式(5.27)兩邊同乘以恆等式 $\Psi = \Psi$，得到

$$i\hbar \frac{\partial \Psi}{\partial t} = -\frac{\hbar^2}{2m}\frac{\partial^2 \Psi}{\partial x^2} + U\Psi$$

這就是薛丁格方程式。式(5.23)、(5.24)所做的假設等效於薛丁格方程式的假設。

運算子與期望值

因為 p 與 E 在方程式裡可用對應的運算子來代替。我們可以用這些運算子來求 p 和 E 的期望值。因此 p 的期望值為

$$\langle p \rangle = \int_{-\infty}^{\infty} \Psi^* \hat{p} \Psi \, dx = \int_{-\infty}^{\infty} \Psi^* \left(\frac{\hbar}{i}\frac{\partial}{\partial x}\right) \Psi \, dx = \frac{\hbar}{i} \int_{-\infty}^{\infty} \Psi^* \frac{\partial \Psi}{\partial x} \, dx \tag{5.28}$$

E 的期望值為

$$\langle E \rangle = \int_{-\infty}^{\infty} \Psi^* \hat{E} \Psi \, dx = \int_{-\infty}^{\infty} \Psi^* \left(i\hbar \frac{\partial}{\partial t}\right) \Psi \, dx = i\hbar \int_{-\infty}^{\infty} \Psi^* \frac{\partial \Psi}{\partial t} \, dx \tag{5.29}$$

式(5.28)、(5.29)都可以帶入任何可接受的波函數$\Psi(x, t)$中。

讓我們看看為何牽涉到期望值的運算子需要表示成這種形式

$$\langle p \rangle = \int_{-\infty}^{\infty} \Psi^* \hat{p} \Psi \, dx$$

另一個表示法為

$$\int_{-\infty}^{\infty} \hat{p}\Psi^*\Psi \, dx = \frac{\hbar}{i} \int_{-\infty}^{\infty} \frac{\partial}{\partial x}(\Psi^*\Psi) \, dx = \frac{\hbar}{i}\left[\Psi^*\Psi\right]_{-\infty}^{\infty} = 0$$

因為當 $x = \pm\infty$ 時 Ψ^* 和 Ψ 必須為 0，而且

$$\int_{-\infty}^{\infty} \Psi^*\Psi\hat{p} \, dx = \frac{\hbar}{i} \int_{-\infty}^{\infty} \Psi^*\Psi \frac{\partial}{\partial x} \, dx$$

是沒有意義的。如果被積分函數中有像 x 和 $V(x)$ 這樣的代數量，則各項的排列順序不重要，但若包含微分算子時，則要注意各項之間的正確順序。

一物理系統的任意可觀測量 G 可以用一適合的量子力學運算子 $\hat{G}$ 來表示。為了得到此運算子，我們可以將 G 用 x 和 p 來表示，再將 p 以 $(\hbar/i)\partial/\partial x$ 代入。若某系統的波函數為 Ψ 為已知，則 $G(x, p)$ 的期望值為

運算子的期望值 $$\langle G(x, p) \rangle = \int_{-\infty}^{\infty} \Psi^*\hat{G}\Psi \, dx \tag{5.30}$$

運用這個方法，任一系統所有在測不準原理允許下的資訊都可以從波函數 Ψ 求得。

5.7 薛丁格方程式：穩態形式
Schrödinger's Equation: Steady-State Form

本徵值及本徵函數

在大多數情況下粒子的位能都不會很明顯地隨時間變化；作用力及 U 只會隨著粒子的位置變化。在這個情況下，可以將薛丁格方程式所有含 t 項去掉而簡化。

不受限制的粒子在一維波函數 Ψ 可以寫成

$$\Psi = Ae^{-(i/\hbar)(Et-px)} = Ae^{-(iE/\hbar)t}e^{+(ip/\hbar)x} = \psi e^{-(iE/\hbar)t} \tag{5.31}$$

明顯地 Ψ 是由與時間相依的函數 $e^{-(iE/\hbar)t}$ 和與位置相依的函數 ψ 的乘積。如此的結果會是受力作用時間獨立的粒子波函數，與不受限制的粒子有相同的時間相依形式。將式(5.31)的 Ψ 代入時間相依型的薛丁格方程式(5.14)，我們可以發現

$$E\psi e^{-(iE/\hbar)t} = -\frac{\hbar^2}{2m} e^{-(iE/\hbar)t} \frac{\partial^2 \psi}{\partial x^2} + U\psi e^{-(iE/\hbar)t}$$

將等式兩邊都有的指數項消掉，可以得到

一維穩態薛丁格方程式 $$\frac{\partial^2 \psi}{\partial x^2} + \frac{2m}{\hbar^2}(E - U)\psi = 0 \tag{5.32}$$

式(5.32)是**穩態形式的薛丁格方程式**(*steady-state form of Schrödinger's equation*)。在三維的情況變成

三維穩態薛丁格方程式 $$\frac{\partial^2 \psi}{\partial x^2} + \frac{\partial^2 \psi}{\partial y^2} + \frac{\partial^2 \psi}{\partial z^2} + \frac{2m}{\hbar^2}(E - U)\psi = 0 \tag{5.33}$$

穩態薛丁格方程式有一個重要的特性就是，如果已知系統有一個以上的解，每一個波函數會對應到一個特定的能量值 E。因此波動力學既有的能量量子化，與物理世界裡的能量量子化特性是所有穩定系統的普遍現象。

一個較類似的例子是長度 L 且兩端固定的拉直弦上的駐波，它與薛丁格方程式解的能量一樣有量子化特性。此時波不能不確定地往同一方向前進，而是同時往 $+x$ 與 $-x$ 方向傳遞。這些波受到弦兩端的位移 y 必須是零的條件限制（稱為**邊界條件**(*boundary condition*)）。一個可接受的位移函數 $y(x, t)$ 和其微分（除了兩端點以外）必須如同良好行為的波函數 ψ 和其微分一樣——連續、有限、且只有單一值。因此 y 必須是實數而非複數，如同它所代表的直接可量測的量一樣。這時，根據以上限制，要求得波動方程式(5.3)的唯一解，波長必須為

$$\lambda_n = \frac{2L}{n+1} \qquad n = 0, 1, 2, 3, \ldots$$

如圖5.3所示。波動方程式及加諸其解的性質之限制，使我們得到的結論就是 $y(x, t)$ 只有某些波長 λ_n。

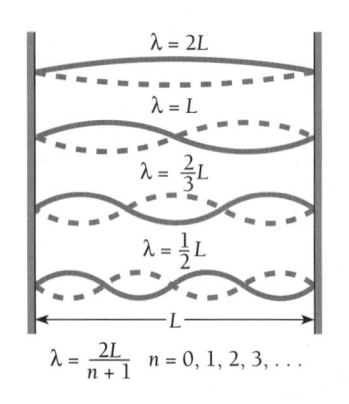

圖 5.3 兩端繫緊拉伸繩索中的駐波。

本徵值及本徵函數

由薛丁格穩態方程式解得的能量值 E_n 稱為**本徵值**(*eigenvalue*)，它們對應的波函數 ψ_n 則稱為**本徵函數**(*eigenfunction*)。（這些名稱來自德文 *Eigenwert*，意思是「適當的或特徵的值」，而 *Eigenfunktion* 為「適當的或特徵的函數」。）氫原子的離散能階(discrete energy level)

$$E_n = -\frac{me^4}{32\pi^2\epsilon_0^2\hbar^2}\left(\frac{1}{n^2}\right) \qquad n = 1, 2, 3, \ldots$$

是一組本徵值的例子。我們會在第6章中看到為何只有這些能量的特定值 E 產生可接受的氫原子電子波函數。

除了總能量以外，另一個重要的動態變數是角動量(angular momentum) **L**，在穩定系統下，角動量也可以量子化。如氫原子，我們可以發現總角動量的大小具有本徵值

$$L = \sqrt{l(l+1)}\,\hbar \qquad l = 0, 1, 2, \ldots, (n-1)$$

當然，一個動態變數 G 也許無法量子化。這時對 G 的量測即使用相同系統再多次也不會有唯一的結果，而是一些分散的值，且平均值等於期望值

$$\langle G \rangle = \int_{-\infty}^{\infty} G|\psi|^2\, dx$$

例如，在氫原子中電子的位置就不能量子化，因此我們必須想像電子是在原子核的附近以單位體積內某一機率$|\psi|^2$出現，而不像古典方式有一可預測的位置，甚至軌道。這個機率的說法並不與氫原子的實驗結果衝突，實驗告訴我們每個氫原子有一個電子，而不是在某區域內有百分之27的電子，在其他區域有百分之73。機率是找到電子的可能性，雖然機率在空間中是模糊的，電子本身卻不是。

運算子和本徵值

某個動態變數G的值被限制為離散值G_n——也就是說，G是量子化的——之條件是系統的波函數ψ_n為

本徵值方程式 $$\hat{G}\psi_n = G_n\psi_n \tag{5.34}$$

其中$\hat{G}$是對應到G的運算子，每一G_n是實數。當式(5.34)對一系統的波函數為真時，則合乎量子力學的基本假設，任何對G的量測都會得到G_n其中的一個值。如果對許多相同由這個特別的本徵函數ψ_k所描述的相同系統做量測，每一個測量都會得到單一值G_k。

例 5.3

運算子d^2/dx^2的本徵函數是$\psi = e^{2x}$，求出對應的本徵值。

解

在這裡$\hat{G} = d^2/dx^2$，所以

$$\hat{G}\psi = \frac{d^2}{dx^2}(e^{2x}) = \frac{d}{dx}\left[\frac{d}{dx}(e^{2x})\right] = \frac{d}{dx}(2e^{2x}) = 4e^{2x}$$

但是$e^{2x} = \psi$，所以

$$\hat{G}\psi = 4\psi$$

從式(5.34)我們可以看出這裡的本徵值$G = 4$。

從式(5.25)、(5.26)的觀點來看，(5.24)的總能量運算子$\hat{E}$也可以寫成下式

漢彌爾頓運算子 $$\hat{H} = -\frac{\hbar^2}{2m}\frac{\partial^2}{\partial x^2} + U \tag{5.35}$$

稱為**漢彌爾頓運算子**(*Hamiltonian operator*)，因為它令人聯想到高等古典力學中的漢彌爾頓函數，它只用座標與動量來表示系統的總能量。我們可以看出穩態的薛丁格方程式可以更簡單地寫成下式

薛丁格方程式 $$\hat{H}\psi_n = E_n\psi_n \tag{5.36}$$

表 5.1 各種可觀察的量與相關的運算子

量	運算子
位置 x	x
線性動量 p	$\dfrac{\hbar}{i}\dfrac{\partial}{\partial x}$
位能 $U(x)$	$U(x)$
動能 $KE = \dfrac{p^2}{2m}$	$-\dfrac{\hbar^2}{2m}\dfrac{\partial^2}{\partial x^2}$
總能量 E	$i\hbar\dfrac{\partial}{\partial t}$
總能量（漢彌爾頓形式）H	$-\dfrac{\hbar^2}{2m}\dfrac{\partial^2}{\partial x^2}+U(x)$

因此我們可說不同的 E_n 是漢彌爾頓運算子 $\hat{H}$ 的本徵值。這種本徵值與量子力學運算子的關係相當常見。表 5.1 列出一些運算子和對應的可觀察量。

5.8 箱子中的粒子

Particle in a Box

邊界條件與正規化如何決定波函數

為解薛丁格方程式，常常需要一些高深的數學技巧，即使是較簡單的穩態形式。因此傳統上量子力學的學習會留給較進階的學生，因為他們具有足夠的數學能力。然而，因為量子力學是與實際實驗結果接近的一個理論架構，我們必須探討它的方法與應用以更瞭解近代物理。接下來我們將看到，即使我們只具備有限的數學能力，我們仍可以瞭解一系列令量子力學成就卓越的想法。

這個最簡單的量子力學問題，就是一個陷在箱壁無限硬的箱子中的粒子。在 3.6 節中我們看到如何由一個簡單的證明得到系統的能階。讓我們現在用一個更正式的方法來處理這個問題，使我們得到對應每一能階的波函數 ψ_n。

因為無限硬箱壁，我們可以規定粒子的運動限制沿 x 軸，在 $x = 0$ 至 $x = L$ 之間。粒子在撞擊到箱壁時不會損失能量，因此它的總能量維持不變。從比較正式的角度來看，粒子的位能 U 在兩側的箱壁是無限大的，而在箱中 U 為一定值——為方便起見定為——如圖 5.4。因為粒子不可能具有無限大的能量，所以它不可能穿出箱子之外，因此它的波函數 ψ 在 $x \leq 0$ 和 $x \geq L$ 時為零。我們的任務在於求出箱中的 ψ 為何，也就是說，在 $x = 0$ 和 $x = L$ 之間 ψ 值。

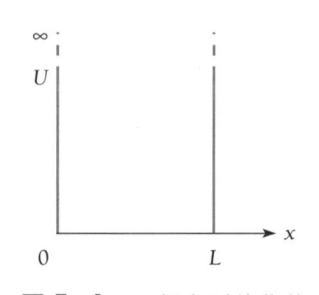

圖 5.4 一個方形的位能井，在每邊有無限高的障礙，如同無限硬壁的箱子。

在箱中的薛丁格方程式變成

$$\frac{d^2\psi}{dx^2} + \frac{2m}{\hbar^2}E\psi = 0 \tag{5.37}$$

因為在這裡位能為零（全微分項 $d^2\psi/dx^2$ 與偏微分 $\partial^2\psi/\partial x^2$ 相同，因為在此問題 ψ 只是 x 的函數），式(5.37)的解為

$$\psi = A \sin \frac{\sqrt{2mE}}{\hbar} x + B \cos \frac{\sqrt{2mE}}{\hbar} x \tag{5.38}$$

我們可以將解代入式(5.37)驗算證明。A 和 B 為要計算的常數。

這個解的邊界條件是 $x = 0$ 和 $x = L$ 時，$\psi = 0$。因為 $\cos 0 = 1$，式中的第二項在 $x = 0$ 時不為零，無法描述此粒子。所以我們得知 $B = 0$。因為 $\sin 0 = 0$，$\sin$ 項永遠使 $x = 0$ 處 $\psi = 0$，如同我們的條件一樣，但若要讓 ψ 在 $x = L$ 等於 0 則需要

$$\frac{\sqrt{2mE}}{\hbar} L = n\pi \qquad n = 1, 2, 3, \ldots \tag{5.39}$$

因為正弦函數在角度為 $\pi, 2\pi, 3\pi\ldots$ 時都等於 0。

從式(5.39)明顯地看出粒子的能量只具有某些值，也就是上一節所述的本徵值。這些本徵值組成了這個系統的**能階**(*energy level*)，可以從式(5.39)的解 E_n 得到

箱子中的粒子 $\qquad E_n = \dfrac{n^2\pi^2\hbar^2}{2mL^2} \qquad n = 1, 2, 3, \ldots \tag{5.40}$

式(5.40)與式(3.18)相同，有同樣的解釋〔見 3.6 節對於式(3.18)的討論〕。

波函數

箱子中具能量 E_n 的粒子波函數可從式(5.38)的 $B = 0$ 導出

$$\psi_n = A \sin \frac{\sqrt{2mE_n}}{\hbar} x \tag{5.41}$$

將式(5.40)的 E_n 代換後

$$\psi_n = A \sin \frac{n\pi x}{L} \tag{5.42}$$

這就是對應到能量本徵值 E_n 的本徵函數。

要驗證這些本徵函數是否符合 5.1 節的要求是很容易的：對於每個量子數 n 而言，ψ_n 是 x 的有限且單一值的函數，而 ψ_n 和 $\partial \psi_n/\partial x$ 為連續函數（除了在箱壁的端點之外）。除此之外，$|\psi_n|^2$ 對整個空間的積分為有限值，相等於我們將 $|\psi_n|^2$ 從 $x = 0$ 積分至 $x = L$（因為粒子被限制在此區域中）。根據三角恆等式 $\sin^2\theta = \frac{1}{2}(1 - \cos 2\theta)$，我們發現

$$\int_{-\infty}^{\infty} |\psi_n|^2 \, dx = \int_0^L |\psi_n|^2 \, dx = A^2 \int_0^L \sin^2\left(\frac{n\pi x}{L}\right) dx$$

$$= \frac{A^2}{2}\left[\int_0^L dx - \int_0^L \cos\left(\frac{2n\pi x}{L}\right) dx\right]$$

$$= \frac{A^2}{2}\left[x - \left(\frac{L}{2n\pi}\right)\sin\frac{2n\pi x}{L}\right]_0^L = A^2\left(\frac{L}{2}\right) \quad (5.43)$$

我們必須給予 A 一個值使得 ψ 正規化，才能使 $|\psi_n|^2$ 等於找到粒子介於 x 與 $x + dx$ 之間的機率 $P\,dx$，而不只是與 $P\,dx$ 成正比而已。如果 $|\psi_n|^2\,dx$ 等於 $P\,dx$，則下式一定成立

$$\int_{-\infty}^{\infty} |\psi_n|^2 \, dx = 1 \quad (5.44)$$

比較式(5.43)和(5.44)我們發現粒子的波函數被正規化，如果

$$A = \sqrt{\frac{2}{L}} \quad (5.45)$$

因此這個正規化的粒子的波函數變成

箱中的粒子 $\quad \psi_n = \sqrt{\frac{2}{L}} \sin \frac{n\pi x}{L} \quad\quad n = 1, 2, 3, \ldots \quad (5.46)$

正規化的波函數 ψ_1, ψ_2, ψ_3 和它們的機率密度 $|\psi_1|^2, |\psi_2|^2, |\psi_3|^2$ 繪於圖5.5。雖然 ψ_n 可能為正或為負，但是因為 ψ_n 已經正規化，所以 $|\psi_n|^2$ 卻不可能為負，且它在已知 x 值的情況下會等於粒子出現在該位置的機率密度。在箱子的邊界 $x = 0$ 及 $x = L$ 的情況時所有的 $|\psi_n|^2 = 0$。

在箱中某特定位置粒子出現的機率，也許在不同量子數時會不同。例如，$|\psi_1|^2$ 在箱子中央時有最大值 $2/L$，然而 $|\psi_2|^2$ 在這位置為0。一個有最低能階 $n = 1$ 的粒子最可能出現的位置就是箱子的中央，而較高能階 $n = 2$ 的粒子絕不可能出現在這個位置！然而，古典物理認為粒子在箱子中任何位置出現的機率都是一樣的。

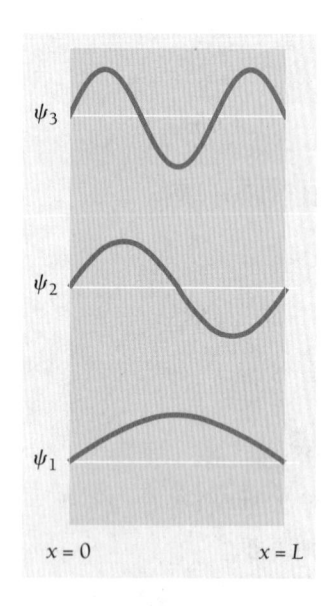

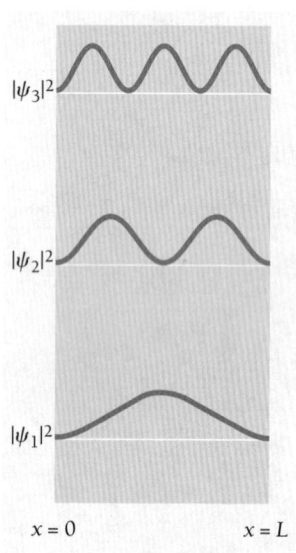

圖5.5 限制在堅固牆壁箱中粒子的波函數與機率密度。

圖5.5的波函數類似於一條兩端固定且拉緊的弦可能的振動，如圖5.2。拉緊弦上的波與由波函數所描述的移動粒子有相同的形式，因此對兩種波的限制相同時，得到的結果也會有相同的形式。

例 5.4

求出陷在邊長為 L 的箱中粒子在基態(ground state)和第一受激態(first excited state)時，出現在 $0.45L$ 和 $0.55L$ 之間的機率。

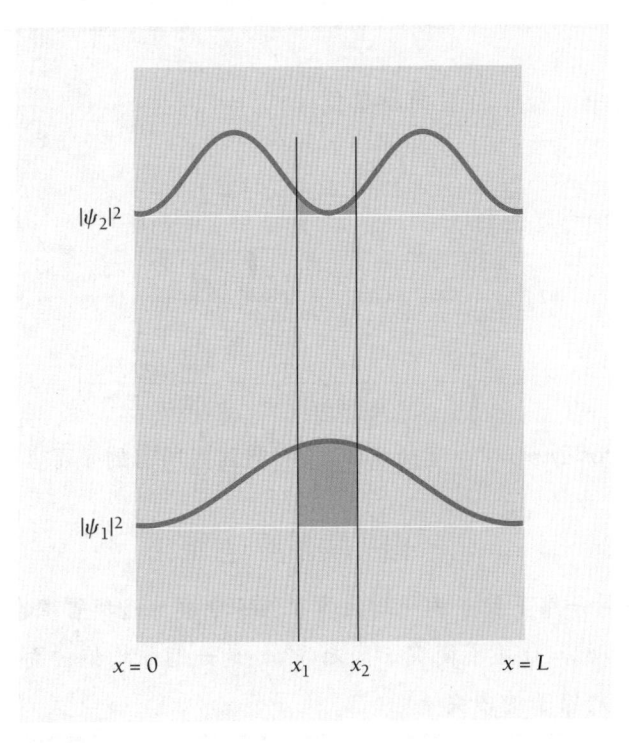

圖 5.6 圖 5.5 箱中粒子在 $x_1 = 0.45L$ 和 $x_2 = 0.55L$ 間出現的機率 p_{x_1, x_2} 等於在這些極限內 $|\psi_n|^2$ 曲線下的面積。

解

所求的部分佔箱子寬度的十分之一，且位於箱子的中央（圖 5.6）。古典的想法認為粒子會有 10% 的時間出現在此區域。量子力學則做了相當不同的預測，認為結果應該與粒子態的量子數有關。從式 (5.2) 與 (5.46) 可知第 n 個態的粒子在 x_1 與 x_2 出現的機率為

$$P_{x_1, x_2} = \int_{x_1}^{x_2} |\psi_n|^2 \, dx = \frac{2}{L} \int_{x_1}^{x_2} \sin^2 \frac{n\pi x}{L} \, dx$$

$$= \left[\frac{x}{L} - \frac{1}{2n\pi} \sin \frac{2n\pi x}{L} \right]_{x_1}^{x_2}$$

代入 $x_1 = 0.45L$ 和 $x_2 = 0.55L$。基態時 $n = 1$，我們可以得到

$$P_{x_1, x_2} = 0.198 = 19.8\,\%$$

相當於古典理論所預測機率的兩倍。對於第一受激態來說，代入 $n = 2$ 則得到

$$P_{x_1, x_2} = 0.0065 = 0.65\,\%$$

上圖與理論符合，在 $x = 0.5L$ 時機率密度 $|\psi_n|^2 = 0$。

例 5.5

求出在寬 L 的箱中，粒子位置的期望值 $\langle x \rangle$。

解

從式(5.19)、(5.46)可以得到

$$\langle x \rangle = \int_{-\infty}^{\infty} x|\psi|^2 \, dx = \frac{2}{L} \int_0^L x \sin^2 \frac{n\pi x}{L} \, dx$$

$$= \frac{2}{L} \left[\frac{x^2}{4} - \frac{x \sin(2n\pi x/L)}{4n\pi/L} - \frac{\cos(2n\pi x/L)}{8(n\pi/L)^2} \right]_0^L$$

因為 $\sin n\pi = 0$, $\cos 2n\pi = 1$，且 $\cos 0 = 1$，得到對所有的 n 而言，x 的期望值為

$$\langle x \rangle = \frac{2}{L} \left(\frac{L^2}{4} \right) = \frac{L}{2}$$

此結果代表所有量子態下粒子的平均位置在箱子中央。這與實際在 $L/2$ 的位置上 $n = 2, 4, 6, \ldots$ 態時 $|\psi|^2 = 0$ 並不衝突，因為 $\langle x \rangle$ 是一個平均值，而不是機率，所以它反應了 $|\psi|^2$ 對稱於箱子的中央。

動量

求限制在一維箱中的粒子動量就不像求 $\langle x \rangle$ 一樣直接。在這裡

$$\psi^* = \psi_n = \sqrt{\frac{2}{L}} \sin \frac{n\pi x}{L}$$

$$\frac{d\psi}{dx} = \sqrt{\frac{2}{L}} \frac{n\pi}{L} \cos \frac{n\pi x}{L}$$

因此，從式(5.30)

$$\langle p \rangle = \int_{-\infty}^{\infty} \psi^* \hat{p} \psi \, dx = \int_{-\infty}^{\infty} \psi^* \left(\frac{\hbar}{i} \frac{d}{dx} \right) \psi \, dx$$

$$= \frac{\hbar}{i} \frac{2}{L} \frac{n\pi}{L} \int_0^L \sin \frac{n\pi x}{L} \cos \frac{n\pi x}{L} \, dx$$

我們注意到

$$\int \sin ax \cos ax \, dx = \frac{1}{2a} \sin^2 ax$$

當 $a = n\pi/L$ 時我們得到

$$\langle p \rangle = \frac{\hbar}{iL} \left[\sin^2 \frac{n\pi x}{L} \right]_0^L = 0$$

因為
$$\sin^2 0 = \sin^2 n\pi = 0 \qquad n = 1, 2, 3, \ldots$$

粒子動量的期望值 $\langle p \rangle$ 是 0。

乍看之下這個結論似乎有些奇怪。畢竟 $E = p^2/2m$，所以我們預期

**被陷住粒子的
動量本徵值**
$$p_n = \pm \sqrt{2mE_n} = \pm \frac{n\pi\hbar}{L} \tag{5.47}$$

符號 ± 的解釋是：粒子在前後移動，因此任何 n 值的平均動量為

$$p_{av} = \frac{(+n\pi\hbar/L) + (-n\pi\hbar/L)}{2} = 0$$

也就是期望值。

根據式(5.47)，每個能量本徵函數應該有兩個動量本徵函數，對應到兩個可能的運動方向。求一個量子力學的運算子本徵值，也就是在這裡的 $\hat{p}$，一般的做法是從本徵值方程式開始

$$\hat{p}\psi_n = p_n \psi_n \tag{5.48}$$

其中每個 p_n 為實數。此方程式只在波函數 ψ_n 為動量運算子 $\hat{p}$ 的本徵函數時才會成立，在此為

$$\hat{p} = \frac{\hbar}{i} \frac{d}{dx}$$

我們可以立刻得到能量的本徵函數

$$\psi_n = \sqrt{\frac{2}{L}} \sin \frac{n\pi x}{L}$$

這並不是動量的本徵函數，因為

$$\frac{\hbar}{i} \frac{d}{dx} \left(\sqrt{\frac{2}{L}} \sin \frac{n\pi x}{L} \right) = \frac{\hbar}{i} \frac{n\pi}{L} \sqrt{\frac{2}{L}} \cos \frac{n\pi x}{L} \neq p_n \psi_n$$

為了要求出正確的動量本徵函數，我們注意到

$$\sin \theta = \frac{e^{i\theta} - e^{-i\theta}}{2i} = \frac{1}{2i} e^{i\theta} - \frac{1}{2i} e^{-i\theta}$$

因此每個能量本徵函數都可以由兩個波函數的線性組合而成

$$\psi_n^+ = \frac{1}{2i} \sqrt{\frac{2}{L}} e^{in\pi x/L} \tag{5.49}$$

**被陷住粒子的
動量本徵函數**
$$\psi_n^- = \frac{1}{2i} \sqrt{\frac{2}{L}} e^{-in\pi x/L} \tag{5.50}$$

將第一個波函數代入式(5.48)的本徵值方程式中,我們得到

$$\hat{p}\psi_n^+ = p_n^+\psi_n^+$$

$$\frac{\hbar}{i}\frac{d}{dx}\psi_n^+ = \frac{\hbar}{i}\frac{1}{2i}\sqrt{\frac{2}{L}}\frac{in\pi}{L}e^{in\pi x/L} = \frac{n\pi\hbar}{L}\psi_n^+ = p_n^+\psi_n^+$$

因此

$$p_n^+ = +\frac{n\pi\hbar}{L} \tag{5.51}$$

同樣地,波函數 ψ_n^- 會導出動量本徵值為

$$p_n^- = -\frac{n\pi\hbar}{L} \tag{5.52}$$

我們得到的結論是,ψ_n^+ 和 ψ_n^- 確實是箱中粒子的動量本徵函數,式(5.47)正確地說明對應的動量本徵值。

5.9 有限位能井
Finite Potential Well

波函數穿透牆,使能階降低

在現實世界中位能永遠不可能是無限大的,而上一節中無限硬的箱壁在現實生活中也是不可能存在的。然而有限能障高度的位能井確實存在。讓我們看看在這樣的井中粒子的波函數及能階為何。

圖 5.7 描繪出一個方形邊緣的位能井,高度為 U,寬度為 L,包含一個粒子的能量 E 小於 U。根據古典力學的說法,當粒子撞擊至井的邊緣時,它會彈回來而不可能進入第 I 區及第 III 區。而量子力學認為,粒子會前後跳動沒錯,但是縱使現在 $E < U$,它仍有某種的機率可穿入到 I 及 III 區。

在 I 及 III 區的穩態薛丁格方程式是

$$\frac{d^2\psi}{dx^2} + \frac{2m}{\hbar^2}(E-U)\psi = 0$$

我們可以用較方便的形式重寫此式

$$\frac{d^2\psi}{dx^2} - a^2\psi = 0 \qquad \begin{array}{l} x < 0 \\ x > L \end{array} \tag{5.53}$$

其中

$$a = \frac{\sqrt{2m(U-E)}}{\hbar} \tag{5.54}$$

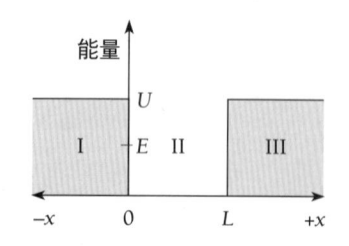

圖 5.7 一個有限障的方形位能井。陷在其中的粒子之能量 E 小於障的高度 U。

式(5.53)的解為實數指數：

$$\psi_\text{I} = Ce^{ax} + De^{-ax} \tag{5.55}$$

$$\psi_\text{III} = Fe^{ax} + Ge^{-ax} \tag{5.56}$$

ψ_I、ψ_III在所有地方都必須是有限的。因為當$x \to -\infty$時，$e^{-ax} \to \infty$；$x \to \infty$時，$e^{ax} \to \infty$，因此係數D和F必須為0。所以我們得到

$$\psi_\text{I} = Ce^{ax} \tag{5.57}$$

$$\psi_\text{III} = Ge^{-ax} \tag{5.58}$$

這些波函數在井兩邊障內呈現指數減少。

在井內的薛丁格方程式與式(5.37)相同，它的解也為

$$\psi_\text{II} = A \sin\frac{\sqrt{2mE}}{\hbar}x + B \cos\frac{\sqrt{2mE}}{\hbar}x \tag{5.59}$$

在無限高度障的位能井例子中，我們發現為了要讓在$x = 0$及$x = L$的地方$\psi = 0$，我們必須讓$B = 0$。然而在$x = 0$處$\psi_\text{II} = C$，在$x = L$處$\psi_\text{II} = G$，所以式(5.59)的 sin 與 cos 解都是可能的。

對任一解來說，ψ和$d\psi/dx$都必須在$x = 0$和$x = L$處連續：波函數不管在井內或外的邊界處不但要有同樣的值，還要有相同的斜率，才能互相完美的匹配。當這些邊界條件考慮進去時，結果確實與具有特定能量值E_n的粒子發生的情況相吻合。完整的波函數和它們的機率密度如圖5.8。

因為適合此井的波長比相同寬度無限井的波長還長（見圖5.5），對應粒子的動量較低（回想$\lambda = h/p$）。因此每一n值的能階E_n比無限井中粒子低。

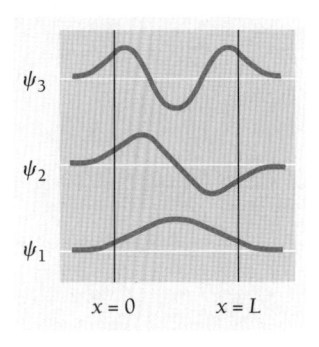

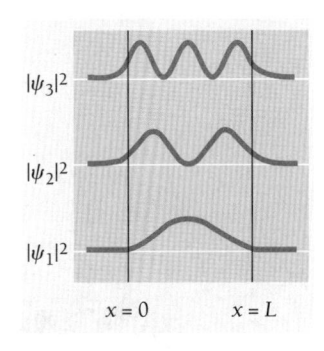

圖 5.8 有限位能井中粒子的波函數和機率密度。粒子有某種機率出現在牆的外面。

5.10 穿隧效應
Tunnel Effect

一個沒有足夠能量可以跨越電位障的粒子仍有可能穿隧它

雖然圖5.7的位能井的牆高度是有限的，但是它們假設無限地厚。因此粒子永遠陷住不可能穿過牆。接下來我們來看另一個情況，電子撞擊到的電位障高度為U，且$E < U$，但是這個障的寬度是有限的（圖5.9）。我們將發現粒子有某種機率——不一定很大，但卻不是零——穿越障，出現在另一邊。粒子缺乏超越障的能量，但是它卻可以穿隧過去。如同意料中的，障越高或是越寬，粒子越不可能穿過。

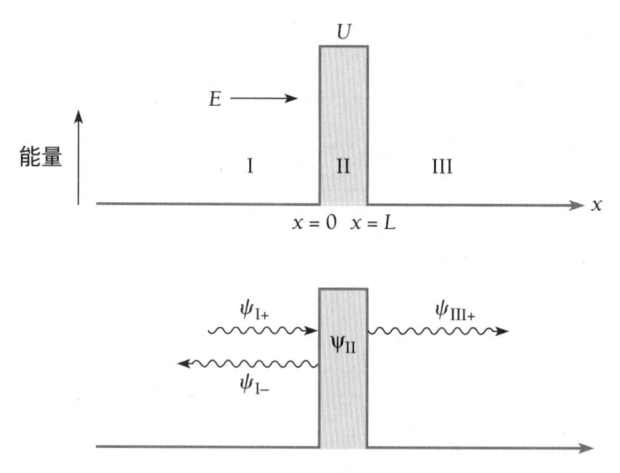

圖 5.9 當能量 $E < U$ 的粒子接近電位障時，根據古典力學粒子一定會被反射。在量子力學，粒子對應的德布羅依波有一部分反射，一部分穿透，也就是說粒子具有一個有限的機率會穿過障。

穿隧效應(tunnel effect)實際上會發生，如α粒子會從有輻射性的原子核射出就是一例。我們將會在第12章學習到，α粒子的動能只有幾個MeV，但是卻可以脫離原子核大約25 MeV的電位井。脫離的機率非常小，α粒子大約要撞擊壁10^{38}或更多次才會脫離，但是遲早它都會離開。穿隧也會發生在某些半導體二極體(semiconductor diode)(10.7節)，在其中的電子會通過電位障，即使它們的動能小於障的高度。

讓我們考慮一束具有動能 E 的相同粒子。電子束從左撞上高度 U 寬度 L 的電位障，如圖 5.9。障的兩邊 $U = 0$，也就是說在這裡沒有力作用在粒子上。波函數ψ_{I+}代表粒子向右移動，ψ_{I-}代表反射的粒子向左運動；ψ_{III}代表穿過的粒子向右運動。波函數ψ_{II}代表在障內的粒子，其中部分會到達III區，而其他會回到I區。粒子穿過障的穿隧機率 T 等於入射粒子經過障的部分。這個機率在這一章的附錄中有計算過程。它的近似值如下

近似穿隧機率 $\qquad\qquad T = e^{-2k_2 L} \qquad\qquad (5.60)$

其中

$$k_2 = \frac{\sqrt{2m(U-E)}}{\hbar} \qquad\qquad (5.61)$$

L 就是障的寬度。

例 5.6

具有能量 1.0 eV 和 2.0 eV 的電子射向 10.0 eV，寬 0.5 nm 的障。(a)求它們個別的穿隧機率。(b)如果障的寬度加倍會有怎樣的影響？

解

(*a*) 對於 1.0 eV 的電子

$$k_2 = \frac{\sqrt{2m(U-E)}}{\hbar}$$

$$= \frac{\sqrt{(2)(9.1 \times 10^{-31} \text{ kg})[(10.0-1.0) \text{ eV}](1.6 \times 10^{-19} \text{ J/eV})}}{1.054 \times 10^{-34} \text{ J} \cdot \text{s}}$$

$$= 1.6 \times 10^{10} \text{ m}^{-1}$$

因為 $L = 0.50$ nm $= 5.0 \times 10^{-10}$ m, $2k_2 L = (2)(1.6 \times 10^{10} \text{ m}^{-1})(5.0 \times 10^{-10} \text{ m}) = 16$，近似的穿隧機率為

$$T_1 = e^{-2k_2 L} = e^{-16} = 1.1 \times 10^{-7}$$

平均每八百九十萬個 1.0 eV 的電子會有一個可以穿隧過 10 eV 的能障。2.0 eV 電子的計算相似，可以得到 $T_2 = 2.4 \times 10^{-7}$。這些電子有兩倍的機率可以穿隧障。

(*b*) 如果障的寬度加倍變成 1.0 nm，穿隧的機率變成

$$T_1' = 1.3 \times 10^{-14} \qquad T_2' = 5.1 \times 10^{-14}$$

明顯地 T 對於障寬度的變化比對粒子能量的改變來得敏感。

掃描穿隧顯微鏡

電子穿隧過電位障的能力可巧妙地應用於**掃描穿隧顯微鏡**(*scanning tunneling microscope, STM*)，以研究相當於原子大小的表面。STM 在 1981 年由賓尼(Gert Binning)和羅爾(Heinrich Rohrer)發明，這兩人與電子顯微鏡的發明人羅斯卡(Ernst Ruska)共同得到 1986 年的諾貝爾獎。STM 中有一個非常細的金屬探針，針頭只有一個原子的大小，使用時使其靠近導體或半導體材料的表面。通常原子表面最不受束縛的電子需要幾個電子伏特的能量才能脫離──這就是在第 2 章光電效應所討論的功函數。然而當只有 10 mV 左右的電壓施加於探針與表面之間時，如果間隙小到約 1~2 nm，電子就可以穿隧過中間的間隙。

根據式(5.60)，電子的穿隧機率正比於 e^{-L}，L 為間隙的寬度，所以即使是 L 的變化非常小（小到 0.01 nm，大約是大部分原子直徑的 1/20），也就是說穿隧電流的變化量達到可被測量到的程度。所以要做的就是將探針以非常小的間隔來回地掃描，如同電視顯像管的電子束掃描影像一般。探針的高度可持續地調整至同一高度以維持相同的電流，這些調整量記錄之後，表面高度與位置的關係圖就可繪出。解析度可以高到能看見表面上的個別原子。

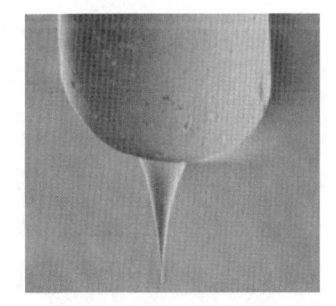

掃描穿隧顯微鏡用的鎢探針。

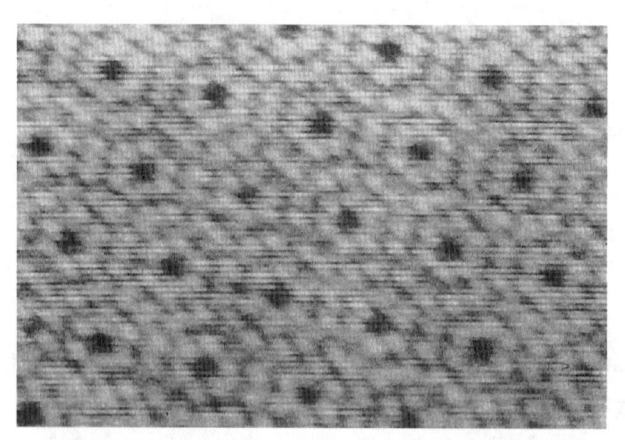

STM看到的矽晶體表面的矽原子有秩序地重複排列圖案。

探針的位置如何能準確地控制到繪出個別的原子？某些陶瓷的厚度在施加電壓後會改變厚度，也就是所謂的**壓電性**(*piezoelectricity*)。變化量可到每伏特零點幾奈米。在STM中，壓電控制探針在表面上沿x與y方向移動，及沿垂直表面的z方向。

實際上，STM掃描的結果並不是真正的表面高度地形圖，而是表面上固定電子密度的輪廓圖。這代表著不同元素的原子會有不同的表現，因此也大大增加STM作為一個研究工具的價值。

雖然許多生物物質可以導電，但是它們用離子流動而非電子導電，因此不能利用STM研究。更新的發明是**原子力顯微鏡**(*atomic force microscope, AFM*)可以用在任何表面上，不過解析度較 STM 略差。 AFM 用碎鑽石的尖端輕壓在表面的原子上。一個彈簧使尖端的壓力維持定值，並記錄下當尖端移動過表面時的偏向。結果可得到探針尖端電子與表面原子電子的輪廓圖。即使是相對較軟的生物物質表面也可用AFM測量並記錄變化。舉例來說，血液凝結成塊時產生的血蛋白纖維中連結的分子，可以用 AFM 看到。

5.11 諧振子

Harmonic Oscillator

其能階為相等間隔

當一系統在平衡狀態附近振動時就會發生諧和運動(harmonic motion)。這個系統也許是由彈簧支撐的物體、浮於液體上的物體、一個雙原子分子、或是晶格中的原子——這樣的例子有數不清個，而且是不分大小與尺度的。諧和運動的條件是當系統受到擾動時必須存在一個回復力將系統拉回平衡點。由於質量慣性使它們超過平衡點，因此系統只要能量不損耗就會不斷地振動下去。

簡諧運動(simple harmonic motion)是其中的一個特例，作用在質量m粒子的回復力F是線性的；也就是說F正比於粒子離開平衡點的位移x，但是作用於相反的

方向。因此

虎克定律 $$F = -kx$$

這個關係通常稱為虎克定律(Hooke's law)。從運動第二定律 $\mathbf{F} = m\mathbf{a}$，我們可以得到

$$-kx = m\frac{d^2x}{dt^2}$$

諧振子 $$\frac{d^2x}{dt^2} + \frac{k}{m}x = 0 \tag{5.62}$$

式(5.62)的解可以寫成許多種形式。一個較常用的是

$$x = A\cos(2\pi\nu t + \phi) \tag{5.63}$$

其中

諧振子的頻率 $$\nu = \frac{1}{2\pi}\sqrt{\frac{k}{m}} \tag{5.64}$$

是振動的頻率，而 A 是振幅。相位角 ϕ 隨著時間 $t = 0$ 時的 x 值和接下來的運動方向而變。

簡諧振子對古典與近代物理都重要的地方，不是在於它的回復力嚴格遵守虎克定律，而這在現實中很少成立。而是在位移 x 很小時回復力會接近虎克定律。因此，任何在平衡點做微小振動的系統會表現的很像簡諧振子。

為了證明這個重要的論點，我們可以注意到任何以 x 為函數的回復力在 $x = 0$ 位置可寫成麥克勞齋級數(Maclaurin's series)如下

$$F(x) = F_{x=0} + \left(\frac{dF}{dx}\right)_{x=0}x + \frac{1}{2}\left(\frac{d^2F}{dx^2}\right)_{x=0}x^2 + \frac{1}{6}\left(\frac{d^3F}{dx^3}\right)_{x=0}x^3 + \cdots$$

因為平衡點的位置為 $x = 0$，則 $F_{x=0} = 0$。對於 x 值很小的時候，$x^2, x^3,...$ 相對之下會非常小，所以級數第三項以上的可以被忽略。因此 x 很小時，唯一重要的項是第二項。所以

$$F(x) = \left(\frac{dF}{dx}\right)_{x=0} x$$

當 $(dF/dx)_{x=0}$ 是負值時就是虎克定律，當然，對於任何回復力都一定成立。結論是，所有振盪在振幅夠小的時候特性都是簡諧的。

對應到虎克定律之力的位能－能量函數 $U(x)$ 可以計算將粒子由 $x = 0$ 移動到 $x = x$ 時所做的功得到。結果是

$$U(x) = -\int_0^x F(x)\,dx = k\int_0^x x\,dx = \frac{1}{2}kx^2 \tag{5.65}$$

如圖5.10所示。$U(x)$對x的曲線是一個拋物線。如果振子的能量為E，粒子在$x = -A$與$x = +A$之間來回振動，且$E = \frac{1}{2}kA^2$。圖8.18則是說明一個非拋物線的位能曲線如何在位移小時近似一條拋物線。

在我們討論詳細計算之前，我們可以預期在量子力學中，需要將這個古典圖像做以下三點的修改：

1. 可允許的能量不會是一個連續的譜線，而是離散且只具有某些特定值的譜線。
2. 最低的能量不會是$E = 0$，而是某個確定的極小能量$E = E_0$。
3. 存在某種機率讓粒子可以穿透位能井而超過$-A$至$+A$的限制。

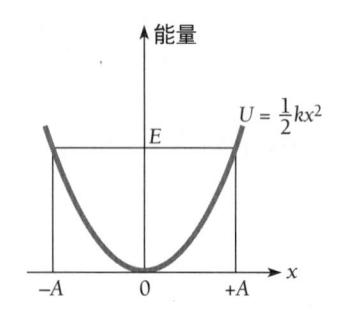

圖 5.10 諧振子的位能正比於x^2，其中x是離開平衡位置的位移。移動的振幅A決定於振子的總能量E，在古典理論中可為任意值。

能階

諧振子的薛丁格方程式可以由$U = \frac{1}{2}kx^2$得到，

$$\frac{d^2\psi}{dx^2} + \frac{2m}{\hbar^2}\left(E - \frac{1}{2}kx^2\right)\psi = 0 \tag{5.66}$$

方便起見可以將式(5.75)簡化，代入無單位的(dimensionless)量

$$y = \left(\frac{1}{\hbar}\sqrt{km}\right)^{1/2}x = \sqrt{\frac{2\pi m\nu}{\hbar}}x \tag{5.67}$$

且

$$\alpha = \frac{2E}{\hbar}\sqrt{\frac{m}{k}} = \frac{2E}{h\nu} \tag{5.68}$$

在這裡ν是式(5.64)中振盪的古典頻率。在做這些代換時我們必須將單位改變，才能讓x和E分別由公尺和焦耳換成無單位的量來表示。

由α和y寫成的薛丁格方程式變成

$$\frac{d^2\psi}{dy^2} + (\alpha - y^2)\psi = 0 \tag{5.69}$$

這個方程式解的條件是在$y \to \infty$時，$\psi \to 0$，因為

$$\int_{-\infty}^{\infty}|\psi|^2\,dy = 1$$

否則波函數無法代表真實的粒子。式(5.69)這個條件的數學特性只有在下列情況時會滿足

$$\alpha = 2n + 1 \qquad n = 0, 1, 2, 3, \ldots$$

既然根據式(5.68)，$\alpha = 2E/h\nu$，諧振子的能階可以下列公式表示，其中ν是古典的振盪頻率

諧振子的能階 $\quad E_n = (n + \frac{1}{2})h\nu \quad n = 0, 1, 2, 3, \ldots \quad$ (5.70)

因此諧振子的能量量子化以$h\nu$為間隔。

值得注意的是當$n = 0$，

零點能量 $\quad\quad\quad E_0 = \frac{1}{2}h\nu \quad\quad\quad$ (5.71)

這是諧振子能量的最低值。稱為**零點能量**(*zero-point energy*)，因為當溫度接近0 K時，諧振子和周圍平衡時會趨向能量等於E_0而不是0。

圖5.11比較諧振子能階和氫原子能階以及無限堅硬牆的箱中的粒子能階。圖中它們有不同的位能曲線，只有諧振子能階的間隔為常數。

波函數

選擇任何的α_n參數會有不同的波函數ψ_n。所有的函數都由y的奇次或偶次方多項式$H_n(y)$（稱為**赫米多項式**(*Hermite polynomial*)）、指數$e^{-y^2/2}$和一個讓ψ_n正規化的數值的係數所組成

$$\int_{-\infty}^{\infty} |\psi_n|^2 \, dy = 1 \quad n = 0, 1, 2 \ldots$$

第n個波函數的通式為

諧振子 $\quad \psi_n = \left(\frac{2m\nu}{\hbar}\right)^{1/4} (2^n n!)^{-1/2} H_n(y) e^{-y^2/2} \quad$ (5.72)

前六項赫米多項式$H_n(y)$列於表5.2。

對應到前六個諧振子能階的波函數繪於圖5.12。每一個例子裡都標示了相同的總能量E_n在古典理論中粒子振盪的範圍。明顯地粒子有可能穿入古典理論認為不可能存在的區域——也就是說，超過了能量決定的振幅A——而機率以指數下降，就像是粒子在有限的方形位能井中一樣。

比較相同能量下古典諧振子與量子力學諧振子機率密度的結果是非常有趣且具有啟發性的。圖5.13左邊的曲線是古典諧振子的機率密度。而粒子出現在運動端點的機率P為最大，因為粒子在此運動最慢，而在平衡點位置($x = 0$)機率最小，因為它快速地運動。

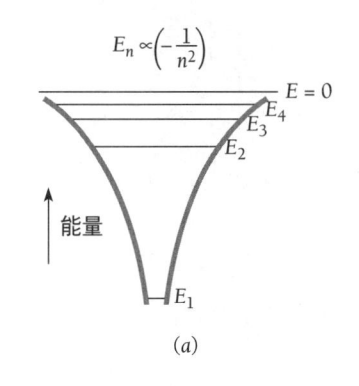

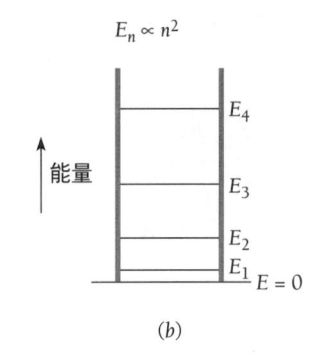

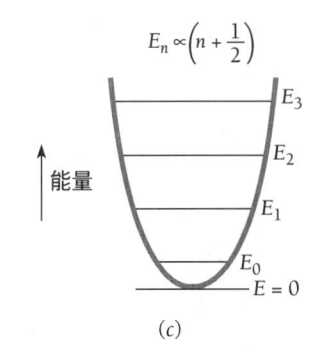

圖 5.11 (*a*)氫原子，(*b*)箱中的粒子，和(*c*)諧振子的位能井與能階。在每個圖中能階以不同的方式隨量子數n改變。只有諧振子的能階是等距的。符號∝代表「正比於」。

表 5.2 一些赫米多項式

n	$H_n(y)$	α_n	E_n
0	1	1	$\frac{1}{2}h\nu$
1	$2y$	3	$\frac{3}{2}h\nu$
2	$4y^2 - 2$	5	$\frac{5}{2}h\nu$
3	$8y^3 - 12y$	7	$\frac{7}{2}h\nu$
4	$16y^4 - 48y^2 + 12$	9	$\frac{9}{2}h\nu$
5	$32y^5 - 160y^3 + 120y$	11	$\frac{11}{2}h\nu$

當量子力學振子位於最低能態 n = 0 時的結果剛好相反。如圖所示，在 x = 0 時機率密度 $|\psi_0|^2$ 有極大值，在這位置的任一邊機率都會降低。然而，當 n 增加時這個差異會變得越來越小。圖 5.13 的下圖是 n = 10 的情況，明顯的 $|\psi_{10}|^2$ 沿著 x 平均會有類似古典機率 P 的一般特徵。這是另一個第4章提到對應原理的例子：在量子數大至某程度時，量子物理會產生相同於古典物理的結果。

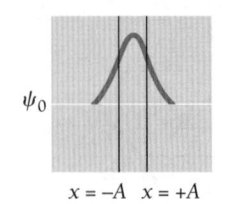

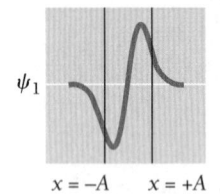

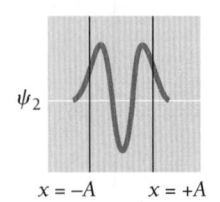

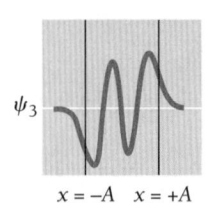

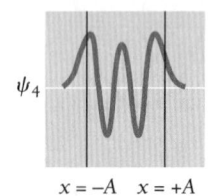

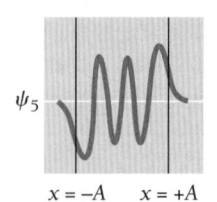

圖 5.12 前六個諧振子的波函數。垂直線 −A 與 +A 為相同能量的古典振子振動的極限。

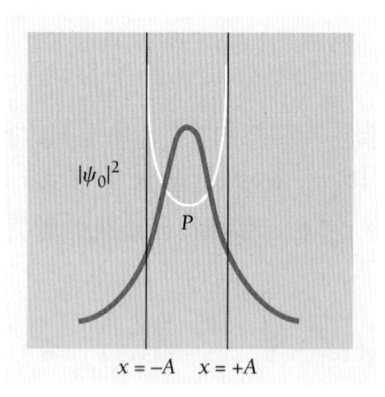

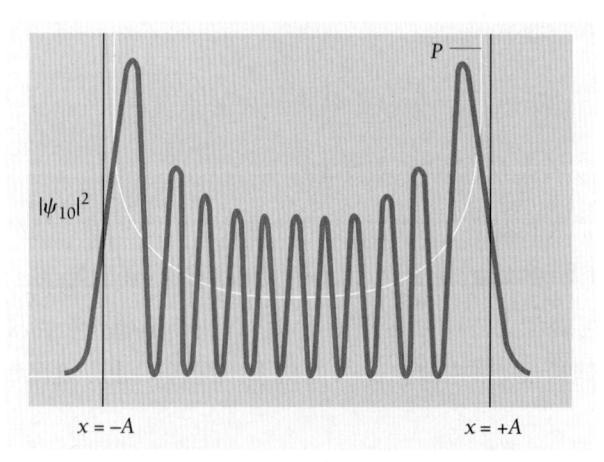

圖 5.13 量子力學諧振子 x = 0 和 n = 10 態的機率密度。相同能量古典諧振子的機率密度以白色線表示。n = 10 的態，x = 0 時波長最短，x = −A 時最長。

也許有人會反對，因為雖然$|\psi_{10}|^2$在平滑後，會比較接近P，然而$|\psi_{10}|^2$隨著x快速地擾動，P卻不會。這個反對只有在擾動是可觀察到時才有意義，當尖端與凹陷間隔越密時，越難由實驗偵測到。超過$x = \pm A$處$|\psi_{10}|^2$的「指數尾巴」隨著n增加而強度降低。因此古典與量子的描述隨著n增加而越來越像，與對應原理相當一致，即使它們在n小時非常不同。

例 5.7

求出諧振子前兩個態的期望值$\langle x \rangle$。

解

$\langle x \rangle$的通式為

$$\langle x \rangle = \int_{-\infty}^{\infty} x|\psi|^2 \, dx$$

計算時將x以y用式(5.67)代替會較容易。從式(5.72)和表5.2，

$$\psi_0 = \left(\frac{2m\nu}{\hbar}\right)^{1/4} e^{-y^2/2}$$

$$\psi_1 = \left(\frac{2m\nu}{\hbar}\right)^{1/4} \left(\frac{1}{2}\right)^{1/2} (2y) e^{-y^2/2}$$

$n = 0$和$n = 1$，$\langle x \rangle$的值會分別正比於積分

$$n = 0: \int_{-\infty}^{\infty} y|\psi_0|^2 \, dy = \int_{-\infty}^{\infty} y e^{-y^2} \, dy = -\left[\frac{1}{2} e^{-y^2}\right]_{-\infty}^{\infty} = 0$$

$$n = 1: \int_{-\infty}^{\infty} y|\psi_1|^2 \, dy = \int_{-\infty}^{\infty} y^3 e^{-y^2} \, dy = -\left[\left(\frac{1}{4} + \frac{y^2}{2}\right) e^{-y^2}\right]_{-\infty}^{\infty} = 0$$

期望值$\langle x \rangle$在這兩個情形都是0。事實上，可以預測諧振子所有態的$\langle x \rangle = 0$，因為$x = 0$為諧振子的平衡位置，其位能為極小。

附錄

穿隧效應
The Tunnel Effect

考慮如圖5.9一個粒子的能量$E < U$靠近高U寬L的電位障。障外區域I和III粒子的薛丁格方程式為

$$\frac{d^2\psi_{\text{I}}}{dx^2} + \frac{2m}{\hbar^2} E\psi_{\text{I}} = 0 \tag{5.73}$$

$$\frac{d^2\psi_{\text{III}}}{dx^2} + \frac{2m}{\hbar^2} E\psi_{\text{III}} = 0 \tag{5.74}$$

這些方程式的解為

$$\psi_I = Ae^{ik_1x} + Be^{-ik_1x} \tag{5.75}$$

$$\psi_{III} = Fe^{ik_1x} + Ge^{-ik_1x} \tag{5.76}$$

其中

障外的波數
$$k_1 = \frac{\sqrt{2mE}}{\hbar} = \frac{p}{\hbar} = \frac{2\pi}{\lambda} \tag{5.77}$$

是德布羅依波的波數，代表障外的粒子。

因為

$$e^{i\theta} = \cos\theta + i\sin\theta$$
$$e^{-i\theta} = \cos\theta - i\sin\theta$$

這些解與式(5.38)等效──當然，係數值會有所差異──但是這裡的形式更適合用來代表一個沒有被陷住的粒子。

式(5.75)、(5.76)的各個項並不難解釋。如我們在圖5.9概略描繪的，Ae^{ik_1x} 是一個振幅 A 且由左入射障的波。因此我們可以寫成

入射波
$$\psi_{I+} = Ae^{ik_1x} \tag{5.78}$$

這個波對應到射入的粒子束，而 $|\psi_{I+}|^2$ 是它們的機率密度。如果 v_{I+} 是進入波的群速度(group velocity)，相等於粒子的速度，則

$$S = |\psi_{I+}|^2 v_{I+}$$

是粒子到障的流量。亦即 S 為每秒到達的粒子數。

在 $x = 0$ 的入射波撞擊到障後有部分反射，而

反射波
$$\psi_{I-} = Be^{-ik_1x} \tag{5.79}$$

代表反射波。因此

$$\psi_I = \psi_{I+} + \psi_{I-} \tag{5.80}$$

在障較遠的一邊($x > L$)只能有一個波

穿越波
$$\psi_{III+} = Fe^{ik_1x} \tag{5.81}$$

以速度 v_{III+} 往 $+x$ 方向行進，因為 III 區不含任何東西可反射波。因此 $G = 0$ 且

$$\psi_{III} = \psi_{III+} = Fe^{ik_1x} \tag{5.82}$$

粒子穿越能障的穿越機率(transmission probability)T 如下

穿越機率
$$T = \frac{|\psi_{III+}|^2 v_{III+}}{|\psi_{I+}|^2 v_{I+}} = \frac{FF^* v_{III+}}{AA^* v_{I+}} \tag{5.83}$$

為由障發射的粒子流量與到達流量的比值。也就是說，T 是射入粒子成功穿隧障的部分。古典認為 $T = 0$，因為粒子 $E < U$ 不可能存在於障內；讓我們看量子力學的結果為何。

粒子在 II 區的薛丁格方程式為

$$\frac{d^2\psi_{II}}{dx^2} + \frac{2m}{\hbar^2}(E - U)\psi_{II} = \frac{d^2\psi_{II}}{dx^2} - \frac{2m}{\hbar^2}(U - E)\psi_{II} = 0 \tag{5.84}$$

因為 $U > E$ 所以解出

障內波函數
$$\psi_{II} = Ce^{-k_2 x} + De^{k_2 x} \tag{5.85}$$

其中障內的波數為

障內的波數
$$k_2 = \frac{\sqrt{2m(U - E)}}{\hbar} \tag{5.86}$$

因為指數為實數量，ψ_{II} 不會振盪，因此並不代表運動中的粒子。然而機率密度 $|\psi_{II}|^2$ 不是零，所以粒子出現在障中的機率為有限值。如此粒子可以出現在 III 區或是回到 I 區。

應用邊界條件

為了要計算穿越機率 T，我們必須運用 $\psi_I, \psi_{II}, \psi_{III}$ 適當的邊界條件。圖 5.14 是 I, II, III 區的波函數。如早先的討論，ψ 和其微分值 $\partial\psi/\partial x$ 必須在所有地方連續。參考圖 5.14，這些條件在每個障的邊界都要完全符合，所以內外的波函數都要有相同的值與相同的斜率。因此在障的左手邊

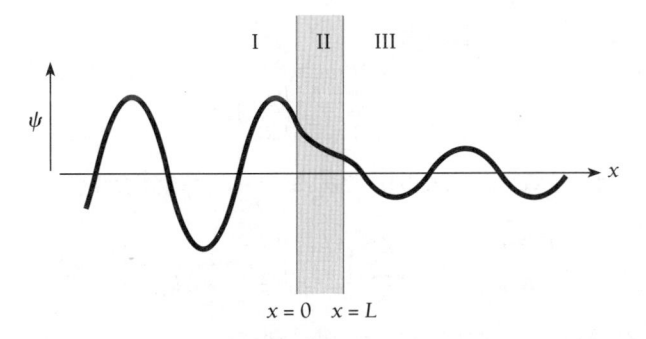

$x = 0$ 處的邊界條件
$$\left.\begin{array}{l} \psi_I = \psi_{II} \\ \dfrac{d\psi_I}{dx} = \dfrac{d\psi_{II}}{dx} \end{array}\right\} x = 0 \tag{5.87}$$
$$\tag{5.88}$$

圖 5.14 在障的每一牆內外，波函數必須完美地匹配，代表它們在那裡必須有相同的值與斜率。

在右手邊

$x = L$ 處的邊界條件
$$\left.\begin{array}{c}\psi_{\text{II}} = \psi_{\text{III}} \\ \dfrac{d\psi_{\text{II}}}{dx} = \dfrac{d\psi_{\text{III}}}{dx}\end{array}\right\} x = L \qquad \begin{array}{c}(5.89)\\(5.90)\end{array}$$

現在以式(5.75)、(5.81)和(5.85)代入上式的 ψ_{I}, ψ_{II}, ψ_{III}。結果如下

$$A + B = C + D \qquad (5.91)$$

$$ik_1 A - ik_1 B = -k_2 C + k_2 D \qquad (5.92)$$

$$Ce^{-k_2 L} + De^{k_2 L} = Fe^{ik_1 L} \qquad (5.93)$$

$$-k_2 Ce^{-k_2 L} + k_2 De^{k_2 L} = ik_1 Fe^{ik_1 L} \qquad (5.94)$$

式(5.91)與(5.94)可以解出 (A/F)

$$\left(\frac{A}{F}\right) = \left[\frac{1}{2} + \frac{i}{4}\left(\frac{k_2}{k_1} - \frac{k_1}{k_2}\right)\right]e^{(ik_1+k_2)L} + \left[\frac{1}{2} - \frac{i}{4}\left(\frac{k_2}{k_1} - \frac{k_1}{k_2}\right)\right]e^{(ik_1-k_2)L} \qquad (5.95)$$

讓我們假設電位障 U 比入射粒子能量 E 高。此時，$k_2/k_1 > k_1/k_2$ 且

$$\frac{k_2}{k_1} - \frac{k_1}{k_2} \approx \frac{k_2}{k_1} \qquad (5.96)$$

讓我們假設障寬度足夠使 ψ_{II} 在 $x = 0$ 至 $x = L$ 嚴重地衰減。代表 $k_2 L \gg 1$ 且

$$e^{k_2 L} \gg e^{-k_2 L}$$

因此式(5.95)可近似為

$$\left(\frac{A}{F}\right) = \left(\frac{1}{2} + \frac{ik_2}{4k_1}\right)e^{(ik_1+k_2)L} \qquad (5.97)$$

為了要計算穿隧機率 T，(A/F) 的共軛複數可以將 (A/F) 中的 i 以 $-i$ 代替：

$$\left(\frac{A}{F}\right)^* = \left(\frac{1}{2} - \frac{ik_2}{4k_1}\right)e^{(-ik_1+k_2)L} \qquad (5.98)$$

現在讓我們將 (A/F) 與 $(A/F)^*$ 相乘產生

$$\frac{AA^*}{FF^*} = \left(\frac{1}{4} + \frac{k_2^2}{16k_1^2}\right)e^{2k_2 L}$$

這裡得到式(5.83)中 $v_{\text{III}+} = v_{\text{I}+}$，所以 $v_{\text{III}+}/v_{\text{I}+} = 1$，而穿隧機率為

穿隧機率
$$T = \frac{FF^* v_{\text{III}+}}{AA^* v_{\text{I}+}} = \left(\frac{AA^*}{FF^*}\right)^{-1} = \left[\frac{16}{4 + (k_2/k_1)^2}\right]e^{-2k_2 L} \qquad (5.99)$$

從式(5.77)和(5.86)對 k_1 和 k_2 的定義，我們看到

$$\left(\frac{k_2}{k_1}\right)^2 = \frac{2m(U-E)/\hbar^2}{2mE/\hbar^2} = \frac{U}{E} - 1 \qquad (5.100)$$

這個公式代表式(5.99)的括號中的量隨 E 和 U 的變化比指數變化少很多。括號中的量永遠在強度 1 左右變化。因此穿隧機率的合理近似為

近似穿隧機率 $$T = e^{-2k_2 L} \tag{5.101}$$

如 5.10 節所述。

習題

Press on, and faith will catch up with you.-Jean D'Alembert

5.1 量子力學

1. 圖 5.15 中那一個波函數在所示區間不具有物理意義？為什麼？

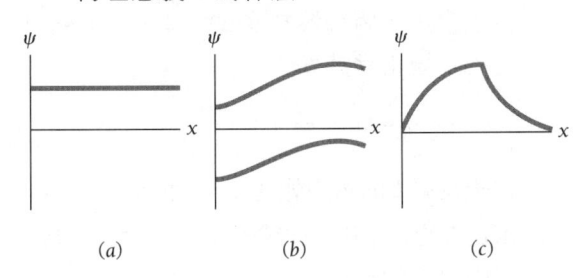

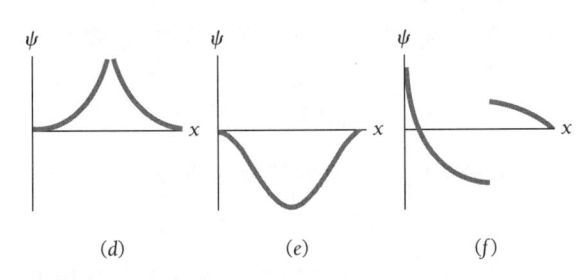

圖 5.15

2. 圖 5.16 中那一個波函數在所示區間不具有物理意義？為什麼？

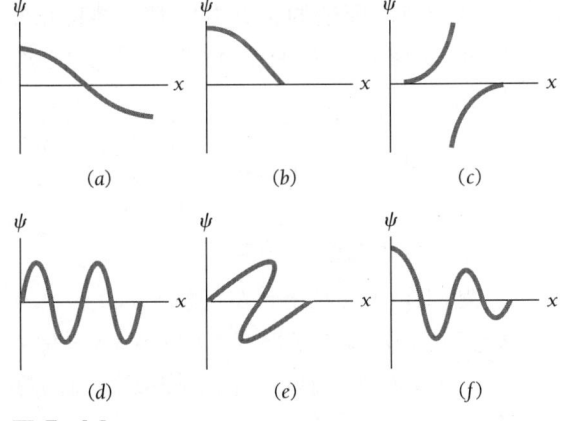

圖 5.16

3. 下列那個波函數在薛丁格方程式中不會對所有的 x 都有解？為什麼？$(a) \psi = A \sec x$；$(b) \psi = A \tan x$；$(c) \psi = Ae^{x^2}$；$(d) \psi = Ae^{-x^2}$。

4. 求出波函數 $\psi = Axe^{-x^2/2}$ 的正規化常數 A 值。

5. 某個粒子在 $-\pi/2 < x < \pi/2$ 內的波函數為 $\psi = A\cos^2 x$。(a) 求 A 值。(b) 求粒子在 $x = 0$ 至 $x = \pi/4$ 之間出現的機率。

5.2 波動方程式

6. 在 3.3 節所見的公式 $y = A \cos\omega(t - x/v)$ 描述波在拉直的弦上朝 $+x$ 方向前進。證明這個公式為式(5.3)波動方程式的解。

7. 如 5.1 節提到，為了要讓計算結果有物理意義，波函數和它的偏微分必須是有限、連續且單一值，另外也必須被正規化。式 (5.9)對於往 $+x$ 方向自由運動粒子的波函數（即沒有力作用於其上）為

$$\Psi = Ae^{-(i/\hbar)(Et-px)}$$

其中 E 是粒子的總能量，p 是動量。這個波函數符合上述的要求嗎？如果不，相同波函數的疊加會符合嗎？這樣的波函數疊加有何重要性？

5.4 線性與疊加

8. 證明下式

$$\Psi = a_1\Psi_1(x, t) + a_2\Psi_2(x, t)$$

也是式(5.14)的解，如果 ψ_1、ψ_2 是兩組解，以證明薛丁格方程式是線性的。

5.6 運算子

9. 證明期望值 $\langle px \rangle$ 和 $\langle xp \rangle$ 符合下式的關係

$$\langle px \rangle - \langle xp \rangle = \frac{\hbar}{i}$$

這個結果在說明 p 和 x 不可**互換**(commute)，而這與測不準原理密切相關。

10. 運算子 d^2/dx^2 的本徵函數是 $\sin nx$，其中 $n = 1, 2, 3,...$，求出對應的本徵值。

5.7 薛丁格方程式：穩態形式

11. 藉由德布羅依的關係式 $\lambda = h/mv$，令 $y = \psi$ 且求 $\partial^2 \psi / \partial x^2$，由式(3.5)導出穩態薛丁格方程式。

5.8 箱子中的粒子

12. 根據對應原理，量子理論應該與古典物理在夠大量子數時有相同的結果。證明當 $n \to \infty$，5.8節的束縛粒子在 x 和 $x + \Delta x$ 之間出現的機率是 $\Delta x/L$，與 x 無關，如同古典的預期。

13. 位能井中粒子的一個可能的波函數如圖5.17所繪。解釋為何 ψ 的波長與振幅如圖變化。

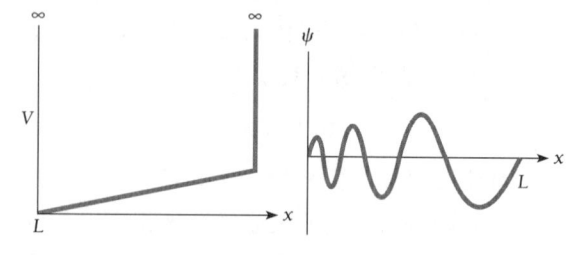

圖 5.17

14. 5.8節中的箱子範圍為 $x = 0$ 至 $x = L$。假設範圍改為 $x = x_0$ 至 $x = x_0 + L$，$x_0 \neq 0$。它的波函數會與箱子範圍為 $x = 0$ 至 $x = L$ 的波函數有所不同嗎？能階會不會不同？

15. 一個系統的本徵函數具有一個重要的特性就是它們彼此**正交**(orthogonal)，也就是說

$$\int_{-\infty}^{\infty} \psi_n \psi_m \, dV = 0 \quad n \neq m$$

證明式(5.46)在一維箱中粒子的本徵函數有這樣的特性。

16. 一個範圍由 $x = -L$ 至 $x = L$ 的堅硬箱子被內部的堅硬牆分成三部分，牆的位置為 $-x$ 和 x，$x < L$。每一部分都有一個基態的粒子。(a)系統的總能量為 x 的函數，試求之。(b)畫出 $E(x)$ 對 x 的關係圖。(c) x 為何時，$E(x)$ 有極小值？

17. 如本文中所說，束縛在寬 L 的箱中粒子之期望值 $\langle x \rangle$ 為 $L/2$，就是箱子的中央。試求期望值 $\langle x^2 \rangle$。

18. 如習題8，兩個相同系統波函數的線性組合也會是一個有效的波函數。試求下列組合的正規化常數 B

$$\psi = B\left(\sin \frac{\pi x}{L} + \sin \frac{2\pi x}{L}\right)$$

粒子在寬 L 的盒中態為 $n = 1$ 和 $n = 2$。

19. 求寬 L 的箱中第 n 態粒子在 $x = 0$ 與 $x = L/n$ 之中出現的機率。

20. 3.7節的量測 x N 次的標準偏差 σ 定義如下

$$\sigma = \sqrt{\frac{1}{N} \sum_{i=1}^{N} (x_i - x_0)^2}$$

(a)證明此式可用期望值改寫成

$$\sigma = \sqrt{\langle (x - \langle x \rangle)^2 \rangle} = \sqrt{\langle x^2 \rangle - \langle x \rangle^2}$$

(b)如果箱中粒子位置的測不準量為標準偏差，求出 $n = 1$ 時期望值 $\langle x \rangle = L/2$ 的測不準量。

(c)當 n 增加時，Δx 有何限制？

21. 一個有無限堅硬的正立方體箱，邊長為 L（如圖5.18），其中有一粒子。粒子的波函數如下

$$\psi = A \sin \frac{n_x \pi x}{L} \sin \frac{n_y \pi y}{L} \sin \frac{n_z \pi z}{L} \quad \begin{array}{l} n_x = 1, 2, 3, \ldots \\ n_y = 1, 2, 3, \ldots \\ n_z = 1, 2, 3, \ldots \end{array}$$

求出正規化常數 A 的值。

22. 習題21箱中的粒子若在基態，即 $n_x = n_y = n_z = 1$。(a)求粒子在 $0 \leq x \leq L/4$，$0 \leq y \leq L/4$，$0 \leq z \leq L/4$ 內體積中出現的機率。(b)將 $L/4$ 改為 $L/2$ 再做一次。

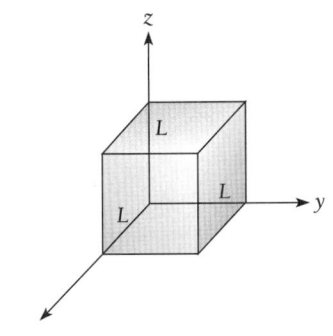

圖 5.18　一個正立方箱子。

23. (a)求出習題 21 箱中粒子的可能能量，將波函數 ψ 代入薛丁格方程式解出 E。【提示：箱中 U = 0。】(b)比較長度 L 之一維箱中粒子的基態能量與三維時有何不同。

5.10 穿隧效應

24. 具有能量 0.400 eV 的電子射向高 3.00 eV、寬 0.100 nm 的障。求出電子穿越障的近似機率。

25. 一束電子射向高 6.00 eV 寬 0.200 nm 障。利用式(5.60)，求出如果要有百分之 1 的電子穿越障，則這些電子應該具有多少能量？

5.11 諧振子

26. 證明諧振子的能階間隔符合對應原理。求鄰近能階的比例 $\Delta E_n/E_n$，並且觀察當 $n \to \infty$ 時，此比例會有什麼變化？

27. 你認為測不準原理與諧振子存在零點能量有何關係？

28. 在諧振子中，粒子的位置由 $-A$ 變至 A 時，動量由 $-p_0$ 變至 $+p_0$。在這樣的振子中，x 和 p 的標準偏差為 $\Delta x = A/\sqrt{2}$ 和 $\Delta p = p_0/\sqrt{2}$。運用這個觀察，證明諧振子的極小能量為 $\frac{1}{2}h\nu$。

29. 證明古典振幅為 A 的諧振子在 $n = 0$ 的基態時，在 $x = A$ 處 $y = 1$，其中 y 是如式(5.67)所定義的量。

30. 求出 $n = 0$ 態的諧振子在 $x = 0$ 和 $x = \pm A$ 處的機率密度 $|\psi_0|^2$（見圖 5.13）。

31. 求諧振子在前兩個態時的期望值 $\langle x \rangle$ 和 $\langle x^2 \rangle$。

32. 一個諧振子的位能為 $U = \frac{1}{2}kx^2$。證明當 $n = 0$ 時 U 的期望值 $\langle U \rangle$ 是 $E_0/2$（事實上這對諧振子所有的態都成立）。諧振子動能的期望值為何？試將其值與古典值 $\overline{U}$ 和 $\overline{KE}$ 相比較。

33. 如果單擺的擺垂重 1.00 g，繩長 250 mm 且無重量。單擺週期為 1.00 s。(a)零點能量為何？你認為零點振盪可量測嗎？(b)單擺以非常小的幅度振動，使擺垂極大移動至平衡點上方 1.00 mm 處。對應的量子數為何？

34. 證明諧振子的波函數 ψ_1 是薛丁格方程式的解。

35. 重複習題 34，計算 ψ_2。

36. 重複習題 34，計算 ψ_3。

附錄：穿隧效應

37. 考慮具有動能 E 的粒子束射向 $x = 0$ 處高度為 U 的電位梯階，且 $E > U$（圖 5.19）。(a)解釋為何解 $De^{-ik'x}$（如附錄中的標示）在這裡沒有物理意義，因此 $D = 0$。(b)證明穿隧機率 $T = CC^*v'/AA^*v_1 = 4k_1^2/(k_1 + k')^2$。(c)一個 1.00 mA 的電子束以速度 2.00×10^6 m/s 進入一邊界陡峭變化的區域後因為位能變化，速度降至 1.00×10^6 m/s。求穿隧與反射的電流。

38. 一電子和一質子有相同能量 E 趨向高度為 U 的障，且 U 大於 E。它們有相同的穿隧機率嗎？如果沒有，何者的機率較大？

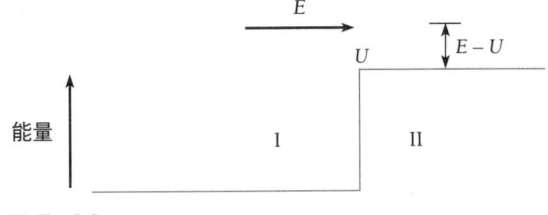

圖 5.19

CHAPTER 6

氫原子的量子理論
Quantum Theory of the Hydrogen Atom

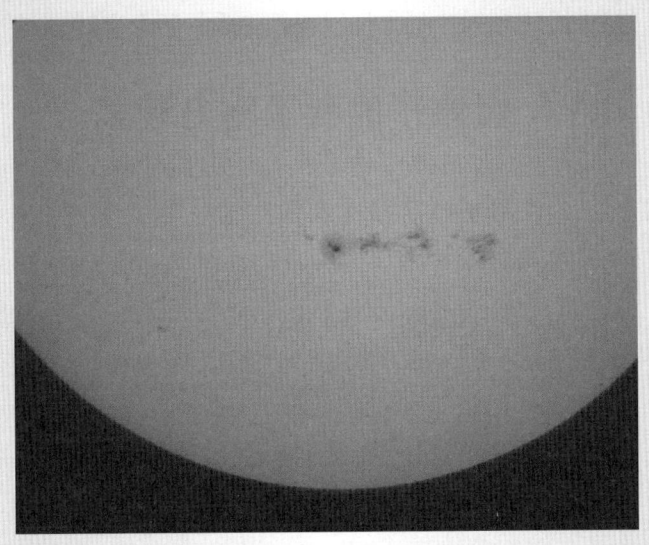

太陽黑子的強磁場,可藉由塞曼效應量測而得。太陽黑子較暗是因為它們比太陽表面的其他部分冷,雖然它們仍相當熱。黑子的數目每隔十一年會週期地變化,而許多地球上的現象都跟隨此週期。

6.1 氫原子的薛丁格方程式
對稱性建議球狀極座標

6.2 變數分離
每個變數的微分方程式

6.3 量子數
三維,三個量子數

6.4 主量子數
能量的量子化

6.5 軌道量子數
角動量大小的量子化

6.6 磁量子數
角動量方向的量子化

6.7 電子機率密度
沒有明確的軌道

6.8 輻射躍遷
當電子由一個態到另一個時發生什麼事情

6.9 選擇規則
某些躍遷比其他躍遷更有可能發生

6.10 塞曼效應
原子如何與磁場相互作用

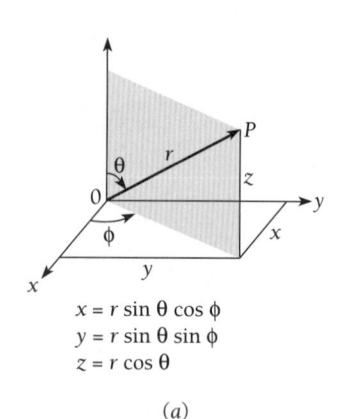

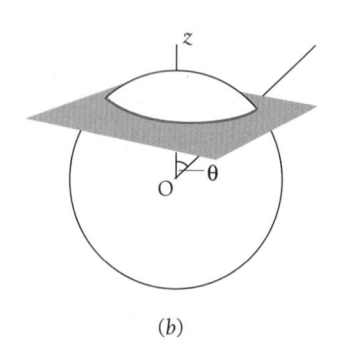

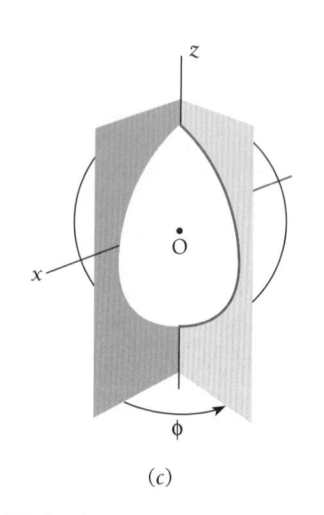

圖 6.1 (a)球狀極座標；(b)球上固定天頂角 θ 的線是一個圓，其平面垂直於 z 軸；(c)球上固定方位角 φ 的線是一個圓，其平面包含 z 軸。

$x = r \sin\theta \cos\phi$
$y = r \sin\theta \sin\phi$
$z = r \cos\theta$

薛丁格的波動方程式所處理的第一個問題為氫原子的波函數，他發現雖然數學計算很麻煩，但是卻在波動力學中自然發生的量子化現象得到回報：「氫原子的空間函數必須有限且為單一值。」在本章中，我們會看到如何利用氫原子的薛丁格量子理論來得到結果，且如何以我們熟悉的觀念來解釋這些結果。

6.1 氫原子的薛丁格方程式

Schrödinger's Equation for the Hydrogen Atom

對稱性建議球狀極座標

氫原子由一個質子——帶有正電荷 +e 的粒子和一個帶有負電荷 −e 且質量比質子輕 1836 倍的電子所組成。為了計算方便，我們考慮質子為靜止，電子在質子附近環繞，但被質子的電場限制而無法脫離質子。如同在波耳理論中所描述的，質子運動的修正只是將電子質量 m 換成式(4.22)中的縮減質量(reduced mass)m'。

電子在三維空間中的薛丁格方程式，也是我們在氫原子中必須使用的方程式為

$$\frac{\partial^2 \psi}{\partial x^2} + \frac{\partial^2 \psi}{\partial y^2} + \frac{\partial^2 \psi}{\partial z^2} + \frac{2m}{\hbar^2}(E - U)\psi = 0 \tag{6.1}$$

在此，位能 U 為電位能

電位能
$$U = -\frac{e^2}{4\pi\epsilon_0 r} \tag{6.2}$$

電荷 −e 與另一個電荷 +e 的距離為 r 時的電位能。

因為 U 為 r 而非 x, y, z 的函數，我們不能直接將式(6.2)代入式(6.1)中，但是有兩個替代的方法，一個是將 r 以直角座標 x, y, z 表示為 $\sqrt{x^2 + y^2 + z^2}$ 以表示 U。而另一個方法是以圖 6.1 定義之球狀極座標 r, θ, φ 來表示薛丁格方程式。由於物理的對稱性，在此以後面的方法較為適當，我們將在 6.2 節中討論。

圖 6.1 所示之點 P 的球狀極座標 r, θ, φ 的解釋如下：

球狀極座標　　r = 從原點 O 至 P 點的半徑向量長度

$= \sqrt{x^2 + y^2 + z^2}$

θ = +z 軸和半徑向量之間的角度

= 天頂角

$$= \cos^{-1}\frac{z}{\sqrt{x^2+y^2+z^2}}$$

$$= \cos^{-1}\frac{z}{r}$$

$\phi =$ 半徑向量在 xy 平面上的投影和 $+x$ 軸之間的角度，以圖中所示的方向量測

$=$ 方位角

$= \tan^{-1}\frac{y}{x}$

在圓心為 O 的球表面上，相等天頂角(zenith angle) θ 的線就像是地球上平行的緯度(latitude)線一樣（但是我們注意到某一點的 θ 值和其緯度不相同，舉例來說赤道的 $\theta = 90°$，但其緯度為 $0°$），相同方位角(azimuth angle)的線就像是經度子午線(meridian of longitude)一樣（如果地球的軸為 $+z$ 軸且 $+x$ 軸在 $\phi = 0°$ 時，兩種定義將會互相符合）。

在球狀極座標中，薛丁格方程式可寫成

$$\frac{1}{r^2}\frac{\partial}{\partial r}\left(r^2\frac{\partial\psi}{\partial r}\right) + \frac{1}{r^2\sin\theta}\frac{\partial}{\partial\theta}\left(\sin\theta\frac{\partial\psi}{\partial\theta}\right) + \frac{1}{r^2\sin^2\theta}\frac{\partial^2\psi}{\partial\phi^2} + \frac{2m}{\hbar^2}(E-U)\psi = 0 \quad (6.3)$$

將式(6.2)中的位能 U 代入，且將整個方程式乘上 $r^2\sin^2\theta$，我們得到

氫原子
$$\sin^2\theta\frac{\partial}{\partial r}\left(r^2\frac{\partial\psi}{\partial r}\right) + \sin\theta\frac{\partial}{\partial\theta}\left(\sin\theta\frac{\partial\psi}{\partial\theta}\right) + \frac{\partial^2\psi}{\partial\phi^2} + \frac{2mr^2\sin^2\theta}{\hbar^2}\left(\frac{e^2}{4\pi\epsilon_0 r} + E\right)\psi = 0 \quad (6.4)$$

式(6.4)為氫原子中電子波函數 ψ 的偏微分方程式。在不同狀況下，波函數必須被正規化且和其導數在每一點 r, θ, ϕ 必須連續且為單一值，而此方程式可完全描述電子的特性行為。要看其詳細的行為，必須解式(6.4)的波函數 ψ。

當我們解式(6.4)時，發現需要三個量子數才能描述氫原子中的電子，而非波耳理論中的一個量子數。（在第 7 章中，我們會發現需要第四個量子數來描述電子的自旋行為。）在波耳模型中，電子運動基本上為一維運動，因為隨其運動而變化的量為其特定軌道中的位置，一個量子數足以表示電子的狀態，正如同表示一維箱子中粒子的狀態只需要一個量子數就夠了。

在三維箱子中的粒子需要三個量子數來描述，因為現在 ψ 有三個必須遵守的邊界條件：在 x, y, z 方向中獨立地，ψ 在箱壁的值必須為 0。而在氫原子中電子運動被原子核子電場的平方倒數所限制，而不是被箱壁所限制，但是電子在三個方向上仍能自由運動，因此三個量子數決定其波函數並不令人吃驚。

6.2 變數分離
Separation of Variables
每個變數的微分方程式

以球狀極座標來表示氫原子之薛丁格方程式的好處，為在此形式中方程式可分離為三個獨立的方程式，每個方程式僅和單一座標有關，在此這樣的分離是可能的，因為波函數$\psi(r, \theta, \phi)$為三個不同函數的乘積形式：$R(r)$只和r有關，$\Theta(\theta)$僅和θ有關，而$\Phi(\phi)$僅和ϕ有關。當然，我們並不真正知道這樣的分離是可能的，但我們可以藉著假設

氫原子波函數 $$\psi(r, \theta, \phi) = R(r)\Theta(\theta)\Phi(\phi) \tag{6.5}$$

然後看它是否推導出我們想要的變數分離。函數$R(r)$描述了電子的波函數ψ如何在θ和ϕ固定時，隨著原子核的半徑向量變化；函數$\Theta(\theta)$描述了ψ如何在r和ϕ固定時，隨著天頂角θ沿著一球心為原子核上的經線變化（圖6.1c）；函數$\Phi(\phi)$則描述了ψ如何在r和θ固定時隨中心位於原子核的球上的平行方位角ϕ而變化（圖6.1b）。

從式(6.5)中，我們可將方程式再簡化為

$$\psi = R\Theta\Phi$$

我們看到

$$\frac{\partial \psi}{\partial r} = \Theta\Phi \frac{\partial R}{\partial r} = \Theta\Phi \frac{dR}{dr}$$

$$\frac{\partial \psi}{\partial \theta} = R\Phi \frac{\partial \Theta}{\partial \theta} = R\Phi \frac{d\Theta}{d\theta}$$

$$\frac{\partial^2 \psi}{\partial \phi^2} = R\Theta \frac{\partial^2 \Phi}{\partial \phi^2} = R\Theta \frac{d^2 \Phi}{d\phi^2}$$

因為我們假設每個函數R, Θ, Φ僅和相對的變數r, θ, ϕ有關，所以可將偏微分轉為常微分。

當我們將ψ以$R\Theta\Phi$代入氫原子的薛丁格方程式，並且將整個方程式除以$R\Theta\Phi$，我們發現

$$\frac{\sin^2\theta}{R} \frac{d}{dr}\left(r^2 \frac{dR}{dr}\right) + \frac{\sin\theta}{\Theta} \frac{d}{d\theta}\left(\sin\theta \frac{d\Theta}{d\theta}\right) + \frac{1}{\Phi} \frac{d^2 \Phi}{d\phi^2}$$
$$+ \frac{2mr^2 \sin^2\theta}{\hbar^2}\left(\frac{e^2}{4\pi\epsilon_0 r} + E\right) = 0 \tag{6.6}$$

式(6.6)的第三項僅為方位角ϕ的函數，而其他兩項則分別僅為r和θ的函數。

讓我們重新排列式(6.6)得到

$$\frac{\sin^2\theta}{R}\frac{d}{dr}\left(r^2\frac{dR}{dr}\right) + \frac{\sin\theta}{\Theta}\frac{d}{d\theta}\left(\sin\theta\frac{d\Theta}{d\theta}\right)$$
$$+ \frac{2mr^2\sin^2\theta}{\hbar^2}\left(\frac{e^2}{4\pi\epsilon_0 r} + E\right) = -\frac{1}{\Phi}\frac{d^2\Phi}{d\phi^2} \quad (6.7)$$

此方程式僅在兩邊都等於相同的常數時才會正確，因為它們為不同變數的函數。如我們所看到的，將此常數表示為m_l^2是很方便的，因此函數ϕ的微分方程式為

$$-\frac{1}{\Phi}\frac{d^2\Phi}{d\phi^2} = m_l^2 \quad (6.8)$$

再來我們將m_l^2代入式(6.7)的右邊，並將整個方程式除以$\sin^2\theta$，且排列不同項可得到

$$\frac{1}{R}\frac{d}{dr}\left(r^2\frac{dR}{dr}\right) + \frac{2mr^2}{\hbar^2}\left(\frac{e^2}{4\pi\epsilon_0 r} + E\right) = \frac{m_l^2}{\sin^2\theta} - \frac{1}{\Theta\sin\theta}\frac{d}{d\theta}\left(\sin\theta\frac{d\Theta}{d\theta}\right) \quad (6.9)$$

同樣地我們得到不同變數出現在兩邊的方程式，且兩邊都等於相同的常數，此常數為$l(l+1)$，選擇此常數的原因將會在後面的章節中變得更為明顯，因此Θ和R函數的方程式為

$$\frac{m_l^2}{\sin^2\theta} - \frac{1}{\Theta\sin\theta}\frac{d}{d\theta}\left(\sin\theta\frac{d\Theta}{d\theta}\right) = l(l+1) \quad (6.10)$$

$$\frac{1}{R}\frac{d}{dr}\left(r^2\frac{dR}{dr}\right) + \frac{2mr^2}{\hbar^2}\left(\frac{e^2}{4\pi\epsilon_0 r} + E\right) = l(l+1) \quad (6.11)$$

式(6.8)、(6.10)和(6.11)通常可寫成

Φ的方程式
$$\frac{d^2\Phi}{d\phi^2} + m_l^2\Phi = 0 \quad (6.12)$$

Θ的方程式
$$\frac{1}{\sin\theta}\frac{d}{d\theta}\left(\sin\theta\frac{d\Theta}{d\theta}\right) + \left[l(l+1) - \frac{m_l^2}{\sin^2\theta}\right]\Theta = 0 \quad (6.13)$$

R 的方程式
$$\frac{1}{r^2}\frac{d}{dr}\left(r^2\frac{dR}{dr}\right) + \left[\frac{2m}{\hbar^2}\left(\frac{e^2}{4\pi\epsilon_0 r} + E\right) - \frac{l(l+1)}{r^2}\right]R = 0 \quad (6.14)$$

每個方程式都為單一變數之單一函數的常微分方程式，只有R的方程式和位能$U(r)$有關。

我們已經完成簡化氫原子的薛丁格方程式的工作，起初是由擁有三個變數之函數ψ的偏微分方程式開始，很顯然地，式(6.5)中的假設是有效的。

6.3 量子數
Quantum Numbers

三維，三個量子數

這些方程式中的第一個式(6.12)很容易就可以解出來，結果為

$$\Phi(\phi) = Ae^{im_l\phi} \tag{6.15}$$

如我們所知道的，完整波函數ψ中的分量Φ，必須遵守的條件之一為在空間中的某一點時只能有單一值。從圖 6.2 中，ϕ和$\phi + 2\pi$都指到了相同的經線平面，因此$\Phi(\phi) = \Phi(\phi + 2\pi)$一定是真實的，或當$m_l$為 0 或是正負整數($\pm 1, \pm 2, \pm 3, \ldots$)時

$$Ae^{im_l\phi} = Ae^{im_l(\phi+2\pi)}$$

常數m_l稱為**磁量子數**(*magnetic quantum number*)。

式(6.13)為$\Theta(\theta)$的微分方程式，可得到常數l為大於或等於$|m_l|$的整數解，這個條件可以下列形式表示

$$m_l = 0, \pm 1, \pm 2, \ldots, \pm l$$

常數l稱為**軌道量子數**(*orbital quantum number*)。

最後一式(6.14)為氫原子波函數ψ的半徑部分$R(r)$，也需要某種條件才能滿足，此條件是E必須為正，或是為E_n中的其中一個負值（表示電子束縛於原子），如下所示

$$E_n = -\frac{me^4}{32\pi^2\epsilon_0^2\hbar^2}\left(\frac{1}{n^2}\right) = \frac{E_1}{n^2} \quad n = 1, 2, 3, \ldots \tag{6.16}$$

我們認出這個式子與波耳的氫原子能階公式完全一樣。

解出式(6.14)的另一個必須遵守的條件為n為**主量子數**(*principal quantum number*)必須等於或大於$l + 1$，這個條件可以表示為對於l的限制條件

$$l = 0, 1, 2, \ldots, (n-1)$$

因此我們可將三個量子數 n, l, m 允許的值列出：

主量子數	$n = 1, 2, 3, \ldots$
軌道量子數	$l = 0, 1, 2, \ldots, (n-1)$
磁量子數	$m_l = 0, \pm 1, \pm 2, \ldots, \pm l$

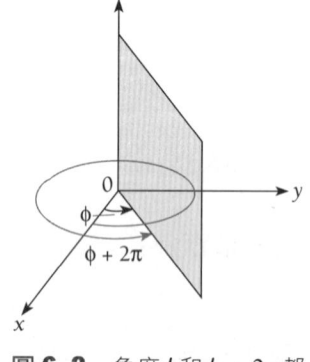

(6.17)

圖 6.2 角度ϕ和$\phi + 2\pi$都定義了相同的子午線平面。

值得注意的是，在量子力學理論下，被侷限在特殊空間中的粒子自然地會出現三個量子數。

表 6.1 $n = 1, 2, 3$ 時，氫原子的正規化波函數*

n	l	m_l	$\Phi(\phi)$	$\Theta(\theta)$	$R(r)$	$\psi(r, \theta, \phi)$
1	0	0	$\dfrac{1}{\sqrt{2\pi}}$	$\dfrac{1}{\sqrt{2}}$	$\dfrac{2}{a_0^{3/2}} e^{-r/a_0}$	$\dfrac{1}{\sqrt{\pi}\, a_0^{3/2}} e^{-r/a_0}$
2	0	0	$\dfrac{1}{\sqrt{2\pi}}$	$\dfrac{1}{\sqrt{2}}$	$\dfrac{1}{2\sqrt{2}\, a_0^{3/2}}\left(2 - \dfrac{r}{a_0}\right) e^{-r/2a_0}$	$\dfrac{1}{4\sqrt{2\pi}\, a_0^{3/2}}\left(2 - \dfrac{r}{a_0}\right) e^{-r/2a_0}$
2	1	0	$\dfrac{1}{\sqrt{2\pi}}$	$\dfrac{\sqrt{6}}{2}\cos\theta$	$\dfrac{1}{2\sqrt{6}\, a_0^{3/2}} \dfrac{r}{a_0} e^{-r/2a_0}$	$\dfrac{1}{4\sqrt{2\pi}\, a_0^{3/2}} \dfrac{r}{a_0} e^{-r/2a_0} \cos\theta$
2	1	± 1	$\dfrac{1}{\sqrt{2\pi}} e^{\pm i\phi}$	$\dfrac{\sqrt{3}}{2}\sin\theta$	$\dfrac{1}{2\sqrt{6}\, a_0^{3/2}} \dfrac{r}{a_0} e^{-r/2a_0}$	$\dfrac{1}{8\sqrt{\pi}\, a_0^{3/2}} \dfrac{r}{a_0} e^{-r/2a_0} \sin\theta\, e^{\pm i\phi}$
3	0	0	$\dfrac{1}{\sqrt{2\pi}}$	$\dfrac{1}{\sqrt{2}}$	$\dfrac{2}{81\sqrt{3}\, a_0^{3/2}}\left(27 - 18\dfrac{r}{a_0} + 2\dfrac{r^2}{a_0^2}\right) e^{-r/3a_0}$	$\dfrac{1}{81\sqrt{3\pi}\, a_0^{3/2}}\left(27 - 18\dfrac{r}{a_0} + 2\dfrac{r^2}{a_0^2}\right) e^{-r/3a_0}$
3	1	0	$\dfrac{1}{\sqrt{2\pi}}$	$\dfrac{\sqrt{6}}{2}\cos\theta$	$\dfrac{4}{81\sqrt{6}\, a_0^{3/2}}\left(6 - \dfrac{r}{a_0}\right)\dfrac{r}{a_0} e^{-r/3a_0}$	$\dfrac{\sqrt{2}}{81\sqrt{\pi}\, a_0^{3/2}}\left(6 - \dfrac{r}{a_0}\right)\dfrac{r}{a_0} e^{-r/3a_0} \cos\theta$
3	1	± 1	$\dfrac{1}{\sqrt{2\pi}} e^{\pm i\phi}$	$\dfrac{\sqrt{3}}{2}\sin\theta$	$\dfrac{4}{81\sqrt{6}\, a_0^{3/2}}\left(6 - \dfrac{r}{a_0}\right)\dfrac{r}{a_0} e^{-r/3a_0}$	$\dfrac{1}{81\sqrt{\pi}\, a_0^{3/2}}\left(6 - \dfrac{r}{a_0}\right)\dfrac{r}{a_0} e^{-r/3a_0} \sin\theta\, e^{\pm i\phi}$
3	2	0	$\dfrac{1}{\sqrt{2\pi}}$	$\dfrac{\sqrt{10}}{4}(3\cos^2\theta - 1)$	$\dfrac{4}{81\sqrt{30}\, a_0^{3/2}} \dfrac{r^2}{a_0^2} e^{-r/3a_0}$	$\dfrac{1}{81\sqrt{6\pi}\, a_0^{3/2}} \dfrac{r^2}{a_0^2} e^{-r/3a_0} (3\cos^2\theta - 1)$
3	2	± 1	$\dfrac{1}{\sqrt{2\pi}} e^{\pm i\phi}$	$\dfrac{\sqrt{15}}{2}\sin\theta\cos\theta$	$\dfrac{4}{81\sqrt{30}\, a_0^{3/2}} \dfrac{r^2}{a_0^2} e^{-r/3a_0}$	$\dfrac{1}{81\sqrt{\pi}\, a_0^{3/2}} \dfrac{r^2}{a_0^2} e^{-r/3a_0} \sin\theta\cos\theta\, e^{\pm i\phi}$
3	2	± 2	$\dfrac{1}{\sqrt{2\pi}} e^{\pm 2i\phi}$	$\dfrac{\sqrt{15}}{4}\sin^2\theta$	$\dfrac{4}{81\sqrt{30}\, a_0^{3/2}} \dfrac{r^2}{a_0^2} e^{-r/3a_0}$	$\dfrac{1}{162\sqrt{\pi}\, a_0^{3/2}} \dfrac{r^2}{a_0^2} e^{-r/3a_0} \sin^2\theta\, e^{\pm 2i\phi}$

* $a_0 = 4\pi\epsilon_0 \hbar^2/me^2 = 5.292 \times 10^{-11}$ m 為最內層的波耳軌道半徑。

為表示 R, Θ, Φ 分別和量子數 n, l, m 有關，我們可以寫出氫原子的電子波函數

$$\psi = R_{nl}\Theta_{lm_l}\Phi_{m_l} \tag{6.18}$$

$n = 1, 2, 3$ 的波函數 R, Θ, Φ 和 ψ 都列在表 6.1 中。

例 6.1

把對應到 $n = 1, l = 0$ 的半徑波函數 R 代入式(6.14)中，來求出基態電子能量 E_1。

解

從表 6.1 中，我們看到 $R = (2/a_0^{3/2})e^{-r/a_0}$，因此

$$\frac{dR}{dr} = \left(\frac{2}{a_0^{5/2}}\right) e^{-r/a_0}$$

且

$$\frac{1}{r^2}\frac{d}{dr}\left(r^2 \frac{dR}{dr}\right) = \left(\frac{2}{a_0^{7/2}} - \frac{4}{a_0^{5/2}r}\right) e^{-r/a_0}$$

利用 $E = E_1$ 和 $l = 0$ 代入式(6.14)得到

$$\left[\left(\frac{2}{a_0^{7/2}} + \frac{4mE_1}{\hbar^2 a_0^{3/2}}\right) + \left(\frac{me^2}{\pi\epsilon_0 \hbar a_0^{3/2}} - \frac{4}{a_0^{5/2}}\right)\frac{1}{r}\right]e^{-r/a_0} = 0$$

整個方程式中的每個括號必須為 0，對第二個括號而言，我們得到

$$\frac{me^2}{\pi\epsilon_0 \hbar^2 a^{3/2}} - \frac{4}{a_0^{5/2}} = 0$$

$$a_0 = \frac{4\pi\epsilon_0 \hbar^2}{me^2}$$

其中 $a_0 = r_1$ 為式(4.13)中的波耳半徑——我們回想起 $\hbar = h/2\pi$。而對第一個括號來說

$$\frac{2}{a_0^{7/2}} + \frac{4mE_1}{\hbar^2 a_0^{3/2}} = 0$$

$$E_1 = -\frac{\hbar^2}{2ma_0^2} = -\frac{me^4}{32\pi^2 \epsilon_0^2 \hbar^2}$$

和式(6.16)符合。

6.4 主量子數

Principal Quantum Number

能量的量子化

思考氫原子的量子數在原子的古典模型中顯示的是很有趣的。如同我們在第4章所看到的，除了將電子牢牢限制於原子核的反平方力為電力而非重力之外，此模型恰好對應到太陽系中行星的運動，行星運動中有兩個量是守恆的——也就是說在所有時候都保持為一定值：每個行星的純量總能量與向量角動量。

古典上來看總能量可以為任何值，但是如果行星永遠被捕陷於太陽系時，此能量當然為負值。在氫原子的量子理論中，電子能量亦為常數，但它可以為任意正值（對應到游離的原子），電子僅能擁有負值，可以用公式 $E_n = E_1/n^2$ 來表示。因此氫原子中，電子能量的量子化可以用主量子數 n 來表示。

行星運動理論也可以由薛丁格方程式來開始，且它也會產生一個相似的能量限制，然而對於任何行星而言，總量子數太大（參閱第4章習題11），使得其允許的能階間隔太小而無法觀測到，基於這個原因，古典物理學可提供適當的行星運動模型，卻在原子的狀況中失效。

6.5 軌道量子數
Orbital Quantum Number

角動量大小的量子化

軌道量子數 *l* 的解釋較不顯著,讓我們來看波函數 ψ 的半徑部分 *R*(*r*) 的微分方程式

$$\frac{1}{r^2}\frac{d}{dr}\left(r^2\frac{dR}{dr}\right) + \left[\frac{2m}{\hbar^2}\left(\frac{e^2}{4\pi\epsilon_0 r} + E\right) - \frac{l(l+1)}{r^2}\right]R = 0 \tag{6.14}$$

此方程式僅和電子在半徑方向的運動有關,也就是指遠離或靠近原子核的運動。然而,我們注意電子總能量 *E* 出現在方程式中,總能量 *E* 包含了軌道運動的動能,且和半徑運動無關。

這個矛盾可藉由下面的論證來去除,電子的動能 KE 有兩個成份,遠離或靠近原子核動能 KE$_{radial}$,和環繞原子核運動的動能 KE$_{orbital}$,電子的位能為電能

$$U = -\frac{e^2}{4\pi\epsilon_0 r} \tag{6.2}$$

因此電子的總能量為

$$E = \text{KE}_{radial} + \text{KE}_{orbital} + U = \text{KE}_{radial} + \text{KE}_{orbital} - \frac{e^2}{4\pi\epsilon_0 r}$$

將 *E* 的表示式插入式(6.14)中,在稍微整理之後,我們得到

$$\frac{1}{r^2}\frac{d}{dr}\left(r^2\frac{dR}{dr}\right) + \frac{2m}{\hbar^2}\left[\text{KE}_{radial} + \text{KE}_{orbital} - \frac{\hbar^2 l(l+1)}{2mr^2}\right]R = 0 \tag{6.19}$$

如果中括號中的後兩項互相抵消,我們就可以得到我們想要的:僅包含半徑向量 *r* 的 *R*(*r*) 微分方程式。

因此我們需要

$$\text{KE}_{orbital} = \frac{\hbar^2 l(l+1)}{2mr^2} \tag{6.20}$$

因為電子的軌道動能和角動量的大小分別為

$$\text{KE}_{orbital} = \frac{1}{2}mv_{orbital}^2 \qquad L = mv_{orbital}r$$

我們可以將軌道動能寫成

$$\text{KE}_{orbital} = \frac{L^2}{2mr^2}$$

因此從式(6.20)中

$$\frac{L^2}{2mr^2} = \frac{\hbar^2 l(l+1)}{2mr^2}$$

電子角動量 $$L = \sqrt{l(l+1)}\hbar \qquad (6.21)$$

而軌道量子數 l 被限制為下列數值

$$l = 0, 1, 2, \ldots, (n-1)$$

電子的角動量 L 只能為式(6.21)中的數值。和總能量 E 相同，角動量守恆且被量子化，而

$$\hbar = \frac{h}{2\pi} = 1.054 \times 10^{-34}\,\text{J·s}$$

為角動量的自然單位。

在巨觀行星運動中，描述角動量的量子數和能量的情形一樣，因為其個別的角動量能階無法藉由實驗觀測，舉例來說，軌道量子數為2的電子(或是其他物體)具有角動量

$$L = \sqrt{2(2+1)}\hbar = \sqrt{6}\hbar$$
$$= 2.6 \times 10^{-34}\,\text{J·s}$$

相對地，地球的軌道角動量為 2.7×10^{40} J·s！

角動量態的命名

我們通常以字母將電子角動量態分類，s 對應到 $l = 0$，p 對應到 $l = 1$，依此類推，根據以下的排列規則

角動量態
$$\begin{array}{cccccccc} l = 0 & 1 & 2 & 3 & 4 & 5 & 6 & \ldots \\ s & p & d & f & g & h & i & \ldots \end{array}$$

這個特別的編碼是由實驗上許多譜線被分類的序列而來，它們被稱為銳線(sharp)、主線(principal)、散線(diffuse)和基線(fundamental)，且在氫原子理論發展出來之前就已經存在了。因此一個 s 態並沒有角動量，p 態的角動量為 $\sqrt{2}\hbar$，依此類推。

象徵軌道角動量的總量子數和字母結合，提供了原子電子態方便且廣泛使用的符號。舉例來說，在這個符號中，$n = 2$ 且 $l = 0$ 的態為 $2s$ 態，而 $n = 4$ 且 $l = 2$ 的態為 $4d$ 態，表6.2列出了 $n = 1$ 至6，$l = 0$ 至5時，原子中電子態的表示符號。

表 6.2 原子的電子態

	$l = 0$	$l = 1$	$l = 2$	$l = 3$	$l = 4$	$l = 5$
$n = 1$	1s					
$n = 2$	2s	2p				
$n = 3$	3s	3p	3d			
$n = 4$	4s	4p	4d	4f		
$n = 5$	5s	5p	5d	5f	5g	
$n = 6$	6s	6p	6d	6f	6g	6h

6.6 磁量子數
Magnetic Quantum Number

角動量方向的量子化

軌道量子數 l 決定了電子角動量 **L** 的大小，然而，和線性動量一樣，角動量為向量，且要完整地描述它就意謂著必須指出它的方向和大小（我們已經知道向量 **L** 垂直於轉動發生的平面，且其方向遵守右手定則：當右手握拳時手指方向為運動的方向，拇指的方向即為 **L** 的方向，如圖 6.3 所示）。

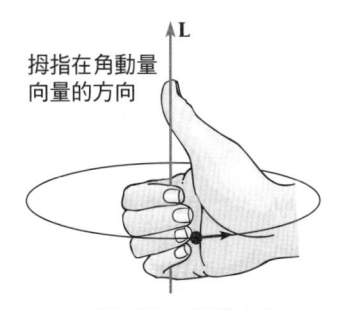

拇指在角動量向量的方向

右手的指頭在轉動方向
圖 6.3 角動量的右手定則 (right hand rule)。

在空間中的一個方向對氫原子而言有什麼可能的重大意義呢？當我們想像環繞原子核運轉的電子為一個微小的電流線圈，且具有和磁偶極一樣的磁場時，答案就變得很清楚了。因此具有角動量的原子電子和外加磁場 **B** 產生交互作用，而磁量子數 m_l 則藉由決定 **L** 在磁場方向的分量來決定 **L** 的方向。此現象通常稱為**空間量子化**(*space quantization*)。

如果我們讓磁場方向和 z 軸平行時，**L** 在此方向上的分量為

空間量子化　　　　$L_z = m_l \hbar \quad m_l = 0, \pm 1, \pm 2, \ldots, \pm l$ 　　　(6.22)

在已知 l 值的情況中，m_l 值可能的範圍從 $+l$ 經過 0 至 $-l$，故在磁場中的角動量向量 **L** 的可能轉向數量為 $2l + 1$。當 $l = 0$ 時，L_z 僅可能為 0；當 $l = 1$，L_z 可能為 $\hbar$, 0 或 $-\hbar$；當 $l = 2$，L_z 可能為 $2\hbar, \hbar, 0, -\hbar$ 或 $-2\hbar$ 等數值，依此類推。

氫原子軌道角動量的空間量子化如圖 6.4 所示，某一 m_l 之原子如果發現位於一外加磁場時，會假設相對於磁場之角動量 **L** 的對應轉向。我們注意到 **L** 絕不可平行或反平行於 **B**，因為 L_z 總是比總角動量 $\sqrt{l(l+1)}\hbar$ 還小。

在沒有外加磁場的狀況中，z 軸為任意方向，我們選擇 **L** 在任何方向上的分量為 $m_l \hbar$ 必然是正確的，而外加磁場所做的便是提供一個實驗上有意義的參考方向。一個磁場方向並非僅是唯一可能的參考方向，舉例來說，在氫分子 H_2 中的兩個 H 原子之間的線做為磁場的方向僅在實驗上具有意義，且沿著此線 H 原子的角動量分量由它們的 m_l 值所決定。

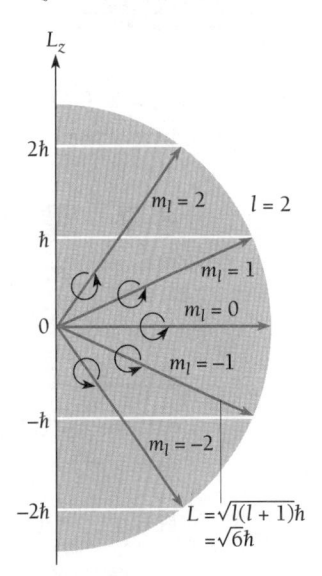

圖 6.4 軌道角動量的空間量子化。在此軌道量子數為 $l = 2$，故磁量子數 m_l 將有 $2l + 1 = 5$ 個可能值，每個值對應到相對於 z 軸之不同的轉向。

測不準原理和空間量子化

為何只有一個 **L** 的分量被量子化，答案和 **L** 不能指向任意特定方向，但是可以指向空間的圓錐，使其投影量 L_z 為 $m_l \hbar$，如果不是

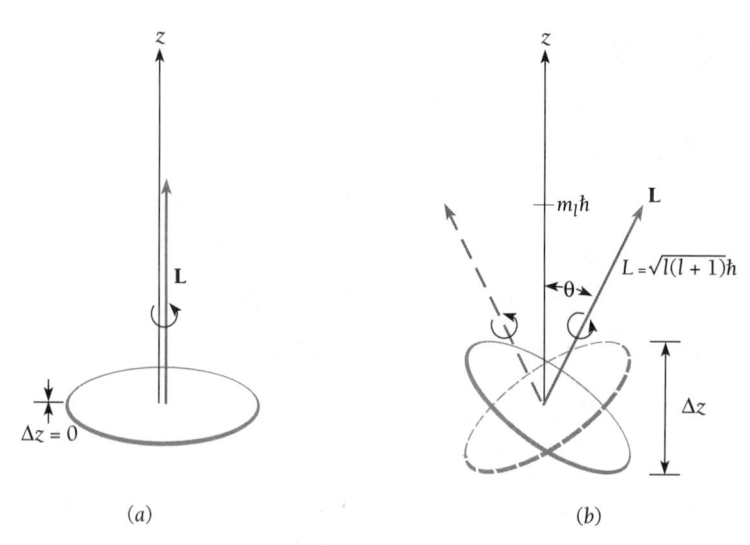

圖 6.5 測不準原理禁止角動量向量 **L** 在空間中具有確定的方向。

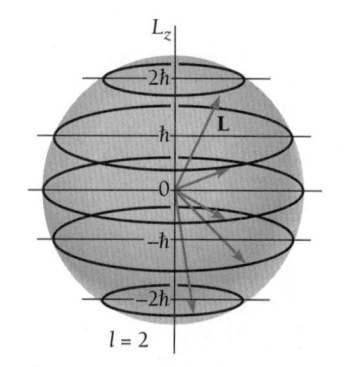

圖 6.6 角動量向量 **L** 持續地繞著 z 軸進動(precess)。

這樣的話，將會違背測不準原理。如果 **L** 固定在空間中，L_x, L_y 和 L_z 具有明確值，電子將會被限制於某一固定平面。舉例來說，如果 **L** 在 z 方向上，電子將永遠在 xy 平面上（圖6.5a），這僅會發生於電子動量在 z 方向上的分量 p_z 無窮大不確定時，且當然，如果它是氫原子的一部分時，這將永遠不可能。

然而，因為實際上 **L** 的唯一分量 L_z 和 **L** 的大小具有明確值且 $|L| > |L_z|$，電子並不會被限制在單一平面上（圖6.5b），因此在電子的 z 座標中會有內在的測不準量，**L** 的方向並未固定，如圖6.6所示，故 L_x 和 L_y 的平均值為 0，雖然 L_z 總是具有特定值 $m_l\hbar$。

6.7 電子機率密度

Electron Probability Density

沒有明確的軌道

在波耳的氫原子模型中，電子被視為以圓形路徑繞著原子核運轉，此模型可以圖6.7中的球狀極座標系統來表示。它暗示了如果執行一個適當的實驗，電子將總是出現於相距原子核 $r = n^2 a_0$ 之處（其中 n 為軌道量子數，而 a_0 為最內層軌道的半徑），且在赤道平面時 $\theta = 90°$，而方位角 ϕ 則隨時間變化。

氫原子的量子理論以下列二種方式修正波耳模型：

1. 對於 r, θ 或 ϕ 而言並沒有明確的值，在不同的地方找到的電子僅為相對機率，這個不精確度當然是電子的波性質所造成的。

2. 我們不能以任何傳統方式將電子視為繞著原子核運轉，因為機率密度 $|\psi|^2$ 和時間無關，且隨著所在之處而變。

6.7 電子機率密度

氫原子中對應到電子波函數 $\psi = R\Theta\Phi$ 的機率密度 $|\psi|^2$ 為

$$|\psi|^2 = |R|^2|\Theta|^2|\Phi|^2 \tag{6.23}$$

和平常一樣，任何複數函數的平方將被其本身與其共軛複數的乘積所取代（我們想起函數由 i 改為 $-i$ 即可得到函數的共軛複數）。

從式(6.15)中我們看到波函數的方位波函數為

$$\Phi(\phi) = Ae^{im_l\phi}$$

因此方位的機率密度 $|\Phi|^2$ 為

$$|\Phi|^2 = \Phi^*\Phi = A^2 e^{-im_l\phi}e^{im_l\phi} = A^2 e^0 = A^2$$

在特定方位角 ϕ 發現電子的可能性為常數，且和 ϕ 無關。不論所在的量子態為何，電子機率密度對於 z 軸而言為對稱，故電子在某個角度 ϕ 和其他角度出現的機率一樣。

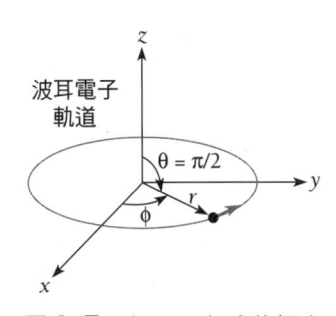

圖 6.7 氫原子在球狀極座標系統的波耳模型。

波函數的徑向部分 R 和 Φ 不同，不僅隨 r 變化，也隨量子數 n 和 l 的組合有不同的變化，圖 6.8 包含了氫原子的 $1s, 2s, 2p, 3s, 3p$ 和 $3d$ 態 R 對 r 之間的關係圖。明

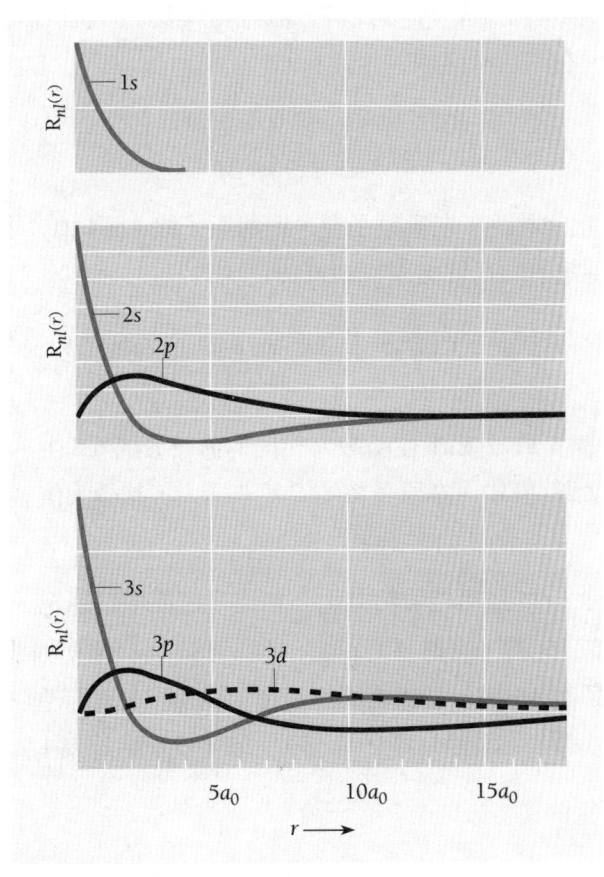

圖 6.8 氫中電子波函數的徑向部分在各種量子態，隨與原子核之間的距離而變化，$a_0 = 4\pi\epsilon_0\hbar^2/me^2 = 0.053$ nm 為第一波耳軌道的半徑。

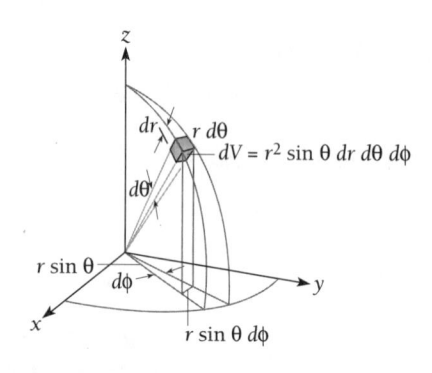

圖 6.9 在球狀極座標中的體積元素。

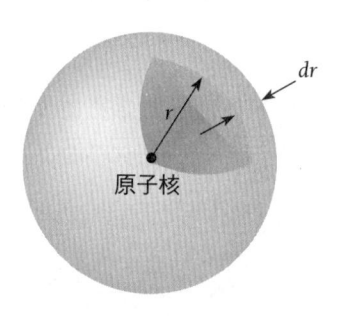

圖 6.10 在氫原子的球殼層中，距離原子核為 r 和 $r + dr$ 之間找到電子的機率為 $P(r) \, dr$。

顯地，在 $r = 0$ 時 R 為最大──也就是原子核本身──對所有的 s 態而言，將會對應到 $L = 0$，因為這些態中 $l = 0$。在 $r = 0$ 時對於擁有角動量的態而言 R 為 0。

發現電子的機率

電子在點 r, θ, ϕ 的機率密度和 $|\psi|^2$ 成比例，但是在無限小的體積 dV 中發現電子的真實機率為 $|\psi|^2 \, dV$。在球狀極座標中（圖 6.9），

體積元素　　　　　　　　$dV = (dr)(r \, d\theta)(r \sin \theta \, d\phi)$
(volume element)　　　　　　$= r^2 \sin \theta \, dr \, d\theta \, d\phi$ 　　　　(6.24)

當 Θ 和 Φ 都為正規化函數時，在氫原子裡，距離原子核（圖 6.10）為 r 和 $r + dr$ 之間的球狀殼層中找到電子的真實機率為 $P(r) \, dr$

$$P(r) \, dr = r^2 |R|^2 \, dr \int_0^\pi |\Theta|^2 \sin \theta \, d\theta \int_0^{2\pi} |\Phi|^2 \, d\phi$$
$$= r^2 |R|^2 \, dr \qquad (6.25)$$

式(6.25)繪於圖 6.11，和半徑函數 R 相同的態繪於圖 6.8 中，這些曲線相差很多，我們馬上注意到 s 態中，在原子核的 P 並非極大，其極大值發生在離它一定距離時。

對 $1s$ 電子而言，r 的最可能值恰為 a_0，和波耳模型中基態電子的半徑一樣，然而，對 $1s$ 電子而言，r 的平均值為 $1.5 \, a_0$，初看有點令人混淆，因為在量子力學和波耳原子模型中能階皆相同，當我們回想起電子能量和 $1/r$ 而非直接與 r 相關時，這個明顯的差異將可消除，因對 $1s$ 電子而言 $1/r$ 的平均值恰好為 $1/a_0$。

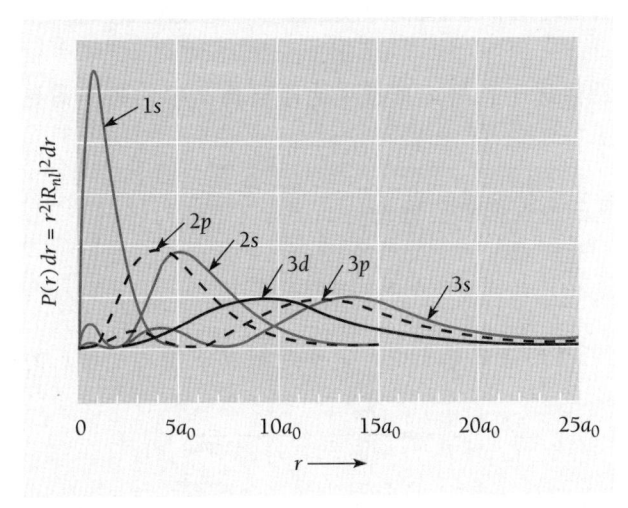

圖 6.11 對於圖 6.8 之量子態而言，在氫原子中找出距離原子核為 r 和 $r + dr$ 之間電子的機率。

例 6.2

證明對氫原子的 $1s$ 電子而言，$1/r$ 的平均值為 $1/a_0$。

解

從表 6.1 中得知，$1s$ 電子的波函數為

$$\psi = \frac{e^{-r/a_0}}{\sqrt{\pi}\, a_0^{3/2}}$$

因為 $dV = r^2 \sin\theta\, dr\, d\theta\, d\phi$，我們得到 $1/r$ 的期望值為

$$\left\langle \frac{1}{r} \right\rangle = \int_0^\infty \left(\frac{1}{r}\right) |\psi|^2\, dV$$

$$= \frac{1}{\pi a_0^3} \int_0^\infty r e^{-2r/a_0}\, dr \int_0^\pi \sin\theta\, d\theta \int_0^{2\pi} d\phi$$

積分式有個別的積分值

$$\int_0^\infty r e^{-2r/a_0}\, dr = \left[\frac{a_0^2}{4} e^{-2r/a_0} - \frac{r}{2} e^{-2r/a_0} \right]_0^\infty = \frac{a_0^2}{4}$$

$$\int_0^\pi \sin\theta\, d\theta = [-\cos\theta]_0^\pi = 2$$

$$\int_0^{2\pi} d\phi = [\phi]_0^{2\pi} = 2\pi$$

因此

$$\left\langle \frac{1}{r} \right\rangle = \left(\frac{1}{\pi a_0^3}\right)\left(\frac{a_0^2}{4}\right)(2)(2\pi) = \frac{1}{a_0}$$

例 6.3

氫原子的 1s 電子距離原子核為 a_0 的機率比距離為 $a_0/2$ 的機率高幾倍？

解

根據表 6.1，1s 電子的徑向波函數為

$$R = \frac{2}{a_0^{3/2}} e^{-r/a_0}$$

從式(6.25)中，我們得到在氫原子中，電子距離原子核為 r_1 和 r_2 的機率比為

$$\frac{P_1}{P_2} = \frac{r_1^2 |R_1|^2}{r_2^2 |R_2|^2} = \frac{r_1^2 \, e^{-2r_1/a_0}}{r_2^2 \, e^{-2r_2/a_0}}$$

在此 $r_1 = a_0$ 且 $r_2 = a_0/2$，故

$$\frac{P_{a_0}}{P_{a_0/2}} = \frac{(a_0)^2 e^{-2}}{(a_0/2)^2 e^{-1}} = 4e^{-1} = 1.47$$

在距離原子核為 a_0 的電子出現機率比 $a_0/2$ 還高 47%（見圖 6.11）。

機率密度的角度變化

對於所有量子數 l 和 m_l 而言，函數 Θ 隨天頂角 θ 變化，除了 s 態的 $l = m_l = 0$ 之外，對一個 s 態而言，$|\Theta|^2$ 的值為常數 $\frac{1}{2}$，這意味著因為 $|\Phi|^2$ 也為常數，故電子機率密度 $|\psi|^2$ 為球狀對稱：對一已知 r，在所有方向上的值都相同。然而在其他態的電子有其角度的偏好，並且相當複雜，這可由圖 6.12 所示，電子機率密度為 r 和 θ 的函數，且圖中顯示出許多原子的態（圖上所繪的數值為 $|\psi|^2$ 而非 $|\psi|^2 dV$）。因為 $|\psi|^2$ 和 ϕ 無關，繞著垂直軸轉動，我們可得到三維空間的圖形，當這個完成了以後，我們看到 s 態的機率密度為球狀對稱，而其他態則不是。在許多態中明確的波瓣圖形在化學上非常地重要，因為這些波瓣可幫助決定在分子中鄰近原子產生交互作用的方式。

觀察圖 6.12 可看出量子力學態和波耳模型相似，舉例來說，如 $m_l = \pm 1$ 之 2p 態，電子機率密度分布像是位於以原子核為中心的赤道平面甜甜圈(doughnut)，計算顯示出此電子與原子核之間最可能的距離為 $4a_0$ ——和相同主量子數 $n = 2$ 之波耳模型半徑相同，相似的對應為 $m_l = \pm 2$ 之 3d 態，和 $m_l = \pm 3$ 之 4f 態，依此類推。在每個狀況中，角動量為該能階中最可能的，且角動量向量都是盡可能地靠近 z 軸，使得機率密度接近赤道平面，因此波耳模型預測了在許多可能的態中每個態電子最可能出現的位置。

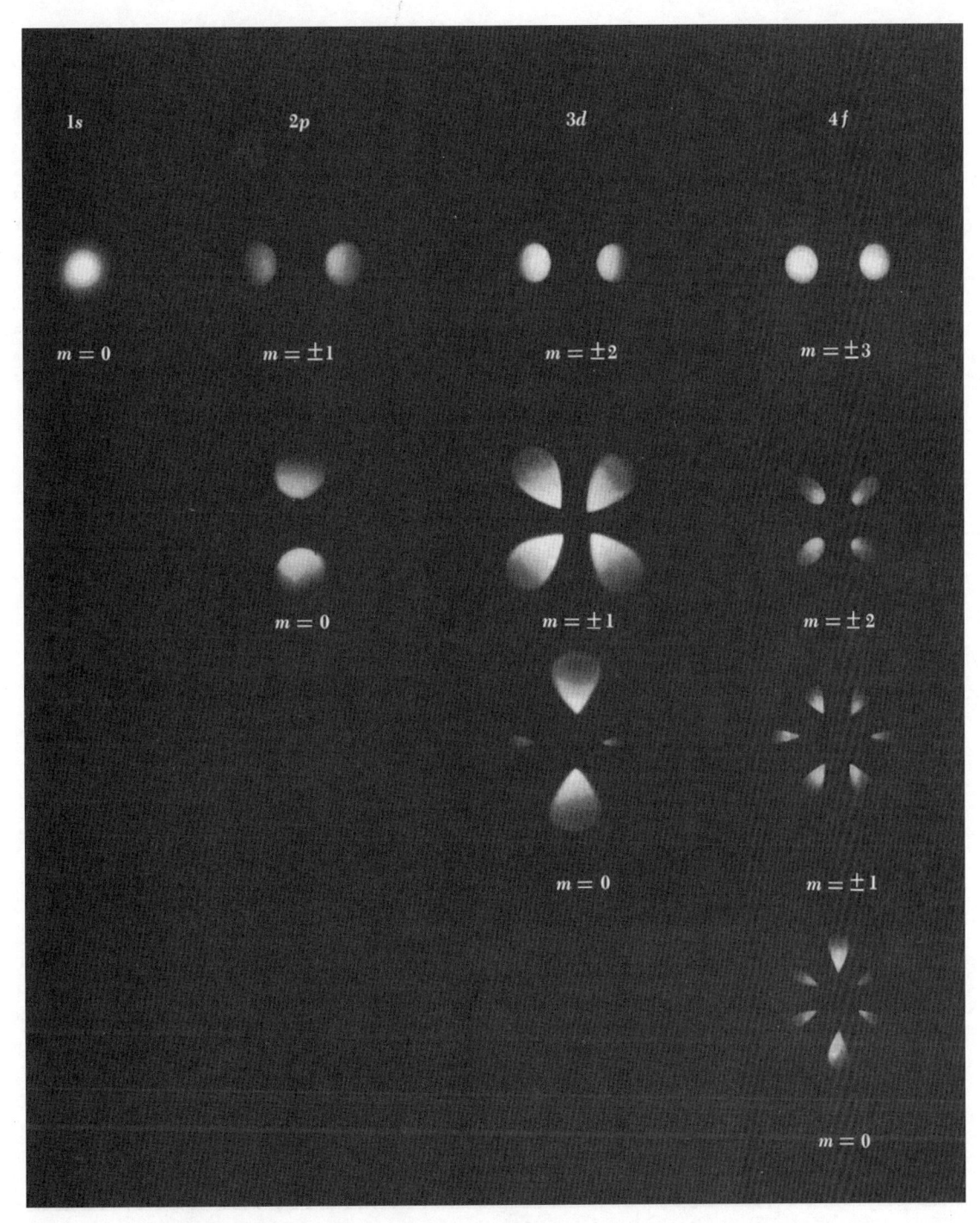

圖 6.12 幾個能態之電子機率密度分布 $|\psi|^2$ 的照相圖形表示，這些可被視為包含極軸的平面分布截面圖，此極軸為垂直且位於紙張的平面，比例將依圖形不同而變。

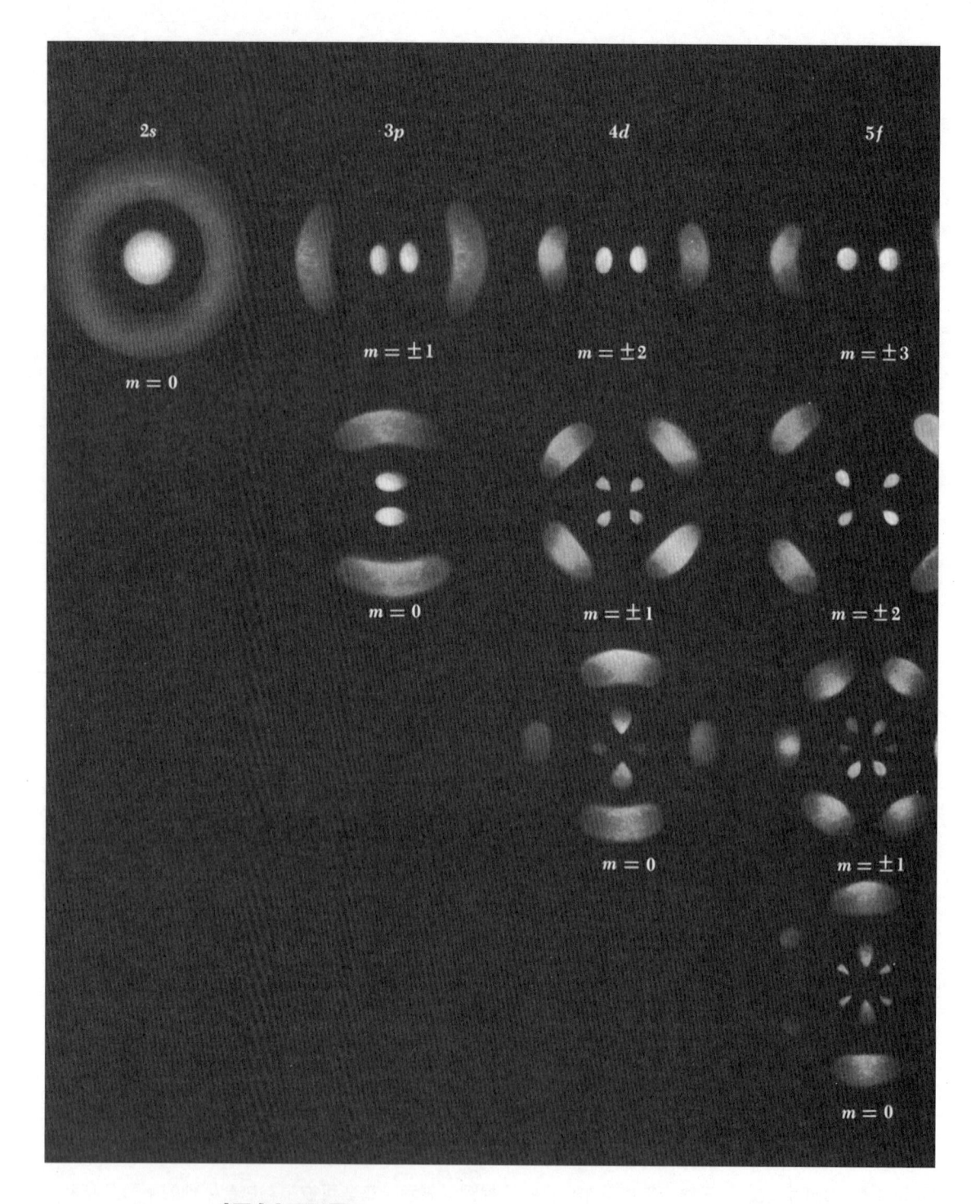

6.8 輻射躍遷
Radiative Transitions

當電子由一個態到另一個時發生什麼事情

波耳在想出氫原子的理論時，他不得不假設原子從能階 E_m 掉至較低階 E_n 時所釋放出來的輻射頻率為 ν

$$\nu = \frac{E_m - E_n}{h}$$

證明在量子力學中自然發生的這個關係式並不難，為了簡化之故，我們應該考慮電子僅沿著 x 方向運動的系統。

從5.7節中我們知道，位於量子數 n 之電子態的時依波函數 Ψ_n 與其能量 E_n，為非時依波函數 ψ_n 和一時變函數的乘積，其頻率為

$$\nu_n = \frac{E_n}{h}$$

因此
$$\Psi_n = \psi_n e^{-(iE_n/\hbar)t} \qquad \Psi_n^* = \psi_n^* e^{+(iE_n/\hbar)t} \tag{6.26}$$

電子位置的期望值 $\langle x \rangle$ 為

$$\langle x \rangle = \int_{-\infty}^{\infty} x\Psi_n^*\Psi_n\, dx = \int_{-\infty}^{\infty} x\psi_n^*\psi_n e^{[(iE_n/\hbar)-(iE_n/\hbar)]t}\, dx$$

$$= \int_{-\infty}^{\infty} x\psi_n^*\psi_n\, dx \tag{6.27}$$

期望值 $\langle x \rangle$ 在時間為常數，因為 ψ_n 和 ψ_n^* 在定義上僅為位置的函數。電子並不會振盪，故不會產生輻射。因此量子力學預測出在特定量子態的系統並不會輻射，這和我們所觀察到的相同。

再來我們考慮電子從一個能態轉移至另一個，當某一類的受激過程開始作用時（一束輻射或與其他粒子的碰撞），系統可能在基態 n。隨後我們發現系統會釋放輻射，對應到從受激態能量 E_m 躍遷至基態，我們推論出在此系統中的某一刻，系統存在於 m 態中，但是輻射頻率為何呢？

可同時存在於態 n 和 m 之電子波函數為 Ψ

$$\Psi = a\Psi_n + b\Psi_m \tag{6.28}$$

其中 a^*a 為電子位於態 n 之機率，而 b^*b 為態 m 之機率。當然，$a^*a + b^*b = 1$ 必定是正確的。一開始時 $a = 1$ 而 $b = 0$，當電子在受激態時，$a = 0$ 而 $b = 1$，且最後又會回到 $a = 1$ 和 $b = 0$。儘管電子可在任一態中，沒有輻射發生，但當電子在 m 至 n 的躍遷中間時（也就是 a 和 b 都不為 0 的時候），將會產生電磁波。

對應式(6.28)之複合波函數的期望值 $\langle x \rangle$ 為

$$\langle x \rangle = \int_{-\infty}^{\infty} x(a^*\Psi_n^* + b^*\Psi_m^*)(a\Psi_n + b\Psi_m)\, dx$$

$$= \int_{-\infty}^{\infty} x(a^2\Psi_n^*\Psi_n + b^*a\Psi_m^*\Psi_n + a^*b\Psi_n^*\Psi_m + b^2\Psi_m^*\Psi_m)\, dx \tag{6.29}$$

在此和前面一樣，我們假設 $a^*a = a^2$ 且 $b^*b = b^2$，第一項和最後一項積分不會隨時間變化，而只有第二項及第三項積分對為 $\langle x \rangle$ 中時間變化有貢獻。

利用式(6.26)，我們將式(6.29)展開

$$\langle x \rangle = a^2 \int_{-\infty}^{\infty} x\psi_n^*\psi_n \, dx + b^*a \int_{-\infty}^{\infty} x\psi_m^* e^{+(iE_m/\hbar)t} \psi_n e^{-(iE_n/\hbar)t} \, dx$$
$$+ a^*b \int_{-\infty}^{\infty} x\psi_n^* e^{+(iE_n/\hbar)t} \psi_m e^{-(iE_m/\hbar)t} \, dx + b^2 \int_{-\infty}^{\infty} x\psi_m^*\psi_m \, dx \quad (6.30)$$

因為 $\qquad e^{i\theta} = \cos\theta + i\sin\theta \qquad$ 且 $\qquad e^{-i\theta} = \cos\theta - i\sin\theta$

故式(6.30)兩個為時間函數的中間項變成

$$\cos\left(\frac{E_m - E_n}{\hbar}\right)t \int_{-\infty}^{\infty} x[b^*a\psi_m^*\psi_n + a^*b\psi_n^*\psi_m] \, dx$$
$$+ i\sin\left(\frac{E_m - E_n}{\hbar}\right)t \int_{-\infty}^{\infty} x[b^*a\psi_m^*\psi_n - a^*b\psi_n^*\psi_m] \, dx \quad (6.31)$$

此結果的實數部分隨時間變化

$$\cos\left(\frac{E_m - E_n}{\hbar}\right)t = \cos 2\pi\left(\frac{E_m - E_n}{h}\right)t = \cos 2\pi\nu t \quad (6.32)$$

因此電子的位置會以正弦波形式振盪且頻率為

$$\nu = \frac{E_m - E_n}{h} \quad (6.33)$$

當電子在態 n 或態 m 中，電子位置的期望值為常數。當電子遇到了態之間的躍遷時，其位置會以頻率 ν 振盪。當然這樣的電子和電偶極相像，且輻射相同頻率 ν 的電磁波，此結果和波耳假說相同且已被實驗證實。如我們所看到的，量力子學可不需特殊的假設而導出式(6.33)。

6.9 選擇規則

Selection Rules

某些躍遷比其他躍遷更有可能發生

為了求出頻率 ν，我們不必知道時間函數的機率 a 和 b 值，也不必知道電子波函數 ψ_n 和 ψ_m。然而我們需要這些數值來計算已知躍遷發生的機會。對受激態原子而言，產生輻射的必備條件是下列積分值不可為 0

$$\int_{-\infty}^{\infty} x\psi_n\psi_m^* \, dx \quad (6.34)$$

因為輻射強度與其成正比。有限積分值之躍遷稱為**允許躍遷**(*allowed transition*)，積分值為 0 則稱為**禁止躍遷**(*forbidden transition*)。

6.9 選擇規則

在氫原子的狀況中，需要三個量子數來確認輻射躍遷的初始態和最終態，如果初始態的主、軌道和磁量子數分別為 n', l' 和 m_l'，而最終態的量子數為 n, l 和 m_l，而 u 代表 x, y 或 z 座標，允許躍遷的條件為

允許躍遷
$$\int_{-\infty}^{\infty} u\psi_{n,l,m_l}\psi_{n',l',m_l}^* \, dV \neq 0 \tag{6.35}$$

其中此積分式對所有空間進行積分，舉例來說當把 u 視為 x 時，輻射將會由 x 軸上的偶極天線(dipole antenna)所產生。

因為氫原子的波函數 ψ_{n,l,m_l} 為已知，式(6.35)可對一個或更多量子數不同的狀態中假設 $u = x$, $u = y$ 和 $u = z$ 來計算，當這個計算完成時，我們發現只有在不同狀態之間的軌道量子數 l 改變 +1 或 −1，且磁量子數 m_l 不改變或是只改變 +1 或 −1 時，才會發生躍遷，換言之，允許躍遷發生的條件為

選擇規則
$$\Delta l = \pm 1 \tag{6.36}$$
$$\Delta m_l = 0, \pm 1 \tag{6.37}$$

總量子數 n 的變化卻不受限制，式(6.36)和(6.37)被稱為允許躍遷的**選擇規則**(*selection rule*)，參閱圖 6.13。

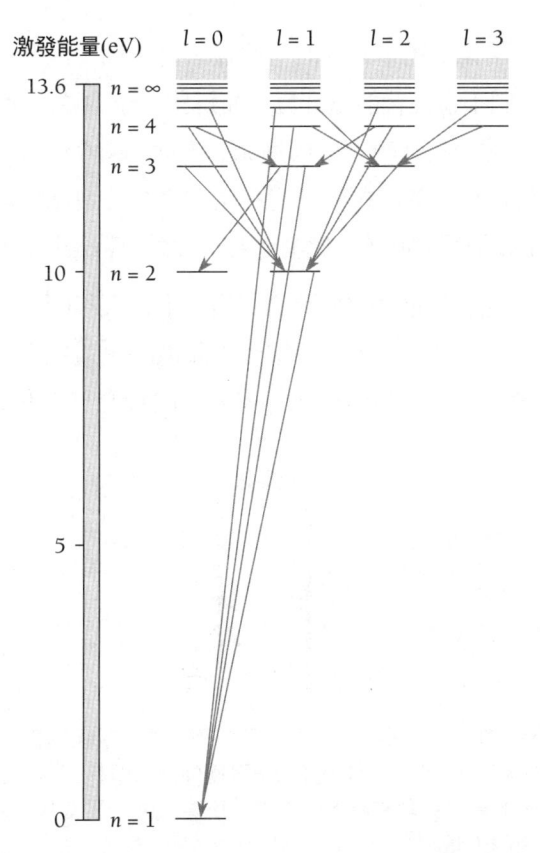

圖 6.13 顯示出被選擇規則 $\Delta l = \pm 1$ 允許的躍遷之氫原子能階圖，此能階圖中垂直軸象徵了在基態以上的激發能量。

如果一個原子產生輻射，選擇規則要求l的改變為± 1，即意指被釋放的光子所帶走的角動量$\pm \hbar$等於原子初始和最終態的角動量差。以古典的觀點來看，角動量$\pm \hbar$的光子為左旋或右旋圓形極化的電磁波，故此觀念並非量子理論特有的觀念。

量子電動力學

先前對於原子輻射躍遷的分析基於古典和量子混合的觀念而來，如我們先前所看到的，原子電子位置的期望值隨著式(6.33)之頻率ν振盪，從初始的本徵態到另一個較低能量的本徵態。古典上這個振盪電荷會產生相同頻率ν的電磁波，的確，所觀察到的輻射為此頻率。然而，古典觀念對於原子過程不總是可靠的，所以我們需要更深入的探討，這樣的探討我們稱為**量子電動力學**(*quantum electrodynamics*)，顯示出從態m躍遷至態n以單一光子的形式釋放輻射。

除此之外，量子電動力學提供原子從一能態躍遷至較低能態產生的「自發」(spontaneous)躍遷機制的解釋。以純古典的理論，預期所有的電場和磁場會穩定地對$\mathbf{E}$和$\mathbf{B}$漲落，這樣的漲落甚至在電磁波不存在，亦即$\mathbf{E} = \mathbf{B} = 0$時存在。就是這些漲落（通常稱為真空漲落，類比於諧振子的零點振動）使得在受激態的原子產生自發性的光子輻射。

真空漲落可「被視為」短生命期的「虛擬」光子海，因為測不準原理的形式為$\Delta E \Delta t \geq \hbar/2$，所以它們不會違背能量守恆，而這些光子會產生**卡西米爾效應**(*Casimir effect*)（圖6.14），由荷蘭物理學家亨德列克·卡西米爾(Hendrik Casmir)於1948年時提出。僅有某些特定波長的虛擬光子可在兩個平行的金屬板之間來回反彈，而在板外所有波長的光子會被反射回去，此結果非常細微，但是拉近板之力為可量測的。

卡西米爾效應可被用做能量的來源嗎？如果平行板移開時，光子會一起飛離且從真空漲落中帶走動能，且如果金屬板被允許碰撞時，這些光子會變成熱，不幸的是此方式產生的能量不多：大約面積每平方公尺的板有半奈焦耳(0.5×10^{-9} J)。

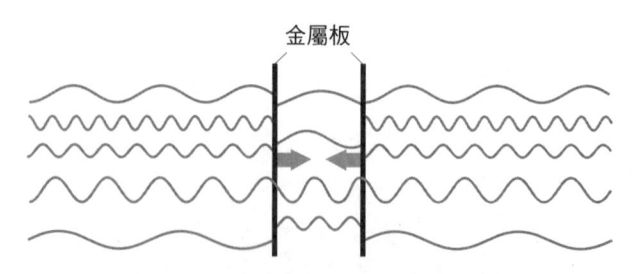

圖6.14 兩個平行金屬板甚至在真空中亦展現出卡西米爾效應，任何波長的虛擬光子可從外面撞擊板，但被板所捕陷的光子只具有特定的波長，所產生的不平衡對板產生向內的力量。

理查‧費曼(Richard P. Feynman, 1918-1988)出生於紐約市郊區的一個小鎮遠洛威(Far Rockaway)，並且在麻省理工學院和普林斯頓求學，在他於1942年得到博士學位時，他在新墨西哥州的羅沙拉摩斯(Los Alamos)和許多年輕的物理學家協助原子彈的研發，當戰爭結束以後，他先到康乃爾教書，後來在1951年時轉到加州理工學院。

在1940年末時，費曼對量子電動力學做了重要的貢獻，相對論的量子理論，描述帶電粒子間的電磁交互作用。這個理論的一個嚴重問題為其結果會出現無限大的數值，在再正規化過程中可藉由減去其他無限大的數值來去除，雖然這個步驟在數學上是可疑的，且仍讓一些物理學家感到不安，最後的理論在所有的預測中都被證實為非常正確。頑皮的費曼曾說：「這並不是我們所追求的哲學，而是真實事物的行為。」且將量子電動力學和實驗的一致性和紐約到洛杉磯之間的距離相比較，其間的差異僅為一根頭髮的厚度。

費曼將許多物理學家的感覺清楚地描述出來，他寫道：「我們理解這個由量子力學表示的世界總是碰到許多困難，……我不能定義實際的問題，因此我懷疑並沒有實際的問題存在，但我不確定有沒有真實的問題。」

1965年時，費曼和另外兩位量子電動力學的先驅共同獲得諾貝爾獎，分別是同為美國的朱利安‧史溫格(Julian Schwinger)和日本的朝永振一郎(Sin-Itiro Tomonaga)，費曼也在其他領域貢獻良多，最著名的即為解釋在絕對零度附近的液態氦特性及基本粒子理論。他所著的三冊物理學講演(*Lectures on Physics*)自從1963年出版之後便一直在激勵並啟發學生與教師。

6.10 塞曼效應
Zeeman Effect
原子如何與磁場相互作用

在外磁場 **B** 中，磁偶極(magnetic dipole)的位能 U_m 和其磁力矩(magnetic moment)μ 以及動量相對於磁場的轉向(orientation)有關（圖6.15）。

在通量密度 **B** 的磁場中作用在磁偶極的力矩(torque)τ 為

$$\tau = \mu B \sin \theta$$

其中θ為μ和**B**之間的角度，當偶極和場垂直時力矩為最大，而偶極平行或反平行於場時力矩為0。為計算位能 U_m，我們必須先建立 U_m為0的參考點。（因為只有位能的變化可以由實驗所觀察出來，故可任意選擇參考點。）當$\theta = \pi/2 = 90°$，令$U_m = 0$是很方便的，也就是說μ垂直於**B**。在μ的任何轉向上的位能等於轉動偶極從$\theta_0 = \pi/2$至其對應的角度所需外加的功，因此

$$U_m = \int_{\pi/2}^{\theta} \tau \, d\theta = \mu B \int_{\pi/2}^{\theta} \sin \theta \, d\theta = -\mu B \cos \theta \tag{6.38}$$

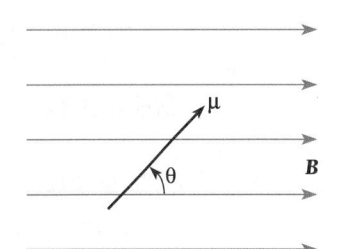

圖 6.15 磁力矩μ的磁偶極和磁場 **B** 的角度為θ。

當μ和**B**的方向相同，則$U_m = -\mu B$為最小值，這和磁偶極傾向於和外加磁場排列方向一致的事實相符。

$$\mu = IA$$

$$\mu = -\left(\frac{e}{2m}\right)L$$

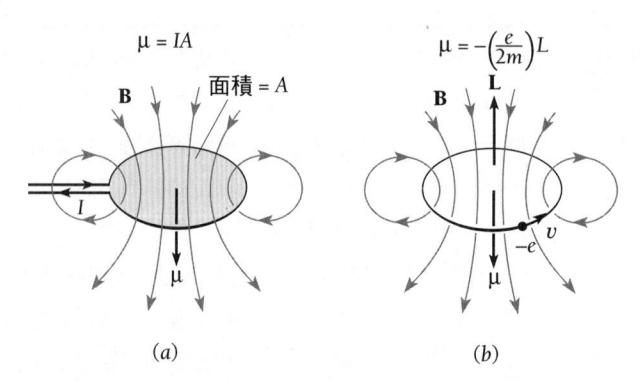

圖 6.16 (a)電流迴路所圍繞面積 A 的磁力矩；(b)角動量為 $\mathbf{L}$ 之軌道電子的磁力矩。

　　氫原子中軌道電子的磁力矩和其角動量 $\mathbf{L}$ 有關，因此 $\mathbf{L}$ 的大小和相對於磁場的轉向決定原子在磁場時，磁場對原子總能量的貢獻為何。電流迴圈的磁力矩大小為

$$\mu = IA$$

其中 I 為電流，A 為其環繞的面積。一個在半徑 r 的圓形軌道上以頻率 f 轉／秒運轉的電子等於電流 $-ef$ 因為電荷為 $-e$），因此其磁力矩為

$$\mu = -ef\pi r^2$$

因為電子的線性速率 v 為 $2\pi fr$，其角動量為

$$L = mvr = 2\pi mfr^2$$

　　比較磁力矩 μ 和角動量 L 的公式顯示出一個軌道電子的磁力矩為（圖 6.16）

電子磁力矩　　　　　　　　$\boldsymbol{\mu} = -\left(\dfrac{e}{2m}\right)\mathbf{L}$　　　　　　　　(6.39)

稱為**迴磁比**(*gyromagnetic ratio*)的 $(-e/2m)$ 僅和電子的電荷與質量有關，負號意指和 $\boldsymbol{\mu}$ 和 $\mathbf{L}$ 的方向相反，且為電子的負電荷所產生的結果。雖然上面對於軌道電子的磁動量公式可由古典計算中得到，量子力學也能產生相同的結果。在磁場中的原子磁位能為

$$U_m = \left(\frac{e}{2m}\right)LB\cos\theta \qquad (6.40)$$

與 B 和 θ 有關。

磁能

從圖 6.4 中，我們看到 $\mathbf{L}$ 和 z 方向的角度 θ 僅能存在於下列條件中

$$\cos\theta = \frac{m_l}{\sqrt{l(l+1)}}$$

允許的 L 值為

$$L = \sqrt{l(l+1)}\hbar$$

為求出具有磁量子數 m_l 的原子在磁場 **B** 中的磁能，我們將上述表示式的 $\cos\theta$ 和 L 代入式(6.40)中得到

磁能 $$U_m = m_l \left(\frac{e\hbar}{2m}\right) B \tag{6.41}$$

量 $e\hbar/2m$ 稱為**波耳磁子**(*Bohr magneton*)：

波耳磁子 $$\mu_B = \frac{e\hbar}{2m} = 9.274 \times 10^{-24} \text{ J/T} = 5.788 \times 10^{-5} \text{ eV/T} \tag{6.42}$$

在磁場中，特別原子態的能量和 m_l 值及 n 值有關，當原子在磁場中，總量子數 n 的態會分裂為許多子態(substate)，且其能量比沒有磁場時的能量稍微高或稍微低一些。此現象導致了原子在磁場中輻射時，單獨的光譜線「分裂」為獨立的光譜線，線的間隔和磁場的強度有關。

為了紀念荷蘭的物理學家彼得·塞曼(Pieter Zeeman)於1896年時首次發現被磁場分裂的光譜線，故稱為**塞曼效應**(*Zeeman effect*)，塞曼效應是空間量子化的強烈證明。

因為 m_l 可擁有從 $+l$ 經過 0 至 $-l$ 共 $2l+1$ 個值，當原子在磁場中，一已知軌道量子數 l 的態可分裂為 $2l+1$ 個子態，並且能量差為 $\mu_B B$。然而，因為 m_l 的變化被嚴格地限制在 $\Delta m_l = 0, \pm 1$，我們預期從兩個不同 l 間的躍遷的光譜線僅能分裂為三個成份，如圖6.17所示。**正常塞曼效應**(*normal Zeeman effect*)由頻率 ν_0 的光譜線分裂為三個頻率成份為

$$\nu_1 = \nu_0 - \mu_B \frac{B}{h} = \nu_0 - \frac{e}{4\pi m} B$$

正常塞曼效應 $$\nu_2 = \nu_0 \tag{6.43}$$

$$\nu_3 = \nu_0 + \mu_B \frac{B}{h} = \nu_0 + \frac{e}{4\pi m} B$$

的線所組成。在第7章中，我們將會看到這並不是完整的塞曼效應。

例 6.4

某元素的樣本放置於 0.300 T（特斯拉(Tesla)，1T = 10,000 Gauss）的磁場中而被適當地激發，此元素 450 nm 光譜線的塞曼成份距離多遠？

解

塞曼成份的間隔為

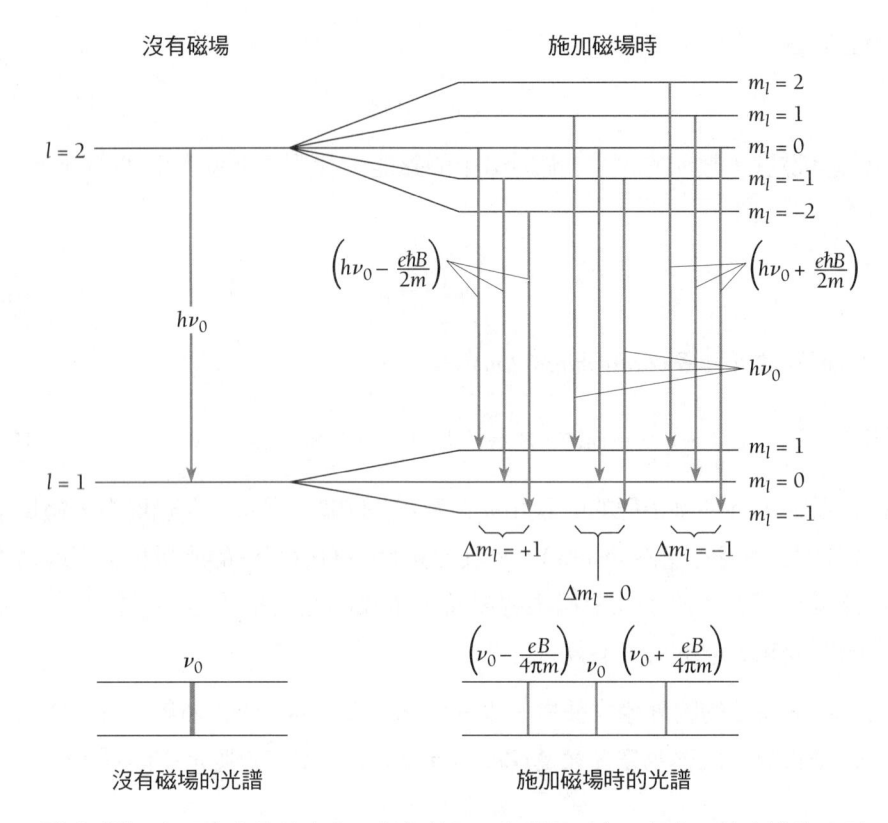

圖 **6.17** 在正常塞曼效應中，當輻射原子在磁場 B 中，頻率 ν_0 的光譜線分裂為三個成份。一個成份為 ν_0，而另外兩個分別比 ν_0 少或多 $eB/4\pi m$，因為選擇規則 $\Delta m_l = 0, \pm 1$，所以只有三個成份。

$$\Delta \nu = \frac{eB}{4\pi m}$$

因為 $\nu = c/\lambda$，$d\nu = -cd\lambda/\lambda^2$，所以忽略負號時可得到

$$\Delta \lambda = \frac{\lambda^2 \, \Delta \nu}{c} = \frac{eB\lambda^2}{4\pi mc}$$

$$= \frac{(1.60 \times 10^{-19} \text{ C})(0.300 \text{ T})(4.50 \times 10^{-7} \text{ m})^2}{(4\pi)(9.11 \times 10^{-31} \text{ kg})(3.00 \times 10^8 \text{ m/s})}$$

$$= 2.83 \times 10^{-12} \text{ m} = 0.00283 \text{ nm}$$

習題

To strive, to seek, to find, and not to yield-Alfred, Lord Tennyson

6.3 量子數

1. 為何需要三個量子數來描述原子電子是很自然的（而除了電子自旋以外）？

2. 證明

$$\Theta_{20}(\theta) = \frac{\sqrt{10}}{4}(3\cos^2\theta - 1)$$

為式(6.13)的解，並且已正規化。

3. 證明

$$R_{10}(r) = \frac{2}{a_0^{3/2}} e^{-r/a_0}$$

為式(6.14)的解，並且已正規化。

4. 證明

$$R_{21}(r) = \frac{1}{2\sqrt{6}a_0^{3/2}} \frac{r}{a_0} e^{-r/2a_0}$$

為式(6.14)的解，並且已正規化。

5. 在第5章的習題12中所述，一個系統本徵函數的重要特性為它們互相正交，意思為

$$\int_{-\infty}^{\infty} \psi_n^* \psi_m \, dV = 0 \quad n \neq m$$

在 $m_l \neq m_l'$ 時，計算

$$\int_0^{2\pi} \Phi_{m_l}^* \Phi_{m_l'} \, d\phi$$

以確認對氫原子的方位波函數 Φ_{m_l} 而言為正確。

6. 氫原子的方位波函數為

$$\Phi(\phi) = Ae^{im_l\phi}$$

對 $|\Phi|^2$ 積分，從0到 2π 積所有的角。證明正規化常數 A 的值為 $1/\sqrt{2\pi}$。

6.4 主量子數

6.5 軌道量子數

7. 比較氫原子波耳模型中基態電子的角動量和量子理論的值。

8. (a)質量 m 且被限制在半徑 R 之圓中運動的粒子薛丁格方程式為何，使得 ψ 僅和 ϕ 相依？(b)解出 ψ 的方程式並計算出正規化常數。【提示：參閱氫原子的薛丁格方程式的解。】(c)求出粒子可能的能階。(d)求出粒子可能的角動量。

6.6 磁量子數

9. 如果可能的話，在什麼情況下 L_z 會等於 L 呢？

10. 對 $l = 1$ 而言，L 和 z 軸之間的角度為何？對 $l = 2$ 呢？

11. 軌道量子數為 $l = 4$ 的原子電子之磁量子數 m_l 的可能值為何？

12. 列出 $n = 4$ 之氫原子的可能量子數集合。

13. 對 p, d 和 f 態的電子而言，求出 L 和 L_z 的極大值之間差異的百分比為何？

6.7 電子機率密度

14. 在什麼情況下，原子電子機率密度分布為球狀對稱？為什麼？

15. 證明6.7節中所述，氫原子之 $1s$ 電子最可能的 r 值為波耳半徑 a_0。

16. 證明6.7節末所述，氫原子的 $2p$ 電子之最可能的 r 值為 $4a_0$，和 $n = 2$ 波耳軌道的半徑相同。

17. 求出氫原子中 $3d$ 電子最可能的半徑 r。

18. 根據圖6.11，對 $2s$ 電子而言 $P \, dr$ 有兩個極大值，求出這些極大值發生的 r 值為何？

19. 氫原子中的基態電子距離原子核為 a_0 的機率比距離為 $2a_0$ 之機率多多少？

20. 在6.7節中所述氫原子的 $1s$ 電子之 r 的平均值為 $1.5a_0$，計算期望值 $\langle r \rangle = \int r|\psi|^2 dV$ 以證明此描述。

21. 以原子核為中心且半徑為大於 r_0 之球殼外，找到半徑波函數 $R(r)$ 的原子電子機率為

$$\int_{r_0}^{\infty} |R(r)|^2 r^2 \, dr$$

(a)計算距離氫原子核大於 a_0 處找到 $1s$ 電子的機率，(b)當氫原子的 $1s$ 電子距離原子核 $2a_0$ 時，所有能量皆為位能，根據古典物理，電子離原子核絕不會超過 $2a_0$，求出對氫原子中的 $1s$ 電子而言，$r_0 > 2a_0$ 的機率。

22. 根據圖6.11，藉由計算相關的機率來證明氫原子的 $2s$ 電子比 $2p$ 電子可能更靠近原子核 $r = a_0$（也就是說在 $r = 0$ 和 $r = a_0$ 之間）。

23. **溫索德理論**(*Unsöld's theorem*)描述對於每一軌道量子數 l 當機率密度對 $m_l = -l$ 的到 $m_l = +l$ 所有可能狀態做積分，會產生一個與

θ和φ無關的常數，即

$$\sum_{m_l=-l}^{+l} |\Theta|^2 |\Phi|^2 = 常數$$

此理論意指每個封閉子殼原子或離子具有球狀對稱的電荷分布（7.6節），利用表6.1證明當 $l = 0, l = 1$ 和 $l = 2$ 時的溫索德理論。

6.9 選擇規則

24. 一個氫原子位於 $4p$ 態，在允許躍遷而輻射出光子會掉至那個態或那些態呢？

25. 利用表6.1所列的波函數，證明對氫原子 $n = 2 \to n = 1$ 躍遷而言，$\Delta l = \pm 1$。

26. 諧振子間態躍遷的選擇定理為 $\Delta n = \pm 1$，(a)確認此定理對古典背景的適用性，(b)證明諧振子中 $n = 1 \to n = 3$ 躍遷的相關波函數被禁止，而 $n = 1 \to n = 0$ 和 $n = 1 \to n = 2$ 躍遷則被允許。

27. 證明對5.8節的箱中粒子而言，$n = 3 \to n = 1$ 躍遷被禁止，而 $n = 3 \to n = 2$ 和 $n = 2 \to n = 1$ 躍遷則被允許。

6.10 塞曼效應

28. 在氫原子的波耳模型中，電子在第 n 個能階的軌道磁力矩的大小為何？

29. 證明在波耳軌道 r_n 的電子磁力矩正比於 $\sqrt{r_n}$。

30. 例4.7考慮一個負渺($m = 270m_e$)取代氫原子電子的渺原子（muonic atom，原子中的電子以 μ 子取代），如果可能的話，你認為在此原子和一般氫原子間的塞曼效應會有何差別？

31. 當我們使用解析度為 0.010 nm 的光譜儀時，找出塞曼效應出現在 400 nm 波長光譜線所需的極小磁場。

32. 500 nm 光譜線的塞曼效應成份在磁場為 1.00 T 時間隔為 0.0116 nm，從這些資料找出電子的 e/m 比。

CHAPTER 7

多電子原子
Many-Electron Atoms

氦原子有封閉的電子殼，為化學惰性且無法燃燒或爆炸，但因為它比空氣輕，故可用於飛船。

- 7.1 電子自旋
  不停地繞圈

- 7.2 不相容原理
  原子中每一個電子其量子數集合不同

- 7.3 對稱及反對稱波函數
  費米子及波色子

- 7.4 週期表
  整合元素

- 7.5 原子結構
  電子的殼與子殼

- 7.6 解釋週期表
  原子的電子結構如何決定其化學行為

- 7.7 自旋－軌道耦合
  角動量的磁性連結

- 7.8 總角動量
  大小和方向都被量子化

- 7.9 x射線光譜
  它們是由於躍遷至內殼而產生

- 附錄：原子光譜

量子力學以很正確、直接且漂亮的方式來解釋氫原子的某些特性，然而它無法不藉由電子自旋和不相容原理來完整地描述氫原子或是其他原子，在本章中，我們將介紹電子自旋在原子現象中的角色，和不相容原理為何是瞭解超過一個電子之原子結構的關鍵。

7.1 電子自旋

Electron Spin

不停地繞圈

在前面章節所討論之原子理論並不能解釋許多著名的實驗觀察，其中之一便是光譜線實際上是由兩個靠得非常近的分隔線所組成，關於這個**精細結構**(*fine structure*)的一個例子為氫的巴默系的第一條線，該線是由於氫原子中 $n = 3$ 和 $n = 2$ 能階之間的躍遷所產生的。此處的理論預測是對單一波長 656.3 nm 而做的，而實際上是由兩條間隔 0.14 nm 的線所組成──一個很小的影響，但對理論而言卻是一個明顯的失敗。

另一個原子的量子力學理論的某些失敗發生於 6.10 節所討論的塞曼效應(Zeeman effect)，在那兒我們看到原子在磁場中的光譜線應該會分成三個分量，如式(6.43)所示。儘管正常塞曼效應在某些環境之中的確可在某些元素的光譜線中觀察得到，大多情形並不是這樣；四個、六個或更多的光譜線可能會產生，甚至當三個分量出現時，它們之間的間隔和式(6.43)並不符合。許多異常塞曼圖形和式(6.43)的預測圖形如圖7.1所示。（當1923年塞曼看起來很傷心時，物理學家包利(Pauli)回覆說：「當一個人思考異常塞曼效應時，他怎麼可能看起來很開心呢？」）

為解釋光譜線中的精細結構和異常塞曼效應，兩個荷蘭研究生古史密特(Samuel Goudsmit)和烏蘭別克(George Uhlenbeck)在1925時提出

每個電子有一內在角動量，稱為自旋，其振幅對於所有電子而言都相同，而與此角動量有關的是磁力矩。

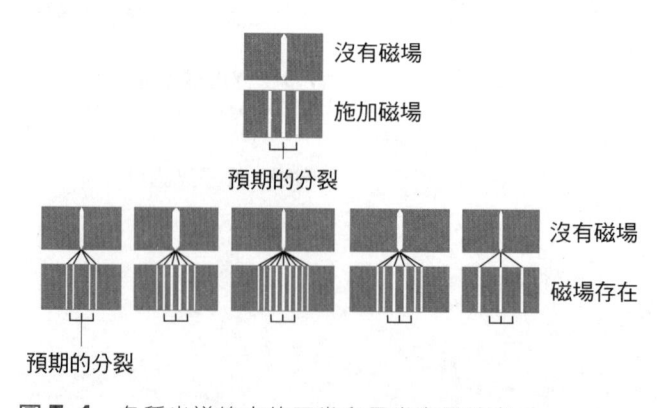

圖 7.1 各種光譜線中的正常和異常塞曼效應。

古史密特和烏蘭別克心裡所想的,是電子古典圖像為一個在軸上自旋的帶電球,此轉動和角動量有關,且因為電子帶負電荷,故其磁力矩μ_s方向和角動量向量S方向相反,電子自旋的觀念不僅成功地解釋精細結構和異常塞曼效應,對於其他的原子效應也非常地成功。

確定的是,電子為自旋帶電球的想像遭受到嚴重的反對,首先,觀察在高能時,被其他電子散射的電子指出電子跨越必須小於 10^{-16} m,且盡可能為一個點粒子(point particle),為得到和電子自旋相關的角動量,一個很小的物體轉動赤道速度(equatorial velocity)必須比光速大好幾倍。

但是一個在日常生活中的失敗模型並不會使得電子自旋的觀念失效,我們已經發現許多被實驗所驗證的相對論和量子物理的觀念,雖然它們對於古典觀念來說都是很奇怪的。在 1929 年時,電子自旋的基本性質被迪拉克(Paul Dirac)所發展出來的相對論量子力學所確認,他發現一個具有電子質量和電荷的粒子必須具有由古史密特和烏蘭別克所提出的電子內在角動量和磁力矩(magnetic moment)。

量子數 s 描述了電子的自旋角動量,s 的唯一值為 $s = \frac{1}{2}$,此結果遵循了迪拉克的理論和光譜資料。以自旋量子數 s 來表示電子自旋所產生的角動量振幅大小 S

自旋角動量 $$S = \sqrt{s(s+1)}\hbar = \frac{\sqrt{3}}{2}\hbar \tag{7.1}$$

這和以軌道量子數 l 來表示的軌道角動量大小 L 的公式相同,$L = \sqrt{l(l+1)}\hbar$。

例 7.1

假設一個電子在半徑 $r = 5.00 \times 10^{-17}$ m 且繞著中心軸轉動的均勻球中,求出其赤道速度 v 為何?

解

自旋球的角動量為 $I\omega$,其中 $I = \frac{2}{5}mr^2$ 為其轉動慣量(moment of inertia),而 $\omega = v/r$ 為其角速度。從式(7.1)中得知,電子的自旋角動量為 $S = (\sqrt{3}/2)\hbar$,所以

$$S = \frac{\sqrt{3}}{2}\hbar = I\omega = \left(\frac{2}{5}mr^2\right)\left(\frac{v}{r}\right) = \frac{2}{5}mvr$$

$$v = \left(\frac{5\sqrt{3}}{4}\right)\frac{\hbar}{mr} = \frac{(5\sqrt{3})(1.055 \times 10^{-34}\text{ J}\cdot\text{s})}{(4)(9.11 \times 10^{-31}\text{ kg})(5.00 \times 10^{-17}\text{ m})} = 5.01 \times 10^{12} \text{ m/s} = 1.67 \times 10^4 c$$

此模型的電子赤道速度必須比光速大超過一萬倍,這是不可能的。沒有任何電子的古典模型可克服這個難題。

表 7.1 一個原子電子的量子數

名稱	符號	可能數值	可被決定的量
主	n	$1, 2, 3, \ldots$	電子能量
軌道	l	$0, 1, 2, \ldots, n-1$	軌道角動量大小
磁	m_l	$-l, \ldots, 0, \ldots, +l$	軌道角動量方向
自旋磁	m_s	$-\frac{1}{2}, +\frac{1}{2}$	電子自旋方向

電子自旋的空間量子化由自旋磁量子數 m_s 來描述，我們回想在一個從 $+l$ 至 $-l$ 的磁場中，軌道角動量向量有 $2l+1$ 種轉向(orientation)，同樣地自旋角動量向量有 $2s+1=2$ 個轉向，分別為 $m_s = +\frac{1}{2}$(向上自旋(spin up))和 $m_s = -\frac{1}{2}$(向下自旋(spin down))，如圖 7.2 所示。電子自旋角動量沿著 z 方向磁場的分量 S_z 由自旋磁量子數來決定，所以

自旋角動量的 z 分量
$$S_z = m_s \hbar = \pm \frac{1}{2}\hbar \tag{7.2}$$

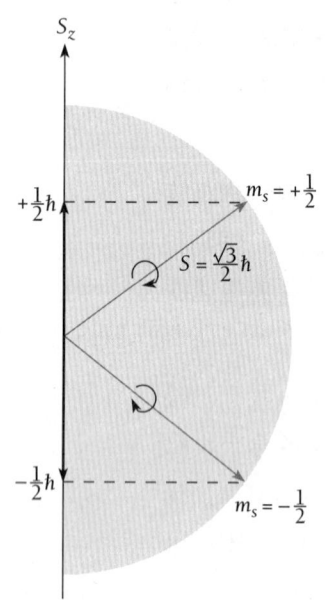

圖 7.2 自旋角動量向量的兩種可能轉向為向上自旋($m_s = +\frac{1}{2}$)和向下自旋($m_s = -\frac{1}{2}$)。

我們回憶 6.10 節中，迴磁比(gyromagnetic ratio)為磁力矩和角動量的比值，電子軌道運動的迴磁比為 $-e/2m$，電子自旋的迴磁比特性幾乎為電子軌道運動特性的兩倍，取此比例值為 2，則電子自旋磁力矩 $\boldsymbol{\mu}_s$ 和其自旋角動量 $\mathbf{S}$ 以下列方程式連結

自旋磁力矩
$$\boldsymbol{\mu}_s = -\frac{e}{m}\mathbf{S} \tag{7.3}$$

$\boldsymbol{\mu}_s$ 沿任何軸可能的分量，如 z 軸，將被限制在

自旋磁力矩的 z 分量
$$\mu_{sz} = \pm \frac{e\hbar}{2m} = \pm \mu_B \tag{7.4}$$

其中 μ_B 為波耳磁子(Bohr magneton = 9.274×10^{-24} J/T = 5.788×10^{-5} eV/T)。

將電子自旋引進原子理論意味著總共需要四個量子數 n, l, m_l, m_s 來描述原子電子的每個可能態，這些都列於表 7.1 中。

7.2 不相容原理

Exclusion Principle

原子中每一個電子其量子數集合不同

在一個正常的氫原子中，電子位於最低能量的量子態。那更複雜的原子呢？鈾的 92 個電子都會在相同量子態嗎？被塞入一個單一的機率雲中。許多證據顯示，這是不可能的。

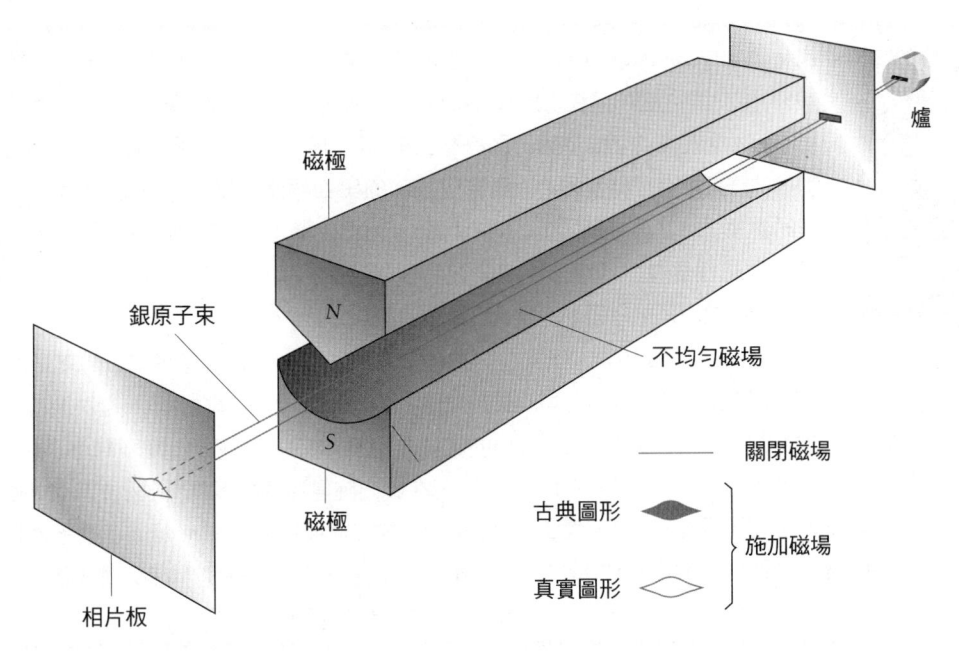

圖 7.3 史坦－格拉克實驗。

史坦－格拉克實驗

空間量子化在1921年時首度由史坦(Otto Stern)和格拉克(Walter Gerlach)所證實。他們從一個爐中射出一道中性的銀原子束，經過準直狹縫而到達不均勻的磁場，如圖 7.3 所示。一個相片板記錄了束經過磁場之後的形狀。

在正常態，銀原子的總磁力矩僅源自於一個電子的自旋。在均勻磁場中，此偶極，將會遭受到力矩而沿場方向排列。然而在不均勻磁場中，每個偶極的其中一極受到不同強度的力量，故產生一合力使得偶極會隨相對於場的轉向而變化。

古典上來看，所有的轉向應該出現在原子束中，結果在沒有任何磁場時，僅在相片板上出現一個寬廣的痕跡，而不是形成薄線。然而史坦和格拉克發現入射的原子束在允許空間量子化的磁場中，原子束會分成兩個不同的部分，對應到兩個相反的自旋轉向。

某些僅差一個電子的元素其化學特性大不相同即為其中一例，因此原子序為9, 10, 11 的元素分別為化學活性高的鹵素氣體氟(F)、惰性氣體氖(Ne)和鹼金屬鈉(Na)。因為原子的電子結構控制其如何與其他原子作用，故如果原子中的電子都在相同的量子態時，元素的化學特性隨著改變很小的原子序而產生巨大的變化是沒有意義的。

包利(Wolfgang Pauli, 1900-1958)生於維也納，且在 19 歲時因為對於特殊和廣義相對論的詳細解釋使得愛因斯坦印象深刻，並且成為日後多年的標準範本。包利於 1922年從慕尼黑大學得到博士學位，並且在 1928 年成為瑞士的蘇黎世理工學院物理教授之前，於哥廷根、哥本哈根和漢堡等地度過了短暫的時光。在1925年時，他提出四個量子數(當時有一個仍然未知)以描述每個原子電子，且在原子中沒有兩個電子可擁有相同的量子數。這個不相容原理最後變成了理解原子電子排列遺失的聯結工具。

在1925年末時，古史密特(Goudsmit)和烏蘭別克(Uhlenbleck)，兩個年輕的荷蘭物理學家，證明了電子具有內在角動量，所以它必然被視為自旋現象和包利描述自旋方向的第四個量子數。美國物理學家克羅尼(Ralph Kronig)已在幾個月前想出電子自旋現象，並且告訴包利，然而因為包利嘲笑他的觀念，故克羅尼並沒有發表他的成果。

在1931年時，包利解決了原子核貝他衰變中明顯失落能量的問題，他提出一個中性無質量粒子和其放射出的電子一同離開原子核。兩年後費米(Fermi)利用這個粒子(現在我們確信這個粒子具有很小的質量)發展出貝他衰變理論，他稱為微中子(neutrino)(在義大利文中是指很小的中性粒子)。戰時包利在美國度過，並且在1945年時獲得諾貝爾獎。

在1925年時，包利發現了控制多電子原子內部電子組態的基本原理，他的**不相容原理**(*exclusion principle*)是

在一個原子中，沒有兩個電子會擁有相同的量子態，每個電子擁有不同的量子數集合 n, l, m_l, m_s。

包利藉由原子光譜的研究而導出了不相容原理，原子的不同態可由其光譜決定，而其量子數也可被推導出來。在除了氫原子以外的所有元素光譜會缺少許多光譜線，對應於某些量子數組合的態之間的來回躍遷。舉例來說，在氦原子中，無法觀測到由兩個相同方向的電子自旋所組成的基態躍遷出去或由別的量子態躍遷至基態，然而，在相反方向的電子自旋中，卻可以觀測得到由其他基態結構的來回躍遷。

在氦原子中兩個電子的量子數不會同時為 $n = 1, l = 0, m_l = 0, m_s = \frac{1}{2}$，另一方面，在已知存在的量子態中，其中一個電子$m_s = \frac{1}{2}$，另一個電子$m_s = -\frac{1}{2}$，包利證明了每個未被觀測到的原子態都牽涉到兩個或是多個電子有相同的量子數，而不相容原理正是此發現的一種陳述。

7.3 對稱及反對稱波函數
Symmetric and Antisymmetric Wave Functions
費米子及波色子

在我們探究不相容原理決定原子結構的角色之前，讓我們先仔細察看量子力學的暗示是很有趣的。

具有 n 個不會互相作用粒子的系統，其完整的波函數 $\psi(1, 2, 3, ..., n)$ 可以個別粒子波函數 $\psi(1), \psi(2), \psi(3), ..., \psi(n)$ 的乘積來表示，亦即

$$\psi(1, 2, 3, \ldots, n) = \psi(1)\,\psi(2)\,\psi(3)\ldots\psi(n) \tag{7.5}$$

我們可使用式(7.5)來檢查用來描述兩個相同粒子所組成系統之波函數。

假設一個粒子在量子態 a 而另一個在態 b，因為兩個粒子相同，如果粒子互相交換時，例如將態 a 中的粒子替代態 b 中的，系統的機率密度 $|\psi|^2$ 並不會變化，反之亦然。以符號來表示，我們得到

$$|\psi|^2(1, 2) = |\psi|^2(2, 1) \tag{7.6}$$

表示交換粒子的波函數 $\psi(2, 1)$ 可為

對稱 $$\psi(2, 1) = \psi(1, 2) \tag{7.7}$$

或

反對稱 $$\psi(2, 1) = -\psi(1, 2) \tag{7.8}$$

且仍能符合式(7.6)。系統波函數本身並非可量測的量，故可藉由粒子的交換來改變符號。不因粒子交換而改變的波函數稱為**對稱**(symmetric)，而粒子交換時會改變正負號的稱為**反對稱**(antisymmetric)。

如果粒子 1 在態 a 而粒子 2 在態 b 中，根據式(7.5)，系統的波函數為

$$\psi_\mathrm{I} = \psi_a(1)\psi_b(2) \tag{7.9}$$

如果粒子 2 在態 a 而粒子 1 在態 b 中，波函數為

$$\psi_\mathrm{II} = \psi_a(2)\psi_b(1) \tag{7.10}$$

因為無法分辨兩個粒子，我們將不知道在任何時刻下，是否由 ψ_I 或 ψ_II 來描述系統。在任意時刻下，ψ_I 正確的可能性和 ψ_II 正確的可能性一樣。

同樣地，我們可以說系統有一半的時間位於波函數為 ψ_I 的組態，而另一半時間則位於波函數為 ψ_II 的組態中，因此 ψ_I 和 ψ_II 的結合將適當地描述此系統。對稱和反對稱為二種可能的組合，

對稱 $$\psi_S = \frac{1}{\sqrt{2}}[\psi_a(1)\psi_b(2) + \psi_a(2)\psi_b(1)] \tag{7.11}$$

反對稱 $$\psi_A = \frac{1}{\sqrt{2}}[\psi_a(1)\psi_b(2) - \psi_a(2)\psi_b(1)] \tag{7.12}$$

$1/\sqrt{2}$ 因子用來將 ψ_S 和 ψ_A 正規化。交換粒子 1 和 2 不會改變 ψ_S，而改變 ψ_A 的正負號。ψ_S 和 ψ_A 都遵守式(7.6)。

在波函數為對稱及反對稱系統中的粒子行為有許多重要的區別，最明顯的是在對稱情況中，粒子 1 和 2 可同時存在於相同的態，即 $a = b$，而在反對稱情況中，如果令 $a = b$，我們發現

$$\psi_A = \frac{1}{\sqrt{2}}[\psi_a(1)\psi_a(2) - \psi_a(2)\psi_a(1)] = 0$$

因此兩個粒子不可能在相同的量子態中。包利發現原子中的兩個電子無法存在於相同的量子態，故我們推論電子系統可藉由交換任一對粒子所產生符號改變的波函數來描述。

費米子和波色子

不同實驗的結果顯示了所有具有半整數奇數($\frac{1}{2}, \frac{3}{2}, ...$)自旋的粒子，在任一對粒子對交換時其波函數為反對稱，這樣的粒子，如質子、中子和電子，當它們都在相同系統中，都遵守不相容原理。那就是說當它們在同一個力場下運動時，系統的每個成員都必須在不同的量子態中。半整數奇數倍自旋的粒子通常稱為**費米子**(*fermion*)，如第 9 章所述，因為它們組成系統（如金屬中的自由電子）的行為可由費米(Fermi)及迪拉克(Dirac)所發現的統計分布定律來決定。

自旋為 0 或整數的粒子，任一對粒子交換時其波函數為對稱，這些粒子，包含光子、阿爾法粒子及氦原子，並不遵守不相容原理。0 或整數倍自旋的粒子通常稱為**波色子**(*boson*)，因其組成系統（如共振腔中的光子）的行為可由波色(Bose)及愛因斯坦(Einstein)所發現的統計分布定律來決定。

除了不相容原理所描述的結果以外，粒子波函數仍有許多對稱或反對稱結果，根據這些波函數性質，這些結果可用以區分粒子種類，而不僅是根據它們是否遵守不相容原理來決定。

7.4 週期表

Periodic Table

整合元素

1869 年時，俄羅斯化學家門德列夫(Dmitri Mendeleev)製作了**週期定律**(*periodic law*)，現代的陳述如下

> 當元素以原子序排列時，相似化性和物性的元素會以週期性間隔重複出現。

雖然原子的現代量子理論在其未來的許多年之後才發展出來，門德列夫完全瞭解其研究的最後結果的重要性。正如同他所說的：「週期定律和光譜分析所顯示的結

門德列夫(Dmitri Mendeleev, 1834-1907)生於西伯利亞並且在那兒成長,之後到莫斯科、法國和德國學習化學。1866年時他成為聖彼得堡大學的化學教授,且在三年後公布了週期表的第一版,當時原子序的概念仍未知,且門德列夫必須針對某些元素偏離原子量的嚴格排序,在表中留下空格使得已知元素(當時僅有63個)可依其特性放在適合的位置。當時其他的化學家都沿著相同概念來思考,但是門德列夫於1871年繼續提出這些空格對應於未知的元素,當這些元素的特性因為他的發現而得以詳細預測時,門德列夫變得世界知名。週期表更進一步的成功是在十九世紀末惰性氣體被發現時,六種為門德列夫沒想到的元素,但是它們卻完美地符合表中的新族,原子序101的元素命名為鍆(mendelevium)以紀念他。

果,已促使一個古老但持續很久的希望再度復甦——即原始物質(primary matter)的發現——就算不是藉由實驗但至少是思考上的努力。」

週期表(*periodic table*)為根據一連串原子序的元素排列,而這些相似特性的元素形成了垂直縱列,表7.2為一簡單的週期表格式。

相似特性的元素組成同一垂直縱列的**族群**(*group*),如表7.2(圖7.4)所示。第1族由氫原子加上鹼金屬(alkaline metal),此族金屬軟、熔點低且化性非常活潑,鋰、鈉和鉀即為例子。雖然氫在物性上為非金屬,但其化性非常像活潑金屬。第7族由鹵素元素組成,為揮發性的非金屬,且以氣態雙原子存在。和鹼金族一樣,鹵素元素化性活潑,但可做為氧化劑而非還原劑。氟、氯、溴和碘為例子;氟非常活潑故可以侵蝕鉑。第8族由惰性氣體組成,氦、氖、氬氣即為一例,由它們的名字中可推論出它們的化性都不活潑,實際上它們不會和其他元素形成化合物,且其原子不會結合而成分子。

在表7.2中的水平行稱為**週期**(*period*),前三個週期被分開是因為其成員必須和下列長週期中最接近的元素匹配。大部分的元素為金屬(圖7.5),跨過每個週期大約經過一些規則的變化,從活潑金屬經過較不活潑金屬、不活潑非金屬、活潑非金屬,最後變成惰性氣體(圖7.6),在每一列中,其性質亦有規則的變化,但對每個週期中的變化而言顯得較不明顯,舉例來說,鹼金族的原子序增加時,會伴隨著較大的化學活性,而在鹵素元素中則相反。

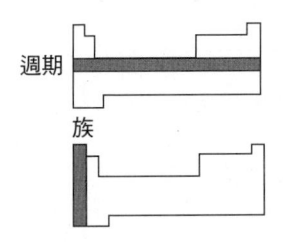

圖 7.4 在週期表中,同一族元素具有相似的特性,而同一週期元素有不同的特性。

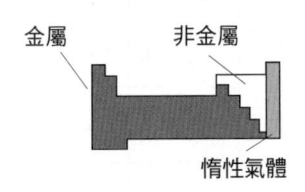

圖 7.5 大部分元素為金屬。

表 7.2 元素週期表

族群 週期	1	2	3	4	5	6	7	8
1	1 H 氫 1.008							2 He 氦 4.003
2	3 Li 鋰 6.941	4 Be 鈹 9.012	5 B 硼 10.81	6 C 碳 12.01	7 N 氮 14.01	8 O 氧 16.00	9 F 氟 19.00	10 Ne 氖 20.18
3	11 Na 鈉 22.99	12 Mg 鎂 24.31	13 Al 鋁 26.98	14 Si 矽 28.09	15 P 磷 30.97	16 S 硫 32.07	17 Cl 氯 35.45	18 Ar 氬 39.95

在每個元素符號上面的數字為原子序，在元素名稱下面的數字為其平均原子質量；其中原子量加括號者，表示該元素並不存在於自然界，但可由核子反應中產生。在此情況下的原子量為該元素生命期最長放射性同位素的質量數。原子序為 110、111、112、114 和 116 等元素已經創造出來，但尚未命名。

過渡金屬

週期	1	2											3	4	5	6	7	8
4	19 K 鉀 39.10	20 Ca 鈣 40.08	21 Sc 鈧 44.96	22 Ti 鈦 47.88	23 V 釩 50.94	24 Cr 鉻 52.00	25 Mn 錳 54.94	26 Fe 鐵 55.8	27 Co 鈷 58.93	28 Ni 鎳 58.69	29 Cu 銅 63.55	30 Zn 鋅 65.39	31 Ga 鎵 69.72	32 Ge 鍺 72.59	33 As 砷 74.92	34 Se 硒 78.96	35 Br 溴 79.90	36 Kr 氪 83.80
5	37 Rb 銣 85.47	38 Sr 鍶 87.62	39 Y 釔 88.91	40 Zr 鋯 91.22	41 Nb 鈮 92.91	42 Mo 鉬 95.94	43 Tc 鎝 (98)	44 Ru 釕 101.1	45 Rh 銠 102.9	46 Pd 鈀 106.4	47 Ag 銀 107.9	48 Cd 鎘 112.4	49 In 銦 114.8	50 Sn 錫 118.7	51 Sb 銻 121.9	52 Te 碲 127.6	53 I 碘 126.9	54 Xe 氙 131.8
6	55 Cs 銫 132.9	56 Ba 鋇 137.3	57 La 鑭 138.9	72 Hf 鉿 178.5	73 Ta 鉭 180.9	74 W 鎢 183.9	75 Re 錸 186.2	76 Os 鋨 190.2	77 Ir 銥 192.2	78 Pt 鉑 195.1	79 Au 金 197.0	80 Hg 汞 200.6	81 Tl 鉈 204.4	82 Pb 鉛 207.2	83 Bi 鉍 209.0	84 Po 釙 (209)	85 At 砈 (210)	86 Rn 氡 (222)
7	87 Fr 鍅 (223)	88 Ra 鐳 226.0	89 Ac 錒 (227)	104 Rf 鑪 (261)	105 Db 𨧀 (262)	106 Sg 𨭎 (263)	107 Ns 𨨏 (262)	108 Hs 𨭆 (264)	109 Mt 䥑 (266)	110 Uun	111 Uuu	112 Uub	113 Uut	114 Uuq	114 Uup			

鹼金屬

鑭系稀土

58 Ce 鈰 140.1	59 Pr 鐠 140.9	60 Nd 釹 144.2	61 Pm 鉕 (145)	62 Sm 釤 150.4	63 Eu 銪 152.0	64 Gd 釓 157.3	65 Tb 鋱 158.9	66 Dy 鏑 162.5	67 Ho 鈥 184.9	68 Er 鉺 167.3	69 Tm 銩 168.9	70 Yb 鐿 173.0	71 Lu 鎦 175.0

錒性稀土

90 Th 釷 232.0	91 Pa 鏷 231.0	92 U 鈾 238.0	93 Np 錼 (237)	94 Pu 鈽 (244)	95 Am 鋂 (243)	96 Cm 鋦 (247)	97 Bk 鉳 (247)	98 Cf 鉲 (251)	99 Es 鑀 (252)	100 Fm 鐨 (257)	101 Md 鍆 (260)	102 No 鍩 (259)	103 Lw 鐒 (262)

鹵素，惰性氣體

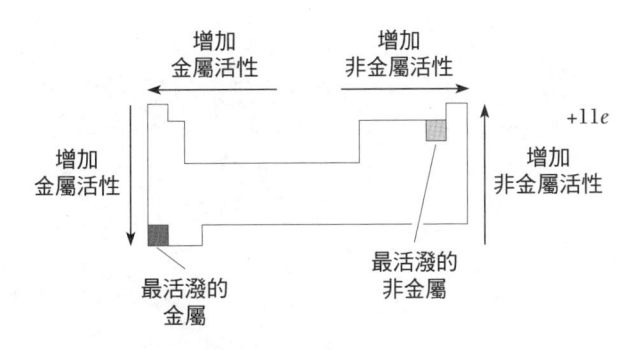

圖 7.6 化學活性如何隨週期表變化。

在第三週期之後於第 2 族和 3 族元素中間，每個週期會出現**過渡元素**(*transition element*)序列（圖 7.7），過渡元素為金屬，一般而言硬而脆，具有高熔點，且化性相似。第6週期的15個過渡元素其特性很難分辨，稱之為**鑭系元素**(*lanthanide*)（或**稀土**(*rare earth*)）；另一個非常接近的金屬為**錒系元素**(*actinide*)，被發現於第 7 週期。

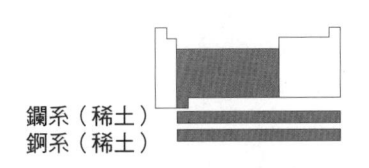

鑭系（稀土）
錒系（稀土）

圖 7.7 過渡元素為金屬。

一個世紀以來，週期表對於化學家而言是不可或缺的，因為它提供了結合元素知識的架構，這是原子量子理論的大功勞之一，使得我們能以自然的方式，而不用其他新的假設來解釋週期定律。

7.5 原子結構
Atomic Structures

電子的殼與子殼

兩個基本原理決定了超過一個電子的原子結構：

1. 當粒子系統總能量為最小時，系統為穩定狀態。
2. 原子中，任意特定的量子態只有一個電子存在。

在我們尚未將這兩項規則應用至真實原子時，讓我們來看電子能量隨量子態變化的情形。

儘管在複雜原子中，不同的電子的確會直接地與其他電子交互作用，我們僅需將每個電子視為存在於固定平均的電場中，即可更加瞭解原子結構。對於一個已知的電子，這個有效場大約為電荷Ze所產生的電場減去那些靠近原子核附近其餘電子所產生的部分屏蔽電場（參閱 7.6 節中的圖 7.9）。

具有相同主量子數 n 的電子，距原子核的距離大都相同（雖然並非都是），因此這些電子實際上是和相同的電場交互作用且具有相似的能量。故我們通常說這些電子佔據了相同一原子**殼**(*shell*)，根據下表，殼可以大寫字母來表示

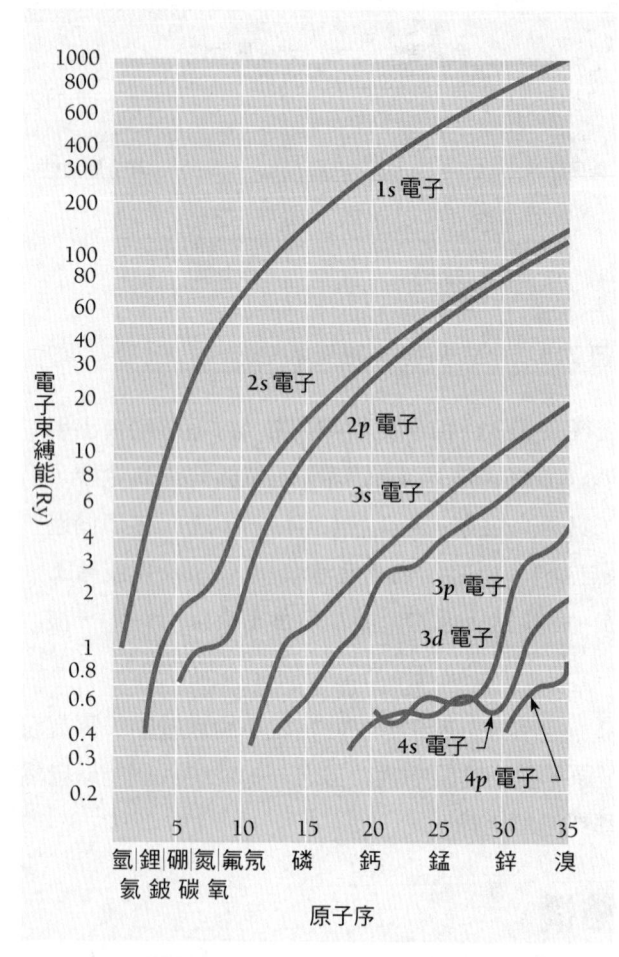

圖7.8 以雷德堡(Rydberg)為單位來表示原子的電子束縛能（1Ry = 13.6 eV = 氫原子的基態能量）。

原子殼
$$n = 1 \quad 2 \quad 3 \quad 4 \quad 5 \ldots$$
$$\quad\;\; K \quad L \quad M \quad N \quad O \ldots \tag{7.13}$$

在一特定殼的電子能量也和軌道量子數 l 有一定程度的關係，儘管它和 n 的關係較為密切。在一個複雜的原子中，全部核電荷被電子屏蔽的程度取決於各個交錯電子殼中電子的機率密度分布。一個具有小 l 之電子比大 l 的電子更容易在其他電子屏蔽較差的原子核附近被發現（參閱6.11節），此結果會對電子產生較低的總能量（亦即較高的束縛能(binding energy)）。在每個殼層的電子能量會隨著 l 而增加。此效應如圖7.8所示，為較輕元素中不同原子的電子束縛能和原子序之間的關係圖。

在一殼中分享某一 l 值的電子稱為佔據相同**子殼**(subshell)，在子殼中的電子能量相同，因為電子能量和 m_l 及 m_s 的相依性比較地較小。

原子中各種子殼的佔據情形通常可藉由前一章中被用來描述氫原子不同量子態的符號來表示，如表6.2所示，每個子殼是由主量子數 n 來確認，後面接著對應於其

表 7.3 原子 M (n = 3) 殼的子殼容量。

	$m_l = 0$	$m_l = -1$	$m_l = +1$	$m_l = -2$	$m_l = +2$	
$l = 0$:	↓↑					↑ $m_s = +\frac{1}{2}$
$l = 1$:	↓↑	↓↑	↓↑			↓ $m_s = -\frac{1}{2}$
$l = 2$:	↓↑	↓↑	↓↑	↓↑	↓↑	

軌道量子數 l 字母。字母後面的上標代表子殼中的電子數量，舉例來說，鈉原子的電子組態可寫成

$$1s^2 2s^2 2p^6 3s^1$$

其意為 1s (n = 1, l = 0) 和 2s (n = 2, l = 0) 子殼包含兩個電子，2p (n = 2, l = 1) 包含六個電子，而 3s (n = 3, l = 0) 子殼僅包含了一個電子。

殼與子殼容量

不相容原理限制一已知子殼中電子可佔據的數量，一個子殼可以某主量子數 n 和軌道量子數 l 來描述，其中 l 值可能為 0, 1, 2, ..., (n − 1)，對於任何 l 而言，有 2l + 1 個不同數量的磁量子數 m_l，因為 $m_l = 0, ±1, ±2, ..., ±l$。最後，對於 m_l 而言，自旋磁量子數 m_s 有兩個可能值 $+\frac{1}{2}$ 和 $-\frac{1}{2}$，此結果使得每個子殼所包含的最大電子數為 2(2l + 1)（表 7.3）。

一個殼可擁有的極大電子數量為其填滿子殼中的電子數量總和，其數量為

$$N_{max} = \sum_{l=0}^{l=n-1} 2(2l+1) = 2[1 + 3 + 5 + \cdots + 20(n-1) + 1]$$
$$= 2[1 + 3 + 5 + \cdots + 2n - 1]$$

括弧裡的 n 項其平均值為 $\frac{1}{2}[1 + (2n-1)]$，因此在一填滿的殼，電子數為

$$N_{max} = (n)(2)(\tfrac{1}{2})[1 + (2n-1)] = 2n^2$$

因此一個封閉的 K 殼擁有 2 個電子，封閉的 L 殼有 8 個電子，封閉的 M 殼有 18 個電子，依此類推。

7.6 解釋週期表

Explaining the Periodic Table

原子的電子結構如何決定其化學行為

電子殼和子殼的觀念與週期表完全符合，而週期表反應了元素的原子結構，讓我們來看這是如何產生的。

一個填滿的殼和子殼稱為**封閉**(*closed*)，一個封閉的 s 子殼(l = 0)有 2 個電子，一個封閉的 p 子殼(l = 1)有 6 個電子，一個封閉的 d 子殼(l = 2)則有 10 個電子，依此類推。

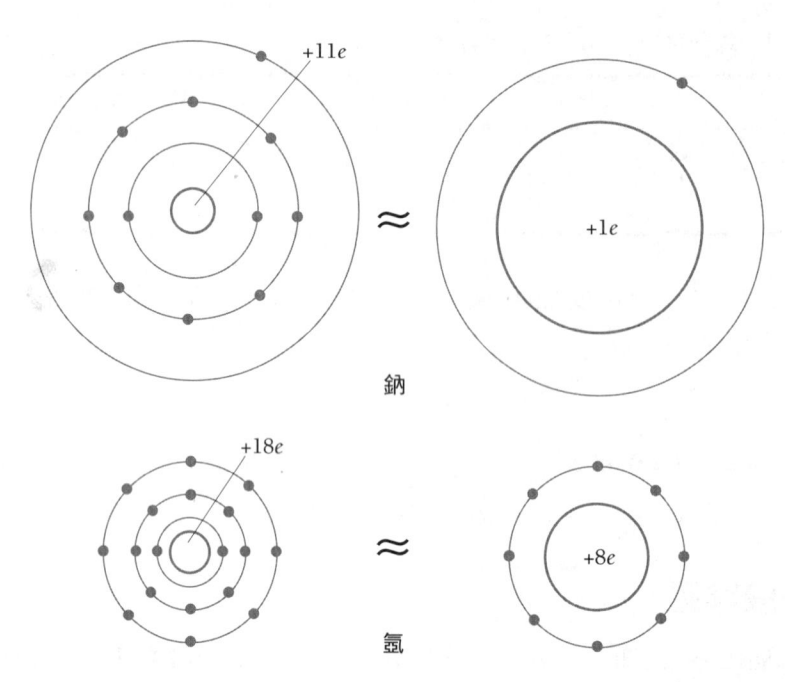

圖7.9 鈉原子和氬原子電子屏蔽的概略表示圖。在這個粗糙的模型中，每個在氬原子外層的電子被有效原子核電荷的作用力比鈉原子的外層電子還大8倍，故氬原子的尺寸較小且游離能較高。在真實原子中，不同電子的機率密度分布以複雜的方式重疊，因此會改變其屏蔽的強度，但基本效應仍然相同。

在封閉子殼中電子的總軌道角動量及自旋角動量為 0，而其有效電荷分布為完美對稱（參閱第6章的習題23）。在封閉殼中的電子都被緊密地束縛，因為正原子核電荷相對於內層屏蔽電子的負電荷而言非常大（圖7.9），只具有封閉殼的原子沒有偶極矩(dipole moment)，故不會吸引其他電子，而他的電子將不會輕易地分開。我們預期這樣的原子其化性較為被動，如惰性氣體一樣——惰性氣體電子組態皆為封閉殼，我們可由顯示元素電子組態的表 7.4 中明顯地看到。

第 1 族鹼金屬中的任一元素其外殼只有 1 個電子。此電子距原子核相當遠，也會被內層電子屏蔽，故其有效原子核電荷為 +e 而非 +Ze，我們僅需相當小的功即可將此電子拉離原子，所以鹼金屬容易形成帶 +e 電荷的正離子。

例 7.2

鋰(Li)的游離能為 5.39 eV，利用此數值求出作用在鋰原子外層電子(2s)的有效電荷。

解

如果有效核電荷為 Ze 而非 e 時，式(4.15)變成

$$E_n = \frac{Z^2 E_1}{n^2}$$

7.6 解釋週期表

表 7.4 元素的電子組態。

	K	L		M			N				O				P			Q
	1s	2s	2p	3s	3p	3d	4s	4p	4d	4f	5s	5p	5d	5f	6s	6p	6d	7s
1 H	1																	
2 He	2	← 惰性氣體																
3 Li	2	1	← 鹼金屬															
4 Be	2	2																
5 B	2	2	1															
6 C	2	2	2															
7 N	2	2	3															
8 O	2	2	4															
9 F	2	2	5	← 鹵素														
10 Ne	2	2	6	← 惰性氣體														
11 Na	2	2	6	1	← 鹼金屬													
12 Mg	2	2	6	2														
13 Al	2	2	6	2	1													
14 Si	2	2	6	2	2													
15 P	2	2	6	2	3													
16 S	2	2	6	2	4													
17 Cl	2	2	6	2	5	← 鹵素												
18 Ar	2	2	6	2	6	← 惰性氣體												
19 K	2	2	6	2	6		1	← 鹼金屬										
20 Ca	2	2	6	2	6		2											
21 Sc	2	2	6	2	6	1	2											
22 Ti	2	2	6	2	6	2	2											
23 V	2	2	6	2	6	3	2											
24 Cr	2	2	6	2	6	5	1											
25 Mn	2	2	6	2	6	5	2	過渡元素										
26 Fe	2	2	6	2	6	6	2											
27 Co	2	2	6	2	6	7	2											
28 Ni	2	2	6	2	6	8	2											
29 Cu	2	2	6	2	6	10	1											
30 Zn	2	2	6	2	6	10	2											
31 Ga	2	2	6	2	6	10	2	1										
32 Ge	2	2	6	2	6	10	2	2										
33 As	2	2	6	2	6	10	2	3										
34 Se	2	2	6	2	6	10	2	4										
35 Br	2	2	6	2	6	10	2	5	← 鹵素									
36 Kr	2	2	6	2	6	10	2	6	← 惰性氣體									
37 Rb	2	2	6	2	6	10	2	6			1	← 鹼金屬						
38 Sr	2	2	6	2	6	10	2	6			2							
39 Y	2	2	6	2	6	10	2	6	1		2							
40 Zr	2	2	6	2	6	10	2	6	2		2							
41 Nb	2	2	6	2	6	10	2	6	4		1							
42 Mo	2	2	6	2	6	10	2	6	5		1							
43 Tc	2	2	6	2	6	10	2	6	5		2	過渡元素						
44 Ru	2	2	6	2	6	10	2	6	7		1							
45 Rh	2	2	6	2	6	10	2	6	8		1							
46 Pd	2	2	6	2	6	10	2	6	10									
47 Ag	2	2	6	2	6	10	2	6	10		1							
48 Cd	2	2	6	2	6	10	2	6	10		2							
49 In	2	2	6	2	6	10	2	6	10		2	1						
50 Sn	2	2	6	2	6	10	2	6	10		2	2						
51 Sb	2	2	6	2	6	10	2	6	10		2	3						
52 Te	2	2	6	2	6	10	2	6	10		2	4						

表 7.4(續)　元素的電子組態。

	K	L		M			N				O				P			Q
	1s	2s	2p	3s	3p	3d	4s	4p	4d	4f	5s	5p	5d	5f	6s	6p	6d	7s
53 I	2	2	6	2	6	10	2	6	10		2	5 ← 鹵素						
54 Xe	2	2	6	2	6	10	2	6	10		2	6 ← 惰性氣體						
55 Cs	2	2	6	2	6	10	2	6	10		2	6			1 ← 鹼金屬			
56 Ba	2	2	6	2	6	10	2	6	10		2	6			2			
57 La	2	2	6	2	6	10	2	6	10		2	6	1		2			
58 Ce	2	2	6	2	6	10	2	6	10	2	2	6			2			
59 Pr	2	2	6	2	6	10	2	6	10	3	2	6			2			
60 Nd	2	2	6	2	6	10	2	6	10	4	2	6			2			
61 Pm	2	2	6	2	6	10	2	6	10	5	2	6			2			
62 Sm	2	2	6	2	6	10	2	6	10	6	2	6			2			
63 Eu	2	2	6	2	6	10	2	6	10	7	2	6			2			
64 Gd	2	2	6	2	6	10	2	6	10	7	2	6	1		2			
65 Tb	2	2	6	2	6	10	2	6	10	9	2	6			2			
66 Dy	2	2	6	2	6	10	2	6	10	10	2	6			2			
67 Ho	2	2	6	2	6	10	2	6	10	11	2	6			2			
68 Er	2	2	6	2	6	10	2	6	10	12	2	6			2			
69 Tm	2	2	6	2	6	10	2	6	10	13	2	6			2			
70 Yb	2	2	6	2	6	10	2	6	10	14	2	6			2			
71 Lu	2	2	6	2	6	10	2	6	10	14	2	6	1		2			
72 Hf	2	2	6	2	6	10	2	6	10	14	2	6	2		2			
73 Ta	2	2	6	2	6	10	2	6	10	14	2	6	3		2			
74 W	2	2	6	2	6	10	2	6	10	14	2	6	4		2			
75 Re	2	2	6	2	6	10	2	6	10	14	2	6	5		2			
76 Os	2	2	6	2	6	10	2	6	10	14	2	6	6		2			
77 Ir	2	2	6	2	6	10	2	6	10	14	2	6	7		2			
78 Pt	2	2	6	2	6	10	2	6	10	14	2	6	9		1			
79 Au	2	2	6	2	6	10	2	6	10	14	2	6	10		1			
80 Hg	2	2	6	2	6	10	2	6	10	14	2	6	10		2			
81 Tl	2	2	6	2	6	10	2	6	10	14	2	6	10		2	1		
82 Pb	2	2	6	2	6	10	2	6	10	14	2	6	10		2	2		
83 Bi	2	2	6	2	6	10	2	6	10	14	2	6	10		2	3		
84 Po	2	2	6	2	6	10	2	6	10	14	2	6	10		2	4		
85 At	2	2	6	2	6	10	2	6	10	14	2	6	10		2	5 ← 鹵素		
86 Rn	2	2	6	2	6	10	2	6	10	14	2	6	10		2	6 ← 惰性氣體		
87 Fr	2	2	6	2	6	10	2	6	10	14	2	6	10		2	6		1 ← 鹼金屬
88 Ra	2	2	6	2	6	10	2	6	10	14	2	6	10		2	6		2
89 Ac	2	2	6	2	6	10	2	6	10	14	2	6	10		2	6	1	2
90 Th	2	2	6	2	6	10	2	6	10	14	2	6	10		2	6	2	2
91 Pa	2	2	6	2	6	10	2	6	10	14	2	6	10	2	2	6	1	2
92 U	2	2	6	2	6	10	2	6	10	14	2	6	10	3	2	6	1	2
93 Np	2	2	6	2	6	10	2	6	10	14	2	6	10	4	2	6	1	2
94 Pu	2	2	6	2	6	10	2	6	10	14	2	6	10	5	2	6	1	2
95 Am	2	2	6	2	6	10	2	6	10	14	2	6	10	6	2	6	1	2
96 Cm	2	2	6	2	6	10	2	6	10	14	2	6	10	7	2	6	1	2
97 Bk	2	2	6	2	6	10	2	6	10	14	2	6	10	8	2	6	1	2
98 Cf	2	2	6	2	6	10	2	6	10	14	2	6	10	10	2	6		2
99 Es	2	2	6	2	6	10	2	6	10	14	2	6	10	11	2	6		2
100 Fm	2	2	6	2	6	10	2	6	10	14	2	6	10	12	2	6		2
101 Md	2	2	6	2	6	10	2	6	10	14	2	6	10	13	2	6		2
102 No	2	2	6	2	6	10	2	6	10	14	2	6	10	14	2	6		2
103 Lr	2	2	6	2	6	10	2	6	10	14	2	6	10	14	2	6	1	2

對 2s 電子而言，$n = 2$，其游離能為 $E_2 = -5.39$ eV；對氫原子而言，游離能為 $E_1 = -13.6$ eV，因此

$$Z = n\sqrt{\frac{E_2}{E_1}} = 2\sqrt{\frac{5.39 \text{ eV}}{13.6 \text{ eV}}} = 1.26$$

有效電荷為 $1.26e$ 而非 e，因為 $2e$ 核電荷被兩個 1s 電子屏蔽的效應並不完全：如我們在圖 6.11 所看到的，2s 電子在 1s 電子之內仍有被發現的可能。

游離能

圖 7.10 顯示了元素的**游離能**(*ionization energy*)如何隨著原子序而變化，如我們所預期的，惰性氣體具有最高的游離能，而鹼金屬最低。原子越大時，外層電子距離原子核越遠，且拉住該電子的力量也越微弱，這也正是為何游離能一般而言會隨著週期表中的族數增加而減少。在任何一個週期中游離能會隨著原子核電荷從左至右增加，而其內層屏蔽電子數量保持不變，舉例來說在週期 2 中，鋰原子的外層電子被大約為 $+e$ 的有效電荷拉住，而鈹、硼、碳等的外層電子分別被 $+2e$, $+3e$, $+4e$ 有效電荷拉住。鋰的游離能為 5.4 eV，而此週期中最後一個元素氖的游離能則為 21.6 eV。

在鹼金屬原子的另一個極端中，較易失去它們最外層電子，是鹵素原子，原子核的不完全屏蔽使其較容易吸引額外的電子以完成其外子殼組態。因此鹵素原子容

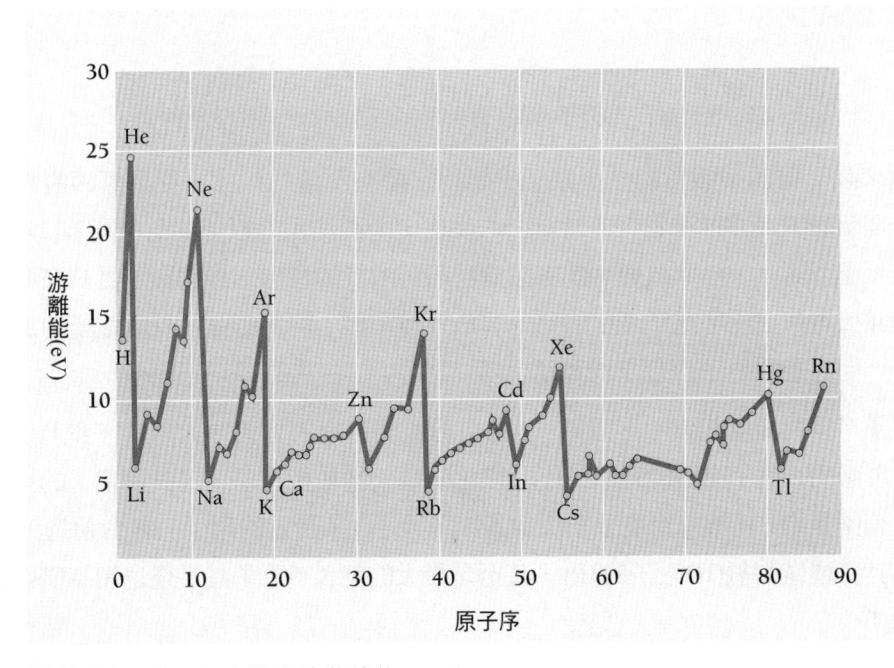

圖 7.10 隨原子序變化的游離能。

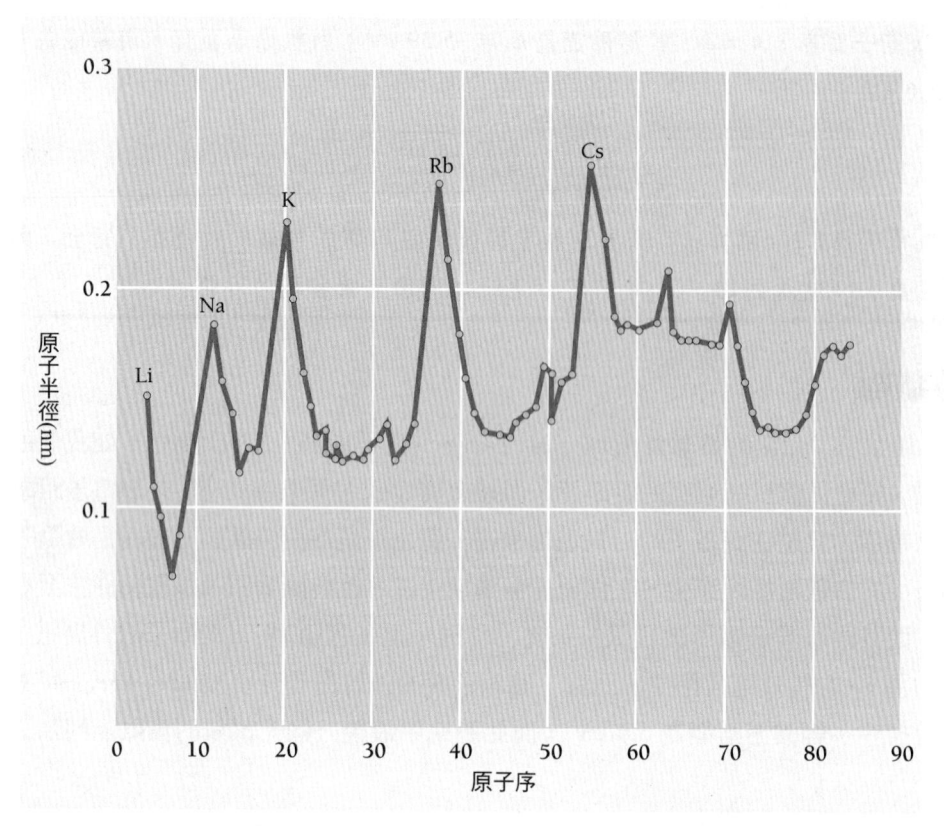

圖 7.11 元素的原子半徑。

易形成帶 $-e$ 電荷的負離子，這樣的推理可說明了週期表中不同族成員之間的相似特性。

尺寸

嚴格地來說，雖然某種類的一個原子不能說它擁有明確的尺寸，從實際的觀點來看，一個明確的尺寸被視為在非常緊密的晶格中所觀測到的原子間距，圖7.11顯示出這些半徑將隨原子序而改變。此處週期性和游離能的情形一樣明顯，且其來源和完全填滿核電荷之內層電子產生的部分屏蔽效應相似，屏蔽越強，外圍電子的束縛能越低，而它距離原子核也平均越遠。

原子半徑的範圍相當小，以圖 7.8 的束縛能圖形來看並不令人驚訝，我們看到和未被屏蔽的 $1s$ 電子束縛能隨原子序的變化的巨大增加相對照，最外圍電子的束縛能變化範圍很窄（其機率密度分布決定其原子大小）。最重的原子，包含超過90個電子，其直徑僅為氫(H)原子的3倍，甚至是最大的銫(Cs)原子其半徑也僅為氫原子的 4.4 倍。

過渡元素

過渡元素(*transition element*)的由來是複雜原子中 s 電子的束縛比 d 或 f 電子還強，如前一節所討論的（參閱圖 7.8），第一個顯示出此效應的元素為鉀(K)，其最外圍電子位於 4s 而非 3d 子態(substate)。3d 和 4s 電子子態束縛能的差異並不大，如鉻(Cr) 原子和銅(Cu)原子組態所示，這兩個元素增加的 3d 電子會存在，但在 4s 子殼有一空位。

電子子殼填滿的順序和每個子殼的極大佔據機會通常如下列所示

$$1s^2 \quad 2s^2 \quad 2p^6 \quad 3s^2 \quad 3p^6 \quad 4s^2 \quad 3d^{10} \quad 4p^6 \quad 5s^2$$
$$4d^{10} \quad 5p^6 \quad 6s^2 \quad 4f^{14} \quad 5d^{10} \quad 6p^6 \quad 7s^2 \quad 6d^{10} \quad 5f^{14}$$

圖 7.12 顯示出此順序，在鑭(La)系和錒(Ac)系元素中化性顯著的相似處很容易基於這個順序來理解。所有的鑭系元素具有相同的 $5s^2 5p^6 6s^2$ 組態和不完全的 4f 子殼，增加 4f 電子對鑭系元素的化性而言幾乎沒有影響，因其化性由外層電子決定。相似地，所有的錒系元素具有相同的組態 $6s^2 6p^6 7s^2$，僅在 5f 和 6d 電子數目有所差異。

在原子電子束縛能的不規則現象，也和較重的惰性氣體外圍殼未填滿有關，氖(Z = 2)和氖(Z = 10)包含了封閉的 K 和 L 殼，但是氬(Z = 18)在 M 殼中僅有 8 個電子，對應到 3s 和 3p 封閉的子殼，3d 子殼沒被接著填滿的原因，是因為 4s 電子比 3d 擁有較高的束縛能。因此在鉀和鈣原子中 4s 子殼會先被填滿，接下來在較重的過渡

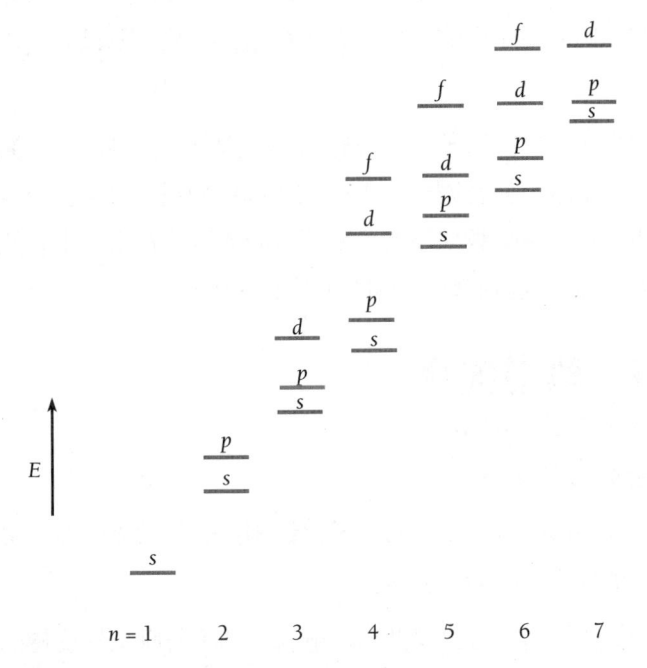

圖7.12 原子中量子態的序列。能階之高低並未按比例而繪。

表 7.5　$Z = 5$ 到 $Z = 10$ 元素之電子組態，p 電子擁有的可能自旋為平行自旋，和宏德規則相符。

元素	原子序	組態	p電子的自旋
硼	5	$1s^2 2s^2 2p^1$	↑
碳	6	$1s^2 2s^2 2p^2$	↑ ↑
氮	7	$1s^2 2s^2 2p^3$	↑ ↑ ↑
氧	8	$1s^2 2s^2 2p^4$	↑↓ ↑ ↑
氟	9	$1s^2 2s^2 2p^5$	↑↓ ↑↓ ↑
氖	10	$1s^2 2s^2 2p^6$	↑↓ ↑↓ ↑↓

元素中才會填滿3d子殼，但仍會有一或兩個外層4s電子能產生化學活性。直到另一個惰性氣體氪($Z = 36$)被發現之後，相似的不完全外圍子殼僅在4s和4p填滿時才會發生。緊接著氪為銣($Z = 37$)，跳過4d和4f子殼而直接填5s電子，而下一個惰性氣體為氙($Z = 54$)，具有填滿的4d, 5s和5p子殼，且現在內層4f子殼和5d及5f子殼一樣為空的，同樣的狀況將會發生在最後一個惰性氣體氡(radon)。

宏德規則

一般來說，在子殼中的電子並不會成對—亦即電子具有平行自旋—只要電子可能出現時（表7.5）。此原理稱為**宏德規則**(Hund's rule)，鐵、鈷、鎳($Z = 26, 27, 28$)的鐵磁性(ferromagnetism)為宏德規則的一個結果。這些原子的3d子殼僅被部分佔據，而這些子殼中的電子互不成對，成對使得其自旋磁力矩相互抵消。舉例來說，鐵的六個3d電子中的五個具有平行自旋，故每個鐵原子產生很大的磁力矩。

宏德規則的來源是由於原子電子彼此相斥，因為這個排斥力，原子中電子的距離越遠，則原子能量越小。在同一子殼中的相同自旋電子其m_l值不同，所以這些電子將被不同空間分布的波函數來描述。平行自旋的電子在空間中將比成對電子之間的距離更遠，而這種排列具有較低能量且更加穩定。

7.7　自旋－軌道耦合

Spin-Orbit Coupling

角動量的磁性連結

光譜線的加倍精細結構源自於原子的電子自旋和軌道角動量之間的磁交互作用，稱為**自旋－軌道耦合**(spin-orbit coupling)。

自旋－軌道耦合可藉由古典模型來理解，一個繞著原子核旋轉的電子會發現本身位於一磁場中，因為在其參考座標系中，原子核圍繞著它，如圖7.13所示。故此磁場作用於電子的自旋磁力矩(spin magnetic moment)，並且產生內部的塞曼效應。

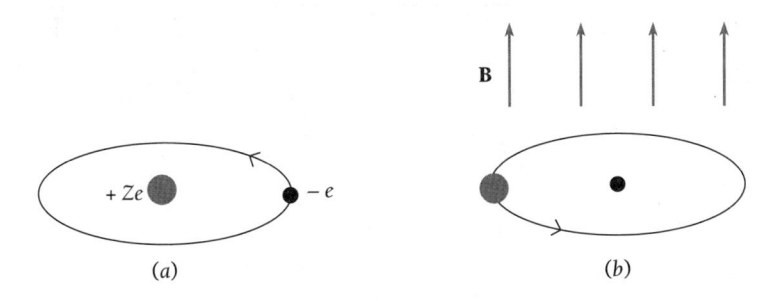

圖 7.13 (a)對原子核的參考座標系而言，一個電子繞著原子核旋轉；(b)從電子的參考座標系來看，原子核環繞電子旋轉，因此電子所遭遇到的磁場由軌道平面向上指，電子自旋磁力矩和磁場的交互作用導致了自旋－軌道耦合現象。

如我們所知，位於磁場 **B** 中磁偶極力矩(magnetic dipole of moment)**μ**的位能 U_m 為

$$U_m = -\mu B \cos \theta \tag{6.38}$$

其中 θ 為 **μ** 和 **B** 之間的角度，$\mu \cos\theta$ 為 **μ** 中平行於 **B** 的分量。在電子自旋磁力矩的情況中，此分量為 $\mu_{sz} = \pm\mu_B$，因此

$$\mu \cos \theta = \pm \mu_B$$

且

自旋－軌道耦合 $$U_m = \pm \mu_B B \tag{7.15}$$

原子之電子能量和其自旋向量 **S** 的轉向有關，且會比沒發生自旋－軌道耦合的能量高或低 $\mu_B B$，而結果為每個量子態分裂為兩個子態（除了沒有軌道角動量的 s 態之外）。

指定 $s = \frac{1}{2}$ 為唯一符合觀測到的精細結構加倍現象，因為沒有自旋的單一態事實上為孿生態，自旋向量 **S** 的可能轉向 $2s + 1$ 必定為 2，因為 $2s + 1 = 2$，所以 $s = \frac{1}{2}$。

例 7.3

利用在波耳模型中 $n = 2$ 的態對應於 $2p$ 態，估計在氫原子中，$2p$ 態電子的磁能 U_m。

解

一個攜帶電流 I 的圓形線圈，半徑為 r，在其中心有一磁場

$$B = \frac{\mu_0 I}{2r}$$

軌道的電子會「看到」帶電荷 $+e$ 的質子即原子核，每秒 f 次繞著它旋轉，其產生的磁場為

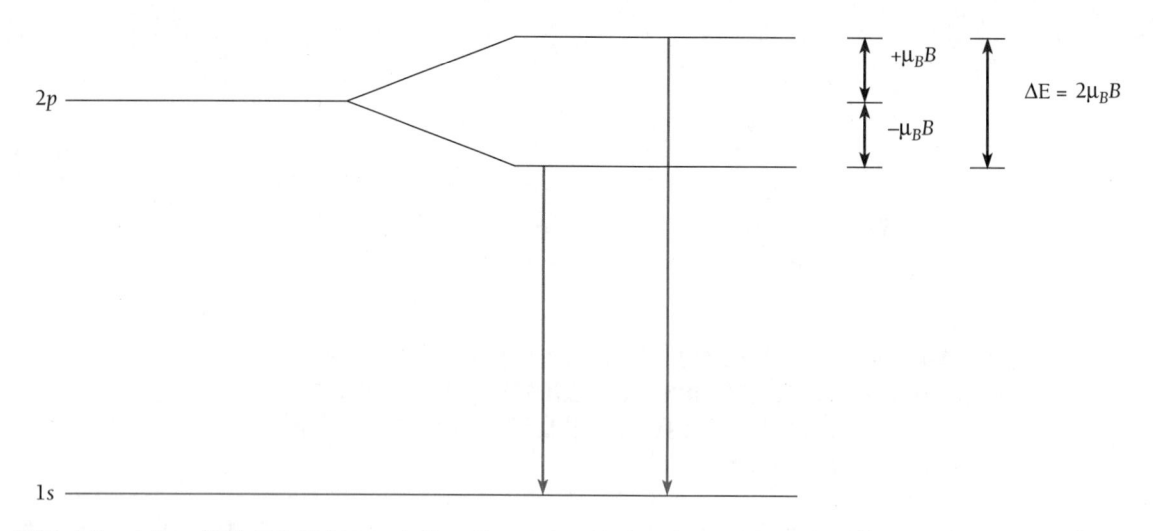

圖7.14 自旋－軌道耦合將氫原子中的2p態分成兩個間隔為ΔE的子態，此結果為雙重態(doublet)而不是從$2p \rightarrow 1s$躍遷的單一光譜線。

$$B = \frac{\mu_0 f e}{2r}$$

從式(4.4)和(4.14)中，$n = 2$之旋轉頻率和軌道半徑為

$$f = \frac{v}{2\pi r} = 8.4 \times 10^{14} \text{ s}^{-1}$$

$$r = n^2 a_0 = 4a_0 = 2.1 \times 10^{-10} \text{ m}$$

因此電子所遭受的磁場大小為

$$B = \frac{(4\pi \times 10^{-7} \text{ T} \cdot \text{m/A})(8.4 \times 10^{14} \text{ s}^{-1})(1.6 \times 10^{-19} \text{ C})}{(2)(2.1 \times 10^{-10} \text{ m})} = 0.40 \text{ T}$$

為一個相當強的磁場。因為波耳磁子的值為$\mu_B = e\hbar/2m = 9.27 \times 10^{-24}$ J/T，電子磁能為

$$U_m = \mu_B B = 3.7 \times 10^{-24} \text{ J} = 2.3 \times 10^{-5} \text{ eV}$$

上層和下層子態的能量差4.6×10^{-5} eV為此能量的兩倍，和所觀測到的資料相差不多（圖7.14）。

7.8 總角動量

Total Angular Momentum

大小和方向都被量子化

原子中的每個電子都具有某一軌道角動量**L**和某一自旋角動量**S**，兩者構成了原子的總角動量**J**。首先讓我們考慮總角動量由單一電子所產生的原子，週期表中第一族元素的原子——氫、鋰、鈉等等——為此類元素。它們在封閉內殼外圍具有單一

$$j = l + s = \tfrac{3}{2} \qquad\qquad j = l - s = \tfrac{1}{2}$$

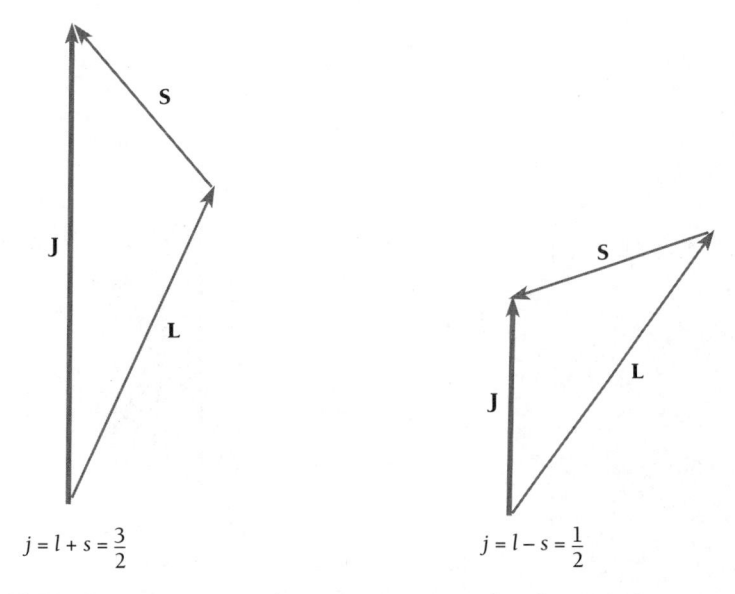

圖 7.15 當 $l = 1$ 且 $s = \tfrac{1}{2}$ 時，**L** 和 **S** 相加形成 **J** 的兩種方式。

電子（除了氫原子沒有內層電子），且不相容原理確保了封閉殼的總角動量和磁力矩為 0，同樣地在此類的是離子 He^+、Be^+、Mg^+、B^{2+}、Al^{2+} 等等。

在這些原子和離子中，外層電子的總角動量 **J** 為向量 **L** 和 **S** 的和：

原子的總角動量 $\qquad\qquad\qquad \mathbf{J} = \mathbf{L} + \mathbf{S} \qquad\qquad\qquad (7.16)$

和所有的角動量相似，**J** 的大小和方向皆被量子化，且大小為

$$J = \sqrt{j(j+1)}\,\hbar \qquad j = l + s = l \pm \tfrac{1}{2} \qquad (7.17)$$

如果 $l = 0$，j 有單一值 $\tfrac{1}{2}$。**J** 在 z 方向的動量為 J_z

$$J_z = m_j \hbar \qquad m_j = -j, -j+1, \ldots, j-1, j \qquad (7.18)$$

因為 **J**、**L** 和 **S** 同時被量子化，故它們具有特定相對的轉向，這是一般性的結論。而在單電子原子中，只有兩個可能的相對轉向，一個對應到 $j = l + s$，所以 $J > L$；而另一個對應到 $j = l - s$，故 $J < L$。圖 7.15 顯示出當 $l = 1$ 時，**L** 和 **S** 結合成 **J** 的兩種方式，很明顯地，軌道和自旋角動量向量之間或是相對於總角動量向量來說，絕不會完全平行或反平行。

例 7.4

對應於 $l = 1$ 的 $j = \tfrac{3}{2}$ 和 $j = \tfrac{1}{2}$ 態而言，**J** 的可能轉向為何？

解

對於 $j = \tfrac{3}{2}$ 態來說，式(7.18)使得 $m_j = -\tfrac{3}{2}, -\tfrac{1}{2}, \tfrac{1}{2}, \tfrac{3}{2}$；而對 $j = \tfrac{1}{2}$ 態來說，$m_j = -\tfrac{1}{2}, \tfrac{1}{2}$。圖 7.16 顯示出對這些 j 值，**J** 相對於 z 軸的轉向。

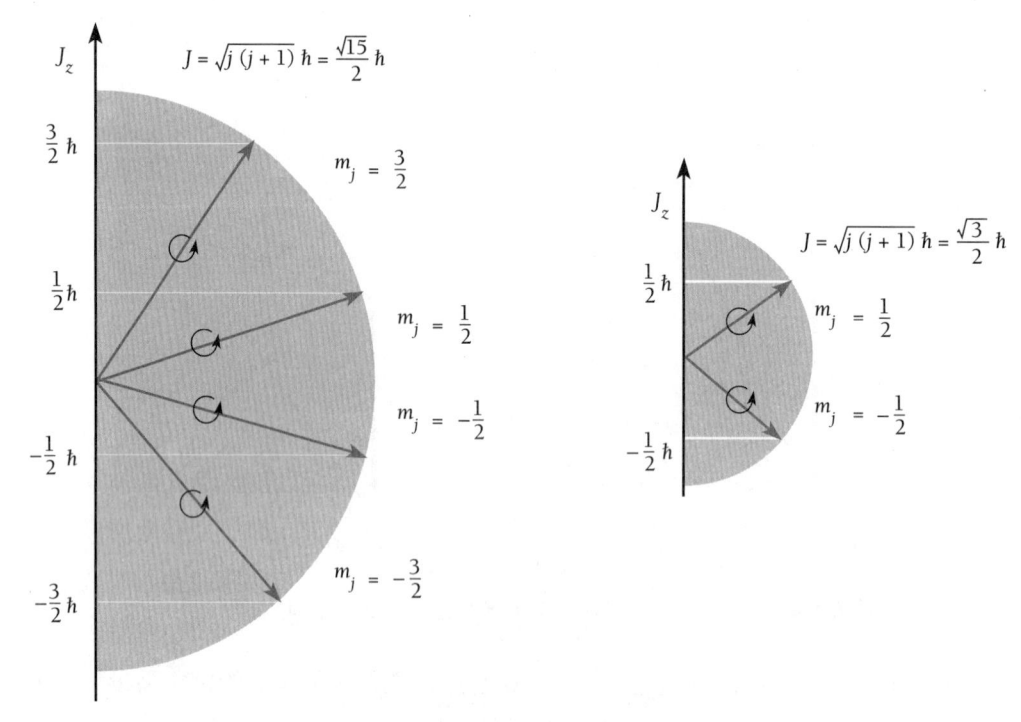

圖 7.16 當軌道角動量為 $l = 1$ 時，總角動量的空間量子化現象。

　　角動量 **L** 和 **S** 藉由磁場交互作用，如我們在 7.7 節中所看到的，如果沒有外加磁場時，總角動量 **J** 的大小和方向皆守恆，而其內在力矩效應將會使得 **L** 和 **S** 進動 (precession) 沿它們的合成 **J** 的方向（圖 7.17），然而，如果有外加磁場 **B** 時，則 **J** 會對 **B** 的方向進動，而 **L** 和 **S** 繼續對 **J** 進動，如圖 7.18 所示，**J** 對 **B** 的進動會產生異常塞曼效應，因為在磁場 **B** 中，**J** 的不同轉向和不同能量有些許程度的關連。

LS 耦合

當超過一個電子使得軌道和自旋角動量組成原子的總角動量 **J** 時，**J** 仍然為這些個別動量的向量和，除了最重的原子之外，普通原子中不同電子的軌道角動量 L_i 會耦合成單一 **L**。自旋角動量 S_i 會耦合成另一個單一 **S**，動量 **L** 和 **S** 會藉由自旋－軌道效應而形成總角動量 **J**，我們稱之為 **LS 耦合** (*LS coupling*)，可整理為下列方程式：

LS 耦合
$$\begin{aligned} \mathbf{L} &= \sum \mathbf{L}_i \\ \mathbf{S} &= \sum \mathbf{S}_i \\ \mathbf{J} &= \mathbf{L} + \mathbf{S} \end{aligned} \tag{7.19}$$

角動量大小 L, S, J 和其 z 方向分量 L_z, S_z, J_z 以一般方式量子化，利用各自的量子數 L, S, J, M_L, M_S, M_J，因此

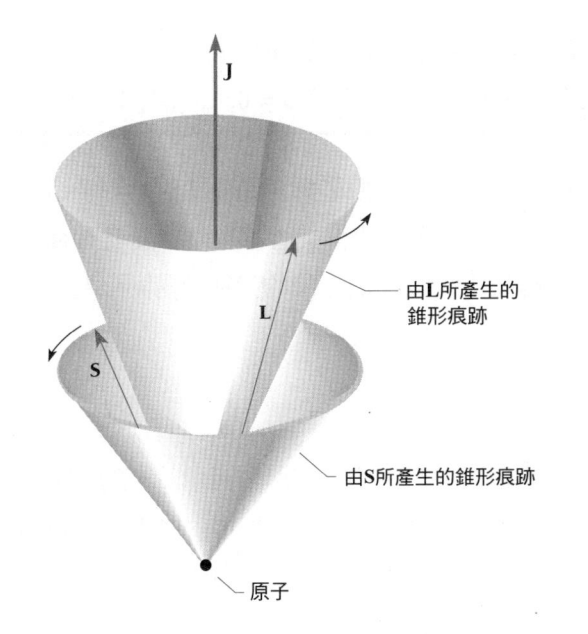

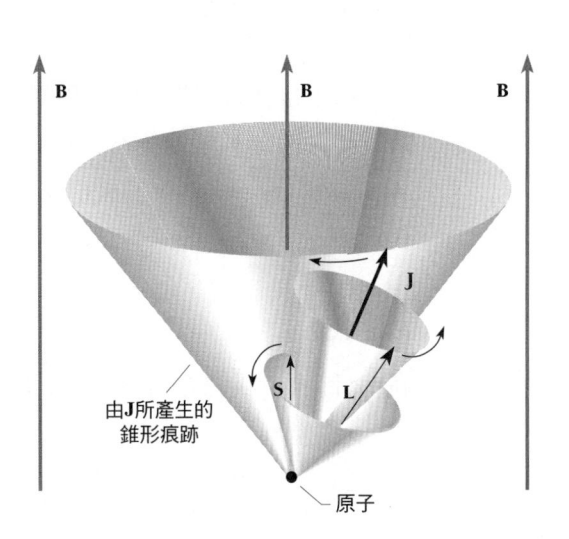

圖 7.17 J 的軌道和自旋角動量向量 L 和 S 對 J 進動。

圖 7.18 外加磁場 B 時，總角動量向量 J 會對 B 進動。

$$L = \sqrt{L(L+1)}\hbar$$
$$L_z = M_L \hbar$$
$$S = \sqrt{S(S+1)}\hbar$$
$$S_z = M_S \hbar$$
$$J = \sqrt{J(J+1)}\hbar$$
$$J_z = M_J \hbar \qquad (7.20)$$

L 和 **M**$_L$ 總是為整數或 0，如果電子數目為奇數時，其他量子數為半整數；而如果電子數目為偶數時，其他量子數則為整數或 0，當 **L** > **S** 時，**J** 可能有 2**S** + 1 個值；當 **L** < **S** 時，**J** 可有 2**L** + 1 個值。

例 7.5

求出在兩個原子之電子軌道量子數為 $l_1 = 1$ 和 $l_2 = 2$ 所產生的 LS 耦合效應中，求出可能的總角動量量子數 **J** 值。

解

如圖 7.19a，向量 **L**$_1$ 和 **L**$_2$ 可以三種方式結合成單一向量 **L**，且根據式(7.20)來量化。這些對應到 **L** = 1, 2, 3，因為所有 **L** 值有可能從 $|l_1 - l_2|$（= 1 這裡）到 $l_1 + l_2$。自旋量子數 s 總是為 $\frac{1}{2}$，且使得 **S**$_1$ + **S**$_2$ 產生兩個可能值，如圖 7.19b 所示，對應到 **S** = 0 和 **S** = 1。

我們注意到如果向量和不是0，L_1和L_2絕不會平行L，S_1和S_2也絕不會平行S，因為J值的範圍在|L − S|到L + S之間，J的五個可能值為J = 0, 1, 2, 3, 4。

原子核也有本質角動量和磁力矩，而這些會構成原子總角動量和磁力矩，這些貢獻小，因為核磁力矩約為電子力矩的10^{-3}倍，這使得光譜線產生了**超精細結構**(*hyperfine structure*)，其成份間隔一般約為10^{-3} nm，而一般的精細結構間隔為一百倍寬。

項符號

在6.5節中，我們看到單一軌道角動量態習慣上可用小寫字母來表示，s對應到$l = 0$，p對應到$l = 1$，d對應到$l = 2$，依此類推。同樣地我們也可根據電子的總軌道角動量量子數L，而用大寫字母來表示原子的整體電子態，如下所示

L = 0　1　2　3　4　5　6 ...
　　S　P　D　F　G　H　I ...

在字母前面的上標符號(例如^2P)，被用來指示態的**多重數**(*multiplicity*)，此數為L和S的不同的可能的轉向，故會產生不同的可能的J值。在L > S的一般狀況中多重數等於2S + 1，因為J的範圍從L + S至L − S，因此當S = 0時，多重數為1(**單一態**(*singlet state*))且J = L；當S = $\frac{1}{2}$時，多重數為2(**雙重態**(*doublet state*))，且J = L ± $\frac{1}{2}$；當S = 1時，多重數為3(**三重態**(*triplet state*))，且J = L + 1, L或L − 1，依此類推。(在S > L的組態中，多重數由2L + 1決定。)總角動量量子數J可被用在字母後面的下標，故態$^2P_{3/2}$(讀為雙重P二分之三)是指S = $\frac{1}{2}$, L = 1, J = $\frac{3}{2}$的電子組態，這些符號都稱為**項符號**(*term symbol*)。

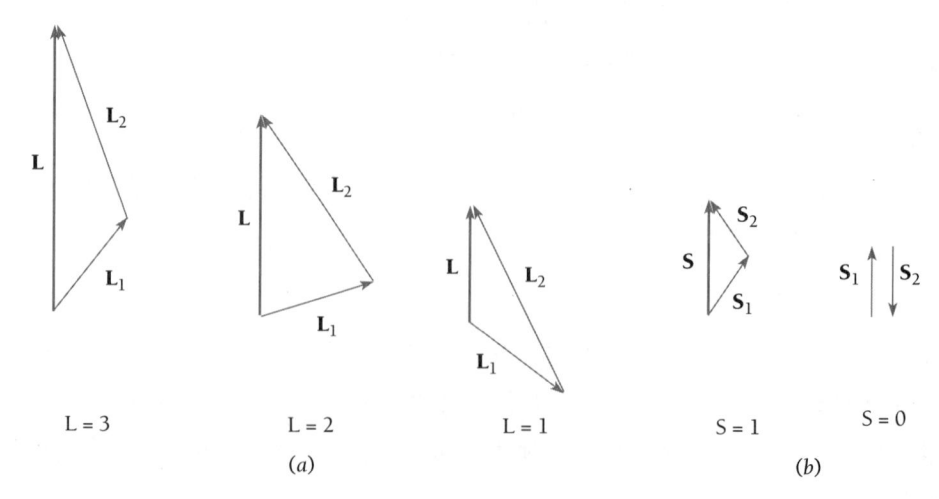

圖 7.19 當$l_1 = 1$, $s_1 = \frac{1}{2}$和$l_1 = 2$, $s_2 = \frac{1}{2}$時，L_1與L_2結合成L的方式有三種，而S_1與S_2結合成S的方式有兩種。

在原子角動量由單一外圍電子所產生的情況中,此電子的主量子數n被作為字首(prefix),因此鈉原子的基態被表示為$3^2S_{1/2}$,因為其電子組態中位於封閉的$n = 1$和$n = 2$殼,外圍的電子為$n = 3, l = 0, s = \frac{1}{2}$(因此$j = \frac{1}{2}$)。即使當$\mathbf{L} = 0$,對$\mathbf{J}$而言只有一種可能,為了一致起見,習慣上將上述的態寫為$3^2S_{1/2}$,上標2表示雙重。

例 7.6

鈉的基態項符號為$3^2S_{1/2}$且其第一個受激態為$3^2P_{1/2}$,列出在每種狀況中外圍電子可能的量子數 n, l, j, m_j。

解

$$3^2S_{1/2}: n = 3, l = 0, j = \tfrac{1}{2}, m_j = \pm\tfrac{1}{2}$$
$$3^2P_{1/2}: n = 3, l = 1, j = \tfrac{3}{2}, m_j = \pm\tfrac{1}{2}, \pm\tfrac{3}{2}$$
$$n = 3, l = 1, j = \tfrac{1}{2}, m_j = \pm\tfrac{1}{2}$$

例 7.7

為何$2^2P_{5/2}$態不可能存在?

解

p態其$\mathbf{L} = 1$且$\mathbf{J} = \mathbf{L} \pm \tfrac{1}{2}$,故$\mathbf{J}$不可能為$\tfrac{5}{2}$。

7.9 x射線光譜

X-Ray Spectra

它們是由於躍遷至內殼而產生

在第2章中,我們學習到被快速電子轟擊的靶x射線光譜,在靶材料的波長特性中顯示出窄的突波,此光譜的波長分布為連續且極小波長和電子能量成反比(參閱圖2.17)。連續的x射線光譜為逆光電效應(inverse photoelectric effect)的結果,其電子動能轉換為光子能量$h\nu$。另一方面,被入射電子干擾的原子中,其內部電子躍遷會產生線光譜。

原子外層電子的躍遷通常只牽涉到幾個電子伏特的能量,甚至移走一個外圍電子最多僅需 24.6 eV(對氦而言)。這樣的躍遷所產生光子的波長位於電磁頻譜中的可見光區域或在其附近。較重元素的內層電子則相當的不同,因為這些電子並沒有被其他電子殼穿插在它們和電子核之間而產生屏蔽效應,所以它們將牢牢地被束縛住。

舉例來說,在鈉中,移走最外圍3s電子只需要5.13 eV的能量,而移走一個內層的2p電子需要31 eV,2s電子需要63 eV,1s電子需要1041 eV。原子內層電子的躍遷會產生x射線光譜,因為此過程牽涉到高能量的光子。

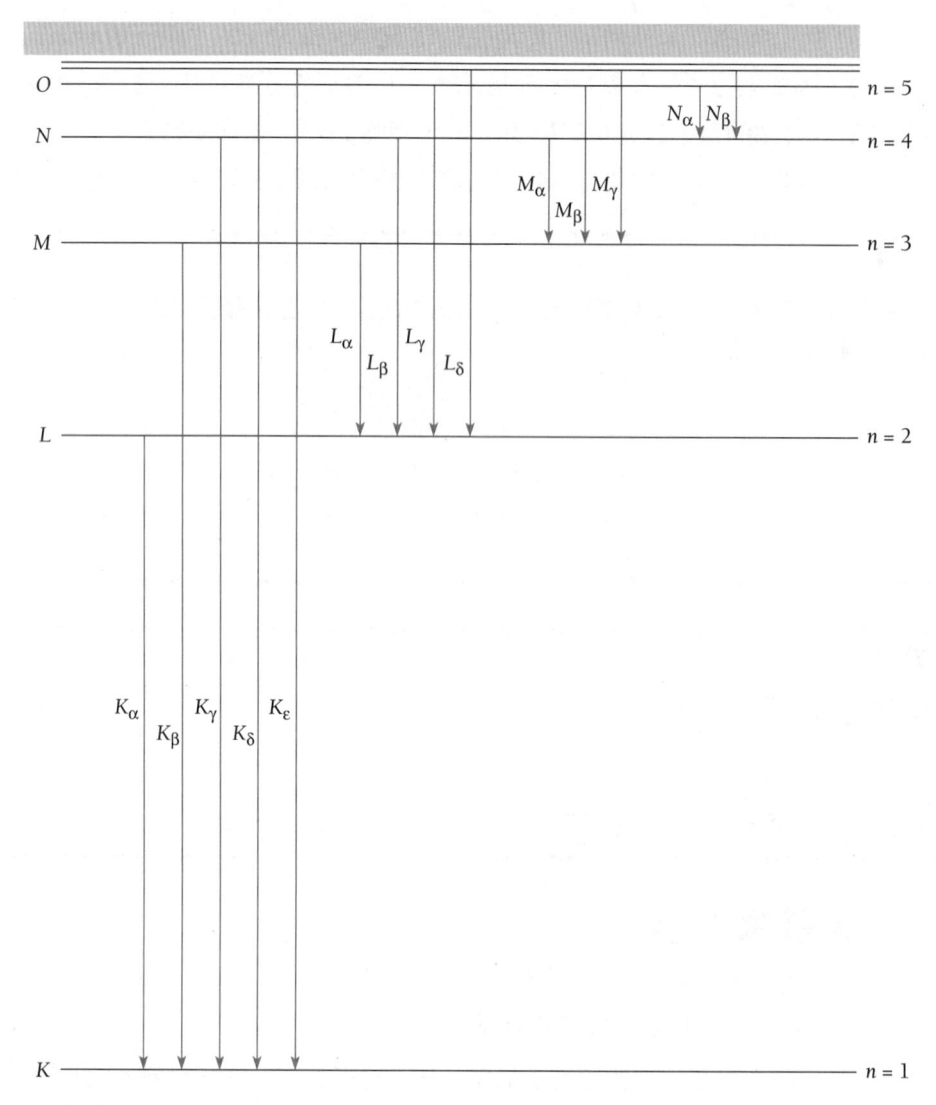

圖 7.20 x 射線光譜的來源。

圖7.20顯示出一個重原子中的能階（並未照比例），在同一殼中各角動量態間的能量差和不同殼之間的能量差比起來很小，讓我們來看當一個高能電子撞擊至原子且將K殼電子撞出時會發生何事。K電子可能會被提升至原子中未被填滿的上層殼，但是此過程所需的能量和完全移走電子的能量之間的差非常小，在鈉中僅為0.2％，故在較重原子更小。

當電子由外殼至K殼中的空洞時，沒有K電子的原子將會以x射線光子的形式釋放其能量，如圖7.20所示。元素x射線光譜中的**K系**(*K series*)線由L, M, N...階躍遷至K階所產生的波長所組成，同樣地當L電子被撞離原子時會產生波長較長的**L系**(*L series*)，當M電子被撞離原子時則會產生**M系**(*M series*)，依此類推。在圖2.17中鉬原子x射線中的兩個突波為K系中的K_α與K_β線。

亨利・莫斯利(Henry G. J. Moseley, 1887-1915)出生於英格蘭南方海邊的威矛斯(Weymouth)，他在牛津大學修習物理，而他父親也在那兒教授解剖學。在1910年畢業時他加入了位於曼徹斯特的拉塞福研究群，在那裡他開始了一系列x射線光譜的系統研究，之後他在牛津大學繼續研究。他能夠從數據推論元素的x射線波長及其原子序之間的關係，使得他能矯正一些當時關於原子序的問題，並預測出許多未知元素的存在，莫斯利很快地就確認出他的發現和波耳原子模型之間的重要連結。在一次世界大戰爆發之後，莫斯利被徵召加入英國陸軍，拉塞福曾試著將他拉回科學工作中但沒有成功。1915年，因為沒有計畫好而在悲慘的達達尼耶斯(Dardanelles)戰役中，莫斯利被送到土耳其並在27歲時被殺害身亡。

找到元素K_α的x射線頻率和原子序Z之間的近似關係是很容易的，當L電子($n = 2$)躍遷至空的K態($n = 1$)時會放射出一個K_α光子，L電子會遭受到原子核電荷Ze的作用，並且因為其餘K電子所產生的屏蔽效應，原子電荷Ze會減少至鄰近等效於$(Z - 1)e$個有效電荷的作用。因此我們可以使用式(4.15)和(4.16)來求出K_α光子頻率，藉著假設$n_i = 2, n_f = 1$，並且以$(Z - 1)^2 e^4$取代e^4，得到

$$\nu = \frac{m(Z-1)^2 e^4}{8\epsilon_0^2 h^3}\left(\frac{1}{n_f^2} - \frac{1}{n_i^2}\right) = cR(Z-1)^2\left(\frac{1}{1^2} - \frac{1}{2^2}\right)$$

K_α x 射線 $\qquad \nu = \dfrac{3cR(Z-1)^2}{4}$ (7.21)

其中$R = me^4/8\epsilon_0^2 ch^3 = 1.097 \times 10^7$ m^{-1}為雷德堡常數(Rydberg constant)，以電子伏特表示之K_α的 x 射線光子能量可藉由下列式子以$(Z - 1)$來表示

$$E(K_\alpha) = (10.2 \text{ eV})(Z - 1)^2 \qquad (7.22)$$

在1913和1914年時，年輕物理學家莫斯利(H. G. J. Moseley)使用2.6節所描述的繞射方法量測到大部分已知元素的K_α頻率，並且證實了式(7.21)。除了支持波耳的新原子模型之外，莫斯利的研究也首次提供了在實驗上決定元素原子序的方法，因此週期表中正確的元素順序可建立起來。利用原子序（這正是重點所在）來排序元素並不總是和以原子量排序相同，至少對那時候所使用的方法而言。起初原子序為元素在原子質量列表中的數目，舉例來說，對鈷而言$Z = 27$，而鎳$Z = 28$，但是它們的相對原子質量為58.93和58.71，基於鈷和鎳的化性，利用原子質量的排序將無法被理解。

除此之外，莫斯利在其實驗資料中發現到在$Z = 43, 61, 72, 75$時會有空缺，因此推論了這些未知元素，且在後來都被發現其存在。前兩個為鎝(technetium)和鉕(promethium)，並沒有穩定的同位素，故在許多年後首度在實驗室中被創造出來；而後兩個元素鉿(hafnium)和錸(rhenium)則在1920年代被分隔開來。

在x射線光譜儀的運作中，一道快速電子束撞擊未知組成的樣本，一些電子會撞開靶原子的內層電子，且當外圍電子取代它們時，會釋放出此元素特定波長之x射線，因此可以此方法找到樣本元素的確認和相對量。

例 7.8

那個元素的 K_α x 射線波長為 0.180 nm？

解

對應波長 0.180 nm = 1.80×10^{-10} m 的頻率為

$$\nu = \frac{c}{\lambda} = \frac{3.00 \times 10^8 \text{ m/s}}{1.80 \times 10^{-10} \text{ m}} = 1.67 \times 10^{18} \text{ Hz}$$

從式(7.21)中我們得到

$$Z - 1 = \sqrt{\frac{4\nu}{3cR}} = \sqrt{\frac{(4)(1.67 \times 10^{18} \text{ Hz})}{(3)(3.00 \times 10^8 \text{ m/s})(1.097 \times 10^7 \text{ m}^{-1})}} = 26$$

$$Z = 27$$

因此原子序 27 的元素為鈷。

歐傑效應

損失一個內層電子的原子可藉由**歐傑效應**(*Auger effect*)損失激發能量而不會放射出 x 射線光子。在這個由法國物理學家皮埃爾・歐傑(Pierre Auger)所發現的效應中，當一個外殼電子從原子射出，同時會有另外一個外殼電子掉到不滿的

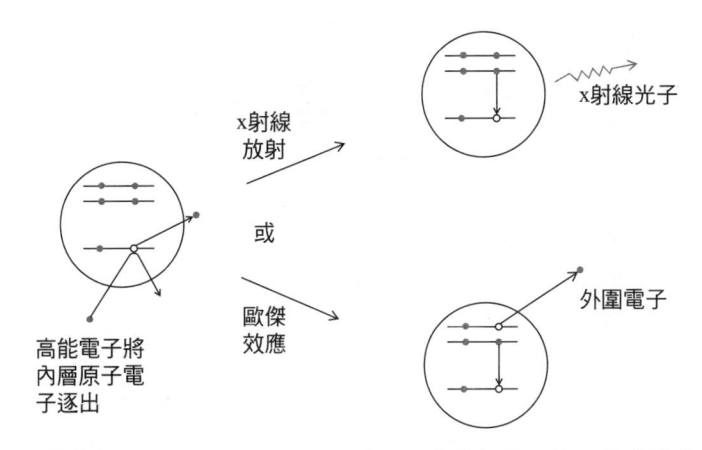

圖 7.21 當一個缺少內層電子的原子由外殼電子掉下且填滿空態時，激發能量可被 x 射線光子或另一個外圍電子帶走，後者稱為歐傑效應。

內殼。因此被釋放的電子會帶走原子的激發能量，而非光子（圖7.21）。就某種方面來看，雖然光子不會進入原子之內，歐傑效應象徵了內部的光電效應。

歐傑過程在大部分原子中會與x射線輻射競爭，但所產生的電子通常會在靶材中被吸收而產生x射線。這些歐傑電子在材料原子表面或是在其表面近下方發生，因為原子的能階會被其在化學鍵中所扮演之角色所影響，歐傑電子的能量提供我們觀察原子的化學環境，在由不同材料沉積薄膜組成的半導體元件中，表面特性為製作半導體元件所需的資訊，故歐傑光譜術對於研究表面特性是非常有價值的方法。

附錄

原子光譜
Atomic Spectra

現在我們來瞭解各種元素光譜的主要特徵，在我們觀察一些代表性的例子之前，需要提及存在一些在此未被考慮且更加複雜的狀況。舉例來說，如相對論效應或是在電磁場中電子和真空變動之間的耦合（參閱6.9節）。這些附加的因素將某些能態分裂為緊密間隔的子態，因此代表了光譜線中精細結構的其他來源。

氫

圖7.22顯示出氫原子各種的態，並且以它們的總量子數 n 和軌道角動量量子數 l 來分類，此處選擇規則(selection rule)允許的躍遷為

選擇規則 $$\Delta l = \pm 1$$

如圖所示之躍遷現象。主量子數 n 可改變任意值。

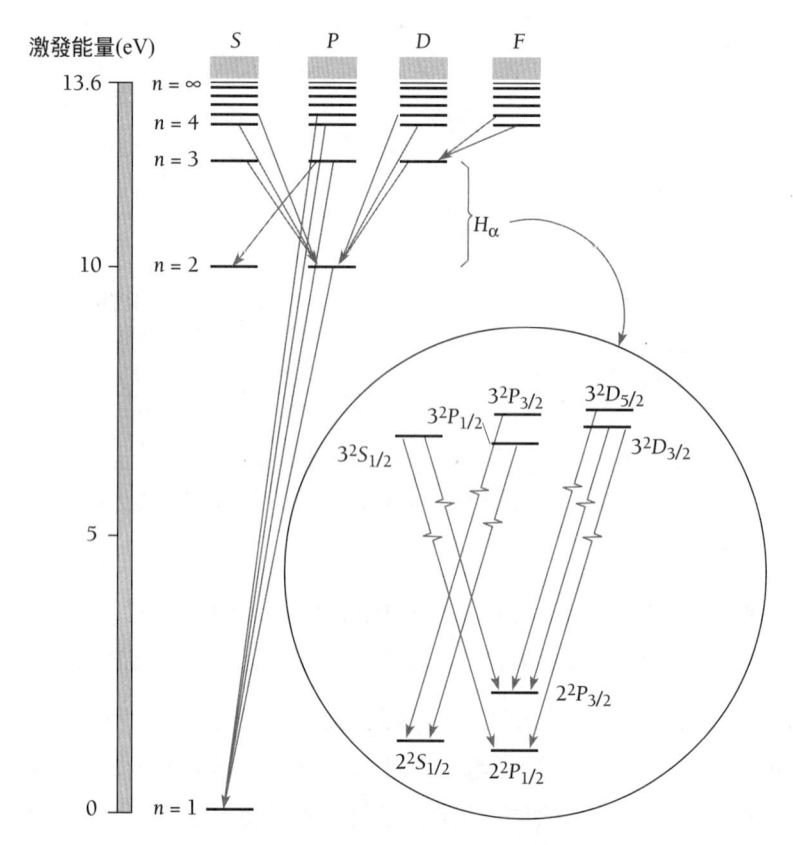

圖 7.22 氫的能階圖，顯示出一些著名的光譜線來源，能階 $n = 2$ 和 $n = 3$ 詳細的結構和導致 H_α 線不同成份之躍遷如插圖所示。

為指出一些在此圖中被忽略的部分，能階 $n = 2$ 和 $n = 3$ 的詳細結構如圖所示，所有相同 n 和不同 j 的子態其能量不同，而且對於相同的 n 和 j 但不同的 l 的態也一樣。後者對於小的 n 和 l 的態而言特別明顯，且於 1947 年時，在 $2^2S_{1/2}$ 相對於 $2^2P_{1/2}$ 態「蘭姆位移」(Lamb shift)首度被建立。許多分隔造成 H_α 光譜線($n = 3 \rightarrow n = 2$)分裂為七個緊密間隔的成份。

鈉

鈉原子擁有在封閉內殼外的一個 $3s$ 電子，且如果我們假設內芯的 10 個電子完全屏蔽了 $+10e$ 個核電荷（並不是那麼正確），作用在外圍電子的等效電荷和氫原子一樣為 $+e$，因此做為第一次的近似，我們預期因為不相容原理，鈉的能階將和氫相同，除了最低能階對應於 $n = 3$ 而非 $n = 1$。圖 7.23 為鈉的能階圖形，和氫能階相比，對最高的態 l 而言的確符合，也就是對於最高的角動量的態。

為瞭解在較低 l 值時差異的原因，我們僅需要參考圖 6.11，在氫原子中，找到電子的機率隨著與原子核的距離而改變，對於一已知 n 而言，較小的 l 值會使電子有時更接近原子核，雖然鈉的波函數和氫不同，它們的一般行為是相似的。根據上

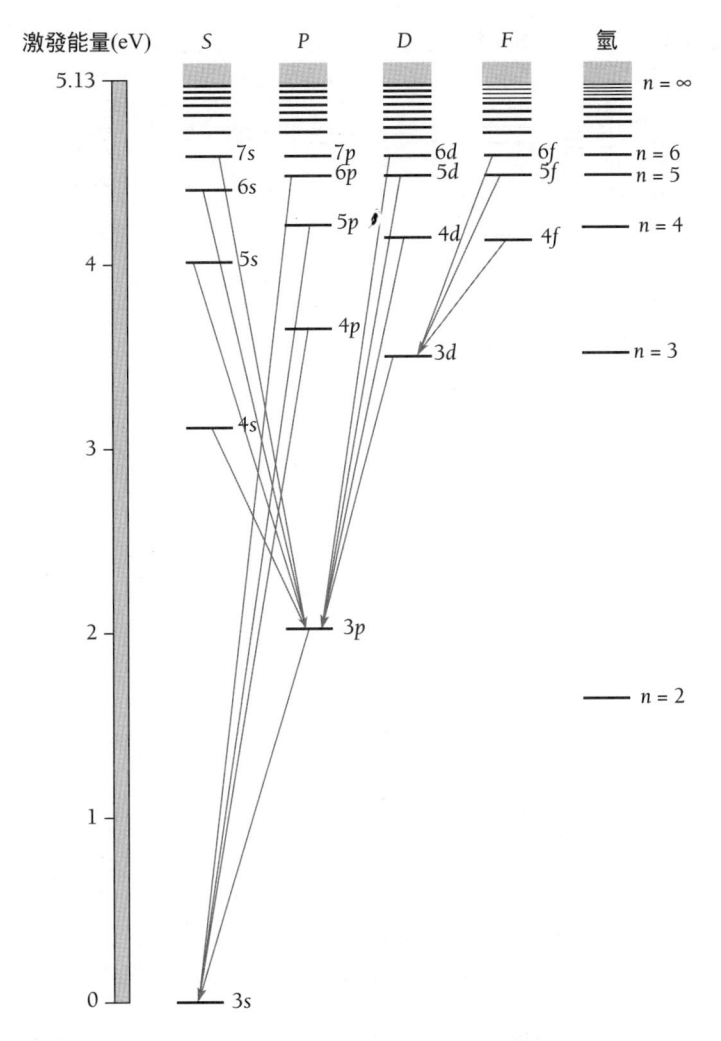

圖 7.23 鈉的能階圖。加入氫的能階以做為比較。

面，我們預測鈉原子的外圍電子會比它在 s 態時更常穿透內層電子芯，在 p 態時則較不常如此，而在 d 態時也一樣，依此類推。外圍電子被所有核電荷屏蔽效應越小時，所受的平均力則越大，其總能量則越小（亦即能量越負），因為這個原因，鈉中小 l 的態將比它們在氫的等效態還低，如圖 7.23 所示，且相同 n 和不同 l 之態的能量有顯著的不同。

氦

對氫和鈉而言，僅單一電子和能階有關，然而氦卻有兩個在基態的 1s 電子，故耦合影響氦原子的特性與行為。在 LS 耦合下允許躍遷的選擇規則為

$$\Delta L = 0, \pm 1$$

LS 選擇規則
$$\Delta J = 0, \pm 1$$

$$\Delta S = 0$$

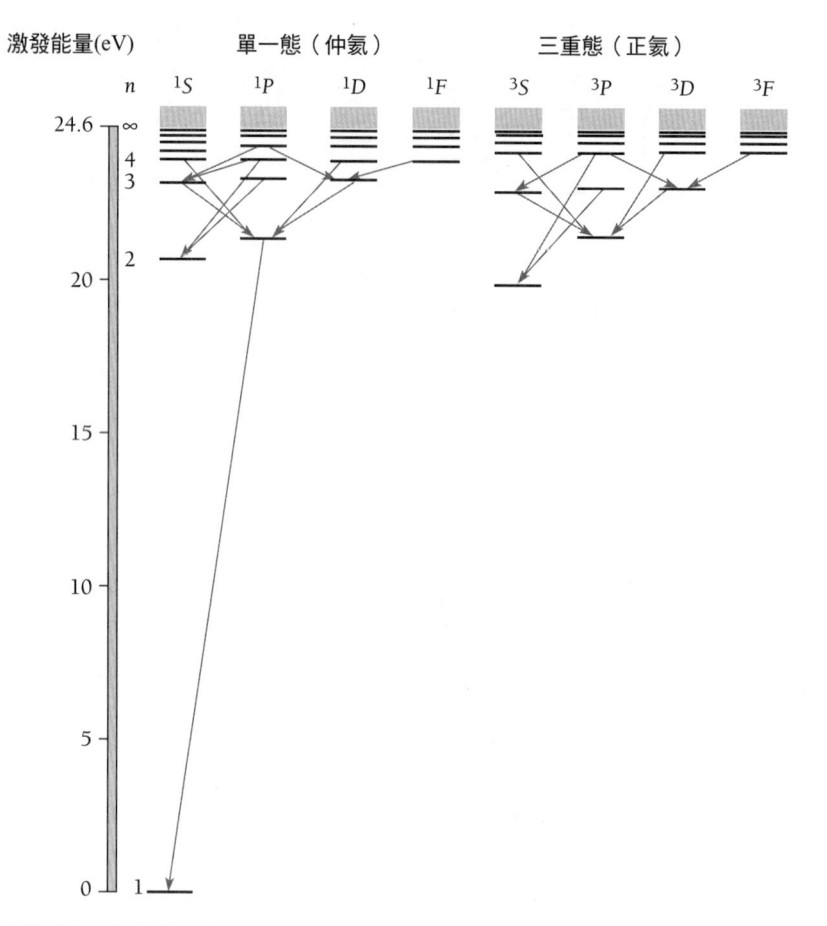

圖 7.24 氦的能階圖顯示了區分的單一態（仲氦）和三重態（正氦），因為不相容原理禁止在同一態中的兩個電子有平行的自旋，故沒有 1^3S 態存在。

當只有一個電子時，$\Delta L = 0$ 將被禁止，且 $\Delta L = \Delta l = \pm 1$ 為其唯一的可能。此外，在 $J = 0$ 的初始態時，J 必須改變，故 $J = 0 \to J = 0$ 的躍遷將被禁止。

氦的能階圖形如圖 7.24 所示，各種能階象徵了位於基態的電子和位於受激態的電子，因為兩個電子的角動量互相耦合，能階代表整個原子的特性，此圖形中和氫與鈉中對應能階，三個區別很明顯：

1. 單一態和三重態有區分，兩個電子分別為反平行 (**S** = 0) 和平行 (**S** = 1)，因為選擇定律 $\Delta \mathbf{S} = 0$，故在單一態和三重態間沒有允許的躍遷能發生，而氦光譜是由其中一組產生。

    在單一態中的氦原子（反平行自旋）產生了**仲氦**(*parahelium*)，而三重態（平行自旋）中的氦則產生了**正氦**(*orthohelium*)，一個正氦原子在碰撞中可能會損失激發能量且變成仲氦，而一個仲氦原子在碰撞中可能會得到激發能量，且變為正氦。一般的液態氦或氣態氦為這兩者的混合物。最低的三重態為亞穩的，若沒有碰撞產生，原子在輻射之前將會維持其激發能量很長一段時間（一秒或是更長）。

2. 另一個在圖7.24中明顯的奇怪現象為氦中消失的 1^3S 態。雖然其最低的單一態為 1^1S，但最低的三重態為 2^3S，因為不相容原理，所以並沒有 1^3S 態，因為在此態中兩個電子具有平行的自旋，故其量子數組相等。

3. 在氦中基態和最低受激態之間的能量差相當大，此反應出在本章前面討論的封閉殼電子的緊密束縛。氦的游離能——將一電子從氦原子中移走所需要做的功——為 24.6 eV，在所有元素中為最高的。

汞

我們最後所要討論的為汞原子的能階圖，在由78個電子在封閉殼或子殼的外面有兩個電子（表7.4）。我們預期和氦原子一樣，汞原子也會分裂為單一態和三重態。因為汞原子很重，我們可能預期其角動量的 LS 耦合現象中會有崩潰預兆。

圖 7.25 顯示出這兩個預測，和許多由違背 $\Delta S = 0$ 選擇規則的躍遷而產生的著名的光譜線，$^3P_1 \to {}^1S_0$ 躍遷為一個例子，且會產生位於紫外光區的 253.7 nm 強光譜線。我們可以確定的是這並不意謂著躍遷機率必須很高，因為三個 $^3P_1$ 態傾向聚集

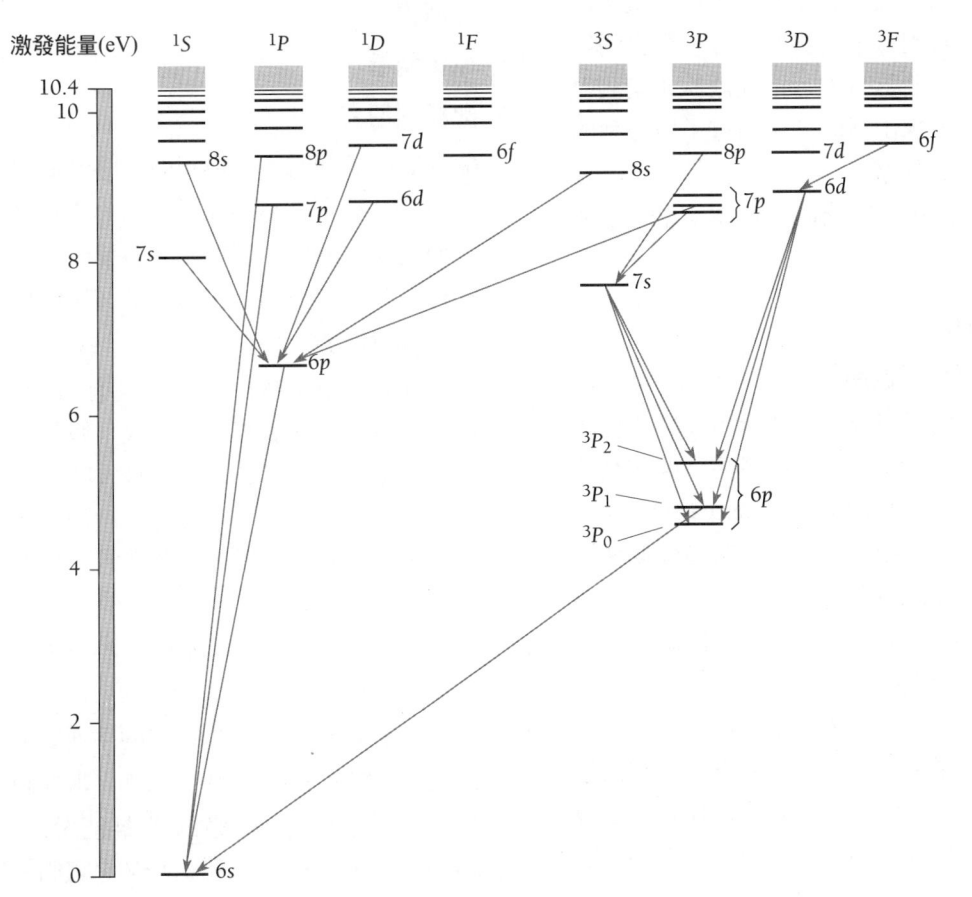

圖 7.25 汞的能階圖。在每個受激階中，一個外圍電子在基態，而圖形中所指定的能階對應到其他電子的態。

於受激發的汞蒸氣中，而 $^3P_0 \to {}^1S_0$ 和 $^3P_2 \to {}^1S_0$ 躍遷分別違背了禁止由 $\mathbf{J} = 0$ 至 $\mathbf{J} = 0$ 以及限制 $\Delta\mathbf{J}$ 到 0 或 ±1 的選擇規則，同樣地違背了 $\Delta\mathbf{S} = 0$，因此比 $^3P_1 \to {}^1S_0$ 躍遷更不可能發生。$^3P_0$ 和 $^3P_2$ 態也因此是亞穩的，沒有碰撞，原子將處於它們其中的任一狀況很長的一段時間。汞原子中的強自旋－軌道交互作用使得 LS 耦合部分失效，且造成了 ^3P 三重態中的寬間隔。

習題

No plan survives contact with the enemy. - Field Marshal von Moltke

7.1 電子自旋

1. 一電子束進入一個均勻的 1.20 T 磁場；(a) 求出平行和反平行於磁場的自旋電子間的能量差；(b) 求出可使得平行於磁場的電子自旋翻轉為反平行自旋的輻射能量波長。

2. 因為銀河的氫雲太冷，以致無法輻射出可見光，所以無線電天文學家無法從電子自旋平行反轉到質子自旋反平行來對應到氫原子中電子翻轉的 21 cm 光譜線來衡量測氫雲的存在，求出氫原子中的電子所碰到的磁場大小為何？

3. 求出在 z 軸和自旋角動量向量 $\mathbf{S}$ 之間可能的角度？

7.2 不相容原理

7.3 對稱及反對稱波函數

4. 在極低溫時，超導現象會發生在某些材料中，電子可藉由它們和材料晶格間的交互作用連結成「庫柏對」(Cooper pairs)，庫柏對並不遵守不相容原理，你認為什麼情況允許這個現象產生？

5. 質子和中子像電子一樣都為 $\frac{1}{2}$ 自旋粒子，普通氦的原子核 ^4_2He 擁有兩個質子和兩個中子，而別種氦原子的原子核 ^3_2He 則包含了兩個質子和一個中子，液態 ^4_2He 和液態 ^3_2He 的特性不同，因為其中一種氦原子遵守不相容原理而另一個不遵守，它們分別是那一個呢？為什麼？

6. 和 3.6 節及 5.8 節中相似的一維位能井其寬度為 1.00 nm 且容納 10 個電子，電子系統具有極小的可能總能量，為了激勵此系統的基態($n = 1$)電子至它所能佔據最低的高能階時，光子所需的最小能量為何？（以電子伏特表示。）

7.4 週期表
7.5 原子結構
7.6 解釋週期表

7. 鹼金屬原子的電子結構和鹵素原子之間有何不同？和惰性氣體原子又有何不同？

8. 在週期表中的同一週期元素而言，其一般的特性為何？在同一族的元素又如何呢？

9. f 子殼能擁有幾個電子？

10. (a) 如果電子自旋為 1，使其可擁有 −1, 0, +1 自旋態時，週期表將如何修改？假設（錯誤地）這樣的電子為費米子且遵守不相容原理，那個元素為惰性氣體呢？(b) 這樣的電子事實上為波色子，在此狀況下那些元素為惰性氣體？

11. 如果原子包含主量子數到 $n = 6$ 的電子時，將會有多少元素呢？

12. 證明原子子殼將以增加 $n + l$ 的序列填滿，且在已知的 $n + l$ 的族中以增加 n 來填滿。

13. 鋰、鈉、鉀、銣和銫的游離能分別為 5.4、5.1、4.3、4.2 和 3.9 eV，它們都位於週期表的第一族中，解釋為何游離能會隨著原子序增加而減少。

14. 原子序 20 至 29 的元素游離能非常接近，為何在其他連續原子序的元素中其游離能變化很大，而這十個元素則不會呢？

15. (a)粗略估計作用在鈣原子(Z = 20)外圍作用於每個電子的有效核電荷，你認為這樣的電子相當容易或是很難從原子游離嗎？(b)對於硫原子(Z = 16)而言結果一樣嗎？

16. 作用在鈉原子外圍電子的有效核電荷為 $1.84e$，利用此數值計算鈉原子的游離能。

17. 為何氯原子的化性比氯離子(Cl^-)活躍呢？為何鈉原子的化性比鈉離子(Na^+)活躍呢？

18. 解釋圖 7.11 中隨著原子序改變的原子半徑變化的一般傾向。

19. 在下列原子對中：鋰和氟、鋰和鈉、氟和氯、鈉和矽，你預期那一對擁有較大的尺寸？為何？

20. 氦原子核由兩個質子和兩個中子組成，此原子的波耳模型在環繞原子核的相同軌道中擁有兩個電子，以下列方式估計在氦原子中電子的平均間隔。(1)假設每個電子都在基態波耳軌道中獨立地運動，基於此基礎來計算其游離能。(2)利用計算和量測之游離能差異 24.6 eV 來求出兩個電子之間的交互作用能量。(3)假設交互作用能量來自於電子間的斥力，求出它們的間隔，和軌道半徑相比的結果為何？

21. 為何正常塞曼效應僅在偶數電子的原子中才能被觀測到？

7.7 自旋－軌道耦合

22. 為何氫原子的基態不會被自旋－軌道耦合分裂為兩個子能階呢？

23. 自旋－軌道效應會使得鈉中的 $3P \to 3S$ 躍遷分裂（產生高速公路上鈉蒸氣燈泡的黃色光）為兩條線，589.0 nm 對應到 $3P_{3/2} \to 3S_{1/2}$ 而 589.6 nm 對應到 $3P_{1/2} \to 3S_{1/2}$，利用這些波長來計算由於軌道運動鈉原子中的外圍電子所受到的有效磁場。

7.8 總角動量

24. 一個原子在其封閉內殼外有一個電子，如果電子位於 p 態時總角動量 J 為何？又在 d 態中呢？

25. 如果 $j = \frac{5}{2}$，l 值可能為何？

26. (a)對一個由軌道量子數分別為 $l_1 = 1$ 和 $l_2 = 3$ 的二個電子所組成的系統而言，**L** 的可能值為何？(b)**S** 的可能值為何？(c)**J** 的可能值為何？

27. 對於具有 $^1S_0$ 基態之原子的子殼而言，什麼一定是正確的？

28. 求出對應到下列態的 **S**, **L** 和 **J** 值：$^1S_0$, $^3P_2$, $^2D_{3/2}$, $^5F_5$ 和 $^6H_{5/2}$。

29. 鋰原子在其填滿的內殼外擁有一個 $2s$ 電子，它的基態為 $^2S_{1/2}$。(a)如果有其他允許態時，其項符號為何？(b)為何你會認為 $^2S_{1/2}$ 是基態？

30. 鎂原子在填滿的內殼外具有兩個 $3s$ 電子，求出其基態的項符號。

31. 鋁原子在填滿的內殼外有兩個 $3s$ 電子和一個 $3p$ 電子，求出其基態的項符號。

32. 在碳原子中，只有兩個 $2p$ 電子貢獻角動量，此原子的基態為 $^3P_0$，且前四個受激態依能量增加的序列為 $^3P_1$, $^3P_2$, $^1D_2$ 和 $^1S_0$。(a)算出這五個態的 **L**, **S** 和 **J** 值。(b) 為何你認為 $^3P_0$ 是基態呢？

33. 為何 $2\,^2D_{3/2}$ 態不可能存在？

34. (a)對總角動量由 d 電子提供的原子中，此電子的量子數 j 值為何？(b)電子的對應角動量大小為何？(c)在每個狀況中 **L** 和 **S** 之間方向的角度為何？(d)此原子的項符號為何？

35. 在總角動量由原子之 f 電子提供的狀況中，回答習題 34。

36. 證明如果在圖 7.15 中，**L** 和 **S** 方向間的角度為 θ

$$\cos\theta = \frac{j(j+1) - l(l+1) - s(s+1)}{2\sqrt{l(l+1)\,s(s+1)}}$$

37. LS 耦合成立的原子磁力矩 $\boldsymbol{\mu}_J$ 大小為

$$\mu_J = \sqrt{J(J+1)} g_J \mu_B$$

其中 $\mu_B = e\hbar/2$ 為波耳磁子且

$$g_J = 1 + \frac{J(J+1) - L(L+1) + S(S+1)}{2J(J+1)}$$

為**朗德 g 因子**(Landé g factor)。(a)從隨時間平均的事實開始，利用餘弦定律導出此結果，只有平行於 $\mathbf{J}$ 的 $\boldsymbol{\mu}_L$ 和 $\boldsymbol{\mu}_S$ 會貢獻 $\boldsymbol{\mu}_J$。(b) 考慮在耦合守恆的弱磁場 $\mathbf{B}$ 中，遵守 LS 耦合的原子對特定的 $\mathbf{J}$ 而言有多少子態呢？在不同的子態間能量相差多少呢？

38. 氯的基態為 $^2P_{3/2}$，求出其磁力矩（參閱前面的習題）。在一個弱磁場中基態會分裂成幾個子態呢？

7.9 x 射線光譜

39. 解釋為何鄰近原子序的元素之 x 射線頻譜非常相似，雖然這些元素的光譜可能相差很多。

40. 那個元素具有波長為 0.144 nm 的 K_α x 射線光譜呢？

41. 求出鋁的 K_α x 射線的能量與波長。

42. 在原子序 Z 的原子中，被 $M(n=3)$ 個電子作用的等效電荷為 $(Z-7.4)e$，證明此元素的 L_α x 射線為 $5cR(Z-7.4)^2/36$。

附錄：原子光譜

43. 分辨在具有兩個外圍電子的原子中，單一態和三重態之間的差異。

44. 下列那些元素：氖、鎂、氯、鈣、銅、銀、鈤，你預期能階會分裂為單一態和三重態？

CHAPTER 8

分子
Molecules

紅外光光譜儀測量一個樣本吸收紅外光輻射的情形,因其為波長的函數,故可以提供樣本中分子結構的資訊。

8.1 分子鍵
電力將原子結合在一起形成分子

8.2 電子共享
共價鍵的機制

8.3 H_2^+ 分子離子
鍵結需要對稱波函數

8.4 氫分子
電子自旋必須為反平行

8.5 複雜分子
幾何形狀依原子的外層電子波函數

8.6 轉動能階
分子的轉動光譜位於微波區域

8.7 振動能階
一個分子可能有許多不同的振動模式

8.8 分子的電子光譜
螢光與磷光是如何產生的

單一原子很少存在於地球上和大氣中較低的地方,只有惰性氣體原子會自行產生,所有其他被發現聚集在一起的小群被稱為分子,而大群稱為液體和固體。一些分子、液體和固體完全由相同元素組成,而其他則由不同的元素組成。

是什麼將原子聚合在一起呢?這個對於化學家是非常重要的問題,而對於物理學家也一樣重要,因為原子的量子理論不可能正確,除非它能提供令人滿意的答案。解釋化學鍵結而沒有特別假設的量子理論在此證實為有效的方法。

8.1 分子鍵

The Molecular Bond

電力將原子結合在一起形成分子

分子為電中性原子群,其強烈的聚集力使其像是單一粒子。

某一已知種類的分子總是具有特定的組成和結構。舉例來說,氫分子總是由兩個氫原子組成,而水分子總是由一個氧原子和兩個氫原子所組成。如果分子中的一個原子被移走或是加入別的原子時,會產生不同特性的不同種分子。

因為分子能量比分離而未交互作用的原子系統能量低,故會產生分子,如果在一原子群之間的交互作用減低它們的能量,便會形成分子。如果交互作用會增加其總能量,原子將會互相排斥。

讓我們來看兩個原子越來越接近時會發生何事,有三個極端情況會發生:

1. **共價鍵(covalent bond)形成**。一對或多對電子由兩個原子共享,這些電子在原子間循環所花費的時間比其他地方長,並且產生了吸引力,如氫分子(H_2),電子屬於兩個質子(圖8.1)。電子對質子的吸引力比恰好平衡它們之間的斥力還大,如果質子太過接近時,它們的斥力便會影響而分子將會變得不穩定。

    吸引力和排斥力之間的平衡會發生在間隔為 7.42×10^{-11} m 的地方,此處 H_2 分子的總能量為 -4.5 eV,因此打斷 H_2 分子成為兩個 H 原子需要做 4.5 eV 的功:

    $$H_2 + 4.5\,eV \rightarrow H + H$$

    和氫分子相比,氫原子的束縛能(binding energy)為 13.6 eV:

    $$H + 13.6\,eV \rightarrow p^+ + e^-$$

    這個範例說明了打斷分子比打斷原子更容易的一般法則。

2. **離子鍵(ionic bond)形成**。原子中的一個或多個電子可能會轉移至其他原子,而產生的正負離子會互相吸引。如岩鹽(氯化鈉(NaCl)),其鍵存在 Na^+ 和 Cl^- 離子之間而非 Na 和 Cl 原子之間(圖8.2)。離子鍵通常不會形成分子,岩鹽的晶

8.1 分子鍵　　8-3

(a) 電子　質子

H　　H　　H₂

(a)

發現電子的高機率

H　　H　　H₂

發現電子的低機率

(b)

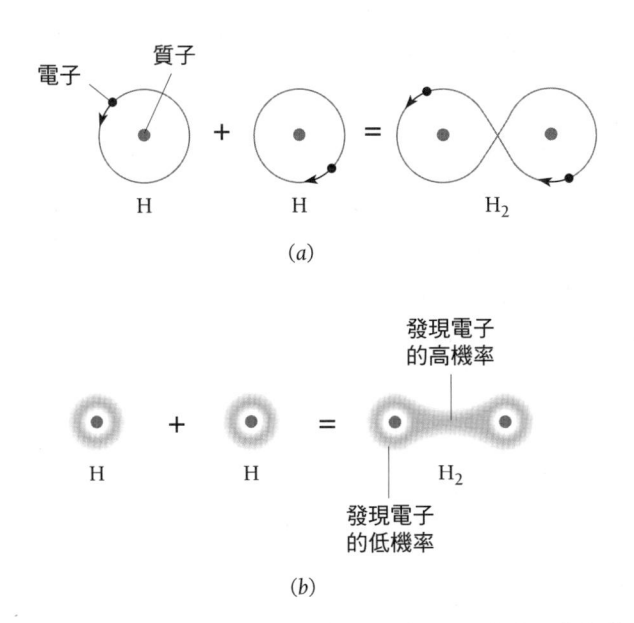

圖 8.1　*(a)*氫分子的軌道模型；*(b)*氫分子的量子力學模型。在兩個模型中，被分享的電子在原子核之間度過較多的時間，並產生了吸引力，此鍵結稱為共價。

體為鈉離子和氯離子的集合體，雖然它們總是以某種確定結構來排列（圖 8.3），但並不會由 Na⁺ 和 Cl⁻ 離子配對產生組成的分子。岩鹽分子可具有任意的大小和形狀，且在岩鹽中 Na⁺ 和 Cl⁻ 離子的數量相等，故 NaCl 的化學式可正確地描述其組成。熔融的 NaCl 也是由 Na⁺ 和 Cl⁻ 離子所組成：這些離子形成氣態的分子而非晶體，離子鍵結將在第 10 章再做更深入的討論。

在 H₂ 中鍵結為純共價鍵，而在 NaCl 中為純離子鍵。在許多分子中，一個中間的型態的鍵結會發生於原子分享電子不等的地方，HCl 分子為一例，此處

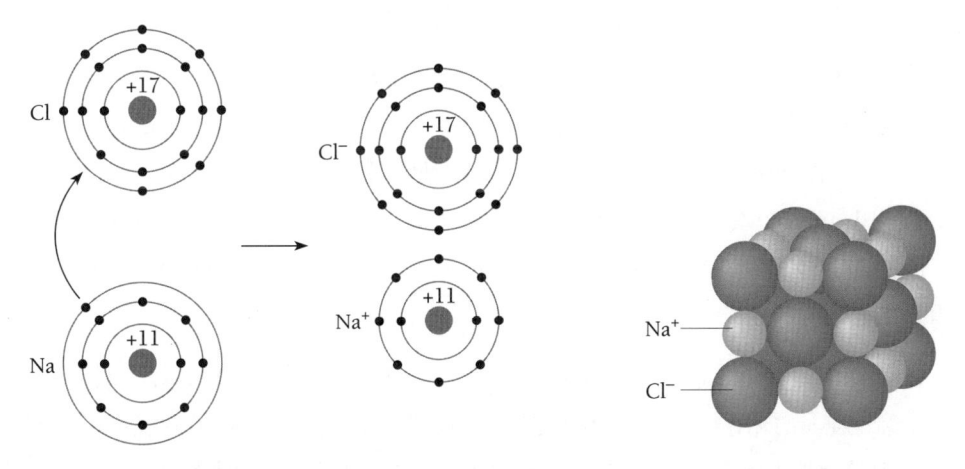

圖 8.2　離子鍵結的例子。鈉和氯藉由電子從鈉原子轉移至氯原子而化學結合，產生的離子會互相吸引。

圖 8.3　NaCl 晶體的比例模形。

Cl原子對共享電子的吸引力比H原子強，我們可以將離子鍵視為共價鍵的極端情況。

3. **無鍵結形成**。當兩個原子的電子結構重疊時，它們會組成單一系統。根據不相容原理，在這樣的一個系統中，沒有兩個電子可存在於相同的量子態。如果電子因為一些交互作用而被迫進入比它們在單獨原子中還高的能態時，系統可能會比之前擁有較多能量而變得不穩定，甚至能量未增加且遵守不相容原理時，在不同電子之間會產生電斥力，然而對於影響鍵結形成，這個因素遠遠地比不相容原理的影響小。

8.2 電子共享
Electron Sharing
共價鍵的機制

最簡單的可能分子系統是氫分子的離子(H_2^+)，由一個電子鍵結到兩個質子。在我們詳細討論H_2^+中的鍵結之前，讓我們以一般的方式來觀察兩個質子如何能夠共享一個電子，且為何這樣的共享會導致較低的總能量，因而得到一個穩定的系統。

在第5章中已討論了量子力學的能障穿隧現象，我們可發現在沒有足夠能量穿過箱壁時，粒子仍可由箱中「漏出」(leak)，因為粒子的波函數延伸至外面。只有在箱壁為無限堅硬時，波函數才能完全地存在於箱內。

對於電子而言，質子附近的電場等效於箱子，而兩個鄰近的質子對應到一對箱子，中間具有一道壁(圖8.4)。在古典力學中沒有任何機制允許氫原子中的電子自發性地跳至比其母質子還遠的鄰近質子。然而在量子力學，此機制的確存在。被捕陷在箱中的電子將會穿隧過箱壁且進入別的箱中的機率是存在的，且同樣地穿隧回來的機率也是一樣。這樣的狀況可被描述為電子被兩個質子共享。

更確定來說，電子會穿過兩個質子之間高位能區──「壁」──的可能性和兩個質子之間的距離有很大的關係。如果質子之間的距離為 0.1 nm，電子可能每隔 10^{-15} 秒由一個質子跳至另一個質子，我們合理地認為電子被兩個質子共享。如果質子距離為 1 nm 時，電子每隔 1 秒才會轉移一次，這在原子尺度來說為無限長的時間。因為 1s 波函數的有效半徑為 0.053 nm，我們推論電子共享僅發生在波函數少許重疊的情況中。

在承認兩個質子可以共享一個電子之後，一個簡單的討論可顯示出為何系統能量比分離的氫原子和質子還低。根據測不準原理，我們所限制粒子的區域越小時，其動量和動能越大。被兩個質子分享的電子比僅被一個質子吸引的電子約束較小，

8.3 H₂⁺ 分子離子　　**8-5**

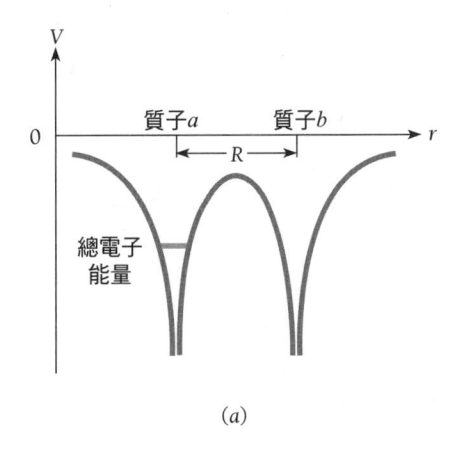

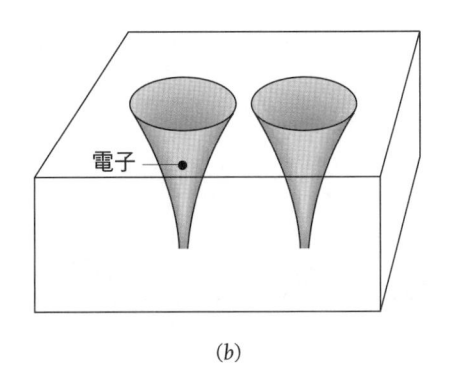

圖 8.4 (a)兩個鄰近質子的電場中電子的位能，氫原子中電子的基態總能量如圖所示；(b)兩個鄰近質子在量子力學上對應到被一道障壁所分隔的一對箱子。

這意味著有較少的動能。H_2^+ 中電子的總能量比 $H + H^+$ 的電子能量還低，因為 H_2^+ 中質子與質子的斥力並不大，所以 H_2^+ 應該可以穩定存在。

8.3 H₂⁺ 分子離子
The H₂⁺ Molecular Ion

鍵結需要對稱波函數

我們想要知道的是 H_2^+ 中電子的波函數 ψ，因為從 ψ 中我們可以質子間的距離 R 為函數來計算系統能量。如果 $E(R)$ 有最小值，我們將知道鍵結可以存在，且我們也可以決定鍵結能和質子的平衡間距。

解出 ψ 的薛丁格方程式是個很長很複雜的過程，在此，一個能產生此狀況的物理機制以直覺的方式較為適當，當質子間的距離 R 相對氫原子中的最小波耳軌道半徑 a_0 而言很大時，讓我們試著預測 ψ 來開始。在此狀況中，每個鄰近質子的 ψ 必須和氫原子的 $1s$ 波函數相似，如圖 8.5 所示，在質子 a 附近的 $1s$ 波函數稱為 ψ_a 在質子 b 附近的稱為 ψ_b。

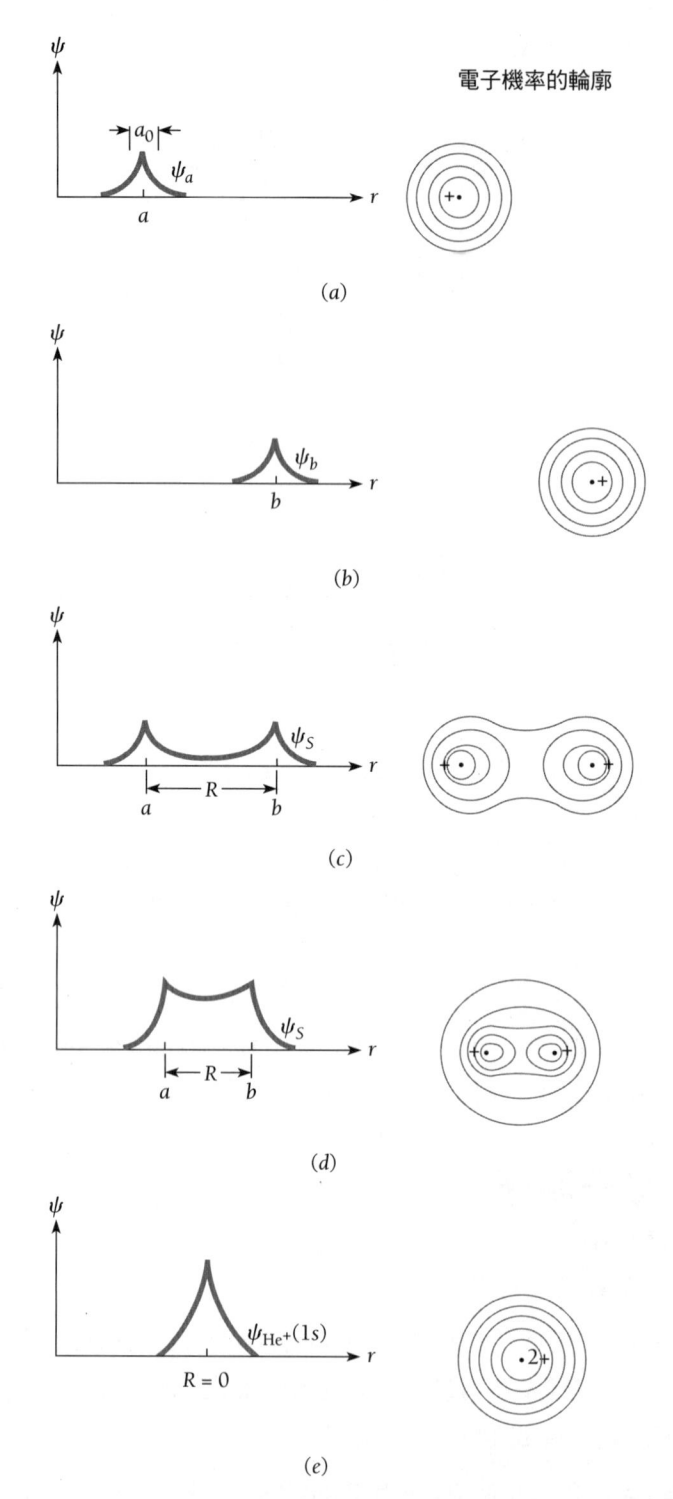

圖 8.5 (a)-(d)為兩個氫原子的 1s 波函數結合而形成對稱的 H_2^+ 波函數 ψ_S，因為電子在質子間比在質子外具有較大的機率，故結果為一穩定的 H_2^+ 分子離子；(e)如果質子可以結合，則所產生的波函數將和 He^+ 離子的 1s 波函數相同。

我們也知道當 R 為 0 時，也就是當質子被想像融合在一起時，ψ 看起來的樣子為何。此處狀況為 He$^+$ 離子，因為電子在具有 +2e 電荷的原子核附近，He$^+$ 的 1s 波函數和 H 的形式相同，但是在原點時幅度較大，如圖 8.5e 所示。很明顯地，當 R 接近 a_0 時，ψ 很像是圖 8.5d 中的波函數。而在質子間發現電子的可能性會變高，對應到被質子所分享的電子，因此在質子間有過多的負電荷使得質子相互吸引。我們仍然必須去決定這個吸引力是否夠強到足以克服質子間的斥力。

圖 8.5 中的 ψ_a 和 ψ_b 的結合為**對稱**(*symmetric*)，因為將 a 和 b 交換並不會影響 ψ（參閱 7.3 節），然而得到 ψ_a 和 ψ_b 的**反對稱**(*antisymmetric*) 結合也是可能的，如圖 8.6。在 $\psi = 0$ 時，a 和 b 之間有一節點產生，這表示在質子之間找到電子的可能性會降低。而在質子間平均缺乏負電荷而導致了排斥力的產生，在僅有排斥作用的情況下，鍵結是不可能產生的。

一個有趣的問題是關於 $R \to 0$ 時，H$_2^+$ 反對稱波函數 ψ_A 的行為，很明顯地，ψ_A 在 $R = 0$ 時並不會變成 He$^+$ 的 1s 波函數。然而，ψ_A 的確會接近 He$^+$ 的 2p 波函數（圖 8.6e），其節點位於原點，但是位於反對稱態中的 H$_2^+$ 比對稱態應該具有較高的能量，這點符合我們對於波函數 ψ_A 和 ψ_S 所做的推論，在前面的討論情況中存在著排斥力，而後者則存在著吸引力。

系統能量

一連串與前面相似的理由讓我們估計 H$_2^+$ 系統的總能量如何隨 R 變化。首先我們考慮對稱狀態，當 R 很大時，電子能量 E_S 必須為氫原子的 –13.6 eV，而質子的電位能 U_p 為

$$U_p = \frac{e^2}{4\pi\epsilon_0 R} \tag{8.1}$$

當 $R \to \infty$ 會變成 0（U_p 為正值，對應到排斥力）。當 $R \to 0$ 時，U_p 隨 $1/R$ 而趨近於 ∞。在 $R = 0$ 時，電子能量必須為 He$^+$ 離子能量，即為 H 原子的 Z^2 或 4 倍（參閱第 4 章的習題 35，從單電子原子的量子理論也可以得到相同的結果）。因此當 $R = 0$ 時，$E_S = -54.4$ eV。

E_S 和 U_p 如圖 8.7 所示為 R 的函數，E_S 曲線形狀僅可近似而無法精確地計算，但是我們的確可得到當 $R = 0$ 和 $R = \infty$ 時的數值，而 U_p 也必然遵守式(8.1)。

系統的總能量 E_S^{total} 為電子能量 E_S 和質子位能 U_p 的和。明顯地 E_S^{total} 具有極小值，相當於一個穩定的分子態。此結果已被 H$_2^+$ 實驗資料證明，指出其鍵結能為 2.65 eV 且平衡間隔 R 為 0.106 nm，而「鍵結能」意味著將 H$_2^+$ 分裂為 H + H$^+$ 所需的能量。H$_2^+$ 總能量為氫原子的 –13.6 eV 加上 –2.65 eV 的鍵結能，總共為 –16.3 eV。

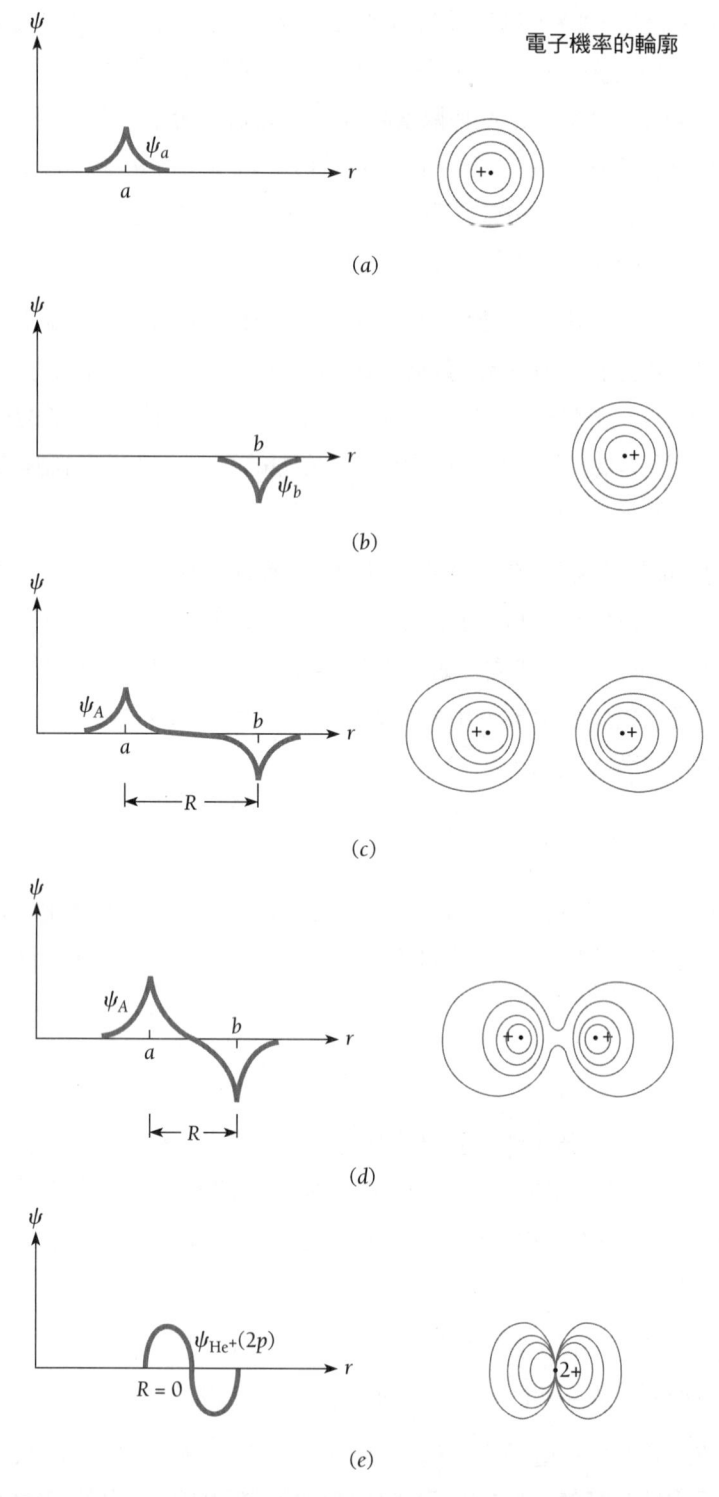

圖 8.6 (a)-(d)為兩個氫原子的 1s 波函數結合，以形成反對稱的 H_2^+ 波函數 ψ_A，因為電子在質子間比在質子外具有較小的機率，故無法產生穩定的 H_2^+ 分子離子；(e) 如果質子可以結合，則所產生的波函數將和 He^+ 離子的 2p 波函數相同。He^+ 離子在 2p 態比 2s 態中擁有較多能量。

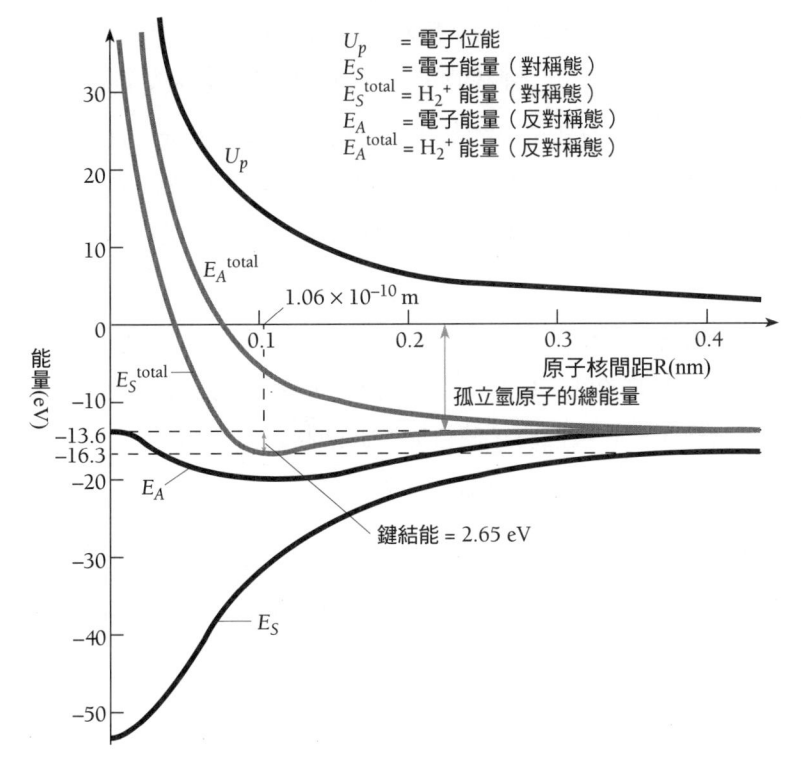

圖 8.7 對於對稱態和反對稱態，H_2^+中的電子、質子排斥和總能量為原子核間距 R 的函數，反對稱態的總能量並沒有極小值。

在反對稱態狀況中，我們可以相同的方式分析，除了當 $R = 0$ 時，電子能量 E_A 為 He^+ $2p$ 態的能量，此能量和 Z^2/n^2 成正比。當 $Z = 2$ 和 $n = 2$ 時，E_A 等於基態氫原子的 -13.6 eV。因為 $E_A \to 13.6$ eV 且 $R \to \infty$，我們可能會認為電子能量為常數，但事實上在中間的距離會稍微下降，然而此下降並不足以使得反對稱態的總能量曲線產生極小，如圖 8.7 所示，故在此狀態中並不會產生鍵結。

8.4 氫分子

The Hydrogen Molecule

電子自旋必須為反平行

H_2 分子具有兩個電子而非 H_2^+ 的一個電子，根據不相容原理，兩個電子能分享相同的**軌道**(*orbit*)(那就是說可利用相同的波函數 ψ_{nlm_l} 敘述)，倘若其自旋為反平行。

H_2 由兩個電子組成鍵結，而且應該也比 H_2^+ 穩定——初看之下大約比其穩定兩倍，其鍵結能為 5.3 eV，而 H_2^+ 的鍵結能為 2.65 eV。然而 H_2 軌道和 H_2^+ 並不大相同，因為在 H_2 中的兩個電子的排斥力並不會出現在 H_2^+ 中，此排斥力會減弱 H_2 中的鍵結，故實際能量為 4.5 eV 而非 5.3 eV。基於同一個原因，H_2 的鍵長為 0.074 nm，

比使用未修正H_2^+波函數所得到的結果還大。在H_2^+狀況的一般結論中，對稱波函數ψ_S會產生一個鍵結態，而反對稱波函數ψ_A仍會在H_2中產生未鍵結態。

在7.3節中，不相容原理可以對稱和反對稱波函數來表示，且可推論出電子系統總是可用反對稱波函數來描述（亦即交換任一對電子對時，波函數會改變正負號），然而，H_2中的鍵結態對應到被對稱波函數ψ_S所描述的電子，且似乎與上述的結論矛盾。

一個更詳細的觀察顯示出並沒有矛盾之處，兩電子系統的完整波函數$\Psi(1,2)$為描述電子座標的空間波函數$\psi(1,2)$和描述電子自旋轉向的自旋函數$s(1,2)$的乘積，不相容原理在交換座標和自旋時，使得完整波函數為反對稱，

$$\Psi(1,2) = \psi(1,2)\, s(1,2)$$

而不是只由$\psi(1,2)$來決定。一個反對稱完整波函數Ψ_A可能為對稱座標波函數ψ_S和反對稱自旋函數s_A的結合，或是由反對稱座標波函數ψ_A和對稱自旋函數s_S的組合而來，也就是只有

$$\Psi(1,2) = \psi_S s_A \quad \text{和} \quad \Psi(1,2) = \psi_A s_S$$

才是可接受的。

如果兩個電子自旋為平行時，它們的自旋函數為對稱，因為當電子交換時正負號不會改變，因此平行自旋的雙電子座標波函數ψ必須為反對稱：

自旋平行 $\qquad\qquad \Psi(1,2) = \psi_A s_S$

另一方面，如果兩電子的自旋為反平行，它們的自旋函數為反對稱，因為交換電子時會使正負號改變，因此反平行自旋的雙電子座標波函數必須為對稱：

自旋反平行 $\qquad\qquad \Psi(1,2) = \psi_S s_A$

H_2分子的薛丁格方程式並沒有正確解，事實上，只有H_2^+才可能有正確解，而所有其他分子系統必定只能近似地處理。H_2分子的詳細分析結果如圖8.8所示，分別是電子自旋平行和反平行的情況，兩條曲線間的差異是由於不相容原理所造成，並且當自旋為平行時產生了很大的斥力。

8.5 複雜分子

Complex Molecules

幾何形狀依原子的外層電子波函數

除了H_2之外，如雙原子和多原子，分子中的共價鍵通常更為複雜。它應該沒那麼複雜，但是由於其他原子接近，使得原子的電子結構產生變動，被限制於它的最外圍或是**價**(*valence*)，電子殼。有兩個理由如下：

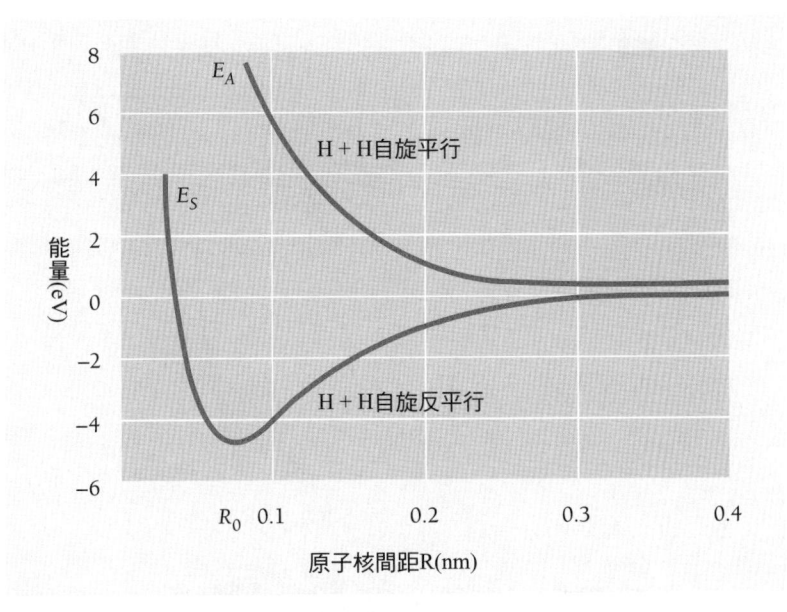

圖 8.8 當電子自旋為平行和反平行時，H + H 系統能量變化和距離的函數。

1. 內層電子被緊緊地束縛，因此對於外在作用影響較小，部分原因是因為它們比較接近它們的母原子核，而另一部分的原因是因為較少的介於其間的電子將它們與核電荷屏蔽。

2. 在分子中排斥的原子交互作用力變為主宰，而原子的內殼仍距離非常遠。

化學鍵僅跟價電子有關的觀念，可藉由躍遷至內殼的電子態所產生的x射線光譜來支持，這些光譜事實上和原子如何結合成分子或固體無關。

我們已經看到兩個H原子可結合形成H_2分子，的確，自然界的氫分子總是由兩個H原子所組成。不相容原理禁止了He_2和H_3分子的存在，而允許了其他分子（如H_2O）是穩定的。

每個基態的He原子每一自旋有一1s電子，如果藉由交換電子與其他He原子結合時，每個原子將會在某些時間擁有兩個自旋方向相同的電子，那就是說一個原子將會擁有二個向上自旋的電子(↑↑)和另一個有兩個向下自旋的電子(↓↓)。當然不相容原理禁止原子中的兩個1s電子擁有相同的自旋，這可在He原子間的排斥現象驗證，因此He_2分子不可能存在。

相似的討論適於H_3的情形，一個H_2分子包含了兩個1s電子且自旋為反平行(↑↓)，加入另一個向上自旋的H原子接近會產生具有兩個平行自旋的原子(↑↑↓)，如果三個電子都位於1s態，這是不可能發生的。不相容原理的討論並不能應用在H_3中三個電子的其中一個位於激發態的狀況，所有這樣的狀況其能量比1s軌道高，然而，所產生的組態其能量比 H_2 + H 高，而且會很快衰變為 H_2 + H。

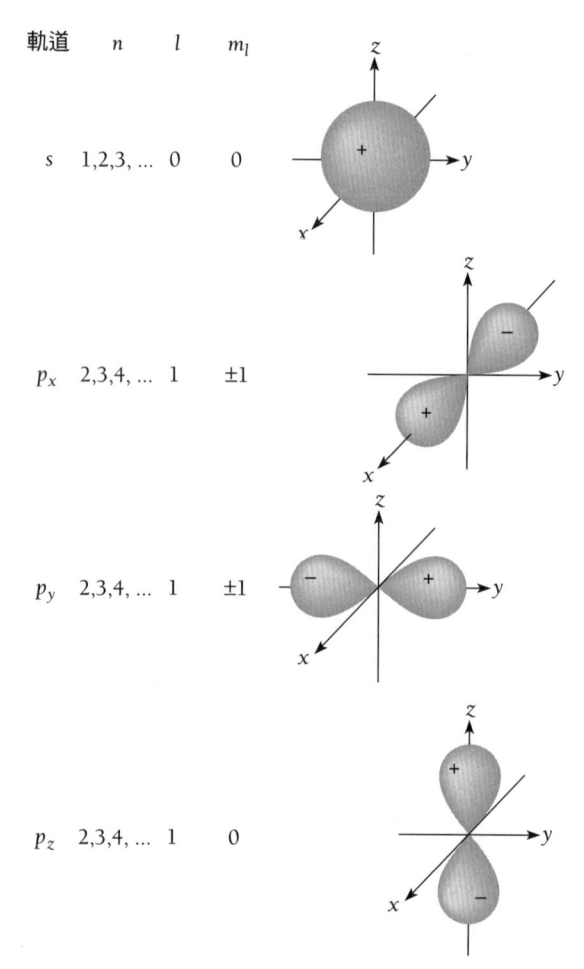

軌道	n	l	m_l
s	1,2,3,…	0	0
p_x	2,3,4,…	1	±1
p_y	2,3,4,…	1	±1
p_z	2,3,4,…	1	0

圖 8.9 s 和 p 原子軌道的邊界表面，每個軌道可以包含兩個電子，在灰暗區中找到的軌道所描述的電子的機率很高，每一葉片的波函數正負號如圖所示。

分子鍵

在產生共價鍵的原子間之交互作用，可能和參與電子的機率密度分布有關，而和圖 6.12 中獨立存在於空間的原子並不同。圖 8.9 顯示了 s 和 p 原子軌道的組態對鍵結形成的重要性。圖上繪出電子出現的機率值（如 90% 或 95%）的區域為常數 $|\psi|^2 = |R\Theta\Phi|^2$ 的邊界表面，所以此圖形顯示出每個狀況的 $|\Theta\Phi|^2$ 值，圖 6.11 產生對應的徑向的機率，而波函數 ψ 的正負號則表示於每個軌道葉片中。

在圖 8.9 中，s 和 p_z 軌道和氫原子 s 和 p 態($m_l = 0$)的波函數相同，p_x 和 p_y 軌道為 $p(m_l = +1)$ 和 $p(m_l = -1)$ 軌道的線性組合，其中

$$\psi_{p_x} = \frac{1}{\sqrt{2}}(\psi_{+1} + \psi_{-1}) \qquad \psi_{p_y} = \frac{1}{\sqrt{2}}(\psi_{+1} - \psi_{-1}) \tag{8.2}$$

8.5 複雜分子　　8-13

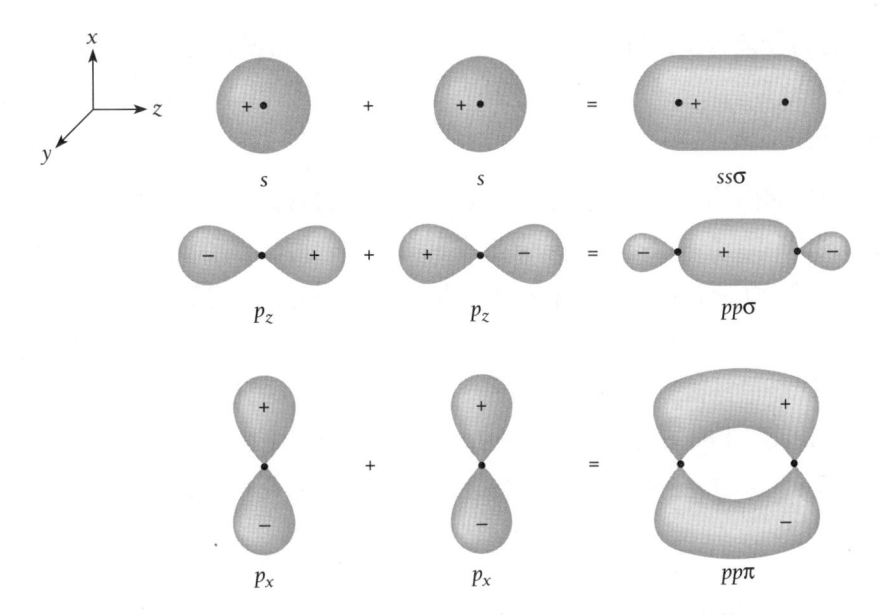

圖 **8.10**　$ss\sigma$, $pp\sigma$, $pp\pi$ 鍵結分子軌道的形成。兩個 p_z 原子軌道可以結合成一個 $pp\sigma$ 分子軌道。兩個 p_x 原子軌道也可以同樣的方式形成 $pp\pi$ 軌道但是不同轉向。

$1/\sqrt{2}$ 被作為正規化波函數之用。因為 $m_l = +1$ 和 $m_l = -1$ 軌道的能量相同，式(8.2)中的波函數的疊加亦為薛丁格方程式的解（參閱 5.4 節）。

當兩個原子靠近時，它們的軌道會重疊，如果結果使得在它們之間的 $|\psi|^2$ 增加時，結合而成的軌道會構成鍵結分子軌道。在 8.4 節中，我們看到兩個氫原子的 $1s$ 軌道電子如何結合形成鍵結軌道 ψ_S。根據相對於鍵結軸（在此為 z 軸）的角動量 L，分子鍵可以希臘字母來表示，σ（等效於希臘字母 s）對應於 $L = 0$，π（等效於希臘字母 p）對應於 $L = \hbar$，依此類推，可以字母的排序來表示。

圖8.10顯示出 σ 和 π 鍵結分子軌道從 s 和 p 原子軌道中組成，明顯地對於 H_2 而言 ψ_S 為 $ss\sigma$ 鍵，因為 p_z 軌道的葉片位於鍵結軸上，它們會形成 σ 分子軌道，p_x 和 p_y 軌道通常會形成 π 分子軌道。

結合形成分子軌道的原子軌道在兩個原子中可能不同，水分子 (H_2O) 為一例，雖然在O中的一個 $2p$ 軌道被兩個電子完全佔領，而另外兩個 $2p$ 軌道僅被單一電子佔據，故可以和兩個H原子的 $1s$ 軌道形成 $sp\sigma$ 鍵結軌道（圖 8.11），在 H 原子核（為質子）之間的交互斥力使鍵結軸間的角度由 $90°$ 變寬至觀察到的 $104.5°$。

混成軌道

解釋 H_2O 分子形狀最直接的方式對甲烷(CH_4)來說卻行不通。一個碳原子在 $2s$ 軌道中有兩個電子，而在兩個 $2p$ 軌道中各有一個電

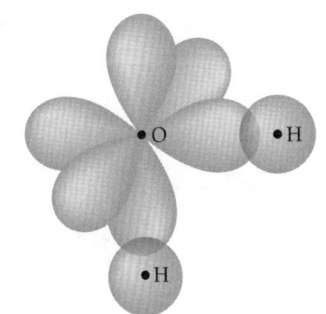

圖 **8.11**　H_2O 分子的形成。重疊部分表示 $sp\sigma$ 共價鍵，鍵之間的角度為 $104.5°$。

子，因此我們預期碳的氫化物為CH_2，有兩個$sp\sigma$鍵結軌道且鍵結角度比90°稍大，$2s$電子將不會參與鍵結行為，但是CH_4卻存在，其結構和C—H鍵結相同的四面體分子完全對稱。

CH_4的問題（以及許多其他分子）於1928年被包林(Linus Pauling)解決，他提出C的$2s$和$2p$原子軌道之線性結合組成了CH_4中的每個分子軌道，如果對應的能量相同時，$2s$和$2p$波函數皆為相同薛丁格方程式的解，但是對於隔離的C原子而言卻不是。然而，在實際CH_4分子中，外圍C電子產生的電場被附近H原子所影響，$2s$和$2p$態間的能量差可能會消失。當鍵結能大於由純軌道產生的能量時，會出現由s和p軌道組成的**混成軌道**(hybrid orbital)。在CH_4中，四個混成軌道為一個$2s$和三個$2p$軌道的混合軌道，我們稱之為sp^3混成（圖8.12），這些混成軌道的波函數為

$$\psi_1 = \frac{1}{2}(\psi_s + \psi_{p_x} + \psi_{p_y} + \psi_{p_z}) \qquad \psi_3 = \frac{1}{2}(\psi_s + \psi_{p_x} - \psi_{p_y} - \psi_{p_z})$$

$$\psi_2 = \frac{1}{2}(\psi_s - \psi_{p_x} - \psi_{p_y} + \psi_{p_z}) \qquad \psi_4 = \frac{1}{2}(\psi_s - \psi_{p_x} + \psi_{p_y} - \psi_{p_z})$$

圖8.13顯示了出CH_4分子的結構。

除了sp^3之外有其他型態的混成軌道可在碳原子中形成，sp^2混成過程中，一個外圍電子在純p軌道而另外三個電子在混成軌道$\frac{1}{3}s$和$\frac{2}{3}p$中。在sp混成過程中，兩個外圍電子在純p軌道，而另外兩個電子則在混成軌道$\frac{1}{2}s$和$\frac{1}{2}p$。

乙烯(C_2H_4)為sp^2混成化的例子，其中有兩個碳原子以雙鍵連結，一個為σ鍵而另一個為π鍵（圖8.14），乙烯的傳統結構式顯示了這些雙鍵：

乙烯

$$\begin{array}{c} H \\ \end{array} \!\!\! C = C \!\!\! \begin{array}{c} H \\ \end{array}$$

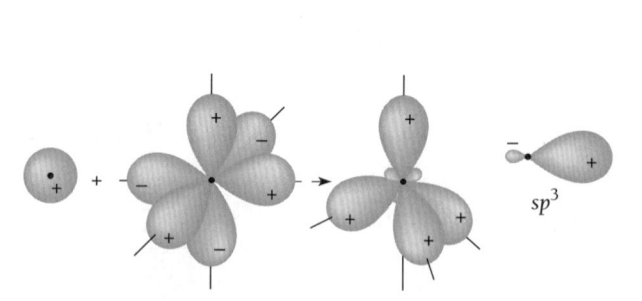

圖 8.12 在sp^3混成過程，同一原子中的一個s軌道和三個p軌道結合而成四個sp^3混成軌道。

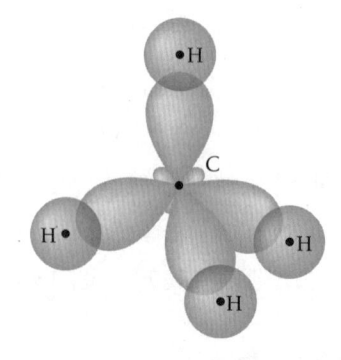

圖 8.13 在甲烷(CH_4)分子中的鍵與sp^3混成軌道有關。

理納士‧包林(Linus Pauling, 1901-1994)為美國奧瑞岡人，從加州理工學院獲得博士學位並且在那邊繼續他的科學研究，除了在1920年中時他曾前往德國研究新量子力學。身為量子理論應用於化學的先驅，他提供許多重要的關鍵觀察，使得化學鍵的細節得以被理解，他所著的《化學鍵的性質》(*The Nature of the Chemical Bond*)是科學歷史上最具影響力的書之一。包林在其他研究上也做了許多貢獻，如分子生物學在特殊蛋白質結構利用x射線繞射，他發現了螺旋狀和摺狀薄片形式的蛋白質分子，且包林領悟到鐮刀細胞貧血症為「分子疾病」，它是因血紅素基因錯誤產生的氨基酸所造成的。他在1954年獲得諾貝爾化學獎。

在 1923 年時，包林在化學課上認識了米勒(Ava Helen Miller)，儘管他承認：「如果我必須在妳和科學之間做抉擇，我不確定我會選擇妳。」他還是和她結婚。她將包林帶入實驗室以外的世界，且晚年時他在政治界變得相當活躍。包林主張停止核子武器的大氣試爆，因為試爆會產生放射性落塵，這場聖戰並未使其受到加州理工學院和美國聯邦調查局的關愛，其中聯邦調查對他的資料報告增加到2500頁。但是他對於禁止核爆條約的觀點使其獲得諾貝爾和平獎，包林支持服用大量的維它命C以維持健康，此觀點起初被醫學機構所排拒，但最後被證明對人體有益。他在九十三歲時死於癌症，肯定的是維它命C延長了他的壽命。

在π鍵中的電子將曝露於分子外面，故乙烯和相似化合物的化性比僅由C原子間σ鍵所形成的分子還強。

在苯(C_6H_6)中，六個碳原子排列成一個平面六角環，如圖8.15所示，每個C原子的三個sp^2軌道彼此間以及和氫原子形成σ鍵，每個C原子剩下一個$2p$軌道，總共6個$2p$軌道，且分子軌道結合成在環形平面上方或下方連續的鍵結π軌道。這六個電子同屬於整體分子，而不屬於特別的原子對中，這些電子**非定域化**(*delocalized*)，因此苯的適當結構式如下

8.6 轉動能階
Rotational Energy Levels
分子的轉動光譜位於微波區域

分子能態是由分子整體的轉動，原子間相對的振動，和其電子組態的變化所造成。

1. **轉動態**其能量間距非常小（一般來說為10^{-3} eV），由不同能態之間的躍遷而產生的光譜波長位於 0.1 mm 至 1 cm 的微波區域，從微波中吸收的水分子轉動能構成了微波爐的運作原理。

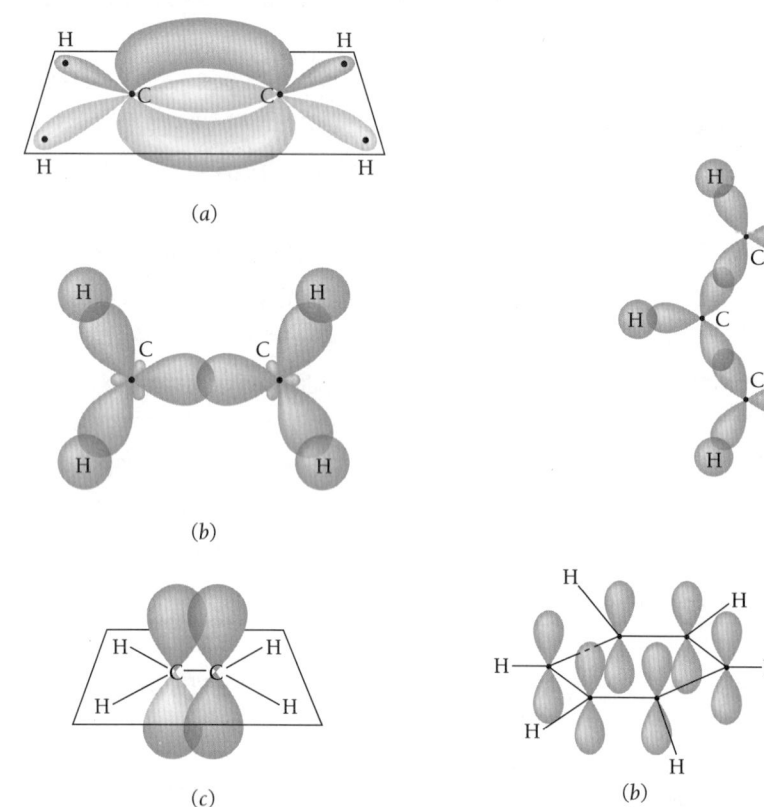

圖 8.14 (a)乙烯分子，所有原子都位在垂直於紙的平面中；(b)上視圖顯示出在 C 原子間 sp^2 混成軌道形成 σ 鍵；(c)側視圖顯示出在 C 原子間的純 p_x 軌道形成 π 鍵。

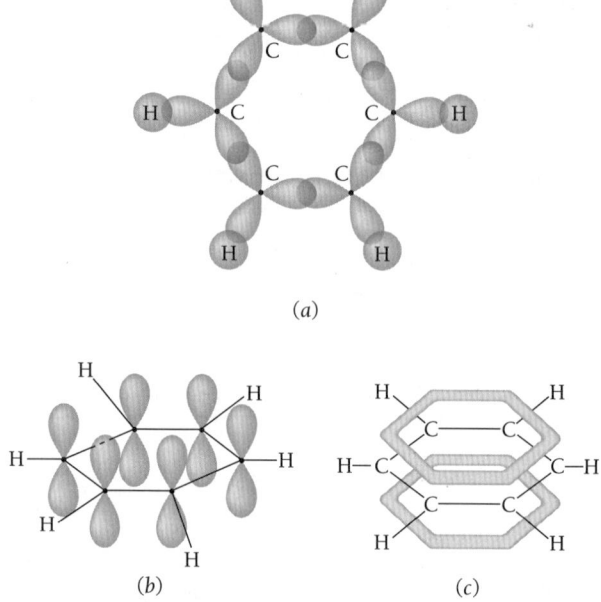

圖 8.15 苯分子。(a)每個碳原子之間 sp^2 混成軌道間的重疊狀況，且和氫原子的 s 軌道形成 σ 鍵；(b)每個 C 原子擁有一個被單一電子佔據的純 p_x 軌道；(c)由六個 p_x 原子軌道形成的鍵結 π 分子軌道組成了在分子附近的連續電子機率，包含了六個非定域的電子。

桃樂斯‧克羅福‧哈金 (Dorothy Crowfoot Hodgkin, 1910-1994)在十歲即對做為溶劑的明礬和硫酸銅的晶體成長感到興趣，這樣的魔力從來不曾離開過她。儘管研究科學的女性學生在當時必須面對許多困難，她在牛津大學學習化學，並且精通x射線的結晶學，她所做的研究使她得以發表了論文。在此研究中，一道窄x射線光束以不同角度打入一晶體中，且分析所產生的干涉圖案以得到晶體中的原子排列。她前往劍橋大學和剛開始利用x射線研究生物分子的柏納爾(J. D. Bernal)共事，在適當的情況下，許多分子形成晶體，該晶體的分子結構可被推論出來，特別是蛋白質分子的結構非常重要，因為它們和生物功能息息相關。她和柏納爾首度繪出在蛋白質（消化性酵素胃液素）中原子的排列。

在劍橋熱情的兩年之後，桃樂斯‧克羅福(Dorothy Crowfoot)回到牛津並和湯姆士‧哈金(Thomas Hodgkin)結婚且育有三個孩子，並且繼續她的研究工作。她最著名的成果是在盤尼希林（在所有已完成分析的分子中最為複雜的一個）、維他命 B_{12} 和胰島素（斷斷續續地花了三十五年才完成）。她也是利用電腦解釋x射線資料的先驅，對於最簡單的分子而言，這都是件艱難的工作。因為她的成就和在科學界的賞識，許多年來她在牛津被不體面地對待，例如不好的實驗儀器、最低可能的職位、和其他男性同事相比只有一半的薪水，使她持續憂慮，到得到外在支持（大部分是來自於美國的洛克斐勒基金會）後才得以紓解。她在1964年獲得諾貝爾化學獎，也是第三個獲得諾貝爾獎的女性。

2. **振動態**能量間隔較大（一般而言為 0.1 eV），振動光譜位於波長從 1 μm 至 0.1 mm 之間的紅外光範圍。
3. **分子電子態**具有最高的能量，外圍電子的能階間隔為數個電子伏特，對應的光譜位於可見光和紫外光區。

特別分子的詳細圖可由其光譜而得，包含了鍵結長度、力常數和鍵結角度。為簡化之故，在此我們僅討論雙原子分子，但是主要的觀念同樣地可應用於較為複雜的分子中。

雙原子分子的最低能階，由相對於質心(center of mass)的轉動所產生，我們可繪出此分子由質量 m_1 和 m_2 的原子所組成，且距離為 R，如圖 8.16 所示。此分子相對於通過其質心且和連結原子的線垂直的轉動慣量(moment of inertia)為

$$I = m_1 r_1^2 + m_2 r_2^2 \tag{8.3}$$

其中 r_1 和 r_2 為原子 1 和 2 分別與質心之間的距離。從質心的定義

$$m_1 r_1 = m_2 r_2 \tag{8.4}$$

因此轉動慣量可寫成

轉動慣量 $$I = \frac{m_1 m_2}{m_1 + m_2}(r_1 + r_2)^2 = m' R^2 \tag{8.5}$$

在此

縮減質量 $$m' = \frac{m_1 m_2}{m_1 + m_2} \tag{8.6}$$

為分子的**縮減質量**(reduced mass)，式(8.5)描述了雙原子分子的轉動，等效於質量 m' 的單一粒子相對於距離 R 軸之轉動。

分子的角動量 **L** 大小為

$$L = I\omega \tag{8.7}$$

其中 ω 為角速度。就我們所知，在自然界中角動量總是被量子化，如果我們以 J 來表示**轉動量子數**(rotational quantum number)時，我們得到

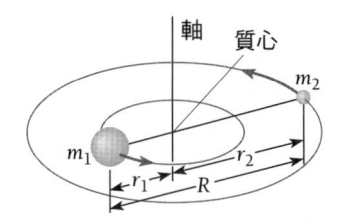

圖 8.16 雙原子分子可繞其質心轉動。

| 角動量 | $L = \sqrt{J(J+1)}\hbar \qquad J = 0, 1, 2, 3, \ldots$ | (8.8) |

轉動分子的能量為 $\frac{1}{2}I\omega^2$，故能階可被表示為

$$E_J = \frac{1}{2}I\omega^2 = \frac{L^2}{2I}$$

| 轉動能階 | $= \dfrac{J(J+1)\hbar^2}{2I}$ | (8.9) |

關於鍵結軸的轉動

我們僅考慮雙原子分子的鍵結軸相對於一垂直軸的轉動，如圖 8.16 所示——為尾端通過尾端(end-over-end)的轉動。而相對於對稱軸本身的轉動又如何？

這樣的轉動可被忽略，因為原子質量幾乎完全位於原子核內，其半徑約為原子半徑的 10^{-4}，因此就鍵結軸而言，雙原子分子的轉動慣量主要係來自於集中在某一區域的電子，該區域相對於軸的半徑大約為鍵長度 R 的一半，但其總質量僅為分子總質量的 $\frac{1}{4000}$，因為允許的轉動能階和 $1/I$ 成正比，相對於對稱軸的轉動其能量比必須為尾端通過尾端轉動能量 E_J 的 10^4 倍，因此任何相對於雙原子分子的對稱軸而言的轉動能量至少為數個電子伏特，鍵結能大小也大約在這尺度，故分子可能會在任何可激發轉動的環境中分解。

例 8.1

一氧化碳(CO)分子鍵長度 R 為 0.113 nm，且 ^{12}C 和 ^{16}O 的質量分別為 1.99×10^{-26} kg 和 2.66×10^{-26} kg，當 CO 分子在最低轉動態時，求出(a)能量；(b)角速度。

解

(a) CO 分子的縮減質量 m' 為

$$m' = \frac{m_1 m_2}{m_1 + m_2} = \left[\frac{(1.99)(2.66)}{1.99 + 2.66}\right] \times 10^{-26} \text{ kg}$$
$$= 1.14 \times 10^{-26} \text{ kg}$$

轉動慣量為

$$I = m'R^2 = (1.14 \times 10^{-26} \text{ kg})(1.13 \times 10^{-10} \text{ m})^2$$
$$= 1.46 \times 10^{-46} \text{ kg} \cdot \text{m}^2$$

最低轉動能階對應到 $J = 1$，且在 CO 中對於此能階而言

$$E_{J=1} = \frac{J(J+1)\hbar^2}{2I} = \frac{\hbar^2}{I} = \frac{(1.054 \times 10^{-34} \text{ J} \cdot \text{s})^2}{1.46 \times 10^{-46} \text{ kg} \cdot \text{m}^2}$$
$$= 7.61 \times 10^{-23} \text{ J} = 4.76 \times 10^{-4} \text{ eV}$$

能量並不大,在室溫時,$kT \approx 2.6 \times 10^{-2}$ eV,在 CO 樣本中幾乎所有的分子都位於受激轉動態中。

(b) 當 $J = 1$ 時 CO 分子的角速度為

$$\omega = \sqrt{\frac{2E}{I}} = \sqrt{\frac{(2)(7.61 \times 10^{-23} \text{ J})}{1.46 \times 10^{-46} \text{ kg} \cdot \text{m}^2}}$$
$$= 3.23 \times 10^{11} \text{ rad/s}$$

轉動光譜

轉動光譜是由轉動能態之間的躍遷所產生,只有具有電偶極矩的分子可以在此躍遷中吸收或是放射出光子。基於這個理由,非極性雙原子分子如H_2和對稱多原子分子如CO_2(O=C=O)和CH_4(圖 8.13)並沒有轉動光譜,然而在H_2、CO_2和CH_4分子轉動態間的躍遷可在碰撞中發生。

甚至在具有永久偶極矩的分子中,並非所有轉動態之間的躍遷都會輻射,如同在原子光譜中,某些選擇規則簡要說明了轉動態間的輻射躍遷是可能的,對一個雙原子剛體分子而言,轉動躍遷的選擇規則為

選擇規則 $\qquad\qquad\qquad \Delta J = \pm 1 \qquad\qquad\qquad$ (8.10)

實際上,轉動光譜總發生在吸收中,所以發現的每個躍遷都牽涉到從量子數 J 的初始態到下一個量子數 $J + 1$ 之較高態的變化。在剛體分子的情況中,吸收光子的頻率為

$$\nu_{J \to J+1} = \frac{\Delta E}{h} = \frac{E_{J+1} - E_J}{h}$$

轉動光譜 $\qquad\qquad = \frac{\hbar}{2\pi I}(J + 1) \qquad\qquad$ (8.11)

其中I為尾端通過尾端上轉動的轉動慣量。因此剛體分子的光譜由等距離的光譜線所組成,如圖 8.17 所示,每條線的頻率都可測得,其對應到的躍遷常可在這些光譜線序列中被發現。從這些資料中,可計算分子的轉動慣量,此外,如果特殊光譜序列中的最低頻率並未被記錄時,則任何連續二條光譜線的頻率亦可用來決定I。

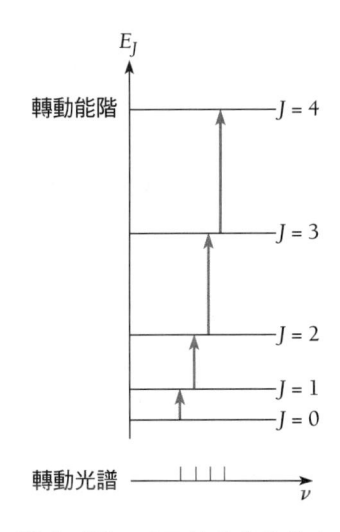

圖 8.17 分子轉動的能階和光譜。

例 8.2

在 CO 中,$J = 0 \to J = 1$ 吸收線發生在頻率 1.15×10^{11} Hz,CO 分子的鍵結長度為何?

解

首先我們從式(8.11)求出此分子的轉動慣量，

$$I_{CO} = \frac{\hbar}{2\pi\nu}(J+1) = \frac{1.054 \times 10^{-34} \text{ J} \cdot \text{s}}{(2\pi)(1.15 \times 10^{11} \text{ s}^{-1})} = 1.46 \times 10^{-46} \text{ kg} \cdot \text{m}^2$$

在例8.1中，我們看到CO分子的縮減質量為 $m' = 1.14 \times 10^{-26}$ kg，從式(8.5)中，$I = m'R^2$，我們得到

$$R_{CO} = \sqrt{\frac{I}{m'}} = \sqrt{\frac{1.46 \times 10^{-46} \text{ kg} \cdot \text{m}^2}{1.14 \times 10^{-26} \text{ kg}}} = 1.13 \times 10^{-10} \text{ m} = 0.113 \text{ nm}$$

這就是決定先前所引用CO鍵結長度的方法。

8.7 振動能階
Vibrational Energy Levels

一個分子可能有許多不同的振動模式

當一個分子被足夠的能量激發時，會產生振動，情況和轉動相同。圖8.18顯示出雙原子分子的位能隨原子核之間的距離 R 的變化，在此曲線的極小值附近，即對應到分子的正常組態，曲線的形狀非常接近拋物線，而在此區域中，

拋物線近似
$$U = U_0 + \frac{1}{2}k(R - R_0)^2 \tag{8.12}$$

其中 R_0 為原子的平衡距離。

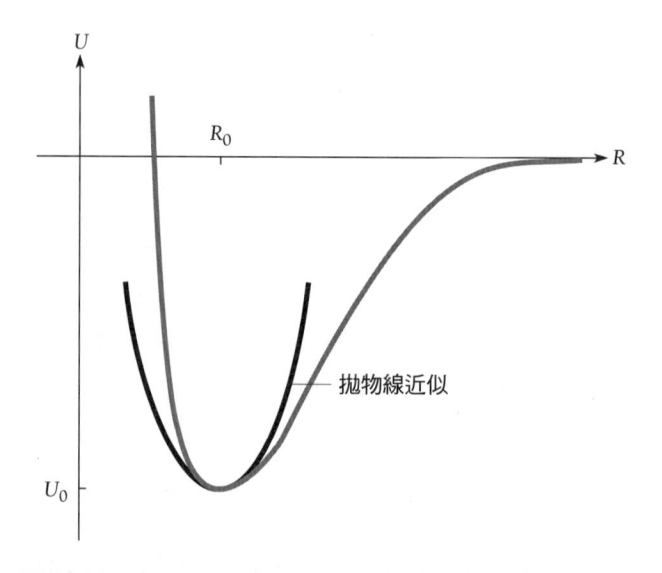

圖 8.18 雙原子分子的位能和原子核之間距離的函數。

將 U 微分，可得到產生此位能的原子間作用力

$$F = -\frac{dU}{dR} = -k(R - R_0) \tag{8.13}$$

這個力量正是拉伸或是壓縮一條彈簧所施加的恢復力，即虎克定律(Hooke's law)，也就是說，一個被適當激發的分子可能會產生簡諧振盪。

在古典力學中，一個質量 m 的物體連接至力常數為 k 的彈簧，其頻率為

$$\nu_0 = \frac{1}{2\pi}\sqrt{\frac{k}{m}} \tag{8.14}$$

在雙原子分子狀況中，我們得到的結果和以彈簧連結質量為 m_1 和 m_2 的狀況不同，如圖8.19所示。在沒有施加外力時，系統的線性動量為常數，因此物體的振盪不能影響其質心運動，基於這個原因，m_1 和 m_2 相對於其質心在反方向來回地振動，且在同時間會到達它們相對運動的極限。此二體振盪器的振盪頻率可由式(8.14)決定，而式(8.6)中的縮減質量 m 以 m' 來取代：

二體振盪器 $$\nu_0 = \frac{1}{2\pi}\sqrt{\frac{k}{m'}} \tag{8.15}$$

當諧振子問題被量子力學解決時（5.11節），振盪器能量被限制為

諧振子 $$E_\upsilon = (\upsilon + \tfrac{1}{2})h\nu_0 \tag{8.16}$$

其中**振動量子數**(*vibrational quantum number*)υ可能為

振動量子數 $$\upsilon = 0, 1, 2, 3, \ldots$$

最低振動態($\upsilon = 0$)之零點能量為 $\tfrac{1}{2}h\nu_0$，並非古典理論中的 0，此結果和測不準原理相符合，因為如果振盪粒子為靜止時，位置的測不準量為 $\Delta x = 0$，而其動量測不準量可能為無限大——$E = 0$ 之粒子不能擁有無限大的測不準動量。觀察式(8.15)，雙原子分子的振動能階可表示為

振動能階 $$E_\upsilon = (\upsilon + \tfrac{1}{2})\hbar\sqrt{\frac{k}{m'}} \tag{8.17}$$

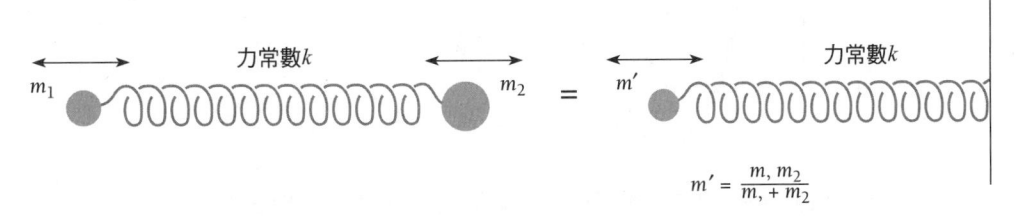

$$m' = \frac{m_1 m_2}{m_1 + m_2}$$

圖 8.19 二體振盪器之行為像平常的諧振子，其彈簧常數相同但質量為縮減質量 m'。

哥哈・赫茲堡(Gerhard Herzberg, 1904-1999)生於德國漢堡，於1928年從達姆史泰特科技大學(Technical University of Darmstadt)得到博士學位，納粹的崛起使他在1935年時離開德國前往加拿大，並且加入薩克斯其萬大學(University of Saskatchewan)，從1945年至1948年則在威斯康辛州的耶克天文台工作，隨後他擔任位於渥大華的加拿大國科會純物理處的主管，直到1969年退休為止。赫茲堡是利用光譜來決定分子結構的先驅，也對星球、星際氣體、彗星和行星大氣光譜的分析貢獻良多。他所著的《分子光譜和分子結構》為該領域的經典著作，且於1971年時獲得諾貝爾化學獎。

較高振動態的分子並不遵守式(8.16)，因為位能曲線的拋物線近似會隨著能量增加而變得越來越無效，所以高v的鄰近能階間隔比低v的鄰近能階間隔還小，如圖8.20所示。此圖形也顯示出由轉動能階瞬間激發所產生位於振動能階中的精細結構。

振動光譜

以諧振子近似法在振動態之間躍遷的選擇規則為

選擇規則 $$\Delta v = \pm 1 \tag{8.18}$$

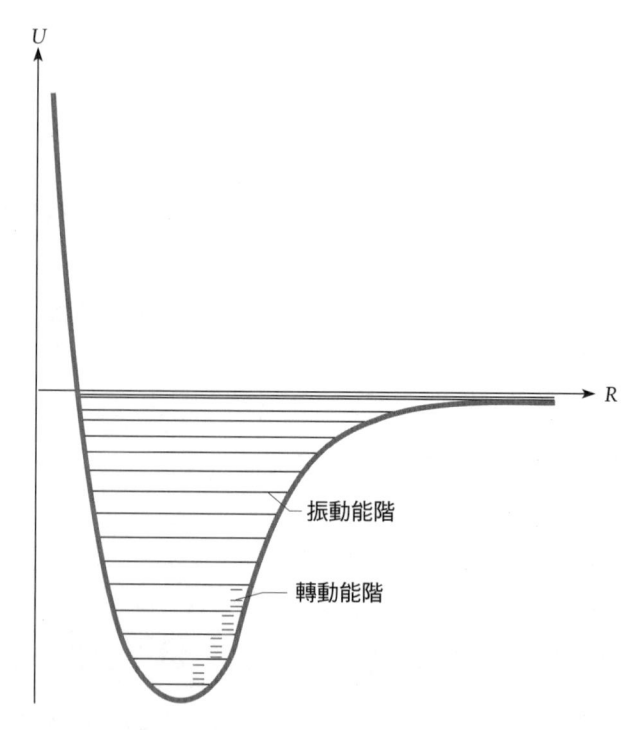

圖 8.20 雙原子分子的位能為原子間距的函數，顯示了振動和轉動能階。

此定律很容易理解，頻率為ν_0的振盪偶極只可能吸收或是放射相同頻率的電磁波，且頻率為ν_0的量子能量為$h\nu_0$。故振盪偶極僅能吸收$\Delta E = h\nu_0$，能量將由$(v + \frac{1}{2})h\nu_0$增加至$(v + \frac{1}{2} + 1)h\nu_0$；它也可放射能量$\Delta E = h\nu_0$，由$(v + \frac{1}{2})h\nu_0$減少至$(v + \frac{1}{2} - 1)h\nu_0$，因此選擇規則為$\Delta v = \pm 1$。

例 8.3

當 CO 溶解於四氯化碳時，頻率 6.42×10^{13} Hz 的紅外光會被吸收，四氯化碳本身在此頻率時為透光，故此吸收必定由 CO 所造成。(a)在 CO 分子中鍵的力常數為何？(b)振動能階的間隔為何？

解

(a) 如我們所知，CO 分子的縮減質量為 $m' = 1.14 \times 10^{-26}$ kg，從式(8.15)中，$\nu_0 = (1/2\pi)\sqrt{k/m'}$，力常數為

$$k = 4\pi^2 \nu_0^2 m' = (4\pi^2)(6.42 \times 10^{13} \text{ Hz})^2 (1.14 \times 10^{-26} \text{ kg})$$
$$= 1.86 \times 10^3 \text{ N/m}$$

大約為 10 lb/in。

(b)在 CO 中振動能階的間距為ΔE為

$$\Delta E = E_{v+1} - E_v = h\nu_0 = (6.63 \times 10^{-34} \text{ J} \cdot \text{s})(6.42 \times 10^{13} \text{ Hz})$$
$$= 4.26 \times 10^{-20} \text{ J} = 0.266 \text{ eV}$$

此間隔比轉動能階間隔還大很多，因為對室溫下的振動能階而言，$\Delta E > kT$，在此狀況中大部分的分子存在於$v = 0$的態，僅擁有零點能量。此狀況和轉動態的特性非常不同，非常少的能量意味著室溫中大部分的分子會被激發到較高的態。

複雜分子可能有許多不同的振動模式，有一些模式和整個分子有關（圖8.21和8.22），但其他（局部模式）則僅和振動發生的原子群相關，而和其餘部分的分子大致獨立，因此─OH 群其特性振動頻率為 1.1×10^{14} Hz，而─NH$_2$ 群頻率為 1.0×10^{14} Hz。

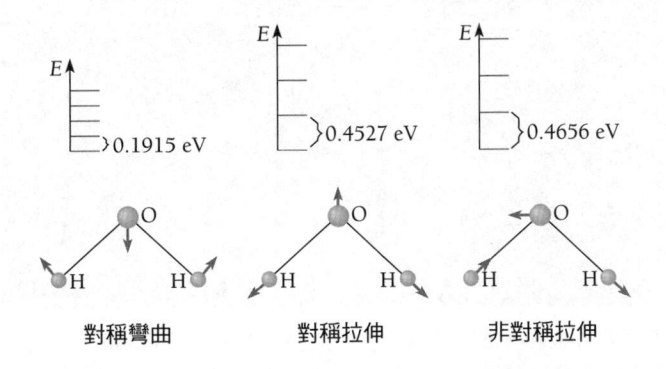

圖 8.21 H$_2$O 分子的正常振動模式和每個模式的能階，拉伸原子比彎曲原子需要更多的能量，一般而言這是正確的。

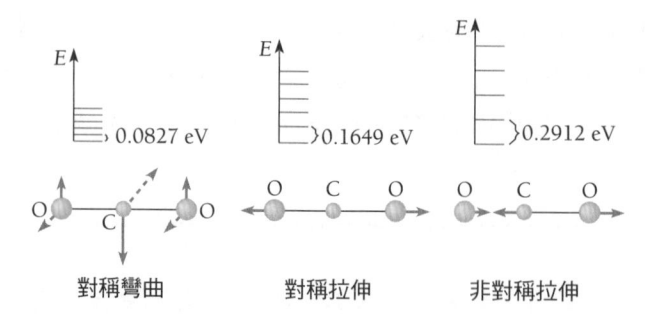

0.0827 eV   0.1649 eV   0.2912 eV

對稱彎曲   對稱拉伸   非對稱拉伸

圖 8.22 CO_2 分子的正常振動模式，和每個模式的能階。對稱彎曲模式可發生在兩個垂直的平面中，在這個分子中，O 原子帶負電而 C 原子帶正電。對稱拉伸模式不能由光子的吸收來產生，因為在此模式中，分子的總電荷分布並不會改變。然而在其他的振動模式中，電荷分布會變化，且分子可吸收適當波長的光子（對於非對稱拉伸模式和對稱彎曲模式而言分別為 4.26 μm 和 15.00 μm）。由地球輻射而被大氣中 CO_2 吸收的紅外光和溫室效應有部分的關係（參閱圖 9.8），而燃燒化石燃料使得 CO_2 增加，似乎也是全球暖化的主要原因。在大氣中的其他分子如 H_2O 和 CH_4 也會產生溫室效應，但是 N_2 和 O_2 並不會，因為當它們振動時電荷分布並不會改變，不會吸收紅外光。

碳—碳群的特徵振動頻率和 C 原子間的鍵結數量有關：>C—C< 群振動頻率為 3.3×10^{13} Hz，>C=C< 群振動頻率約為 5.0×10^{13} Hz 下，而 —C≡C— 群則在頻率 6.7×10^{13} Hz 下振動。（如我們所預期的，碳—碳鍵越多時，力常數 k 越大且頻率越高。）在每個情況中，頻率並沒有和特別分子或是在分子群中的位置很相關，而使得振動光譜成為決定分子結構非常有價值的工具。

其中一例為硫代醋酸，其結構確信是 CH_3CO—SH 或 CH_3CS—OH，硫代醋酸的紅外光吸收光譜包含了等於 >C=O 和 —SH 群振動頻率的光譜線，但並沒有對應到 >C=S 或 —OH 群的光譜線。第一個選擇很明顯地為正確的結構。

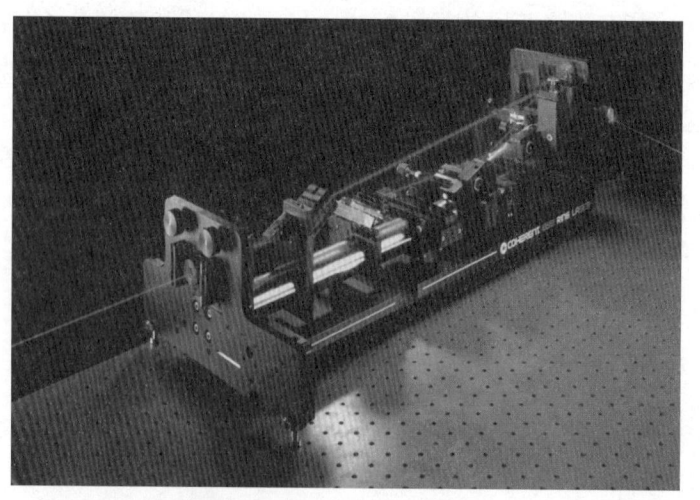

這個可調式染料雷射所釋放的光波長為 370 至 900 nm，包含了全部的可見光譜區域，頻帶寬可窄至 500 kHz。

振動－轉動光譜

純振動光譜僅在液體中被觀測到，相鄰分子間的交互作用禁止轉動發生，因為分子轉動的激發能量比振動能量小很多，且氣體或蒸氣中自由運動的分子總是在轉動，而不論其振動態為何。此分子的光譜並沒有顯示出對應每個振動躍遷的隔離光譜線，而是對應到因為在某個振動態中的轉動態和其他振動態中的轉動態間的躍遷所產生許多間隔相近的光譜線，若使用解析度不夠的分光譜儀，則得到光譜線會出現寬條紋稱為振動轉動帶。

可調式染料雷射

在分子光譜中許多間距很近的線形成能帶為**可調式染料雷射**(*tunable dye laser*)的操作基礎，此雷射利用另一個雷射光激發分子至受激態的有機染料，染料則會在寬的輻射帶間發出螢光。從此帶，可利用一對面鏡使波長為λ的光放大，其中一個鏡子為部分透光。鏡子的距離為λ/2的整數倍，在4.9節討論的雷射中，被捕陷的雷射光形成了光駐波且從部分透光的鏡面射出。此類的染料雷射可藉由調整鏡面的距離而得到百萬分之一的精確度。

8.8 分子的電子光譜
Electronic Spectra of Molecules

螢光與磷光是如何產生的

分子中的轉動和振動能量是由於原子核的運動所產生，整個原子的重量幾乎都集中於原子核中。分子電子可被激發至比其基態還高的能階，然而這些能階的間隔比轉動或是振動能階的間隔還大很多。

電子躍遷輻射位於光譜中的可見光和紫外光區，因為每個電子態中不同的轉動和振動態之故（圖8.23），每個躍遷都會以一系列密集的間隔線出現，稱為帶(band)。所有分子展現出電子光譜，因為偶極力矩的變化總伴隨著分子電子組態的變化，因此同類原子分子如H_2和N_2，既無轉動也無振動光譜，因為它們缺少永久偶極力矩；然而，因為它們的電子光譜具有精細的轉動和振動結構，故產生了轉動慣量和鍵結的力常數。

⟵ λ

圖 8.23 氮化磷(PN)的部分帶光譜。

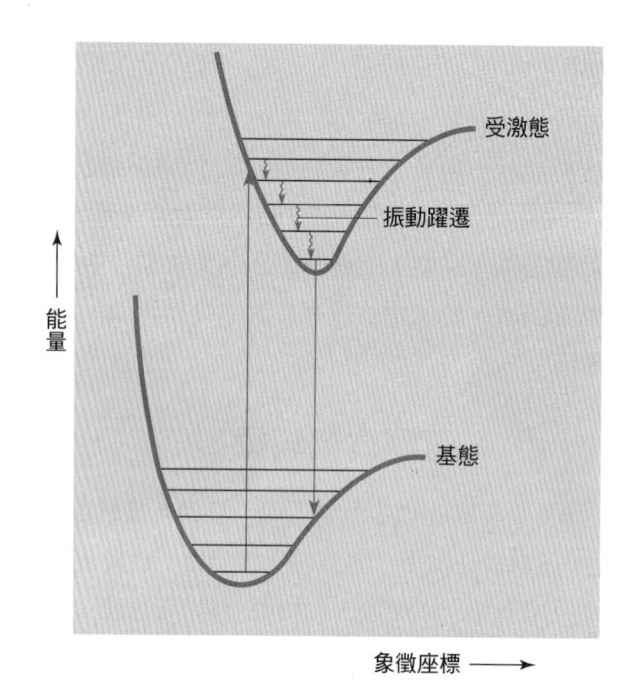

圖 8.24 螢光的來源，放射輻射頻率比吸收輻射頻率低。

多原子分子中的電子激發通常導致分子形狀的改變，這可藉由其帶光譜之精細轉動結構來決定。此變化的原因是來自於不同態中電子波函數的不同特性，故導致了相對應的不同鍵結幾何。舉例來說，氫化鈹分子(BeH_2)在某一態中為線性(H—Be—H)，而在另一態中則為彎曲(H—Be)。
　　　　　　　　　　　　　　　　　　　　　　　　　　　　　　　　　　｜
　　　　　　　　　　　　　　　　　　　　　　　　　　　　　　　　　　H

螢光

在受激電子態的分子可能會失去能量，並以多種方式回到基態。當然，分子可能只釋放和吸收相同頻率的光子，因此將會以單一步驟回到其基態。另一個可能為**螢光**(*fluorescence*)，此處分子會在與其他分子碰撞中放出一些振動能量，所以會源自於較高電子態中的較低振動階向下輻射躍遷（圖8.24）。因此螢光輻射其頻率比吸收輻射低。

被紫外光激發的螢光有許多應用，舉例來說可幫助確認礦物質和生化化合物。有時加入清潔劑中的「布料光亮劑」會吸收日光中的紫外光，而會發出藍色螢光。在一個**螢光燈泡**(*fluorescent lamp*)中，當電流通過玻璃管中汞蒸氣和惰性氣體（如氬氣）的混合物時，會釋放出紫外光。而管的內部則鍍上一層被紫外光輻射激發時會放射出可見光的螢光物質，稱為**磷粉**(phosphor)，此過程比利用電流加熱到白熾（如一般燈泡）來得更有效率。

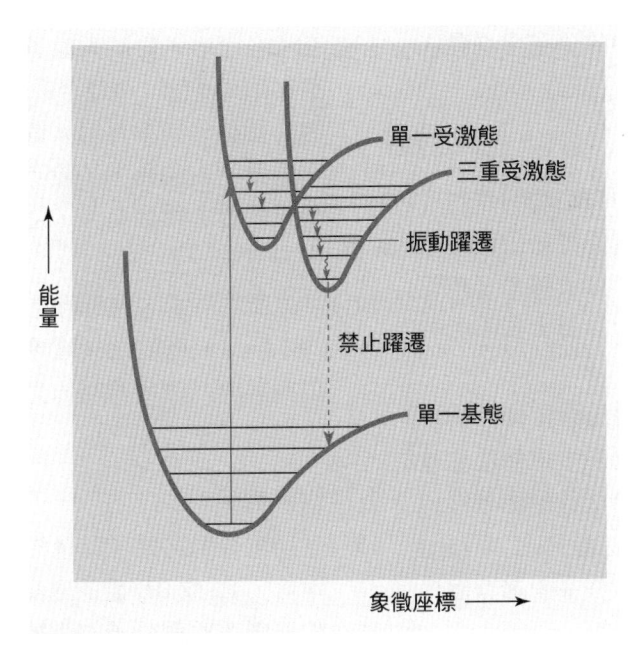

圖 8.25 磷光的來源，最終躍遷會被延遲，因為它違背了電子躍遷的選擇規則。

磷光

在分子光譜中，不同總自旋的電子態間的輻射躍遷是被禁止的，圖8.25顯示出分子在其單一(singlet)基態(總自旋量子數 **S** = 0)吸收光子且激發至單一受激態的狀況，在碰撞中分子可能會遇到非輻射躍遷至一較低的振動階，且其能量可能和三重(triplet)受激態(**S** = 1)中的其中一個階相同，而移動至三重態是有可能發生的。在三重態中的碰撞使得分子能量低於交錯點，故將被捕陷於三重態中，且最後會回到 $v = 0$ 的階。

從三重態至單一態的輻射躍遷被選擇規則所禁止，但這並不意味著這是不可能的，只是其發生的機率非常小而已。此躍遷的半衰期非常長，故**磷光輻射**(*phosphorescent radiation*)在開始吸收之後可放射幾分鐘或長達數小時之久。

習題*

We are wiser than we know. -Ralph Waldo Emerson

8.3 H_2^+分子離子

8.4 氫分子

1. 將電子從氫原子移開所需的能量為 13.6 eV，但是從氫分子中移開電子所需的能量為 15.7 eV，為何後者能量較大呢？

2. 在 H_2^+ 分子離子中的質子相距 0.106 nm 遠，且 H_2^+ 束縛能為 2.65 eV，為得到相同的束縛能時，在此距離必須要在兩個質子中間放置多少的負電荷？

*原子質量如附錄所示。

3. 在那個溫度下，氫樣本中的分子平均動能等於它們的束縛能？

8.6 轉動能階

4. 微波通訊系統可在大氣中長距離的運作，對雷達來說也是一樣，雷達可藉由反射微波脈衝定位船艦和飛機。分子轉動光譜位於微波區域，你能夠想像為何大氣不能將微波大量吸收？

5. 當分子轉動時，慣性使得鍵會拉伸（這也是為何地球在赤道會凸出），這個拉伸效應對分子的轉動光譜會產生什麼影響？

6. 求出在 NO 中 $J = 1 \to J = 2$ 和 $J = 2 \to J = 3$ 轉動吸收線的頻率，NO 分子的轉動慣量為 1.65×10^{-46} kg·m^2。

7. $J = 0 \to J = 1$ 的轉動吸收線在 $^{12}C^{16}O$ 和 $^{?}C^{16}O$ 中分別發生在頻率 1.153×10^{11} Hz 和 1.102×10^{11} Hz，求出未知碳同位素的質量數。

8. 計算 H_2 和 D_2 分子的最低非零轉動態，其中 D 表示氘原子 ^2_1H。

9. HCl 的轉動光譜包含了下面的波長：

$$12.03 \times 10^{-5} \text{ m}$$
$$9.60 \times 10^{-5} \text{ m}$$
$$8.04 \times 10^{-5} \text{ m}$$
$$6.89 \times 10^{-5} \text{ m}$$
$$6.04 \times 10^{-5} \text{ m}$$

如果相關的同位素為 ^1H 和 ^{35}Cl 時，求出在 HCl 分子中的氫原子核和氯原子核之間的距離。

10. HBr 轉動光譜線之頻率間隔為 5.10×10^{11} Hz，求出 HBr 核間距。【注意：因為 Br 原子比質子重 80 倍，HBr 的縮減質量可視為 ^1H 的質量。】

11. $^{200}Hg^{35}Cl$ 分子從 $J = 1$ 至 $J = 0$ 的轉動躍遷中釋放出 4.4 cm 的光子，求出此分子的核間距。

12. $^1H^{19}F$ 的轉動吸收頻譜中的最低頻率為 1.25×10^{12} Hz，求出此分子鍵的長度。

13. 在 4.6 節中，對於大量子數而言，氫原子從初始量子態 n 躍遷至最終的量子數 $n - 1$ 態時輻射的頻率為第 n 個電子在波耳軌道中轉動的古典頻率，證明對於雙原子分子環繞於質心轉動而言，這個相似的對應性也成立。

14. 計算能量為式(8.9)所給定之剛體，由態 $J = J$ 和 $J = J + 1$ 的古典轉動頻率，並且證明和這些態間的躍遷有關的光譜線頻率位於態的轉動頻率之間。

8.7 振動能階

15. 氫同位素氘之原子質量約為平常氫原子的兩倍，H_2 或 HD 誰的零點能量較大？這個如何影響兩個分子的束縛能？

16. 一個分子的振動能量可為 0 嗎？轉動能量呢？

17. $^1H^{19}F$ 分子的力常數約為 966 N/m，(a)求出分子的振動頻率，(b)在 $^1H^{19}F$ 中鍵的長度約為 0.92 nm，繪出此分子的位能對核間距 0.92 nm 附近的關係圖，並且證明如圖 8.20 所繪之振動能階。

18. 假設 H_2 分子和力常數 573 N/m 的諧振子特性完全相似，(a)求出其基態和第一受激態的能量（以 eV 表示）。(b)求出近似對應到 4.5 eV 解離能的振動量子數為何？

19. $^{23}Na^{35}Cl$ 分子的最低振動態相隔 0.063 eV，求出此分子的力常數的近似值。

20. 求出 CO 分子的基態振動的振幅。它為鍵長度的百分之幾？假設分子像諧振子一樣振動。

21. 在 $^1H^{35}Cl$ 分子中，氫原子和氯原子間鍵的力常數為 516 N/m，HCl 分子有可能於室溫時在第一受激振動態中振動嗎？

22. 觀測到的氫氣之莫耳比熱在定體積時如圖 8.26 所繪，為絕對溫度的關係圖（溫度刻度為對數）。因為氣體分子的每個自由度（亦即每個能量的模式）產生了約 1 kcal/

kmol·K 給氣體的比熱，此曲線指出對非常低溫的氫分子而言，只有三個自由度的平移運動是可能的。在較高的溫度時，比熱會升到 5 kcal/kmol·K，顯示多出了兩個自由度，而在更高溫度時，比熱會增加為 7 kcal/kmol·K，顯示再度增加了兩個自由度。多餘的自由度分別象徵了轉動可單獨發生在垂直於兩個 H_2 分子的對稱軸上，以及對應到分子所擁有的動能和位能模式的振動。(a)藉由計算 kT 為氫分子能擁有的最小轉動能量和振動能量的溫度來證實圖 8.26 的解釋，假設 H_2 分子中鍵的力常數為 573 N/m 且 H 原子間隔為 7.42×10^{-11} m（在這些溫度下，大約有一半的分子分別在轉動或振動，雖然在每個狀況中，有些分子在比 $J = 1$ 或 $v = 1$ 高的能階中）。(b)評估在 H_2 分子中只考慮兩個轉動自由度，計算 kT 等於 H_2 分子對於其對稱軸轉動時能擁有的最小非零轉動能量的溫度。(c) $J = 1$ 且 $v = 1$ 的 H_2 分子每次轉動會產生多少次振動？

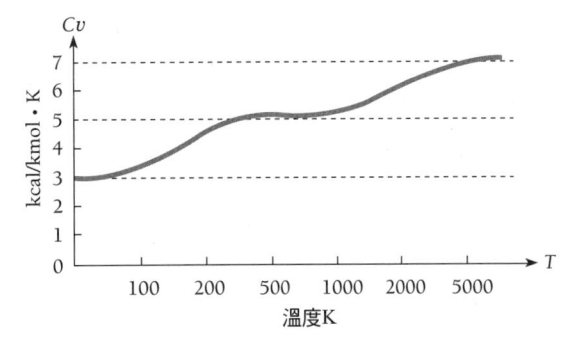

圖 **8.26** 固定體積之氫莫耳比熱。

CHAPTER 9

統計力學
Statistical Mechanics

西元 1054 年所觀測到的蟹狀星雲為超新星爆炸的結果，爆炸所留下來的星球據信完全是由中子所組成。而統計力學可用來瞭解中子星的特性。

- **9.1** 統計分布
  三種

- **9.2** 馬克士威爾－波茲曼統計
  像氣體分子之類的古典粒子所遵守的

- **9.3** 理想氣體中的分子能量
  它們變動，平均約為 $\frac{3}{2}kT$

- **9.4** 量子統計學
  波色子與費米子有不同的分布函數

- **9.5** 瑞利－金斯公式
  處理黑體輻射之古典方式

- **9.6** 普朗克輻射定律
  光子氣的行為如何

- **9.7** 愛因斯坦的處理方法
  引進受激放射

- **9.8** 固體的比熱
  古典物理再度失效

- **9.9** 金屬中的自由電子
  每個量子態不會超過一個電子

- **9.10** 電子能量分布
  為何除了在很高和很低溫，金屬中電子不會影響比熱的原因

- **9.11** 瀕死之星
  當一個星球用盡燃料時會發生的事情

計力學是物理的一支，其探討由許多粒子所組成系統的整體行為與其粒子本身特性之相互關連。正如其名稱所暗示的，統計力學並非處理真實的運動或是獨立粒子的交互作用，而是處理最可能發生的事。雖然統計力學不能幫助我們找到系統中粒子的生命歷史，例如，它可以告訴我們粒子在某個時刻下具有一定能量的機率為何。

因為物理世界中的許多現象牽涉到眾多粒子所組成的系統，所以統計方法的價值便非常地明顯，由於它的論證的一般性，統計力學可應用在古典系統（最著名的為氣體中的分子）和量子力學系統（最著名的是在腔中的光子和金屬中的電子），而且它是理論物理學家威力最強大的工具之一。

9.1 統計分布
Statistical Distributions

三種

統計力學(*statistical mechanics*)所做的便是決定在大約絕對溫度T的熱平衡狀態下，粒子系統的N個成員間之某一總能量E分布最可能的方式。因此我們可以建立有多少粒子可能具有能量ϵ_1，有多少粒子具有能量為ϵ_2，依此類推。

假設粒子之間以及粒子與容器壁會產生交互作用以建立熱平衡狀態，但是粒子間運動的相關性並不高，可能會有超過一個粒子的狀態對應到某一能量ϵ，如果粒子不遵守不相容原理時，會超過一個粒子存在於某一態。

統計力學的一個基本前提為，當粒子在所有可能的存在狀態中產生某一特定能量分布的個數W越大時，則該分布就越有可能發生，這假設了某能量的每個狀態發生的機率皆相同，此假設看似有理，但最後確認的方法（如薛丁格方程式的狀況）是統計力學所得的推論與實驗相符合。

統計力學的研究是藉由找出所考慮粒子的W之一般式開始，對應到系統在熱平衡下的最可能分布W為最大的情況時，由固定數量N個粒子（除非它們是光子，或是等效於光子的聲音部分，稱為**聲子**(*phonon*)）所組成的系統固定總能量為E，在每個狀況中，能量ϵ的粒子數目$n(\epsilon)$其形式為

能量ϵ的粒子數目 $$n(\epsilon) = g(\epsilon)f(\epsilon) \tag{9.1}$$

其中 $g(\epsilon)$ = 能量ϵ的狀態數目
    = 對應到能量ϵ的統計加權

$f(\epsilon)$ = 分布函數

= 在能量ϵ的每個態的平均粒子數

= 能量ϵ的每個態的存在機率

當能量的分布函數為連續而非離散時，$g(\epsilon)$將被介於能量ϵ和$\epsilon + d\epsilon$之間的能量狀態$g(\epsilon)d\epsilon$取代。

我們考慮三種不同的粒子的系統：

1. 相同粒子分隔夠遠而足以被區別出來，如氣體分子，在量子術語中，粒子的波函數和鄰近粒子的波函數幾乎不重疊，**馬克士威爾－波茲曼分布函數**(*Maxwell-Boltzmann distribution function*)對這種狀況成立。

2. 自旋為0或整數的相同粒子，因為其波函數重疊之故，故無法分辨出來，如第7章中的**波色子**(*bosons*)，不遵守不相容原理，而**波色－愛因斯坦分布函數**(*Bose-Einstein distribution function*)可應用於這些粒子中。光子屬於這一類粒子，故我們可以使用波色－愛因斯坦統計來解釋黑體輻射的光譜。

3. 相同粒子半整數自旋的相同粒子($\frac{1}{2}, \frac{3}{2}, \frac{5}{2}, ...$)也不能被分辨出來，我們稱之為**費米子**(*fermions*)，遵守不相容原理，且適用於**費米－迪拉克分布函數**(*Fermi-Dirac distribution function*)，電子即屬此類粒子，所以我們將使用費米－迪拉克統計來研究自由電子在金屬中之所以能產生電流的行為。

路德威・波茲曼(Ludwig Boltzmann, 1844-1906)出生於維也納並且在當地讀大學，隨後在奧地利和德國研究機構教書並且進行許多實驗和理論研究，大約每幾年就會遷徙一次。波茲曼對詩、音樂、旅行和物理一樣，也都有很大的興趣。他曾到訪美國三次，在那個時代這是不尋常的。

在波茲曼對物理的許多貢獻中，最重要的即為他和馬克士威爾分別獨立發展出來的氣體動力論，和他所建立的統計力學基礎，氣體平均能量的公式$\frac{3}{2}kt$中的k即是紀念他對氣體分子能量分布所做的貢獻而命名。1884年時，波茲曼從熱力學的角度推導出關於黑體輻射率的史蒂芬－波茲曼定律$R = \sigma T^4$。約瑟夫・史蒂芬(Josef Stefan)曾為波茲曼的老師，且比波茲曼還早五年在實驗上發現了這個定律。波茲曼的主要成就之一為利用規律和不規律來解釋熱力學第二定律，在維也納的紀念碑上刻著他的公式$S = k \log W$，此公式連結了系統的熵(entropy)S和機率W。

波茲曼是物質的原子理論的優勝者，在十九世紀末時此理論仍然具有爭議，因為僅有間接的證據能顯示出原子和分子的存在，因此波茲曼與不相信此理論的科學家之間的論戰使他感到沮喪。在他晚年時氣喘、頭痛和逐漸惡化的視力使得他的精神更消沉，他在1906年自殺，這也正值愛因斯坦發表布朗運動的論文之後不久。此論文說服了對原子理論正確性存疑的人，波茲曼並非唯一對原子真實性懷疑論者感到絕望的人，普朗克也曾被逼到悲觀的地步：「一個新的科學事實並不會藉由使反對者信服以及讓他們看見曙光而勝利，只是因為它的反對者終究會死去，而新一代的人成長時則會對此事實熟悉。」

9.2 馬克士威爾－波茲曼統計
Maxwell-Boltzmann Statistics

像氣體分子之類的古典粒子所遵守的馬克士威爾－波茲曼分布函數陳述了在絕對溫度T之粒子系統中，能量ϵ態的粒子平均數量$f_{MB}(\epsilon)$為

馬克士威爾－
波茲曼分布函數
$$f_{MB}(\epsilon) = Ae^{-\epsilon/kT} \tag{9.2}$$

A的值和系統中的粒子數目有關，且在此扮演了一個類似於波函數正規化常數的重要角色。和往常一樣，k為波茲曼常數(Boltzmann's constant)，其值為

波茲曼常數 $\quad k = 1.381 \times 10^{-23}$ J/K $= 8.617 \times 10^{-5}$ eV/K

將式(9.1)和(9.2)結合可得到在溫度T時，具有能量ϵ且可分辨的相同粒子數目$n(\epsilon)$為

馬克士威爾－波茲曼
$$n(\epsilon) = Ag(\epsilon)e^{-\epsilon/kT} \tag{9.3}$$

例 9.1

0°C、一大氣壓下時，一立方米的氫約含有2.7×10^{25}個原子，求出在0°C和10,000°C時，位於第一受激態($n = 2$)的原子數量。

解

(a) 式(9.3)中的常數A對兩個態的原子而言都相同，故在$n = 1$和$n = 2$態之間原子數目的比為

$$\frac{n(\epsilon_2)}{n(\epsilon_1)} = \frac{g(\epsilon_2)}{g(\epsilon_1)} e^{-(\epsilon_2 - \epsilon_1)/kT}$$

從式(7.14)中我們知道對應到量子數n的可能態的數目是$2n^2$，因此能量ϵ_1的態數目為$g(\epsilon_1) = 2$，一個1s電子為$l = 0$，$m_l = 0$，但是m_s能為$-\frac{1}{2}$或$+\frac{1}{2}$。能量ϵ_2的態數目為$g(\epsilon_2) = 8$，一個2s電子($l = 0$)為$m_s = \pm\frac{1}{2}$，且2p($l = 1$)電子在$m_s = \pm\frac{1}{2}$的每個狀況中為$m_l = 0, \pm 1$。因為基態能量為$\epsilon_1 = -13.6$ eV，$\epsilon_2 = \epsilon_1/n^2 = -3.4$ eV 且$\epsilon_1 - \epsilon_2 = 10.2$ eV，在此$T = 0°C = 273$ K，所以

$$\frac{\epsilon_2 - \epsilon_1}{kT} = \frac{10.2 \text{ eV}}{(8.617 \times 10^{-5} \text{ eV/K})(273 \text{ K})} = 434$$

此結果為

$$\frac{n(\epsilon_2)}{n(\epsilon_1)} = \left(\frac{8}{2}\right) e^{-434} = 1.3 \times 10^{-188}$$

因此在0°C時約每10^{188}個原子就有一個原子在其第一受激態中。我們的樣本中僅有 2.7×10^{25}個原子,所以我們相信所有原子都在基態中。(如果宇宙中所有物質都以氫原子形式存在時,大約有10^{78}個氫原子,如果溫度亦為0°C時,同樣的結論還是成立。)

(b)當 $T = 10{,}000°C = 10{,}273$ K 時,

$$\frac{\epsilon_2 - \epsilon_1}{kT} = 11.5$$

且

$$\frac{n(\epsilon_2)}{n(\epsilon_1)} = \left(\frac{8}{2}\right)e^{-11.5} = 4.0 \times 10^{-5}$$

現在受激原子數目約為10^{21},即便只是總數量的一小部分,此數目仍為一個非常大的數值。

例 9.2

求出剛體雙原子分子轉動態居量(population)的公式。

解

對此一分子而言,式(8.9)指示以轉動量子數 J 表示的態

$$\epsilon_J = J(J+1)\frac{\hbar^2}{2I}$$

因為在角動量L之任何特定方向中的L_z分量的值為$\hbar$的整數倍,從$J\hbar$經過0至$-J\hbar$,總共有$2J+1$個可能的值,所以超過一個轉動態對應到一特定的J。這些$2J+1$個 L 的可能轉向,組成個別的量子態,所以

$$g(\epsilon) = 2J+1$$

如果在 $J=0$ 態中的分子數為 n_0,式(9.3)中的正規化常數 A 為 n_0,所以 $J=J$ 態中的分子數目為

$$n_J = Ag(\epsilon)e^{-\epsilon/kT} = n_0(2J+1)e^{-J(J+1)\hbar^2/2IkT}$$

在一氧化碳的例子中,此公式證明了在20°C時,$J=7$態為最聚集的態,在分子光譜中轉動線強度和不同轉動能階的相對居量成正比。

9.3 理想氣體中的分子能量

Molecular Energies in an Ideal Gas

它們變動,平均約為$\frac{3}{2}kT$

現在我們利用馬克士威爾-波茲曼統計來找出理想氣體分子的能量分布,能量量子化現象在氣體分子的平移運動中並不明顯,且在樣本中分子總數目N通常非常大,

因此將分子能量視為連續分布,而非離散集合 $\epsilon_1, \epsilon_2, \epsilon_3,...$ 是很合理的。如果 $n(\epsilon)d\epsilon$ 為能量介於 ϵ 和 $\epsilon + d\epsilon$ 之間的分子數,則式(9.1)會變成

介於能量 ϵ 和 $\epsilon + d\epsilon$ 之間的分子數
$$n(\epsilon)\, d\epsilon = [g(\epsilon)\, d\epsilon][f(\epsilon)] = Ag(\epsilon)e^{-\epsilon/kT}\, d\epsilon \qquad (9.4)$$

第一個工作即為求出能量 ϵ 和 $\epsilon + d\epsilon$ 之間的態 $g(\epsilon)\, d\epsilon$ 數量,這是最簡單的間接方式,能量 ϵ 的分子具有動量 **p**,其大小 p 為

$$p = \sqrt{2m\epsilon} = \sqrt{p_x^2 + p_y^2 + p_z^2}$$

每組動量分量指定了不同的運動態,讓我們想像座標軸為 p_x, p_y 和 p_z 的**動量空間**(*momentum space*),如圖9.1。動量在 p 和 $p + dp$ 之間的態數目 $g(p)\, dp$ 和動量空間中半徑為 p 且厚度為 dp 的球殼體積 $4\pi p^2 dp$ 成正比,因此

動量態的數目
$$g(p)\, dp = Bp^2\, dp \qquad (9.5)$$

其中 B 為常數〔在此函數 $g(p)$ 和式(9.4)之 $g(\epsilon)$ 不同〕。

因為每個動量大小 p 對應於單一能量 ϵ,故在 ϵ 和 $\epsilon + d\epsilon$ 之間的能量態 $g(\epsilon)d\epsilon$ 與 p 和 $p + dp$ 之間的態數目 $g(p)dp$ 相同,所以

$$g(\epsilon)\, d\epsilon = Bp^2\, dp \qquad (9.6)$$

因為

$$p^2 = 2m\epsilon \quad \text{且} \quad dp = \frac{m\, d\epsilon}{\sqrt{2m\epsilon}}$$

式(9.6)變為

能量態的數目
$$g(\epsilon)\, d\epsilon = 2m^{3/2}\, B\sqrt{\epsilon}\, d\epsilon \qquad (9.7)$$

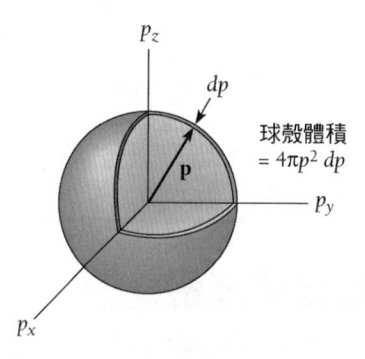

圖 9.1 動量空間的座標軸為 p_x, p_y 和 p_z,粒子動量在 p 和 $p + dp$ 之間的動量態數目和半徑為 p 且厚度為 dp 的動量空間球殼體積成正比。

因此能量介於ϵ和$\epsilon + d\epsilon$之間的分子數目為

$$n(\epsilon)\, d\epsilon = C\sqrt{\epsilon}\, e^{-\epsilon/kT}\, d\epsilon \tag{9.8}$$

其中 $C\ (= 2m^{3/2}AB)$為需要計算之常數。

為了求出 C，我們利用分子總數N的正規化條件，所以

正規化
$$N = \int_0^\infty n(\epsilon)\, d\epsilon = C\int_0^\infty \sqrt{\epsilon}\, e^{-\epsilon/kT} d\epsilon \tag{9.9}$$

從定積分表中我們找到

$$\int_0^\infty \sqrt{x}\, e^{-ax} dx = \frac{1}{2a}\sqrt{\frac{\pi}{a}}$$

在此 $a = 1/kT$，結果為

$$N = \frac{C}{2}\sqrt{\pi}\,(kT)^{3/2}$$

$$C = \frac{2\pi N}{(\pi kT)^{3/2}} \tag{9.10}$$

而最後

分子能量分布
$$n(\epsilon)\, d\epsilon = \frac{2\pi N}{(\pi kT)^{3/2}}\sqrt{\epsilon}\, e^{-\epsilon/kT}\, d\epsilon \tag{9.11}$$

此公式可決定含有N個分子，且在絕對溫度T時的理想氣體，其能量介於ϵ和$\epsilon + d\epsilon$之間的分子數量。

式(9.11)繪於圖9.2並且以kT表示，對於可能的能量來說，此曲線並不對稱，因為ϵ的下限為$\epsilon = 0$，而ϵ基本上沒有上限（雖然比kT大數倍的能量希望很小）。

平均分子能量

為求出每個分子的平均能量，我們從計算系統的總內能開始，為得到結果，我們將$n(\epsilon)d\epsilon$乘上能量ϵ，並且從0積分至∞：

$$E = \int_0^\infty \epsilon\, n(\epsilon)\, d\epsilon = \frac{2\pi N}{(\pi kT)^{3/2}}\int_0^\infty \epsilon^{3/2}\, e^{-\epsilon/kT}\, d\epsilon$$

使用定積分

$$\int_0^\infty x^{3/2}\, e^{-ax}\, dx = \frac{3}{4a^2}\sqrt{\frac{\pi}{a}}$$

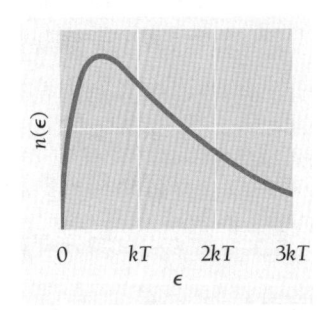

圖 9.2 理想氣體分子的馬克士威爾－波茲曼能量分布，平均分子能量為$\bar{\epsilon} = \frac{3}{2}kT$。

我們得到

N個氣體分子
的總能量
$$E = \left[\frac{2\pi N}{(\pi kT)^{3/2}}\right]\left[\frac{3}{4}(kT)^2\sqrt{\pi kT}\right] = \frac{3}{2}NkT \tag{9.12}$$

理想氣體分子的平均能量為 E/N，或

平均分子能量
$$\bar{\epsilon} = \frac{3}{2}kT \tag{9.13}$$

和分子質量無關：在已知溫度下，輕的分子比重的分子具有較大的平均速度。室溫下的 $\bar{\epsilon}$ 約為 0.04 eV，$\frac{1}{25}$ eV。

能量的均分

一個氣體分子對應到三個獨立方向（亦即垂直方向上）的運動，具有三個**自由度**(degrees of freedom)，因為分子的平均動能為 $\frac{3}{2}kT$，我們可將 $\frac{1}{2}kT$ 分配給每個自由度：$\frac{1}{2}m\overline{v_x^2} = \frac{1}{2}m\overline{v_y^2} = \frac{1}{2}m\overline{v_z^2} = \frac{1}{2}kT$，這個想法非常普遍且被稱為**均分理論**(equipartition theorem)：

在溫度 T 之熱平衡狀態下的古典物體，每個自由度的平均能量為 $\frac{1}{2}kT$。

自由度不會受到線性速度分量的限制，在特別物體的能量公式中以平方項出現的每個變數代表了一個自由度，因此每個角速度 ω_i 的分量（假設和轉動慣量 I_i 相關）為一個自由度，所以 $\frac{1}{2}I_i\overline{\omega_i^2} = \frac{1}{2}kT$。一個如 8.6 節中所討論的剛體雙原子分子有五個自由度，分別在 x, y 和 z 方向，以及垂直於對稱軸的兩個旋轉方向。

自由度和物體的每個位移分量 Δs_i 有關，而物體的位能和 $(\Delta s_i)^2$ 成正比。舉例來說，一維諧振子有兩個自由度，一個對應於動能 $\frac{1}{2}mv_x^2$，而另一個對應於 $\frac{1}{2}K(\Delta x)^2$，其中 K 為力常數，因此熱平衡系統中的每個諧振子總平均能量為 $2(\frac{1}{2}kT) = kT$，且可不用考慮量子化。對粗略的近似而言，固體的組成粒子（原子、離子或分子）其熱行為和古典諧振子系統相似，我們很快就會看到。

均分理論也可應用於非機械系統，如電路中的熱擾動（雜訊）。

分子速度分布

理想氣體中分子速度分布可以下列關係代入式(9.11)中，

$$\epsilon = \tfrac{1}{2}mv^2 \qquad d\epsilon = mv\,dv$$

在速度 v 和 $v + dv$ 之間的分子數目為

分子速度分布
$$n(v)\,dv = 4\pi N\left(\frac{m}{2\pi kT}\right)^{3/2} v^2 e^{-mv^2/2kT}\,dv \tag{9.14}$$

此公式於 1859 年時由馬克士威爾首度得到，且繪於圖 9.3 中。

9.3 理想氣體中的分子能量

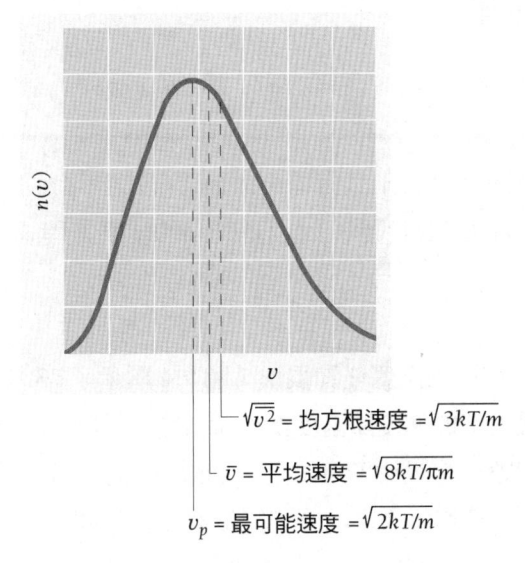

圖 9.3 馬克士威爾－波茲曼速度分布。

圖中標註：
- $\sqrt{\overline{v^2}}$ = 均方根速度 = $\sqrt{3kT/m}$
- $\bar{v}$ = 平均速度 = $\sqrt{8kT/\pi m}$
- v_p = 最可能速度 = $\sqrt{2kT/m}$

平均能量為 $\frac{3}{2}kT$ 之分子速度為

均方根速度
$$v_{\text{rms}} = \sqrt{\overline{v^2}} = \sqrt{\frac{3kT}{m}} \tag{9.15}$$

因為 $\overline{\frac{1}{2}mv^2} = \frac{3}{2}kT$。此速度以 v_{rms} 表示，因為它為分子速度平方平均值之平方根——均方根速度——且和算術平均速度 $\bar{v}$ 不同。$\bar{v}$ 和 v_{rms} 之間的關係和控制特別系統中分子速度的分布定律有關，對馬克士威爾－波茲曼分布而言，均方根速度比算術平均速度大了 9%。

例 9.3

證明理想氣體分子的均方根速度比其平均速度大 9%。

解

式 (9.14) 可得到在 N 個分子的樣本中，在速度 v 和 $v + dv$ 之間的分子數目，為得到它們的平均速度 $\bar{v}$，我們將 $n(v)dv$ 乘上 v，並且對 v 從 0 積分至 ∞ 且隨後除以 N（參閱 5.5 節之期望值的討論），這過程可得到

$$\bar{v} = \frac{1}{N}\int_0^\infty v\, n(v)\, dv = 4\pi\left(\frac{m}{2\pi kT}\right)^{3/2}\int_0^\infty v^3 e^{-mv^2/2kT}\, dv$$

如果我們令 $a = m/2kT$，我們會發現積分為標準積分式

$$\int_0^\infty x^3 e^{-ax^2}\, dx = \frac{1}{2a^2}$$

且所以

$$\bar{v} = \left[4\pi\left(\frac{m}{2\pi kT}\right)^{3/2}\right]\left[\frac{1}{2}\left(\frac{2kT}{m}\right)^2\right] = \sqrt{\frac{8kT}{\pi m}}$$

比較 $\bar{v}$ 和式(9.15)可證明出

$$v_{\text{rms}} = \sqrt{\frac{3kT}{m}} = \sqrt{\frac{3\pi}{8}}\bar{v} \approx 1.09\bar{v}$$

因為式(9.14)之速度分布不是對稱，故最可能的速度 v_p 比 $\bar{v}$ 和 v_{rms} 小。為求出 v_p，我們可將 $n(v)$ 對 v 的導數設為 0，並且解出 v 的結果方程式為

最可能的速度 $$v_p = \sqrt{\frac{2kT}{m}}$$ (9.16)

氣體中分子速度在 v_p 的兩側變動很快，圖 9.4 顯示了 73 K(−200°C)的氧、273 K(0°C)的氧和氫。最可能的速度隨溫度增加而增加，且隨分子質量增加而減少，在 73K 中氧分子的速度整體來說比 273K 的小，而 273K 時氫分子的速度比同溫度的氧還小，而在 273K 下，氧和氫的平均分子能量當然會相同。

例 9.4

求出 0°C 下氧分子的均方根速度。

解

氧分子都有兩個氧原子，因為氧的原子質量為 16.0 u，O_2 的分子質量為 32.0 u，等效於

$$m = (32.0 \text{ u})(1.66 \times 10^{-27} \text{ kg/u}) = 5.31 \times 10^{-26} \text{ kg}$$

在絕對溫度 273 K 時，O_2 分子的均方根速度為

$$v_{\text{rms}} = \sqrt{\frac{3kT}{m}} = \sqrt{\frac{3(1.38 \times 10^{-23} \text{ J/K})(273 \text{ K})}{5.31 \times 10^{-26} \text{ kg}}} = 461 \text{ m/s}$$

比 1000 mi/h 大一點而已。

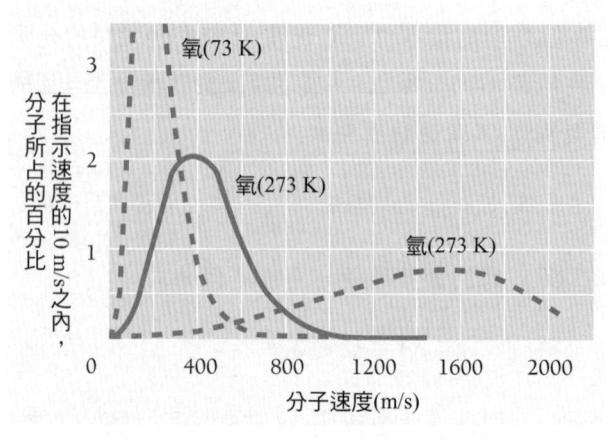

圖 9.4 73 K 和 273 K 時氧分子的速度分布，以及在 273K 時氫分子的速度分布。

9.4 量子統計學
Quantum Statistics

波色子與費米子有不同的分布函數

如9.1節所提到，馬克士威爾—波茲曼分布函數對於可分辨的相同粒子系統而言成立，意指粒子的波函數重疊現象並不嚴重。氣體分子符合以上的描述且遵守馬克士威爾－波茲曼統計。如果波函數重疊很多時，狀況將會改變，因為粒子不能被分辨出來，雖然仍可以算出有多少粒子。不可分辨的量子力學結果已在7.3節中討論過了，我們看到重疊波函數的粒子系統將分為下面兩類：

1. 具有0和整數自旋的粒子稱為**波色子**(*bosons*)，波色子不遵守不相容原理，且波色子系統的波函數不會被任何配對交換所影響，此類波函數稱為**對稱的**(*symmetric*)，系統的同一量子態中可存在任意數目的波色子。

2. 具有半整數自旋($\frac{1}{2}$, $\frac{3}{2}$, $\frac{5}{2}$, ...)的粒子稱為**費米子**(*fermions*)，費米子遵守不相容原理，且費米子系統的波函數在其配對交換時符號會改變，此類的波函數稱為**反對稱的**(*antisymmetric*)，在系統之某一特定的量子態中僅能存在一個費米子。

現在我們看到是什麼不同產生特定能量ϵ的狀態機率$f(\epsilon)$。

讓我們考慮兩個粒子1和2的系統，其中一個在態a而另一個在態b中，當粒子可分辨時，有兩個可能的狀態的佔據，以波函數來表示分別為

$$\psi_I = \psi_a(1)\psi_b(2) \tag{9.17}$$

$$\psi_{II} = \psi_a(2)\psi_b(1) \tag{9.18}$$

當粒子不能分辨時，我們不能指出那個粒子在那個態中，故波函數為ψ_I和ψ_{II}的結合，以反應出它們相同的希望。如我們在7.3節所看到的，如果粒子為波色子時，系統可以對稱波函數來描述

波色子 $$\psi_B = \frac{1}{\sqrt{2}}[\psi_a(1)\psi_b(2) + \psi_a(2)\psi_b(1)] \tag{9.19}$$

而如果它們是費米子時，系統可以反對稱波函數來描述

費米子 $$\psi_B = \frac{1}{\sqrt{2}}[\psi_a(1)\psi_b(2) + \psi_a(2)\psi_b(1)] \tag{9.20}$$

因子$1/\sqrt{2}$做為正規化波函數之用。

現在我們會問，在每個情況中兩個粒子在相同態（如a）的機率為何，對可分辨粒子而言，ψ_I和ψ_{II}會變成

$$\psi_M = \psi_a(1)\psi_a(2) \tag{9.21}$$

得到機率密度為

可分辨的粒子 $$\psi_M^* \psi_M = \psi_a^*(1)\psi_a^*(2)\psi_a(1)\psi_a(2) \tag{9.22}$$

對波色子而言，波函數為

$$\psi_B = \frac{1}{\sqrt{2}}[\psi_a(1)\psi_a(2) + \psi_a(1)\psi_a(2)] = \frac{2}{\sqrt{2}}\psi_a(1)\psi_a(2) = \sqrt{2}\psi_a(1)\psi_a(2) \tag{9.23}$$

得到機率密度為

波色子 $$\psi_B^*\psi_B = 2\psi_a^*(1)\psi_a^*(2)\psi_a(1)\psi_a(2) = 2\psi_M^*\psi_M \tag{9.24}$$

因此兩個波色子位於相同態的機率為可分辨粒子的兩倍！

對費米子而言，波函數變為

費米子 $$\psi_F = \frac{1}{\sqrt{2}}[\psi_a(1)\psi_a(2) - \psi_a(1)\psi_a(2)] = 0 \tag{9.25}$$

兩個粒子要同時佔據相同的態是不可能的，亦即為不相容原理。

這些結果可被推廣，且應用至多粒子的系統中：

1. 在波色子系統中，某種量子態粒子的存在，增加了其他粒子出現在相同態中的機率。

2. 在費米子系統中，某種量子態粒子的存在，阻止了其他所有粒子在此態中出現。

波色－愛因斯坦和費米－迪拉克分布函數

波色子佔據能量為ϵ的態之機率$f(\epsilon)$為

波色－愛因斯坦分布函數 $$f_{BE}(\epsilon) = \frac{1}{e^\alpha e^{\epsilon/kT} - 1} \tag{9.26}$$

而費米子的機率為

費米－迪拉克分布函數 $$f_{FD}(\epsilon) = \frac{1}{e^\alpha e^{\epsilon/kT} + 1} \tag{9.27}$$

函數的名稱

印度物理學家波色(S. N. Bose)基於光的量子理論推導出普朗克輻射公式，不可分辨的光子數目並不守恆，他的論文被主要的英國期刊退稿。然後他拿給愛因斯坦看，並且將其翻譯成德文之後投至德國期刊，隨後即被刊登出來。因為愛因斯坦擴展了波色的論述至守恆的物質粒子中，故式(9.26)中出現了兩個人的名字。兩年後費米(Fermi)和迪拉克(Dirac)分別理解包利不相容原理導致了電子的不同統計特性，故式(9.27)也以他們兩人的名字命名。

α和特別系統的特性有關,且可能為T的函數。它的值由系統中各能量狀態粒子數$n(\epsilon) = g(\epsilon)f(\epsilon)$的總和,即正規化條件所決定。如果粒子數目不固定時,如光子氣(photon gas),則從α的定義式(9.26)和(9.27)中我們知道$\alpha = 0$,$e^\alpha = 1$。

式(9.26)中分母的-1項,表示一能量態被多個波色子所佔據的機率增加和可分辨粒子(如分子)比較。式(9.27)中的分母的$+1$項則為測不準原理的結果:不論α,ϵ和T為多少,$f(\epsilon)$絕不能超過1,在兩個狀況中,當$\epsilon \gg kT$時,函數$f(\epsilon)$接近式(9.2)之馬克士威爾-波茲曼統計,圖9.5為三種分布函數的比較圖,很清楚地波色子的$f_{BE}(\epsilon)$在已知ϵ/kT時總是比分子還大,而費米子的$f_{DE}(\epsilon)$總是比較小。

從式(9.27)我們得知$f_{ED}(\epsilon) = \frac{1}{2}$時,能量為

費米能量
$$\epsilon_F = -\alpha kT \tag{9.28}$$

此能量稱為**費米能量**(*Fermi energy*),在費米子系統中是個很重要的數值,如金屬中的電子氣,費米-迪拉克分布函數可以ϵ_F表示

費米-迪拉克
$$f_{FD}(\epsilon) = \frac{1}{e^{(\epsilon-\epsilon_F)/kT} + 1} \tag{9.29}$$

為瞭解費米能量的重要性,讓我們考慮在$T = 0$時的費米子系統,並且觀察能量小於ϵ_F和大於ϵ_F的能量態被佔據的狀況,我們發現了

$$T = 0, \epsilon < \epsilon_F: \quad f_{FD}(\epsilon) = \frac{1}{e^{(\epsilon-\epsilon_F)/kT} + 1} = \frac{1}{e^{-\infty} + 1} = \frac{1}{0 + 1} = 1$$

$$T = 0, \epsilon > \epsilon_F: \quad f_{FD}(\epsilon) = \frac{1}{e^{(\epsilon-\epsilon_F)/kT} + 1} = \frac{1}{e^{\infty} + 1} = 0$$

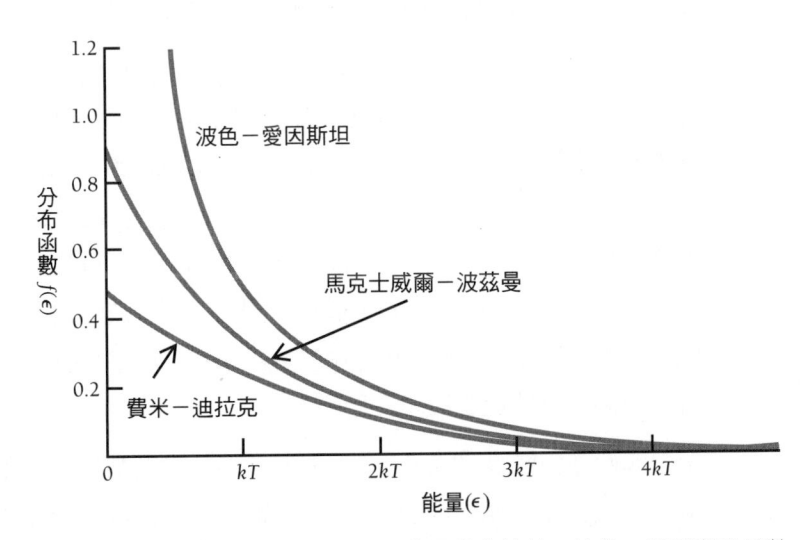

圖9.5 對相同的α值而言,三種分布函數的比較。波色-愛因斯坦函數總是比純指數形式的馬克士威爾函數高,而費米-迪拉克函數總是比較低,這些函數決定了在絕對溫度T時,能量ϵ的某個態被佔據的機率。

波色–愛因斯坦濃縮物

在一般狀況下，對應到氣體原子中個別原子的波包相對於原子的平均間隔而言非常小，使其得以獨立地運動且可被分辨出來。根據測不準原理，如果氣體溫度降低，波包隨著原子損失動量而變大，波包的大小會超過原子平均間隔，使得波包重疊，如果原子為波色子時，最後的結果為所有的原子都會掉至可能的最低能態中，且它們分離的波包會合成一個波包，此原子稱為**波色–愛因斯坦濃縮物**(Bose-Einstein condensate)，幾乎不會移動且不可分辨，而形成一個實體–超原子(superatom)。

雖然這樣的濃縮物由愛因斯坦於1924年時提出，但直到1995年時才被真正創造出來。問題在於要達到夠冷的氣體而不會先變成液體或固體。這個問題被康乃爾(Eric Cornell)、威曼(Carl Wieman)和他們在科羅拉多的同事利用銣(Rb)原子氣體完成，原子首先被冷卻且用六道交錯的雷射光束捕捉，調整光的頻率使得逆光而行的原子會看到頻率都卜勒位移至銣吸收線的光，因此原子僅會吸收射向它們的光子，使原子變慢並且冷卻為組合物，同時將這些原子聚集且遠離腔室的溫牆，為了使這個組合物變得更冷，將雷射關閉，而利用磁場將這些變慢的原子聚集，並允許較快的原子脫離（這樣的蒸發冷卻在日常生活中常見到，而液體中較快的分子如汗水，會先離開它的表面，使得剩餘分子的平均能量減少）。最後當溫度低於10^{-7} K時——比絕對零度大千萬分之一度——約有2000個銣原子聚集成10 μm長且持續10 s的波色–愛因斯坦濃縮物。

在這項成就之後不久，其他的研究團隊陸續地創造出鋰和鈉的波色–愛因斯坦濃縮物。鈉原子的濃縮物包含了五百萬個原子，形狀像8 μm寬且長為150 μm的鉛筆，且持續了20 s，隨後仍有許多更大的濃縮物產生，其中包含了由10^8個氫原子組成的濃縮物，從濃縮物原子束中萃取是有可能的，濃縮物的行為被證實為同調，如同從雷射中射出的同相光一樣具有同相的原子波函數。波色–愛因斯坦濃縮物從許多基本和應用的觀點來看都非常有趣——舉例來說，不同種類的超靈敏量測應用。

因此在絕對零度時，所有低於ϵ_F的能量態都被佔滿，在ϵ_F之上並沒有任何能量態出現（圖9.6a），如果系統包含了N個費米子，我們從能量$\epsilon = 0$開始，增加能量以N個粒子填滿能態以計算費米

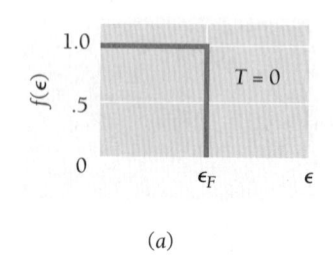

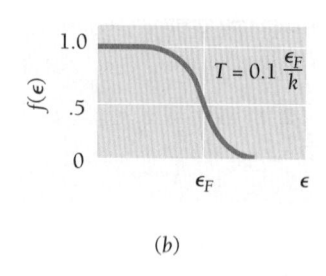

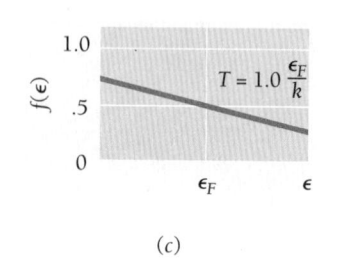

圖 9.6 三種不同溫度的費米子分布函數，(a)$T = 0$ 時所有低於能量ϵ_F的能態都被佔滿；(b)在低溫時，一些費米子會離開稍微低於能量ϵ_F的態而躍遷至高於能量ϵ_F的態中；(c)在較高溫度下，任何態的費米子都可以躍遷至比能量ϵ_F高的態中。

表 9.1　三種統計分布函數。

	馬克士威爾－波茲曼	波色－愛因斯坦	費米－迪拉克
應用的系統	相同，可分辨粒子	相同，不可分辨且不遵守不相容原理的粒子	相同，不可分辨且遵守不相容原理的粒子
粒子的分類	古典粒子	波色子	費米子
粒子特性	任何自旋，粒子分隔夠遠故其波函數不會重疊	自旋為 0, 1, 2,...；波函數相對於粒子交換為對稱	自旋為 $\frac{1}{2}, \frac{3}{2}, \frac{5}{2},...$；波函數相對於粒子交換為反對稱
範例	氣體分子	腔中的光子；固體中的聲子；低溫的液態氦	金屬中的自由電子；原子塌陷的星球中的電子（白矮星）
分布函數（溫度 T 時處於能量 ϵ 的每個態的粒子數目）	$f_{MB}(\epsilon) = Ae^{-\epsilon/kT}$	$f_{BE}(\epsilon) = \dfrac{1}{e^{\alpha}e^{\epsilon/kT} - 1}$	$f_{FD}(\epsilon) = \dfrac{1}{e^{(\epsilon-\epsilon_F)/kT} + 1}$
分布特性	每個狀態的粒子數目並無限制	每個狀態的粒子數目並無限制；在低能時每個狀態的粒子數目比 f_{MB} 多，在高能時接近 f_{MB}	每個狀態的粒子數目絕不會超過 1；在低能時每個狀態的粒子數目比 f_{MB} 少，在高能時接近 f_{MB}

能量 ϵ_F。被佔據的最高狀態其能量為 $\epsilon = \epsilon_F$，我們可在 9.9 節計算金屬中的電子得到此計算結果。

當溫度從 $T = 0$ 增加而 kT 仍小於 ϵ_F 時，費米子將會離開稍微小於 ϵ_F 的態而到稍微大於 ϵ_F 的態中，如圖 9.6b。在較高的溫度時，從最低態的費米子將開始被激發至較高態，故 $f_{FD}(0)$ 將會降到比 1 小，在這些情況下，$f_{FD}(\epsilon)$ 的形狀會如同圖 9.6c 所示，即對應到圖 9.5 中最低的曲線。

三種分布函數的特性綜合如表 9.1 所示，我們可回想為了求得能量 ϵ 粒子的真實數目 $n(\epsilon)$，函數 $f(\epsilon)$ 必須乘上此能量的態數目 $g(\epsilon)$：

$$n(\epsilon) = g(\epsilon)f(\epsilon) \tag{9.1}$$

保羅・迪拉克(Paul A. M. Dirac, 1902-1984)生於英格蘭的布里斯托，並且在那裡學習電機工程，後來他轉換興趣至數學最後再變成物理，1926年時他於劍橋大學取得博士學位。在他讀完海森堡於1925年的第一篇量子力學文章時，迪拉克很快就想出更一般性的理論，且隔年將包利的不相容原理以量子力學形式表示，他研究遵守包利原理的粒子統計行為，如電子，而費米(Fermi)則在稍早獨立完成此成果，所以為了紀念他們，稱為費米－迪拉克統計。1928年時，迪拉克將特殊相對論加入量子理論中，得到電子理論不僅允許其自旋和磁動量可被計算，且可預測正電電子（或正子，於1932年由美國的卡爾・安德森(Carl Anderson)所發現）的存在。

在嘗試要解釋為何電荷被量子化時，迪拉克於1931年時發現必須要假設**磁單極**(*magnetic monopoles*)（亦即單獨的N或S磁極）存在，最近的理論顯示出磁單極在象徵宇宙誕生的大霹靂之後應該已被大量產生，預測的單極質量約為 10^6 GeV/c^2（約 10^{-8} g！）。如同迪拉克於1981年所說的：「從理論的觀點來說，我們應該認為單極是存在的，因為數學式太精妙了，已有許多人嘗試要找出磁單極，但是所有人都沒成功，我們應該推論這麼漂亮的數學本身並非自然要使用此理論的適當理由。」

1932年時，迪拉克變成劍橋的盧卡遜講座數學教授，正是牛頓之後的兩個半世紀。在1933年時，他和薛丁格共同分享諾貝爾物理獎，在1969年遷居佛羅里達溫暖的氣候之後，他仍然活躍於物理領域中，在科學的領域中經常如此，他將因為他年輕時期的偉大成就而被世人永遠懷念。

9.5 瑞利－金斯公式

Rayleigh-Jeans Formula

處理黑體輻射之古典方式

黑體輻射已在2.2節中簡短地討論過了，我們學習到古典物理解釋黑體光譜形狀的失效——紫外光大災難——以及普朗克如何引進能量量子化導出光譜的正確公式，因為黑體輻射的來原為一個基本的問題，所以值得我們再仔細探討。

圖2.6顯示兩個溫度的黑體光譜，為解釋這個光譜，瑞利(Rayleigh)和金斯(Jeans)的古典計算是從考慮黑體為一個在溫度 T 時，由輻射所填滿的腔開始（圖2.5），因為腔壁假設為完美的反射體，輻射必定是由電磁駐波組成，如圖2.7所示，為了在每個壁上產生節點，任何方向上壁與壁的距離必須為半波長的 j 整數倍。如果腔為每邊長 L 的立方體時，此條件意指在 x, y 和 z 方向上的駐波之可能波長分別為

$$j_x = \frac{2L}{\lambda} = 1, 2, 3, \ldots = x \text{ 方向上半波長的數目}$$

$$j_y = \frac{2L}{\lambda} = 1, 2, 3, \ldots = y \text{ 方向上半波長的數目} \quad (9.30)$$

$$j_z = \frac{2L}{\lambda} = 1, 2, 3, \ldots = z \text{ 方向上半波長的數目}$$

對任意方向的駐波而言，為了要使波節點出現在其端點，則

立方體腔中的駐波
$$j_x^2 + j_y^2 + j_z^2 = \left(\frac{2L}{\lambda}\right)^2 \quad \begin{array}{l} j_x = 0, 1, 2, \ldots \\ j_y = 0, 1, 2, \ldots \\ j_z = 0, 1, 2, \ldots \end{array} \tag{9.31}$$

（當然如果 $j_x = j_y = j_z = 0$ 時，將不會有波產生，雖然有可能任一個或二個 j 為 0 是可能的。）

為計算波長在 λ 和 $\lambda + d\lambda$ 間之腔的駐波數目 $g(\lambda)\, d\lambda$，我們所必須做的就是計算在此範圍中允許的 j_x, j_y 和 j_z 值。讓我們想像一個 j 空間，其座標軸為 j_x, j_y 和 j_z，圖 9.7 顯示出此空間中的 j_x-j_y 平面部分。每個在 j 空間中的點對應到一組允許的 j_x, j_y 和 j_z 值，因此對應到一個駐波，如果 **j** 為從原點到一特定點 j_x, j_y 和 j_z 的向量時，其大小為

$$j = \sqrt{j_x^2 + j_y^2 + j_z^2} \tag{9.32}$$

在 λ 和 $\lambda + d\lambda$ 的波長總數目和 j 空間中距原點為 j 至 $j + dj$ 的點數相同。半徑 j 且厚度為 dj 的球殼體積為 $4\pi j^2\, dj$，但是我們只對此殼層中包含非負的 j_x, j_y 和 j_z 值八分之一有興趣，同樣地，對每個以此方法計算而得的駐波而言，有兩個垂直的極化方向。因此，腔中獨立的駐波數為

駐波的數目
$$g(j)\, dj = (2)(\tfrac{1}{8})(4\pi j^2\, dj) = \pi j^2\, dj \tag{9.33}$$

我們所想要的是腔中駐波的數目為其頻率的函數，而非 j 的函數，從式 (9.31) 和 (9.32) 我們得到

$$j = \frac{2L}{\lambda} = \frac{2L\nu}{c} \qquad dj = \frac{2L}{c}\, d\nu$$

所以

駐波的數目 $\quad g(\nu)\, d\nu = \pi\left(\dfrac{2L\nu}{c}\right)^2 \dfrac{2L}{c}\, d\nu = \dfrac{8\pi L^3}{c^3}\nu^2\, d\nu \tag{9.34}$

腔體積為 L^3，意指每單位體積的獨立駐波數目為

腔中的駐波的密度
$$G(\nu)\, d\nu = \frac{1}{L^3} g(\nu)\, d\nu = \frac{8\pi\nu^2\, d\nu}{c^3} \tag{9.35}$$

式 (9.35) 和腔的形狀無關，即使我們使用立方腔是為了方便導式子。當頻率越高時，波長越短，而可能的駐波數目也越多，如同它必然的結果一樣。

下一個步驟即為求出每個駐波的平均能量，此處即為古典物理和量子物理分歧的地方。根據前面所提到之古典能量均分理論，系

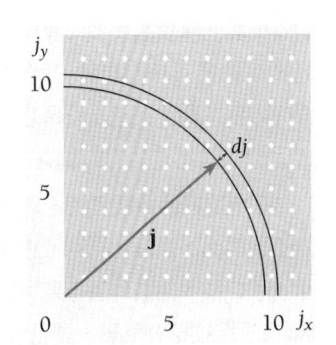

圖 9.7 在 j 空間中對應於可能駐波的每個點。

統中的實體在熱平衡溫度 T 時每個自由度的平均能量為 $\frac{1}{2}kT$，在輻射腔中的每個駐波對應到兩個自由度，其總能 $\bar{\epsilon}$ 為 kT，因為每個波都源自於腔壁的振盪器，這樣的振盪器具有兩個自由度，一個代表動能而另一個代表位能，根據古典物理，在頻率範圍 ν 至 $d\nu + \nu$ 腔中每單位體積的能量 $u(\nu)d\nu$ 為

$$u(\nu)\,d\nu = \bar{\epsilon} G(\nu)\,d\nu - kT\,G(\nu)\,d\nu$$

瑞利－金斯公式 $\displaystyle = \frac{8\pi\nu^2 kT\,d\nu}{c^3}$ (9.36)

瑞利－金斯公式描述黑體輻射的光譜能量密度隨 ν^2 增加而沒有上限，很明顯地是錯的，它的預測值不僅與實驗所觀察到的數據不同（圖2.8），且對於所有溫度而言，將式(9.36)從 $\nu = 0$ 積分至 $\nu = \infty$ 總能量密度為無限大，理論和觀察的差異立刻被重視。這個古典物理的失效使得普朗克在1900年時發現只有在光為量子現象時才能得到正確的公式 $u(\nu)d\nu$。

瑞利男爵(Lord Rayleigh, 1842-1919)本名為約翰・威廉・史都特(John William Strutt)，生於一個富有的英國家庭，且在他父親死後繼承了他的頭銜，他在家裡受完教育之後，便前往劍橋大學當傑出學生，且在美國度過了一段時間。回國之後，他在家中設立了一間實驗室，在馬克士威爾於1879年去世後的五年期間，他曾帶領劍橋大學的卡文迪西實驗室，除此之外他都在家中從事實驗以及理論的研究。

瑞利大部分的研究生活和所有種類的波有關，且他對聲學和光學貢獻良多，其中有一種地震波即是以他的名字來命名。1871年時，瑞利以大氣中短波長陽光的優先散射解釋了天空為何是藍色的原因，而光學儀器解析度的公式也是他的成就之一。

在卡文迪西實驗室時，瑞利完成了伏特、安培和歐姆的標準化，這是從馬克士威爾時期就開始的工作。他回到家之後，他發現由空氣中製作的氮比從含氮化合物製作的氮密度稍微高，並且和化學家雷姆賽(William Ramsay)證明這個差異是因為大氣中有1%的不明氣體，他們稱之為氬，從希臘字的「懶惰」之意而來，因為氬氣不會和其他物質反應，雷姆賽持續地發現了其他的惰性氣體氖(neon；新的意思)、氪(krypton；隱藏之意)和氙(xenon；奇妙之意)，他也能分離最輕惰性氣體氦(helium)，在三十年前已從太陽光的譜線中被證實為存在，helios在希臘文中意指太陽。瑞利和雷姆賽因為他們對氬的貢獻而於1904年獲得了諾貝爾獎。

瑞利對科學做出最偉大的貢獻來自於氬氣的發現，並且寫出不符合實驗觀察的方程式，此問題解釋黑體輻射的光譜，也就是在輻射中不同波長的相對強度。瑞利計算了此光譜的形狀，因為天文學家詹姆士・金斯(James Jeans)指出瑞利公式中的小錯誤，故結果稱為瑞利－金斯公式，此公式直接從十九世紀末端時很有名的物理定律而來──但結果很令人失望，一定是錯誤的，如同瑞利和金斯所瞭解的（舉例來說，此公式預測了黑體以無限大的速率輻射能量）。尋找正確的黑體公式使得普朗克和愛因斯坦找出了輻射的量子理論，這個理論使得傳統物理學產生全面革命。

儘管在後來量子論和愛因斯坦相對論的成功，瑞利雖一生奉獻給古典物理，最終仍絕不接受量子的觀念。他於1919年去世。

9.6 普朗克輻射定律
Planck Radiation Law

光子氣的行為如何

普朗克發現他必須假設腔壁中的振盪器能量限制為 $\epsilon_n = nh\nu$，其中 $n = 0, 1, 2,...$，然後他利用馬克士威爾－波茲曼分布定律，來求出能量為 ϵ_n 的振盪器數目在溫度 T 時和 $e^{-\epsilon_n/kT}$ 成正比，在此狀況中，每個振盪器（亦即腔中的每個駐波）的平均能量為

$$\bar{\epsilon} = \frac{h\nu}{e^{h\nu/kT} - 1} \tag{9.37}$$

而非瑞利和金斯所使用的能量均分平均 kT。此結果為

普朗克輻射公式
$$u(\nu)\,d\nu = \bar{\epsilon}G(\nu)\,d\nu = \frac{8\pi h}{c^3}\frac{\nu^3\,d\nu}{e^{h\nu/kT} - 1} \tag{9.38}$$

和實驗發現吻合。

雖然普朗克得到正確的公式，他的推導從今日的觀點來看有嚴重的瑕疵。現在我們知道在腔壁中諧振子的能量為 $\epsilon_n = (n + \frac{1}{2})h\nu$ 而非 $\epsilon_n = nh\nu$。使用馬克士威爾－波茲曼統計時，包含零點能量 $\frac{1}{2}h\nu$ 並不會導出式(9.37)之平均能量值。適當的程序是把腔壁中的電磁波視為遵守波色－愛因斯坦統計的光子氣，因為光子的自旋為1，而在每個能階 $\epsilon = h\nu$ 的光子平均數目可藉由（式9.26）波色－愛因斯坦分布函數得到。

式(9.26)的 α 值和所考慮系統的粒子數目有關，但是腔中的光子數不需要守恆：不像氣體分子或電子，光子可以隨時被創造或毀滅。雖然在某一溫度下腔中的總輻射能維持固定，但包含此能量的光子數目可能會變化，如9.4節所提到之光子的非守恆意指 $\alpha = 0$，因此光子的波色－愛因斯坦分布函數為

光子分布函數
$$f(\nu) = \frac{1}{e^{h\nu/kT} - 1} \tag{9.39}$$

在式(9.35)中，腔體中頻率為 ν 之單位體積駐波數目對於頻率 ν 之量子態數目是對的，因為光子也具有兩個極化方向，對應於它們運動方向上不同的兩個轉向，因此在腔體中光子的能量密度為

$$u(\nu)\,d\nu = h\nu G(\nu)f(\nu)\,d\nu = \frac{8\pi h}{c^3}\frac{\nu^3\,d\nu}{e^{h\nu/kT} - 1}$$

和式(9.38)一樣。

例 9.5

在 1000 K 之熱平衡狀況下，1.00 cm³ 的輻射中有多少個光子？其平均能量為何？

解

(a) 每單位體積的光子總數量為

$$\frac{N}{V} = \int_0^\infty n(\nu)\, d\nu$$

其中 $n(\nu)d\nu$ 為頻率在 ν 和 $\nu + d\nu$ 之間單位體積的光子數量，因為光子能量為 $h\nu$，故

$$n(\nu)\, d\nu = \frac{u(\nu)\, d\nu}{h\nu}$$

其中 $u(\nu)d\nu$ 為普朗克公式(9.38)所給予之能量密度，因此在體積 V 中之總光子數量為

$$N = V\int_0^\infty \frac{u(\nu)\, d\nu}{h\nu} = \frac{8\pi V}{c^3}\int_0^\infty \frac{\nu^2\, d\nu}{e^{h\nu/kT}-1}$$

如果我們令 $h\nu/kT = x$，則 $\nu = kTx/h$，$d\nu = (kT/h)dx$，故

$$N = 8\pi V\left(\frac{kT}{hc}\right)^3 \int_0^\infty \frac{x^2\, dx}{e^x - 1}$$

此定積分是一種標準式，值為 2.404。將其他實際數值代入，$V = 1.00$ cm³ $= 1.00 \times 10^{-6}$ m³，我們發現

$$N = 2.03 \times 10^{10} \text{ 個光子}$$

(b) 光子的平均能量 $\bar{\epsilon}$ 等於每單位體積之總能量除以每單位體積的光子數量：

$$\bar{\epsilon} = \frac{\int_0^\infty u(\nu)\, d\nu}{n(\nu)\, d\nu} = \frac{aT^4}{N/V}$$

因為 $\alpha = 4\sigma/c$（參閱本節後面對於史蒂芬－波茲曼定律所做的討論）且 $N = (2.405)[8\pi V(kT/hc)^3]$，所以

$$\bar{\epsilon} = \frac{\sigma c^2 h^3 T}{(2.405)(2\pi k^3)} = 3.73 \times 10^{-20} \text{ J} = 0.233 \text{ eV}$$

值得注意的是，每個凝聚態物質會根據式(9.38)來輻射，而不管其溫度為何，一個物體不需要很熱，就能發出位於可見光波段的輻射，例如，在室溫下物體的輻射主要位於眼睛無法看見的紅外光譜，因此溫室內部比外部空氣還熱，因為太陽光進入其窗口之後，內部所產生的紅外光輻射並不會離開溫室（圖9.8）。

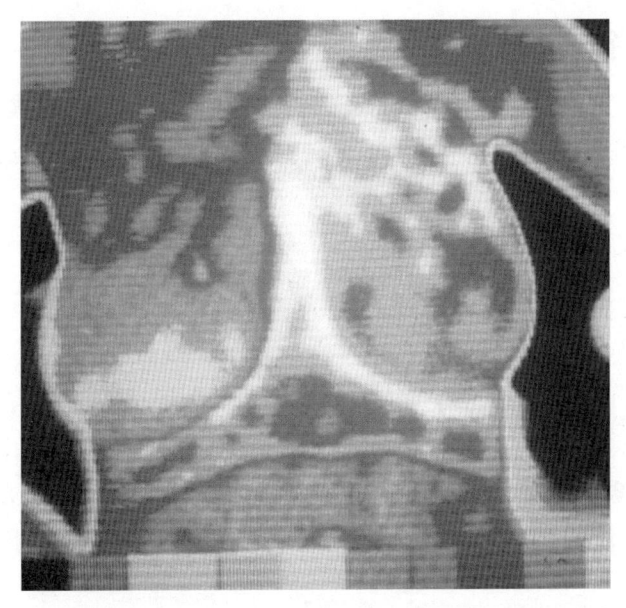

熱感式圖形量測人體皮膚的小部分所釋放出來的紅外線，在圖上顯示的是不同灰階或顏色陰影所形成的資訊。在腫瘤上方的皮膚比其他地方溫暖（或許是因為增加的血液流動或更高的代謝速率造成），因此熱感圖形對於乳癌和甲狀腺癌疾病之量測而言為很有價值的診斷工具。皮膚溫度的微小差異即可導致輻射率的顯著不同。

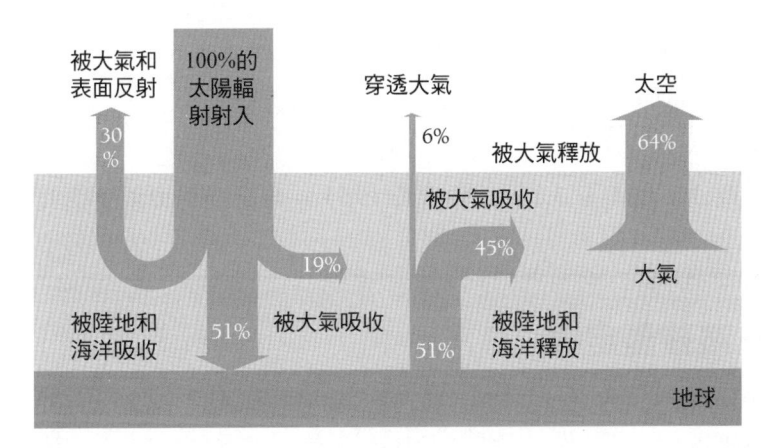

圖9.8 溫室效應對於地球的大氣加熱來說是很重要的，大部分由太陽而來的短波長可見光到達地球表面之後，以長波長的紅外光再被輻射出去，且很容易被大氣中的CO_2和H_2O所吸收。這意味著大氣主要是被底下的地球加熱而非上面的太陽。地球和大氣的輻射至太空的總能量平均等於它們從太陽吸收而來的總能量。

文氏位移定律

在已知溫度下,黑體輻射的一個很有趣的特徵為最大能量密度的波長λ_{max}。為求出λ_{max},首先我們以波長來表示式(9.38),且對$\lambda = \lambda_{max}$而言,解出$du(\lambda)/d\lambda = 0$,我們得到

$$\frac{hc}{kT\lambda_{max}} = 4.965$$

以下列表示更為方便

文氏位移定律 $\qquad \lambda_{max}T = \dfrac{hc}{4.965k} = 2.898 \times 10^{-3}\ \mathrm{m \cdot K}$ (9.40)

式(9.40)即為**文氏位移定律**(*Wien's displacement law*),它定量地表示了黑體光譜中峰值會隨著溫度增加而逐漸往短波長(高頻率)方向移動的經驗性事實,如圖2.6所示。

例 9.6

大爆炸所發出之輻射有都卜勒移動,由於宇宙的擴張會移往較長波長的方向,而今日的光譜對應到的黑體溫度為2.7K,找出此輻射能量密度最大時的波長,且此輻射位於光譜的那個區域中?

解

從式(9.40)中,我們得到

$$\lambda_{max} = \frac{2.898 \times 10^{-3}\ \mathrm{m \cdot K}}{T} = \frac{2.898 \times 10^{-3}\ \mathrm{m \cdot K}}{2.7\ \mathrm{K}} = 1.1 \times 10^{-3}\ \mathrm{m} = 1.1\ \mathrm{mm}$$

此波長位於微波區中(圖2.2),輻射於1964年時天空的微波量測時首次被偵測到。

史蒂芬-波茲曼定律

我們從式(9.38)中得到的另一個結果為腔體中輻射的總能量密度u,這是能量密度對所有頻率的積分

$$u = \int_0^\infty u(\nu)\ d\nu = \frac{8\pi^5 k^4}{15c^3 h^3} T^4 = aT^4$$

其中a為普適常數。總能量密度和腔壁溫度絕對值的四次方成正比,因此我們預期物體每秒每單位面積所輻射出來的能量R也正比於T^4,此結論包含於**史蒂芬-波茲曼定律**(*Stefan-Boltzmann law*):

史蒂芬-波茲曼定律 $\qquad R = e\sigma T^4$ (9.41)

史蒂芬常數(Stefan's constant) σ 為

史蒂芬常數 $$\sigma = \frac{ac}{4} = 5.670 \times 10^{-8} \text{ W/m}^2 \cdot \text{K}^4$$

放射率(emissivity) e 和輻射表面特性有關,且範圍從完全不會輻射之完美反射體的 0 至黑體的 1。一般磨光後的鋼 e 值為 0.07,氧化的銅和黃銅為 0.6,消光黑色油畫為 0.97。

例 9.7

當太陽直接照射時會以 1.4 kW/m² 之功率密度到達地球,地球軌道的平均半徑為 1.5×10^{11} m,而太陽半徑為 7.0×10^8 m,假設太陽輻射近似黑體,試從這些數據求出太陽表面的溫度。

解

我們先求出太陽所輻射的總功率 P,以地球軌道 r_e 為半徑的球殼面積為 $4\pi r_e^2$,因為太陽輻射以 $P/A = 1.4$ kW/m² 之功率密度到達此球殼,

$$P = \left(\frac{P}{A}\right)(4\pi r_e^2) = (1.4 \times 10^3 \text{ W/m}^2)(4\pi)(1.5 \times 10^{11} \text{ m})^2 = 3.96 \times 10^{26} \text{ W}$$

再來我們求出太陽的輻射速率 R,如果 r_s 為太陽半徑,其表面積為 $4\pi r_s^2$,則

$$R = \frac{\text{輸出功率}}{\text{表面積}} = \frac{P}{4\pi r_s^2} = \frac{3.96 \times 10^{26} \text{W}}{(4\pi)(7.0 \times 10^8 \text{ m})^2} = 6.43 \times 10^7 \text{ W/m}^2$$

黑體的輻射率為 $e = 1$,所以從式(9.41)中,我們得到

$$T = \left(\frac{R}{e\sigma}\right)^{1/4} = \left(\frac{6.43 \times 10^7 \text{ W/m}^2}{(1)(5.67 \times 10^{-8} \text{ W/m}^2 \cdot \text{K}^4)}\right)^{1/4} = 5.8 \times 10^3 \text{ K}$$

9.7 愛因斯坦的處理方法
Einstein's Approach
引進受激放射

受激放射已於4.9節中提到,為雷射基本的重要觀念,愛因斯坦於1917年的論文中提出受激放射,並且以非常優雅簡單的方式,利用此觀念得到普朗克的輻射定律,在1920年代早期,這個觀念和已經廣為人知的原子物理觀念使得雷射得以發明,但是直到三十年後才有人將這些觀念連結起來。

讓我們考慮特別原子中的兩個能態,下層 i 和上層 j(圖9.9),如果原子一開始在態 i 中,它可藉由吸收光子而躍遷至態 j,其光子頻率為

$$\nu = \frac{E_j - E_i}{h} \tag{9.42}$$

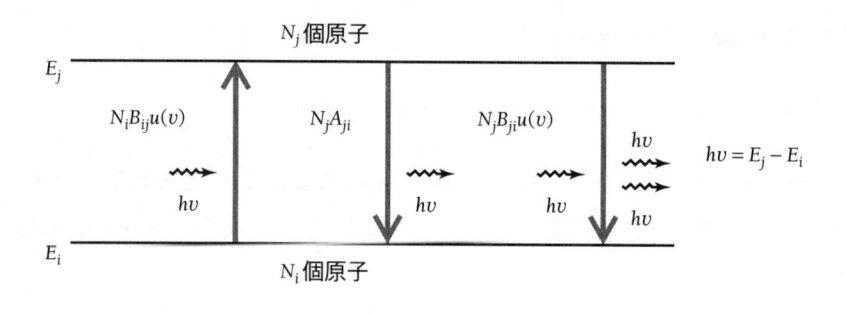

圖 9.9 原子能態 E_i 和 E_j 間的三種躍遷。在自發放射，光子會以任意方向離開原子。在受激放射中，光子會同相地離開，並且和入射光子同相，且所有的光子移動方向相同。原子每秒每種躍遷的數量如圖所示，其中 $u(\nu)$ 為頻率 ν 之光子密度，而 A_{ji}、B_{ij} 和 B_{ji} 為常數，分別和原子態的特性有關。

現在我們想像態 i 中的 N_i 個原子和態 j 中的 N_j 個原子，都位於溫度 T 的熱平衡狀態，而光頻率為 ν 且能量密度為 $u(\nu)$。態 i 中的原子吸收光子的機率正比於能量密度 $u(\nu)$ 以及態 i 和 j 的特性，我們可將其包含在常數 B_{ij} 中。因此，吸收光子每秒的原子數量 $N_{i \to j}$ 為

吸收光子的原子數量 $\qquad N_{i \to j} = N_i B_{ij} u(\nu) \qquad$ (9.43)

上層態 j 中的原子放射出頻率為 ν 的光子，且自發性地掉到態 i 的機率為 A_{ji}。我們也假設頻率為 ν 的光可和態 j 中的原子交互作用，並且使其躍遷至較低態 i 中。因此能量密度 $u(\nu)$ 意味了受激放射的機率 $B_{ji}u(\nu)$，而 B_{ji} 和 B_{ij} 與 A_{ji} 一樣，與態 i 和 j 的特性有關，因為 N_j 為態 j 中的原子數目，故每秒躍遷至較低態 i 的原子數為

放射光子的原子數量 $\qquad N_{j \to i} = N_j [A_{ji} + B_{ji} u(\nu)] \qquad$ (9.44)

如 4.9 節中所討論的，受激放射可類比於古典物理中的諧振子特性，當然，古典物理在原子尺度中通常無法使用，但是我們並沒有假設受激放射的確實會發生，只說它可能發生。如果我們錯了，我們最後會發現 $B_{ji} = 0$。

因為此處的系統處於平衡狀態，每秒從態 i 到態 j 的原子數量必須等於從 j 至 i 的數量，因此

$$N_{i \to j} = N_{j \to i}$$

$$N_i B_{ij} u(\nu) = N_j [A_{ji} + B_{ji} u(\nu)]$$

將兩邊同時除以 $N_j B_{ji}$ 並且解出 $u(\nu)$ 得到，

$$\left(\frac{N_i}{N_j}\right)\left(\frac{B_{ij}}{B_{ji}}\right) u(\nu) = \frac{A_{ji}}{B_{ji}} + u(\nu)$$

$$u(\nu) = \frac{A_{ji}/B_{ji}}{\left(\dfrac{N_i}{N_j}\right)\left(\dfrac{B_{ij}}{B_{ji}}\right) - 1} \tag{9.45}$$

最後我們用式(9.2)，這些原子系統於室溫 T 下，能量 E_i 和 E_j 的原子數可寫成

$$N_i = Ce^{-E_i/kT}$$
$$N_j = Ce^{-E_j/kT}$$

因此

$$\frac{N_i}{N_j} = e^{-(E_i - E_j)/kT} = e^{(E_j - E_i)/kT} = e^{h\nu/kT} \tag{9.46}$$

所以

$$u(\nu) = \frac{A_{ji}/B_{ji}}{\left(\dfrac{B_{ij}}{B_{ji}}\right)e^{h\nu/kT} - 1} \tag{9.47}$$

此公式可決定在溫度 T 下，處於平衡狀態光子頻率 ν 的能量密度，而其原子可能的能量為 E_i 和 E_j。

式(9.47)與式(9.38)之普朗克輻射定律相符，如果

$$B_{ij} = B_{ji} \tag{9.48}$$

和

$$\frac{A_{ji}}{B_{ji}} = \frac{8\pi h\nu^3}{c^3} \tag{9.49}$$

我們可以歸納成以下的結論：

1. 受激放射的確發生，且在兩個態中的躍遷機率等於吸收的機率。
2. 在自發放射和受激放射機率之間的比值隨著 ν^3 變化，故自發性放射的相對希望會隨著這兩個態之間的能量差快速地增加。
3. 我們所必須知道的是 A_{ji}, B_{ji} 和 B_{ij} 三個機率的其中之一，以求出其他兩個。

結論3暗示自發放射過程和吸收及受激放射過程有密切的關係，吸收和受激放射可藉由古典地考慮原子和電磁波之間的交互作用來理解，但是自發放射可在沒有電磁波時產生，很明顯地是藉由交互作用。這個矛盾可藉由量子電動力學理論解決，如6.9節中的簡短討論，此理論顯示出甚至在古典物理中 $\mathbf{E} = \mathbf{B} = 0$ 時，$\mathbf{E}$ 和 $\mathbf{B}$ 中的真空擾動也會發生，而這些類似諧振子零點振動之擾動會激發出自發性放射。

9.8 固體的比熱
Specific Heats of Solids

古典物理再度失效

黑體輻射並非唯一需要量子統計力學來解釋的現象,另一個為隨著溫度變化之固體內在能量。

讓我們考慮在固定體積下之固體的莫耳比熱c_V,在體積保持固定時,比熱為加入 1 kmol 的固體使其溫度上升 1 K 所需要的能量,固體在常壓下的比熱 c_p 比 c_V 高了約 3% 至 5%,因為它包含了和體積的變化及內在能量變化有關的功。

固體的內在能量儲存於其組成粒子的振動之中,這些粒子可能為原子、離子或分子,為了方便起見,在此我們把它們視為原子。振動可分解為沿著三個垂直軸的許多分量,所以我們可以三個諧振子來表示每個原子。如我們所知,根據古典物理學,在溫度 T 之熱平衡狀態中,系統的諧振子其平均能量為 kT,基於此點,固體中的每個原子應該具有 $3kT$ 的能量,一仟莫耳的固體包含了亞佛加厥數(Avogadro's number) N_0 個原子,且在溫度 T 下總內在能量 E 應該為

固體的古典內在能量 $\qquad E = 3N_0kT = 3RT \qquad$ (9.50)

其中 $R = N_0 k = 8.31 \times 10^3$ J/Kmol·K = 1.99 kcal/kmol·K

為普適氣體常數(我們回想在 n 仟莫耳的理想氣體中,$pV = nRT$)。

固定體積下的比熱以 E 來表示為

固定體積的比熱 $\qquad c_V = \left(\dfrac{\partial E}{\partial T}\right)_V$

而此處

杜隆－佩堤定律 $\qquad c_V = 3R = 5.97$ kcal/kmol·K $\qquad$ (9.51)

在一世紀之前,杜隆(Dulong)和佩堤(Petit)的確發現對於室溫下的大部分固體來說,式(9.51)以他們兩人命名為**杜隆－佩堤定律**(*Dulong-Petit law*)。

然而,杜隆－佩堤定律不適用於輕元素如硼、鈹和碳(如鑽石)等,因在 20°C 時它們的 c_V 分別為 3.34, 3.85 和 1.46 kcal/kmol·K。更糟的是,所有固體的比熱在低溫時會快速下降,而在 T 接近 0 K 時會接近 0。圖 9.10 顯示出對於幾種元素 c_V 如何隨 T 而變化,很清楚地,導出式(9.51)的分析中出現了非常基礎的錯誤,因為圖 9.10 之曲線都是有相同的一般特性。

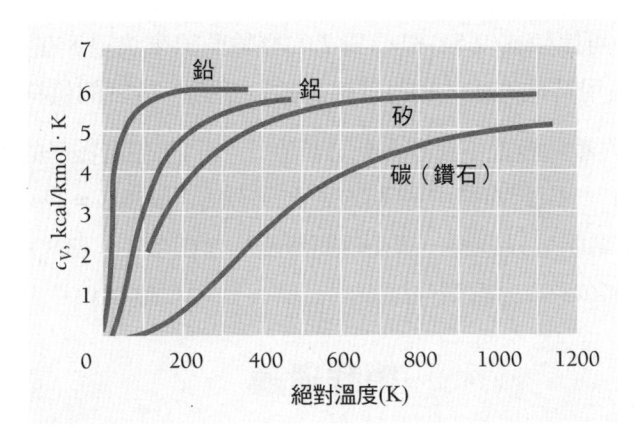

圖 9.10 對一些元素，固定體積的莫耳比熱 c_V 隨溫度的變化。

愛因斯坦的公式

1907年時，愛因斯坦發現了推導式(9.51)的基本錯誤在於固體中每個振盪器的平均能量kT，此錯誤即為造成黑體輻射之瑞利－金斯公式不正確的原因，根據愛因斯坦的理論，振盪器頻率為ν的機率由式(9.39)所得到為$f(\nu) = 1/(e^{h\nu/kT} - 1)$，因此頻率為$\nu$之振盪器的平均能量為

每個振盪器
的平均能量
$$\overline{\epsilon} = h\nu f(\nu) = \frac{h\nu}{e^{h\nu/kT} - 1} \tag{9.52}$$

而非$\overline{\epsilon} = kT$。因此一千莫耳固體的總內能變為

固體的總內能
$$E = 3N_0\overline{\epsilon} = \frac{3N_0 h\nu}{e^{h\nu/kT} - 1} \tag{9.53}$$

故其莫耳比熱為

愛因斯坦比熱公式
$$c_V = \left(\frac{\partial E}{\partial T}\right)_V = 3R\left(\frac{h\nu}{kT}\right)^2 \frac{e^{h\nu/kT}}{(e^{h\nu/kT} - 1)^2} \tag{9.54}$$

我們馬上可以看到此方法是正確的途徑，在高溫時$h\nu \ll kT$，且

$$e^{h\nu/kT} \approx 1 + \frac{h\nu}{kT}$$

因為
$$e^x = 1 + x + \frac{x^2}{2!} + \frac{x^3}{3!} + \cdots$$

因此式(9.52)變成$\overline{\epsilon} \approx h\nu(h\nu/kT) = kT$，並使得$c_V \approx 3R$為杜隆－佩堤值，在高溫時，可能的能量間隔$h\nu$相對於$kT$而言很小，故$\epsilon$是有效地連續，使得古典物理適用。

當溫度降低時，式(9.54)之c_V值會降低，從古典行為的角度來看，原因為可能的能量間隔相對於kT而言變大了，並且禁止了零點能量以上某些能量的存在。特定

物體的自然頻率ν可比較式(9.54)和c_V對T的經驗曲線來決定，在鋁中此頻率為$\nu = 6.4 \times 10^{12}$ Hz，與用其他方法（如以彈性係數為基礎）估計的值符合。

為何諧振子的零點能量不會進入此分析呢？我們回想諧振子的可能能量為$(n + \frac{1}{2})h\nu$, $n = 0, 1, 2, ...$，因此固體中每個諧振子的基態能量為$\epsilon_0 = \frac{1}{2}h\nu$，故零點能量不是$\epsilon_0 = 0$。但是零點能量只是將一個和時間無關的常數項$\epsilon_0 = (3N_0)(\frac{1}{2}h\nu)$加入固體的莫耳能量中。當將$(\partial E/\partial T)_V$偏微分以求出$c_V$時，此項會變為0。

德拜理論

雖然愛因斯坦公式預測了當$T \to 0$時，$c_V \to 0$，如同我們觀察到的，但此方法的精確度和實驗數據並不相當符合。式(9.54)在低溫之不適用，使得彼得·德拜(Peter Debye)在1912年時開始以不同的方式研究這個問題。在愛因斯坦的模型中，每個原子以頻率ν獨自振動，和鄰近原子無關。德拜則持相反意見，並且將固體視為連續的彈性體。而不是單獨原子的振動，根據這個新的模型，固體的內能將存在於彈性駐波中。

固體中的彈性波有兩種，縱波和橫波，其頻率範圍從0至極大值ν_m（固體中的原子間隔決定了可能波長的下限，亦即頻率的上限），德拜假設在一千莫耳的固體中，不同駐波的總數為$3N_0$個自由度。這些波和電磁波一樣，具有量子化能量，單位為$h\nu$，固體中聲波能量的量子稱為**聲子**(*phonon*)，因為自然界的聲波為彈性波，所以它將以聲速行進，聲子的觀念非常普遍，且除了比熱之外也有其他的應用。

德拜最後主張聲子氣體和光子氣體或是熱平衡的諧振子系統的統計行為相同，所以每個駐波的平均能量$\bar{\epsilon}$和式(9.52)一樣，而結果c_V公式會在所有溫度下，觀察到的c_V對T之曲線複製地相當好。

德拜是荷蘭人，從事許多物理和化學的研究，一開始在德國後來在康乃爾大學，雖然他的同事海森堡認為他很懶（「我常看到他在他的花園中散步，並且在上班時間澆他的玫瑰花」），但他發表了近250篇論文，並且在1936年時得到諾貝爾化學獎。

9.9 金屬中的自由電子

Free Electrons in a Metal

每個量子態不會超過一個電子

古典、愛因斯坦和德拜的固體比熱理論對於金屬和非金屬而言，成功的程度相等，但奇怪的是他們卻忽略了金屬中的自由電子。

如第 10 章所要討論的，在一般金屬中，每個原子提供一個電子給共用的「電子氣」，所以在一千莫耳的金屬中有N_0個自由電子，如果這些電子和理想氣體分子的行為相同時，每個的平均動能為$\frac{3}{2}kT$，金屬由於電子所產生每千莫耳的內能為

$$E_e = \frac{3}{2}N_0kT = \frac{3}{2}RT$$

而由電子產生的莫耳比熱應該為

$$c_{Ve} = \left(\frac{\partial E_e}{\partial T}\right)_V = \frac{3}{2}R$$

且金屬的總比熱應該為

$$c_V = 3R + \frac{3}{2}R = \frac{9}{2}R$$

古典分析在高溫時有效，事實上，當然，杜隆－佩堤值$3R$在高溫時也成立，故我們推論自由電子事實上對比熱並不會有貢獻，為何呢？

如果我們思考和金屬比熱有關的特性時，答案就開始浮現了。愛因斯坦模型的諧振子和德拜模型的聲子為波色子，且遵守波色－愛因斯坦統計，在佔據特別的量子態中的粒子數目並無上限。然而電子為費米子且遵守費米－迪拉克統計，即是說一個量子態不能容納一個以上的電子，雖然波色子系統和費米子系統都很接近馬克士威爾－波茲曼統計，在「高」溫時每個自由度的平均能量為$\bar{\epsilon} = \frac{1}{2}kT$。究竟要多高才足以使古典行為不必和金屬中的另外兩種系統相同？

根據式(9.29)，在費米子系統中，能量ϵ的狀態之平均佔據之分布函數為

每個態的平均佔據 $$f_{FD}(\epsilon) = \frac{1}{e^{(\epsilon - \epsilon_F)/kT} + 1} \qquad (9.29)$$

我們也需要$g(\epsilon)\,d\epsilon$的表示式，此為電子在能量ϵ和$\epsilon + d\epsilon$之間所能佔有的量子態數目。

我們可以同樣的推論來求出我們用來計算在9.5節之腔中，波長為λ的駐波數目之$g(\epsilon)d\epsilon$，對應性完全正確，因為對電子而言有兩個可能的自旋態$m_s = +\frac{1}{2}$，和$m_s = -\frac{1}{2}$（向上和向下），就如同對相同駐波來說，具有兩個完全獨立的極化方向。

我們在稍早發現長為邊長L之立方體腔中的駐波數目為

$$g(j)\,dj = \pi j^2\,dj \qquad (9.33)$$

其中$j = 2L/\lambda$。在電子的狀況中，λ為德布羅依波長$\lambda = h/p$，而在金屬中的電子具有非相對論的速度，所以$p = \sqrt{2m\epsilon}$且

$$j = \frac{2L}{\lambda} = \frac{2Lp}{h} = \frac{2L\sqrt{2m\epsilon}}{h} \qquad dj = \frac{L}{h}\sqrt{\frac{2m}{\epsilon}}\,d\epsilon$$

使用以上的表示式代入式(9.33)中得到

$$g(\epsilon)\,d\epsilon = \frac{8\sqrt{2}\pi L^3 m^{3/2}}{h^3}\sqrt{\epsilon}\,d\epsilon$$

而對腔中的駐波而言，金屬樣本的正確形狀並不重要，所以我們將體積V取代L^3得到

電子態的數量
$$g(\epsilon)\,d\epsilon = \frac{8\sqrt{2}\pi V m^{3/2}}{h^3}\sqrt{\epsilon}\,d\epsilon \tag{9.55}$$

費米能量

最後一個步驟即為計算費米能量ϵ_F的值。如9.4節所討論的，為了將能量從$\epsilon = 0$增加開始，所以我們可將金屬樣本中的的電子態填滿，在$T = 0$時具有N個自由電子。根據定義，被填滿的最高態能量為$\epsilon = \epsilon_F$，而具有相同能量ϵ的電子數和此能量的態數一樣多，因為每個態受限於一個電子，因此

$$N = \int_0^{\epsilon_F} g(\epsilon)\,d\epsilon = \frac{8\sqrt{2}\pi V m^{3/2}}{h^3}\int_0^{\epsilon_F}\sqrt{\epsilon}\,d\epsilon = \frac{16\sqrt{2}\pi V m^{3/2}}{3h^3}\epsilon_F^{3/2}$$

所以

費米能量
$$\epsilon_F = \frac{h^2}{2m}\left(\frac{3N}{8\pi V}\right)^{2/3} \tag{9.56}$$

N/V為自由電子的密度。

例 9.8

求出銅的費米能量，假設每個銅原子貢獻一個自由電子給電子氣（這是一個很合理的假設，因為從表7.4中，一個銅原子的封閉內殼外面具有一個$4s$電子），銅的密度為8.94×10^3 kg/m³，其原子質量為63.5 u。

解

銅中的電子密度N/V等於單位體積的銅原子數目，因為 1 u = 1.66×10^{-27} kg，

$$\frac{N}{V} = \frac{原子}{m^3} = \frac{質量/m^3}{質量/原子} = \frac{8.94 \times 10^3 \text{ kg/m}^3}{(63.5 \text{ u}) \times (1.66 \times 10^{-27} \text{ kg/u})}$$
$$= 8.48 \times 10^{28} \text{ 原子/m}^3 = 8.48 \times 10^{28} \text{ 電子/m}^3$$

從式(9.56)中得知對應的費米能量為

$$\epsilon_F = \frac{(6.63 \times 10^{-34} \text{ J}\cdot\text{s})^2}{(2)(9.11 \times 10^{-31} \text{ kg/電子})}\left[\frac{(3)(8.48 \times 10^{28} \text{ 電子/m}^3)}{8\pi}\right]^{2/3}$$
$$= 1.13 \times 10^{-18} \text{ J} = 7.04 \text{ eV}$$

在絕對零度 $T = 0$ K 時，銅中的電子能量最高為 7.04 eV（對應的速度高到 1.6×10^6 m/s！），相反地，0 K 時理想氣體中的所有分子能量為 0，故金屬中的電子氣為**簡併的**(*degenerate*)。

9.10 電子能量分布
Electron-Energy Distribution

為何除了在很高和很低溫，金屬中電子不會影響比熱的原因

利用式(9.29)和(9.55)，我們可得到在能量 ϵ 和 $\epsilon + d\epsilon$ 之間電子氣的電子數為

$$n(\epsilon)\, d\epsilon = g(\epsilon) f(\epsilon)\, d\epsilon = \frac{(8\sqrt{2}\pi V m^{3/2}/h^3)\sqrt{\epsilon}\, d\epsilon}{e^{(\epsilon - \epsilon_F)/kT} + 1} \tag{9.57}$$

如果我們以費米能量 ϵ_F 來表示式(9.57)之分子時，我們得到

電子能量分布
$$n(\epsilon)\, d\epsilon = \frac{(3N/2)\,\epsilon_F^{-3/2}\sqrt{\epsilon}\, d\epsilon}{e^{(\epsilon - \epsilon_F)/kT} + 1} \tag{9.58}$$

此公式繪於圖 9.11 中，為 $T = 0$, 300 和 1200 K。

決定 0 K 時的平均電子能量是有趣的，為計算此能量，首先我們求出 0 K 時的總能量 E_0 為

$$E_0 = \int_0^{\epsilon_F} \epsilon n(\epsilon)\, d\epsilon$$

因為在 $T = 0$ K 時所有電子能量都小於或等於費米能量 ϵ_F，我們可假設

$$e^{(\epsilon - \epsilon_F)/kT} = e^{-\infty} = 0$$

和
$$E_0 = \frac{3N}{2}\epsilon_F^{-3/2} \int_0^{\epsilon_F} \epsilon^{3/2}\, d\epsilon = \frac{3}{5} N \epsilon_F$$

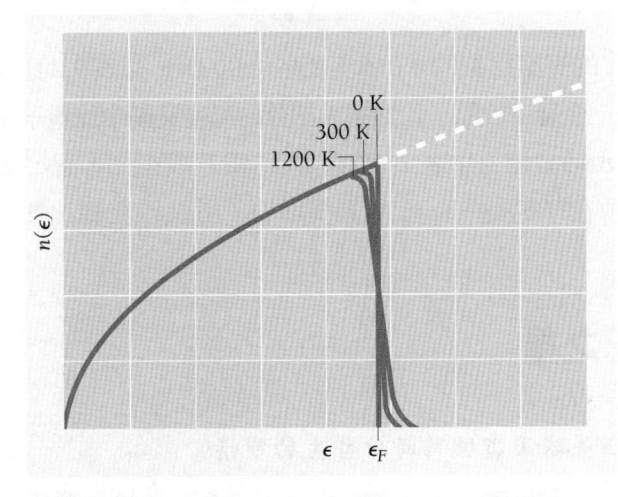

圖 9.11 在不同溫度下，金屬的電子能量分布。

表 **9.2** 一些費米能量。

金屬		費米能量(eV)
鋰	Li	4.72
鈉	Na	3.12
鋁	Al	11.8
鉀	K	2.14
銫	Cs	1.53
銅	Cu	7.04
鋅	Zn	11.0
銀	Ag	5.51
金	Au	5.54

平均電子能量 $\bar{\epsilon}_0$ 為此總能量除以電子數目 N，得到

$T = 0$ 時的平均電子能量
$$\bar{\epsilon}_0 = \frac{3}{5}\epsilon_F \qquad (9.59)$$

因為金屬的費米能量通常為數個電子伏特（表 9.2），故 0 K 時的平均電子能量大小也在這個數量級。分子平均動能為 1 eV 的理想氣體溫度為 11,600 K，如果自由電子具有古典行為時，銅樣本的溫度必須大約為 50,000 K，其電子才能有相同的平均能量。

金屬中的自由電子對比熱沒有顯著的貢獻是因為它的能量分布，當金屬加熱時，只有在能量分布上端附近的電子——與費米能量相差不到 kT 的電子——被激發至較高的能態。較低能的電子不能吸收更多能量，因為在它們上面的能態都已被占滿，因此即使當 kT 在室溫時為 0.025 eV 或在 500 K 時為 0.043 eV 時，一個能量比 ϵ_F 低 0.5 eV 的電子不可能躍遷過上方已填滿的態至最近的空態。

詳細的計算顯示出金屬中電子氣的比熱為

電子比熱
$$c_{Ve} = \frac{\pi^2}{2}\left(\frac{kT}{\epsilon_F}\right)R \qquad (9.60)$$

在室溫時，kT/ϵ_F 的範圍從銫的 0.016 至鋁的 0.0021，如表 9.2 所示。所以係數 R 比古典值 $\frac{3}{2}$ 小很多。金屬中的原子比熱在大部分的溫度範圍中比電子比熱還重要，然而，c_{Ve} 在非常低溫時會變得顯著，因為 c_V 大約和 T^3 成正比，而 c_{Ve} 和 T 成正比；在非常高溫時，c_V 會在 $3R$ 時飽和而 c_{Ve} 會繼續增加，所以 c_{Ve} 對總比熱的影響就可以被量測到。

9.11 瀕死之星

Dying Stars

當一個星球用盡燃料時會發生的事情

金屬並非是唯一含有簡併費米子氣體的系統——許多死星和瀕死之星也都屬於這類。

白矮星

或許銀河系中百分之十的星球為**白矮星**(*white dwarf*)，它們是位於星球演化末期的星球，其原來的質量約比八個太陽小，在提供它們能量的核反應燃料用完之後，此類星球將會變得不穩定，膨脹成紅巨星(red giant)，且最後會失去它的外層成份，剩下的核心會冷卻並且因為重力而收縮，直到原子塌陷為原子核與電子緊密地靠近時。一個典型的白矮星質量約為太陽的三分之二，但大小約跟地球差不多，亦即一個手掌大小的東西其質量在地球秤超過一噸。

當白矮星收縮時，它的體積 V 會減少，所以其電子的費米能量 ϵ_F 會增加，參閱式(9.56)，當 ϵ_F 超過 kT 時，電子會形成簡併氣體。在典型的白矮星中，費米能量的合理估算值為 0.5 MeV，原子核比電子重很多，且因為 ϵ_F 和 m 成反比，它們將繼續維持古典的行為。

隨著核反應到了尾聲時，原子核會冷卻且因為重力的影響會聚集在一起，然而，電子不能冷卻，因為大部分電子能佔據的低能階都已經被填滿了，此情形對應到圖9.6b，在星球收縮時電子氣會變得越來越熱。即使總電子質量只是星球質量的一小部分，當施加足夠的壓力會使得重力收縮停止，因此白矮星的大小決定於其原子核向內的重力收縮和簡併電子氣之間壓力的平衡。

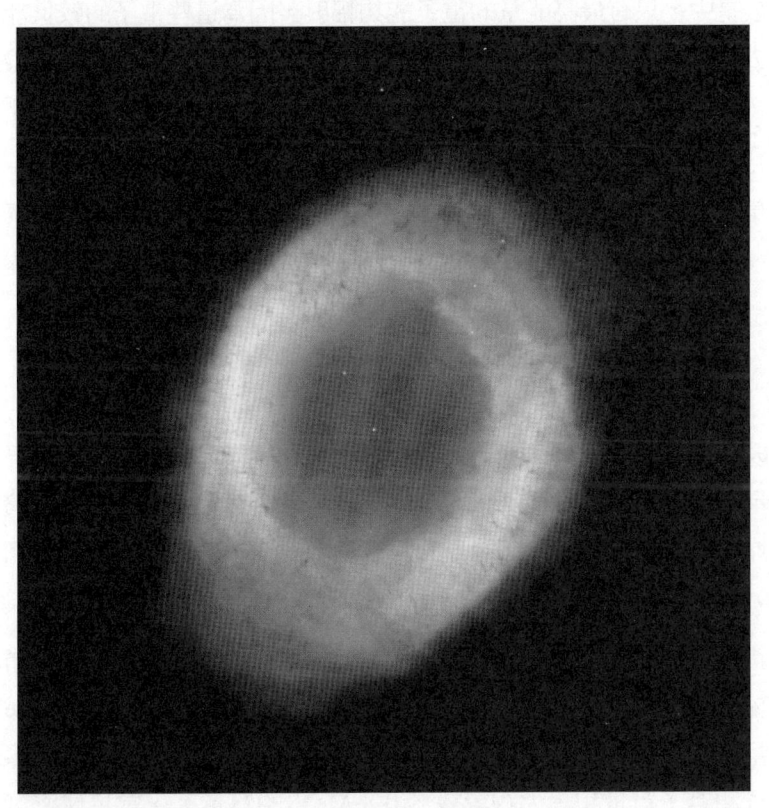

天琴座(constellation Lyra)的環狀星雲其氣體從中心向外擴散，目前正處於變成白矮星的過程中

詹德拉西卡極限

白矮星極大質量為 1.4 M_{sun}，以它的發現者而命名為**詹德拉西卡極限**(*Chandrasekhar limit*)。薩布拉曼陽・詹德拉西卡(Subrahmanyan Chandrasekhar)於1930年他十九歲時，在一艘將他從家鄉印度載往劍橋領取獎學金的船上計算出來這個極限，這個極限有兩個基本的觀察：

1. 矮星的內能和重力位能隨著半徑($1/R$)變化。
2. 它的內能正比於質量 M，但是它的重力位能正比於 M^2。

因為第2項，向內的重力壓力支配了非常重的矮星，並且不會因為第1項中的電子氣壓力使得 R 減少而停止收縮。

當 $M > 1.4\ M_{sun}$ 時，瀕死之星會變得如何呢？答案似乎是會完全塌陷，以產生今日所謂的黑洞（現在我們知道中子星密度可能比白矮星還大，且仍然是穩定的），著名的劍橋天文物理學家亞瑟・艾丁頓(Arthur Eddington)，詹德拉西卡的英雄之一，公開嘲笑塌陷是個荒謬的觀念，這個屈辱是使得詹德拉西卡後來到芝加哥大學的原因之一，他在芝加哥大學有非常傑出的研究成果。而他在白矮星的研究使他於1983年獲得了諾貝爾獎。

在白矮星中，只有最高能量的電子能夠輻射，因為這些電子的較低能階是空的可以掉進去，當低於 ϵ_F 的能階填滿時，星球將會變得越來越暗且在數十億年後完全停止輻射，現在稱之為**黑矮星**(*black dwarf*)，為一個死的物質塊，因為電子能量永遠被鎖定在費米能量之下。

收縮星球的質量越大，需要維持電子在平衡態的壓力也越大，如果質量比 1.4 M_{sun} 大時，重力作用將會使得電子氣絕不會起反作用，這樣的星球不會變成穩定的白矮星。

中子星

在遵循變成白矮星的演化路徑上，太重的星球——比太陽還重八倍——具有不同的命運，此星球的巨大質量使得星球燃料耗盡時，會突然產生塌陷，並且隨後會產生猛烈的爆炸，此爆炸會使得其大部分的質量拋向太空中。這樣的事件我們稱之為**超新星**(*supernova*)爆炸，將會使得星球比原來還亮十億倍。

在超新星爆炸後所留下來的可能是質量比 1.4 M_{sun} 還大的殘留物，當這個星球因重力收縮時，它的電子能量會變得越來越大，當費米能量達到 1.1 MeV 時，平均電子能量為 0.8 MeV，這是電子和質子反應以產生中子所需的極小能量（中子質量超過電子和質子質量和，大約等效於 0.8 MeV 的質量）。當星球密度為白矮星

的20倍時，會達到這個狀況，中子會一直產生直到電子和質子耗盡為止。而身為費米子的中子將會以簡併氣體終結其生命，且它們的壓力將支撐星球抵抗重力的繼續收縮。

中子星的發現

在中子發現兩年之後，1934年所發表的一篇論文中，天文學家巴德(Walter Baade)和則威奇(Fritz Zwicky)提出在它的活性生命的尾聲時，一個非常重的星球會碰到激烈的爆炸，並且在天空中如同超新星一樣亮，「我們認為超新星代表普通星球轉變為由中子所組成的中子星（主要由中子組成）過程，這樣的星球可能有非常小的半徑，但非常高的密度代表了物質的最穩定狀態。」

雖然有些物理學家在數年後將中子星理論發展得更加完整，但直到1967年脈衝星被發現時才確定了中子星的存在。在那一年，異常的無線電訊號以異常規則的週期（1.33730113秒）從狐狸座(Vulpecula)的方向傳過來，它們被以後為劍橋大學的研究生貝爾（Jocelyn Bell，現在是布奈爾(Jocelyn Bell Burnell)）發現，她的論文指導教授也因為發現中子星而獲得諾貝爾物理獎。脈衝星的無線電輻射最先被觀測到，但是後來偵測一些以無線電信號同步的脈衝星的可見閃光。

脈衝星的功率輸出約為10^{26} W，和太陽的總輸出相當，這麼強的能量來源不可能在幾分之一秒被開關，一些脈衝星的週期為幾分之一秒，它也不可能跟太陽一樣大。甚至是如果太陽突然停止輻射時，在其光到達地球之前也要花費2.3秒，因為我們能看到太陽的所有部分距離並不相同，而太陽大小的脈衝星也不可能以小於一秒的時間轉動一次，結論是脈衝星為了能夠輻射這樣的能量，必定擁有星球的質量，但訊號為了快速變動，它一定比星球小很多。從這些及其他的觀察中，脈衝星像是快速旋轉的中子星。

中子星(*neutron star*)被認為是半徑為10至15 km，且質量約在1.4至3 M_{sun}（圖9.12），如果地球的密度如此大時，其質量將塞進一間大公寓中。而稱為**脈衝星**(*pulsars*)的星體據信為轉動快速的中子星，大部分的星球具有磁場，且當星球收縮為中子星時，其表面場會迅速地巨大地增加。磁場是從留在內部的電子轉動而產生，

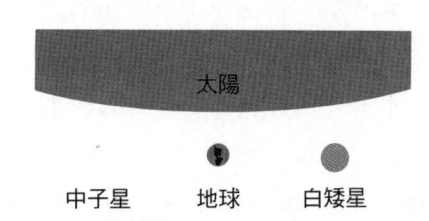

圖 9.12 白矮星、中子星與太陽及地球的比較，白矮星和中子星其質量都被視為與太陽質量相似。

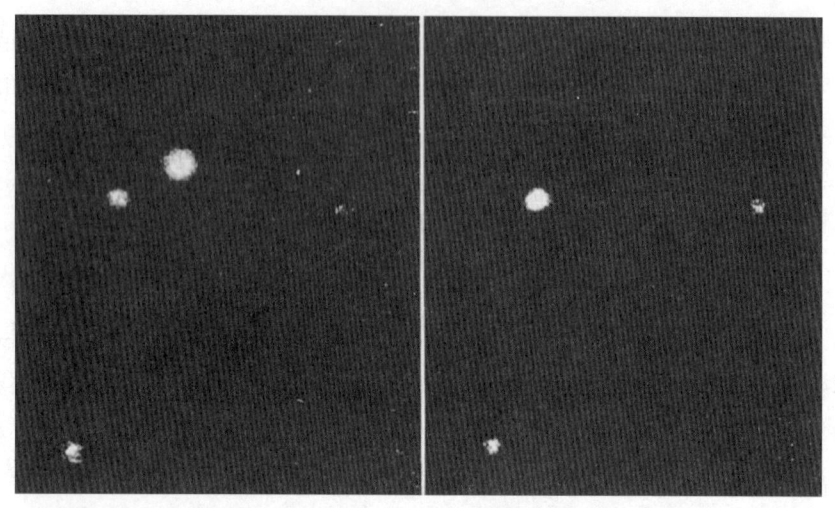

在蟹狀星雲中心的脈衝星每秒閃動30次,且變成一個轉動的中子星,這些圖片是在極大和極小放射時所攝,星雲本身已出現在本章一開始的圖片中,其寬度為10光年且持續地在擴張。

因為它們不能損失能量(氣體是簡拼的,最低能態填滿的),所以磁場存在的時間和宇宙的年齡相較,應該會持續一段時間。

脈衝星的磁場會捕捉游離化氣體的尾部會輻射光、無線電波和x射線的,如果磁場軸和轉動軸沒有對齊時,一個遙遠的觀察者如地球上的天文學家,將會收到自旋的輻射脈衝,因此脈衝星像一個釋放出轉動閃亮光束的燈塔。

目前已經發現超過1000個脈衝星,所有的週期都在0.0016和4秒間,最著名的脈衝星位於蟹狀星雲(Crab nebula)的中心,其週期為0.033秒,並且隨著脈衝星損失角動量,每年以10^{-5} s的速率增加。

黑洞

一個質量比1.4 M_{sun} 小的古老星球會變成白矮星,而質量在1.4至3 M_{sun} 之間則會變成中子星,而更古老的星球呢?當 $M > \sim 3\ M_{sun}$ 時,簡併電子氣和簡併中子氣都無法抵抗重力塌陷,而這樣的星球會變成太空中的一個點而終結其生命嗎?這似乎是不可能的,一個論證來自於測不準原理$\Delta x\, \Delta p \geq \hbar/2$。在超過特定大小的情況以及質子電場的向內牽引下,此原理使得氫原子不會塌陷到小於某一尺寸。相同的原理應該也會使得巨大的古老星球,在超過特定大小以及質子電場的向內牽引下不會繼續塌陷。又或許組成中子和質子的夸克(quark)具有特別的特性,能在特定密度時穩定這些星球。

不論其最後的特性如何,當一個 $M > 3\ M_{sun}$ 的古老星球收縮時,它會經過式(2.30)之史瓦茲希德半徑(Schwarzschild radius),且從那時起變成一個黑洞(2.9節)。我們將不會收到該星球的訊號,因為它的重力場太大,故任何事物,甚至是

光子,也無法逃脫該星球。重星球不僅為以黑洞終結,當時間消逝時,白矮星和中子星會吸引更多的宇宙塵埃和氣體,當它們聚集足夠的質量時,它們也會變成黑洞,如果宇宙能存在夠久的話,則宇宙中的每個東西可能都會以黑洞的形式存在。

習題

By the pricking of my thumbs/Something wicked this way comes. -William Shakespeare, Macbeth

9.2 馬克士威爾-波茲曼統計

1. 在什麼溫度之下,一千個原子氫氣體中,有一個原子位於能階 $n = 2$?

2. 太陽大氣的某部分溫度為 5000 K,求出在此區域的 $n = 1, 2, 3, 4$ 能階中,氫原子的相對數目,確定你已經將每個能階的多重性都考慮進去了。

3. 鈉的第一受激態 $3^2P_{1/2}$ 比基態 $3^2S_{1/2}$ 高了 2.093 eV,求出鈉蒸氣在 1200 K 時每個能階原子數目之間的比例為何?【見例 7.6。】

4. H_2 分子的振動頻率為 1.32×10^{14} Hz,(a) 求出在 5000 K 時,$v = 0, 1, 2, 3, 4$ 的振動態的相對居量,(b) $v = 2$ 和 $v = 3$ 態的居量可以相等嗎?如果可以的話,溫度為何?

5. H_2 分子的轉動慣量為 4.64×10^{-48} kg·m^2,(a) 求出在 300 K 時,$J = 0, 1, 2, 3, 4$ 的轉動態的相對居量,(b) $J = 2$ 和 $J = 3$ 態的居量可以相等嗎?如果可以的話,溫度為何?

6. 在某種四階的雷射中(4.9節),雷射躍遷的最終態比基態高 0.03 eV,在 300 K 下若沒有外加激發時,有多少原子位於此能階中?為了使雷射放大在此溫度能夠產生,此能階中所需之最少原子比例為何?為什麼呢?在 100 K 的情況呢?你預期將一個三階雷射冷卻能得到相同的效果嗎?

9.3 理想氣體中的分子能量

7. 求出兩個分子組成物的 $\bar{v}$ 和 v_{rms},一個速度為 1.00 m/s,而另一個為 3.00 m/s。

8. 證明在室溫下(20°C)每個分子的平均動能遠比氫原子從基態躍遷至第一受激態所需的能量小。

9. 在什麼溫度下,氣體氫的平均分子動能等於氫原子的束縛能呢?

10. 證明在大氣壓 20°C 且熱平衡時,氧分子的德布羅依波長比其直徑 4×10^{-10} m 小。

11. 求出由 500 K 的氫原子氣體所釋放的 656.3 nm 光譜線的都卜勒效應所產生的寬度。

12. 證明理想氣體分子的最可能的速度為 $\sqrt{2kT/m}$。

13. 證明理想氣體的 $1/v$ 平均值為 $\sqrt{2m/\pi kT}$。【注意:$\int_0^\infty v e^{-av^2} dv = 1/(2a)$。】

14. 一道流量為 10^{12} 中子/m^2 的中子流每秒從核子反應爐的通口中流出,如果這些中子有 $T = 300$ K 的馬克士威爾-波茲曼能量分布時,計算中子束的密度。

9.4 量子統計學

15. 在相同的溫度下,古典氣體分子、波色子氣體和費米子氣體那個會展現最大的壓力?最小壓力呢?為何?

16. 在 0 K 下的費米子系統中,費米能量的重要性為何?在 $T > 0$ K 呢?

9.5 瑞利－金斯公式

17. 在一個邊長為 1 m 的正方體腔中，波長 9.5 至 10.5 mm 之間的獨立駐波數目有多少個？而在 99.5 至 100.5 mm 之間呢？【提示：先證明 $g(\lambda)\,d\lambda = 8\pi L^3 d\lambda/\lambda^4$。】

9.6 普朗克輻射定律

18. 如果一個紅色星球和白色星球以相同速率輻射時，它們的大小可以相同嗎？如果不行，那一個比較大呢？

19. 熱感式圖形可測量每個人體皮膚的一小部分所釋放之紅外光速率，為證明皮膚溫度的微小差異即可造成很大的輻射速率變化，求出皮膚從 34° 至 35°C 時總輻射之間差的百分比。

20. 太陽黑子是黑色的，雖然它們的溫度為 5000 K，因為太陽表面的其他部分更熱，約 5800 K，比較溫度分別為 5000 和 5800 K 時，相同輻射率的表面之輻射速率。

21. 如果太陽表面溫度比現在低 10% 時，到達地球的太陽能速率為何？

22. 太陽質量為 2.0×10^{30} kg，半徑為 7.0×10^8 m，且其表面溫度為 5.8×10^3 K，太陽藉由輻射來損失其 1% 的質量需要多少年？

23. 一物體溫度為 400°C，在多少溫度下該物體輻射能量速率會比現在快兩倍呢？

24. 一個直徑為 5 cm 銅球其輻射率為 0.5，被放置於爐中加熱到 400°C，其輻射速率為何？

25. 計算爐內部溫度為 700°C 時，從牆上面積為 10^2 cm 的洞中所逃脫出來的輻射率為何？

26. 一個在 500°C 的物體能發出可察覺到的白熱光，在 750°C 時顏色變為櫻桃紅色，如果某一黑體在溫度 500°C 時輻射 1.00 kW 的光，當它在 750°C 時其輻射速率為何？

27. 求出溫度在 500°C 時，輻射 1.00 kW 的黑體其表面積為何？如果黑體為球體時，其半徑為何？

28. 用在電腦中的微處理器產生熱的速率為 30 W/cm²，黑體輻射在何溫度下會發生相同速率的輻射呢？（微處理器需冷卻以防止它們釋放的熱所造成的損害。）

29. 考慮太陽為 6000 K 的黑體，估計 570 至 590 nm 間的黃光佔總輻射比例為何？

30. 求出在 500°C 下由黑體輻射出的光譜之峰值波長，此波長位於電磁頻譜中的那個部分呢？

31. 天狼星(Sirius)光譜中最亮的部分位於波長 290 nm，其表面溫度為何？

32. 一腔中的輻射光譜中，峰值波長為 3.00 μm，求出腔中的總能量密度。

33. 在銀河系統的氣體雲以速率 1.0×10^{27} W 釋放輻射，此輻射的最大強度在波長為 10 μm 時，如果此雲為球狀且像黑體一樣輻射時，求出其表面溫度和直徑。

34. (a) 求出在例 9.6 中所提到普適溫度 2.7 K 輻射的能量密度，(b) 求出在此輻射中每立方公尺的近似光子數，假設所有光子波長為 1.1 mm，此時能量密度為最大。

35. 求出在 1000 K 熱平衡時，固定體積 1.00 cm³ 輻射的比熱為何？

9.9 金屬的自由電子

9.10 電子能量分布

36. 金屬中的自由電子遵守費米統計的事實和光電效應與溫度無關的事實之間有何關聯？

37. 證明在 $T = 0$ 之自由電子氣中的中央能量為 $\epsilon_F/2^{2/3} = 0.630\epsilon_F$。

38. 銅中的費米能量為 7.04 eV，比較室溫時銅的自由電子近似平均能量和如果它遵守馬克士威－波茲曼統計時的平均能量。

39. 銀的費米能量為 5.51 eV，(a) 0 K 時銀中的自由電子平均能量為何？(b) 理想氣體中的分子能量若為此能量時，其溫度為何？(c) 此能量的電子速度為何？

40. 銅的費米能量為 7.04 eV，(a) 銅中大約有多少百分比的自由電子在室溫時會在受激態呢？(b) 在銅的熔點 1083°C 呢？

41. 使用式(9.29)證明在 $T = 0$ 的費米子系統中，所有 $\epsilon < \epsilon_F$ 的能態都被佔據而 $\epsilon > \epsilon_F$ 的能態都未被佔據。

42. 在溫度 T 的電子氣其費米能量為 ϵ_F，(a) 在何能量 ϵ 下，此能態會有 5% 的機率被佔據？(b) 在何能量 ϵ 下，此能態會有 95% 的機率被佔據？以 ϵ_F 和 kT 來表示答案。

43. 證明如果在任何溫度下，能量態 $\epsilon_F + \Delta\epsilon$ 的平均佔有機率為 f_1，而能量態 $\epsilon_F - \Delta\epsilon$ 的平均佔有機率為 $f_2 = 1 - f_1$（這是圖 9.10 曲線對 ϵ_F 對稱的原因）。

44. 鋁的密度為 2.70 g/cm³ 且原子質量為 26.97 u，鋁的電子結構如表 7.4 所示（3s 和 3p 電子間的能量差非常小），且鋁中電子的有效質量為 $0.97\ m_e$，計算鋁中的費米能量（有效質量將在 10.8 節的末端討論）。

45. 鋅的密度為 7.13 g/cm³ 且原子質量為 65.4 u，鋅的電子結構如表 7.4 所示，且其有效電子質量為 $0.85\ m_e$，計算鋅的費米能量。

46. 藉著比較式(9.56)的自由電子密度和單位體積的鉛原子，來求出每個鉛原子提供給固態鉛中電子氣的電子數目，鉛密度為 1.1×10^4 kg/m³ 且費米能量為 9.4 eV。

47. 求出 0 K 時 1.00 g 銅樣本在 $\epsilon = \epsilon_F/2$ 中，每電子伏特所擁有的電子態數目為何，考慮金屬中的電子能量分布為連續是否正當呢？

48. 銅在 20°C 的比熱為 0.00920 kcal/kg·°C，(a) 以 J/kmol·K 來表示此比熱，(b) 有多少比例的比熱可歸因於電子氣呢？假設每個銅原子有一個自由電子。

49. 波色－愛因斯坦和費米－迪拉克分布函數在 $e^\alpha e^{\epsilon/kT} \gg 1$ 時都會變成馬克士威爾－波茲曼函數。當能量在 kT 附近時，如果 $e^\alpha \gg 1$，此近似仍成立。氦原子自旋為 0，故遵守波色－愛因斯坦統計，對 STP 下（20°C 和一大氣壓的狀態，1 kmol 的任何氣體體積為 22.4 m³）的氦而言，藉由表示 $A \ll 1$ 來證明 $f(\epsilon) \approx 1/e^\alpha e^{\epsilon/kT} \approx Ae^{-\epsilon/kT}$ 成立。為得到此結果，將式(9.55)中 $g(\epsilon)\,d\epsilon$ 的係數由 8 改為 4，因為氦原子電子不會擁有兩個自旋態，且利用此近似，從正規化條件 $\int_0^\infty n(\epsilon)\,d\epsilon = N$ 求出 A。其中 N 為樣本中的原子總數（1 kmol 的氦包含了亞佛加厥數 N_0 個原子，其原子質量為 4.00 u 且 $\int_0^\infty \sqrt{x}e^{-ax}\,dx = \sqrt{\pi/a}/2a$）。

50. 氦在大氣壓且溫度 4.2 K 時為密度 145 kg/m³ 的液體，利用習題 49 的方法來證明對液態氦而言 $A > 1$，所以它不能由馬克士威爾－波茲曼統計滿意地描述。

51. 在 STP 下（參閱習題 49）且能量接近 kT 狀況之金屬中的自由電子，費米－迪拉克分布函數不能被馬克士威爾－波茲曼函數近似，利用習題 49 的方法來證明在銅中如果 $f(\epsilon) \approx Ae^{-\epsilon/kT}$，$A > 1$，在 9.9 節中的計算出對銅而言，$N/V = 8.48 \times 10^{28}$ 電子/m³，注意，在此不能改變式(9.55)。

9.11 瀕死之星

52. 太陽質量為 2.0×10^{30} kg 而半徑為 7.0×10^8 m，假設它完全由 10^7 K 之游離氫原子所組成，(a) 求出太陽中質子氣和電子氣的費米能量，(b) 將這些能量和 kT 比較，來看每個氣體是否為簡併（$kT \ll \epsilon_F$，所以很少粒子能量超過 ϵ_F）或是非簡併（$kT \gg \epsilon_F$，所以很少粒子能量低於 ϵ_F，且氣體將展現古典行為）。

53. 考慮一個質量為太陽的一半且半徑為太陽 0.01 倍的白矮星。假設它完全由游離碳原子組成（質量 12 u），故每個原子核將有六個電子且其內部溫度為 10^7 K，(a) 求出碳原子核氣和電子氣的費米能量，(b)將這些能量和 kT 比較，來看是否每個氣為簡併或非簡併，如習題 52。

54. 質量 M 且半徑 R 的均勻密度球，其重力位能為 $E_g = -\frac{3}{5}GM^2/R$。考慮包含費米能量 ϵ_F 的 N 個電子的白矮星，因為 $kT \ll \epsilon_F$，從式(9.51)中知道平均能量為 $\frac{3}{5}\epsilon_F$，且總能量 $E_e = \frac{3}{5}N\epsilon_F$，和 E_e 相比，原子核的能量可忽略不計，因此星球的總能量為 $E = E_g + E_e$，(a)令 $dE/dR = 0$ 並且解出 R 以求出星球的平衡半徑，(b)計算質量為太陽一半且完全由游離化碳原子所組成的星球的 R 值，如習題 53。

CHAPTER 10

固態
The Solid State

木蟻正搬運包含數百萬個電路元件的微晶片。

10.1 晶態與非晶態固體
長距序與短距序

10.2 離子晶體
相反的吸引力可產生一個穩定的結合

10.3 共價晶體
共用電子導致最強的鍵結

10.4 凡德瓦鍵
弱但到處都有

10.5 金屬鍵
自由電子氣決定了金屬的特徵特性

10.6 固體的能帶理論
固體的能帶結構決定其是否為導體、絕緣體或半導體

10.7 半導體元件
p-n 接面的特性決定了微電子工業的發展

10.8 能帶：另一種分析
一個晶體晶格的週期性如何導致允許帶及禁止帶

10.9 超導性
完全沒有電阻，但只能在極低溫（目前為止）

10.10 束縛電子對
超導性的關鍵

固體是由原子、離子或分子緊密聚合在一起組成,將它們聚在一起的力會造成各種固體的不同特性。共價鍵(covalent bond)將一定個數的原子聚合在一起形成某種分子;將無限數目的分子再聚合在一起,即構成了固體。除此之外,離子鍵(ionic bond)、凡德瓦鍵(van der Waals bond)及金屬鍵(metallic bond)提供了形成離子、分子和金屬的聚合力(cohesive force),其結構元素分別是離子、分子和金屬原子。所有的這些鍵結來源都是電力(electric force),這些鍵結的主要差異,是由於結構元素間外層電子的排列方式不同。雖然宇宙中固態物質不多,卻構成了絕大部分的物理世界,且現代科技也建立於不同固態物質的特殊性質上。

10.1 晶態與非晶態固體
Crystalline and Amorphous Solids

長距序與短距序

大多數的固體是**晶態**(*crystalline*)的形式,它所組成的原子、離子或是分子在三維圖型呈現規則及重複的排列。**長距序**(*long-range order*)是晶體的特性。雖然少部分的固體是由單一晶體構成,大部分為多晶態(polycrystalline),或是由許多微小的結晶體(或稱為微晶(crystallite))構成。

晶態固體明顯地有固定的粒子排列方式,其他無此特性的固體,可以視為超冷的液體,它的堅硬則來自於特別高的黏滯性。玻璃、瀝青和許多塑膠都是此種**非晶態**(*amorphous*)(「沒有形式」)固體。

非晶態固體在結構上呈現**短距序**(*short range order*)。三氧化二硼(B_2O_3)能以晶態與非晶態兩種形式呈現,可用來清楚地表示出如何區別長距序和短距序。在非晶態與晶態兩種形式下,每個硼原子被三個氧原子包圍,代表一個短距序。此外,參考圖10.1的二維表示,B_2O_3晶體亦有長距序。非晶態的B_2O_3為一個似玻璃或玻璃類物質,缺乏規則性。由玻璃狀態形成結晶是十分緩慢的過程,所以在正常狀態下

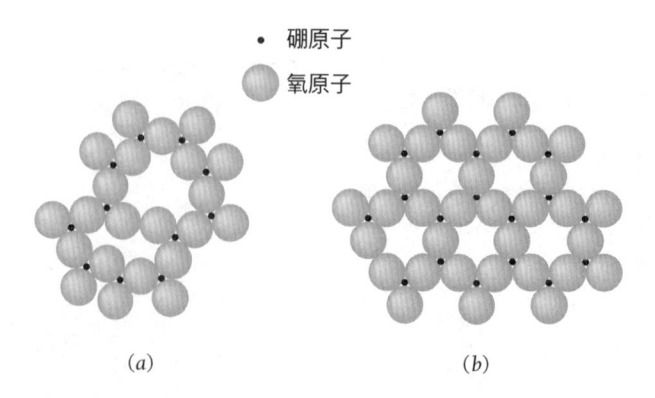

- 硼原子
- 氧原子

(a)   (b)

圖 10.1 B_2O_3的二維示意圖。(*a*)非晶態 B_2O_3只有短距序,(*b*)晶態 B_2O_3也有長距序。

並不會發生。當加溫到即將軟化時，玻璃有可能形成不透明的結晶；且在年代久遠的玻璃樣本中，有時也可以發現結晶。

比較非晶態固體和液體間的相似之處，可以用來瞭解此兩種物質的狀態。液體的密度和其固態時的密度相近，所以它們的聚合程度也相似。這個推論來自於這兩種狀態的壓縮係數。此外，除了某些成群的液體分子會連續移動外，x射線繞射也指出液體在任一瞬間有一定的短距序。一個值得注意的例子便是當液體中之短距序發生在水分子正好高於熔點時，將使水凝結時比在較高溫度時的密度還低，因為水分子在晶體中比它在能自由移動的結構中要來的鬆散。

由於缺乏長距序，非晶態中的鍵結強度並不固定。對非晶態固體加熱，最弱的鍵結會最先斷裂，固體會逐漸軟化。而晶態固體在到達熔點時，所有的鍵結會同時斷裂，熔融有一突變的起點。金屬玻璃(metallic glasses)是由多種大小差別很大的金屬原子構成，其可避免由熔化的狀態冷卻時，形成有秩序的晶體結構。此種金屬玻璃的密度只有鋼的一半，但強度是鋼的兩倍，也更堅硬，可以變形而不裂開。加熱時緩慢軟化，使它很容易成形。

晶體缺陷

在一個完美的晶體中，每個原子在規則的陣列中，有固定的平衡位置。實際上，不可能有完美的晶體。像是原子空缺、錯位、不規則排列或是晶體中的雜質，都是造成晶體缺陷的原因。晶體缺陷會影響晶體的物理特性，例如受應力晶體的表現還有半導體的電性，都取決於結構缺陷的性質與濃度。

點缺陷(*point defect*)是晶體缺陷中最常見的。如圖 10.2 有四種基本的點缺陷。空位和填隙的產生需要一到兩個電子伏特的能量，是由熱所產生，溫度越高，缺陷就越多。很重要的是，藉由粒子輻射也可以產生此種缺陷。例如，在核子反應爐

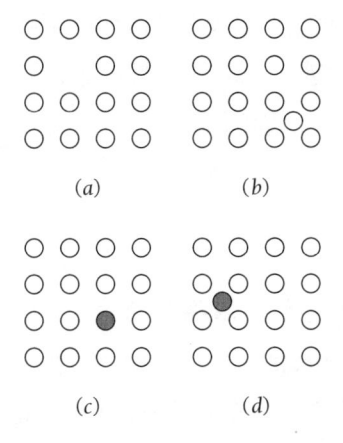

圖 10.2 晶體中的點缺陷：(*a*)空位，(*b*)間隙，(*c*)取代雜質，(*d*)間隙雜質。

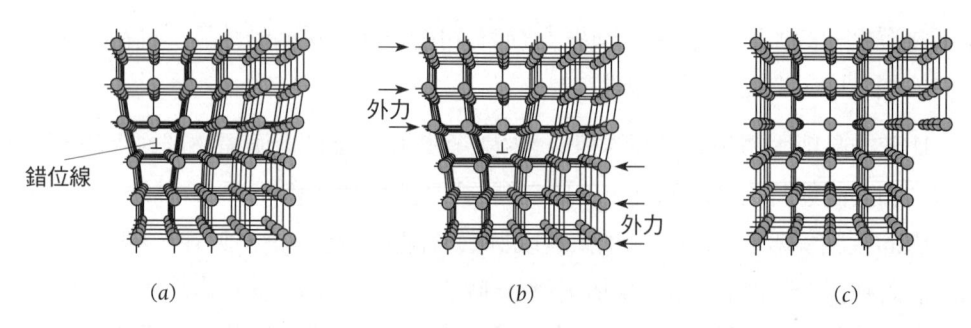

圖10.3 受應力的晶體因為錯位缺陷使其位置移動，將造成永久的形變。(a)起初晶體的結構中有邊緣錯位。(b)上層原子的鍵結，一次一排地持續往右移動，錯位也往右移動。(c)晶體造成永久的形變。此種一步一步造成的形變所需要的力，比一次移動整層原子的力要小的多。

中，高能量的中子持續地撞擊原子，使其離開原來的晶格。大部分的金屬將因此變得更脆。

摻雜雜質對半導體電氣特性影響，構成電晶體工作的基礎，將在後面的章節討論。

錯位(*dislocation*)(或譯「差排」)是某一段原子不在適當的位置所產生的晶體缺陷。錯位有兩種，圖10.3所示為**邊緣錯位**(*edge dislocation*)，我們可以看見其造成了一層原子(圖中錯位原子垂直排列)的移動。邊緣錯位可以在沒有破裂的情形下造成永久形變，此即所謂的**延展性**(*ductility*)，金屬是延展性最好的固體。圖中原子間的鍵結是以直線來表示。另一種錯位為**螺旋錯位**(*screw dislocation*)。參考圖10.4，螺旋錯位的產生可以想像成在完美的晶體中切入一些深度，切入的一邊對另一邊相對位移，原子層旋繞著錯位而得其名。晶體中實際的錯位通常包含了邊緣錯位和螺旋錯位。

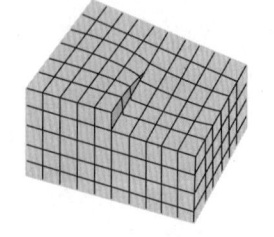

當固體產生形變時，錯位會增加。錯位數量變多而互相糾結時，會阻礙彼此的運動，也更難使其變形。此種現象稱為加工硬化(work hardening)。加高溫(退火)可以把加工硬化的物體從錯位缺陷回到排列規則的晶體狀態，也因此變得更加有延展性。冷滾成形的鋼條和鋼片，比熱滾成形的還要堅硬。

圖10.4 螺旋錯位。

10.2 離子晶體

Ionic Crystals

相反的吸引力可產生一個穩定的結合

離子鍵之形成是因為具有低解離能的原子，與易接納電子的原子作用時失去電子，前者授予後者電子，各自形成正負離子(圖8.2)。在離子晶體內，離子聚合在一起形成平衡的狀態，正負離子間的吸引力和離子間的排斥力達到平衡。

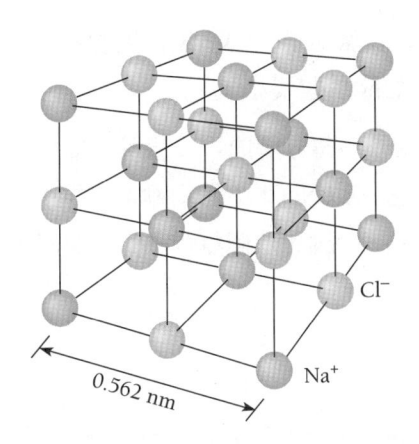

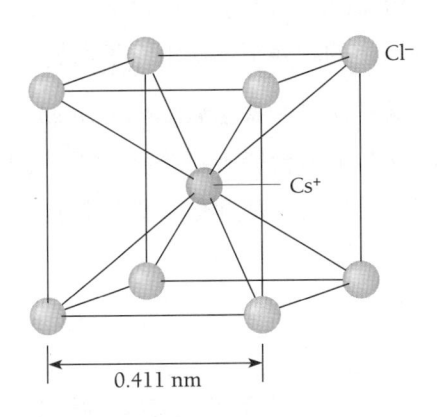

圖 10.5 氯化鈉晶體為面心立方的結構，配位數（每個離子相鄰最接近的個數）為6。

圖 10.6 氯化銫晶體為體心立方的結構，配位數為8。

就像分子的情形一樣，在不相容原理作用下，各類晶體可不受聚合力影響而塌陷，即當不同原子的電子殼重疊網結在一起時，必須有一方佔據高能態。

一般來說，在一個離子晶體中，每一個離子被相反電性的離子盡可能地包圍，以達到最大的穩定性。離子的大小決定了不同的晶體結構，圖10.5和10.6為兩種常見的離子晶體結構。

兩種元素間的離子鍵發生在一方元素的解離能較低的時候，此元素會失去電子形成正離子；而另一方具有高**電子親和力**(*electron affinity*)的元素會得到電子形成負離子。電子親和力是元素獲得多餘的一個電子時所釋放的能量；元素的電子親和力越大，元素就越容易形成負離子。鈉(Na)的游離能有 5.14 eV，容易形成鈉離子

氯化鈉晶體的電子顯微圖片。晶體的立方結構常被錯位破壞。

(Na$^+$)；氯(Cl)的電子親和力為 3.61 eV，容易形成氯離子(Cl$^-$)。氯化鈉的系統總能量在穩定的狀態下，比鈉原子和氯原子的系統總能量還要小。

離子晶體的**聚合能**(*cohesive energy*)是將離子晶體分解成單一原子所需要的能量，部分的聚合能來自於離子間的電位能 U_{coulomb}。以 NaCl 中的鈉離子來說，於圖 10.5 中可見到其鄰近有六個氯離子，每個距離為 r。故此六個氯離子對鈉離子所產生的位能為

$$U_1 = -\frac{6e^2}{4\pi\epsilon_0 r}$$

次鄰近有 12 個鈉離子，每個距離 $\sqrt{2}r$ 遠。因為邊長為 r 之正方形其對角線為 $\sqrt{2}r$，鈉離子受此十二個鈉離子之位能為

$$U_2 = +\frac{12e^2}{4\pi\epsilon_0 \sqrt{2}\, r}$$

連續對所有在晶體無限體積內的正負離子加總時，其結果為

$$U_{\text{coulomb}} = -\frac{e^2}{4\pi\epsilon_0 r}\left(6 - \frac{12}{\sqrt{2}} + \cdots\right) = -1.748\frac{e^2}{4\pi\epsilon_0 r}$$

此結果也同樣地適用於氯離子之位能。可用通式表示成

庫侖能量
$$U_{\text{coulomb}} = -\alpha\frac{e^2}{4\pi\epsilon_0 r} \tag{10.1}$$

α 為晶體的**馬德隆常數**(*Madelung constant*)，同樣的晶體結構具有相同的馬德隆常數。用同樣的方法可以計算出其他晶體結構的馬德隆常數，以氯化銫(CsCl)為例（見圖 10.6），$\alpha = 1.763$。簡單晶體結構的馬德隆常數通常介於 1.6 與 1.8 之間。

由於不相容原理，由排斥力所造成的位能之近似形式為

排斥能
$$U_{\text{repulsive}} = \frac{B}{r^n} \tag{10.2}$$

相對應於排斥，排斥能的符號為正。並且和 r^{-n} 成正比，當離子間的距離 r 減少時，短距力將會很快地增加。因此每個離子對其他離子間作用的總位能為

$$U_{\text{total}} = U_{\text{coulomb}} + U_{\text{repulsive}} = -\frac{\alpha e^2}{4\pi\epsilon_0 r} + \frac{B}{r^n} \tag{10.3}$$

如何求出 B 的大小？當離子間以 r_0 的距離達到平衡時，U 會有最小值。因此，當 $r = r_0$ 時，$dU/dr = 0$，得到

$$\left(\frac{dU}{dr}\right)_{r=r_0} = \frac{\alpha e^2}{4\pi\epsilon_0 r_0^2} - \frac{nB}{r_0^{n+1}} = 0$$

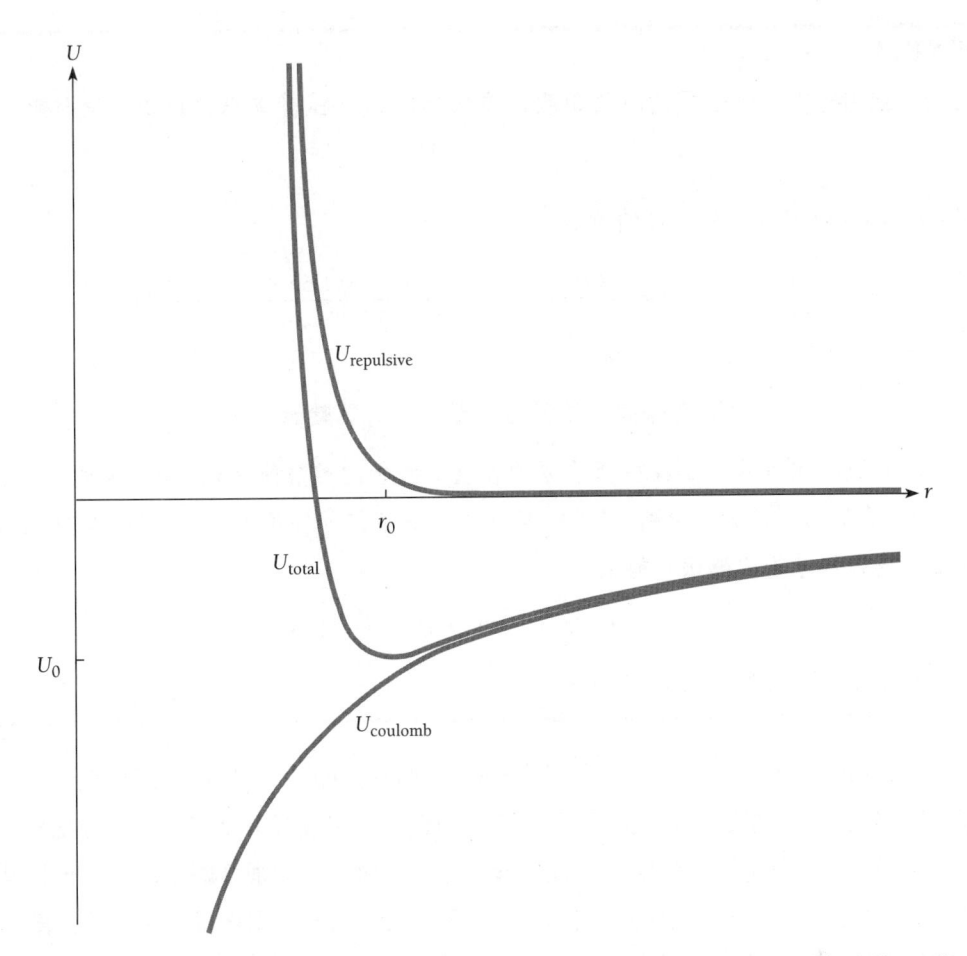

圖 10.7 離子晶體中的位能會隨著離子間的距離 r 而改變。總位能 U_{total} 的極小值 U_0 發生在平衡距離 r_0 時。

$$B = \frac{\alpha e^2}{4\pi\epsilon_0 n} r_0^{n-1} \tag{10.4}$$

平衡時的總位能為

總位能
$$U_0 = -\frac{\alpha e^2}{4\pi\epsilon_0 r_0}\left(1 - \frac{1}{n}\right) \tag{10.5}$$

此位能大小是將一個離子晶體分開成兩個離子時所需要的能量大小（見圖10.7）。至於聚合能則為將一個離子晶體分開成兩個原子時所需要的能量大小，所以必須考慮電子從鈉原子轉移到氯原子，形成氯化鈉離子對Na$^+$-Cl$^-$時的能量。

指數 n 可從觀測離子晶體的壓縮係數估計得到，平均的結果為 $n \approx 9$，顯示出排斥力隨 r 變化地很快。離子是「硬的」而不是「軟的」，並且無法堆積得太緊。在平衡的離子空間中，由不相容原理造成相互間的排斥（與相似離子間的電排斥力有所區別）所減低的位能約為百分之十一。能否很精確地知道 n，並不是很重要，假如 $n = 9$ 取代了 $n = 10$，U_0 所改變的大小，也只是百分之一而已。

例 10.1

在氯化鈉晶體中，離子平衡時的距離 r_0 為 0.281 nm。試計算出氯化鈉的聚合能。

解

因為 $\alpha = 1.748$ 且 $n \approx 9$，每個離子對的位能為

$$U_0 = -\frac{\alpha e^2}{4\pi\epsilon_0 r_0}\left(1 - \frac{1}{n}\right) = -\frac{(9 \times 10^9 \text{ N}\cdot\text{m}^2/\text{C}^2)(1.748)(1.60 \times 10^{-19} \text{ C})^2}{2.81 \times 10^{-10} \text{ m}}\left(1 - \frac{1}{9}\right)$$
$$= -1.27 \times 10^{-18} \text{ J} = -7.96 \text{ eV}$$

計算值的一半 −3.98 eV 為每個離子對晶體聚合能的貢獻能量。

現在還必須計算電子轉移所需要的能量。將鈉的游離能 +5.14 eV 和氯的電子親和力 −3.61 eV 相加，得到 +1.53 eV。因此每個原子貢獻能量 +0.77 eV 在聚合能上，故每個原子的總聚合能為

$$E_{\text{cohesive}} = (-3.98 + 0.77) \text{ eV} = -3.21 \text{ eV}$$

此值和實驗值 −3.28 eV 相去不遠。

由於組成離子間的鍵結強，大部分的離子固體是硬的，而且具有高熔點。它們通常也都很脆，這是因為正負離子間有秩序的鍵結，造成離子晶體沒有像金屬般可以使原子容易搬移滑動的延展性。極性液體如水，可以溶解很多離子晶體，但是共價鍵液體如汽油，則無法溶解。因為它們離子的最外層電子緊密地連結，所以離子晶體是很好的絕緣體，可見光可以穿透。不過離子晶體可以吸收紅外輻射，在此頻率離子對平衡位置的振盪頻率。

10.3 共價晶體
Covalent Crystals

共用電子導致最強的鍵結

在共價晶體中的聚合力是由於與鄰近的原子共用電子而引起，每個參與共價鍵的原子提供一個電子到此鍵結上。圖10.8顯示出鑽石晶體的四面體結構，每個碳原子以共價鍵和其他四個碳原子相連接。

另一個碳原子形成的晶體結構是石墨，如圖10.9所示，石墨由一層層呈六角形的結構組合而成，每個碳原子用共價鍵和其他三個碳原子相連接，彼此間的鍵結相差120°。每個鍵結由每個原子提供一個電子所形成，所以剩下一個最外層的電子可以自由地在鍵結中移動，造成了石墨具有接近金屬的光澤和導電率。雖然每一層的石墨結構堅硬，但每一層間則是由弱的凡德瓦力來聚合，因此，石墨容易造成層狀結構的滑動和剝落，這也是為什麼石墨常用來作為潤滑劑和製作鉛筆。

未切割的鑽石。鄰近碳原子間的共價鍵強度，造成鑽石的硬度。

正常情形下，石墨比鑽石穩定。所以用碳來結晶，通常會形成石墨。因為石墨的密度比鑽石小（2.25 g/cm^{3}和3.51 g/cm^3），所以高壓利於形成鑽石。由於地底深處的巨大壓力，鑽石通常都來自於地底。合成鑽石，則要把石墨熔解於熔融的鈷或鎳中，再將此混合物在1600 K和60,000巴（bar，達因／平方公分）的條件下壓縮。合成的鑽石不會超過1 mm的尺寸，且廣泛地用於切割和研磨工具。

相對地來說，純共價晶體的種類很少。除了鑽石外，還有矽、鍺和碳化矽等。這些物質都和鑽石一樣，呈現四面體結構；如碳化矽，每個原子被四個他種原子所包圍。共價晶體的聚合能比離子晶體大，因此共價晶體非常堅硬（鑽石是目前已知最堅硬的物質；碳化矽則為工業研磨劑用的金剛砂），具有高熔點，且不溶於所有一般的溶液中。共價晶體的光和電特性將在稍後討論。

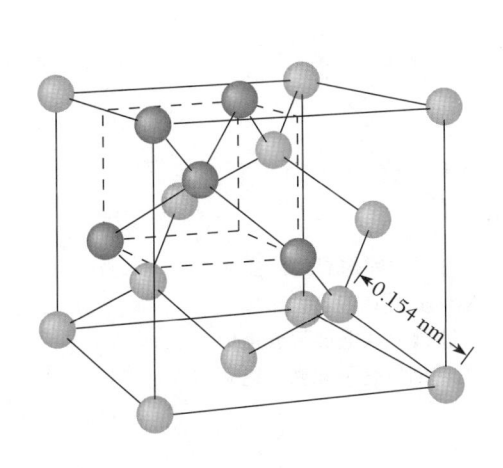

圖 10.8 鑽石的四面體結構。配位數為4。

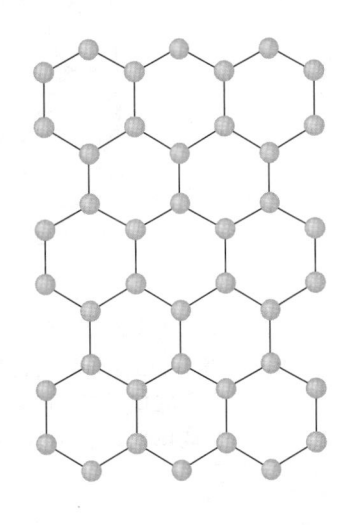

圖 10.9 石墨由碳以六角形陣列形成層狀結構。每個原子與三個其他的原子鍵結。層與層之間則以弱凡德瓦力維繫。

巴克球和奈米碳管

1985年,德州的萊斯大學意外地發現了另一種碳的結晶結構。最常見的結構是六十個碳排列成籠子的結構,由12個五邊形和20個六邊形構成像是足球的幾何形狀(圖10.10)。這種特別的分子結構,全名叫做巴克明斯特富勒烯(buckminsterfullerene),是為了紀念美國建築師巴克明斯特·富勒(R. Buckminster Fuller)而命名,因為像他發明的圓頂形穹窿,稱為巴克球。

巴克球(*buckyball*)是穩定且不會產生化學反應的物質,可以在實驗室中由石墨製造出來,以小量的煤灰及在俄羅斯發現的高含碳量岩石中呈現。碳六十(C_{60})巴克球並不是富勒烯(fullerene)中唯一的形式,還有C_{28}, C_{32}, C_{50}, C_{70}及其他更大分子的結構。和石墨一樣,富勒烯分子是藉由凡德瓦鍵聚合而成,碳富勒烯和其衍生物具有值得注意的特性;例如C_{60}和鉀結合可以產生K_3C_{60},在低溫時會有超導性。

奈米碳管(*carbon nanotubes*)是巴克球的表兄弟,由排列成六角形的碳原子組成細小的圓柱,就像是圓筒狀的細鐵絲網。奈米碳管依其六角形碳原子排列成直線或是螺旋狀,來決定其特性為電的導體或半導體,而應用於電晶體或是平面顯示器。如果奈米碳管的結構夠長,可以形成非常堅韌的纖維,強度是鋼的十倍,重量只有六分之一,並且可彎曲。它是理想的複合材料,可以加強環氧樹脂。奈米碳管亦可用來儲存氫,作為未來電動車的燃料電池,以避免使用笨重的鋼容器。

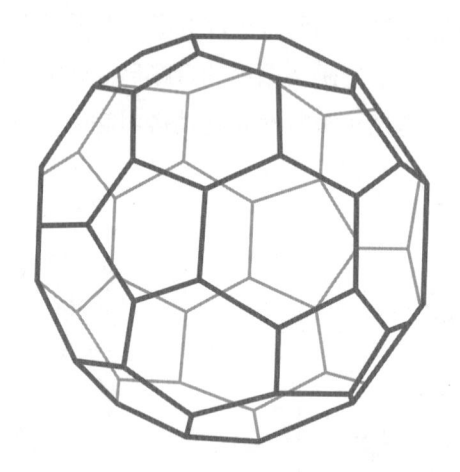

圖 10.10 在巴克球中,碳原子形成封閉像是籠狀的結構,每個原子與三個其他原子鍵結。此圖為包含六十個碳原子的C_{60}巴克球。直線表示碳-碳鍵。六邊形和五邊形組成類似足球的接縫。其他的巴克球則具有不同數目的碳原子。

10.4 凡德瓦鍵
Van Der Waals Bond

弱但到處都有

所有的原子和分子——甚至如氦和氬等惰性氣體——由於**凡德瓦力**(*van der Waals force*)，互相間存在弱的近距離引力。凡德瓦力是由一世紀前，荷蘭物理學家約翰尼斯·凡德瓦(Johannes van der Waals)為瞭解釋實際氣體與理想氣體之間的差別所提出。當然，凡德瓦力真正的機制是後來才被瞭解的。

在沒有離子鍵、共價鍵或金屬鍵的機制中，凡德瓦力負有凝結氣體成液體，以及凝固液體成固體的作用。許多熟知的塊狀物質特性，像是摩擦、表面張力、黏滯力、附著力和聚合力等，也都由凡德瓦力所引起。我們將發現距離為r的分子，其凡德瓦吸引將與r^{-7}成比例，所以凡德瓦吸引僅對非常接近的分子有意義。

許多分子具有永久電偶極矩，稱為**極性分子**(*polar molecule*)。以水分子(H_2O)為例，電子集中在氧原子的周圍，氧分子端比氫分子端更具負電性。此種分子排列使得相反電荷端接近，如圖10.11，在這樣方式下，分子間互相吸引牢固。

一個極性分子也能吸引一個在常態下不具有永久偶極矩的分子，此種過程如圖10.12所示，極性分子的電場會引起其他分子的電荷分離，而成為與極性分子同向的偶極矩並產生引力，此種現象與磁鐵吸引不具磁性的鐵片同理。

讓我們來看極性分子和非極性分子之間吸引力的特性，和偶極矩 **p** 距離 r 的電場 **E** 為

偶極電場
$$\mathbf{E} = \frac{1}{4\pi\epsilon_0}\left[\frac{\mathbf{p}}{r^3} - \frac{3(\mathbf{p}\cdot\mathbf{r})}{r^5}\mathbf{r}\right] \qquad (10.6)$$

由向量分析，我們可以知道 $\mathbf{p}\cdot\mathbf{r} = pr\cos\theta$，其中$\theta$為 **p** 和 **r** 之間的夾角。電場 **E** 誘發其他正常非極化的分子，形成一個感應的偶極矩 **p'**，大小和 **E** 成比例，且理想上方向相同。

感應偶極矩 p'
$$\mathbf{p'} = \alpha\mathbf{E} \qquad (10.7)$$

其中α是一個常數，稱為此分子的**極化係數**(*polarizability*)。感應偶極矩在電場 **E** 裡的能量為

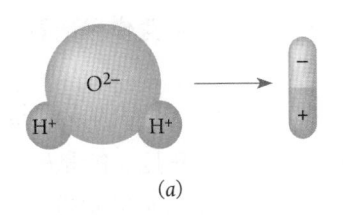

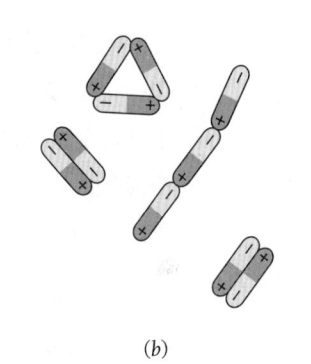

圖 10.11 (*a*)水分子是極性的。氫原子一端看似帶有正電；相反方向的一端看似帶有負電。(*b*)極性分子彼此相接。

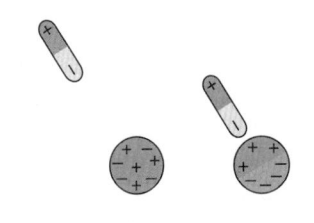

圖 10.12 極性分子吸引可極化的分子。

$$U = -\mathbf{p}' \cdot \mathbf{E} = -\alpha \mathbf{E} \cdot \mathbf{E}$$

$$= -\frac{\alpha}{(4\pi\epsilon_0)^2}\left(\frac{p^2}{r^6} - \frac{3p^2}{r^6}\cos^2\theta - \frac{3p^2}{r^6}\cos^2\theta + \frac{9p^2}{r^6}\cos^2\theta\right)$$

交互作用能量 $= -\dfrac{\alpha}{(4\pi\epsilon_0)^2}(1 + 3\cos^2\theta)\dfrac{p^2}{r^6}$ (10.8)

由兩分子間的作用力造成的位能是負的，意指其間的作用力為吸引力，與 r^{-6} 成正比。能量的微分 $-dU/dr$ 表示力，所以與 r^{-7} 成正比，而兩分子間的引力隨距離增加而迅速降低。分子間的距離增加一倍，其間的引力僅為原來值的 0.8%。

值得注意的是，兩個非極性分子亦可以由同樣的機制互相吸引。在非極性分子中，平均電子分布是對稱的。但是電子本身持續地移動，所以在某個瞬間，某些分子會得到多餘的電子。取代極性分子固定的非對稱電子分布，非極性分子呈現出連續移動的非對稱電子分布。當兩個非極性分子靠得夠近時，持續變動的電子分布將會使得分子與分子相接的兩端呈現不同的電性（圖 10.13），而造成吸引力。

凡德瓦力不僅存在於分子間，也可在原子間發現，或是那些不彼此作用的惰性氣體。沒有凡德瓦力，這些氣體就無法壓縮成液體或固體。對大部分的分子來說，p^2（或是在沒有永久偶極矩的分子中，採用 p^2 的平均值 $\overline{p^2}$）和極化係數 α 都相差不大。由於液體分子間作用力的強度會造成不同的密度和汽化熱，所以分子的密度和汽化熱都出現在一個窄的範圍之中。

凡德瓦力遠比離子鍵和共價鍵弱，因此分子晶體的熔點和沸點通常比較低，機械強度弱，聚合能低；如固體氬，聚合能為 0.08 eV/atom（熔點 −189°C）；固體氫，聚合能為 0.01 eV/molecule（熔點 −259°C）；固體甲烷，聚合能為 0.1 eV/molecule（熔點 −183°C）。

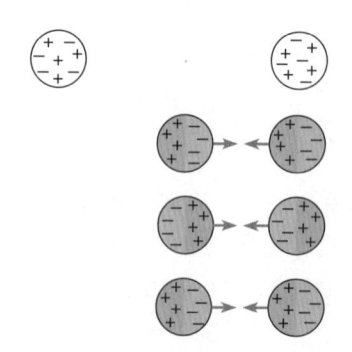

圖 10.13 平均來說，非極性分子有對稱的電荷分布。但是在任意瞬間分布是不對稱的。圖中顯示鄰近分子電荷分布的擾動如何互相作用。此狀況使它們之間存在吸引力，強度和 $1/r^7$ 成正比。r 為它們的距離。

氫鍵

有一種較強的凡德瓦鍵稱為**氫鍵**(*hydrogen bond*)，存在於某些包含氫原子的分子之間。此種分子的電子分布會被具有強電子親和力的較重原子所干擾，而氫原子則提供負電荷給組成分子的另一個原子，使得氫原子只剩下遮蔽不良的質子。氫形成帶正電的粒子，和帶負電的粒子結合會形成分子。形成氫鍵最主要的因素在於遮蔽不良的質子尺寸很小，而電力又和 $1/r^2$ 成正比，故氫鍵通常為共價鍵十分之一強。

水分子特別容易形成氫鍵，因為電子環繞氧原子，水分子的電子分布不對稱，主要出現在某些高機率密度的區域中。如圖 10.14，電子容易存在於四面體的四個頂點，氫原子則在兩個頂點上，於是其局部顯示出正電性，而另兩個頂點則顯示很散的負電荷。

因此每個水分子可與其他四個水分子形成氫鍵，其中兩鍵由中央分子提供連接質子的橋樑，另外兩個是由鄰近分子所供給。在液態時，鄰近兩個水分子的氫鍵由於熱擾動之故，會連續地折斷並重新組合。但在任一瞬間，水分子依然可以聚合在一起。在固態的時候，這些分子群大而穩定，並且構成冰晶體（圖 10.15）。不同於其他分子最多可以與鄰近十二個分子相結合的結構，水分子只能與四個分子結合，使得冰的結構很開放、密度很低。

在生物材料中亦常發現氫鍵的存在；用來將氨基酸結合成蛋白質的肽鍵(peptide bond)，也是氫鍵的一種。例如將兩股的雙螺旋去氧核醣核酸(DNA)結合的鍵結，即

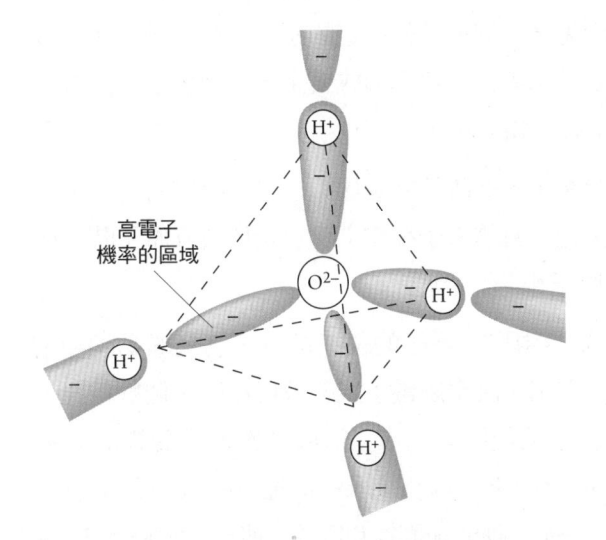

圖 10.14 在一個水分子中，氧原子的周圍有四對價電子（六個電子由氧原子提供，另外兩個由氫原子各提供一個），佔滿四個區域而形成四面體結構。每個水分子可以和四個其他水分子形成氫鍵。

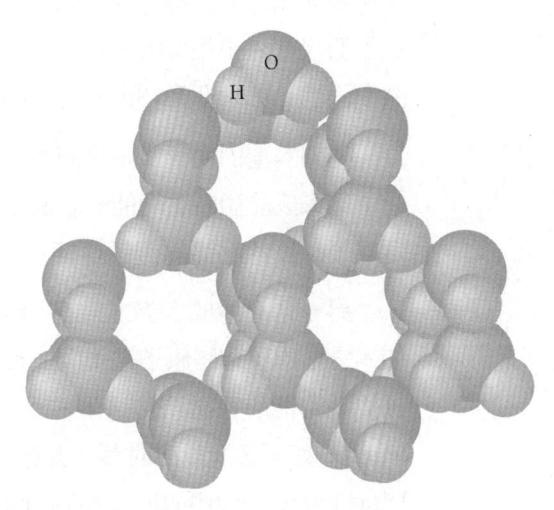

圖 10.15 冰的晶體結構，顯示出水分子的開放六角形的排列。液態水則較無秩序，使得分子排列平均上比冰更緊密。因此冰的密度比水小，可以浮在水中。

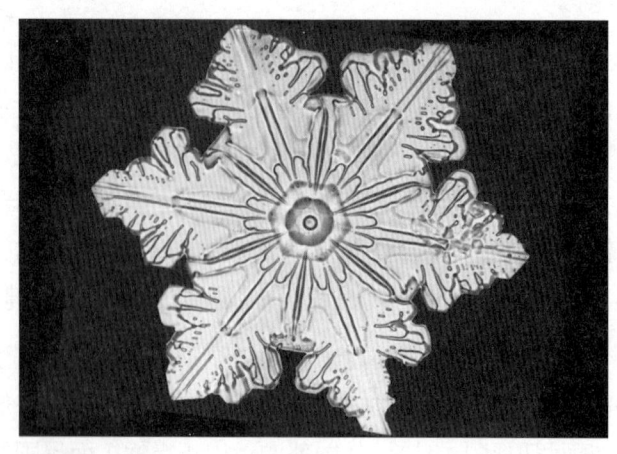

雪片中的水分子由氫鍵抓住。

是氫鍵。DNA的鍵結強度夠強,可以用來儲存基因資訊;但也夠弱,足以將基因序列暫時解開,最後轉錄於蛋白質中。此外,弱鍵結還適合DNA做永久的複製。

10.5 金屬鍵
Metallic Bond

自由電子氣決定了金屬的特徵特性

如圖7.10所示,金屬原子價電子(外層)只是弱鍵結。當這些原子交互作用形成固體時,它們的價電子形成可以自由移動的電子「氣」,在其剩餘的金屬離子結構中移動。電子氣可以將離子穩固地聚合在一起,並造成了高導電性和導熱性、不透明性和表面光澤等金屬特性。因為自由電子不屬於某個特定的原子－原子鍵,所以當原子的尺寸大小相似時,不同的金屬可以照任意比例形成合金。相對於離子固體和共價固體,如碳化矽(SiC),組成元素的比例必須固定。

如同其他固體一樣,金屬原子會聚集,此時總能量比原子單獨存在時低。金屬原子聚集成晶體時,總能量會減少,是因為價電子平均上比它屬於孤立原子時更接近離子;因此晶體的電子位能比在原子小。

另一個考慮的因素,雖然金屬晶體中自由電子的位能減少,它們的動能卻增加。這是由於金屬原子電子間的彼此作用,讓金屬電子能階數目和原子個數相同,且價電帶能階稍微改變。這些十分接近的能階,基本上形成了連續的**能帶**(*energy band*)。如同第9章所討論,此帶中的自由電子具有費米－迪拉克能量分布(Fermi-Dirac energy distribution),在0 K的時候,動能範圍從0到最大值ϵ_F(費米能量)都有。例如,銅的費米能量為9.04 eV;而在0 K時,金屬銅的自由電子的平均動能為4.22 eV。

10.5 金屬鍵　　10-15

表 10.1　晶態固體的種類。聚合能表示將一個原子（或分子）從晶體中移開所需做的功，也表示將原子固定的鍵結強度。

種類	離子	共價	分子	金屬
晶格	負離子／正離子	共用電子	分子中電荷瞬間分離	金屬離子／電子氣
鍵結	電吸引	共用電子	凡德瓦力	電子氣
特性	堅硬；高熔點；可溶於如水的極性分子液體；絕緣體（但在溶液中為導體）	非常堅硬；高熔點；幾乎可溶於所有的液體；半導體（除了鑽石為絕絕緣體）	軟；低熔點、低沸點；可溶共價液體；絕緣體	延展性；金屬光澤；高導電性與導熱性
例子	氯化鈉，NaCl $E_{\text{cohesive}} = 3.28$ eV/atom	鑽石，C $E_{\text{cohesive}} = 7.4$ eV/atom	甲烷，CH_4 $E_{\text{cohesive}} = 0.1$ eV/molecule	鈉，Na $E_{\text{cohesive}} = 1.1$ eV/atom

金屬氫

氫位於週期表第一族；這一族中，除了氫以外其他的元素都是金屬。氫是氣體並不意外，就算將它凝結或凝固，也沒有金屬的特性(如導電性)。這是因為在大氣壓力下，固態氫或是液態氫，都是由氫分子形成。氫分子會將其電子緊緊抓牢不會破裂鬆散，不像金屬的電子那樣可以自由移動。

然而，在極高的壓力下──幾百萬倍的大氣壓力──氫可以形成導電的液體。這樣大的壓力可以將氫分子擠壓靠近，使電子的波函數重疊，電子就可以在分子間移動。在巨大的行星木星(Jupiter)裡主要由氫所組成，有極大的壓力，氫的核心形式為液態金屬。木星核心裡的電流在熔融的鐵裡流動，產生的磁場約是地球磁場的二十倍。

在可想像的未來，藉由某些物質做為穩定之用，可在常溫常壓下，創造出固體的金屬氫。此種金屬氫具有超導性，而且質量輕，並有金屬的機械強度。固態氫轉換成氣體時所放出的能量，可以用來推動太空船；此種能量造成的推力，是目前火箭燃料的五倍。因為固態氫的密度比一般氫還要大，所以氫的同位素氘和氚可以更有效率地成為融合反應爐的燃料。總而言之是絕妙的期望，但是可行性仍是主要的關鍵。

金屬鍵發生在減少的電子位能，勝過伴隨產生所增加之電子動能時，每個原子的價電子越多，自由電子的平均動能越高，但其位能並沒有等量減少。基於這個原因，幾乎所有的金屬元素都被發現在週期表中的前三族中。

歐姆定律

若金屬導體兩端的電位差為 V，產生的電流大小 I 和 V 成正比，在寬極限之內。此實驗觀測到的結果稱為**歐姆定律**(*Ohm's law*)，可以表示成

歐姆定律
$$I = \frac{V}{R} \tag{10.9}$$

R 是導體的**電阻**(*resistance*)，和金屬的幾何形狀、成分和溫度有關，但是和電壓 V 無關。歐姆定律可由自由電子的模型導出。

我們可以先假設金屬中自由電子就像氣體中的分子，會隨機地往不同的方向移動，且發生頻繁的碰撞。此種碰撞不像是撞球的碰撞，而是因為晶體的不規則而使電子波產生散射。雜質原子和原子由於振動造成的錯位，都會產生散射。之後我們將會看到，在完美的晶體結構中，將不會產生散射自由電子波，除非是在某些特定的狀況下。

若 λ 為一自由電子碰撞之間的平均自由路徑，碰撞之間的平均時間 τ 為

碰撞時間
$$\tau = \frac{\lambda}{v_F} \tag{10.10}$$

只有在電子能量分布頂端或附近的電子可以被加速，所以 v_F 為相對於費米能量 ϵ_F 的電子速度（見9.10節）。實際上，平均時間和外加電場 **E** 無關，因為和電場造成的速度變化相比，v_F 十分地大。以銅為例，$\epsilon_F = 7.04$ eV，所以

$$v_F = \sqrt{\frac{2\epsilon_F}{m}} = \sqrt{\frac{(2)(7.04 \text{ eV})(1.60 \times 10^{-19} \text{ J/eV})}{9.11 \times 10^{-31} \text{ kg}}} = 1.57 \times 10^6 \text{ m/s}$$

外加電場後，疊加上去的**漂移速度**(*drift velocity*) v_d 通常都小於 1 mm/s。

例 10.2

試計算 1.0 A 的電流在截面積 $A = 1.0$ mm² 的銅導線中傳導時，自由電子的漂移速度 v_d。假設每個銅原子提供一個電子給電子氣。

解

如圖 10.16，導線中每單位體積有 n 個自由電子。每個電子的電量為 e，在時間 t 中沿導線移動距離為 $v_d t$；體積 $Av_d t$ 的總電子數為 $nAv_d t$，所以在時間 t 內通過截面積的總電量為 $Q = nAev_d t$，對應的電流為

$$I = \frac{Q}{t} = nAev_d$$

因此電子的漂移速度為

$$v_d = \frac{I}{nAe}$$

由例 9.8 中，我們可以知道在銅，$n = N/V = 8.5 \times 10^{28}$ electrons/m³，又電流 $I = 1.0$ A、面積 $A = 1.0$ mm² $= 1.0 \times 10^{-6}$ m²，因此

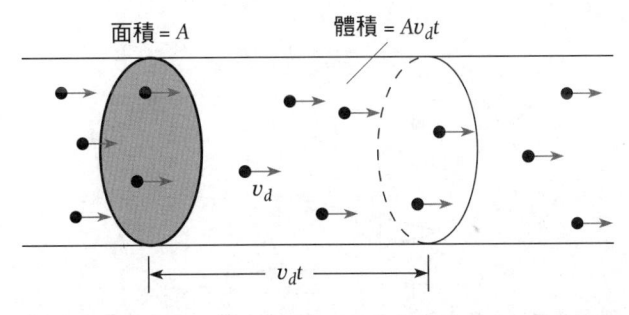

圖 10.16 時間 t 內漂移通過導線截面積的自由電子個數為 $nV = nAv_d t$，其中 n 為導線上單位體積內的自由電子個數。

$$v_d = \frac{1.0 \text{ A}}{(8.5 \times 10^{28} \text{ m}^{-3})(1.0 \times 10^{-6} \text{ m}^2)(1.6 \times 10^{-19} \text{ C})} = 7.4 \times 10^{-4} \text{ m/s}$$

但若自由電子的漂移速度很小，為什麼我們在使用電器用品時，不用等上數分鐘或數小時呢？答案是因為在導線上電位差加上的瞬間，電場迅速地建立，自由電子會立刻漂移。

電位差 V 加在長度 L 的導體兩端，產生的電場強度為 $E = V/L$。此電場會使導體上的自由電子受力 eE，產生加速度 a

$$a = \frac{F}{m} = \frac{eE}{m} \tag{10.11}$$

當電子發生碰撞，會隨機地往任一方向反彈；平均來說，只會在平行電場 **E** 的方向上產生漂移速率（圖10.17）。在金屬的自由電子氣上加電場 **E**，會對快但隨機的電子運動疊加一漂移，因此我們在計算漂移速度 v_d 時，可以忽略費米速度(Fermi velocity) v_F 造成的運動。

在每次碰撞後，電子被加速，到下次碰撞前 Δt 的時間內，移動距離為 $\frac{1}{2}a\Delta t^2$。當電子經過多次的碰撞，平均位移為 $\overline{X} = \frac{1}{2}a\,\overline{\Delta t^2}$，$\overline{\Delta t^2}$ 為時間間隔平方的平均。又 $\overline{\Delta t^2} = 2\tau^2$，因此 $\overline{X} = a\tau^2$，而漂移速度為 $\overline{X}/\tau = a\tau$，使得

漂移速度 $$v_d = a\tau = \left(\frac{eE}{m}\right)\left(\frac{\lambda}{v_F}\right) = \frac{eE\lambda}{mv_F} \tag{10.12}$$

在例 10.2 中，我們發現在截面積 A，自由電子密度 n 的導體中，電流 I 為

$$I = nAev_d \tag{10.13}$$

將式(10.12)的 v_d 值代入可得

$$I = \frac{nAe^2E\lambda}{mv_F}$$

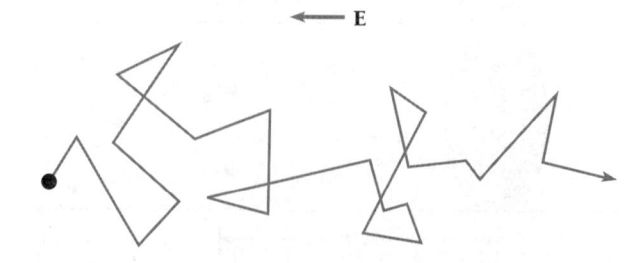

圖 10.17 電場會產生的一般漂移疊加於自由電子的隨機運動，而因為電場造成加速度，碰撞之間的電子路徑事實上是稍微彎曲的。

既然導體中的電場為 $E = V/L$，所以

$$I = \left(\frac{ne^2\lambda}{mv_F}\right)\left(\frac{A}{L}\right)V \tag{10.14}$$

此式變為歐姆定律，如果我們令

金屬導體的電阻
$$R = \left(\frac{mv_F}{ne^2\lambda}\right)\frac{L}{A} \tag{10.15}$$

括號中的值稱為金屬的**電阻係數**(resistivity)ρ，對一已知樣本，在已知溫度下為常數：

電阻係數
$$\rho = \frac{mv_F}{ne^2\lambda} \tag{10.16}$$

例 10.3

在 20°C 時，銅的電阻係數為 $\rho = 1.72 \times 10^{-8}$ Ω·m，試計算銅在 20°C，自由電子碰撞時的平均自由路徑 λ。

解

在例 9.8，我們知道銅的自由電子密度為 $n = 8.48 \times 10^{28}$ m^{-3}。在本節稍早，我們可以看到費米速度 $v_F = 1.57 \times 10^6$ m/s。利用式(10.16)計算 λ 可得

$$\lambda = \frac{mv_F}{ne^2\rho} = \frac{(9.11 \times 10^{-31} \text{ kg})(1.57 \times 10^6 \text{ m/s})}{(8.48 \times 10^{28} \text{ m}^{-3})(1.60 \times 10^{-19} \text{ C})^2(1.72 \times 10^{-8} \text{ Ω·m})}$$
$$= 3.83 \times 10^{-8} \text{ m} = 38.3 \text{ nm}$$

固態銅內的離子距離為 0.26 nm，所以平均來說在散射之前，自由電子會通過大約 150 個離子。

自由電子波在金屬中，由於結構缺陷和離子因振動偏離原位而產生散射，導致電阻的產生。缺陷和溫度沒有關係，只和金屬的純度及歷史有關。冷加工金屬(例如硬拉線)的電阻係數，可藉由退火將晶體缺陷的數目降低。另一方面，由於晶體振動振幅隨著溫度升高而增大，所以也使電阻係數跟著溫度而增加。故金屬的電阻係數可寫成 $\rho = \rho_i + \rho_t$，其中 ρ_i 和缺陷的濃度有關，ρ_t 和溫度有關。

圖 10.18 顯示兩種鈉樣本的電阻係數隨溫度的變化。在上方的曲線，鈉樣本有較高的缺陷濃度，所以向上移動。在很純、幾乎沒有缺陷的樣本，ρ_i 很小。且在低溫時，ρ_t 也很小。在銅維持這些狀況，例如在例 10.3 中所計算出的平均自由路徑，是圖 10.18 中兩種樣本的 10^5 倍。

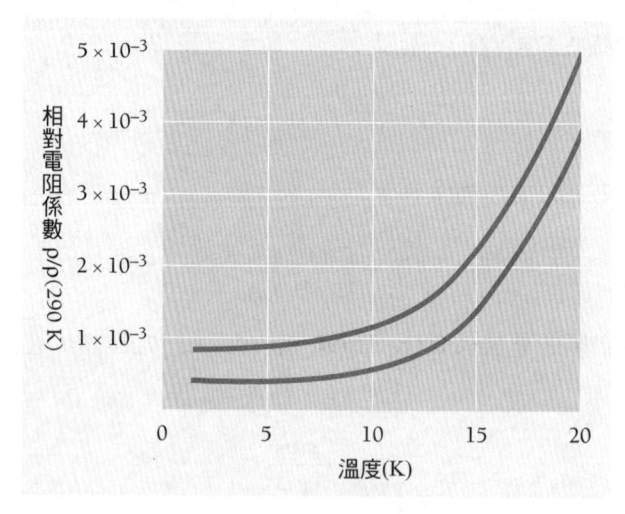

圖 10.18 兩種鈉樣本在低溫時，相對於 290 K 時的電阻。上方曲線的樣本有較高的雜質濃度。

韋德曼－法蘭茲定律

只在老湯姆森發現電子後的三年，1900 年保羅·杜魯德(Paul Drude)就發表了自由電子的模型來解釋金屬導電的現象，之後再由亨德列克·勞倫茲(Hendrik Lorentz)詳盡闡述。當時在還不知道費米－迪拉克統計的時候，杜魯德和勞倫茲即根據馬克士威爾－波茲曼速度分布，假設自由電子在熱平衡的狀態，即指式(10.16)中的 v_F，可用均方根速率 v_{rms} 取代。此外杜魯德和勞倫茲假設自由電子和金屬離子碰撞，不是和相隔更遠的晶格缺陷發生碰撞，所以推導出的電阻係數是測量值的十倍。

然而此理論的思路是正確的，因為它可以導出正確歐姆定律的形式，且可以說明**韋德曼－法蘭茲定律**(Weidemann-Franz Law)。此經驗定律陳述熱導係數和電導係數之間的比值 K/σ（其中 $\sigma = 1/\rho$）對所有金屬都一樣，並且只是溫度的函數。在 Δx 厚、截面積 A 的厚板兩端有溫差 ΔT，則 $\Delta Q/\Delta t$ 的比值在熱通過厚板時為

$$\frac{\Delta Q}{\Delta t} = -KA\frac{\Delta T}{\Delta x}$$

其中 K 為導熱係數。將古典氣體動力論應用於杜魯德－勞倫茲模型的電子氣中，

$$K = \frac{knv_{rms}\lambda}{2}$$

把式(10.16)中的 v_F 以 v_{rms} 代換，可得

$$\sigma = \frac{1}{\rho} = \frac{ne^2\lambda}{mv_{rms}}$$

因此金屬的熱導和電導係數之比值為

$$\frac{K}{\sigma} = \left(\frac{knv_{\text{rms}}\lambda}{2}\right)\left(\frac{mv_{\text{rms}}}{ne^2\lambda}\right) = \frac{kmv_{\text{rms}}^2}{2e^2}$$

根據式(9.15)，$v_{\text{rms}}^2 = 3kT/m$，所以

$$\frac{K}{\sigma T} = \frac{3k^2}{2e^2} = 1.11 \times 10^{-8} \text{ W} \cdot \Omega/\text{K}^2$$

此比值並不包含電子密度n和平均自由路徑λ，所以$K/\sigma T$對所有金屬有相同的常數值，此即韋德曼－法蘭茲定律。當然，此比值是根據馬克士威爾－波茲曼速度分布而來，所以並不正確。採用費米－迪拉克統計，可得到正確的結果

$$\frac{K}{\sigma T} = \frac{\pi^2 k^2}{3e^2} = 2.45 \times 10^{-8} \text{ W} \cdot \Omega/\text{K}^2$$

和實驗值相當相近。

10.6 固體的能帶理論
Band Theory of Solids

固體的能帶結構決定其是否為導體、絕緣體或半導體

固體特性不像導電能力變化那麼大。銅，一種良導體，室溫時電阻係數$\rho = 1.7 \times 10^{-8}$ $\Omega\cdot$cm。而石英，一種好的絕緣體，$\rho = 7.5 \times 10^{17}$ $\Omega\cdot$cm，高出10的25次方。存在於固體的電子能帶，可以說明此顯著的差距。

有兩種方法去探討能帶的起源，最簡單的方法是觀察孤立原子的能階，當把它們越來越接近地放置在一起形成固體的時候，到底發生了什麼變化。我們將由此項方法著手，檢視能帶所代表的意義。稍後本章還要以電子在週期性晶體晶格中運動的限制，來考慮能帶的起因。

菲力克斯·布洛赫(Felix Bloch, 1905-1983)生於瑞士的蘇黎士，並在那裡完成工程方面的大學教育。然後在德國的萊比錫繼續攻讀物理的博士學位，直到希特勒興起。1934年時，布洛赫在史丹福大學擔任教職，直到退休。除了1954到1955年，因為戰事在美國的羅沙拉摩斯國家實驗室發展原子彈，當時他是CERN(歐洲原子與基本粒子研究中心，位於日內瓦)第一屆的主管。

1928年，在布洛赫的博士論文中，解出電子在週期位能分布晶格中運動的薛丁格方程式，並得到允許帶和禁止帶。此關鍵的發展補強了之前沃特·海特勒(Walter Heitler)和弗列茲·倫敦(Fritz London)的研究成果。他們證明當原子靠近時，能階如何擴展成能帶。之後，布洛赫研究固體和液體中原子核的磁性現象，而發展出十分靈敏的核磁共振分析法。布洛赫在1952年和哈佛大學的愛德華·浦塞爾(Edward Purcell)共同得到諾貝爾物理獎。愛德華則在核子磁學上有重要的成果。

(a)

(b)

(c)

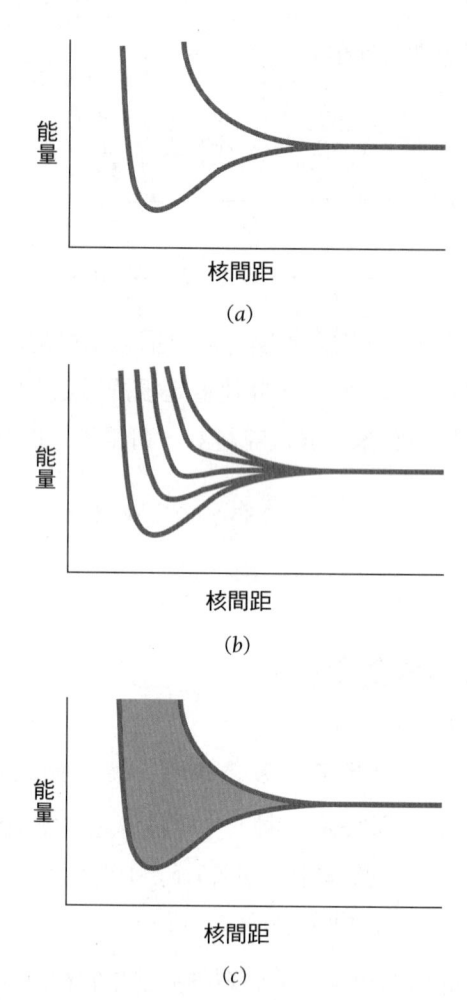

圖 10.19 在基態鈉原子，3s 階是最高被填滿的能階。(a)當兩個鈉原子接近時，它們 3s 階起初一樣，然後由於對應的電子波函數的重疊，使得階分裂成兩個。(b)新的能階數目和相互作用的原子數目一樣，此處有5個。(c)當相互作用的原子數目很多時，像在固體鈉，會形成間隔十分接近的階造成能帶。

　　原子存在於每種固體而不是只有存在於金屬中；原子與原子間都會靠得很近，使得它們的價電子波函數重疊。在8.3節中，我們可以看到將兩個氫原子靠近時，原來的1s波函數會結合形成對稱或反對稱波函數，如圖8.5和8.6。它們的能量不同，見圖8.7，孤立氫原子1s能階分裂成二個能階，標示為E_A^{total}和E_S^{total}，為原子核間距的函數。

　　交互作用原子的數目越多，由個別的價電子波函數互相混合產生的能階就越多（圖10.19）。固體中，能階分裂出來的數目和原子的數目一樣多（例如，一立方公分的銅中，約有10^{23}個原子）。這些能階十分接近，以致於會在允許的能量裡，形成接近連續的能帶。固體的能帶、能隙和電子的填充的程度不只決定了固體的電氣行為，更和其他特性有重要的關聯性。

10.6　固體的能帶理論　　**10-23**

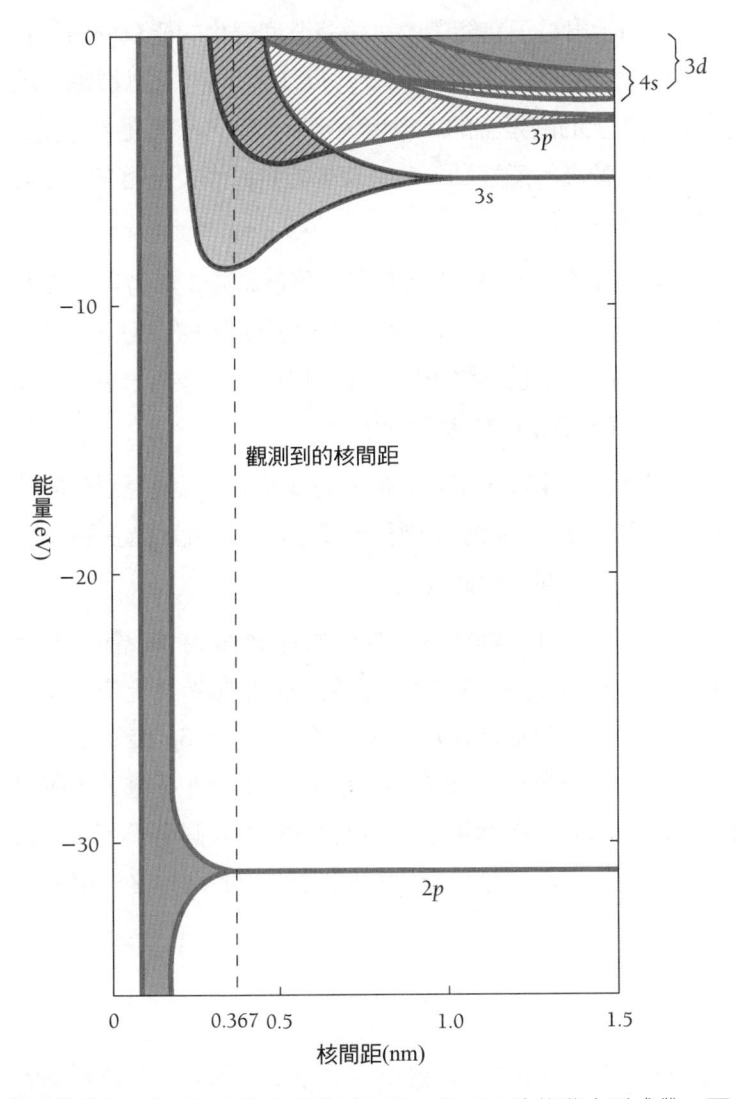

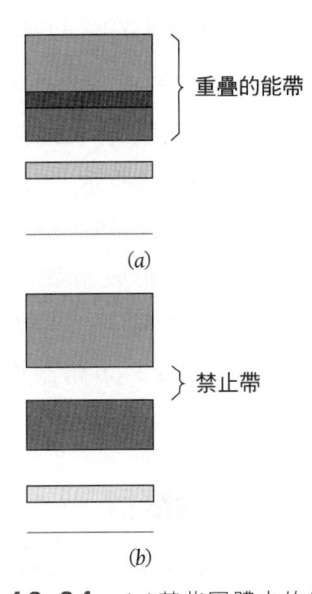

圖10.20　當原子核間的距離減少時，鈉原子的能階會形成帶。可觀察到原子核間的距離為 0.367 nm。

圖10.21　(a)某些固體中的能帶會重疊，形成連續的能帶。(b)在其他固體禁止帶將不重疊的兩個能帶分開。

導體

圖10.20顯示出鈉的能階和帶。3s階是鈉原子中被佔滿的階中第一個展開形成帶的階。較下方的2s階要一直到很小的原子核間距才會開始展開成能帶，因為2p波函數比3s波函數接近原子核。3s帶的平均能量在一開始時降低，這是因為原子間的吸引力所造成的。固體鈉實際的原子核間距已標出，對應於極小平均3s電子能量。

　　固體中的電子能量只存在於能帶中。固體的各外層能帶有可能會重疊，如圖10.21a，其價電子有允許能量的連續分布。其他固體的帶不會重疊，如圖10.21b，電子能量不能存在於它們間隔之間。此間隔稱為**禁止帶**(*forbidden band*)或**能帶隙**(*band gap*)。

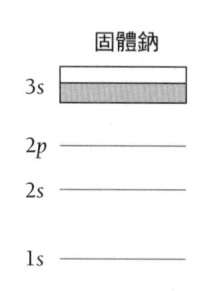

圖 10.22 固體鈉中 3s 能帶只填入一半的電子，費米能量 ϵ_F 在能帶的中間。

圖9.11顯示出電子在能帶中，隨著溫度變化的能量分布。在 0 K 的時候，費米能量(Fermi energy) ϵ_F 以下的階可以被電子填滿；大於 ϵ_F 以上的階是空的。溫度大於 0 K 時，小於費米能量 ϵ_F 的電子可以往較高的態移動，此時費米能量 ϵ_F 代表可能有百分之五十的階被填滿的階。

一個鈉原子有一個 3s 的價電子。每個 s 階($l = 0$)可以存在 $2(2l + 1) = 2$ 個電子，所以由 N 個原子組成的固體，每一 s 帶可以有 2N 個電子。因此固體鈉中的 3s 帶只有一半被電子填滿（圖 10.22），且費米能量 ϵ_F 位於帶的中央。

當電位差施加於一塊固體鈉上，停留在原來能帶上的 3s 電子可以獲得額外的能量。此額外的能量以動能的形式出現，因此電子漂移形成電流。因此鈉為良導體，其他固態晶體的能帶有部分填滿者，亦具有此性質。

鎂原子有填滿的 3s 殼。如果固體鎂的 3s 階平易地展開成 3s 帶，如圖 10.21b所示，上面會變成禁止帶，3s 電子不容易獲得足夠的能量越過禁止帶，跳到上面空的帶。然而，鎂仍是導體，實際上是因為當鎂原子靠近時，3p 和 3s 帶會重疊，形成如圖 10.21a 的結構。一個 p 階($l = 1$)可以存在 $2(2l + 1) = 6$ 個電子，所以由 N 個原子組成的固體，其 p 帶可以有 6N 個電子。加上 3s 帶的 2N 個電子，所以鎂的 3s + 3p 帶總共可以有 8N 個電子。而在帶只有 2N 個電子，只有四分之一填入，所以鎂是導體。

絕緣體

碳原子的2p殼只有兩個電子。因為一個p殼可以容納六個電子，我們可能會認為碳如同鈉一樣為導體。實際的情形是2p和2s帶會重疊（如同鈉的3p和3s帶會重疊一樣），距離很近時，此重疊的帶會分裂成兩個帶（圖 10.23），每個能帶可以容納 4N個電子。因為碳原子有兩個2s電子和2p電子，鑽石中的4N個價電子會完全地填滿低帶（**價電帶**(valence band)），如圖 10.24 所示。空的**傳導帶**(conduction band)在價電帶的上方，中間的禁止帶的大小為6 eV。此時費米能量 ϵ_F 在價電帶的頂端。所以電子必須額外獲得至少 6 eV 的能量，才能由價電帶跳至傳導帶，而能自由移動。室溫下 $kT = 0.025$ eV，所以鑽石中的價電子沒有足夠的熱能可以跳過 6 eV 的隙。

在鑽石加電場，使價電子增加 6 eV 的能量，因為電子和晶格缺陷產生頻繁的碰撞損失從電場得到的大部分能量，在一般典型的 5×10^{-8} m 的自由路徑中，需要超過 10^8 V/m 的電場，電子才能得到 6 eV，這個電場比在金屬中電流所需的電場強數十億倍，因此鑽石為非常差的導體，故被分類為絕緣體。

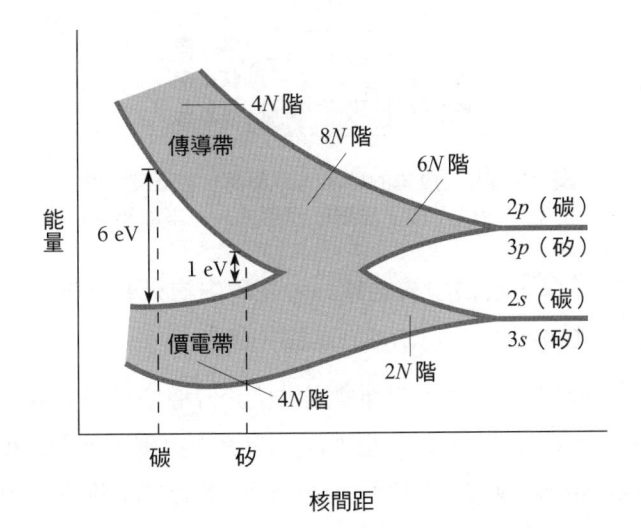

圖 10.23 碳和矽能帶的由來。碳原子的 2s 和 2p 階和矽原子的 3s 和 3p 階,隨著原子間距減少,展開成能帶,且分裂成兩個發散的帶。低的帶被價電子所填滿,較高導電帶是空的。兩個能帶中的能隙和原子核間距有關。碳的能隙大於矽的能隙。

半導體

矽的晶體結構和鑽石,一個間隙隔開了填滿的價電帶的頂端和空的傳導帶(見圖10.23)。但是矽的禁止帶只有大約 1 eV 寬。低溫時,矽只比鑽石有稍微好的導電特性。但在室溫時,也只有一小部分的價電子可以獲得足夠的熱能,跳過禁止帶,進入傳導帶(見圖10.25)。這些電子雖然數量很少,但也足夠在外加電場中,形成少量的電流。因此矽的電阻係數介於導體和絕緣體之間,我們將具有此種帶結構的固體歸類為**半導體**(*semiconductor*)。

雜質半導體

少量的雜質會大大地改變半導體的電導係數。假設我們把少量的砷原子加入矽晶體中。砷原子最外層殼有五個電子,矽原子有四個(這些殼的組態分別為 $4s^2 4p^3$ 和 $3s^2 3p^2$)。當砷原子取代矽晶體中的一個矽原子,其四個電子和鄰近的矽電子形成共

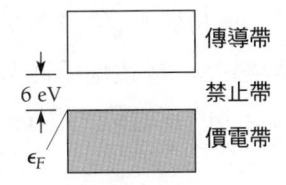

圖 10.24 鑽石中的能帶。費米能量在被填滿的低能帶頂端。因為電子需要獲得至少6 eV 的能量,才可以由價電帶跳至空的傳導帶。鑽石為絕緣體。

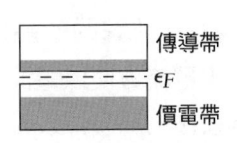

圖 10.25 和絕緣體相比,半導體之價電帶和傳導帶間的隙比較小。在價電帶頂端少量的電子可得到足夠的熱能,可以跳過能隙至傳導帶。因此費米能量在能隙的中間。

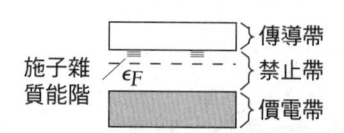

圖 10.26　痕量的砷摻入矽晶體，在正常的禁止帶中提供了施子能階，而形成 n 型半導體。

價鍵。而第五個電子只需要很小的能量——在矽中約只要 0.05 eV，鍺中則只要 0.01 eV——就可以脫離束縛，自由地在晶體中移動。

如圖 10.26，在矽中作為雜質的砷會提供位於傳導帶正下方的能階，此種能階叫做**施子能階**(*donor levels*)。因為在它裡面，電流由負電荷攜帶，所以稱為 **n 型半導體**(*n-type semiconductor*)（圖 10.27）。施子能階的存在，提升了原本處於價電帶和傳導帶間禁止帶中間的費米能量。

固體的光學特性

固體的光學特性和能帶結構關係密切。可見光的光子能量從 1 eV 到 3 eV。金屬中的自由電子不用離開價電帶，就可以容易地吸收此光子能量，所以金屬並不透光。金屬光澤則是因為金屬會將吸收的光子再度輻射出來。若是金屬表面平滑，再度輻射出來的光線，看起來像是原來入射光線的反射。

當絕緣體中的價電子吸收光子，越過禁止帶到傳導帶時，所吸收的光子能量必須大於 3 eV。因此絕緣體無法吸收可見光光子，故應該呈現透明。但是大部分的絕緣體並不是透明的，是因為光線由於結構的不規則產生散射的結果。絕緣體在紫外光下不透明，是因為紫外光的能量大，電子可以吸收其能量而越過禁止帶。

因為半導體中的禁止帶大小和可見光的光子能量差不多，所以通常不透明。但是在紅外光下呈現透明，是因為紅外光的光子能量太低，無法被吸收。基於此原因，可以用半導體鍺來製作紅外光透鏡，此透鏡在可見光下是不透明的固體。

若我們改將鎵原子加入矽晶體，會有不同的效應。鎵原子最外層殼只有三個電子，組態為 $4s^24p$，它們的出現在晶體的電子結構留下空位，稱為**電洞**(*hole*)。一個電子只需要少許能量，就可以進入電洞，此時原來電子的位置，又留下新的電洞。當施加電場在摻雜鎵的矽晶體兩端，電子會向陽極移動，接續地填滿電洞（圖 10.28）。此處電流方便以電洞為參考，就像是流向負電極的正電荷。這樣的物質稱為 **p 型半導體**(*p-type semiconductor*)。

在圖 10.29 的能帶圖，我們看到，在矽當作雜質的鎵會提供位於價電帶上方的能階，稱為**受子能階**(*acceptor levels*)。任何佔據此階的電子，會在價電帶留下空位，而使電流流動。p 型半導體的費米能量，位於禁止帶中間的下方。

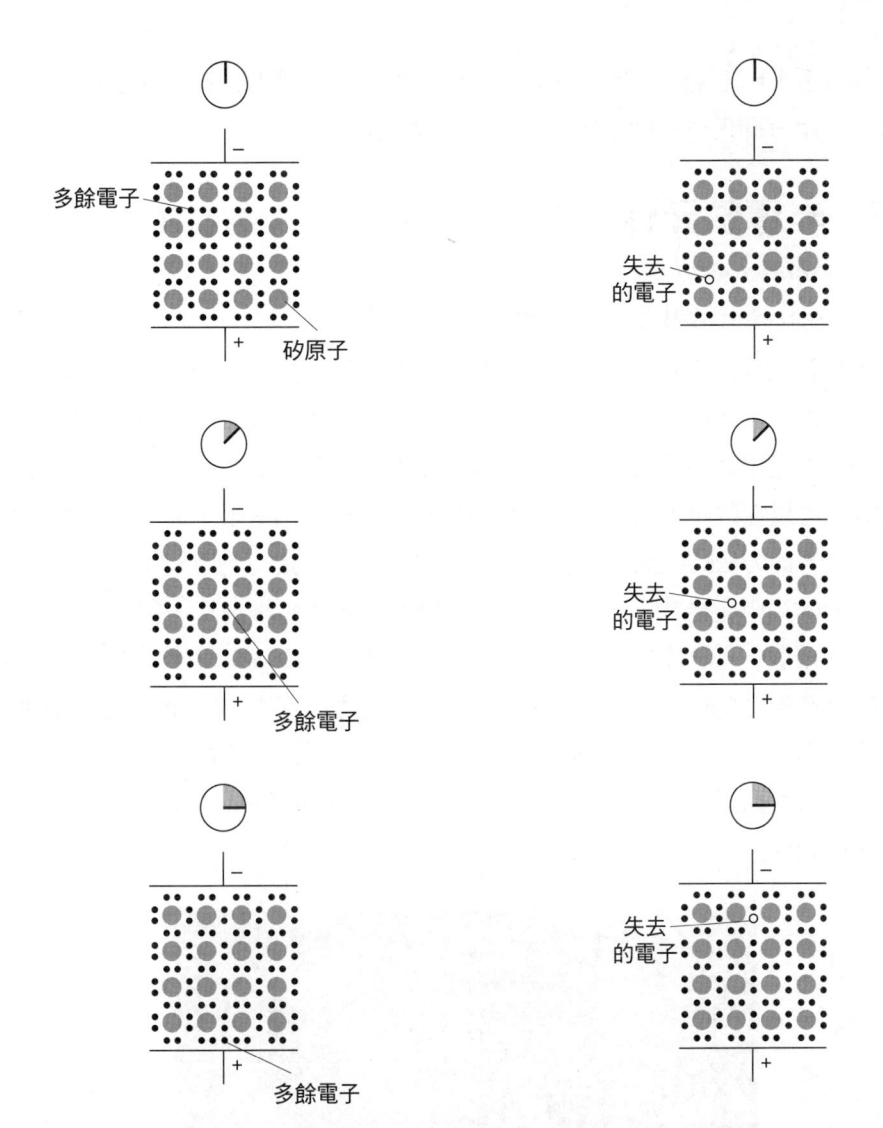

圖 10.27 n 型半導體中的電流是由不能進入純晶體電子結構的多餘電子所攜帶。

圖 10.28 p 型半導體中的電流由「電洞」形成。那是失去的電子的位置，電洞會往負極移動。因為電子不斷地移動進入電洞的位置。

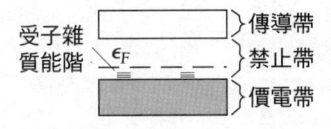

圖 10.29 痕量的鎵摻入矽晶體，在正常的禁止帶中提供了受子階，而形成 p 型半導體。

在半導體中加入雜質，稱為**摻雜**(*doping*)。磷、銻、鉍如同砷的原子都具有五個價電子，所以可以做為施子雜質，加入矽和鍺，形成 n 型半導體。同樣地，銦、鉈如同鎵的原子，有三個價電子，可以做為受子雜質。微量的雜質就可以大大地改變半導體的電導係數。如一個例子，每 10^9 個鍺原子加入一個施子雜質，可以增加鍺

的導電係數近 10^3 倍。矽和鍺並不是唯二實際應用的半導體材料，其他重要的三五族化合半導體有砷化鎵、磷化鎵、銻化銦和磷化銦。

10.7　半導體元件
Semiconductor Devices

p-n 接面的特性決定了微電子工業的發展

大部分半導體元件的操作，是建立在 n 型和 p 型材料的接面性質。此種接面可以有許多方法製作。一個在積體電路量產常用的方法是將雜質以氣體的型態擴散進入半導體晶圓中由光罩定義的範圍。一連串地將施子和受子雜質擴散是製造電路的步驟的一部分，可以在數厘米的尺寸下，製造出包含數百萬個電阻、電容、二極體和電晶體的晶片。此方法的限制因素在於光的波長；某個波長的光用來穿過光罩，照射到晶圖表面的光阻化合物上，使其硬化（未曝光的光阻會被洗掉，留下開口，以便於下一步的擴散）。傳統的光學系統使用的最短波長為 193 nm（紫外光）。因為沒有適當的材料對更短的光透明，無法製造透鏡，特徵小到如 130 nm，可以由 190 nm 的光產生。但是電子產業對每個晶片容納的元件數目需求日增，其他的技術，如 x 射線、電子束和離子束都在研發中。未來的目標是在 100 nm 的晶片尺寸下，容納兩億個電路元件。

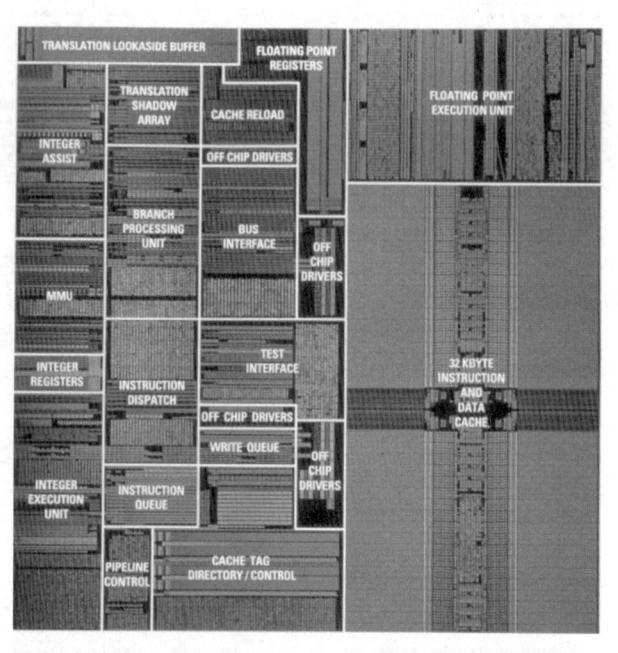

IBM 高功率個人電腦(Power PC 601)微處理機晶片。面積10.95平方公厘，包含兩百八十萬個電晶體。圖中指出晶片不同區塊的功能。

接面二極體

p-n接面的特性是電流可通過它傾向往某一方向流動，如圖10.30的二極體，左邊是p型區，傳導主要由電洞；右邊是n型區，傳導則由電子的運動。三種情況會發生：

1. **無偏壓**：如圖10.30a，熱激勵會自發在p區的價電帶產生電子－電洞對，一些電子可以有足夠的能量，跳過隙到傳導帶，然後遷移到n區。它們在碰撞中失去能量。同時，一些在n區的電子能量足以越過能障，進入p區和電洞復合。熱平衡時，兩種過程會在同樣的低速率下進行，所以沒有淨電流。在 p 區和

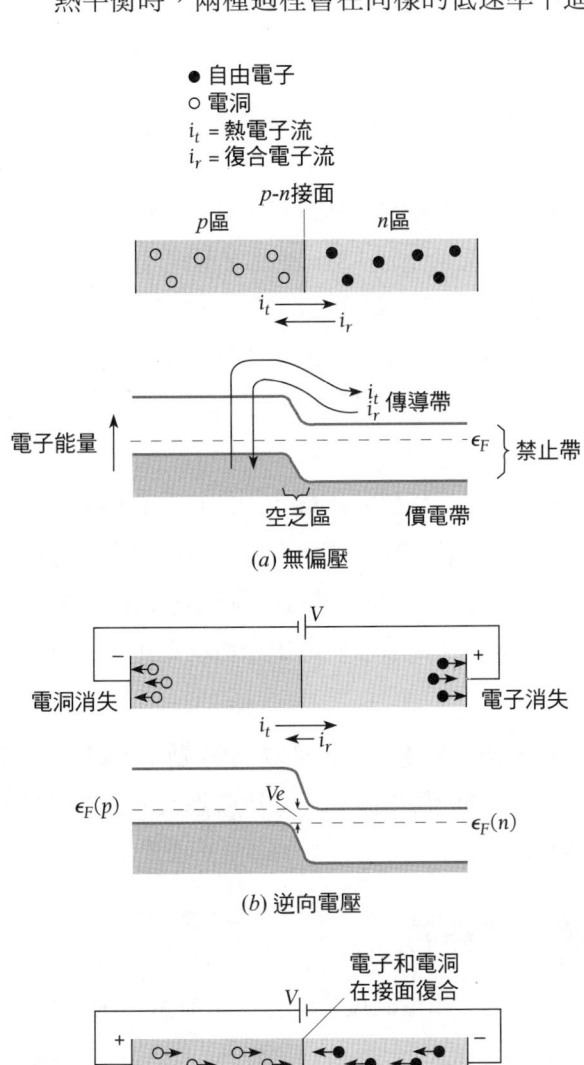

圖 **10.30** 半導體二極體的操作。

(a) 當沒有外加偏壓時，熱電子電流往右等於往左的復合電子電流，沒有淨電流。這兩種電流成分都很小。

(b) 加上外偏壓，p 端的二極體電壓為負。復合電子電流比熱電子電流小。造成小量的淨電子電流往右。

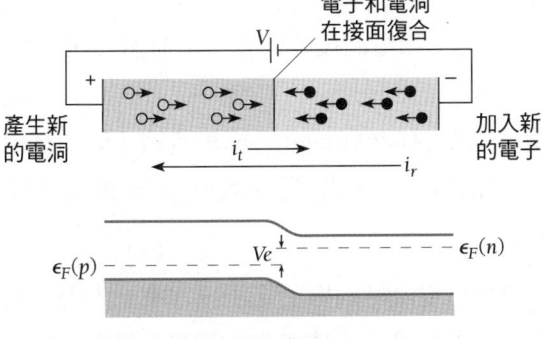

(c) 加上外偏壓，p 端的二極體電壓為正。復合電流比熱電流大得多，造成大量的電子電流往左。傳統的電流方向定義和電子電流方向相反。

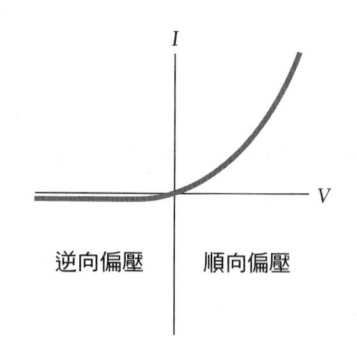

圖 10.31 p-n 半導體二極體的電壓－電流特性。

n 區的費米能量相同；若不同，電子會流向低能量的空態，直到 ϵ_F 相等為止。

2. **逆向偏壓**：如圖 10.30b，外電壓 V 跨在二極體的兩端；p 端負，n 端正。跨於接面的能量差比 a 部分大 Ve，它阻止復合電流 i_r：p 區的電洞往左遷移，在負端被填滿；而 n 區中的電子往右遷移，在正端離開二極體。如前所述，新的電子－電洞對仍因熱激勵持續產生，但因為數量少，即使當外加電壓 V 高，所產生的淨電流 $i_g - i_r$ 仍非常小（我們必須注意，傳統的電流方向由 + 流向 −，和電子電流 i 的方向相反）。

3. **順向偏壓**：如圖 10.30c，外電壓 V 跨在二極體的兩端；p 端正，n 端負。跨於接面的能量差比 a 部分小 Ve，因為電子遭遇的能障變小了，所以復合電流 i_r 增加了。在此情況，新的電洞不斷地產生，正端移走電子，新的電子加到負端。受外電位的作用，電洞往右遷移，電子往左遷移。電子和電洞在 p-n 接面附近相遇然後復合。

電流經過 p-n 接面只能往一個方向移動，很難往另一個方向移動。所以此接面可以在電路中用做理想的整流器。外加的順向偏壓越大，電流就越大。圖 10.31 所示為 p-n 接面整流器的 I 如何隨 V 改變。

發光二極體

電子－電洞對的產生需要能量；當電子和電洞復合則會放出能量。在矽和鍺中，復合能量被晶體吸收，成為熱。但是在某些半導體中，如砷化鎵，電子和電洞的復合會放出光子，這就是**發光二極體**(light-emitting diode, LED)的基礎。發光二極體必須操作在順向偏壓下，使得電子和電洞都流向 p-n 接面（見圖 10.30c），並在 p-n 接面復合產生光子。

發光二極體只需要小量的電流，就可以自發地放射出光子。當電流大時，光子放射的速度趕不上電子和電洞到達空乏區的速度，造成大量的居量反轉(population

10.7 半導體元件　　10-31

發現號(Discovery)在太空梭正在發射哈伯太空望遠鏡，二個對望遠鏡提供電力的太陽電池中的其中一個已經裝妥。

發光二極體有球狀的透鏡裝載其上。二極體由砷化鎵摻雜磷所製作出來，可以發出波長 620 nm 的單色紅光，使用於光纖電話傳輸線上。

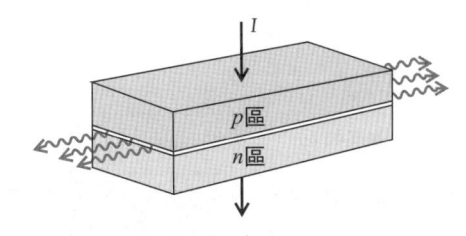

圖 10.32 半導體雷射。每邊尺寸都小於一厘米，它的光輸出如同其他種雷射一樣是同調的。光從只有幾個微米厚的 p 區和 n 區之間的接面發出。

inversion)。這是雷射發生的條件；自發放射的光子造成雪崩會產生更多的受激放射光子，在**半導體雷射**(*semiconductor laser*)中，p-n 接面的兩端平行排列，且部分反射。自發放射所產生的同調光在細薄的空乏區中來回地反射而被放大，最後從端點發射出去（圖 10.32）。

在矽**太陽電池**(*solar cell*)中的反應，是發光二極體的相反過程。在此，光子到達或是接近空乏區，並通過空乏區外矽的薄層(< 1 μm)；若能量足夠，將會產生電子－電洞對。電子會上升至傳導帶，並在價電帶留下電洞，在空乏區兩端的電位差會形成電場，將電子拉到 n 區，將電洞拉到 p 區。新產生的自由電子會經由外在電路由 n 區流到 p 區，並且和新產生的電洞復合。經由此方法，入射光子的能量可

以轉換成電能。此種二極體可以廣泛用於偵測光子的元件中，像是相機中的測光表，亦可用於轉換太陽輻射為電能。

圖 10.30 只描繪出電子一種載子，當然，同樣的解釋可用於電洞上，視為相反方向移動的正電荷，組成另一部分的傳統的電流。

如圖 10.30a 下方所示，當 p 材料和 n 材料相結合時，會在兩者間形成**空乏區** (*depletion region*)而非銳利的接面。在此區域，來自n材料施子階的電子，填滿p材料受子階的電洞，所以在那裡，只有少許的帶電載子。空乏區的寬度和二極體如何製作有關，通常大約在 10^{-6} m 的範圍。

穿隧二極體

若二極體的 p 和 n 部分都摻雜很高濃度的雜質，可以形成如圖 10.33a 的能帶結構圖。空乏區十分窄，約 10^{-8} m，且n型傳導帶的底端和p型價電帶的頂端重疊。高濃度的摻雜，造成施子階併入n傳導帶的底端，使得費米能量往上移動，進入傳導帶。同樣地，受子階併入p價電帶的頂端，使得費米能量往下移動，進入價電帶。

因為空乏區很窄，只有幾個電子波長的寬度，如 5.9 節所描述，電子可以「穿隧」經由禁止帶。也因為如此，這種二極體稱為**穿隧二極體**(*tunnel diode*)。當沒有外加電壓時，電子同時往兩個方向穿隧能隙數目相同，且費米能量在整個二極體中為定值。

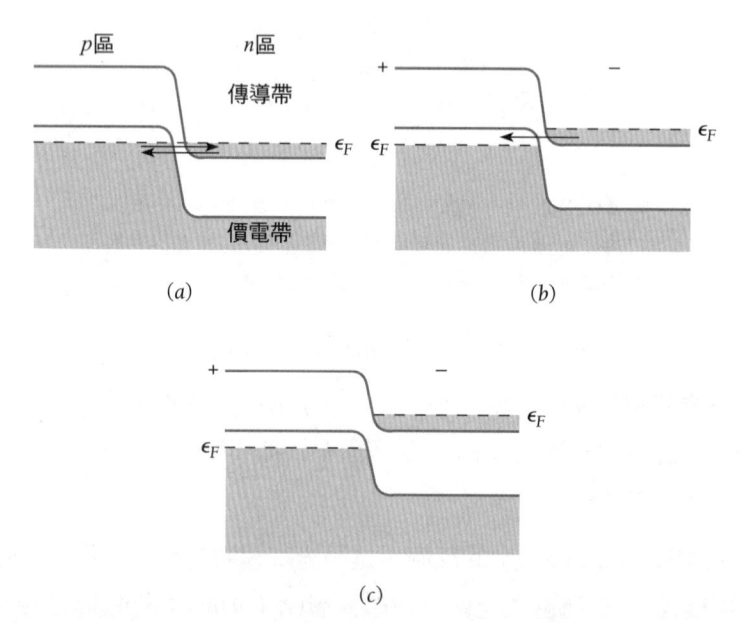

圖 10.33 穿隧二極體的操作。(a)無偏壓。電子同時在 p 區和 n 區之間穿隧。(b)小的順向偏壓。電子只從 n 區穿隧到 p 區。(c)大的順向偏壓。p 型的價電帶和 n 型的傳導帶沒有重疊，所以不會有穿隧產生。較高的偏壓使二極體的操作如圖 10.30 中的一般二極體。

如圖 10.33b，二極體加上小的順向偏壓，填滿電子的 n 型傳導帶底端和空的 p 型價電帶頂端相對，所以只能由 n 穿隧到 p，故電子電流會向左流動，對應於往右流動的傳統電流。

如圖 10.33c，當外加的電壓繼續增加，兩個能帶不再重疊；穿隧電流因而停止。隨後，穿隧二極體的行為將如平常的二極體一樣（圖 10.30）。圖 10.34 為穿隧二極體的電壓－電流特性曲線。

穿隧二極體的重要性在於如圖 10.34 的電壓改變，從 a 到 b 或從 b 到 c，可以迅速地改變電流。在一般的二極體和電晶體中，反應時間依帶電載子的擴散速度，它慢，因此原件工作速度慢。另一方面，穿隧二極體只要適當的電壓改變，就有很快的反應，適合應用於高頻振盪器，和計算機中的高速開關。

齊納二極體

雖然許多半導體二極體中，逆向電流都差不多維持在定值，甚至在高電壓，如圖 10.31。但某些二極體在達到特定電壓時，逆向電流急速增加，如圖 10.35。此類二極體稱作**齊納二極體**(Zener diode)，廣泛地應用在電壓穩壓的電路中。

有兩種機制貢獻電流的迅速增加，第一種為**雪崩倍增**(avalanche multiplication)，發生於接近接面處，電子被電場加速到足夠的能量，撞擊原子使其游離，產生新的電子－電洞對。新產生的電子繼續一樣的過程，在二極體中產生大量的帶電載子。

另一種機制為**齊納崩潰**(Zener breakdown)。即使沒有足夠能量的情況下，接面 p 側價電帶的電子還是會穿隧到 n 側傳導帶（此種穿隧和發生在穿隧二極體的方向相反）。齊納崩潰只會發生在高摻雜的二極體中，電壓約 6 V 或更小。在低摻雜的二極體中，需要的電壓比較高，而雪崩倍增為其主要的機制。

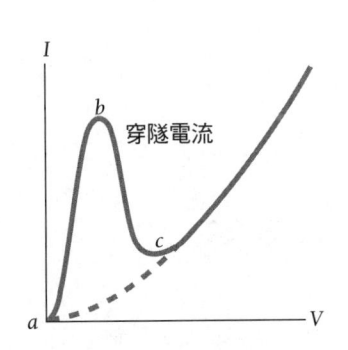

圖 10.34 穿隧二極體的電壓－電流特性。a、b、c 點應於圖 10.33 的 a、b、c 部分，虛線部分指出一般接面二極體的行為，如圖 10.30。

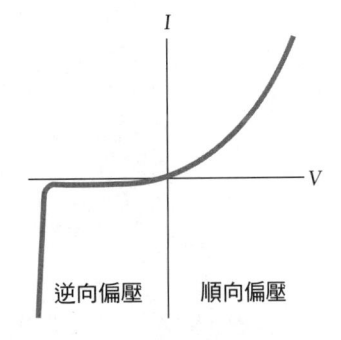

圖 10.35 齊納二極體的電壓－電流特性。

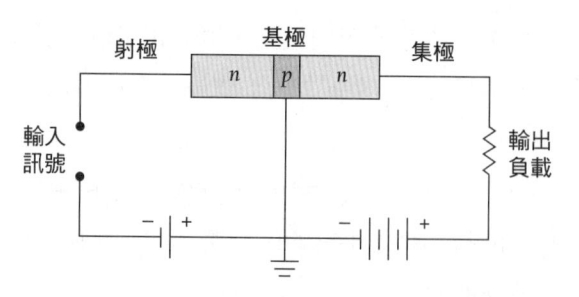

圖 10.36 簡單的接面電晶體放大器。

接面電晶體

電晶體(transistor)是一種經過適當連接後，可以將微弱訊號放大的半導體元件。圖 10.36 為一個 n-p-n 接面電晶體，包含一層夾在 n 型區**射極**(emitter)和**集極**(collector)中間的 p 型區**基極**(base)（同樣地，p-n-p 電晶體以一樣的方式組成，但是電流改由電洞載送，而非電子）。圖 10.37 所示為 n-p-n 接面電晶體的能帶結構。

電晶體的射極－基極接面為順向偏壓，基極－集極接面為逆向偏壓。射極的摻雜比基極高很多，所以跨過射極－基極接面的電流幾乎由電子構成，由左往右流

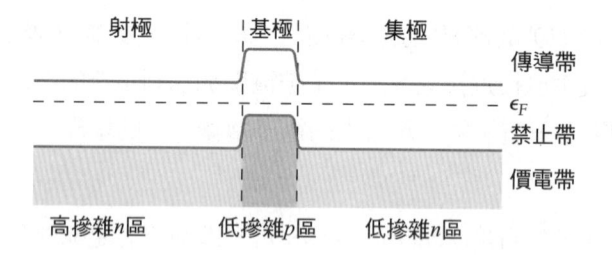

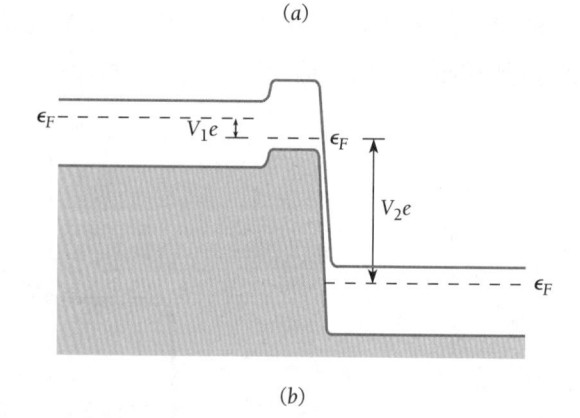

圖 10.37 (a)孤立的 n-p-n 電晶體，(b)將電晶體連接成圖 10.36 所示。射極和基極間的順向偏壓 V_1 小；基極和集極的逆向偏壓 V_2 大。因為基極很薄，電子由射極通過基極時，不會和電洞復合就到達集極。當電子到達集極，會遭遇碰撞失去能量而不能回到基極，因為電位丘 V_2e 太高。

動。因為基極很薄（約 1 μm），且電洞濃度低，大部分的電子進入基極後，會擴散通過到達基極－集極接面，然後被高的正電壓吸入集極。輸入電路電流的改變將反映在輸出電路電流上，大約小幾個百分比。

如圖 10.36，電晶體放大的能力來自於因為跨於基極－集極接面的逆向偏壓允許在輸出電路有比輸入電路還要高的電壓。因為電功率為電流和電壓的乘積，所以輸出訊號的功率可以遠超過輸入訊號的功率。

場效電晶體

雖然接面電晶體的出現革新了電子界，其低輸入阻抗，不利於某些應用。此外，在積體電路中整合數量多的接面電晶體並不容易，且會消耗較多的功率。**場效電晶體**(*field-effect transistor, FET*)沒有這些缺點，所以在今日被廣泛地應用，雖然操作速度比接面電晶體慢。

如圖 10.38，***n* 通道場效電晶體**(*n-channel FET*)包含一塊 *n* 型材料，其兩端有接觸接出，且一側有一條 *p* 型材料連接，稱為**閘極**(*gate*)。如圖所示，電子會通過 *n* 型通道從**源極**(*source*)端移動到**汲極**(*drain*)端。*p-n* 接面在逆向偏壓，因此 *n* 型和 *p* 型材料靠近接面處就空乏電荷載子（見圖 10.30*b*）。閘極的逆向偏壓越大，通道中的空乏區寬度就越大，使得電子數目變少，電流變小。因此閘極的偏壓控制通道電流。由於接面的逆向偏壓，只有很少的電流通過閘極電路，因此造成非常大的輸入阻抗。

雖然金屬氧化層場效電晶體(MOSFET)有較高的輸入阻抗（高達 $10^{15}\,\Omega$）和容易製作的特性，半導體閘極常改用金屬膜來取代，和通道間隔著一層二氧化矽絕緣層。金屬膜因此和通道間有電容性的耦合，它的電位控制汲極電流，感應通道中的電荷。金屬氧化層場效電晶體所佔用的面積，只約為接面電晶體的百分之幾。

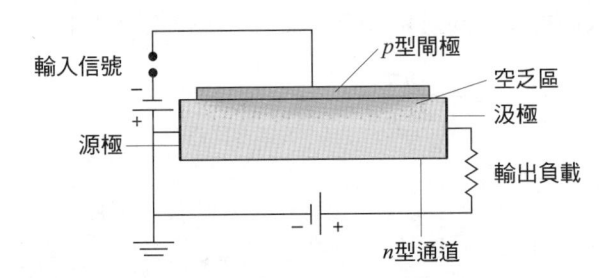

圖 10.38 場效電晶體。

10.8 能帶：另一種分析
Energy Bands: Alternative Analysis
一個晶體晶格的週期性如何導致允許帶及禁止帶

我們可用不同於10.6節的處裡方法，來討論能帶的由來。在10.6節中，我們知道將孤立的原子拉近，組合成固體時，它們的能階會變寬成電子能量可存在的帶。另一個方法，我們由電子在晶體週期性變化位能中移動（圖10.39）而不是在一定值的位能。由於繞射效應，限制電子有某些範圍的動量，對應於容許的能帶。從此方式思考，原子間的交互作用會間接地影響價電子穿過晶體晶格的行為，而不只是電子和原子間的直接作用。接下來，一個很直覺的方法將引出更清楚的物理觀念，以代替正式薛丁格方程式的處理。

自由電子的德布羅依波長，可以由其動量 p 得知

自由電子
$$\lambda = \frac{h}{p} \tag{10.17}$$

未束縛的低能量電子，因為波長比晶格間距 a 長，可以在晶體中自由移動。能量較高的電子，像金屬中具有費米能量大小的電子，波長和 a 差不多，會像 x 射線（2.6節）或由外入射到晶體的電子束（3.5節）一樣，在晶體中被繞射（當波長接近 a, $2a$, $3a$,...，式(10.17)將不再成立；留待以後討論）。波長 λ 的電子以角度 θ 入射到晶體中的原子平面時，會產生布拉格反射，由式(2.13)可得

$$n\lambda = 2a \sin\theta \qquad n = 1, 2, 3, \ldots \tag{10.18}$$

我們習慣把晶體中的電子波長 λ 改以 3.3 節中的波數 k 來表示，其中

波數
$$k = \frac{2\pi}{\lambda} = \frac{p}{\hbar} \tag{10.19}$$

波數等於每公尺波列的弧度數目，且和電子動量 p 成正比。因為波列的行進方向和粒子相同，所以我們可以用向量 **k** 來描述波列。布拉格公式用 k 表示，可以改寫為

布拉格反射
$$k = \frac{n\pi}{a \sin\theta} \qquad n = 1, 2, 3, \ldots \tag{10.20}$$

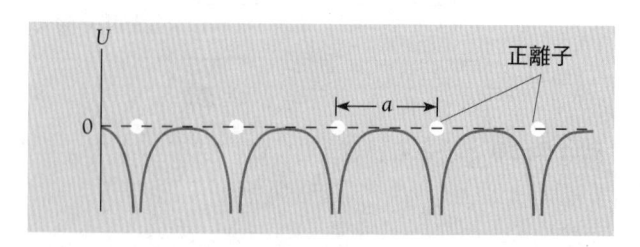

圖 10.39 在週期陣列正離子的電子位能。

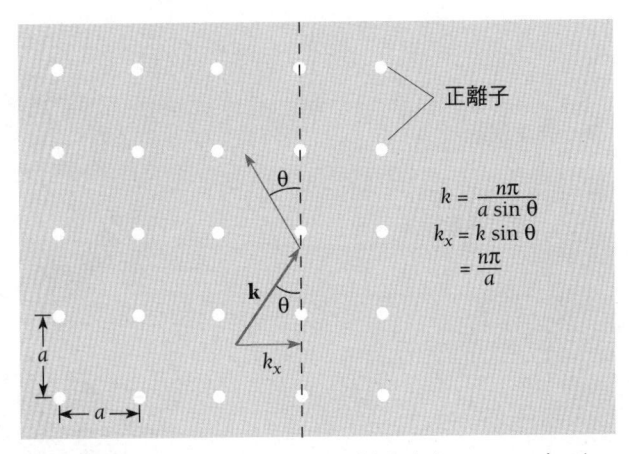

圖 10.40 縱列上的布拉格反射發生在 $k_x = n\pi/a$ 時。

圖 10.40 所示為二維正方形晶格中的布拉格反射。明顯地，縱列的離子，布拉格反射的條件可以看成 x 方向的 **k** 分量 k_x 等於 $n\pi/a$。同樣的，水平列發生反射當 $k_y = n\pi/a$。

先考慮第一批電子波數夠小而無法反射的情形，如果 k 小於 π/a，則電子可以在晶格內任何方向自由移動；當 $k = \pi/a$，反射阻止了它們在 x 方向和 y 方向移動，當 k 超過 π/a 越多，則越限制了電子移動的可能方向，直到 $k = \pi/a \sin 45° = \sqrt{2}\pi/a$ 時，它們甚至沿晶格對角線移動都會反射。

布里淵區

低 k 的電子在 k 空間（這裡有一假想的平面，直角座標為 k_x 和 k_y）中所佔據而不被繞射的區域，稱為**第一布里淵區**(first Brillouin zone)，如圖 10.41 所示。**第二布里淵區**(second Brillouin zone)亦劃出來，它包含 $k > \pi/a$ 的電子，電子不在波數小而無法存在於對角繞射（圖 10.40）的第一區中。第二區包含電子 k 值範圍（在電子沿 $\pm x$ 和 $\pm y$ 移動方向）為從 π/a 到 $2\pi/a$，而當接近到對角線方向 k 值之可能範圍變窄，後續的布里淵區可用同樣的方法建立起來。此分析延伸到三維空間的結果，可得到圖 10.42 所示的布里淵區。

當我們注意電子在每區的能量時，布里淵區的重要就會明白地顯示。

自由電子的能量和動量 p 的關係為：

能量和動量 $$E = \frac{p^2}{2m} \qquad (10.21)$$

因此和波數 k 的關係為

能量和波數 $$E = \frac{\hbar^2 k^2}{2m} \qquad (10.22)$$

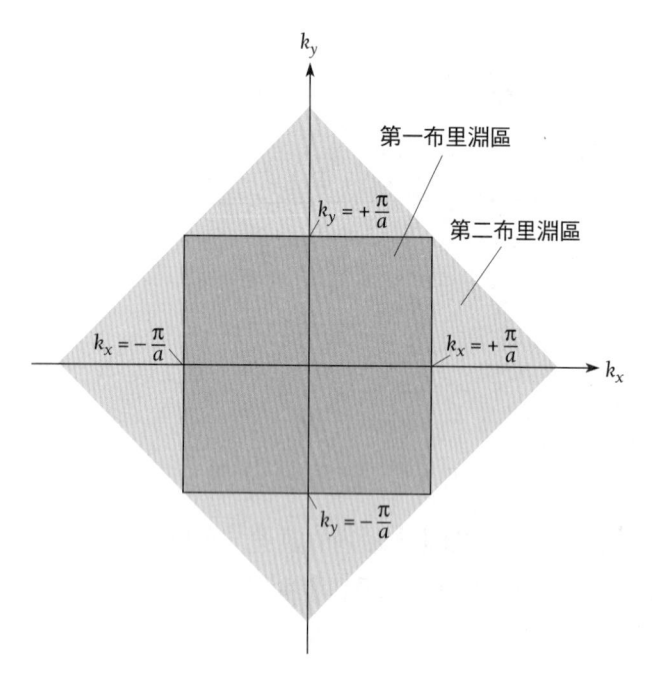

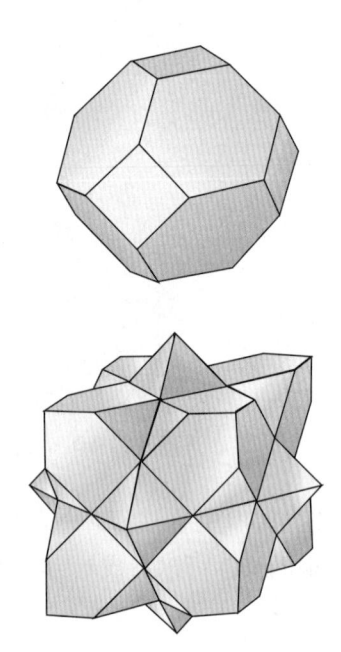

圖 10.41 二維正方形晶格的第一和第二布里淵區。

圖 10.42 面心晶體的第一和第二布里淵區。

對於在晶體內 $k \ll \pi/a$ 之電子而言，實際上並不會和晶格互相作用，所以式(10.22)是有效的。因為這樣一個電子其能量和 k^2 相關，亦即在一個二維 k 空間中的等能量的輪廓曲線即為為常數 k 的簡單圓，如圖 10.43。

當 k 增加，等能量輪廓線會開始變得更為密集，且更加扭曲。第一個效應的理由是 E 會隨 k^2 改變；第二個理由可同樣地直接瞭解，在 k 空間中電子越靠近布里淵區的邊界，越接近實際的晶格反射，但就粒子的角度來看，反射的發生乃是由於電子與佔據晶格點規則排列的正離子相互作用，此相互作用力越強，電子的能量就越受影響。

禁止帶的由來

圖 10.44 顯示在 x 方向上，E 如何隨著 k 變化。當 k 接近 π/a，E 增加比代表自由粒子圖的 $\hbar^2 k^2/2m$ 還慢。在 $k = \pi/a$ 時，E 有兩個值，較低的屬於第一布里淵區，而較高的屬於第二區。在第一及第二布里淵區的可能能量之間有一定的間隙，相當於禁止帶。當繼續到較高的布里淵區時，出現同樣的圖形。

在布里淵區的邊界，能量的不連續主要是來自於 k 的極限值，對應於駐波，而非行進波。為了清楚起見，我們考慮電子在 x 方向移動，結果可以推廣到其他任何方向。如前所見，當 $k = \pm\pi/a$，波會來回作布拉格反射，所以薛丁格方程式的解

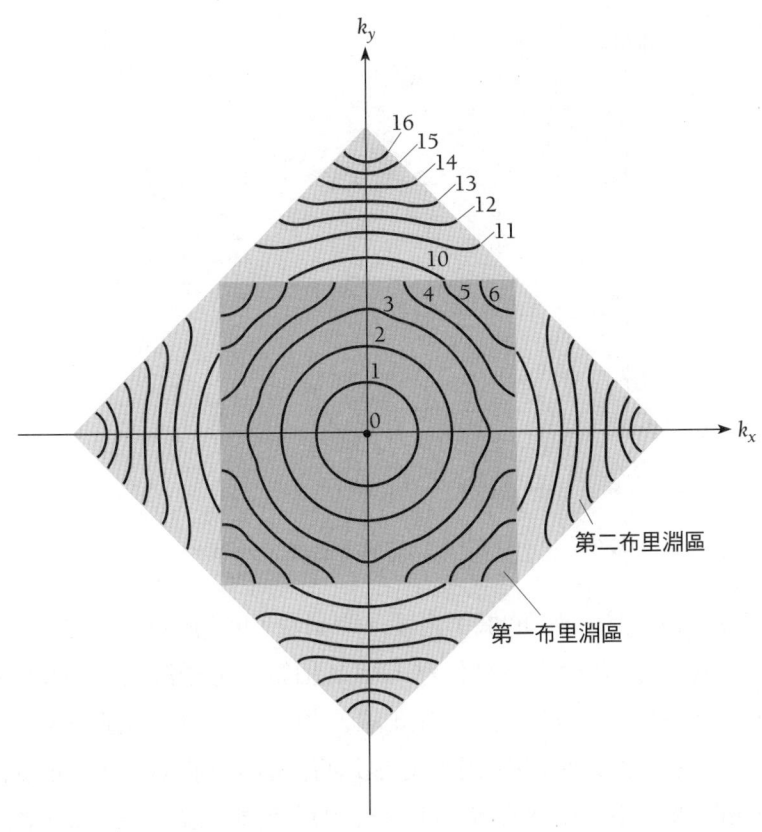

圖 10.43 假想正方形晶格在第一和第二布里淵區的能量輪廓,以電子伏特(eV)表示。

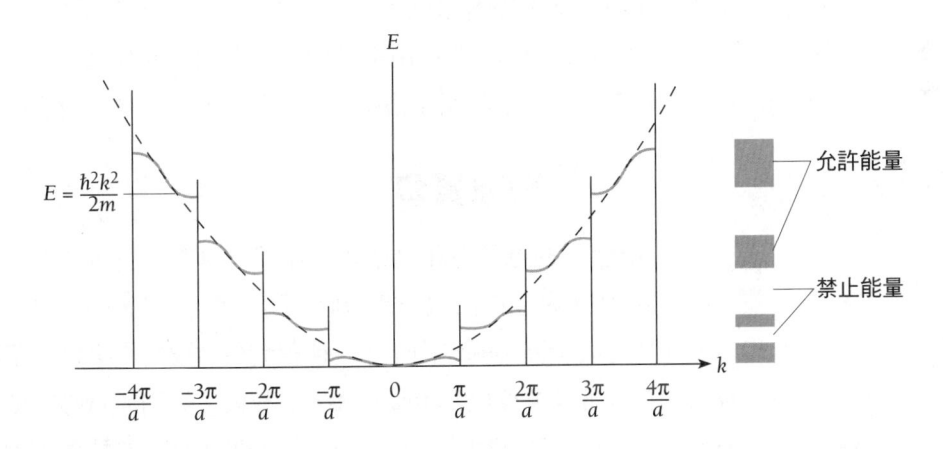

圖 10.44 電子能量 E 對波數 k 在 k_x 方向的關係圖。虛線表示自由電子 E 對 k 的關係圖,如式(10.22)。

只包含波長為晶格週期的駐波。$n = 1$ 時,這些駐波有兩種可能性,即

$$\psi_1 = A \sin \frac{\pi x}{a} \tag{10.23}$$

$$\psi_2 = A \cos \frac{\pi x}{a} \tag{10.24}$$

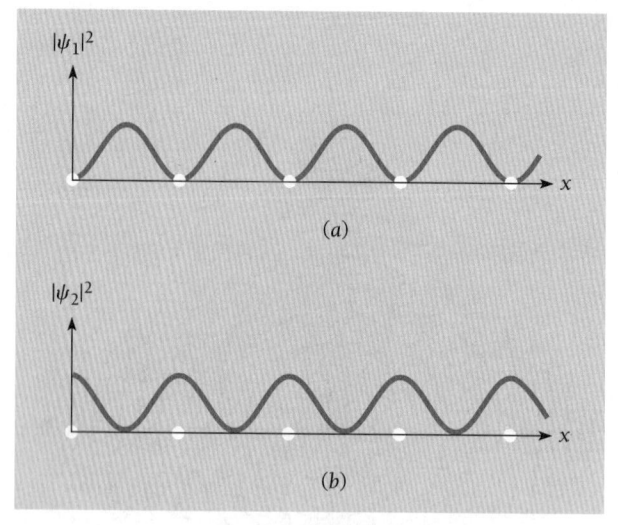

圖 10.45 $|\psi_1|^2$ 和 $|\psi_2|^2$ 的機率密度的分布。

　　圖10.45所繪為$|\psi_1|^2$和$|\psi_2|^2$的機率密度。明顯地，$|\psi_1|^2$於存在正離子佔據的晶格點上有極小，$|\psi_2|^2$則有極大在晶格點。因為相對於電子波函數ψ的電荷密度為$-e|\psi|^2$，在ψ_1的情形中，電荷密度集中在正離子之間；而在ψ_2的情形，電荷密度則集中在正離子上。電子在正離子晶格中的位能以每對離子中間為最大，而在離子本身處為最小，和駐波ψ_1和ψ_2相關的電子能量E_1和E_2不同。當$k = \pm\pi/a$，沒有其他可能的解，因而也沒有電子的能量可以介於E_1和E_2之間。

　　圖10.46所示為對應於圖10.43所描繪布里淵區的電子能量分布。在低能量(假設$E < \sim 2$ eV)，此曲線幾乎與圖9.11根據自由電子理論而得到的曲線相同。這並不令人詫異，因為在低能量時k小，在週期晶格中的電子作用和自由電子相似。

有效質量

表 10.2 一些金屬在費米平面的有效質量比值 m^*/m

金屬		m^*/m
鋰	Li	1.2
鈹	Be	1.6
鈉	Na	1.2
鋁	Al	0.97
鈷	Co	14
鎳	Ni	28
銅	Cu	1.01
鋅	Zn	0.85
銀	Ag	0.99
鉑	Pt	13

　　因為晶體中的電子會和晶格相互作用，故在外在電場作用下的反應，會和自由電子的情形不同。值得注意的是，9.9節和9.10節中討論金屬中的自由電子，所得到最重要的結果是電子質量m可用平均**有效質量**(effective mass) m^*替換，以用於實際的價帶理論。例如，式(9.56)費米能量的公式中以m^*取代m，在能帶理論依然可行。表10.2為幾種金屬之有效質量比值m^*/m的列表。

　　然而隨著能量增加，由於等能量輪廓受晶格影響而變形，可用的能態數進而超過在自由電子理論中所得到的值，對應每個能量有許多不同的k值。因此，當$k = \pm\pi/a$，能量輪廓到達第一區的邊界時，電子在k_x及k_y方向禁止能量高過4 eV(在此特定的模型中)，雖然在其他方向上是被允許的。當能量越來越超過4 eV，可用的能態越

10.8 能帶：另一種分析

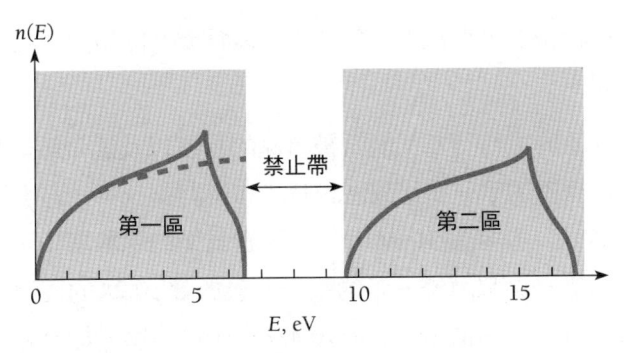

圖 10.46 圖 10.43 中布里淵區的電子能量的分布。虛線是由自由電子理論所預測的分布。

來越侷限在區的角落，$n(E)$下降。最後，大約到了 $6\frac{1}{2}$ eV，不再有能態時，而 $n(E) = 0$。在第二區最低的可能能量比 10 eV 略小，且另一個和第一個形狀相似的曲線開始。此處，在兩區間可能能量間的間隙約為 3 eV，所以禁止帶寬約為 3 eV。

雖然在任一已知方向，接續的布里淵區必須有能隙存在。在其他方向的不同能隙可允許能量重疊，所以對整個晶體而言沒有禁止帶。圖 10.47 包含晶體在三個方

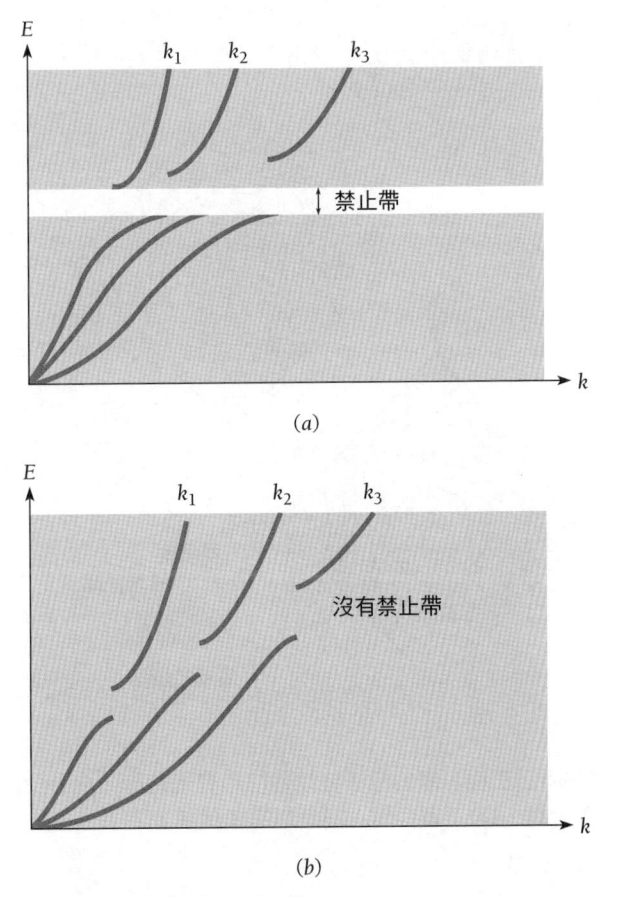

圖 10.47 兩種晶體在三個方向上，E 對 k 的關係圖。(a) 有一禁止帶。(b)允許能帶重疊，沒有禁止帶。

向之 E 對 K 的關係圖，(a)一個晶體有禁止帶，(b)而另一個晶體則允許帶充分地重疊以避免產生禁止帶。

我們知道，固體的電性行為和能帶被填滿的程度以及能帶結構有關。圖10.48a 顯示為假想二維絕緣體的第一布里淵區和第二布里淵區，第一區填滿了電子，且第二區間的能隙比 kT 大。這和圖10.24中，以鑽石為例的絕緣體情況相似。圖10.48b 的區圖一樣，但是第一區只填滿一半的電子。對於圖10.24的情況，類似像鈉一樣的金屬，每個原子具有一個價電子。圖10.48c中，第二區的能量和第一區相重疊，所以價電子在兩區都部分填滿。這和圖10.47a相對應，類似像鎂一樣的金屬，每個原子有兩個價電子。

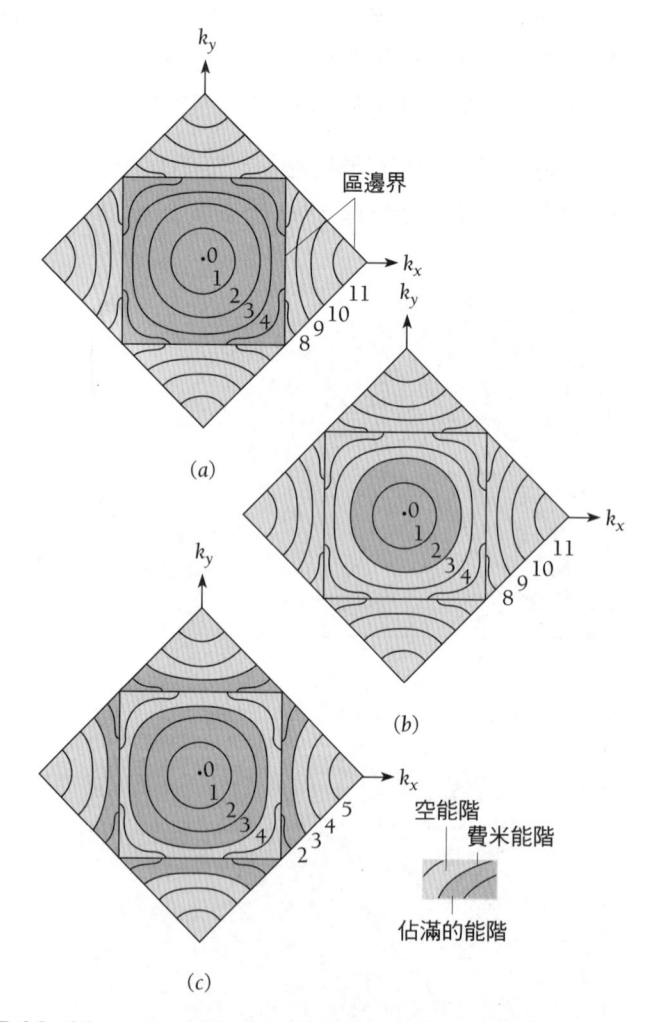

圖 10.48 三種固體的電子能量輪廓和費米能階。(a)絕緣體，(b)一價金屬，(c)二價金屬。能量以電子伏特表示。

10.9 超導性
Superconductivity

完全沒有電阻，但只能在極低溫（目前為止）

導體，即使是最好的，在常溫下仍會阻擋部分的電流。然而在非常低溫時，大部分的物質、許多合金和一些化學化合物，可允許電流自由通過它們。這種現象叫做**超導性**(*superconductivity*)。

超導性是在1911年由荷蘭的物理學家海克‧凱末林‧翁內斯(Heike Kamerlingh Onnes)所發現。他發現到在溫度逐漸降低到4.15 K時，水銀樣品的電阻和其他金屬一樣會隨溫度降低（見圖10.18）；在臨界溫度 T_c = 4.15 K時，電阻突然地下降幾乎到零，到儀器所能量測的最小值（圖10.49）。其他超導元素的**臨界溫度**(*critical temperature*) T_c 從0.1 K到接近10 K。之後我們會看到，原來屬於良導體的元素，如銅和銀，在低溫時並不會出現超導性。最高的臨界溫度為134 K，可以在某些陶瓷材料中發現。

超導體是否真的有零電阻，或只是很小？為了得到結果，必須將電流通過具有超導性的迴線，加上磁場，並加以監測。幾年後發現，超導體的電流大小並不會下降，所以超導體完全沒有電阻。

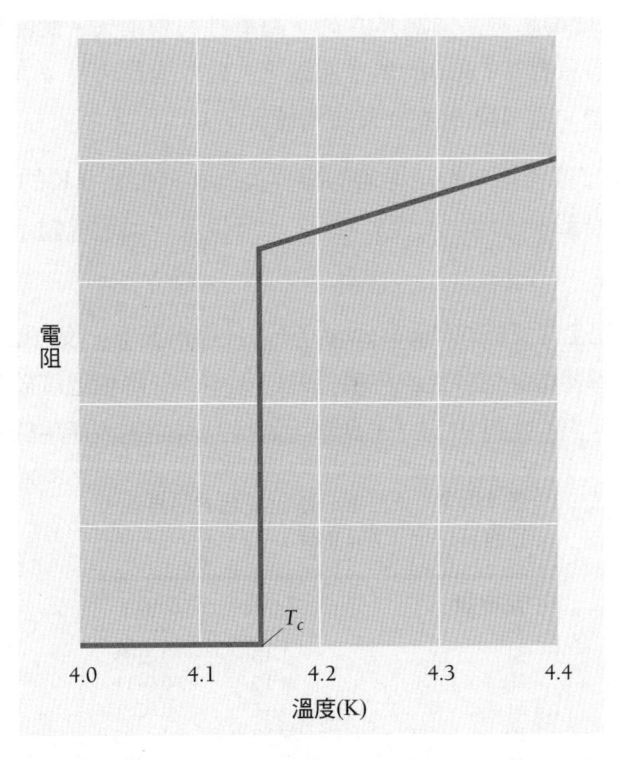

圖 10.49 水銀樣品在低溫時的電阻。低於臨界溫度 T_c = 4.15 K時，水銀成為零電阻的超導體。

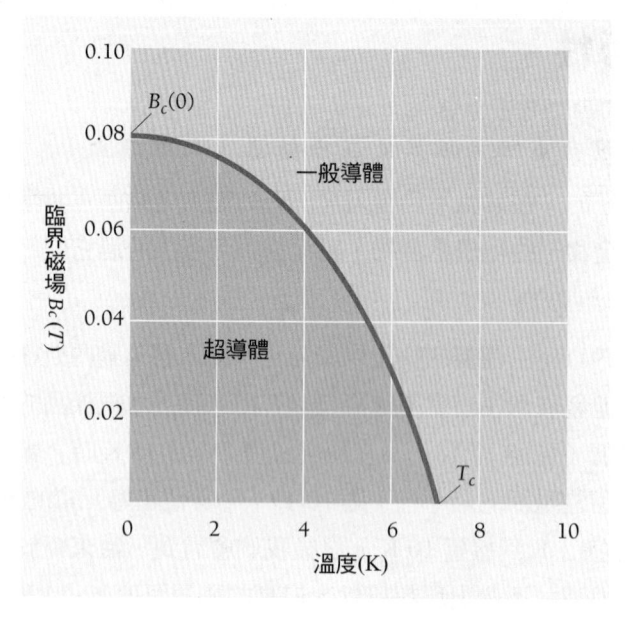

圖 10.50 鉛的臨界磁場 B_c 對溫度的變化。在此曲線下，鉛為超導體；在曲線上，它是一般導體。

磁效應

磁場的存在會導致**第一類超導體**(*type I superconductor*)的臨界溫度下降，如圖 10.50 所示。如果磁場超過某個臨界值 B_c，超導性將會消失。此臨界值與材料和溫度有關。此種物質只有在 T 和 B 的值在曲線下方時才有超導性；在曲線上方時，特性就如一般的導體。臨界場 B_c 在 0 K 時為極大。

表 10.3 列出了幾種第一類超導體的臨界溫度和外插到 0 K 的臨界磁場 $B_c(0)$。所有物質的臨界場都十分地小，低於 0.1 T，所以第一類超導體不能用於強電磁鐵的線圈。

超導體都是完全的反磁的(diamagnetic)——任何情況下，沒有磁場可以存在其內部。若我們將超導體樣品置於比臨界值低的磁場中，並降低溫度於 T_c 以下，磁場會從樣品內部被排斥出（見圖 10.51）。實際上是樣品表面電流產生的磁場，正好抵消

表 10.3 一些第一類超導體的臨界溫度和臨界磁場（$T = 0$ 時）

超導體	T_c, K	$B_c(0)$, T
Al	1.18	0.0105
Hg	4.15	0.0411
In	3.41	0.0281
Pb	7.19	0.0803
Sn	3.72	0.0305
Zn	0.85	0.0054

(a) $T > T_c$ (b) $T < T_c$

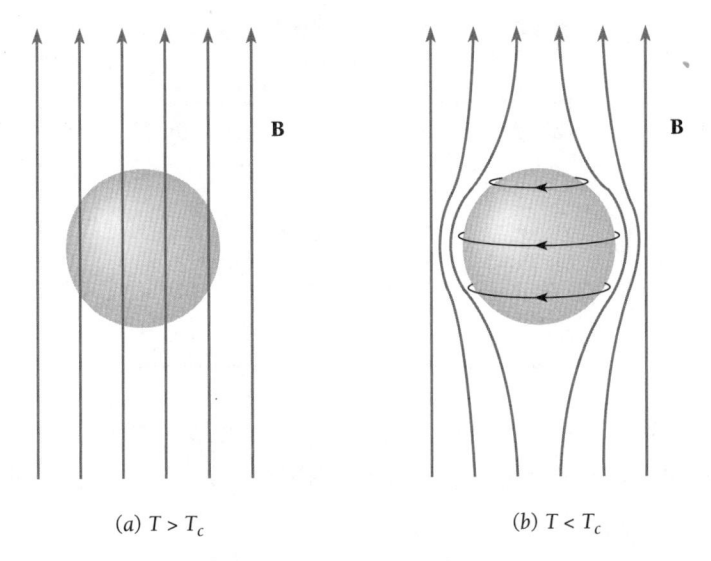

圖 10.51 邁斯納效應。(a)外加磁場在溫度高於臨界溫度 T_c 時,可以存在於超導體內部。(b)當超導體的溫度冷到低於 T_c 時,會出現表面電流,將超導體內部的磁場排斥。

原來內部的磁場。此**邁斯納效應**(*Meissner effect*)並不會發生於一般的導體中,我們可以想像它的電阻降為零。除了傳導電流的能力之外,這是超導體獨有的物質特性。

第一類超導體只能存在於兩種狀態,正常狀態和超導狀態。**第二類超導體**(*type II superconductor*)則在幾十年後發現,通常是合金,且具有中間的狀態。此類材料有兩種臨界磁場,B_{c1} 和 B_{c2}(圖10.52)。當外加磁場小於 B_{c1},第二類超導體就像是第一類一樣;$B < B_{c1}$ 時,內部無磁場且具有超導性。當 $B > B_{c2}$,第二類超導體

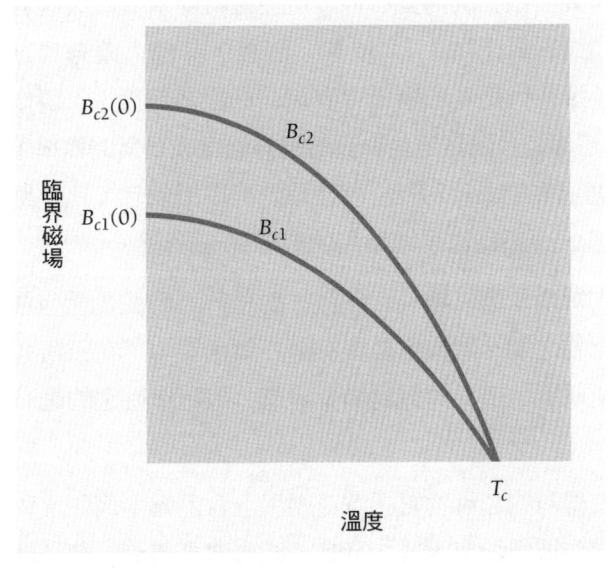

圖 10.52 第二類超導體臨界磁場 B_{c1} 和 B_{c2} 對溫度的變化。當磁場介於 B_{c1} 和 B_{c2} 時,材料為混合狀態,既有超導性,也有磁場存在於內部。

表 10.4　一些第二類超導體的臨界溫度和上臨界磁場（$T = 0$ 時）

超導體	T_c, K	$B_{c2}(0)$, T
Nb$_3$Sn	18.0	24.5
Nb$_3$Ge	23.2	38
Nb$_3$Al	18.7	32.4
Nb$_3$(AlGe)	20.7	44
V$_3$Ge	14.8	2.08
V$_3$Si	16.9	2.35
PbMoS	14.4	6.0

也像是第一類一樣，處於正常狀態。若外加的磁場介於 B_{c1} 和 B_{c2} 之間，第二類超導體介於兩種狀態之間，既有超導性，內部也有磁通。外加磁場越大，就有越多通量穿過物質，直到較高的臨界場 B_{c2}。

第二類超導體的行為像是普通物質和超導物質的絲混合體。磁場可以存在於正常的絲線中，而超導細線則為反磁性且無電阻，如同第一類超導體一樣。因為 B_{c2} 值很大（見表10.4），第二類超導體通常用來製作高場值（高達 20 T）磁鐵的粒子加速器、融合反應爐、磁共振影像，還有正在實驗的**磁浮**(*maglev*)列車，利用磁力來提供推進力和無摩擦阻力的支撐。

高溫超導

儘管多所努力，一直到了1986年，仍然沒有任何超導體的臨界溫度可高於27 K。那年，在瑞士工作的亞歷士・穆勒(Alex Muller)和喬治・貝德諾茲(Georg Bednorz)研究一系列的陶瓷材料，這些材料從未被懷疑過有超導行為。他們發現鑭(La)、鋇和銅的氧化物 T_c 為 30 K。隨後，其他人擴充其方法從水銀、鋇、鈣和銅的氧化物（這些物體在加壓下會有更高的臨界溫度），製作出臨界溫度高達 134 K (−139°C)的超導體。雖然這些物質的臨界溫度在日常的標準中看來還是很低，但是已經高於液態氮的沸點(77 K)，也就是說可以用便宜（比牛奶便宜）且有效率的物質來達到低溫，而不用像早期所用的液態氦來降溫。

新的超導體物質都是第二類，而且有些 B_{c2} 值高。陶瓷晶體包含銅的氧化物，夾在其他金屬的氧化物之間。超導電發生在銅的氧化層中，在正常狀態下此氧化物為絕緣體。儘管多所研究，導電的機制仍不清楚，但可以確定的是一定和一般的超導體不同。

有許多問題使得新的超導物質在廣泛應用上有困難；例如，和其他的陶瓷晶體一樣，它易碎，製作成導線有困難。且其不能傳導高電流，若長期使用會不穩定。然而還是有些方法設計出來克服或是避免這些困難。有一個方法是將超導材料細粒

磁浮。一小塊永久磁鐵飄浮於在液態氮中冷卻的高溫超導體上。磁鐵的磁場在超導體中感應出電流，使得超導體內部的磁場為零。超導體外部的電流會產生磁場，以排斥磁鐵。

裝入銀管中，然後拉成細線，最後再捆成纜線狀或緞帶狀。為了傳輸電功率，超導纜線必須置入充滿液態氮的絕緣管中。此種導線不比攜帶同等電流的銅纜線便宜，但是較小且較輕。此種導線適合用於銅纜線已佈置完全的地方，如大都市中；藉由取代原來的纜線來增加電力傳輸與分配的容量。

室溫下操作的超導材料將會是革命性的技術。此外，由於降低電力傳輸的損耗（在美國約百分之十產生的電能消耗在傳輸線的熱損耗上），全世界資源耗盡的速度將可以降低。自從 1986 年以來，此種物質已不再是不可想像。

10.10 束縛電子對

Bound Electron Pairs

超導性的關鍵

超導性的起因在1957年BCS理論(Bardeen-Cooper-Schrieffer, BCS)之前仍是個謎。此理論給予先前的研究一個方向，就是超導元素同位素的臨界溫度 T_c 會隨著原子量的增加而降低。例如，水銀 ^{199}Hg 的 T_c 為 4.161 K，而其同位素 ^{204}Hg 的 T_c 則為 4.126 K。此**同位素效應**(*isotope effect*)暗示超導體中電流荷載的電子，並不是獨立於離子晶格而自行移動（我們可能會想到普通導體的電阻是來自於和晶格缺陷與振動的電子散射所產生），而應該是和晶格有所相互作用。

約翰・巴丁(John Bardeen, 1908-1991)生於威斯康辛麥迪遜，曾於威斯康辛大學唸電機與普林斯頓大學唸固態物理，並在幾所大學工作過，二次大戰時加入海軍軍械實驗室(Naval Ordnance Laboratory)，並於1945年參加一個在貝爾電話實驗室(Bell Telephone Laboratory)由威廉・蕭克利(William Shockley)領導的半導體研究小組。1948年該小組做出了第一個電晶體，因此蕭克利、巴丁與他們的同事布拉頓(Walter Brattain)共同獲得了1956年的諾貝爾獎。巴丁事後曾說：「我知道電晶體很重要，但我從來無法想像它所帶來的電子革命。」

1951年巴丁離開貝爾實驗室來到伊利諾大學，與庫柏(Leon Cooper)、席里佛(J. Robert Schrieffer)發展出超導體的理論。與他早期的電晶體的工作相比，「超導更難解決，而且需要一些全新的觀念。」根據這個理論，兩個電子的運動可以由它們與晶格的作用而產生關聯，使這一對電子可以完全自由地通過晶格。巴丁在1972年與庫柏和席里佛一起得到他的第二個諾貝爾獎；他是第一個在同一個領域得到兩次諾貝爾獎的人。

此相互作用的性質在其研究中變得更為清楚，當庫柏(Leon Cooper)證明超導體中的兩個電子，在不受庫侖排斥力的影響下，如何形成束縛態。當一個電子通過超導體時，晶體的正離子會因電子的負電性而被吸引，使得正離子在電子移動的路徑上有些微的變形，此變形造成了一個正電荷較多的區域。當另一個電子穿過此極化區域，會被濃度較大的正電荷區所吸引。若此電子間吸引力比排斥力大，電子會有效地耦合在一起，以此變形的晶格為媒介物，形成**庫柏對**(Cooper pair)。

此電子－晶格－電子間的交互作用，不會使電子保持一定的距離。事實上，此理論顯示出電子會往相反方向移動，而且它們的相互作用會維持在10^{-6} m的距離。庫柏對的束縛能稱為**能隙**(energy gap) E_g，大小約為10^{-3} eV，也就是為何超導是一種低溫現象。量測能隙可以頻率ν的微波直接對超導體照射。當$h\nu \geq E_g$時，會發生強烈的吸收而使庫柏對分離。

BCS理論認為超導體在0 K的能隙與它的臨界溫度T_c相關，由下式

0 K的能隙 $$E_g(0) = 3.53kT_c \tag{10.25}$$

式(10.25)與所觀察到的E_g與T_c的值相當符合。在溫度大於0 K時，一些庫柏對會分離。產生的獨立電子與剩下的庫柏對作用而減低了能隙（圖10.53）。最後，在臨界溫度T_c時能隙消失，沒有庫柏對，材料不再是超導。

庫柏對的電子有相反的自旋，所以總自旋為零。因此超導體的電子對是波色子（不像單獨的電子，其自旋為$\frac{1}{2}$，是費米子），任何數目的庫柏對都可同時存在於同一個量子態。當超導體中沒有電流時，庫柏對中電子的線性動量為大小相等且方向相反，總和為零。然後所有的電子對都在同一基態而組成了一個超導體的巨大系統。一個單一波函數可代表此系統，它的總能量比擁有相同數目的電子，且具有費米能量分布之系統還小。

10.10 束縛電子對　**10-49**

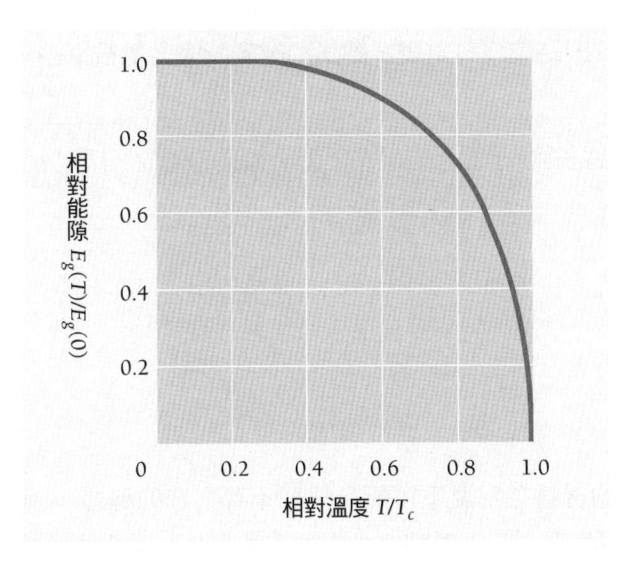

圖 10.53　超導能隙隨著溫度的變化。在這裡 $E_g(T)$ 是在溫度 T 的能隙，$E_g(0)$ 是 $T = 0$ 的能隙；T_c 是材料的臨界溫度。

　　超導體中的電流和電子對與整個系統有關，而這個系統表現如同一個完整的單位。每對現在有一個非零的動量。變換這樣的電流表示所有相關電子對的狀態一起改變，而不是像普通導體只有某些個別電子的運動狀態改變而已。因為這樣的變化需要相當大的能量，電流因此無限地持續下去。如果不受到擾動，電子散射導致普通導體一樣有電阻就不會發生。

通量量子化

圖 10.54 所示為一面積 A、帶有電流的超導環。因此有磁通量 $\Phi = BA$ 通過此環。根據法拉第的電磁感應定律，任何磁通量的改變將改變環內的電流，以

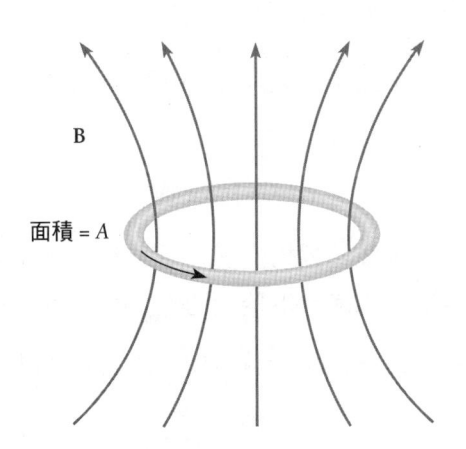

圖 10.54　通過超導環的磁通量 $\Phi = BA$ 只能有的值為 $\Phi = n\Phi_0$，其中 Φ_0 為通量量子，且 $n = 1, 2, 3, ...$。

抵消通量的改變。因為環沒有電阻，通量的改變將完全地被抵消。通量Φ因此永遠地保持下去。

因為環中庫柏對的波函數之相位在環上必須是連續的，所以Φ是量子化的。Φ可能有的值為

通量量子化
$$\Phi = n\left(\frac{h}{2e}\right) = n\Phi_0 \qquad n = 1, 2, 3, \ldots \qquad (10.26)$$

磁通量的量子為

通量量子
$$\Phi_0 = \frac{h}{2e} = 2.068 \times 10^{-15} \text{ T} \cdot \text{m}^2$$

晶格振動大的材料在常溫下可能是一個不算太好的導體，因為常發生電子散射。然而晶格容易變形表示低溫時庫柏對的束縛很強，因此該材料有可能會是一個超導體。好的導體如銅和銀在常溫時的晶格振動很小，也就是說它們的晶格無法在低溫時調解庫柏對的形成，所以它們不會變成超導體。金屬如汞、錫、鉛在常溫下晶格振動大，因此與銅和銀相比較為差的導體，但是在低溫時為超導體。

約瑟夫森接面

如同第5章所學到的，運動粒子的波動性質允許它穿隧過一個障，根據古典物理它不可能穿隧。因此一個小但是可偵測到電流的電子可以穿過兩金屬中間一層薄的絕緣層。在1962年劍橋大學的研究生約瑟夫森(Brian Josephson)預測庫柏對可以穿過兩個超導體中的一層薄絕緣體，今日稱為**約瑟夫森接面**(*Josephson junction*)。庫柏對的波函數在接面的任一邊都以指數遞減的振幅形式穿過絕緣層，如同個別電子的波函數。如果層夠薄，如實際應用時小於 2 nm，波函數彼此重疊夠多而連接在一起，所描述的庫柏對就會穿過這個接面。約瑟夫森因為此研究而分享了1975年的諾貝爾物理獎。

在**直流約瑟夫森效應**(*dc Josephson effect*)，穿過約瑟夫森接面的電流沒有電壓降，可由下式表示

直流約瑟夫森效應
$$I_J = I_{\max} \sin \phi \qquad (10.27)$$

在這裡ϕ是接面兩側庫柏對的波函數相位差。$I_{\max}$是極大接面電流，其值非常小而且決定於絕緣層的厚度，如 Nb-NbO-Nb 接面的 $I_{\max}$ 介於 1 μA 與 1 mA 之間。

當電壓 V 施加於約瑟夫森接面時，相位差ϕ隨著時間以下面速率增加

交流約瑟夫森效應
$$\nu = \frac{d\phi}{dt} = \frac{2Ve}{h} \qquad (10.28)$$

因此I_J隨時間以正弦變化，構成**交流約瑟夫森效應**(*ac Josephson effect*)。$2e/h$的值是 483.5979 THz/volt。因為ν正比於 V，所以可以正確地量測，例如用找出接面所

這張照片中央的小矩形是一個約瑟夫森接面，寬度為 $1.25\mu m$。

發射出的電磁輻射頻率的方法。交流約瑟夫森效應使我們可以非常準確地量測電壓。事實上，這個效應導致了今日伏特的定義：一伏特為跨越約瑟夫森接面產生 483.5979 THz 振盪頻率的電位差。

約瑟夫森接面可用於極高靈敏度的磁場量測儀器，稱為**超導量子干涉儀** (*superconducting quantum interference devices, SQUID*)。不同SQUID的細節有所不同，但是所有的原理都是運用具有約瑟夫森接面的超導環，極大電流隨著通過的磁通量變化時做週期性變化的特性。這個週期性變化可解釋為庫柏對波函數的干涉效應。小至 10^{-21} T 的磁場變化都可被 SQUID 偵測到，可用於偵測生物電流所產生的弱磁場，例如大腦。

習題

I pass with relief from the tossing sea of Cause and Theory to the firm ground of Result and Fact. -Winston Churchill

10.2 離子晶體

1. 鈉的鹵化物的離子間隔與熔點如下

	NaF	NaCl	NaBr	NaI
離子間隔(nm)	0.23	0.28	0.29	0.32
熔點(°C)	988	801	740	660

   試用鹵素原子序來解釋這些量的規則變化。

2. 證明氯化鈉的馬德隆常數的前五項為

   $$\alpha = 6 - \frac{12}{\sqrt{2}} + \frac{8}{\sqrt{3}} - \frac{6}{2} + \frac{24}{\sqrt{5}} - \cdots$$

3. (*a*)鉀的游離能是 4.34 eV，而氯的電子親和力為 3.61 eV。KCl 結構的馬德隆常數是 1.748，相反電性的離子間距離為 0.314 nm。只用這些資料為基礎，計算 KCl 的聚合能。(*b*)觀察到 KCl 的聚合能為每離子對 6.42 eV。假設此值與由 *a* 計算得到的差異

是因為不相容原理的排斥，找出由此來源產生的位能公式 Br^{-n} 中的指數 n。

4. 改為 LiCl，重複計算習題 3，它的馬德隆常數為 1.748，離子間隔為 0.257 nm，觀察到每離子對的聚合能為 6.8 eV。Li 的游離能為 5.4 eV。

10.4 凡德瓦鍵

5. **焦耳－湯姆森效應**(*Joule-Thomson effect*)是指氣體緩慢地從一個滿的容器經由一多孔栓塞到達一個空容器時的溫度下降現象。因為膨脹至一個剛體容器，所以並沒有機械功。由分子間的凡德瓦吸引解釋焦耳－湯姆森效應。

6. 凡德瓦力可以使惰性氣體在很低溫時形成固體，但是不能讓這些原子在氣體狀態下聚集在一起形成分子。為什麼？

7. 以下會對離子與共價晶體的聚合能有何效應？(*a*)凡德瓦力，(*b*)離子與原子在它們的平衡位置做零點振盪。

10.5 金屬鍵

8. 鋰原子像氫原子一樣只有一個單一電子在外殼，仍然不會像氫原子形成 H_2 分子一樣形成 Li_2 分子。鋰是一種金屬，每個原子是晶體晶格的一部分，為什麼？

9. 金屬中的自由移動的電子氣是否包含所有的電子？如果不是，什麼電子是電子氣的成員？

10. 金的原子量為 197 u，密度 19.3×10^3 kg/m^3，費米能量為 5.54 eV，電阻係數為 2.04×10^{-8} Ω·m。試以原子間隔估計金的自由電子碰撞之間的平均自由路徑，假設每個金原子貢獻一個電子給電子氣。

11. 銀的原子量為 108 u，密度 10.5×10^3 kg/m^3，費米能量為 5.51 eV。假設每個銀原子貢獻一個電子給電子氣，電子的平均自由路徑為 200 個原子間隔，估計銀的電阻係數（銀在 20°C 時的實際電阻係數為 1.6×10^{-8} Ω·m）。

10.6 固體的能帶理論

12. 什麼基本的物理原理可說明為何在固體中存在能帶，而不是特定能階？

13. 絕緣體與半導體的能帶結構有多相似？有何不同？

14. 能帶結構與電子佔據有那兩種組合使一個固體成為金屬？

15. (*a*)為何有些固體對可見光為透明的，而其他則為不透明的？(*b*)矽的禁止帶為 1.1 eV，鑽石為 6 eV。這些物質對何波長的光為透明的？

16. 鍺的禁止帶為 0.7 eV，矽為 1.1 eV。試比較鍺與矽的導電係數(*a*)在非常低的溫度，(*b*)在室溫下。

17. (*a*)當鍺摻入鋁後成為 *p* 型或是 *n* 型的半導體？(*b*)為什麼？

10.8 能帶：另一種分析

18. 比較銅中一電子具有 7.04 eV 費米能量時的德布羅依波長，銅原子的間隔為 0.256 nm。

19. 畫出二維正方晶格的第三布里淵區，前二個布里淵區為圖 10.41 所示。

20. 比較在二維正方晶格中電子 $k_x = k_y = \pi/a$ 與電子 $k_x = \pi/a, k_y = 0$ 的動能比。

21. 一個鍺的樣本中有磷。假設磷的五個價電子之一在鍺晶格中的每個 P$^+$ 離子的波耳軌道上環繞。(*a*)如果電子的有效質量為 0.17 m_e，鍺的介電常數為 16，求出的第一波耳軌道的電子半徑。(*b*)鍺的價電帶與導帶之間的能隙為 0.65 eV。試比較上述電子的游離能與此能量以及室溫時的 kT。

22. 重複習題 21，改為在矽的樣本中加入砷。矽中電子的有效質量為 0.31 m_e，矽的介電常數是 12，矽的能隙為 1.1 eV。

23. 半導體中的電流載子的有效質量為 m^*，可以直接利用**迴旋加速器共振**(*cyclotron resonance*)實驗的方法求出，在其中電流載子（不論是電子還是電洞）在螺旋的軌道中沿外加磁場 **B** 運動。一個交流的電場垂直於 **B**，這個場的能量被共振吸收時的頻率 ν 會等於旋轉的載子頻率 ν_c。(*a*)求出以 m^*, e 與 B 描述 ν_c 的方程式。(*b*)在某個實驗中，$B = 0.1$ T，極大吸收率發生在 $\nu = 1.4 \times 10^{10}$ Hz 時。求 m^*。(*c*)求電荷載子的極大軌道半徑，實驗時的速度是 3×10^4 m/s。

10.9 超導性
10.10 束縛電子對

24. 鉛在 0 K 的實際能隙為 2.73×10^{-3} eV。(*a*) BCS 理論對此能隙有何預測？(*b*) 可以分開 0 K 的鉛中庫柏對輻射的極小頻率為何？這樣的電磁輻射位於頻譜的那一部分？

25. 在約瑟夫森接面上施加 5.0 μV 的電壓。這個接面會輻射出的頻率為何？

26. 一個 SQUID 磁場量測儀運用一個直徑 2.0 nm 的超導環，可量測到的磁通量變化為 5 個通量量子，其對應的磁場變化為何？

CHAPTER 11

原子核結構
Nuclear Structure

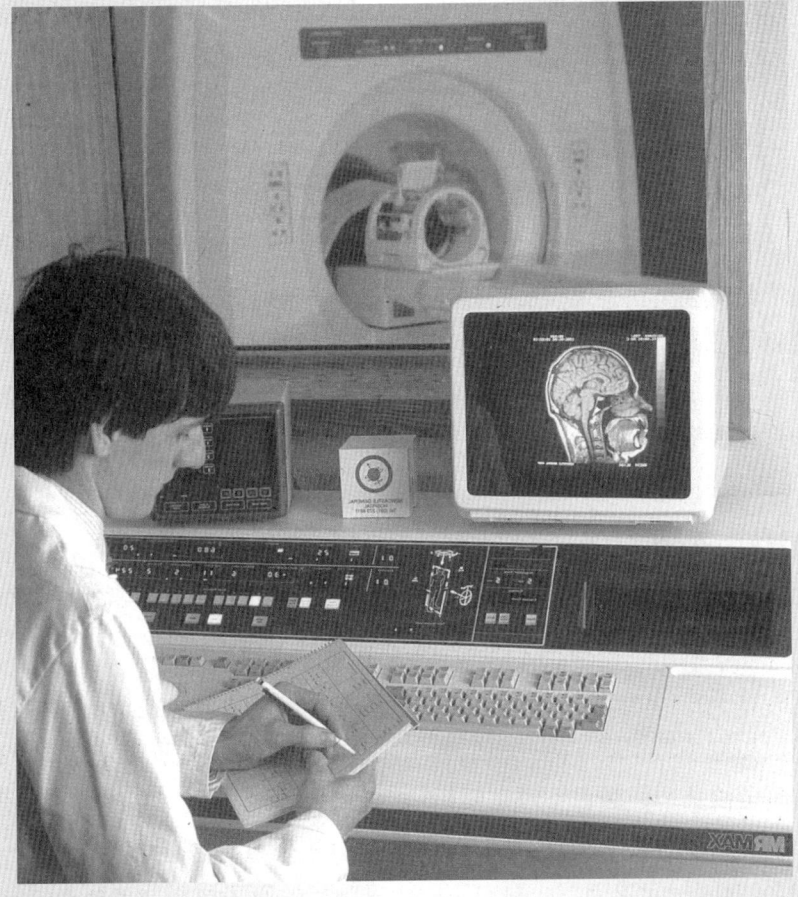

核磁共振為物體組織高解析度成像的基礎，螢幕顯示出一個躺在後面強力磁鐵中的人頭部的電腦結構剖面圖。

11.1 原子核組成
同一個元素的原子核有相同的質子數，但可能有不同的中子數

11.2 原子核的一些特性
尺寸小，一個原子核可以有角動量及磁力矩

11.3 穩定原子核
為何一些中子和質子的結合比其他的穩定

11.4 束縛能
維繫一個原子核失去的能量

11.5 液滴模型
一個對於束縛能曲線的簡單解釋

11.6 殼模型
原子核中的魔術數字

11.7 原子核力的介子理論
粒子交換可以產生吸引或是排斥

目前為止，我們已經能夠把原子核視為一個很小的帶正電物體，其僅有的角色為提供原子大部分的質量並且束縛電子。原子、分子、固體和液體的主要特性（除了質量之外）可藉由原子的電子的行為來瞭解，而非原子核的行為。雖然如此，原子核在巨大物體狀況下也是很重要的，不同元素的存在就是由於原子核擁有多重電荷數的能力所造成。此外，幾乎所有自然界的能量皆可藉由核子反應及轉換來產生，而反應爐和武器的核能釋放已經影響全人類的生活了。

11.1 原子核組成
Nuclear Composition

同一個元素的原子核有相同的質子數，但可能有不同的中子數

原子的電子結構甚至在原子核被知道前就已經被理解了，原因是束縛原子核的力量遠遠大於將電子束縛於原子核的電力，而將原子核打斷來發現在裡面的東西是相當困難的。改變原子內部電子結構，如釋放光子或吸收光子、化學鍵形成或斷裂等，都只牽涉到數個電子伏特的能量；而另一方面，改變原子核結構所牽涉的能量則高達 MeV，比前者大數百萬倍。

一般氫原子的原子核只有一個質子，電荷為 $+e$ 而質量為電子的 1836 倍，所有其他的元素的原子核都包含了質子和中子，而中子正如其名為不電的，且質量略大於質子，中子和質子合稱為**核子**(*nucleons*)。

元素的**原子序**(*atomic number*)為原子核中的質子數目，在一個元素的中性原子，質子數和電子數相同，因此氫的原子序為 1，氦為 2，鋰為 3 而鈾為 92。一已知元素的原子核其中子數目不一定要相同，例如，雖然超過 99.9% 的氫原子核僅含單一質子，少部分的氫也含有一個中子，而只有極少量的含有兩個中子和一個質子（圖 11.1）。對同一元素而言，具有不同中子數目的原子核稱為**同位素**(*isotopes*)。

氫的同位素氘(*deuterium*)是穩定的，但是氚(*tritium*)具放射性且最後會變成氦的同位素。從太空射入地球的宇宙射線會持續藉由大氣中的核子反應來補充地球的氚含量，無論何時，地球上天然存在的氚僅有 2 公斤而已，且幾乎都存在於海洋中。**重水**(*heavy water*)是氘原子而不是氫原子和氧原子結合而形成的水。

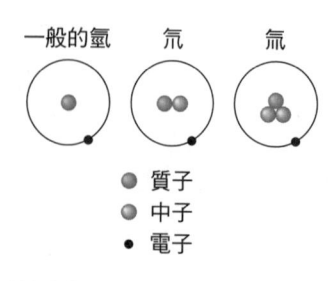

圖 11.1 氫的同位素。

詹姆士‧查德威克(James Chadwick, 1891-1974)在英格蘭的曼徹斯特大學接受教育，且繼續在那裡跟隨拉塞福從事伽瑪射線放射的研究。他於德國在一次世界大戰爆發時投入貝他衰變的研究，因此被當成敵人而遭軟禁。戰後他加入拉塞福在劍橋大學的研究群，並利用阿爾法粒子散射證明元素的原子序等於其原子核電荷。拉塞福和查德威克推論出一個不帶電粒子為一個核子組成物，但並沒有找出實驗上的偵測方法。

然而在1930年時，德國物理學家波斯(W. Bothe)和貝克(H. Becker)發現由釙(Po)射出的阿爾法粒子轟擊鈹時，會釋放出穿越鉛的不帶電輻射（圖11.2）。1932年時在法國居里夫人的女兒愛琳‧居里(Irene Curie)和她的先生弗列德瑞克‧朱利(Frederic Joliot)發現這個神秘的輻射能可以5.7 MeV的能量將質子從石蠟板打出，他們假設輻射是由伽瑪射線組成(能量比x射線還強的光子)，因為光子在康普頓碰撞中會被撞離充滿氫原子的石蠟。他們計算出伽瑪射線光子能量至少大於 55 MeV，但是此能量對於和鈹原子核交互作用的阿爾法粒子而言太大。

查德威克假設此能量超過5.7 MeV的過程牽涉到質量和質子相同的中性粒子，因為粒子碰撞到相同質量的粒子時，會將其動能完全轉移至另一個粒子，此理論被其他的實驗證明。1935年時查德威克因參與發現中子的成就而獲頒諾貝爾獎(查德威克並未馬上將中子視為基本粒子，而將其視為一個小的偶極，或是嵌在電子中的質子，中子被視為基本粒子的觀念則由俄羅斯物理學家德米列‧依瓦南科(Dmitri Iwanenko)所提出)。在二次世界大戰時，查德威克領導英國的研究團隊並且參與了原子彈的開發。

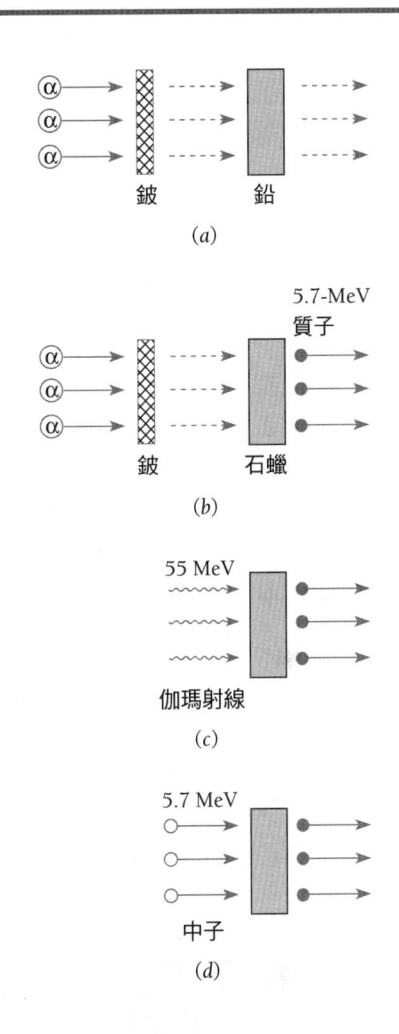

圖 11.2 (a)入射鈹箔的阿爾法粒子產生滲透力強的輻射；(b)當此輻射撞擊石蠟板時會釋放出5.7 MeV的光子；(c)如果輻射是由伽瑪射線組成，其能量必定大於55 MeV；(d)如果輻射是由質量和質子近似的中性粒子所組成時，能量則不必超過 5.7 MeV。

原子核種類或**核素**(*nuclides*)的傳統符號將以下列符號表示

$$^{A}_{Z}X$$

其中　X = 元素的化學符號

　　　Z = 元素的原子序

　　　　= 原子核中的質子數目

A = 核素的質量數

= 原子核的中子數目

因此一般的氫為$^1_1$H，氘為$^2_1$H，而含有 18 和 20 個中子的氯($Z = 17$)的二種同位素分別為$^{35}_{17}$Cl和$^{37}_{17}$Cl，因為每個元素都有其特徵原子序，所以我們通常將核素符號中的Z省略為^{35}Cl（讀做氯 35）而不用$^{35}_{17}$Cl。

原子質量

原子質量是指中性原子的質量，因此原子質量總是包含了它的Z個電子的質量，原子質量以**質量單位**(*mass unit*) u來表示，我們定義碳中最多的同位素$^{12}_{6}$C質量單位為 12 u，故質量單位數值為

原子質量單位　　　　　　$1 \text{ u} = 1.66054 \times 10^{-27} \text{ kg}$

等效於一個質量單位的能量為 931.49 MeV，表 11.1 列出了以不同單位，包括 MeV/c^2，表示的質子、中子、電子和$^1_1$H原子的質量，利用此單位的好處為等效於質量（如 10 MeV/c^2）的能量可輕易地求出，$E = mc^2 = 10$ MeV。

表11.2列出了氫和氯的同位素組成，自然界中的氯由大約四分之三的^{35}Cl同位素和四分之一的^{37}Cl同位素組成，其平均原子質量為化學家常用的 35.46 u（見表 7.2）。元素的化學特性可藉由原子中電子數目和排列來決定。因為元素的同位素其原子幾乎具有相同的電子結構，例如，氯的二種同位素具有相同的黃色，令人窒息

被用來研究半導體晶格組成的質譜儀(mass spectrometer)。

表 11.1　以不同單位表示的粒子質量

粒子	質量 (kg)	質量 (u)	質量 (MeV/c^2)
質子	1.6726×10^{-27}	1.007276	938.28
中子	1.6750×10^{-27}	1.008665	939.57
電子	9.1095×10^{-31}	5.486×10^{-4}	0.511
$^1_1$H原子	1.6736×10^{-27}	1.007825	938.79

表 11.2　自然界中找到的氫和氯原子的同位素

元素	元素特性 原子序	元素特性 平均原子質量(u)	同位素特性 原子核的質子	同位素特性 原子核的中子	同位素特性 質量數	同位素特性 原子質量(u)	同位素特性 相對含量百分比
氫	1	1.008	1	0	1	1.008	99.985
			1	1	2	2.014	0.015
			1	2	3	3.016	非常小
氯	17	35.46	17	18	35	34.97	75.53
			17	20	37	36.97	24.47

的氣味，同樣的毒及漂白劑的效率，以及與金屬結合的能力，是不令人驚奇的。因為沸點和冰點與原子質量有關，所以對於兩個同位素而言，其熔點、沸點和密度略有不同。同位素的其他物理特性可能會隨著質量數劇烈地變化：例如，氚為放射性元素，而一般的氫和氘則不是。

核電子

核素質量總是非常接近氫原子質量的整數倍，如我們在表 11.2 可見。在中子發現之前，人們曾經嘗試將所有原子核視為由質子和足夠中和正電的電子所組成，此假說可由某種放射性原子核自發性地釋放出電子的現象獲得支持，一種現象稱之為貝他衰變(beta decay)，然而，對於核電子的觀念卻有一些很強烈的質疑。

1. 原子核大小。在例 3.7 中，我們看到一個被限制於原子核大小箱中的電子能量大於 20 MeV，而在貝他衰變時釋放出的電子能量僅為 2 或 3 MeV，或更小一個冪次；對質子而言，相似的計算得到最小能量為 0.2 MeV 左右，這看起來似乎是很合理的。

2. 原子核自旋。質子和電子為具有 $\frac{1}{2}$ 自旋(自旋量子數)的費米子，質子數與電子數之和為偶數的原子核應為 0 或整數自旋，而質子數與電子數之和為奇數的原子則為半整數自旋，但這個預測在此並不對，例如，如果一個由兩個質子和一個電子所組成的氘原子 $^2_1$H，其原子核自旋應該為 $\frac{1}{2}$ 或 $\frac{3}{2}$，但實際上所觀測到的值卻為 1。

3. 磁力矩。質子的磁力矩僅為電子的0.15%，如果電子為原子核的一部分時，其磁力矩大小應和電子磁力矩相當，然而所觀測到的原子核磁力矩與質子磁力矩差不多，而非電子的磁力矩。

4. 電子－原子核相互作用。將原子核的組成物結合在一起的力量對每個粒子而言會產生約8 MeV的束縛能，如果電子可和原子核中的質子強力束縛時，原子中的其他電子如何維持在原子核的外圍呢？此外，當快速電子被原子核散射時，它們的行為好像只被電力作用而已，而快速質子的散射則顯示出有另一個不同的力量施加於質子。

儘管有上述這些困難，在1932年中子被發現前，核電子的假說並沒有完全地被放棄，當喬治‧蓋摩(George Gamow)撰寫有關原子核物理的書籍且在出版的前一年時，他對這個被接受的原子核之質子－電子模型感到不安，他在每一個討論核電子的章節中以骷髏頭和十字交叉的骨頭作為記號，當出版商拒絕時，他回應道：「我絕不是想要以這些記號來驚嚇可憐的讀者，但無疑地這本書的內容更會如此」，並且將這些骷髏頭和十字骨頭以較不強烈的符號來表示。

11.2 原子核的一些特性
Some Nuclear Properties

尺寸小，一個原子核可以有角動量及磁力矩

拉塞福散射實驗首度提供了原子核大小的估計，如我們看到，在第4章的實驗中，一個入射的阿爾法粒子被靶原子核偏折，且其偏折路徑符合庫侖定律所述之距離，超過大約10^{-14} m。在較小的間隔，因為原子核對於阿爾法粒子而言不再是點電荷，所以不再遵守庫侖定律。

從拉塞福之後，許多實驗都被用來決定原子核的大小，粒子散射仍然是非常受歡迎的技巧。快速電子和中子對此目的較為理想，因為電子僅透過電力和原子核作用，而中子僅藉由特別的原子核力交互作用。因此電子散射提供了原子核中電荷分布的訊息，而中子散射則提供了原子核物質分布的訊息。在兩個情況中，粒子的德布羅依波長必須比待研究的原子核半徑還短。我們所發現到的是原子核的體積和其包含的核子數目成正比，亦即質量數A。這個現象推論出核子的密度和所有原子核內部密度幾乎是相同的。

如果原子核半徑為R，其體積為$\frac{4}{3}\pi R^3$，故R^3和A成正比，此關係式通常以相反形式來表示

原子核半徑 $$R = R_0 A^{1/3} \tag{11.1}$$

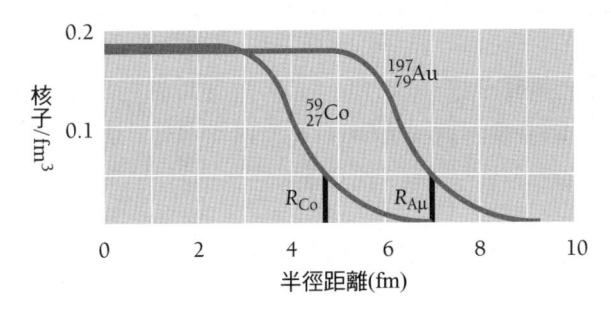

圖 11.3 $_{27}^{59}$Co（鈷）和 $_{79}^{197}$Au（金）原子核的核子密度對其到中心的半徑距離之關係圖，圖中標示之原子核半徑值由 $R = 1.2A^{1/3}$ 所得。

R_0 的值為

$$R_0 \approx 1.2 \times 10^{-15} \text{ m} \approx 1.2 \text{ fm}$$

必須含混地表示 R_0，因為如圖11.3所示，原子核並沒有很確定的邊界。儘管如此，從式(11.1)中得到的 R 值為有效的原子核大小，從電子散射所推導出來的 R_0 值比原子核稍微小一點，這意味著原子核物質和電荷在原子核中的分佈並不相同。

原子核很小，描述原子核時所用的適當長度單位為**飛米**(*femtometer, fm*)，等於 10^{-15} m。飛米有時被稱為**費米**(*fermi*)以紀念費米(Enrico Fermi)——核子物理的先驅。從式(11.1)中我們發現 $_{6}^{12}$C 原子核半徑為

$$R \approx (1.2)(12)^{1/3} \text{ fm} \approx 2.7 \text{ fm}$$

同樣地，$_{47}^{107}$Ag 原子核半徑為 5.7 fm，$_{92}^{238}$U 的半徑則為 7.4 fm。

例 11.1

求出 $_{6}^{12}$C 原子核的密度。

解

$_{6}^{12}$C 的原子質量為 12 u，忽略其六個電子的質量和束縛能，我們得到原子核密度為

$$\rho = \frac{m}{\frac{4}{3}\pi R^3} = \frac{(12 \text{ u})(1.66 \times 10^{-27} \text{ Kg/u})}{(\frac{4}{3}\pi)(2.7 \times 10^{-15} \text{ m})^3} = 2.4 \times 10^{17} \text{ kg/m}^3$$

此數值——等於每平方英吋具有四十億噸！——本質地對所有原子核而言都相同。我們從9.11節中學到中子星的存在是由被壓縮的原子所組成，其質子和電子交互作用而形成中子，在這樣的組合下所形成的中子，如同在一穩定的原子核中，並不會像自由中子一樣產生放射性衰變，中子星的密度和原子核物質差不多：一個中子星可將 1.4 至 3 個太陽質量放進半徑為 10 km 的球中。

例 11.2

一質子中心距離另一個質子中心2.4 fm，求其所受到的電斥力，假設質子為帶正電之均勻球（事實上質子擁有內在結構，我們將在第13章中討論）。

解

在均勻帶電球外的任意地方，球電性等效於一個位於球中心的點電荷，因此

$$F = \frac{1}{4\pi\epsilon_0}\frac{e^2}{r^2} = \frac{(8.99 \times 10^9 \text{ N} \cdot \text{m}^2/\text{C}^2)(1.60 \times 10^{-19} \text{ C})^2}{(2.4 \times 10^{-15} \text{ m})^2} = 40 \text{ N}$$

這相當於9 lb的力量，一個日常生活中熟悉的數值——但卻施加於小於2×10^{-27} kg的物體上！很明顯地，儘管有這個排斥力存在，將質子束縛於原子核中之吸引力一定要非常地大。

自旋和磁力矩

像電子一樣，質子和中子皆為費米子，其自旋量子數 $s = \frac{1}{2}$，這意味著它們的自旋角動量 **S** 大小為

$$S = \sqrt{s(s+1)}\hbar = \sqrt{\frac{1}{2}\left(\frac{1}{2}+1\right)}\hbar = \frac{\sqrt{3}}{2}\hbar \tag{11.2}$$

且自旋磁量子數 $m_s = \pm\frac{1}{2}$（見圖 7.2）。

如同電子的情況，磁力矩和質子及中子的自旋有關，在核子物理中，磁力矩以**核磁子**(nuclear magnetons) μ_N 來表示，其中

核磁子 $$\mu_N = \frac{e\hbar}{2m_p} = 5.051 \times 10^{-27} \text{ J/T} = 3.152 \times 10^{-8} \text{ eV/T} \tag{11.3}$$

此處 m_p 為質子質量，核磁子比式(6.42)中的波耳磁子小了1836倍，亦即質子和電子的質量比。質子和中子的自旋磁力矩之任何方向上的分量為

質子 $$\mu_{pz} = \pm 2.793 \, \mu_N$$

中子 $$\mu_{nz} = \mp 1.913 \, \mu_N$$

μ_{pz} 和 μ_{nz} 有兩個可能的數值，並且和 m_s 為 $-\frac{1}{2}$ 或 $+\frac{1}{2}$ 有關。在 μ_{pz} 中使用±符號是因為 $\boldsymbol{\mu}_{pz}$ 和 **S** 自旋的方向相同，而在 μ_{nz} 中使用∓符號則是因為 $\boldsymbol{\mu}_{nz}$ 和 **S** 方向相反（圖 11.4）。

乍看我們會發現很奇怪的是，沒有淨電荷的中子具有自旋磁力矩，但是如果我們假設中子含有等量的正負電荷，就算沒有淨電荷也會產生自旋磁力矩，我們將在第13章中看到這樣的推論已經有實驗的支持。

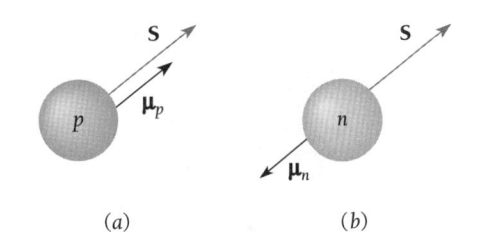

圖 11.4 (a)質子的自旋磁力矩 $\boldsymbol{\mu}_p$ 和其自旋角動量 $\mathbf{S}$ 方向相同；(b)在中子，$\boldsymbol{\mu}_n$ 和 $\mathbf{S}$ 方向相反。

氫原子核 $_1^1\mathrm{H}$ 由單一質子所組成，其總角動量由式(11.2)所決定，在較為複雜原子核中的核子，由於原子核內部運動和自旋角動量，會產生軌道角動量，此原子核的總角動量為核子的自旋和軌道角動量的向量和，正如同原子中電子的狀況一樣，這個主題我們將在 11.6 節再作更深入的討論。

當一個有 z 分量為磁力矩 μ_z 的原子核，在固定磁場 $\mathbf{B}$ 中，原子核的磁位能為

磁能
$$U_m = -\mu_z B \tag{11.4}$$

當 $\boldsymbol{\mu}_z$ 方向和 $\mathbf{B}$ 相同時，此能量為負；當 $\boldsymbol{\mu}_z$ 方向和 $\mathbf{B}$ 相反時，此能量為正。在磁場中，原子核的每個角動量態分裂為幾個分量，如圖中原子電子態的塞曼效應。圖 11.5 顯示出因為單一質子自旋所產生的原子核角動量的分裂，子階之間的能量差為

$$\Delta E = 2\mu_{pz} B \tag{11.5}$$

當上層態中質子的自旋翻轉至下層態中的自旋時，會釋放出帶有此能量的光子，而在下層態的質子可藉由吸收帶有此能量的光子而上升至上層態中。對應到 ΔE 的光子頻率 ν_L 為

質子的拉莫頻率
$$\nu_L = \frac{\Delta E}{h} = \frac{2\mu_{pz} B}{h} \tag{11.6}$$

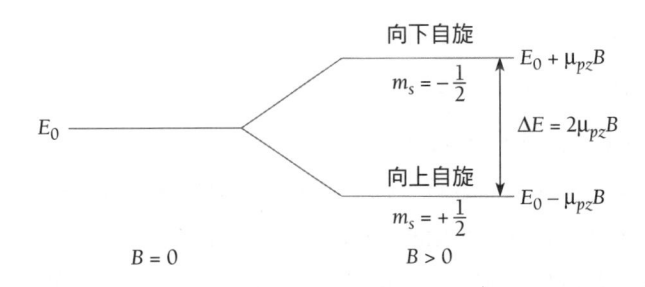

圖 11.5 在磁場中的質子能階會分裂成向上自旋（$\mathbf{S}_z$ 和 $\mathbf{B}$ 平行）和向下自旋（$\mathbf{S}_z$ 和 $\mathbf{B}$ 反平行）的兩個子階。

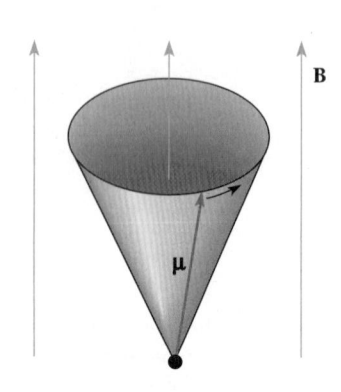

圖 11.6 核子的磁力矩 μ 對外加磁場進動的頻率稱為拉莫頻率(Lamor frequency)，此頻率和 **B** 成正比。

此頻率和磁偶極進動繞磁場的頻率相同（圖11.6），它以紀念用由古典物理推導出在磁場中軌道電子 ν_L 的拉莫(Joseph Lamor)來命名，此結果可推廣到任何的磁偶極。

例 11.3

(a)求出質子在磁場 $B = 1.000$ T（相當強）時，向上自旋和向下自旋態的能量差；(b)在此場中質子的拉莫頻率為何？

解

(a)能量差為

$$\Delta E = 2\mu_{pz}B = (2)(2.793)(3.153 \times 10^{-8} \text{ eV/T})(1.000 \text{ T}) = 1.761 \times 10^{-7} \text{ eV}$$

如果在磁場中的是電子而不是質子時，ΔE 將會變得更大。

(b)此場中質子的拉莫頻率為

$$\nu_L = \frac{\Delta E}{h} = \frac{1.761 \times 10^{-7} \text{ eV}}{4.136 \times 10^{-15} \text{ eV} \cdot \text{s}} = 4.258 \times 10^7 \text{ Hz} = 42.58 \text{ MHz}$$

從圖2.2中我們看到此頻率的電磁輻射位於頻譜的微波段的下端。

核磁共振

假設我們將一個原子核自旋為 $\frac{1}{2}$ 的樣本放入磁場 **B** 中，大部分原子核的自旋將會平行磁場 **B** 方向（向上自旋）排列，因為這是最低的能態，如圖11.5。如果我們加入頻率為拉莫頻率 ν_L 的電磁輻射至樣本時，原子核接受到的能量恰可使其自旋翻轉至較高態（向下自旋），此現象被稱為**核磁共振**(nuclear magnetic resonance, NMR)，且可藉由實驗中計算出原子核的磁力矩。在一種方法中，由一個圍繞在樣本周圍的線圈來提供固定頻率的射頻輻射，變化 B 值一直到能量吸收為極大，共振頻率為此 B 值的拉莫頻率，μ 可計算而得。另一個方法則是施加一個寬頻的射頻脈衝，量測樣本所釋放出來的頻率（為 ν_L），且受激發的原子核會回到較低的能態。

核磁共振的應用

核磁共振不僅是能找出核磁矩，環繞原子核的電子會將原子核與外加磁場部分屏蔽的程度，視原子核的化學環境而定。原子核在受激發之後，降至較低態所需的**鬆弛時間**(*relaxation time*)也和環境有關，NMR的特性使得化學家可以使用NMR光譜來解決一些化學結構和反應的問題。例如，在CH_3、CH_2和OH群中的氫原子核在相同磁場下的共振頻率略有不同，在乙醇的NMR光譜中，這些頻率的強度比率為3:2:1。乙醇分子含有兩個碳原子、六個氫原子和一個氧原子，故必定由上面三個原子群互相連結組合而成，因此化學式CH_3CH_2OH比僅列出分子中的原子表示法C_2H_6O更能顯示乙醇的特性，3:2:1的強度比確定了化學式，因為CH_3群有三個H原子，CH_2有兩個，而OH只有一個，其他原子核自旋為$\frac{1}{2}$的NMR光譜，如^{13}C和^{32}P，對化學家也有相當大的幫助。

在醫學上，NMR是比x射線斷層掃瞄具有更高解度影像方法的基礎，除此之外，NMR影像也比較安全，因為射頻輻射不像x射線輻射，它的量子能量太小故無法打斷化學鍵，所以不會傷害有生命的組織。我們所做的只是利用一個不均勻磁場，這意謂著特殊原子核的共振頻率和原子核在場中的位置有關。因為我們的身體大部分是水(H_2O)，通常使用質子NMR。藉著改變場梯度的方向，可使用電腦來繪出在身體內部薄切片（3-4公厘）中的質子密度，同時也可繪出鬆弛時間，這是有用的，因為在不同疾病組織中，鬆弛時間會不同。在醫學上，NMR影像處理被稱為磁共振影像處理(*magnetic resonance imaging*)或MRI，以避免病人聽到「核」這個字時會產生莫名的恐懼感。

11.3 穩定原子核
Stable Nuclei

為何一些中子和質子的結合比其他的穩定

並非所有中子和質子的結合都會形成穩定的原子核。一般來說，輕的原子核($A < 20$)包含幾乎相同數目的質子和中子，而在較重的原子核中，中子佔有的比例比較大，這可由圖11.7中明顯地看出，圖中顯示出對穩定核素而言，N對Z的關係圖。

N等於Z的傾向遵循著原子核能階的存在，自旋為$\frac{1}{2}$的核子遵守不相容原理，因此，每個原子核能階可擁有兩個自旋方向相反的中子和兩個自旋相反的質子。在原子核中的能階將被依序地填滿，如同原子中的能階一樣，以達到極小能量組態和極大穩定度。因此硼同位素$^{12}_{5}B$比碳同位素$^{12}_{6}C$具有較多的能量，因為它的一個中子在較高的能階，故$^{12}_{5}B$不穩定（圖11.8）。如果$^{12}_{5}B$是在核子反應中產生的話，它將會藉由貝他衰變在幾分之一秒內轉變為穩定的原子核$^{12}_{6}C$。

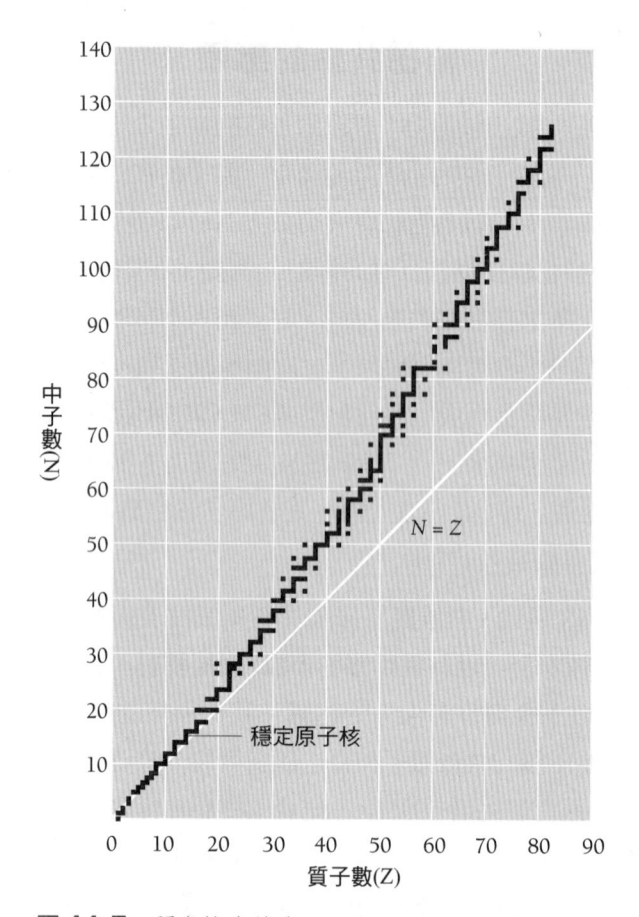

圖 11.7 穩定核素的中子－質子圖，$Z = 43$ 或 61，$N = 19, 35, 39, 45, 61, 89, 115, 126$ 或 $A = Z + N = 5$ 或 8 沒有穩定核素。$Z > 83$，$N > 126$ 和 $A > 209$ 的所有核素皆不穩定。

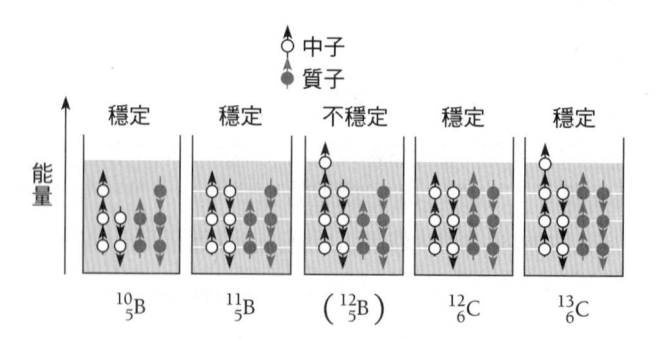

圖 11.8 一些硼和碳同位素的簡化能階圖。不相容原理限制了每個階僅能由自旋方向相反的兩個中子和自旋相反的兩個質子佔據，穩定的原子核具有極小的能量組態。

先前的議論僅是故事的一部分，質子帶正電且會互相排斥，這個排斥力在超過十個質子的原子核中會更大，故需要多餘的中子產生吸引力以維持穩定性。因此圖11.7的曲線將會在 Z 增加時越來越遠離 N = Z 的線，甚至在輕的核子中，N 可以超過 Z（除了 $_1^1H$ 和 $_2^3He$），但是決不會比 Z 小，例如 $_5^{11}B$ 為穩定而 $_6^{12}C$ 則不穩定。

百分之六十的穩定核素具有偶數的 Z 和偶數的 N，這些稱為偶－偶核素，幾乎所有其他的核素都為偶數 Z 和奇數 N（偶－奇核素），或是奇數 Z 和偶數 N（奇－偶核素），這兩種核素的數目應該大約相等。目前只有五種安定的奇－奇核素為已知：$_1^2H$、$_3^6Li$、$_5^{10}Be$、$_7^{14}N$ 和 $_{73}^{180}Ta$。核子的含量也以偶數 Z 和 N 核素的分布為最多。例如，組成地球的原子中，大約只有八分之一原子核具有奇數的質子。

這些觀察和可包含兩個相反方向自旋的粒子的核子能階符合，能階填滿的原子核比僅部分能階填滿的原子核不易再得到其他核子，因此較不可能參與和元素形成有關的核子反應。

核衰變

核子力的範圍有限，所以核子僅和最鄰近的產生很強的交互作用，此效應稱為核子力的**飽和**(*saturation*)。因為在整個原子核中，質子的庫侖排斥非常大，因此以中子預防大原子核分裂的能力也有所限制，此限制可以最重的安定的核素——鉍同位素 $_{83}^{209}Bi$ 來表示。所有 Z > 83 和 A > 209 的原子核會自發性地經過一個或更多的阿爾法粒子（$_2^4He$ 原子核）放射，將自己轉換成較輕的原子核：

阿爾法衰變 $\quad\quad\quad _Z^AX \rightarrow\ _{Z-2}^{A-4}Y\ +\ _2^4He$

母原子核 → 子原子核 ＋ 阿爾法粒子

因為一個阿爾法粒子由兩個質子和兩個中子所組成，故阿爾法衰變一次會使原來的原子核的 Z 和 N 減少 2。如果子原子核之中子／質子比太小或太大時，為了穩定它可能會貝他衰變為更適合的組態。在負貝他衰變，中子會轉變為一個質子且釋放出一個電子：

貝他衰變 $\quad\quad\quad n^0 \rightarrow p^+ + e^-$

在正貝他衰變中，一個質子會變成一個中子且會放射出一個正子：

正子放射 $\quad\quad\quad p^+ \rightarrow n^0 + e^+$

因此負貝他衰變會使得中子的比例減少，而正貝他衰變則會增加它。和正子放射互相競爭的過程，是原子核捕捉原子最內層電子的過程，即電子被原子核的質子吸收，而轉換成為中子：

電子捕捉 $\quad\quad\quad p^+ + e^- \rightarrow n^0$

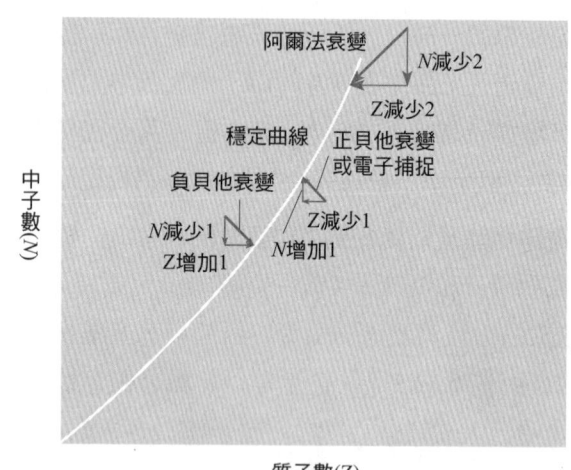

圖 11.9 阿爾法和貝他衰變讓一個不穩定的原子核到達一個穩定的組態。

圖 11.9 顯示出阿爾法和貝他衰變如何達到穩定狀態。放射性將在第 12 章中再做詳細的討論，我們將會在第12章中發現另外一種粒子——微中子——也和貝他衰變及電子捕捉有關。

11.4 束縛能
Binding Energy

維繫一個原子核需要失去的能量

氫的同位素氘$^2_1$H，其原子核有一個質子和一個中子，因此我們預期氘原子的質量等於一般氫原子$^1_1$H的質量加上一個中子的質量：

$^1_1$H 的質量	1.007825 u
＋中子的質量	＋1.008665 u
$^2_1$H 的預期質量	2.016490 u

然而，$^2_1$H原子所量測到的質量僅為 2.014102 u，比氫原子$^1_1$H加上中子的質量少了 0.002388 u（圖 11.10）。

現在我們想到的是當$^2_1$H由一個自由質子和中子形成時，「損失的」質量可能對應到釋放的能量，等效於此失去質量的能量為

$$\Delta E = (0.002388 \text{ u})(931.49 \text{ MeV/u}) = 2.224 \text{ MeV}$$

為了解釋失去的質量，我們可以做實驗來觀察，打斷一個氘原子核為分離的中子和質子需要多少能量。所需要的能量的確為 2.224 MeV（圖 11.11），當我們施加原子核$^2_1$H的能量少於 2.224 MeV 時，原子核將會維持不變；而當施加能量超過 2.224 MeV 時，多餘的能量會轉變為中子和質子飛離的動能。

圖 11.10 氘原子 $^2_1$H 的質量比氫原子 $^1_1$H 加上一個中子的質量還小，等效於損失質量的能量稱為原子核的束縛能。

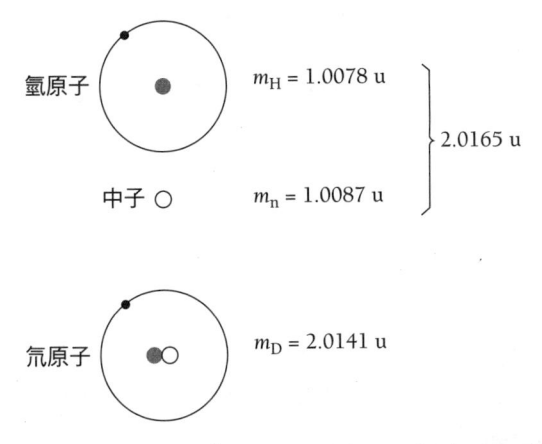

氘原子並非唯一比它們組成粒子質量小的原子——所有的原子核都很相似，原子核損失質量的等效能量稱為原子核的**束縛能**(binding energy)，束縛能越大時，需要補充更多的能量以打斷原子核。

原子核 $^A_Z X$ 的束縛能 E_b 以 MeV 表示，該原子核具有 $N = A - Z$ 個中子

$$E_b = [Zm(^1_1\text{H}) + Nm(n) - m(^A_Z X)](931.49 \text{ MeV/u}) \tag{11.7}$$

其中 $m(^1_1\text{H})$ 為 $^1_1$H 的原子質量，$m(n)$ 為中子質量，而 $m(^A_Z X)$ 為 $^A_Z X$ 的原子質量，皆以質量單位表示。如前面所提到的，此計算中所用到的是原子質量，而不是原子核質量，電子質量已被減去。

核子的束縛能非常地強，對於穩定的原子核而言，可從氘 $^2_1$H 的 2.224 MeV 至 $^{209}_{83}$Bi（金屬鉍的同位素）的 1640 MeV。為瞭解束縛能有多大，我們可以把它們和我們熟悉的能量單位——每公斤質量仟焦耳的能量——來比較，以此單位所表示的典型的束縛能大小為 8×10^{11} kJ/kg——8 千億 kJ/kg。作個對比，水分子沸騰所需要的蒸發熱僅為 2260 kJ/kg，而燃燒的汽油能量放出的熱只有 4.7×10^4 kJ/kg，比束縛能小一千七百萬倍。

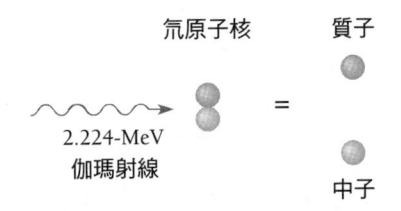

圖 11.11 氘原子核的束縛能為 2.224 MeV，能量為 2.224 MeV 或更大的伽瑪射線可將氘原子核分裂為質子和中子，而能量小於 2.224 MeV 的伽瑪射線則無法。

例 11.4

氖同位素 $^{20}_{10}\text{Ne}$ 的束縛能為 160.647 MeV,求出其原子質量。

解

在此 $Z = 10$ 且 $N = 10$,從式(11.7)中得到

$$m(^A_Z X) = [Zm(^1_1\text{H}) + Nm(n)] - \frac{E_b}{931.49 \text{ MeV/u}}$$

$$m(^{20}_{10}\text{Ne}) = [10(1.007825 \text{ u}) + 10(1.008665)] - \frac{160.647 \text{ MeV}}{931.49 \text{ MeV/u}} = 19.992 \text{ u}$$

每個核子的束縛能

對於一已知的原子核,**每個核子的束縛能**(binding energy per nucleon)由總束縛能除以其包含的核子數目而來,因此對 ^2_1H 而言每個核子的束縛能為(2.2 MeV)/2 = 1.1 MeV/核子,對 $^{209}_{83}\text{Bi}$ 而言則為(1640 MeV)/209 = 7.8 MeV/核子。

圖 11.12 顯示了在不同原子核中,每個核子束縛能和核子數目的關係。每個核子的束縛能越大時,原子核越穩定。當核子總數為56時有極大的8.8 MeV/核子,有56個質子和中子的原子核為鐵的同位素 $^{56}_{26}\text{Fe}$,這是最穩定的原子核,因為需要最大的能量來拉開核子。

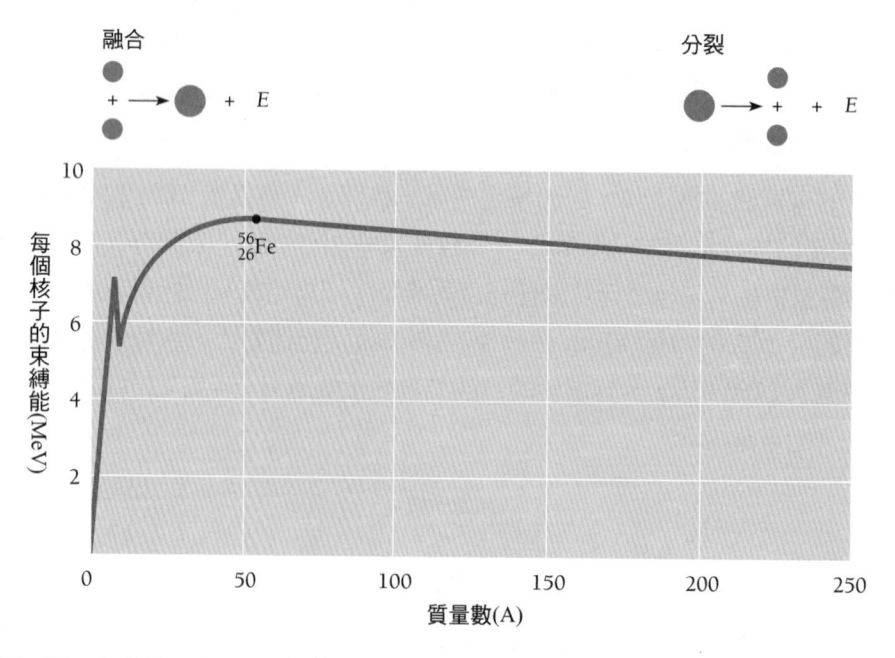

圖 11.12 每個核子的束縛能為質量數的函數。在 $A = 4$ 的峰值對應到異常穩定的原子核——^4_2He,即阿爾法粒子。每個核子的束縛能在質量數 $A = 56$ 的原子核時有極大,這樣的原子核最穩定。當兩個輕的核子結合成一個較重的時,此過程稱為融合,生成原子核的束縛能較大,會使得能量釋放出來。當一個重的原子核分裂為兩個較輕的時,此過程稱為分裂,生成原子核的束縛能較大,也會使多餘能量釋放出來。

強相互作用

核子間的短距離吸引力是由於**強相互作用**(*strong interaction*)所引起的（另一個影響核子的基本的相互作用為**弱相互作用**(*weak interaction*)，我們將在第 12 和第 13 章中討論）。強相互作用繫住核子而形成原子核，藉由中子的存在，其強大威力足以克服在原子核內部帶正電的質子所產生的電排斥力。如果強相互作用再更強一點的話──或許百分之一就夠了──兩個質子就可以不需要中子就結合在一起。在這個情況下，當宇宙回到大霹靂(Big Bang)（13.8節）的瞬間，所有質子在出現時會馬上結合成雙質子，則將不會有許多單獨的質子可供產生融合反應，以提供星球的動力和創造許多化學元素，宇宙將會變得和現在很不一樣，而我們也不會存在。

從圖11.12的曲線中可得到兩個重要的結論，第一是如果我們可將較重的原子核分裂為兩個中等大小的，每個新原子的每個核子束縛能比先前原子的束縛能還大，多餘的能量將被釋放，且可能是很大量的。例如，如果鈾原子核 $^{235}_{92}U$ 被打斷成兩個較小的原子核時，每個核子的束縛能差約為 0.8 MeV，因此所釋放出來的總能量為

$$\left(0.8 \frac{\text{MeV}}{\text{核子}}\right)(235 \text{ 核子}) = 188 \text{ MeV}$$

在單一原子事件產生是很大的能量，如我們所知，一般化學反應牽涉到原子中電子的重新排列，並且每個反應中原子只釋放數個電子伏特的能量。把一個重的原子核分開稱為**核分裂**(*nuclear fission*)，每個原子所牽涉到的能量為燃燒煤或油的一億倍。

其他重要的結論是將兩個輕的原子核結合產生中等大小的單一原子核，新原子核中每個核子的束縛能比先前的原子核大。例如，如果兩個氘原子核 ^2_1H 結合成為一個氦原子核 ^4_2He 時，超過 23 MeV 的能量會被釋放，此過程稱為**核融合**(*nuclear fusion*)，也是一個得到能量很有效的方法。事實上，核融合也是太陽和其他星球的主要能量來源。

圖11.12在所有科學中是個非常好的聲明，束縛能存在的事實意味著比單一質子氫原子複雜的原子核是可以穩定的，這樣的穩定性解釋了元素的存在，以及許多圍繞在我們附近（也為我們使用）的多樣型態物質，因為曲線的中間部分是峰值，我們可以說直接或間接宇宙演化的能量來源，是從原子核的融合而形成較重的原子核。

例 11.5

(a)求出從鈣同位素 $^{42}_{20}Ca$ 原子核中移走一個中子所需的能量；(b)求出從此原子核中移走質子所需的能量；(c)為何這兩個能量不同？

解

(a)將一個中子從 $^{42}_{20}\text{Ca}$ 移走會得到 $^{41}_{20}\text{Ca}$，從附錄中的原子質量表，$^{41}_{20}\text{Ca}$ 的質量加上自由中子的質量為

$$40.962278 \text{ u} + 1.008665 \text{ u} = 41.970943 \text{ u}$$

此質量和 $^{42}_{20}\text{Ca}$ 的質量之間的差異為 0.012321 u，所以失去中子的束縛能為

$$(0.012321 \text{ u})(931.49 \text{ MeV/u}) = 11.48 \text{ MeV}$$

(b)從 $^{42}_{20}\text{Ca}$ 移走一個質子會得到鉀同位素 $^{41}_{19}\text{K}$，相似的計算可得到損失質子的束縛能為 10.27 MeV。

(c)因為中子僅被吸引的原子核力作用，且質子也會被排斥電力作用，故其束縛能減少。

11.5 液滴模型
Liquid-Drop Model

一個對於束縛能曲線的簡單解釋

將核子牢牢束縛到原子核裡面之短距離力，是目前為止我們所知道最強型態的力。不幸的是，我們對於核子力的瞭解不如對電磁力，且核子結構的理論也比原子結構的理論來得不完整。然而，在對核子力缺乏完全瞭解的狀況下，核子模型的發現仍有許多進展，且這些模型能夠解釋核子的特性和行為，我們將在這一節和下一節中討論這些模型的一些觀念。

雖然核子對另一個核子施加的吸引力非常強，它們作用的範圍卻很短，大約到 3 fm 的距離，而兩個質子之間的核子吸引約為它們之間電斥的 100 倍。質子和質子、質子和中子、中子和中子之間的核交互作用似乎是相同的。

首先做一個近似，我們可將原子核中的每個核子視為僅與最鄰近的核子作用，這個狀況和固體中的原子一樣，它會很理想地在晶格中的固定位置附近振動，或是像液體中的分子，可自由地移動並且維持固定的分子間隔。因為計算顯示出核子相對於其平均位置的振動太大，以致使原子不穩定，故將其比喻為固體是不可能的。而另一方面，以液體來做類比對於核子行為的某些觀點卻很有用，這個類比是喬治·蓋摩(George Gamow)於 1929 年提出，並且在 1935 年時由威薩克(C. F. von Weizsäcker)發展地更加完備。

讓我們來看把原子核類比為液滴，是如何解釋觀測到的每個核子束縛能隨著質量數變化的現象。我們先假設每個核子–核子鍵的能量為 U，因為吸引力的，所以能量為負，但是我們通常表示為正，一般而言，把束縛能看為正值是比較方便的。

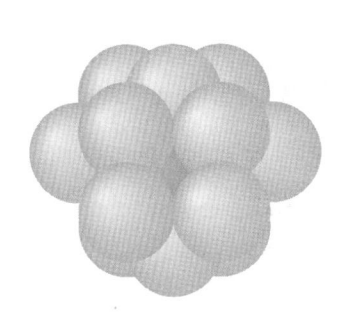

圖 11.13 在許多相同球組成的緊密組合中，每個內球都和其他 12 個球相接觸。

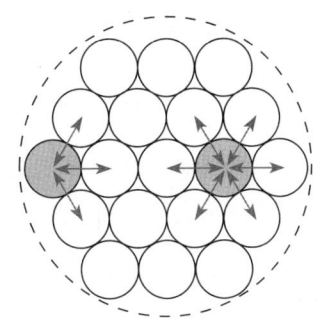

圖 11.14 在原子核表面的核子，產生交互作用的核子比和內部核子少，因此其束縛能較少，而原子核越大時，在表面的核子比例會越少。

因為每個鍵能 U 被兩個核子分享，故每個有 $\frac{1}{2}U$ 的束縛能。當一個大小相同的球組合被塞入最小的體積時，如同我們對原子核中核子的假設，每個內球有其他 12 個與它接觸的球（圖 11.13）。因此每個原子核內的核子其束縛能為 $(12)(\frac{1}{2}U)$ 或 $6U$。如果原子核中所有 A 個核子都在內部時，原子核的總束縛能應為

$$E_v = 6\,AU \tag{11.8}$$

式(11.8)通常簡單地寫成

體積能量 $$E_v = a_1 A \tag{11.9}$$

能量 E_v 稱為原子核的**體積能量**(*volume energy*)且和 A 成正比。

當然，事實上有些核子在原子核的表面，因此與它鄰接的少於 12 個（圖 11.14），這些核子的數目和其表面積有關，半徑為 R 的核子表面積為 $4\pi R^2 = 4\pi R_0^2 A^{2/3}$，因此比極大鍵結數還少的核子數與 $A^{2/3}$ 成正比，其減少總束縛能

表面能量 $$E_s = -a_2 A^{2/3} \tag{11.10}$$

負能量 E_s 稱為原子核的**表面能量**(*surface energy*)，對於較輕的原子來說，此能量非常重要，因為大部分的核子都位於表面。因為自然界的系統總是傾向於極小位能，所以核子傾向於極大束縛能組態，因此原子核應該和液滴一樣會呈現表面張力效應，而在沒有其他效應的狀況下，它應該為球狀，因為在一定的體積中，球狀結構的表面積最小。

原子核中質子對之間的電斥力會傾向減少束縛能，原子核的**庫侖能量**(*Coulomb energy*) E_c 為將 Z 個質子從無限遠處移至聚集原子核大小的球狀結構中所需做的功，距離為 r 的質子對位能為

$$V = -\frac{e^2}{4\pi\epsilon_0 r}$$

因為有 $Z(Z-1)/2$ 個質子對，

$$E_c = \frac{Z(Z-1)}{2} V = -\frac{Z(Z-1)e^2}{8\pi\epsilon_0}\left(\frac{1}{r}\right)_{av} \tag{11.11}$$

其中 $(1/r)_{av}$ 為 $1/r$ 對於所有質子對的平均值。如果質子在半徑 R 的原子核中均勻分布時，$(1/r)_{av}$ 和 $1/R$ 成正比，因此和 $1/A^{1/3}$ 成正比，所以

庫侖能量
$$E_c = -a_3 \frac{Z(Z-1)}{A^{1/3}} \tag{11.12}$$

因為庫侖能量是由破壞原子核穩定度的效應所產生的，所以為負。

這就是液滴模型所能解釋最遠的部分，現在讓我們來看這個結果和實際上的比較。

原子核的總束縛能 E_b 應為其體積能、表面能和庫侖能量的和：

$$E_b = E_v + E_s + E_c = a_1 A - a_2 A^{2/3} - a_3 \frac{Z(Z-1)}{A^{1/3}} \tag{11.13}$$

因此每個核子的束縛能為

$$\frac{E_b}{A} = a_1 - \frac{a_2}{A^{1/3}} - a_3 \frac{Z(Z-1)}{A^{4/3}} \tag{11.14}$$

式(11.14)中的每一項與其總和 E_b/A 與 A 之間的關係繪於圖 11.15 中，我們選擇適當的係數，使得曲線 E_b/A 與圖 11.12 中的每個核子束縛能曲線盡量地接近，理論曲線和實驗曲線符合的事實意味著原子核與液滴之間的類比至少具有某種效力。

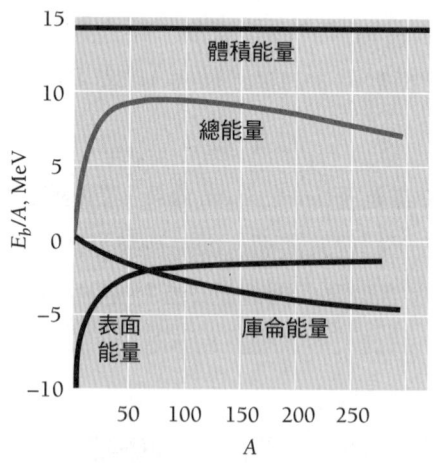

圖 11.15 每個核子的束縛能為其體積能、表面能和庫侖能量的總和。

修正公式

式(11.13)中的束縛能公式可藉由加入兩個沒被簡單液滴模型考慮進去,且對於原子核能階來說具有意義的效應來修正(我們將在下節看到這兩個非常不同的效應如何達成一致的結論)。其中一個效應發生在原子核的中子數比質子數多的時候,也就是說此狀況所佔據的能階會比 N 和 Z 相等時還來得高。

讓我們假設最上層的中子和質子能階,不相容原理限制兩個粒子具有相同的間隔ϵ,如圖 11.16 所示。為了產生多餘的中子,在 A 不變的情況下,例如,$N - Z = 8$,故有$\frac{1}{2}(N-Z) = 4$個中子會取代原有原子核($N = Z$)的質子。新中子佔據的能階比它們所取代的質子能階高出$2\epsilon = 4\epsilon/2$,在$\frac{1}{2}(N-Z)$新中子的一般狀況中,每個能階都上升了$\frac{1}{2}(N-Z)\epsilon/2$,所需做的總功為

$$\Delta E = (\text{新中子數目}) \left(\frac{\text{能量增加}}{\text{新中子}} \right)$$

$$= \left[\frac{1}{2}(N-Z) \right] \left[\frac{1}{2}(N-Z) \frac{\epsilon}{2} \right] = \frac{\epsilon}{8}(N-Z)^2$$

因為 $N = A - Z$,$(N-Z)^2 = (A-2Z)^2$,而且

$$\Delta E = \frac{\epsilon}{8}(A-2Z)^2 \tag{11.15}$$

當它發生時,原子核中的核子數越多,能階間隔ϵ就越小,且ϵ和$1/A$成正比。這就是說在 N 和 Z 之間的不同所造成的**非對稱能量**(*asymmetry energy*) E_a 可表示為

非對稱能量
$$E_a = -\Delta E = -a_4 \frac{(A-2Z)^2}{A} \tag{11.16}$$

非對稱能量為負值,因為它會減少原子核的束縛能。

最後一項修正項是因為質子對和中子對產生的傾向(11.3節),偶-偶原子核是最穩定的原子核,其束縛能比其他組態所預期的還高,故原子核${}^{4}_{2}\text{He}$、${}^{12}_{6}\text{C}$和${}^{16}_{8}\text{O}$出現於每個核子束縛能經驗曲線的峰值部位;而另一方面,奇-奇原子核會擁有不成

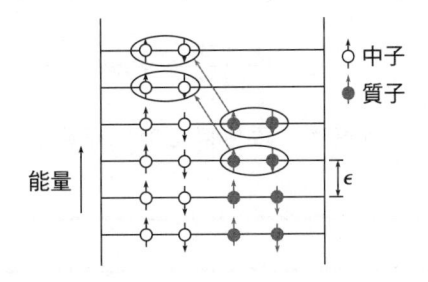

圖 11.16 為了以 4 個中子取代 $N = Z$ 的原子核中的 4 個質子,需要做$(4)(4\epsilon/2)$的功,所產生原子核的中子比質子多 8 個。

對的質子、中子和相對小的束縛能。**配對能量**(pairing energy) E_p 在偶-偶原子核為正，奇-偶和偶-奇原子核為0，而奇-奇原子核為負，且似乎隨著 $A^{-3/4}$ 變化，因此

配對能量
$$E_p = (\pm, 0) \frac{a_5}{A^{3/4}} \tag{11.17}$$

原子序Z和質量數A之原子核的束縛能最終表示式，在1935年時首次由威薩克所得到

束縛能半經驗公式
$$E_b = a_1 A - a_2 A^{2/3} - a_3 \frac{Z(Z-1)}{A^{1/3}} - a_4 \frac{(A-2Z)^2}{A} (\pm, 0) \frac{a_5}{A^{3/4}} \tag{11.18}$$

一組可以和數據配合的係數如下：

$$a_1 = 14.1 \text{ MeV} \quad a_2 = 13.0 \text{ MeV} \quad a_3 = 0.595 \text{ MeV}$$
$$a_4 = 19.0 \text{ MeV} \quad a_5 = 33.5 \text{ MeV}$$

也有其他組的係數被提出。式(11.18)和觀測到的束縛能比式(11.13)更加符合，這顯示出液滴模型雖然是個很好的近似，但並不是這個題目的最後的指示。

例 11.6

鋅同位素 $^{64}_{30}\text{Zn}$ 的原子質量為 63.929 u，計算其束縛能，和式(11.18)預測的值來比較。

解

從式(11.7)中，$^{64}_{30}\text{Zn}$ 的束縛能為

$$E_b = [(30)(1.007825 \text{ u}) + (34)(1.008665 \text{ u}) - 63.929 \text{ u}](931.49 \text{ MeV/u}) = 559.1 \text{ MeV}$$

利用本文的係數和束縛能半經驗公式可得到

$$E_b = (14.1 \text{ MeV})(64) - (13.0 \text{ MeV})(64)^{2/3} - \frac{(0.595 \text{ MeV})(30)(29)}{(64)^{1/3}}$$
$$- \frac{(19.0 \text{ MeV})(16)}{64} + \frac{33.5 \text{ MeV}}{(64)^{3/4}} = 561.7 \text{ MeV}$$

因為 $^{64}_{30}\text{Zn}$ 為偶-偶原子核，故最後一項使用正號，而觀測和計算的束縛能差異小於0.5%。

例 11.7

同重元素(isobar)為相同質量數A的核素，導出一已知A之最穩定同重元素的原子序公式，且使用它來求出 $A = 25$ 之最穩定的同重元素。

解

為求出對應於最大穩定度之極大束縛能 E_b 的 Z 值，我們必須解出對 Z 而言 $dE_b/dZ = 0$ 的答案，從式(11.18)中，我們得到

$$\frac{dE_b}{dZ} = -\frac{a_3}{A^{1/3}}(2Z-1) + \frac{4a_4}{A}(A-2Z) = 0$$

$$Z = \frac{a_3 A^{-1/3} + 4a_4}{2a_3 A^{-1/3} + 8a_4 A^{-1}} = \frac{0.595 A^{-1/3} + 76}{1.19 A^{-1/3} + 152 A^{-1}}$$

對 $A = 25$ 而言，此公式可得到 $Z = 11.7$，故我們可推論 $Z = 12$ 應該為 $A = 25$ 之最穩定同重元素的原子序，此核素為 $^{25}_{12}\text{Mg}$，且實際上為 $A = 25$ 唯一穩定的同重元素，其他同重元素 $^{25}_{11}\text{Na}$ 和 $^{25}_{13}\text{Al}$ 皆為放射性的。

11.6 殼模型

Shell Model

原子核中的魔術數字

液滴模型的基本假設為原子核中的每個核子僅和最鄰近的核子作用，如液體中的分子。在另一種極端，每個核子和所有其他核子所產生的力場相互作用的假說也得到許多支持；後者就像是原子中的電子，只允許某種量子態能，而在每個態中不能同時存在兩個為費米子的電子。核子也是費米子，核子特性隨著 Z 和 N 週期性地變化，如同原子特性隨著 Z 而週期性地變化一樣。

原子中的電子可能被視為佔據在以不同主量子數標明的「殼」中，最外圍殼被佔據的程度是決定原子行為的重要因素，例如，具有 2、10、18、36、54 和 86 個電子的原子，它們所有的電子殼都被完全填滿，這樣的電子結構束縛能高且非常穩定，這也解釋了稀有氣體的化學惰性特性。

在原子核中也發現了同一種效應，具有 2、8、20、28、50、82 和 126 個中子或質子的原子核比其他相似質量數的原子核更多，暗示它們的結構較穩定。因為複雜原子核可從較輕的反應而產生，在相對惰性的原子核形成時，較重原子核的產生進度會被阻礙，這說明了這些原子核的數量較多。

其他的證據指出原子核結構中，被稱為**魔術數字**(*magic number*)的 2、8、20、28、50、82 和 126 之重要性。其中一個例子為觀測到的原子核四極電偶極矩，此量測說明了原子核電荷分布如何偏離球形，且一個球狀原子核並沒有四極偶極矩，而形狀像橄欖球的原子核具有正極矩，像南瓜的原子核則具有負極矩。魔術數字 N 和 Z 的原子核被發現其四偶極矩為 0，因此形狀為球狀，而其他原子核則會變形。

瑪麗亞．哥柏．梅耶(Maria Goeppert-Mayer, 1906-1972)是邁克士．波恩(Max Born)小孩的小兒科醫生的女兒,她跟隨著波恩在哥廷根求學,當波恩回憶起:「她上了我所有的課,非常地勤奮和誠實,且同時她也是哥廷根協會中一名快樂又伶俐的成員,他們擁有快樂、笑聲、跳舞及歡笑。」

在她以研究量子力學中的一個問題做為非常好的論文並且得到博士學位之後,她嫁給了一個研究晶體理論問題的年輕美國人,約瑟夫．梅耶(Joseph Mayer),他們兩人在美國都擁有很輝煌的成就,並且總是同心協力。1948年時,瑪麗亞在芝加哥大學重新開始探討原子核穩定度週期性的問題。這個問題在1930年代開始以後一直都是非常神秘,他們發明了一個符合實驗資料的殼層模型。同一時期德國的簡生(J. H. D. Jensen)也獨立地發表相似的理論。1963年時,他們兩人因為這個成就獲得諾貝爾獎。

原子核的**殼模型**(shell model)嘗試去解釋魔術數字的存在,以及在共同力場中,以核子行為來表示某些其他原子核的特性。

因為原子核位能函數的精確形式仍未知,和原子的狀況不同,必須假設一個適當的函數$U(r)$。基於圖11.3之原子核密度曲線所做的合理猜測,我們必須假設適當的位能$U(r)$為一個方型井,且具有圓滑的折角。粒子在此種位能井中的薛丁格方程式便可解出,且我們發現系統靜止態特性決定於量子數n、l和m_l,其重要性和原子電子中的靜止態相同。中子和質子會佔據原子核中不同的能態集合,因為後者電交互作用並且按原子的電荷種類而產生作用。然而,從此計算得來的能階和觀察到的魔術數字序列不符,利用其他的位能函數,如諧振子,亦不會得到較好的結果,故有某個重要的因素在此被遺漏了。

魔術數字如何產生

這個問題最後在1949年時分別被瑪麗亞．哥柏．梅耶(Maria Goeppert-Mayer)和簡生(J. H. D. Jensen)獨立地解決。他們認為加入某個自旋-軌道的交互作用是必須的,此作用的強度造成能階的分裂為子階比相似的原子能階的分裂還大好幾倍,位能函數的精確形式並非是很關鍵的,只要和方型井差不多就可以了。

殼理論假設了LS耦合僅適於了非常輕的原子核,亦即在其正常組態中l值必須非常小。如第7章所示,在此組織中相關粒子(中子形成一群和質子形成一群)的本質自旋角動量$\mathbf{S}_i$和會相互耦合成總自旋動量$\mathbf{S}$,而軌道角動量$\mathbf{L}_i$也會自行耦合成總軌道角動量$\mathbf{L}$,然後$\mathbf{S}$和$\mathbf{L}$會耦合而成大小為$\sqrt{\mathbf{J}(\mathbf{J}+1)}\hbar$的總角動量$\mathbf{J}$。

經過中間耦合組織的躍遷區域之後,較重的原子核會呈現jj**耦合**(jj coupling)。在此情況中,每個粒子的$\mathbf{S}_i$和$\mathbf{L}_i$開始時會耦合成大小為$\sqrt{j(j+1)}\hbar$之$\mathbf{J}_i$。不同的$\mathbf{J}_i$會耦合成總角動量$\mathbf{J}$,jj耦合適用於大部分的原子核。

11.6 殼模型

當我們假設自旋－軌道交互作用的強度適當時，核子的每種能階可被分類為圖 11.17 所示。階以相等於總量子數 n 的字首來表示，根據一般形式（s、p、d、f、g...分別對應到 $l = 0$、1、2、3、4、...）的字母 l 則表示了每個粒子在能階中的軌道角動量，以及下標 j 來表示。自旋－軌道交互作用會將每個已知的 j 態分裂為 $2j$

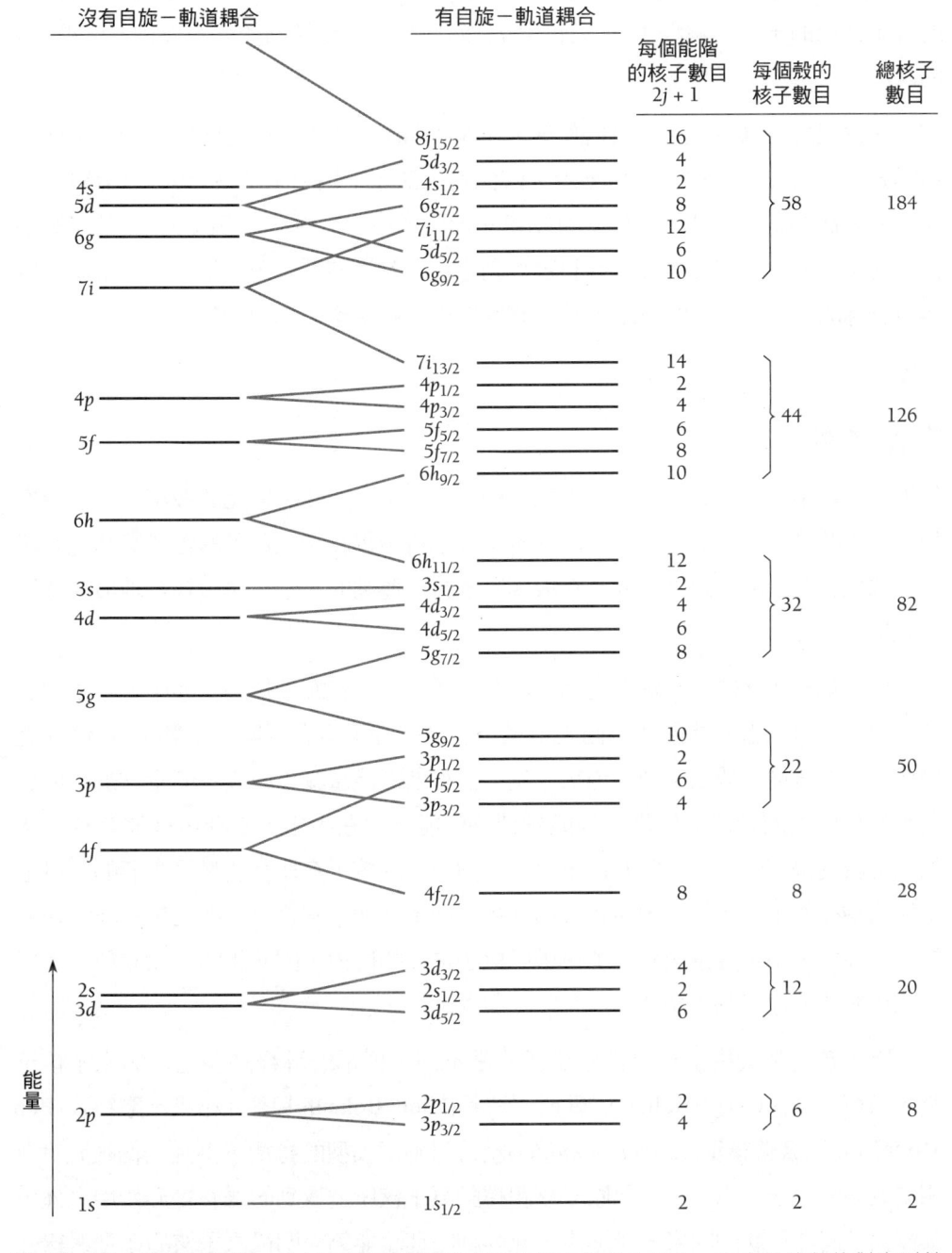

圖 11.17 根據殼模型，中子和質子的能階序列（並未依照比例），在右行的數值對應到基於此序列所預測的魔術數字。

+1個子態，因為 J_i 有 $2j+1$ 個允許的轉向。能階間隔的能隙大和分離殼的構想一致，在每個原子核殼中允許的原子核態數目以遞增順序可表示為2、6、12、8、22、32和44的序列，因此當原子核中有2、8、20、28、50、82和126個中子或質子存在時，殼會被填滿。

除了魔術數字以外，殼模型解釋了許多原子核現象。首先，可被兩個相反自旋的粒子佔據的子能階解釋了11.3節中所討論多數原子核傾向於含有偶數 Z 和偶數 N 的狀況。

殼模型也可以預測原子核角動量。在偶－偶原子核中，所有的質子和中子應該會配對，抵消其自旋和軌道角動量，因此偶－偶原子核之原子核角動量應該為0，如我們所觀察到的一樣。在偶－奇和奇－偶原子核中，單一「多餘」核子的半整數自旋應該會和原子核其他部分的整數角動量結合為半整數總角動量。奇－奇原子核具有多餘的中子和多餘的質子，其半整數自旋會產生整數總角動量，以上這些預測都已被實驗驗證。

調整模型

如果原子核中的核子非常接近而很強的相互作用，原子核可類比於液滴，但以殼模型所需的共同力場來看，這些相同的核子又怎可被視為獨立運動的粒子呢？這看起來好像是相互矛盾的觀點，因為在液滴原子核中運動的核子一定會經常地與其他核子碰撞。

更詳細的觀察顯示出兩者之間並沒有矛盾之處，在原子核的基態中，中子和質子依次從能量較低的能階開始向上填滿，使其遵守不相容原理（參閱圖11.8）。在碰撞中，能量從一個核子轉移至另一個，使得前者能量減少而後者能量增加，但是所有較低的能階皆已被填滿，故能量轉移僅能發生在不相容原理可被違背時。當然，對於兩個相同不可分辨的粒子而言，同種類的核子交換其能量是可能的，但是這樣的碰撞並不具意義，因為系統仍維持其初始狀態。本質上，即使是在非常緊密的原子核中，不相容原理阻止了核子與核子之間的碰撞，因此證明了獨立粒子處理方法可應用於原子核結構中。

原子核的液滴模型和殼模型雖然非常不同，但都能解釋許多已知的原子核行為。阿傑‧波耳(Aage Bohr)(尼爾斯‧波耳(Niels Bohr)的兒子)和班‧摩特森(Ben Mottelson)的**集體模型**(collective model)結合這兩個模型的特徵，得到一個被證實為相當成功的方法。除了偶－偶原子核和轉動原子核所遭遇到的離心變形作用之外，集體模型將非球狀的因素考慮進來，此詳細的理論能夠說明從原子核的伽瑪射線光譜及其他方法得來的受激原子核能階間隔。

穩定島

如11.3節所提，強相互作用的短範圍意謂著最大的穩定原子核為鉍同位素 $^{209}_{83}Bi$。所有 $Z > 83$ 和 $A > 209$ 的原子核會遭遇到放射性衰變，直到它們達到穩定組態，我們可將圖11.7之穩定原子核視為不穩定海中的穩定半島。

一般而言，原子核距離穩定半島越遠，則衰變得越快。對於比 $^{209}_{83}Bi$ 還重的原子核來說，隨著大小增加其生命期會越來越短，直到 $Z = 107$、108和109時，生命期只有數毫秒（這些超重原子核可在實驗室中由較輕的原子束轟擊較重的靶原子而得）。因為具有魔術數字之質子或中子的原子核非常穩定，故會產生在超重原子核之間是否為相對穩定島的問題。

在中子的狀況中，圖11.17顯示出在 $N = 126$ 之後的下一個魔術數字為 $N = 184$。對質子而言，此情況會更加複雜，當 Z 很大時，相對於純原子核位能（和電荷無關）來說，電位能會變得非常重要。電位能對於低 l 的質子階，具有較大的影響力，因為在這些階機率密度集中（參閱圖6.8）的原子核中心附近，電位能會比較強，因此質子階的大小將會從圖11.17中的 $Z = 114$ 取代 $Z = 126$ 為質子魔術數字。

因此 $Z = 114$ 和 $N = 184$ 之原子核為雙重魔術，這個原子核和其鄰近原子核之 Z 和 N 應該會形成有如不穩定海中的穩定半島，而不穩定海位於圖11.7中穩定半島的東北邊尖端。

1998年時，俄羅斯物理學家將鈣同位素 $^{48}_{20}Ca$ 束打入鈽同位素 $^{244}_{94}Pu$ 靶以創造 $Z = 114$ 和 $N = 175$ 之原子核。因質子的魔術數字和其距離穩定島中心不遠之故，此原子核的半衰期（此時間為一半的樣品衰變所需的時間；見12.2節）為30.4秒，如我們所預期的，此半衰期比那些位於穩定半島外圍附近的原子核長很多。

當穩定島的觀念於1966年首次被提出時，它被認為 $Z = 114$，$N = 184$ 之原子核或許會有幾十億年的半衰期，後來的計算得到了較為精確的預測，結果從小於數百年至數百萬年，當這個雙魔術原子核被產生時，我們將會知道。而現在，加州的勞倫斯柏克萊國家實驗室的物理學家正設法通過穩定島以創造出 $Z = 116$ 的原子核。

11.7 原子核力的介子理論

Meson Theory of Nuclear Forces

粒子交換可以產生吸引或是排斥

在第8章，我們看到一個分子如何藉由鄰近原子間的電子交換而被束縛，而在原子核中，核子被同種類的粒子交換束縛在一起之相似機制是可能的嗎？

湯川秀樹(Hideki Yukawa, 1907-1981)在日本京都長大並且唸大學。在他從大阪得到博士學位之後,他回到京都並且在那兒度過他的研究生涯。在1930年代早期,湯川解決了雖然在質子間存在著斥力但仍能維繫原子核的問題,此交互作用必定非常強且侷限在某個範圍內,而湯川發現它可藉由粒子的核子之間的交換來解釋,此粒子的質量約為200個電子質量:「中子和質子能玩捉迷藏嗎?」1936年時,也正是湯川發表他的想法後一年,一具有中間質量的粒子被發現正子的安德森(C. D. Anderson)在宇宙射線中所發現,但是這個在今日被稱為渺(muon)的粒子不會和原子核產生強的交互作用。此謎題一直到了1947年時被英國的物理學家包威爾(C. F. Powell)發現π(pion)之後才解開。湯川所預測的,但是會很快衰變至較長生命(因此變得容易量測)的渺(π和渺被包威爾稱為π和μ介子。根據傳說,這兩個字母為包威爾的打字機上唯二出現的兩個希臘字母)。湯川於1949年時獲得諾貝爾獎,他也是第一個獲得此獎的日本人。

第一個解決此問題的方法在1932年時被海森堡所提出,他推論出電子和正子會在核子之間來回移動,例如,一個中子可能會釋放出一個電子而變成一個質子,而質子吸收電子會變成中子。然而,基於貝他衰變數據的計算顯示出由中子產生的電子和正子之交換力比核子的交換力小10^{14}倍,以至於在原子核結構中這並不重要。

日本物理學家湯川秀樹(Hideki Yukawa)在1935年提出的理論較為成功,他認為質量在電子和核子之間的粒子產生了原子核力,今日這些粒子稱為π (*pion*)。π可能帶電(π^+, π^-)或中性(π^0),且為今日被稱為**介子**(*meson*)的基本粒子之一,pion是其原來的名稱π的縮寫。

根據湯川的理論,每個核子會連續地放射並重新吸收π,如果其他核子在附近時,一個被釋放的π可能會跨過它而非回到其母核,而其動量的轉移等效於力量的作用。在很短的距離時,原子核力為排斥力,而在較大的核子-核子距離時,則為吸引力,否則核子在原子核中就會咬在一起了。介子理論可以解釋這些特性,雖然並沒有任何能解釋它的簡單方式,以下的粗略比喻可使其較不神秘。

讓我們想像兩個男孩交換籃球(圖11.18),如果他們互相丟球時,男孩會往後移動,而當他們接球時,他們向後的動量則會增加。因此交換籃球的方法和男孩之間的排斥力具有相同的效應。如果男孩奪走對方手中的球時,結果就等效於作用在他們之間的吸引力。

現在有一個基本的問題存在,如果核子本身持續地釋放和吸收π時,為何中子或質子都沒被發現有異於它們平常的質量呢?此答案可基於測不準原理來回答,物理定律僅對可測量的數值有關,而測不準原理限制了某種量測組合的正確性,被質量不變的核子放射出來的π——明確地違背了能量守恆定律——可發生如果核子快速地再吸收它,或是吸收被鄰近核子放射出來的其他π,以致於即使在理論也無法判定是否有任何質量變化。

11.7 原子核力的介子理論

由粒子交換所產生的排斥力

由粒子交換所產生的吸引力

圖 11.18 粒子交換可產生吸引力和排斥力。

測不準原理可寫成

$$\Delta E\, \Delta t \geq \frac{\hbar}{2} \tag{3.26}$$

只要事件持續時間不超過 $\hbar/2\Delta E$ 時，能量 ΔE 不守恆的事件將不會被禁止，這狀況讓我們可以估計 π 的質量。

讓我們假設一個 π，在核子之間以 $v \sim c$ 的速度行進（事實上當然是 $v < c$）；質量 m_π 的 π 放射象徵了暫態能量的差為 $\Delta E \sim m_\pi c^2$，（在此忽略了 π 的動能）且 $\Delta E\, \Delta t \sim \hbar$。原子核力的最大作用範圍 r 大約為 1.7 fm，且 π 到達所需的時間 Δt 為（圖 11.19）

$$\Delta t = \frac{r}{v} \sim \frac{r}{c}$$

因此我們得到

$$\Delta E\, \Delta t \sim \hbar$$

$$(m_\pi c^2)\left(\frac{r}{c}\right) \sim \hbar$$

$$m_\pi \sim \frac{\hbar}{rc} \tag{11.19}$$

可得到 m_π 的值為

$$m_\pi \sim \frac{1.05 \times 10^{-34}\,\text{J}\cdot\text{s}}{(1.7 \times 10^{-15}\,\text{m})(3 \times 10^8\,\text{m/s})} \sim 2 \times 10^{-28}\,\text{kg}$$

此粗略數值大約為電子靜止質量的 220 倍。

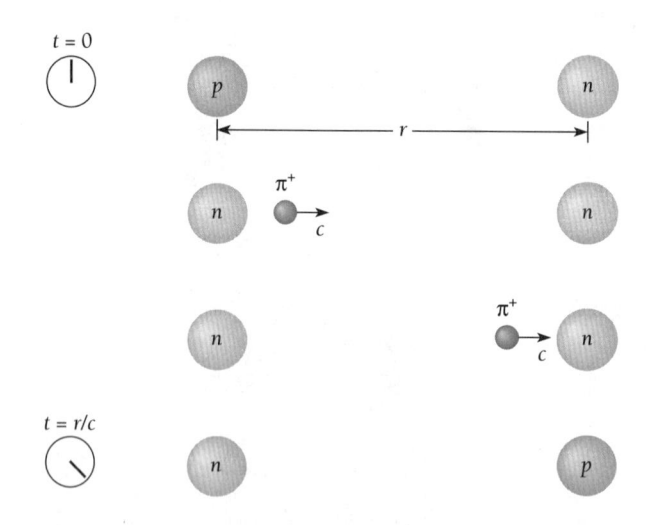

圖 11.19 測不準原理允許了 π 的創造、轉移和消失，且不違背能量守恆定律，假如其發生時間非常地短。質子釋放的正 π 被中子吸收，因此質子會變成中子而中子會變成質子。

π 的發現

在湯川的構想提出來的十幾年之後，他所預測特性的粒子確實被發現，帶電 π 的靜止質量為 $273\ m_e$ 而中性 π 為 $264\ m_e$，和估計值相差不遠。

有兩個因素貢獻了這個自由 π 遲來的發現，首先，必須提供核子足夠的能量使得 π 放射的能量會守恆，因此至少需要 $m_\pi c^2$ 的能量，約 140 MeV。為了在碰撞中將此能量轉移給靜止核子，入射粒子必須具有遠超過 $m_\pi c^2$ 的動能，才能使得動量跟能量皆守恆。因此需要具有數百個 MeV 動能的粒子來產生自由 π，而這些粒子在自然界中僅在轟擊地球的宇宙輻射線擴散流中可以被發現。因此，發現 π 必須等到有足夠靈敏且能精確測量宇宙射線方法的開發之後。稍後高能加速器的運作提供了所需的能量，因此藉由儀器創造出來的大量 π 較容易分析研究。

虛擬光子

在湯川的研究成果發表的以前幾年，粒子交換已被推論出為電磁力的機制。在此狀況中，粒子為無質量的光子，且其範圍不受式(11.19)所限制。然而，兩個電荷間的距離越大，為了不違背測不準原理，在光子之間通過的能量則越小(因此光子動量越小，產生的力也越弱)。基於這個原因，電力會隨著距離而減少，因為在電荷交互作用中，光子交換是無法被偵測到的，它們被稱為**虛擬光子**(*virtual photon*)。在 π 的狀況中，如果足夠的能量供應它們使其脫離能量守恆的限制時，它們將會變成真實的光子。

光子做為電磁力載子的觀念在許多方面是非常吸引人的，一個很明顯的例子是其解釋了為何這樣的力以光速傳遞而非瞬間，此理論隨後發展成為量子電動學（參閱6.9節），它的結論和光電效應、康普頓效應、配對產生和消滅、制動輻射以及受激原子的光子發射所得的資料非常地符合，不幸的是，這個理論的細節數學太過複雜，故在此無法討論。

　　預測和實驗發現π之間延遲的第二個原因為其不穩定性，帶電π的平均生命期僅為 2.6×10^{-8} s，而中性π為 8.4×10^{-17} s，事實上，π^0 的生命期非常短，故到1950年才發現它的存在。而 π^+、π^- 和 π^0 的衰變模型將在第13章中討論，比π重的介子亦被發現，有一些為電子質量的一千倍以上。這些介子對於原子核力的貢獻將被限制於式(11.19)中比π特性還短的距離。

習題

I hear, and I forgot. I see, and I remember. I do, and I understand. -Anon.

11.1 原子核組成

1. 陳述在下列狀況中的中子數和質子數為何：${}^{6}_{3}\text{Li}$、${}^{22}_{10}\text{Ne}$、${}^{94}_{40}\text{Zr}$、${}^{180}_{72}\text{Hf}$？

2. 一般硼為 ${}^{10}_{5}\text{B}$ 和 ${}^{11}_{5}\text{B}$ 同位素的混合物，其合成的原子質量為 10.82 u，每種同位素在一般硼中佔有的百分比為何？

11.2 原子核的一些特性

3. 什麼能量的電子其波長可和 ${}^{197}_{79}\text{Au}$ 原子核半徑相比？【注意：需要相對論的計算。】

4. 一原子的原子序越大時，原子核越大且內圍電子越接近原子核，比較 ${}^{238}_{92}\text{U}$ 的半徑和其最內層的波耳軌道。

5. 一般相信基於殼理論來計算 $Z = 110$ 和 $A = 294$ 的核素的生命期可能非常長，估算其原子核半徑。

6. 證明 ${}^{1}_{1}\text{H}$ 的原子核密度比它的原子密度大 10^{14} 倍。【假設原子半徑為第一波耳軌道。】

7. 比較電子和質子在磁場 0.10 T 時的磁位能（以電子伏特表示）。

8. 有一種磁場計是利用質子進動(precession)的原理所製成，在地球磁場強度為 3.00×10^{-5} T 中的質子其拉莫頻率為何？此輻射頻率位於電磁頻譜中的那個部分呢？

9. 具有一百萬個可分辨質子的系統在溫度 20°C 之 1.00 T 磁場下熱平衡。在較低能量向上自旋態中的質子比較高能量向下自旋態中的質子多。(a)平均而言多了多少？(b)在溫度 20 K 時，重複此計算。(c)這些結果推論出此系統在拉莫頻率時吸收電磁波有多強呢？(d)在原理上，此系統可以作為雷射的基礎嗎？如果不行，為何不行？

11.3 穩定原子核

10. 本書後面的附錄列出所有已知的穩定核素，有任何 $Z > N$ 的核素嗎？為何這種核素非常稀有（或沒有）？

11. 什麼會限制穩定原子核的大小呢？

12. 當原子核(a)釋放一阿爾法粒子，(b)釋放一電子，(c)釋放一正子或(d)捕捉一電子時，其原子序和質量數會如何？

13. 下列那些原子核你預期是比較穩定的，${}^{7}_{3}\text{Li}$、${}^{8}_{3}\text{Li}$、${}^{13}_{6}\text{C}$ 和 ${}^{15}_{6}\text{C}$？

14. ${}^{14}_{8}\text{O}$ 和 ${}^{19}_{8}\text{O}$ 都會產生貝他衰變，那一個會釋放出正子而那一個會釋放電子呢？為什麼？

11.4 束縛能

15. 求出在 $^{20}_{10}$Ne 和 $^{56}_{26}$Fe 中每個核子的束縛能。

16. 求出在 $^{79}_{35}$Br 和 $^{197}_{79}$Au 中每個核子的束縛能。

17. 求出從 $^{4}_{2}$He 中移走中子、質子，然後再分開剩下的中子和質子所需要的能量，將此能量和 $^{4}_{2}$He 的束縛能相比。

18. $^{24}_{12}$Mg 的束縛能為 198.25 MeV，求出其原子質量。

19. 證明兩個相距 1.7 fm（原子核力的最大範圍）的質子位能大小恰可解釋在 $^{3}_{1}$H 和 $^{3}_{2}$He 間的束縛能差，此結果如何說明原子核力和電荷之間的關係呢？

20. 在自由空間中，中子衰變為一個質子和電子，中子貢獻給原子核使得中子不會在核內衰變的極小束縛能為何？此能量和穩定原子核中觀測到的每個核子之束縛能比較為何？

11.5 液滴模型

21. 使用半經驗束縛能公式來計算 $^{40}_{20}$Ca 的束縛能，此計算和實際束縛能之間差的百分比為何？

22. 兩個質量數相同的原子核，$Z_1 = N_2$ 和 $Z_2 = N_1$，其原子序相差 1，稱為**鏡像同重元素**(mirror isobar)，如 $^{15}_{7}$N 和 $^{15}_{8}$O。在式(11.18) 之庫侖能量形式中的常數 a_3 可從兩個鏡像同重元素間的質量差求得，其中一個為奇－偶而另一個為偶－奇（所以它們的配對能量為 0），(a) 導出 a_3 的表示式，以兩個這類原子核的質量差、其質量數 A、配對中較小的原子序 Z 和中子及氫原子的質量來表示。【提示：首先證明對兩個原子核而言，$(A - 2Z)^2 = 1$。】(b) 估計在鏡像同重元素中 $^{15}_{7}$N 和 $^{15}_{8}$O 的 a_3 值。

23. Z 個質子平均分布在半徑為 R 的球狀原子核中庫侖電能為

$$E_C = \frac{3}{5} \frac{Z(Z-1)e^2}{4\pi\epsilon_0 R}$$

(a) 假設鏡像同重元素之間的質量差 ΔM 完全是因為 $^{1}_{1}$H 和中子質量之間的差 Δm 和它們的庫侖能量差所造成，以 ΔM、Δm 和 Z 來導出 R 的公式，其中 Z 為較少質子數目之原子核的原子序。(b) 利用此公式來找出鏡像同重元素 $^{15}_{7}$N 的 $^{15}_{8}$O 半徑。

24. 利用習題 23 之公式來計算式(11.12) 中的 a_3，如果此數值和文章中的 0.60 MeV 不同時，你能想出造成此差異的原因嗎？

25. (a) 求出從 ^{81}Kr、^{82}Kr 和 ^{83}Kr 中移走一個中子所需的能量。(b) 為何 ^{82}Kr 和另外兩個不同呢？

26. 在 A = 75 中，液滴模型所推論那一個同重元素最為穩定？

27. 使用液滴模型來建立在鏡像同重元素 $^{127}_{52}$Te 和 $^{127}_{53}$I 中，那一個會衰變為另一個，此衰變的種類為？

11.6 殼模型

28. 根據原子核的**費米氣體模型**(Fermi gas model)，它的質子和中子存在於原子核尺度的盒中，且由最低量子態開始填滿至不相容原理所允許的範圍。因為質子和中子為自旋 $\frac{1}{2}$ 的費米子且遵守費米－迪拉克統計，(a) 假設 A = 2Z，求出原子核中費米能量的公式，注意質子和中子必須分開討論；(b) 在 $R_0 = 1.2$ fm 的原子核中，其費米能量為何？(c) 在較重的原子核中，A > 2Z。對每種粒子，其費米能量會有何效應？

29. 一個氘原子的簡化模型由一個中子和一個質子組成，它位於一個半徑為 2 fm 且深 35 MeV 的方形位能井中，此模型符合測不準原理嗎？

11.7 原子核力的介子理論

30. 凡德瓦力被限制在非常短的範圍中，且不和距離平方成反比，目前為止並沒有人說此力是由於特殊的類介子粒子所造成，為何？

CHAPTER 12

核子的轉換
Nuclear Transformations

普林斯頓電漿物理實驗室的托卡馬克環形核融合反應爐內部，1993年12月此反應爐從被強磁場限制的氘－氚電漿於4秒內產生6.2 MW的核融合功率。

12.1 放射性衰變
五種

12.2 半衰期
越來越少，但總是殘留一些

12.3 放射系
四種衰變序列，且每一個都結束於一個穩定的子產物

12.4 阿爾法衰變
不可能出現於古典物理，然而它卻發生了

12.5 貝他衰變
為何微中子應該存在，以及它如何被發現

12.6 伽瑪衰變
像一個受激原子，受激原子核可放出光子

12.7 截面積
測量特殊交互作用的可能性

12.8 核子反應
在許多情況，先產生一個合成原子核

12.9 核子分裂
分裂與克服

12.10 核子反應爐
$E_0 = mc^2 + \$\$\$$

12.11 星球中的核融合
太陽與星球如何得到它們的能量

12.12 融合反應爐
未來的能源在那兒？

附錄：阿爾法衰變的理論

第 12 章 核子的轉換

儘管束縛核子(nucleon)形成原子核(nucleus)的力量非常大，許多核素(nuclide)仍不穩定，且會藉由放射性衰變自發性地轉變為其他核素。所有的原子核可藉由核子或其他碰撞的原子核來轉換。事實上，所有複雜原子核會先透過連續核子反應產生，有些則在大爆炸之後的幾秒內就已出現，其餘的則存在於星球內部。放射性的主要觀念和核子反應在本章討論。

12.1 放射性衰變
Radioactive Decay

五種

沒有任何單一現象可在核子物理的發展中，像1896年時由貝克勒爾(Becquerel)所發現的放射性扮演如此重要的角色。而放射性和古典物理之間主要有三個不同的特徵：

1. 當原子核遇到阿爾法或貝他衰變時，其原子序Z會變化，且變成不同元素的原子核。因此元素並非是不可改變的，雖然它們轉換的機制很難被煉金士承認。

2. 在放射性衰變時釋放的能量來自於獨立原子核的內部，沒有外部激發，不像原子的輻射，這是如何發生的呢？直到愛因斯坦提出質量和能量等效的概念以後才真相大白。

3. 放射性衰變為一個遵守機會定律的統計過程。沒有任何因果關係存在於特定原子核的衰變，每單位時間內僅存在特定的機率。但是古典物理不能解釋這個行為，雖然它很自然地屬於量子力學的範疇之內。

元素的放射性源自於它的一種或多種同位素的放射性。自然界中大部分的元素並沒有放射性同位素，雖然這樣的同位素可以利用人造形成，可做為對於生物和醫學研究非常有用的「顯跡」(tracer)（此過程是將放射性核素混入化學化合物中，並且藉由監督核素的輻射，接著分析化合物在活體組織中發生的事情）。其他元素，如鉀，有一些穩定的同位素，而有些具有放射性。少數的如鈾，只有放射性同位素。

早期在拉塞福和他的同僚所做的實驗中，是將放射性核素中的三個輻射成份分開（圖12.1和圖12.2）。這些成份被稱為阿爾法(alpha)、貝他(beta)和伽瑪(gamma)，最後被分別確認為原子核$^4_2$He、電子和高能光子。後來正子放射與電子捕捉也被加入衰變的模式中，圖12.3顯示出不穩定原子核可衰變的五種方式，及其不穩定的原因（微中子會在原子核釋放或吸收電子時被釋放，在12.5節中會討論），核轉換與其衰變的範例如表12.1所示。

安東尼・亨利・貝克勒爾 (Antoine-Henri Becquerel, 1852-1908)生於巴黎並且在當地接受教育，他的祖父、父親和兒子也都是物理學家，最後都變成了巴黎自然歷史博物館的教授。和他的祖父與父親一樣，貝克勒爾專長於螢光和磷光現象，即物體吸收某一特定頻率的光之後再釋放為較低頻率的光。

1895年時，崙琴(Roentgen)利用螢光照射到適當材料上而測量到x射線的存在，當他在1896年早期研究此現象時，貝克勒爾對於利用很強的光刺激螢光物質釋放x射線相反的過程是否可能發生感到興趣。他將一塊螢光鈾鹽放在感光板上，以黑紙蓋住並且曝曬於陽光下，的確發現在已經顯影的底片上變得模糊。貝克勒爾隨後嘗試這個實驗，但是雲層擋住陽光好幾天，後來他將底片顯影，預期它們會變得乾淨，但是它們仍像之前一樣模糊，在很短的時間內，他確定了穿透輻射的來源為螢光鹽中的鈾，他也證明了此輻射可將氣體游離且部分輻射是由快速帶電粒子組成。

雖然貝克勒爾的發現是偶然的，他即刻瞭解到這是非常重要的結果，便花費了他之後的研究生涯來繼續研究鈾的放射性。他於1903年時獲得諾貝爾物理獎。

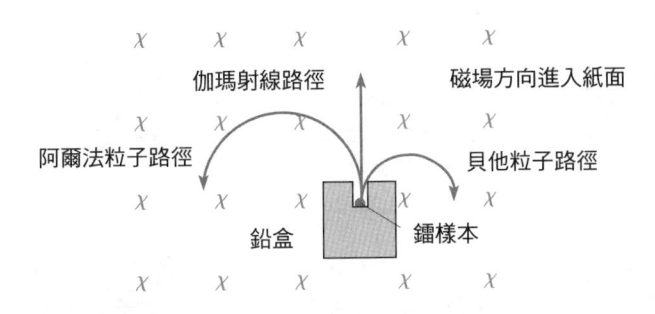

圖 12.1 由鐳樣本中所產生的輻射可藉由磁場來分析：阿爾法粒子被偏折至左邊，因此它們帶正電；貝他粒子被偏折至右邊，因此為負電；伽瑪射線未被偏折，因此它們不帶電。

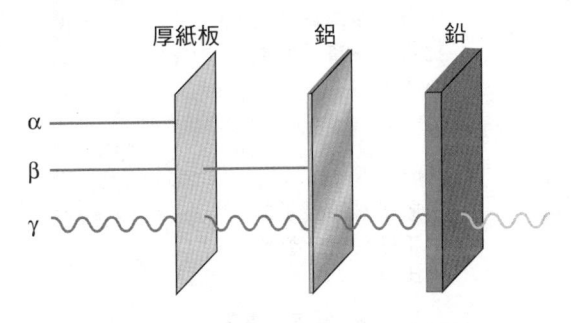

圖 12.2 由放射性材料放射出來的阿爾法粒子被厚紙板擋住，貝他粒子穿透厚紙板但被鋁板擋住，甚至是很厚的鉛板也不能阻擋所有的伽瑪射線。

第12章 核子的轉換

表 12.1 放射性衰變[†]。

衰變	轉換	例
阿爾法衰變	$^{A}_{Z}X \to ^{A-4}_{Z-2}Y + ^{4}_{2}He$	$^{238}_{92}U \to ^{234}_{90}Th + ^{4}_{2}He$
貝他衰變	$^{A}_{Z}X \to ^{A}_{Z+1}Y + e^{-}$	$^{14}_{6}C \to ^{14}_{7}N + e^{-}$
正子放射	$^{A}_{Z}X \to ^{A}_{Z-1}Y + e^{+}$	$^{64}_{29}Cu \to ^{64}_{28}Ni + e^{+}$
電子捕捉	$^{A}_{Z}X + e^{-} \to ^{A}_{Z-1}Y$	$^{64}_{29}Cu + e^{-} \to ^{64}_{28}Ni$
伽瑪衰變	$^{A}_{Z}X^{*} \to ^{A}_{Z}X + \gamma$	$^{87}_{38}Sr^{*} \to ^{87}_{38}Sr + \gamma$

[†] 符號「*」象徵了受激核子態，而 γ 則代表了伽瑪射線光子。

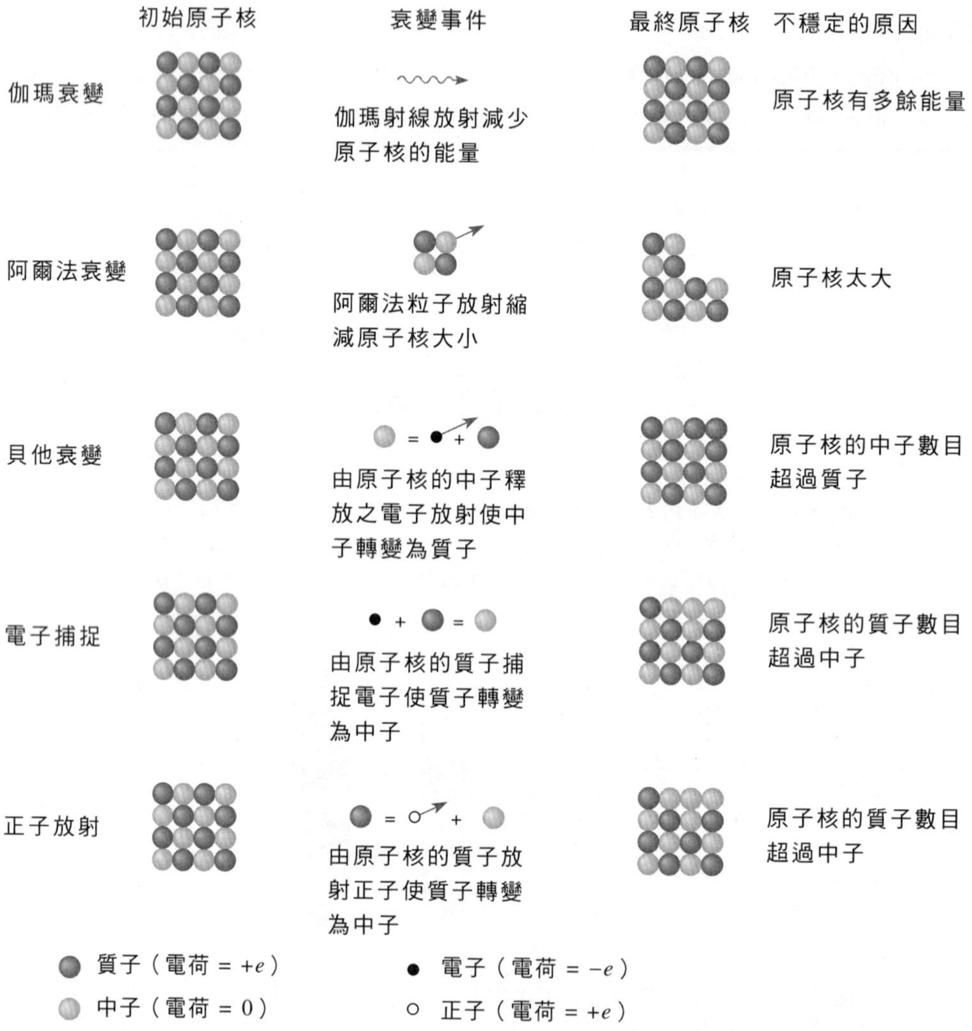

	初始原子核	衰變事件	最終原子核	不穩定的原因
伽瑪衰變		伽瑪射線放射減少原子核的能量		原子核有多餘能量
阿爾法衰變		阿爾法粒子放射縮減原子核大小		原子核太大
貝他衰變		由原子核的中子釋放之電子放射使中子轉變為質子		原子核的中子數目超過質子
電子捕捉		由原子核的質子捕捉電子使質子轉變為中子		原子核的質子數目超過中子
正子放射		由原子核的質子放射正子使質子轉變為中子		原子核的質子數目超過中子

● 質子（電荷 = $+e$）　● 電子（電荷 = $-e$）
● 中子（電荷 = 0）　○ 正子（電荷 = $+e$）

圖 12.3 五種放射性衰變。

例 12.1

氦同位素 $^6_2$He 為不穩定,你預期它會產生何種衰變呢?

解

最穩定的氦原子核為 $^4_2$He,它所有的中子和質子位於最低的可能能階中(見 11.3 節),因為 $^6_2$He 有四個中子而 $^4_2$He 只有兩個, $^6_2$He 的不穩定性必定是從多餘的中子而來,這推論出 $^6_2$He 會遇到負貝他衰變而變成鋰同位素 $^6_3$Li,其中子/質子比和穩定性較為符合:

$$^6_2\text{He} \to {}^6_3\text{Li} + e^-$$

事實上這就是 $^6_2$He 衰變的方式。

放射性和地球

在地球的地質歷史上,所牽涉的大部分能量可追溯到放射性鈾、釷(Th)和鉀同位素的衰變。地球據信是在 45 億年前形成的,當時為一個大部分由金屬鐵和矽酸鹽礦物質所組成,小而冷且環繞太陽運行的集合物。放射性的熱原先累積在嬰兒時期的地球內部,導致了部分的熱融化效應,重力的影響使得鐵往內部移動,而形成今日行星的熔融核心。地磁場是由地核中的電流所產生,較輕的矽酸鹽上升在地核外圍形成多岩石的地幔,佔了地球體積的 80%。現在地球的放射性大部分集中於上層地幔和地殼中(相當薄的外殼),在地殼中所產生的熱會散掉而不能被累積起來再度融化地球。但穩定的熱流足以帶動地球表面巨大板塊的運動,故造山、地震和火山都和這些運動有關。

活性

任一放射性核素樣本的**活性**(*activity*)是其組成原子的原子核衰變的速率,如果 *N* 是某一時刻下原子核的數目時,其活性 *R* 為

活性
$$R = -\frac{dN}{dt} \tag{12.1}$$

因為 dN/dt 為負值,在此必須使用負號以使得 *R* 為正值,活性的 SI 單位以貝克勒爾來命名:

$$1 \text{ 貝克勒爾} = 1 \text{ Bq} = 1 \text{ 衰變/秒}$$

實際上所碰到的活性通常都很高,故通常使用百萬貝克勒爾(1 MBq = 10^6 Bq)和十億貝克勒爾(1 GBq = 10^9 Bq)較為適當。

傳統的活性單位為**居里**(*Curie, Ci*)，原先被定義為一克鐳$^{226}_{88}$Ra的活性，因為隨使用量測方法的改進，居里的精確值可被定義為

$$1 \text{ 居里} = 1 \text{ Ci} = 3.70 \times 10^{10} \text{ 衰變／秒} = 37 \text{ GBq}$$

一克鐳的活性大概小了幾個百分點。一般的鉀活性為每公斤 0.7 微居里(1μCi = 10^{-6} Ci)，因為它包含了較少比例的放射性同位素$^{40}_{19}$K。

輻射危害

由不同放射性核素產生的輻射會使得它們所通過的物質游離，x射線亦會游離物質。所有游離化輻射對有生命的組織來說都是有害的，雖然如果危害很輕，組織可以自行修復且沒有永久效應。輻射危害很容易被低估，因為通常曝曬和可能產生後果之間會延遲，有時候好幾年，這些後果包含癌症、白血症和生殖細胞的遺傳基因(DNA)改變，使得孩童產生身體上的缺陷和精神上的障礙。

輻射劑量以**西弗特**(*Sieverts, Sv*)來表示，一西弗特是和一公斤身體組織吸收一焦耳x射線或伽瑪射線時，產生相同生物效應的輻射量。雖然輻射生物學家不同意輻射照射和癌症發生之間的確定關係，但是這個關連的確存在是毫無疑問的。國際輻射保護協會估計平均危險因子為 0.05 Sv^{-1}，這意謂著由於 1 Sv 劑量輻射造成的死亡機會為 1/20，而 1 mSv (1 mSv = 0.001 Sv)的劑量為 1/20000，依此類推。

圖 12.4 顯示出全世界主要的輻射劑量來源，最重要的單一來源為放射性氣體氡，此為鈾的衰變所產生的鐳衰變產物。鈾在許多一般的岩石中被發現，最著名的為花崗岩。因此無色無味的氡氣散布在各地，通常劑量太少故不會危害健康。當房子建在富含鈾的區域中將會發生問題，因為我們無法預防氡氣從地下進入房屋，調查顯示數以百萬美國房屋的氡含量過高，產生不可忽略的癌症風險，除了吸煙以外，氡為肺癌的最主要原因之一，而減少房屋中氡含量最有效的方法似乎要利用風扇將地板下的氣體抽離，並且在它進入房屋之前排入大氣之中。

另一個輻射劑量的自然來源包含了從太空中來的宇宙射線和岩石、土壤和建築物中的放射性核素，食物、水和人體本身包含少量的放射性核素如鉀和碳。

許多有用的過程都和游離輻射有關，有一些則直接利用輻射，如醫學和工業上的x射線及伽瑪射線，在其他狀況中，輻射為無用且為無法避免的副產品，特別是在核子反應爐及其廢棄物處理，在許多國家中，從事游離輻射的工人（全球約九百萬人）的劑量限制為每年 20 mSv。對一般大眾來說並沒有辦法選擇，無輻射背景的劑量限制為每年 1 mSv。

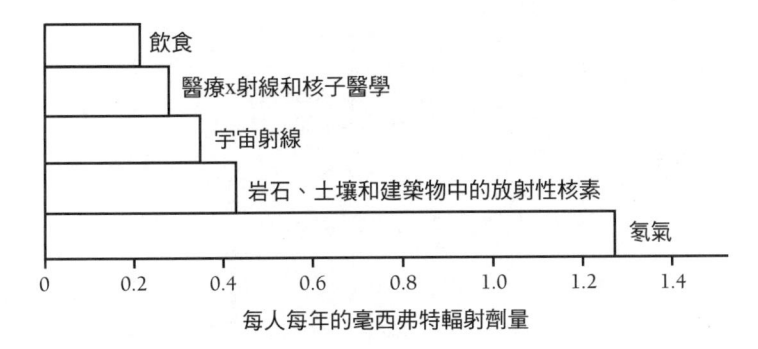

```
                飲食
          醫療x射線和核子醫學
        宇宙射線
    岩石、土壤和建築物中的放射性核素
                              氡氣
0    0.2   0.4   0.6   0.8   1.0   1.2   1.4
         每人每年的毫西弗特輻射劑量
```

圖 12.4 全世界平均輻射劑量的主要來源，總量為 2.7 mSv，但真實劑量會隨地點而變。例如，氡濃度在所有地方並不相同，有些人會比別人接收到較多的醫學輻射量，宇宙射線在高處較強（較常飛行的人會得到比海平面高 2 倍的劑量，高處城市的居民則高出了 5 倍），依此類推。雖然意外發生會使污染區域的劑量增加到危險的程度，核子動力站才產生總劑量的 0.1%。

在輻射風險與好處之間適當的平衡並不容易找到，特別是醫療x射線的照射，許多x射線的照射並沒有特別強烈的理由，且所產生的壞處比好處多。年輕女人檢查乳癌的一次例行工作無症狀x射線照射，據信已增加由於癌症所產生的整體死亡率，而非減少。特別危險的是孕婦的x射線照射，直到最近的另一項例行程序，迅速地增加她們小孩得到癌症的機率。當然，x射線在醫學上有許多很有價值的應用，我所要強調的是每次照射都應該要有能超過其風險的明確理由，使用現代儀器的一般x射線胸部檢查其輻射劑量約為 0.017 mSv，比過去少了很多。然而，胸部的電腦斷層掃瞄（見 2.5 節）有相當大的劑量 8 mSv，孩童的電腦斷層掃瞄會產生嚴重的風險，故需要特別的診斷證明。

12.2 半衰期
Half-Life

越來越少，但總是殘留一些

放射性樣本活性的測量顯示出在每個狀況中，它們隨時間做指數型態的衰減，圖 12.5 為典型放射性核素之活性 R 和時間 t 的關係圖。我們注意到在每 5.00 小時的週期中，不論週期何時開始，活性會降為週期開始時的一半，故此核素的**半衰期**(*half-life*) $T_{1/2}$ 為 5.00 小時。

每個放射性核素都有其特徵半衰期，一些半衰期僅為百萬分之一秒，而其他則為數十億年。核子動力廠面臨到的主要問題為其放射性廢棄物的安全處理，因為有些核素半衰期很長。

圖 12.5 顯示的行為意指活性的時間變化遵循下列公式

活性定律
$$R = R_0 e^{-\lambda t} \tag{12.2}$$

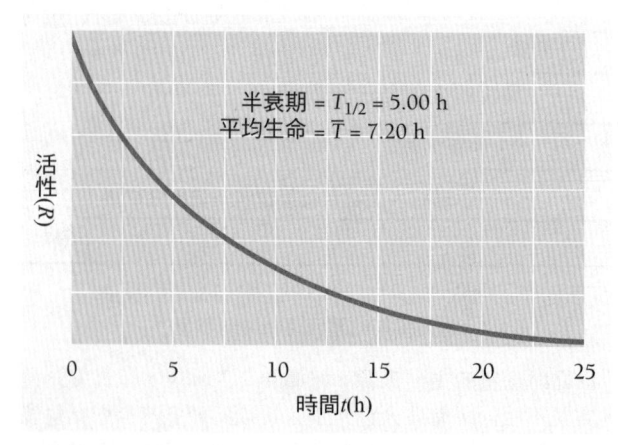

圖 12.5 放射性核素的活性會隨時間呈指數下降，半衰期為初始活性減少一半所需的時間，放射性核素的平均生命為半衰期的 1.44 倍（式(12.7)）。

其中λ被稱為**衰變常數**(decay constant)，每個放射性核素的值都不同。衰變常數λ和半衰期$T_{1/2}$之間的關連很容易找到，在經過了半衰期的時間間隔之後，也就是說當 $t = T_{1/2}$ 時，由定義我們可知活性 R 會降為$\frac{1}{2}R_0$，因此

$$\tfrac{1}{2}R_0 = R_0 e^{-\lambda T_{1/2}}$$

$$e^{\lambda T_{1/2}} = 2$$

將方程式的兩邊取自然對數

$$\lambda T_{1/2} = \ln 2$$

半衰期
$$T_{1/2} = \frac{\ln 2}{\lambda} = \frac{0.693}{\lambda} \tag{12.3}$$

因此半衰期為 5.00 小時的放射性核素其衰變常數為

$$\lambda = \frac{0.693}{T_{1/2}} = \frac{0.693}{(5.00 \text{ h})(3600 \text{ s/h})} = 3.85 \times 10^{-5} \text{ s}^{-1}$$

衰變常數越大，在某一已知週期的時間內，一已知原子核衰變的機會越大。

如果我們假設對一已知核素的每個原子核的衰變，每單位時間的機率為λ，而式(12.2)之活性定律仍有效，λ為每單位時間的機率，λ dt 為任何原子核在時間間隔 dt 中會遇到衰變的機率。如果樣本包含 N 個未衰變原子核，在時間 dt 中，衰變的數目 dN 為原子核數目 N 和時間 dt 中每個原子核衰變機率λ dt 的乘積，也就是

$$dN = -N\lambda \, dt \tag{12.4}$$

其中需要用負號是因為 N 隨時間 t 減少。

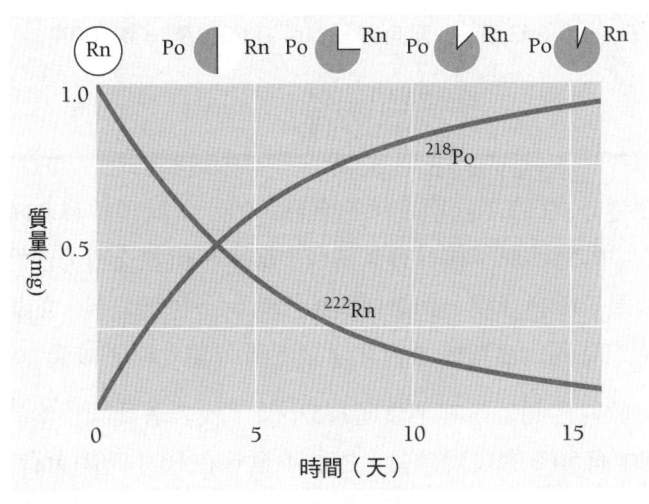

圖 12.6 由 ^{222}Rn 到 ^{218}Po 的阿爾法衰變，其半衰期為 3.8 天，在此所繪之氡的衰變樣本，其初始質量為 1.0 mg。

式(12.4)可重寫為

$$\frac{dN}{N} = -\lambda\, dt$$

現在式子兩邊都可被積分

$$\int_{N_0}^{N} \frac{dN}{N} = -\lambda \int_0^t dt$$

$$\ln N - \ln N_0 = -\lambda t$$

放射性衰變
$$N = N_0 e^{-\lambda t} \tag{12.5}$$

此公式可知道在時間 t 時未衰變原子核的數目 N，以核素之每單位時間的衰變機率 λ 和 $t = 0$ 時未衰變原子核的數目 N_0 來表示。

圖 12.6 說明了氡氣 $^{222}_{86}$Rn 衰變為釙同位素 $^{218}_{84}$Po 的阿爾法衰變，其半衰期為 3.82 天。如果我們在一密閉容器中放置 1.00 mg 的氡，在 3.82 天後會剩下 0.50 mg，在 7.64 天後會剩下 0.25 mg，依此類推。

例 12.2

百分之六十的氡樣本衰變需要多少時間？

解

從式(12.5)中，

$$\frac{N}{N_0} = e^{-\lambda t} \qquad -\lambda t = \ln \frac{N}{N_0} \qquad \lambda t = \ln \frac{N_0}{N}$$

$$t = \frac{1}{\lambda} \ln \frac{N_0}{N}$$

此處 $\lambda = 0.693/T_{1/2} = 0.693/3.82$ 天且 $N = (1 - 0.600)N_0 = 0.400N_0$，所以

$$t = \frac{3.82 \text{ d}}{0.693} \ln \frac{1}{0.400} = 5.05 \text{ d}$$

　　放射性衰變遵守式(12.2)指數定律的事實，暗示了此現象具有統計自然法則。放射性核素樣本中的每個原子核具有某種衰變機率，但並沒有方法能預先知道在特定時間內，那個原子核會衰變，如果樣本夠大時——也就是說，如果有許多原子核存在時——在特定時間內衰變的量會非常接近所有獨立原子核衰變的機率。

　　我們說某一放射性同位素其半衰期為5小時，代表著此同位素的每個原子核在每5小時的週期中有50%的衰變機會，這並不意味在10小時內會有100%的衰變機率。原子核並不會記憶，且其單位時間的衰變機率為常數，直到它確實產生衰變為止。半衰期5小時暗示在10小時中有75%的衰變機率，在15小時內為87.5%，在20小時則為93.75%，依此類推，因為每間隔5小時的機率為50%。

　　值得放在心上的是一個放射性核素的半衰期和其**平均生命期**(mean lifetime)$\overline{T}$不同，核素的平均生命期為其單位時間衰變機率的倒數：

$$\overline{T} = \frac{1}{\lambda} \qquad (12.6)$$

因此

平均生命期 $\qquad \overline{T} = \frac{1}{\lambda} = \frac{T_{1/2}}{0.693} = 1.44 T_{1/2} \qquad (12.7)$

$\overline{T}$比$T_{1/2}$幾乎多了一半，半衰期為5.00小時的放射性核素之平均生命期為

$$\overline{T} = 1.44 T_{1/2} = (1.44)(5.00 \text{ h}) = 7.20 \text{ h}$$

因為放射性樣本的活性被定義為

$$R = -\frac{dN}{dt}$$

我們從式(12.5)中看到

$$R = \lambda N_0 e^{-\lambda t}$$

這和式(12.2)之活性定律符合，如果 $R_0 = \lambda N_0$，或是一般而言，如果

活性 $\qquad R = \lambda N \qquad (12.8)$

例 12.3

求出 1 mg 氡 ^{222}Rn 的活性，其原子質量為 222 u。

解

氡的衰變常數為

$$\lambda = \frac{0.693}{T_{1/2}} = \frac{0.693}{(3.8 \text{ d})(86{,}400 \text{ s/d})} = 2.11 \times 10^{-6} \text{ s}^{-1}$$

1.00 mg ^{222}Rn 的原子數目 N 為

$$N = \frac{1.00 \times 10^{-6} \text{ kg}}{(222 \text{ u})(1.66 \times 10^{-27} \text{ kg/u})} = 2.71 \times 10^{18} \text{ atoms}$$

因此

$$R = \lambda N = (2.11 \times 10^{-6} \text{ s}^{-1})(2.71 \times 10^{18} \text{ nuclei})$$
$$= 5.72 \times 10^{12} \text{ decays/s} = 5.72 \text{ TBq} = 155 \text{ Ci}$$

例 12.4

在剛好一個星期之後，上述氡樣本的活性為何？

解

樣本的活性會根據式(12.2)而衰變，因為在此 $R_0 = 155$ Ci 且

$$\lambda t = (2.11 \times 10^{-6} \text{ s}^{-1})(7.00 \text{ d})(86{,}400 \text{ s/d}) = 1.28$$

我們發現

$$R = R_0 e^{-\lambda t} = (155 \text{ Ci})e^{-1.28} = 43 \text{ Ci}$$

放射性定年法

放射性使得建立許多地質和生物標本的年代變為可能，因為任何特別的放射性核素和其環境無關，樣本中核素及安定的子核素數目之間的比值和後者的年份有關，子核素的比例越大，樣本越老。讓我們來看如何藉著**放射性碳**(*radiocarbon*)定位，使用這個過程來判定生物源物體的年份，放射性碳為貝他活性的碳同位素 $^{14}_{6}$C。

宇宙射線為高能原子核，主要是環繞太陽所屬的銀河系之質子所組成，大約每秒會有 10^{18} 個到達地球。當它們進入大氣時，會和在它們行進路徑上的原子核碰撞，而產生二次粒子陣雨，這些二次粒子中，中子可以和大氣中的氮原子核反應產生放射性碳，並且釋放出一個質子：

放射性碳的形成 $\quad ^{14}_{7}\text{N} + ^{1}_{0}n \rightarrow ^{14}_{6}\text{C} + ^{1}_{1}\text{H}$

質子會找到一個電子成為氫原子。放射性碳具有太多的中子，為了穩定而衰變成 $^{14}_{7}$N 的半衰期大約為5760年。雖然放射性碳不斷地衰變，宇宙射線的轟擊仍能持續地補充放射性碳，現在地球上共約分布了90噸的放射性碳。

在它們形成之後不久，放射性碳原子結合氧分子形成二氧化碳分子。綠色植物吸入二氧化碳和水，藉由光合作用形成碳水化合物，故每個植物都包含一些放射性碳。因此吃植物的動物其本身也具有放射性，因為放射性碳的混合是很有效率的，活的植物和動物的放射性碳和一般碳(^{12}C)之間的比都相同。

然而當植物和動物死亡時，它們將不再吸入放射性碳原子，但是它們所包含的放射性碳仍可持續衰變為^{14}N。經過5760年之後，它們體內僅剩下一半的放射性碳——相對於總含碳量——和它們活的時候含量相比，在11,520年後僅剩下四分之一，依此類推。藉由決定放射性碳和一般碳的比例，可以估算古代物體的年代和有機源的剩餘，這個文雅的方法允許我們測定木乃伊的年紀、木頭器具、衣服、皮革、營火晚會的炭火和古代文明的一些人造物品最久可到50,000年，大約為^{14}C的9個半衰期長。

例 12.5

一片經過古代住宅廢墟的木頭被發現具有^{14}C活性，其含碳量每克每分鐘發生13次蛻變，活的木頭的^{14}C活性為每克每分鐘16次蛻變，這個木頭樣本是取自在多久以前死亡的樹呢？

解

如果從最近仍活著的植物和動物而得的某質量碳的活性為R_0，而要被定年份的質量相同樣本，其活性為R，則從式(12.2)中可得

$$R = R_0 e^{-\lambda t}$$

為解出年代t，我們如下列計算：

$$e^{\lambda t} = \frac{R_0}{R} \qquad \lambda t = \ln \frac{R_0}{R} \qquad t = \frac{1}{\lambda} \ln \frac{R_0}{R}$$

從式(12.3)中知道，放射性碳的衰變常數為$\lambda = 0.693/T_{1/2} = 0.693/5760$年，此處$R_0/R = 16/13$，所以

$$t = \frac{1}{\lambda} \ln \frac{R_0}{R} = \frac{5760\text{年}}{0.693} \ln \frac{16}{13} = 1.7 \times 10^3 \text{年}$$

放射性碳定年法被限制於大於50,000年，而地球歷史可回溯到45億年前。地質學家使用較長半衰期之放射性核素來判定岩石的年份（表12.2）。在每個狀況中，假定所有從特別岩石樣本發現的穩定子核素從母核素衰變而來，雖然表中的釷和鈾同位素並不是^{40}K和^{87}Rb一樣以單一步驟衰變，中間產物的半衰期與其母核素相較之下很短，故僅需考慮母核素即可。

表 **12.2**　地質定年法

方法	母放射性核素	穩定子核素	半衰期（十億年）
鉀－氬	^{40}K	^{40}Ar	1.3
銣－鍶	^{87}Rb	^{87}Sr	47
釷－鉛	^{232}Th	^{208}Pb	13.9
鈾－鉛	^{235}U	^{207}Pb	0.7
鈾－鉛	^{238}Pb	^{206}Pb	4.5

如果樣本中母核素的原子數目為 N，而母核素和子核素的原子數和為 N_0，從式 (12.5) 中得知

地質定年
$$t = \frac{1}{\lambda} \ln \frac{N_0}{N}$$

時間 t 的精確度之重要性和岩石的性質有關，例如，它可能是指岩石中的礦物質結晶化的時間，或可能是指岩石低於某溫度的最近時間。

最古老的岩石其年代被發現在格陵蘭島，大約為38億年。月球岩石、隕石和陸地上的岩石可利用表 12.2 的方法來判定年紀，一些月球的樣本很明顯地在 46 億年前就固體化，這幾乎是在太陽系剛形成的時間。因為在月球上所發現的最年輕岩石為30億年，故推論出雖然月球表面曾經為熔融狀，且曾經有火山爆發過，所有的活性在30億年前就停止了。確定的是，從月球冷卻之後，其表面歷經許多小規模的破壞，但很明顯地，這些破壞大部分是由於隕石的轟擊所造成。

太空人小查爾斯・杜克(Charles M. Duke, Jr)蒐集月球表面的岩石，在1972年阿波羅16號(Apollo 16)探險時所攝，岩石以放射性定年法測定年紀，最年輕的為30億年，而由火山爆發產生的火成岩活性必定在此時就停止了。

12.3 放射系
Radioactive Series

四種衰變序列，且每一個都結束於一個穩定的子產物

大部分在自然界發現的放射性核素屬於四個**放射系**(*radioactive series*)，每一系皆由一連串的子產物所組成，且全部子產物都由單一的母核素所產生。

恰好為四個系的原因是由於阿爾法衰變減少原子核的四個質量數，因此核素的質量數為 $A = 4n$，n 為整數，且核素會依遞減質量數來衰變，其他三個系的質量數為分別為 $A = 4n+1$、$4n+2$ 和 $4n+3$，這些系的成員也會衰變成其他成員。

表12.3列出四個放射系，錼的半衰期和太陽系的年紀相較之下很短，故此系的成員目前為止仍未在地球上發現。然而，它們可藉由中子轟擊較重的其他原子核在實驗室中被創造出來，稍後會敘述。阿爾法和貝他衰變的序列會導致母核素變成穩定的最終產物，如圖12.7所示之鈾系列。衰變鏈在 ^{214}Bi 分支，且可能會藉由阿爾法或是貝他發射來衰變，在阿爾法衰變之後為貝他衰變，在貝他衰變之後為阿爾法衰變，故兩種方式都會產生 ^{210}Pb。

瑪麗‧居里(Marie Sklodowska Curie, 1867-1934)生於當時被俄羅斯高壓統治的波蘭。她在念完高中之後從事家庭教師一職，直到24歲時才能到巴黎學習科學，在那兒她才有足夠的錢生活下去。1894年時，瑪麗嫁給了比她大八歲且為著名的物理學家皮埃爾‧居里(Pierre Curie)。1897年時，亦即她的女兒愛琳(Irene)(她本身也在1935年獲得諾貝爾物理獎)出生之後，瑪麗開始研究新發現的現象放射性(radioactivity)——這個字首次出現在她的博士論文中。

在貝克勒爾(Becquerel)發現鈾會放射出神秘的輻射之前，瑪麗在經過了搜尋所有已知的元素之後，學習到釷元素也會有同樣的效應，隨後她檢查了許多不同礦物質中的放射性，她的研究證明出瀝青鈾礦比從其鈾含量所推測出來的放射性還強，瑪麗和皮埃爾持續地研究並且首次發現釙——以她的出生地波蘭來命名，隨後也發現鐳為這多附加的活性來源。藉由一些他們所能負擔的原始設備(他們必須使用自己的錢)，終於在1902年時成功地從數噸的鈾礦中純化出0.1克的鐳，這是一個牽涉到無限物理和智慧的工作。

居里夫婦和貝克勒爾於1903年時共同獲得諾貝爾物理獎，皮埃爾以下面一段話結束他在領獎時的演說：「有人可能會想，在罪犯的手中鐳可能會變得非常危險，而在這裡有人可能會問，是否人性會想藉由探索自然界的奧秘來得到知識，是否已經準備好從中得到利益，或是這個知識是否無害……我本身也認為……從這些新發明中，人類得到的好處將會比壞處多。」

1906年時，皮埃爾在巴黎街道被一輛馬車撞死，而瑪麗仍然是在不適當的實驗室中繼續她的放射性研究，於1911年時獲得諾貝爾化學獎。直到她的科學研究接近尾聲時，她才得到適當的研究設備。甚至在皮埃爾死前，他們兩人都因為曝露在輻射中而遭受病痛折磨，而瑪麗晚年大部分的生活都被輻射所導致的疾病所困擾，包括使她致死的白血病。

表 12.3　四個放射系

質量數	系	母原子核	半衰期（年）	穩定終端產物
$4n$	釷	$^{232}_{90}\text{Th}$	1.39×10^{10}	$^{208}_{82}\text{Pb}$
$4n+1$	錼	$^{237}_{93}\text{Np}$	2.25×10^{6}	$^{209}_{83}\text{Bi}$
$4n+2$	鈾	$^{238}_{92}\text{U}$	4.47×10^{9}	$^{206}_{82}\text{Pb}$
$4n+3$	錒	$^{235}_{92}\text{U}$	7.07×10^{8}	$^{207}_{82}\text{Pb}$

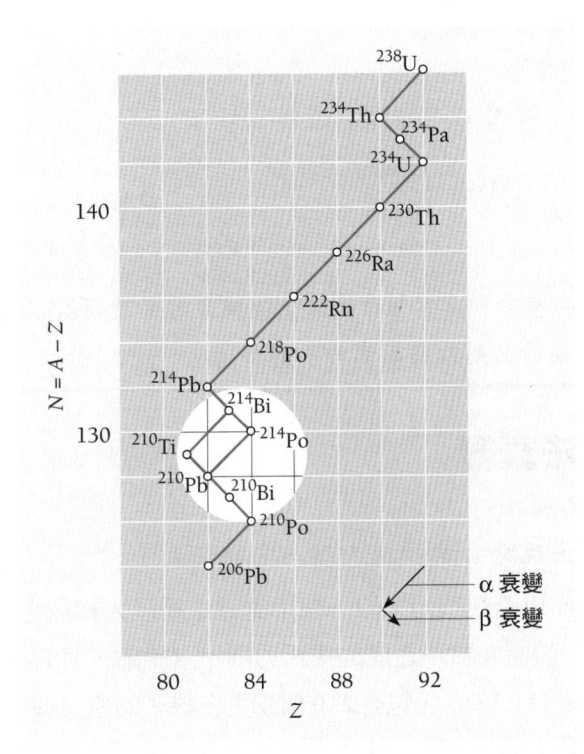

圖 12.7　鈾衰變系$(A = 4n+2)$，$^{214}_{83}\text{Bi}$的衰變可藉由阿爾法放射和接續的貝他放射或是相反順序所產生。

數個原子序小於82的阿爾法放射性核素在自然界被發現，雖然它們的含量並不很豐富。

每個衰變系的中間成員其半衰期比母核素還短很多，所以如果我們從母核素A的N_A個樣本開始，經過一段時間之後，平衡狀況將會以和生成相同的速率產生連續的子衰變B、C、…，因此活性$R_A, R_B, R_C, \ldots$在平衡時都相同，且因為$R = \lambda N$，我們得到

放射性平衡
$$N_A \lambda_A = N_B \lambda_B = N_C \lambda_C = \cdots \tag{12.9}$$

每個原子數目 N_A, N_B, N_C, ...隨母核素的衰變常數λ_A指數地減少，但是式(12.9)在任何時間都有效。如果其他成員的衰變常數與其在樣本中的相對比例為已知時，式(12.9)可被用來建立放射系中任意成員的衰變常數（或半衰期）。

例 12.6

在一礦物樣本中的鈾同位素^{238}U和^{234}U的原子比為1.8×10^4。^{234}U的半衰期$T_{1/2}(234) = 2.5 \times 10^5$年，求出^{238}U的半衰期。

解

因為$T_{1/2} = 0.693/\lambda$，從式(12.9)中我們得到

$$T_{1/2}(238) = \frac{N(238)}{N(234)} T_{1/2}(234)$$
$$= (1.8 \times 10^4)(2.5 \times 10^5\text{年}) = 4.5 \times 10^9 \text{年}$$

此方法對於求出非常長命和非常短命的放射性核素的半衰期很方便，放射性核素與其他較易測量半衰期的放射性核素處於平衡狀態。

12.4 阿爾法衰變

Alpha Decay

不可能出現於古典物理，然而它卻發生了

因核子間的吸引力作用距離很短，原子核中的總束縛能大約和它的質量數 A（它所含的核子）成正比，然而在質子之間的排斥力則不限距離，且打斷原子核的總能量大約和Z^2成正比（式(11.12)）。包含210個或更多核子的原子核非常大，使得束縛它們的短距離原子核力幾乎不能平衡質子之間的交互排斥力，阿爾法衰變可藉由減少原子核大小來增加其穩定性。

為何是釋放阿爾法粒子，而不是單一質子或原子核$^3_2$He呢？答案可由阿爾法粒子的高束縛能量得知。為了要從原子核中脫離，粒子必須具有動能，也只有阿爾法粒子的質量比其他核子小到足以具有這樣的能量來脫離。

為了解釋這個觀點，當不同的粒子被重原子核釋放時，我們可以從每個粒子和母子原子核的已知質量開始，計算釋放的能量 Q，如下

蛻變能
$$Q = (m_i - m_f - m_x)c^2 \tag{12.10}$$

其中 m_i = 初始原子核的質量
　　　m_f = 最終原子核的質量
　　　m_x = 粒子質量

我們發現在某些狀況中非常有可能有能量放射阿爾法粒子,但是其他衰變模式則需要從原子核外界補充能量。因此在 $^{232}_{92}$U 中的阿爾法衰變伴隨著 5.4 MeV 的能量釋放,放射質子需要 6.1 MeV 的能量,放射 $^{3}_{2}$He 需要 9.6 MeV。在阿爾法衰變中所觀測到的蛻變能和基於原子核質量所做的預測值符合。

放射的阿爾法粒子動能 KE_α 絕不會等於蛻變能量 Q,因為當阿爾法粒子出現時,帶有少量動能之原子核的動量必須守恆。從動量和能量守恆的觀點來看,可以很容易地證明 KE_α 和 Q 以及原來的原子核質量數 A 有關(見習題 23)

阿爾法粒子能量
$$KE_\alpha \approx \frac{A-4}{A}Q \tag{12.11}$$

幾乎所有的阿爾法發射器的質量數都超過 210,故大部分的蛻變能會轉為阿爾法粒子的動能。

例 12.7

釙同位素 $^{210}_{84}$Po 不穩定,且會釋放能量為 5.30 MeV 的阿爾法粒子,$^{210}_{84}$Po 的原子質量為 209.9829 u,而 $^{4}_{2}$He 為 4.0026 u,求出其子核素和原子質量。

解

(a) 子核素的原子序為 $Z = 84 - 2 = 82$,而質量數為 $A = 210 - 4 = 206$。因為 $Z = 82$ 為鉛的原子序,故子核素的符號為 $^{206}_{82}$Pb。

(b) 阿爾法粒子能量為 5.30 MeV 之蛻變能為

$$Q = \frac{A}{A-4}KE_\alpha = \left(\frac{210}{210-4}\right)(5.30 \text{ MeV}) = 5.40 \text{ MeV}$$

對應到此 Q 值的等效質量為

$$m_Q = \frac{5.40 \text{ MeV}}{931 \text{ MeV/u}} = 0.0058 \text{ u}$$

因此

$$m_f = m_i - m_\alpha - m_Q = 209.9829 \text{ u} - 4.0026 \text{ u} - 0.0058 \text{ u} = 205.9745 \text{ u}$$

阿爾法粒子的穿隧理論

原則上,雖然重的原子核可藉由阿爾法衰變而自發地減少,一個阿爾法粒子如何脫離原子核仍然是個問題。圖 12.8 繪出阿爾法粒子的位能 U 與其和某重原子核中心的距離 r 之間的關係圖。位能障礙的高度約為 25 MeV,等於將阿爾法粒子從無限遠處移至鄰近原子核剛在吸引力的外圍處所抵抗的排斥力所需做的功,因此我們可能會將阿爾法粒子視為在需要克服 25 MeV 的能量以脫離箱子似的原子核之內。然

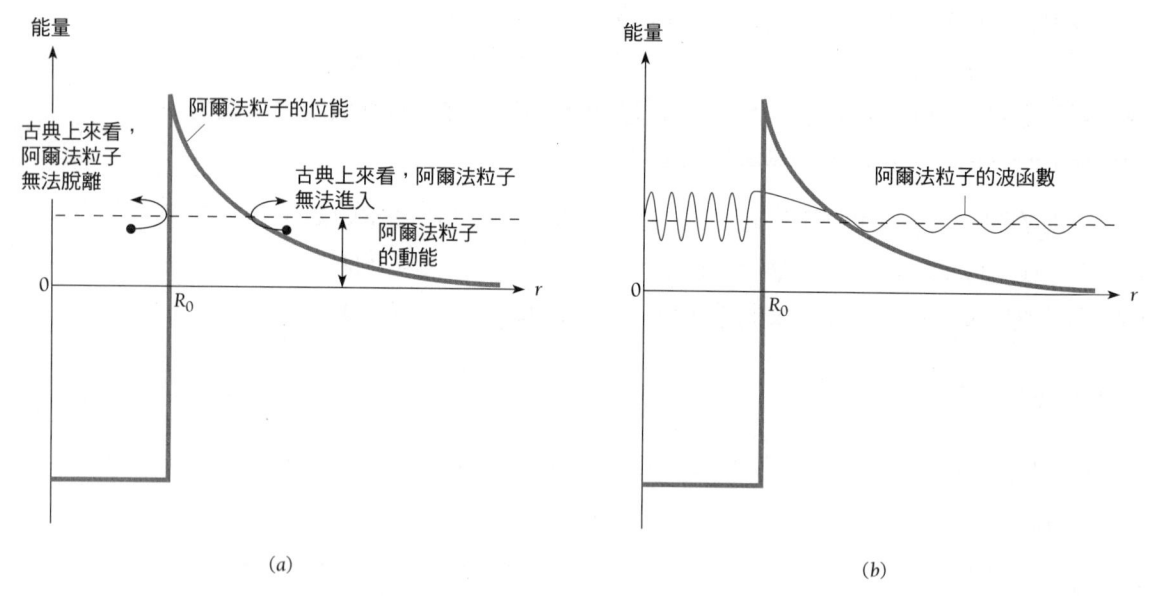

圖 12.8 (a)在古典物理，阿爾法粒子的動能低於原子核附近之位能障礙，是不可能進入或離開半徑為 R_0 之原子核；(b)在量子力學中，阿爾法粒子可以穿過位能障礙，其機率隨著能障的高度和厚度而減少。

而，衰變的阿爾法粒子能量範圍從 4 至 9 MeV，和反應所牽涉到的特別核素有關——需要 16 至 21 MeV 的能量才得以脫離。

雖然阿爾法衰變在古典上是難以解釋的，量子力學提供了一個很直接的解釋。事實上，分別被蓋摩(Gamow)、葛尼(Gurney)和康頓(Condon)於1928年所提出之阿爾法衰變理論，被認為是確定量子力學的驚人證據。

在本章的附錄中，我們會發現甚至將阿爾法粒子脫離原子核的問題簡化，所產生的結果和實驗結果符合。葛尼和康頓在他們的論文中做出這樣的觀察：「目前為止，我們必須假設原子核具有一些特殊的不穩定性，但在下面的註解中指出，蛻變能為量子力學定律的自然產物，而不需要特別的假設……，許多研究都指出阿爾法粒子從原子核中被猛力甩出，但是從以上的過程來看，粒子僅僅是輕輕地幾乎被忽略地滑過去而已。」

此理論的基本觀念為

1. 阿爾法粒子可能以實體存在於一重原子核中。
2. 此粒子等速運動，且被位能障礙侷限於原子核中。
3. 每次碰撞發生時，粒子穿隧能障（不論其高度）的可能性很小——但是為一定值。

根據最後一個假設，單位時間的衰變機率 λ 可表示為

衰變常數
$$\lambda = \nu T \tag{12.12}$$

喬治・蓋摩(George Gamow, 1904-1968)在俄羅斯出生及接受教育，於 1928 年時在哥廷根做出他的第一個重大研究，當時他導出阿爾法衰變理論，為量子力學首次應用在核子物理中（康頓和葛尼幾乎在同時發現和蓋摩相同的理論），1929年時，他提出原子核的液滴模型。在待過哥本哈根、劍橋和列寧格勒之後，蓋摩於1934年到了美國的喬治華盛頓大學，隨後再轉至科羅拉多大學。1936年時，蓋摩和愛德華・泰勒(Edward Teller)共同研究費米的貝他衰變理論的擴展，他晚期的研究大都和天文物理有關，尤其是星球的演化，他證明出當一個星球用盡熱核反應中的氫時，將會變得更熱而非更冷。蓋摩也對宇宙的起源（他和他的學生預測出大霹靂後剩餘2.7 K的宇宙輻射）和元素的形成貢獻良多，他所著的教科書使得一般大眾得以瞭解近代物理的觀念。

在此 ν 為原子核中的阿爾法粒子每秒撞擊位能障礙的數目，而 T 為粒子穿透過能障的機率。

如果我們假設任何時刻只有一個阿爾法粒子存在於原子核，且沿著原子核直徑來回運動時

碰撞頻率
$$\nu = \frac{v}{2R_0} \tag{12.13}$$

其中 v 為阿爾法粒子最後離開原子核時的速度，而 R_0 為原子核半徑。v 和 R_0 的典型值分別為 2×10^7 m/s 和 10^{-14} m，所以

$$\nu \approx 10^{21} \text{ s}^{-1}$$

阿爾法粒子每秒敲擊限制壁 10^{21} 次，可能必須平均要等 10^{10} 年才能脫離原子核！

在本章的附錄推導中，衰變常數 λ 的穿隧理論可得到下列公式

阿爾法衰變常數
$$\log_{10} \lambda = \log_{10}\left(\frac{v}{2R_0}\right) + 1.29Z^{1/2}R_0^{1/2} - 1.72ZE^{-1/2} \tag{12.14}$$

在此 v 為阿爾法粒子速度，單位為m/s；E 為能量，單位為MeV；R_0 為原子核半徑，單位為飛米(10^{-15} m)，而 Z 為子原子核的原子序。圖12.9為對於許多阿爾法輻射核素之 $\log_{10} \lambda$ 對 $ZE^{-1/2}$ 的關係圖，在衰變常數的整個範圍內，近似於實驗資料的直線斜率為 -1.72，我們可以使用線的位置來決定原子核半徑 R_0，結果和原子核散射實驗得到的結果差不多。因此這個方法可以成為決定原子核大小的另一種方法。

式(12.14)預測了衰變常數 λ，因此半衰期應該和阿爾法粒子能量 E 之間具有密切的關係，事實上也的確是如此。最慢的衰變為 $^{232}_{90}$Th，其半衰期為 1.3×10^{10} 年，而最快的衰變為 $^{212}_{84}$Po，半衰期為 3.0×10^{-7} 秒，儘管 $^{232}_{90}$Th 的半衰期大了 10^{24} 倍，但是 $^{232}_{90}$Th 的阿爾法粒子能量(4.05 MeV)僅大約為 $^{212}_{84}$Po 的一半(8.95 MeV)而已。

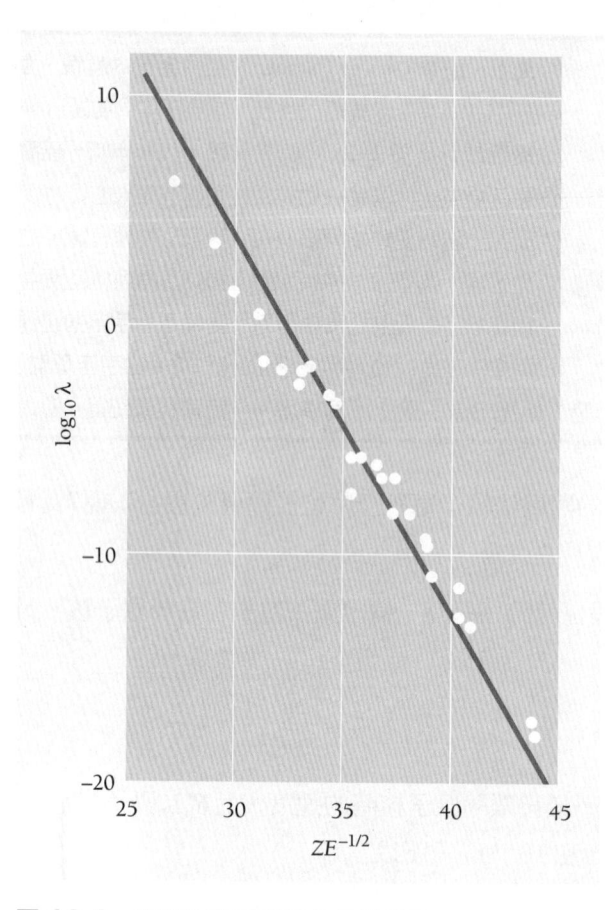

圖 12.9 阿爾法衰變理論的實驗證明。

12.5 貝他衰變

Beta Decay

為何微中子應該存在，以及它如何被發現

和阿爾法衰變相同，貝他衰變為原子核改變其組成而變得更加穩定的方式，和阿爾法衰變一樣，貝他衰變也具有它令人困惑的特點：在貝他衰變能量、線性動量和角動量的守恆定律全部都不遵守。

1. 特別核素的貝他衰變中所觀測到的電子能量被發現從0開始連續地變化至核素的特徵極大值 KE_{max}，圖 12.10 顯示出在 $^{210}_{83}Bi$ 的貝他衰變中放射出來的能量譜；此處 $KE_{max} = 1.17$ MeV，被衰變電子帶走之極大能量為

$$E_{max} = mc^2 + KE_{max}$$

等於母原子核和子原子核之間質量差的等效能量。然而被釋放的電子能量很少為 KE_{max}。

2. 觀察放射電子和反彈原子核的方向，發現它們幾乎從來不完全相反，使得線性動量守恆。

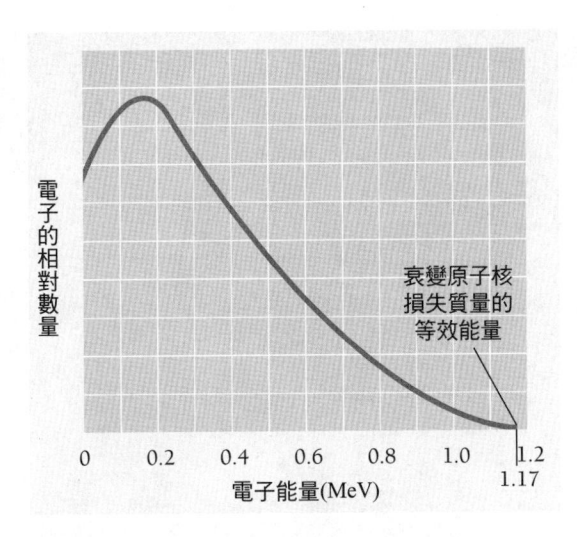

圖 12.10 $^{210}_{83}$Bi 的貝他衰變之電子能量譜。

3. 中子、質子和電子自旋全為 $\frac{1}{2}$，如果貝他衰變只包含中子轉變成和質子和電子，自旋就不守恆（因此角動量也不守恆）。

1930年時包利提出孤注一擲的補救之道：「如果一個未帶電粒子之靜止質量很小或為0，且和電子一同放射的貝他衰變自旋為 $\frac{1}{2}$，上述的不一致將不會發生。此粒子後來被費米稱為**微中子**(neutrino)（小的中性粒子），將會帶走等於KE$_{max}$和電子真實動能 KE（反彈的原子核帶走可忽略的 KE）之間的能量差」。中子的線性動量和電子及反彈的子原子核動量恰好平衡。

隨後在貝他衰變中發現兩種微中子，一個為微中子本身（符號為ν），另一個則為**反微中子**(antineutrino)，符號為$\bar{\nu}$，兩者之間的差別會在第13章中討論。在一般的貝他衰變中，會釋放出一個反微中子：

貝他衰變 $$n \rightarrow p + e^- + \bar{\nu} \tag{12.15}$$

微中子假說已被證實為非常成功，微中子質量並不如預期地比電子質量的一小部分還多，因為觀測到的KE$_{max}$（在實驗誤差範圍之內）和母－子原子核質量差計算而得的值相等。據信微中子質量最多等於數個電子伏特的等效質量。微中子和物質的交互作用非常微弱，由於其缺乏電荷與質量，且在自然界不像光子一樣為電磁性，微中子可不受阻礙且通過大量的物質。一個微中子可在與其產生交互作用之前穿過 100 **光年**(light year)的固態鐵！而微中子和物質唯一的交互作用是透過反貝他衰變過程，我們在稍後會討論。據信微中子在宇宙中的數目比質子多了數十億倍。

正子在1932年被發現，且兩年後被發現為由某種原子核自發放射所產生。正子的特性和電子一樣，除了其電荷為 $+e$ 而非 $-e$，正子放射對應到原子核的質子轉換成中子、正子和微中子：

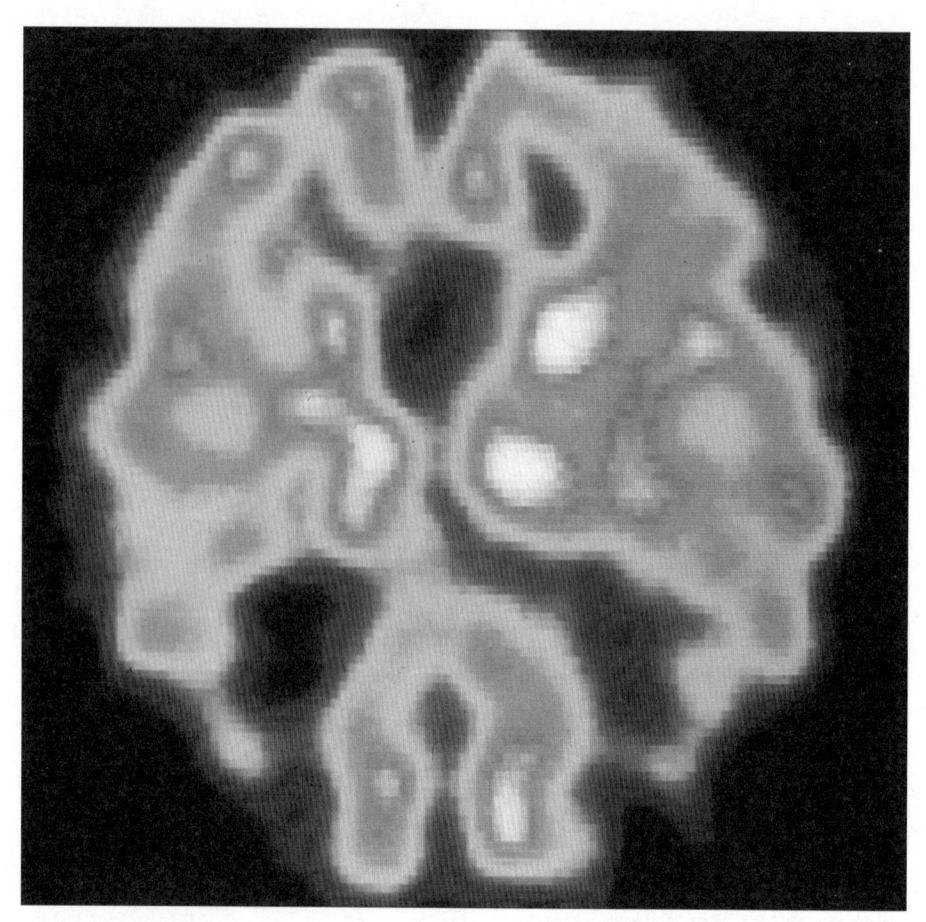

具有阿茲海默症病人的腦之正子放射斷層(PET)掃描圖形，顏色較淡的區域，代表新陳代謝的速率較高。在 PET 中，注入適當的正子放射放射性核素（此處為氧同位素 ^{15}O）且允許它們在病人的身體中循環。當一個正子遇到一個電子時，幾乎是在被釋放的同時，兩者就會滅絕。從伽瑪射線的產生對的方向來看，就可以發現滅絕的位置和放射原子核的位置。在這個方法中，可建立起數個毫米寬的放射性核素的濃度分布圖形。在正常的腦中，新陳代謝活性會在每個大腦半球中產生相似的PET圖形；此處不規則的掃描圖形指出了腦組織的變質。

正子放射
$$p \rightarrow n + e^+ + \nu \tag{12.16}$$

其中在原子外部的中子會產生負貝他衰變而變成質子（半衰期為 10 分 16 秒），因為其質量大於質子，較輕的質子不能轉換為中子，除非在原子核子中。正子放射導致了較低原子序 Z 的子原子核，而質量數 A 不會改變。

和正子放射密切相關的為電子捕捉(electron capture)。在電子捕捉中，原子核吸收其內層原子電子，使其原子核之質子變成中子且釋放出微中子：

電子捕捉
$$p + e^- \rightarrow n + \nu \tag{12.17}$$

通常被吸收的電子都來自於 K 殼,且當原子的外圍電子掉入空的態時會釋放出 x 射線光子,此光子的波長為子元素的特徵之一,而非母元素。過程可由上述原理來確認。

電子捕捉和正子放射會相互競爭,因為兩個過程會導致相同的核轉換,在重核素中電子捕捉比正子放射常發生,因為此核素中的電子比較接近原子核,故會增強交互作用,因為幾乎所有在自然界發現的不穩定原子核都具有高Z值,正子放射直到電子放射確立的幾十年後才被發現。

弱相互作用

使得核子聚集在一起形成原子核的原子核交互作用並不能解釋貝他衰變,故必定存在了另一個短範圍的基本相互作用:**弱相互作用**(weak interaction)。在物質的結構範圍內,弱相互作用的角色似乎被限制在對於穩定度來說不適當之中子／質子比例的原子核中的貝他衰變。這個交互作用也會影響不是原子核成員的基本粒子,且使得它們轉換為其他粒子。弱相互作用之名是源自於其他影響核子非常強的短距力,如原子核的高束縛能,證明重力交互作用在弱相互作用為影響因子的距離時比弱相互作用還弱。

因此四個基本交互作用明顯地足以決定整個真實宇宙的結構和行為,從原子到銀河系,以強度增加來排列,分別為重力、弱核力、電磁力和強核力,這些交互作用、它們之間的關聯性以及關於宇宙的起源和演化將在第 13 章中討論。

反貝他衰變

比較式(12.16)和式(12.17),我們看到原子核質子所導致的電子捕捉等效於質子的正子放射。相似地,反微中子的吸收也等效於微中子的放射,反之亦然,後者反應我們稱為**反貝他衰變**(inverse beta decay):

反貝他衰變

$$p + \bar{\nu} \to n + e^+ \quad (12.18a)$$
$$n + \nu \to p + e^- \quad (12.18b)$$

反貝他衰變的機率非常低,這也正是為何微中子和反微中子能夠通過巨大的物質,但這些機率不為 0。從 1953 年開始,雷尼斯(F. Reines)、科文(C. L. Cowan)和其他人從事一系列的實驗,從發生在核子反應爐中的貝他衰變來量測相當大量的微中子流(實際上為反微中子)。在溶液中包含鎘化合物的水槽補充和入射微中子產生交互作用的質子,環繞在水槽外圍的是伽瑪射線偵測器,在質子吸收微中子之後立刻產生一個正子和中子,如式(12.18a)所示,正子遇到電子且兩者都會滅絕。伽瑪射線偵測器可感應到等同於能量 0.51 MeV 的光子對,此時新產生的中子會移動

通過溶液，直到數微秒之後才被鎘原子核捕捉。這個較重且新的鎘原子核會釋放出 8 MeV 的激發能量分給三或四個光子，並且在正子－電子滅絕發生後的數微秒就被偵測器捕捉。理論上，這一系列被偵測器捕捉的光子是式(12.18a)的反應發生的信號，為避免任何不確定性，實驗進行時反應爐將持續地開和關，將可觀測到微中子捕捉事件的預期頻率變化，利用這樣的方式，可證明微中子假說的真實性。

12.6 伽瑪衰變
Gamma Decay

像一個受激原子，受激原子核可放射光子

原子核可存在於比其基態能量還高的態中，就如同原子一樣。一個受激的原子核以其常用符號後面加上星號來表示，如 $^{87}_{38}\text{Sr}^*$。受激原子核會藉由釋放光子而回到基態，光子所對應的能量為所牽涉到的躍遷中，初始態和最終態的能量差。原子核釋放的光子，其能量範圍可大至數 MeV，且傳統上稱為**伽瑪射線**(*gamma ray*)。

一個能階和衰變體系之間關係的簡單例子如圖 12.11 所示，圖中顯示出 $^{27}_{12}\text{Mg}$ 變成 $^{27}_{13}\text{Al}$ 之貝他衰變，衰變的半衰期為 9.5 分，且可能衰變為 $^{27}_{13}\text{Al}$ 的兩個受激態之一，而產生的 $^{27}_{13}\text{Al}^*$ 原子核會經過一個或兩個伽瑪射線而回到基態。

和伽瑪衰變不同的另一個方式，受激的原子核可能放棄受激能量至原子電子中而回到其基態，我們把這個稱為**內在轉換**(*internal conversion*)的過程視為一種光電效應，原子核光子被原子的電子所吸收，但在實驗上把內在轉換視為能量從原子核直接轉移給電子是比較好的，釋放的電子其能量等於損失的原子核受激能量減去電子在原子的束縛能。

大部分的受激原子核具有很短的半衰期以抵抗伽瑪衰變，但是很少原子核能夠在數小時內維持在受激態。將其類比為亞穩(metastable)原子態是很接近的。長命的受激原子核被稱為在基態之相同原子核的**同分異構體**(*isomer*)，受激原子核 $^{87}_{38}\text{Sr}^*$ 半衰期為 2.8 小時，因此為 $^{87}_{38}\text{Sr}$ 的同分異構體。

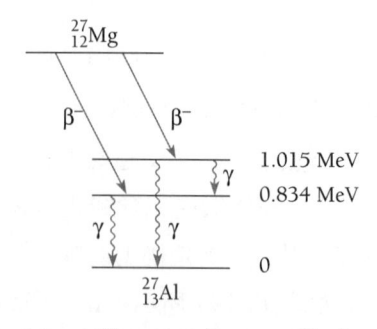

圖 12.11 在 $^{27}_{12}\text{Mg}$ 變成 $^{27}_{13}\text{Al}$ 經由 $^{27}_{13}\text{Al}^*$ 之貝他衰變中，連續的貝他和伽瑪放射。

12.7 截面積
Cross Section

測量特殊交互作用的可能性

大部分關於原子核的知識是來自於高能粒子轟擊碰撞靜止靶原子核的實驗，因此第4章的附錄中所提和拉塞福散射實驗有關之**截面積**(*cross section*)的觀念，即可方便地用來描述轟擊粒子和靶粒子交互作用的機率。

我們想像每個靶粒子相對於入射粒子有某一面積，稱為截面積，如圖12.12所示。任何被導入此面積的入射粒子會和靶粒子交互作用，因此截面積越大時，交互作用發生的可能性就越高。靶粒子的交互作用的截面積隨其牽涉到的過程性質和入射粒子能量改變，它可能比粒子的幾何截面積大或小。

假設我們有一個面積為 A、厚度為 dx 的材料薄板（圖12.13），如果材料每單位體積包含了 n 個原子，將有 $nA\,dx$ 個原子核在此板內，因為其體積為 $A\,dx$。對某些特別的交互作用來說，每個原子核之截面積為 σ，故在薄板中所有原子核的集合截

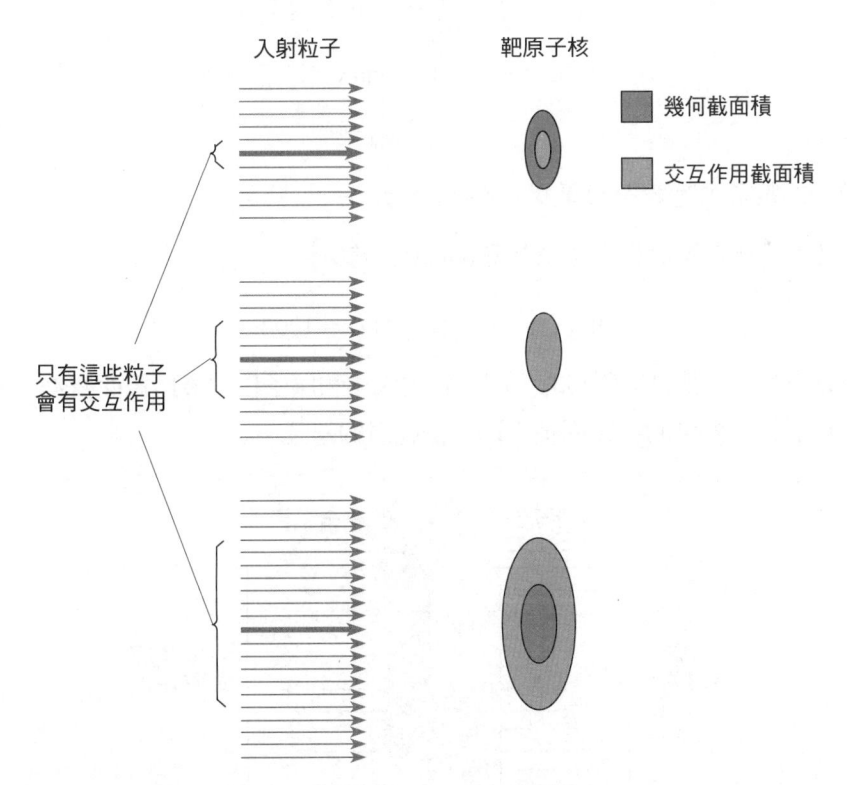

圖 12.12 截面積觀念的幾何解釋。交互作用截面積可能小於、等於或大於幾何截面積，原子核對於特定交互作用的截面積，表示特定粒子入射原子核所產生的交互作用發生機率的數學方法，此處所顯示的圖形僅為幫助理解的示意圖。

面積為 $nA\sigma\,dx$。如果在一道轟擊束中有 N 個入射粒子時，與薄板中的原子核產生交互作用的數目 dN 可表示為

$$\frac{\text{相互作用粒子}}{\text{入射粒子}} = \frac{\text{集合截面積}}{\text{靶面積}}$$

$$\frac{dN}{N} = \frac{nA\sigma\,dx}{A}$$

截面積 $\qquad\qquad\qquad\qquad = n\sigma\,dx \qquad\qquad\qquad (12.19)$

現在我們考慮相同的粒子束入射有限厚度 x 的薄板，如果每個粒子僅能作用一次，將會有 dN 個粒子被視為通過板子的第一個 dx 時從束中被移走，因此我們在式 (12.19) 中需要一個負號，變成

$$-\frac{dN}{N} = n\sigma\,dx$$

以 N_0 來表示入射粒子的初始數量，我們得到

$$\int_{N_0}^{N}\frac{dN}{N} = -n\sigma\int_{0}^{x}dx$$

$$\ln N - \ln N_0 = -n\sigma x$$

存活粒子 $\qquad\qquad\qquad N = N_0 e^{-n\sigma x} \qquad\qquad\qquad (12.20)$

存活粒子的數量 N 隨薄板的厚度 x 呈指數衰減。

一般的原子核截面積單位為**靶恩**(barn)，其中

$$1\text{ 靶恩} = 1\text{ b} = 10^{-28}\text{ m}^2 = 100\text{ fm}^2$$

雖然不是SI單位，靶恩是便利的，因為它的大小和原子核的幾何截面積差不多，其名稱來自於較為熟悉的靶截面積，即一個靶恩的邊長。

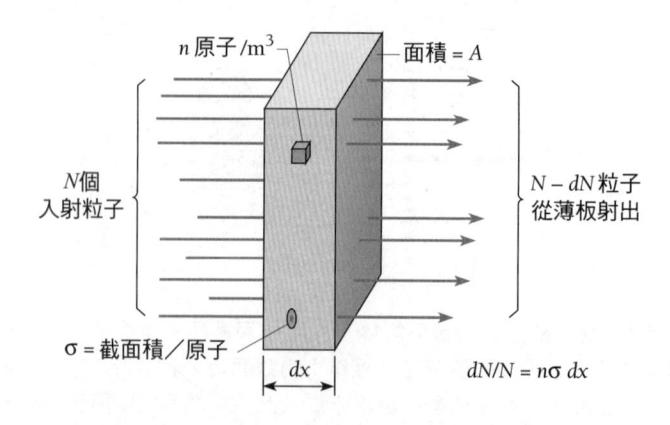

圖 12.13 截面積和束強度之關係。

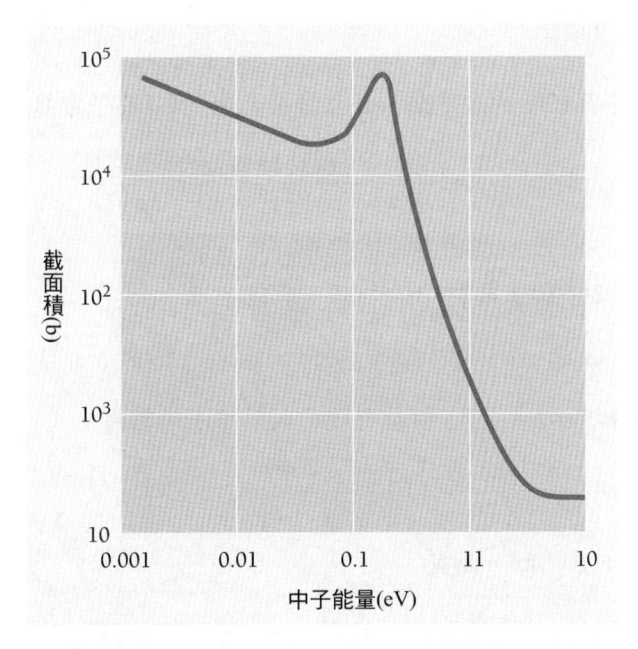

圖 12.14 反應 ^{113}Cd$(n, \gamma)^{114}$Cd 的截面積隨中子能量劇烈地變化，在此反應中，中子被吸收而放射出伽瑪射線。

大部分原子核反應的截面積和入射粒子的能量有關。圖12.14顯示出$^{113}_{48}$Cd的中子捕捉截面積隨中子能量變化，這個反應為中子吸收伴隨著伽瑪射線放射，且通常可簡寫為

$$^{113}\text{Cd}(n, \gamma)^{114}\text{Cd}$$

在 0.176 eV 的窄峰值為 ^{114}Cd 原子核中和受激態有關的共振效應。雖然 ^{113}Cd 同位素僅佔了天然鎘的12%，由於慢中子的捕捉截面積很大，使得鎘被廣泛應用在核子反應爐的控制桿中。

例 12.8

通過一物體且未在核子反應中被吸收的中子會遇到多次的彈性碰撞，部分中子動能在其路徑中傳遞給原子核。中子很快就會到達熱平衡狀態，熱平衡是指在後續碰撞中得到和失去能量的機會相同。在室溫時，**熱中子**(thermal neutron)所具有的平均能量為 $\frac{3}{2}kT = 0.04$ eV，且最可能的能量為 $kT = 0.025$ eV，後者通常被引用為此類中子的能量。

^{113}Cd 捕捉熱中子的截面積為 2×10^4 b，自然鎘的平均原子質量為 112 u，而其密度為 8.64 g/cm^3 = 8.64 × 10^3 kg/m^3，(a)入射熱中子束有多少部分被 0.1 mm 厚的鎘薄板吸收呢？(b)吸收 99% 的入射熱中子束需要多厚的鎘板呢？

解

(a) 因為 ^{113}Cd 組成了 12% 的自然鎘，每立方公尺中 ^{113}Cd 原子數目為

$$n = (0.12)\left[\frac{8.64 \times 10^3 \text{ kg/m}^3}{(112 \text{ u/atom})(1.66 \times 10^{-27} \text{ kg/u})}\right]$$

$$= 5.58 \times 10^{27} \text{ atoms/m}^3$$

捕捉截面積為 $\sigma = 2 \times 10^4 \text{ b} = 2 \times 10^{-24} \text{ m}^2$，所以

$$n\sigma = (5.58 \times 10^{27} \text{ m}^{-3})(2 \times 10^{-24} \text{ m}^2) = 1.12 \times 10^4 \text{ m}^{-1}$$

從式(12.20)中得知 $N = N_0 e^{-n\sigma x}$，所被吸收的入射中子比例為

$$\frac{N_0 - N}{N_0} = \frac{N_0 - N_0 e^{-n\sigma x}}{N_0} = 1 - e^{-n\sigma x}$$

因為 $x = 0.1$ mm $= 10^{-4}$ m，此處

$$\frac{N_0 - N}{N_0} = 1 - e^{(-1.12 \times 10^4 \text{ m}^{-1})(10^{-4} \text{ m})} = 0.67$$

故有三分之二的入射中子被吸收。

(b) 因為我們知道 1% 的入射中子通過鎘板，$N = 0.01 N_0$ 且

$$\frac{N}{N_0} = 0.01 = e^{-n\sigma x}$$

$$\ln 0.01 = -n\sigma x$$

$$x = \frac{-\ln 0.01}{n\sigma} = \frac{-\ln 0.01}{1.12 \times 10^4 \text{ m}^{-1}} = 4.1 \times 10^{-4} \text{ m} = 0.41 \text{ mm}$$

很明顯地，鎘為熱中子的有效吸收子。

材料中的粒子之平均自由路徑 λ 為其在材料中產生交互作用之前所能行進的平均距離，因為 $e^{-n\sigma x} dx$ 為粒子在距離 x 的間隔 dx 中產生交互作用的機率，藉由和 5.4 節中相同的推理，我們得到

平均自由路徑
$$\lambda = \frac{\int_0^\infty x e^{-n\sigma x} dx}{\int_0^\infty e^{-n\sigma x} dx} = \frac{1}{n\sigma} \tag{12.21}$$

例 12.9

求出在 ^{113}Cd 中熱中子的平均自由路徑。

解

因為此處 $n\sigma = 1.12 \times 10^4 \text{ m}^{-1}$，平均自由路徑為

$$\lambda = \frac{1}{n\sigma} = \frac{1}{1.12 \times 10^4 \text{ m}^{-1}} = 8.93 \times 10^{-5} \text{ m} = 0.0893 \text{ mm}$$

慢中子截面積

雖然中子僅在通過短距離的原子核力時才會和原子核產生交互作用,慢中子的反應截面積遠大於原子核的幾何截面積。例如,^{113}Cd 的幾何截面積為 1.06 b,但它的熱中子捕捉的截面積為 20,000 b。

當我們回憶運動中子的波性質時,這樣的差異會變得較不奇怪,中子越慢時,德布羅依波長 λ 越長,而我們認為它的散開空間區域也越大。而波長小於靶原子核半徑 R 的快中子在和原子核作用時,其行為和粒子相似,因此截面積大約為幾何截面積 πR^2。能量較小之中子其行為比較像作用面積較大的波包。雖然在後面這種情形截面積為 $\pi\lambda^2$(對熱中子而言超過 10^7 b)的慢中子較少見,但我們常見的慢中子具作用的核子反應截面積皆遠超過 πR^2。

反應速率

當我們知道由入射粒子束產生的核子反應截面積時,我們可以找到在已知靶材料的樣本中,反應發生的速率為 $\Delta N/\Delta t$,讓我們考慮薄板面積為 A,厚度為 x 含有 n 原子 /m^3 的樣本,粒子束以垂直入射薄板的一面,從式(12.20)得知

$$\frac{\Delta N}{\Delta t} = \frac{N_0 - N}{\Delta t} = \frac{N_0}{\Delta t}(1 - e^{-n\sigma x})$$

如果板夠薄,使得沒有原子核截面積和任何其他截面重疊時,$n\sigma x \ll 1$,因為在此狀況中,對 $y \ll 1$ 而言,$e^{-y} = 1 - y$

$$\frac{\Delta N}{\Delta t} = \left(\frac{N_0}{\Delta t}\right) n\sigma x$$

粒子束通量 Φ 為每單位時間單位面積之入射粒子數目,故 $\Phi A = N_0/\Delta t$ 為每單位時間的數目,因為 Ax 為樣本的體積,故原子的總數量為 $n' = nAx$,因此反應速率為

反應速率 $$\frac{\Delta N}{\Delta t} = (\Phi A)(n\sigma x) = \Phi n'\sigma \qquad (12.22)$$

例 12.10

自然界的金完全由其同位素 $^{197}_{79}$Au 所組成,其熱中子捕捉的截面積為 99 b,當 $^{197}_{79}$Au 吸收一個中子時,會變成半衰期為 2.69 天的貝他放射性同位素 $^{197}_{79}$Au。為了使 10.0 mg 的金箔產生 200 μCi 的活性,需要將其曝露在 2.00×10^{16} 中子／m^2·s 的通量多久呢?假設輻射週期遠比 $^{197}_{79}$Au 的半衰期還短,使得在輻照發生期間所產生的衰變可忽略不計。

解

$^{198}_{79}$Au 的衰變常數為

$$\lambda = \frac{0.693}{(2.69 \text{ d})(86{,}400 \text{ s/d})} = 2.98 \times 10^6 \text{ s}^{-1}$$

要求的活性 $R = \Delta N \lambda = 200 \ \mu\text{Ci} = 2.00 \times 10^{-4}$ Ci，意指 $^{198}_{79}$Au 原子的數量必定為

$$\Delta N = \frac{R}{\lambda} = \frac{(2.00 \times 10^{-4} \text{ Ci})(3.70 \times 10^{10} \text{ s}^{-1}/\text{Ci})}{2.98 \times 10^6 \text{ s}^{-1}} = 2.48 \times 10^{12} \text{ atoms}$$

10.0 mg $^{197}_{79}$Au 中的原子數目為

$$n' = \frac{1.00 \times 10^{-5} \text{ kg}}{(197 \text{ u/atom})(1.66 \times 10^{-27} \text{ kg/u})} = 3.06 \times 10^{19} \text{ atoms}$$

從式(12.22)中我們發現

$$\Delta t = \frac{N}{\Phi n' \sigma} = \frac{2.48 \times 10^{12} \text{ atoms}}{(2.00 \times 10^{16} \text{ neutrons/m}^2 \cdot \text{s})(3.06 \times 10^{24} \text{ atoms})(99 \times 10^{-28} \text{ m}^2)}$$
$$= 409 \text{ s} = 6 \text{ min } 49 \text{ s}$$

我們假設了 $\Delta t \ll T_{1/2}$。

12.8 核子反應
Nuclear Reactions

在許多情況，先產生一個複核

當兩個原子核靠近時，會發生**核子反應**(*nuclear reaction*)並形成新的原子核，原子核帶正電而且其間的排斥使其超過能發生交互作用的距離，除非它們能快速地移動。在太陽和其他星球中，內部溫度高至絕對溫度數百萬度，許多原子核都具有足夠高的速度，故能不停地產生反應。的確，該反應能提供維持溫度的能量。

在實驗室中，產生小規模的核反應是很容易的，可利用放射性核素的阿爾法粒子或質子，或是以不同方式加速的較重原子核。但是目前在地球上只有一種核反應被證實為有效能量的來源，亦即中子撞擊某原子核時所產生的分裂反應。

許多核反應牽涉了兩個分離的階段，在第一個階段中入射粒子撞擊靶原子核且互相結合為新的原子核，稱為**複核**(*compound nucleus*)，其原子序和質量數分別為其原來粒子的原子序和與質量數的和。此觀念於 1936 年時由波耳首度提出。

複核並不會記得它是如何形成的，因為它的核子混合在一起而不論其來源，且入射粒子帶來的能量被所有粒子分享，因此已知複核可以不同方式形成。為說明此

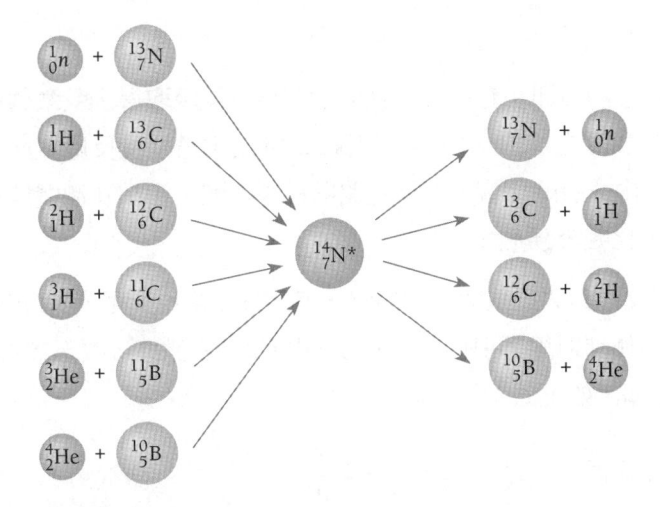

圖 12.15 六個產物為複核 $^{14}_{7}N^*$ 的核反應，和如果受激能量為 12 MeV 時，$^{14}_{7}N^*$ 有四種衰變方式。如果受激能量較大時，會出現其他的衰變方式；如果能量較小時，則衰變方式也比較少。除此之外，$^{14}_{7}N^*$ 僅可藉由放射一個或更多伽瑪射線來減少其激發能量。

觀念，圖12.15顯示了六種反應其產物為複核 $^{14}_{7}N^*$（星號代表受激態，複核通常會被入射粒子所激發，其能量至少是入射粒子的束縛能）。複核的生命期約為 10^{-16} s 左右，雖然允許我們直接觀察此原子核的時間太短，但是此生命期相對於 10^{-21} s 或是需要通過原子核的數 MeV 能量粒子來說卻是很長的。

一已知複核可能以一種或多種方式衰變，和其激發能量有關，因此具有 12 MeV 受激能量之 $^{14}_{7}N^*$ 可以圖12.15中所示之四種方法的任意一種方式衰變。$^{14}_{7}N^*$ 也可僅放射一個或更多的伽瑪射線，總能量為 12 MeV。然而，它不能藉由釋放氚核($^{3}_{1}H$)或氦－3($^{3}_{2}He$)粒子衰變，因為它並不具有足以釋放它們的能量。通常一特定衰變模式較傾向於特定受激態中的複核。

基於11.5節中所描述的液滴原子核的模型，複核的形成和衰變有一個有趣的解釋。以此模型表示，一個受激原子核和熱液滴相似，放射粒子的束縛能等同於液體分子的蒸發熱，此液滴最後會蒸發一個或多個分子，因此會冷卻。當液滴中的能量分布之隨機變動使得特別的分子具有足以脫離的能量時，便會蒸發。相似地，一個複核持續處於受激態中，直到特別的核子或核子群恰好得到足夠的受激能量便可以離開原子核，複核的形成和衰變之間的時間間隔和此狀況非常吻合。

共振

關於原子核受激態的資訊可藉由放射性衰變和核子反應取得，受激態可藉特定反應由截面積對能量曲線之峰值來偵測，如圖 12.14 之中子捕捉反應。此峰值稱為**共振** (*resonance*)，藉由一般的聲音或交流電路共振來比較，複核在激發能量恰好匹配其能階之一時，會比較容易形成。

圖 12.14 之反應其共振位於 0.176 eV，其寬度（在一半極大）為 $\Gamma = 0.115$ eV，此共振對應於由伽瑪射線輻射而產生衰變之 ^{114}Cd 之受激態，受激態的平均生命期 τ 和其階寬度 Γ 有關，如下式

受激態的平均生命期 $$\tau = \frac{\hbar}{\Gamma} \tag{12.23}$$

此結果和測不準原理 $\Delta E\,\Delta t \geq \hbar/2$ 一致，如果將 Γ 和態中受激能量的測不準量 ΔE，以及 τ 和態衰變時間中的測不準量 Δt 相關連時。在上面的反應中，階寬度為 0.115 eV，即表示複核的平均生命期為

$$\tau = \frac{1.054 \times 10^{-34}\,\text{J}\cdot\text{s}}{(0.115\,\text{eV})(1.60 \times 10^{-19}\,\text{J/eV})} = 5.73 \times 1^{-15}\,\text{s}$$

質心座標系統

當運動的核子或原子核撞擊靜止的粒子時，實驗室中大部分的原子核反應會發生。當我們使用隨碰撞粒子質心移動之座標系統時，分析此反應可以簡化。

對一個位於質心的觀察者而言，粒子具有大小相等但方向相反的動量（圖 12.16），因此如果一個質量為 m_A 且速度為 v 的粒子接近一個在實驗室的觀察者所視質量為 m_B 的靜止粒子時，質心的速度 V 被定義為

$$m_A(v - V) = m_B V$$

所以

質心速度 $$V = \left(\frac{m_A}{m_A + m_B}\right)v \tag{12.24}$$

在大部分的核反應中，$v \ll c$，所以非相對論性的假設就足夠了。

在實驗室系統中，總動能即為入射粒子的總動能

實驗室系統的動能 $$\text{KE}_\text{lab} = \tfrac{1}{2}m_A v^2 \tag{12.25}$$

12.8 核子反應

圖中：

(a) 碰撞前，實驗室座標系統中的運動

(b) 碰撞前，質心座標系統中的運動

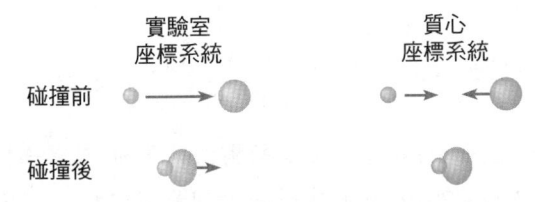

(c) 實驗室座標系統和質心座標系統所視之完全非彈性碰撞

圖 12.16 實驗室和質心座標系統。

在質心系統中，兩個粒子都在運動，則其總動能為

$$\begin{aligned} KE_{cm} &= \tfrac{1}{2}m_A(v-V)^2 + \tfrac{1}{2}m_B V^2 \\ &= \tfrac{1}{2}m_A v^2 - \tfrac{1}{2}(m_A + m_B)V^2 \\ &= KE_{lab} - \tfrac{1}{2}(m_A + m_B)V^2 \end{aligned}$$

質心系統的動能
$$KE_{cm} = \left(\frac{m_B}{m_A + m_B}\right) KE_{lab} \tag{12.26}$$

粒子相對於質心的總動能，為其在實驗室系統中的總動能減去運動質心的動能 $\tfrac{1}{2}(m_A + m_B)V^2$。因此我們認為 KE_{cm} 為粒子相對運動的動能。當粒子碰撞時，雖然動量仍然守恆，但可被轉換為產物複核的受激能量的極大動能為 KE_{cm}，恆小於 KE_{lab}。

核子反應的 **Q 值**（Q value）

$$A + B \to C + D$$

可定義為 A 和 B 的靜止能量減去 C 和 D 的靜止能量：

核子反應的 Q 值
$$Q = (m_A + m_B - m_C - m_D)c^2 \tag{12.27}$$

如果 Q 為正時，會釋放能量，如果 Q 為負時，質心系統中的足夠動能 KE_{cm} 必須由反應粒子提供，使得 $KE_{cm} + Q \geq 0$。

例 12.11

求出在實驗室系統中阿爾法粒子產生 $^{14}N(\alpha, p)^{17}O$ 反應的極小動能，^{14}N, ^4He, ^1H 和 ^{17}O 的質量分別為 14.00307 u, 4.00260 u, 1.00783 u 和 16.99913 u。

解

因為質量為原子質量單位，以相同的單位求出反應物和產物之間質量的差是最容易的，並且乘上 931.5 MeV/u，因此我們得到

$$Q = (14.00307 \text{ u} + 4.00260 \text{ u} - 1.00783 \text{ u} - 16.99913 \text{ u})(931.5 \text{ MeV/u}) = -1.20 \text{ MeV}$$

因此為了讓反應發生，質心系中的極小動能 KE_{cm} 必須為 1.20 MeV，把式(12.26)中的阿爾法粒子視為 A

$$\text{KE}_{lab} = \left(\frac{m_A + m_B}{m_B}\right)\text{KE}_{cm} = \left(\frac{4.00260 + 14.00307}{14.00307}\right)(1.20 \text{ MeV}) = 1.54 \text{ MeV}$$

此反應的截面積則是另外一件事情，因為阿爾法粒子和 ^{14}N 原子核帶正電，故會互相電性排斥，當 KE_{cm} 超過 1.20 MeV 的臨限時，則截面積越大，且反應越容易發生。

12.9 核子分裂
Nuclear Fission
分裂與克服

我們在11.4節中所看到的是，如果我們打破一個大原子核使其成為較小的時，便會釋放出大量的束縛能，但是原子核一般是不容易被分開的，我們所要求的是不能用比我們從反應過程中所能得到還多的能量來打破重的原子核。

答案在1938年時被梅特納(Lise Meitner)找出，她認為鈾同位素 $^{235}_{92}$U 的原子核被中子撞擊時會產生分裂，但並不是中子的撞擊有此效應。相反地 $^{235}_{92}$U 原子核吸收中子而變成 $^{235}_{92}$U 原子核，新產生的原子核很不穩定，故幾乎馬上會分裂成兩半（圖12.17），而後一些重原子核也被發現是可分裂的，由中子透過相似的過程。

核分裂可利用原子核的液滴模型來理解（11.5節），當一個液滴被適當地激發時，它可能會以許多形式振盪，其中一個簡單的形式為圖12.18中所示：液滴會依序變成扁長橢球、球、扁圓球、球、再變為扁長橢球，依此類推。表面張力的恢復力總是可以使得液滴變回球狀，而移動液滴的慣性使其會超出球形而變成另一極端的扭曲形狀。

原子核具有表面張力，故在受激態時會像液滴一樣振動，由於質子交互排斥的關係，原子核本身也會遭到將其分離的力量。當原子核從球狀開始扭曲時，短距離的表面張力恢復力必須克服長距離的排斥力，以及原子核物質的慣性，如果扭曲程度小時，表面張力即可達到此目的，且原子核會來回振盪直到藉由放射伽瑪射線已消耗其能量為止。然而，如果扭曲程度太大時，表面張力不能將分隔很遠的質子群拉回，且原子核會分裂成兩個部分，圖12.19為分裂的示意圖。

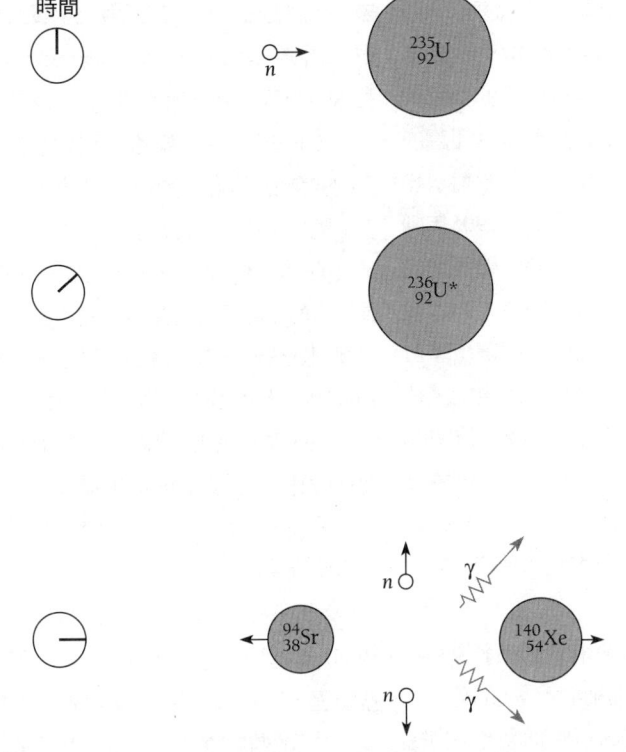

圖 12.17 在核分裂中，被吸收的中子使得重的原子核分裂為兩個部分，在此過程中會釋放出幾個中子和伽瑪射線，圖中所示之較小的原子核為典型的 $^{235}_{92}$U 分裂所產生的原子核，且都具有放射性。

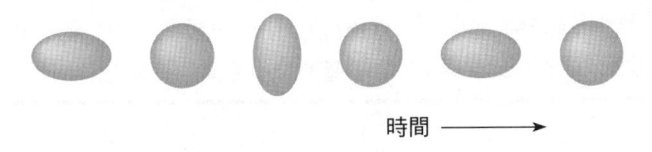

圖 12.18 液滴的振盪。

圖 12.19 以液滴模型描述核分裂。

　　從核分裂而來的新原子核稱為**分裂碎片**(*fission fragment*)，分裂碎片的大小通常都不相同（圖12.20），因為重原子核比輕原子核具有較大的中子／質子比，碎片可包含過多的中子。為減少過多的中子，碎片在其形成的瞬間釋放二或三個中子，且隨後的貝他衰變將中子／質子比引導至穩定值，一個典型的分裂反應為

$$^{235}_{92}\text{U} + ^{1}_{0}n \rightarrow ^{236}_{92}\text{U}^* \rightarrow ^{140}_{54}\text{Xe} + ^{94}_{38}\text{Sr} + ^{1}_{0}n + ^{1}_{0}n$$

如圖 12.17 所示。

里斯‧梅特納（Lise Meitner, 1878-1968)為維也納律師的女兒，當她讀到居里和鐳的故事時，開始對科學產生興趣。1905年她於維也納大學獲得物理博士學位，為該校第二個獲得博士學位的女性。然後她前往柏林和化學家韓(Otto Hahn)研究放射性，他們的上司拒絕女性加入他的實驗室，所以他們在一家木匠店展開他們的研究，十年後她成為教授並擔任系主任，且和韓共同發現了新的元素——鏷(protactinium)。

1930年代時，義大利物理學家費米(Fermi)發現利用中子轟擊重元素可產生其他元素，在鈾中所發生的情況特別令人迷惑，而梅特納和韓試圖重複她們的實驗來得到結果。在德國屠殺猶太人的時期，身為猶太裔的梅特納因其具有奧地利公民身份，才得以倖免於難，1938年時德國侵占奧地利，而梅特納流亡到瑞典，但仍然和韓以及她們的一位年輕同事史翠斯曼(Fritz Strassmann)保持連絡，韓和史翠斯曼最後推論出中子和鈾交互作用產生鐳，但是梅特納的計算顯示這是不可能的，且她鼓勵他們兩人堅持下去。他們的確堅持下去且發現事實上會產生較輕的元素鋇，梅特納猜測中子使得鈾原子核分裂，且和她的姪子傅利屈(Otto Frisch)發展出今日的分裂理論。

1939年1月時，韓和史翠斯曼在德國期刊中發表了分裂的發現，因為梅特納為猶太人，他們認為把她的名字從論文中拿掉是比較安全的。而梅特納和傅利屈則在英文期刊中發表他們對於分裂的研究成果，但是已經太遲了：韓不顧廉恥地要得到完全的榮譽，並且在後來皆未感謝她任何一次，韓因發現分裂而獨自獲得了諾貝爾物理獎，不幸的是，梅特納並沒有活到正義伸張的時候，原子序109的元素為了紀念她命名為meitnerium，而被暫時命名為hahnium的原子序105元素在1997年時被更名為dubnium，紀念俄羅斯位於杜那(Dubna)的原子核研究中心。

二次世界大戰之前，波耳將分裂發現的消息於1939年帶回了美國，而其軍事上可能的發展性馬上就被驗證，因為預期德國物理學家很快就會推得相同結論，並且會開始製作原子彈，故美國開始認真地研究此計畫。1945年德國已經投降時，此計畫也成功地製作出原子彈，並且在日本的廣島與長崎投下兩枚原子彈，也因此終結了第二次世界大戰。後來我們知道德國的原子彈研究並沒有許多成果，而不久之後，蘇聯、英國和法國發展出核子武器，隨後中國、以色列、南非、印度和巴基斯坦也接連地發展出來。

當重原子核具有足夠的激發能量（5 MeV 或更多時）而劇烈地振盪時，將會產生分裂，少數的原子核，如^{235}U可僅吸收一個多餘的中子就能分裂為二。其他的原子核，著名的^{238}U（佔了自然界鈾的99.3%，其他為^{235}U）吸收別的中子時，需要比束縛能更多的激發能量，此原子核藉由動能超過大約1 MeV的快速中子的反應而產生分裂。

分裂可發生在原子核中被不是中子捕捉的方法激發之後，如被伽瑪射線和質子轟擊，一些核素本身的不穩定會產生自發的分裂，但在發生前，它們更有可能遇到阿爾法衰變。

原子核分裂的一個令人吃驚之處為其釋放能量的大小，如同我們先前所看到的，大約為200 MeV，對於單一原子事件這是非常大的能量，每個化學反應中僅僅釋放出幾個電子伏特的能量。大部分由分裂釋放的能量會變為分裂碎片的動能，在

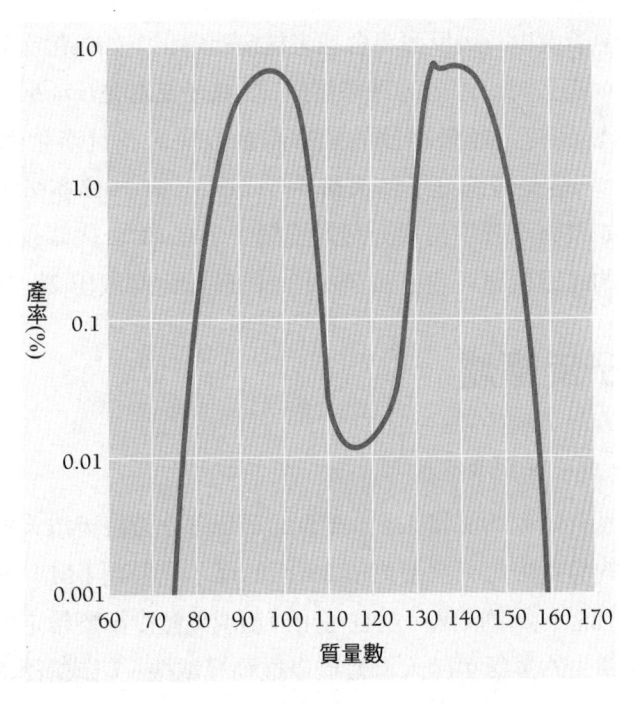

圖 12.20 從 $^{235}_{92}$U 分裂而得碎片中的質量數分布。

^{235}U 的分裂中，大約 83% 的能量變為碎片的動能，大約 2.5% 變為中子動能，大約 3.5% 轉為立即放射之伽瑪射線，剩下的 11% 則在稍後分裂碎片的貝他和伽瑪射線衰變中逐漸釋放出來。

在核分裂發現出來後不久，因為分裂會釋放中子，故一個自我維持的分裂序列應該是可能的（圖 12.21）。在可分裂的材料中發生**連鎖反應**(*chain reaction*)的條件很簡單：即在每次分裂中，平均而言，至少一個中子必須產生，造成另一次分裂，

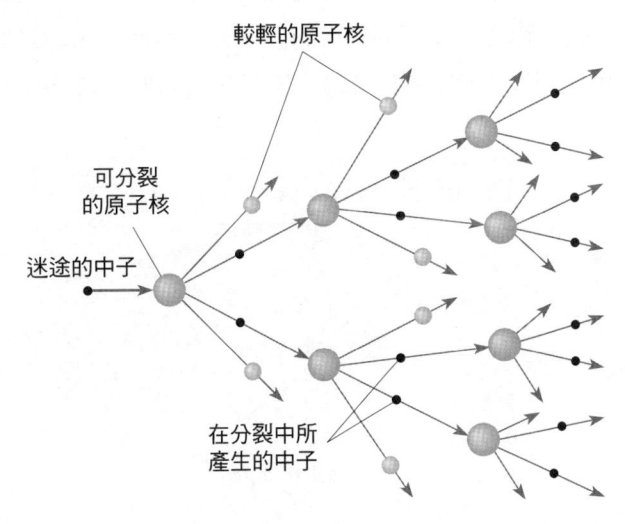

圖 12.21 連鎖反應示意圖。如果平均每次分裂事件有一個中子至少產生另一次分裂事件時，反應即可自行維持。如果平均每次超過一個中子產生分裂時，反應是爆炸的。

如果產生分裂的中子太少時，反應將會越來越慢而停止；如果每次只有一個中子產生另一次分裂時，能量將以固定的速率釋放（如**核子反應爐**(nuclear reactor)），而如果分裂的頻率變高時，能量釋放的速率將會很快，並且產生爆炸（如**原子彈**(atomic bomb)）。這些情況分別為**次臨界**(subcritical)、**臨界**(critical)和**超臨界**(supercritical)，如果原子彈中每次分裂的兩個中子在 10^{-8} s 內產生後續的分裂時，以單一分裂開始的連鎖反應將會在少於 10^{-6} s 的時間內釋放出 2×10^{13} J 的能量。

12.10 核子反應爐
Nuclear Reactors

$E_0 = mc^2 + \$\$\$$

核子反應爐為非常有效率的能量來源：1 克的 ^{235}U 核分裂每天以大約 1 MW 的功率釋放能量，傳統的發電廠每天需要燃燒 2.6 噸的煤才能得到 1 MW 的功率。在核子反應爐中所釋放的能量會變成熱，並且可用液體或氣體冷卻劑帶走，而熱的冷卻劑可用來燒水，所產生的蒸氣可饋入渦輪機以推動發電機、船或潛水艇。

在 ^{235}U 中的每次分裂釋放了平均約 2.5 個中子，為了使自維持連鎖反應發生，每次分裂損失不得超過 1.5 個中子。然而，天然鈾只含有 0.7% 的可分裂同位素 ^{235}U，豐富的 ^{238}U 容易捕捉到快速中子，但通常也不會產生分裂。在分裂發生時，^{238}U 對於捕捉慢中子的截面積很小，而 ^{235}U 慢中子引起的分裂的截面積非常大，為天大的 582 靶恩，因此將分裂所釋放的快速中子減慢，可預防 ^{238}U 無生產的吸收，且同時可促進 ^{235}U 的繼續分裂反應。

為使分裂的中子減慢，需將**調變器**(moderator)加入鈾的反應爐中，調變器中的原子核吸收碰撞中的快速中子的能量而不會捕捉中子，雖然在一個彈性碰撞的運動中，運動體損失的能量和交互作用的細節有關。但一般而言，能量的轉換在參與物質的質量相同時可達到極大值（圖 12.22）。質量差越多時，減慢中子碰撞所需的次

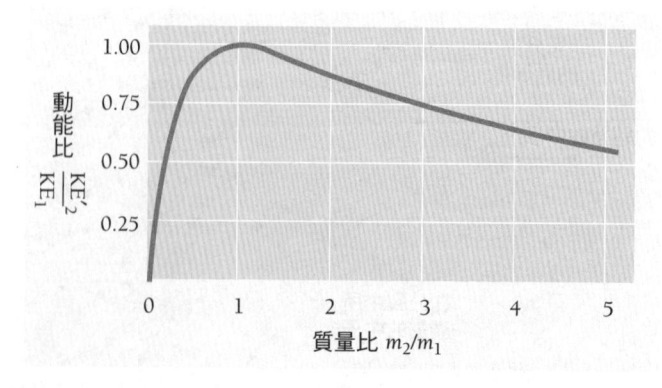

圖 12.22 質量 m_1 之運動物體和質量 m_2 之靜止物體之間彈性迎頭碰撞的能量轉移（見習題 59）。

12.10 核子反應爐   **12-39**

安立可‧費米(Enrico Fermi, 1901-1954)生於羅馬且在比薩得到他的博士學位。在哥廷根和萊頓跟隨幾位新量子力學的大師之後,費米回到義大利。於1926年在羅馬大學時研究遵守包利不相容原理的粒子統計力學,如電子,此結果被稱為費米－迪拉克統計,因為迪拉克(Dirac)在稍後獨立得到這個結論。1933年時,費米引進弱相互作用的觀念並且利用包利的微中子(費米所稱呼的名稱)來研究解釋電子能量光譜分布形式和衰變半衰期的貝他衰變理論。

在1930年代後期,費米和實驗工作伙伴進行一連串以中子轟擊不同元素來產生放射性核素的實驗;他們發現慢中子特別有效率。有些結果似乎可推論出形成超鈾元素。事實上,正如同梅特納和韓在稍後發現的核分裂。1938年時費米因為這項成就獲頒諾貝爾獎,但是相反地他沒有回到墨索里尼的法西斯義大利社會,他來到了美國。身為原子彈計畫的成員之一,費米於芝加哥大學主導設計和建造第一個核子反應爐,並且在1942年12月開始運轉,亦即分裂發現的四年後。在戰後,費米移到另一個研究領域,高能粒子物理,並且做出了許多重大的貢獻。費米於1954年因癌症而去世,他是當代少數的實驗及理論物理學家,在他去世那年發現的原子序100元素,便是以他的名字命名為鐽。

數也越多,而被^{238}U原子核捕捉的危險時間也變長。今日大部分的商業用反應爐皆使用輕水做為調變器和冷卻劑,每個水分子包含了兩個氫原子,其質子原子核質量幾乎和中子相等,故輕水為一有效率的調變器。

放入北卡羅萊納州康奈利的威廉‧麥克古爾核子動力發電廠1,129 MW反應爐中的燃料棒正在裝到反應爐芯。

不幸的是，在 $^1\text{H}(n, \gamma)^2\text{H}$ 反應中，質子傾向捕捉中子而結合成氘，因此輕水反應爐不能使用天然鈾做為燃料，而需要含量增加到3% ^{235}U 的鈾，**高濃度鈾**(*enriched uranium*)可以許多方式產生，一開始所有高濃度鈾都由氣相擴散來產生，利用六氟化鈾(UF_6)氣體通過約2000個連續的可滲透障礙物。$^{235}\text{UF}_6$ 分子比 $^{238}\text{UF}_6$ 較不可能擴散過每個障礙物，因為其質量較小。最近較常使用高速氣體離心機來分離，但仍有其他方法可以使用。

水調變的反應爐的燃料係由封裝在長而薄管的氧化鈾(UO_2)顆粒所組成，鎘或硼的控制桿為慢中子的良好吸收器，可滑入或滑出反應爐核心中以調整連鎖反應的速率。在大部分的一般反應爐中，環繞核心燃料的水約維持在155大氣壓的高壓下以防止沸騰，而做為調變器和冷卻劑的水則通過一個熱交換器以產生可驅動渦輪的蒸氣（圖 12.23）。此反應爐可能包含 90 噸的 UO_2 且在 3400 MW 下運轉以產生 1100 MW 的電力，反應爐燃料僅需（每隔幾年）在 ^{235}U 含量用盡時更換即可。

滋生反應爐

一些不可分裂的核素可藉由吸收中子轉變為可分裂核素，一個著名的例子為 ^{238}U，當它捕捉到一個快中子時會變為 ^{239}U，這個鈾同位素藉著貝他衰變半衰期24分而變為錼元素同位素 $^{239}_{93}\text{Np}$，也具有貝他活性。^{239}Np 的衰變半衰期為2.3天，且會發生阿爾法衰變成半衰期為24,000年的鈽同位素 $^{239}_{94}\text{Pu}$。完整的順序如圖12.24所示，錼和鈽都為**超鈾元素**(*transuranic elements*)，即使它們曾經於45億年前存在於地球上，因為半衰期太短而無法被發現。

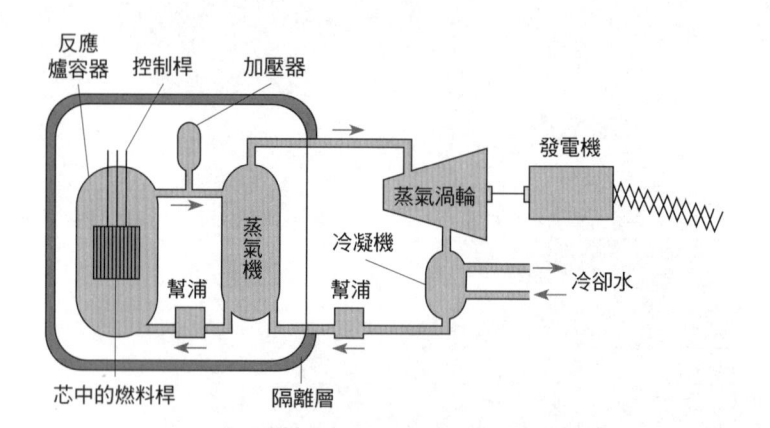

圖 12.23 太多一般型核子動力發電廠的基本設計。加壓水為調變器和冷卻劑，且經由連鎖反應將核心中燃料桿的熱傳給蒸氣產生器。所產生的蒸氣會被導入可驅動發電機的渦輪中，並作為預防反應爐外意外事故的隔離層。在一典型的電廠中，反應爐容器高為 13.5 m 而直徑為 4.4 m，重約385噸，它包含了約90噸的氧化鈾，並分裝成50,952根燃料桿，每根長3.85 m，直徑為9.5 mm。一般和渦輪產生器一樣，使用四個蒸氣機，而非圖中的一個。

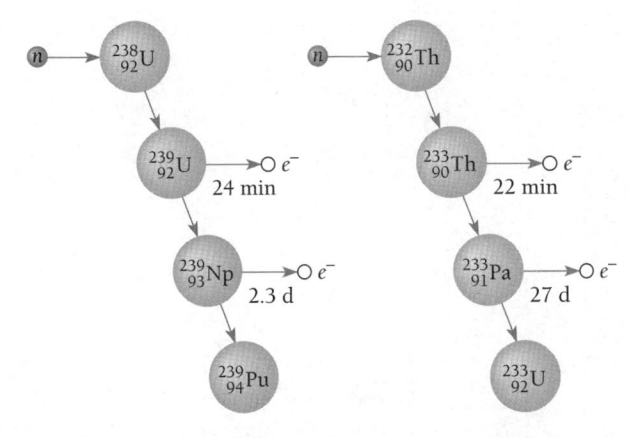

圖 12.24　^{238}U 和 ^{232}Th 為「豐富」的核素。兩者在吸收中子後並且遭遇到兩次貝他衰變會變成可分裂核素，這些轉換為滋生反應爐的基礎，且以 ^{239}Pu 和 ^{233}U 的形式產生比 ^{235}U 還多的燃料。

　　鈽同位素^{239}Pu為可分裂的且可被用做反應爐燃料和武器，鈽和鈾在化性上有所不同，而且它從經過中子輻照後剩下的^{238}U 分裂出來，比從含量豐富的天然鈾^{235}U 的分裂還容易實現。

　　滋生反應爐(*breeder reactor*)被特別設計用來產生比其損耗的^{235}U還多的鈽。因為除非^{238}U 比可分裂的^{235}U 含量多 140 倍，廣泛地使用滋生反應爐，意謂著鈾的已知儲存量可供燃料反應爐繼續使用幾個世紀。因為鈽也可被做為核子武器（不像被用做一般反應爐燃料的稍高濃度鈾），滋生反應爐的廣泛使用會使得核子武器的控制複雜化，今日有許多滋生反應爐正在運轉中，且全部都不在美國境內。它們已被證實為非常昂貴且具有嚴重的運作問題。

　　事實上，鈽已經成為一個重要的核子燃料，在一般反應爐中三年燃料使用過後需置換燃料棒。從^{238}U 產生許多鈽，在^{239}Pu 發生的分裂比在^{235}U 還多。

核子世界？

在 1951年時核能電廠產生的電力首次出現在愛達荷州，今日在26個國家中超過 400 個反應爐產生約 200,000 MW 的電力——等效於每天一千萬桶的石油。法國、比利時和台灣從反應爐中獲取其所需一半以上的能量，而其他國家也緊跟在後（圖12.25）。而在美國，核能占了全部生產電力的21%，比世界平均稍微高了一些，在 31 個州中有 103 個反應爐，雖然核子科技全面成功，但自從1979年來以後，美國境內就沒有興建新的核能電廠的計畫了，為何呢？

　　在1979年3月時，冷卻系統的失效使得賓州夕法尼亞三哩島(Three Mile Island)的其中一個反應爐故障，並且漏出一些放射性物質，雖然核子反應爐不會像原子彈

图表數據（圖 12.25）：

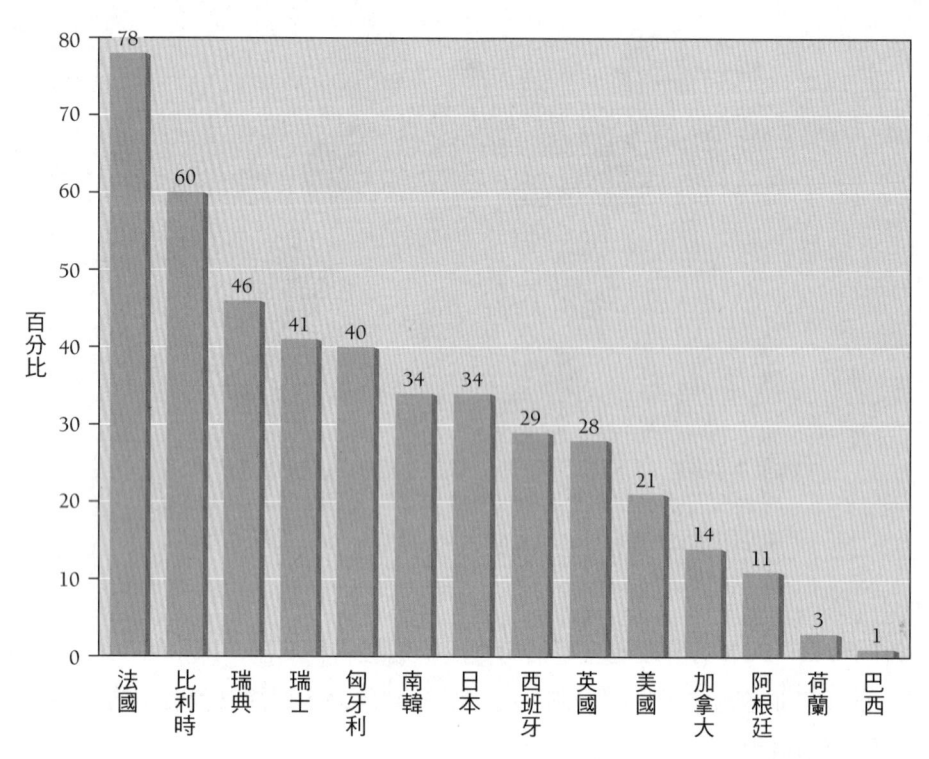

國家	百分比
法國	78
比利時	60
瑞典	46
瑞士	41
匈牙利	40
南韓	34
日本	34
西班牙	29
英國	28
美國	21
加拿大	14
阿根廷	11
荷蘭	3
巴西	1

圖 12.25 不同國家從核能電廠獲得的電力所占的百分比（1997年的數據）。

般爆炸，但仍會使得人類處於高度的危險中。雖然此重大災難可勉強地避免，但是三哩島意外事故使得我們更加清楚核能意外事故是有可能發生的。

1979年之後，建立新的反應爐不可避免地需要更大的安全性，故會增加其已經相當高的成本。此外，美國的電力需求並不以預期的速度增加，部分原因是因為較高的用電效率，而部分原因則是某些需要用到大量電力的產業（如鋼鐵、汽車和化學）蕭條所造成。由於這些因素，新的反應爐比以往的反應爐較不經濟，而全世界對於核能發電的不安感也導致美國核能擴張的中止。

而其他地方的情況則全然不同，對沒有豐富化石燃料的國家而言，核子反應爐仍是能達到需求的最佳方法。1986年4月時，一次嚴重的意外毀損了位於當時仍為蘇聯成員烏克蘭境內的車諾比(Chernobyl)，1000 MW反應爐，超過50噸的放射性材料漏洩且被風吹向全世界，輻射能量約為1945年時在廣島(Hiroshima)和長崎(Nagasaki)投下之原子彈總能量的200倍。而歐洲的輻射劑量也一度超過正常值，且有25萬人需永久地撤離車諾比的周圍，許多反應爐、救援人員和清潔工人由於曝露在輻射下，很快就會死亡，且數以千計的人會生病，放射性核素造成的世界性污染，特別是食物和水分補給，會使得癌症增加，未來這幾年被影響的人類數量增加，大約有幾千個特別容易受到影響的孩童由於攝取放射性碘同位素 ^{131}I 而得到甲狀腺癌。1986年時，住在車諾比附近且年紀小於四歲的孩童預期大約有三分之一會得到甲狀腺癌。

在車諾比事件發生之後，歐洲民眾對於核能安全的問題感到憂慮，和在美國發生三哩島事件一樣，一些國家如義大利，放棄了幾座全新的反應爐的計畫。在其他國家，如法國，儘管發生了車諾比事件，但是支持他們繼續使用核能的理由仍然相當強烈。

除了反應爐的安全性之外，另一個問題便是如何處理它們所產生的廢棄物。甚至是如果舊的燃料桿被用來分離它們所包含的鈾和鈽時，所殘留下來的東西也具有高度放射性，雖然許多活性會在幾個月內消失，剩下來的大部分則會在數百年後消失，有些核素之半衰期為數百萬年。目前為止或許有20,000噸使用過的核燃料以暫時性的方法儲存於美國（更不用提從那些核子武器製造中所產生的高放射性殘留廢棄物也等待安全的儲存）。將核能廢棄物埋於很深的地面似乎是處理它們最好的長期方法，很容易確認出正確位置，但卻很難找到：沒有地震發生、附近沒有聚集人口、不容易在熱和輻射下產生蛻變的岩石，但卻很容易就能被鑽洞、且不能接近可能被污染的地下水源。

從今日的觀點來看，核能具有過去無法得到的重要優點：它不會產生石化燃料燃燒時的空氣污染，也不會產生溫室效應而造成地球暖化的二氧化碳。隨著石化燃料的成本及電力需求增加，這些因素似乎可能會導致美國在二十年後再建立新的核子反應爐。

12.11 星球中的核融合
Nuclear Fusion in Stars

太陽與星球如何得到它們的能量

在距離太陽一億五千萬公里的地球上，一平方公尺的表面積被垂直的太陽光照射會接收到 1.4 kW 的功率，將太陽每秒所輻射的能量相加，得到一個很大數值 4×10^{26} W，且太陽已經以此功率發射能量數十億年之久，這個能量是從那裡來的呢？

太陽基本的能量的產生過程為氫原子核轉變為氦原子核的融合過程，這可在兩個不同的反應過程發生，最普通的為**質子－質子循環**(*proton-proton cycle*)，如圖 12.26 所示。每個 $^4_2$He 原子核形成時所放出的總能量為 24.7 MeV。

因為 24.7 MeV 為 4×10^{-12} J，故太陽功率輸出 4×10^{26} W 意指圖 12.26 的過程必須每秒發生 10^{38} 次。太陽的70%為氫，28%為氦，2%為其他元素，所以在數十億年中，大量的氫仍能以現在的速率產生能量，而最後在太陽核心中的氫會被耗盡，且當我們隨後要討論的反應接管時，太陽會變膨脹成紅巨星，且最後會凹下去變為白矮星。

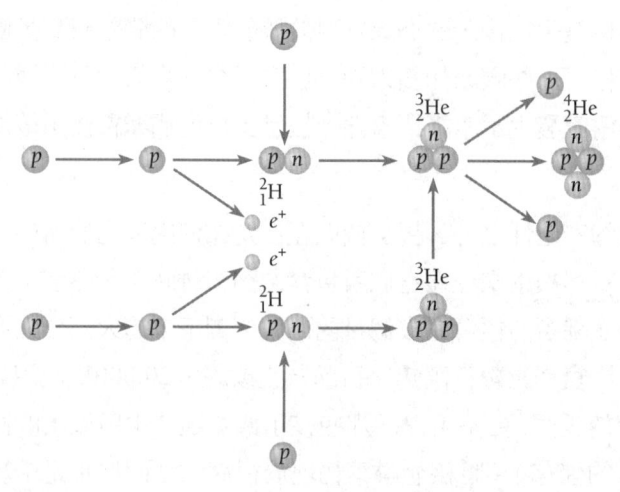

圖 12.26 質子－質子循環為太陽或更冷的星球中最主要的核反應序列，能量在每個步驟中被釋放，淨結果為四個氫原子核形成一個氦原子核、兩個正子。微中子也會產生，但並未繪出。

自維持的融合反應僅可在極端的溫度和密度下發生，高溫確保了一些原子核——如分布於馬克士威爾——波茲曼曲線高速度尾部的——具有能接近至足以產生交互作用的能量，它們可藉由穿隧其中的位能障礙來達成（在太陽內典型溫度為 10^7 K 下，平均質子動能僅為 1 keV，而位能障礙為一千倍高的 1 MeV）。質子－質子及其他多步驟循環另外的條件為反應質量要很大，如太陽一樣，因為一個質子開始融合與其最後變成阿爾法粒子經歷的時間非常久。

質子－質子循環主導了太陽和其他小於 1.5 倍太陽質量之星球。在更重的星球中，其內部更熱，而碳循環為主要的能量來源，此過程如圖 12.27 所示。淨結果為從四個質子形成一個阿爾法粒子以及兩個正子，其射出 24.7 MeV 的能量，初始 $^{12}_{6}C$ 如同製程中的催化劑一樣，因為它在最後會再出現，兩個循環反應對溫度的相依性如圖 12.28 所示。

韓斯‧貝斯(Hans A. Bethe, 1906-)生於德國的史特勞斯堡(Strasbourg)，但是今日為法國的領土，他在法蘭克福和慕尼黑學習物理且到許多德國的大學教書直到1933年希特勒掌權為止。在英格蘭兩年之後，他來到美國的康乃爾大學擔任物理學教授，從1937至1975年。甚至在他退休之後，他仍然活躍於研究領域及公共事務。

在貝斯對物理所做許多且不同的貢獻中，最著名的是他在1938年時，解釋使太陽和星球產生動力的核反應序列，並且於1967年時得到諾貝爾獎。在二次世界大戰時，他帶領位於新墨西哥州羅沙拉摩斯實驗室的物理部門，也就是原子彈發明的地方。他是個很強烈的核能信仰者──「因為全球暖化效應，現在比從前更需要核能。」──貝斯也強烈地支持解除核武。

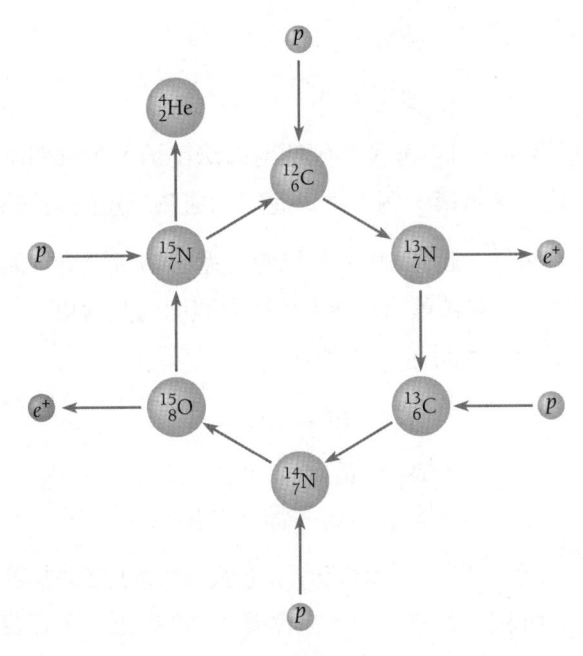

圖 12.27 牽涉到能量轉換的碳循環，也是由四個氫原子核形成一個氦原子核並放出能量，$^{12}_{6}C$原子核在反應序列中並未改變，這個循環會發生在比太陽還熱的星球中。

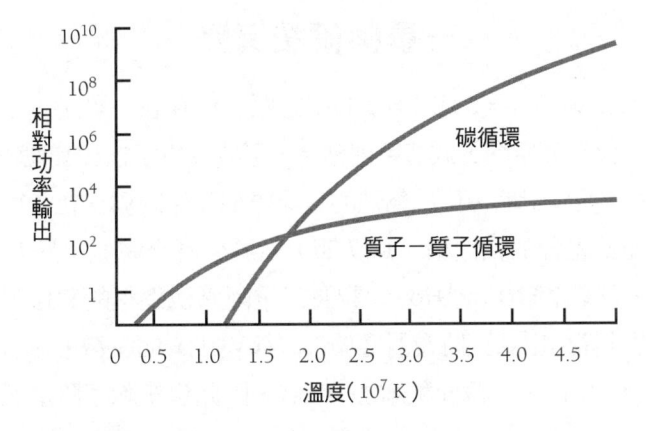

圖 12.28 碳和質子－質子融合循環的能量產生速率隨星球內部的溫度而變化，此速率大約為 1.8×10^7 K，注意輸出功率的刻度不是線性的。

較重元素的形成

產生氦的融合反應並非太陽和其他星球中唯一發生的反應，當星球核心中的所有氫變成氦時，重力收縮會壓縮核心且將溫度升高至 10^8 K，才能使得氦融合開始。此過程牽涉到三個阿爾法粒子結合轉變成一個碳原子核，放出能量 7.5 MeV：

$$^4_2\text{He} + ^4_2\text{He} \rightarrow ^8_4\text{Be} + \gamma$$

$$^4_2\text{He} + ^8_4\text{Be} \rightarrow ^{12}_6\text{C} + \gamma$$

因為鈹同位素$^8_4$Be不穩定,且會分裂為兩個阿爾法粒子,半衰期僅為6.7×10^{-17} s,故第二個反應馬上就會接著第一個發生,此序列稱為三重阿爾法反應。

最小的星球並不夠熱(超過10^7 K)以產生過氫融合反應,而氦融合則是和太陽質量差不多的星球,但在較重的星球中,核心溫度可能會更高,而牽涉到碳的融合反應將變得更有可能,下面為一些例子

$$^4_2\text{He} + ^{12}_6\text{C} \rightarrow ^{16}_8\text{O}$$

$$^{12}_6\text{C} + ^{12}_6\text{C} \rightarrow ^{24}_{12}\text{Mg}$$

$$^{12}_6\text{C} + ^{12}_6\text{C} \rightarrow ^{20}_{10}\text{Ne} + ^4_2\text{He}$$

星球越重,其核心溫度也越高,所形成的原子核也較大(當然和許多質子交互作用的反應原子核因需克服較大的電斥力,故需要較高的溫度),在質量超過太陽十倍的星球中可產生鐵同位素$^{56}_{26}$Fe。此原子核每個核子的束縛能最大(圖11.12)。因此$^{56}_{26}$Fe和其他原子核之間的任何反應將會導致鐵原子核的分裂,而不是形成更重的原子核。

三重阿爾法反應

因為並沒有足夠多 $A = 5$ 或 $A = 8$ 的穩定原子核存在,質子、中子和阿爾法粒子之間並沒有簡單的方式能系列結合,形成碳原子核和其他較高原子序的元素原子核。最後,很清楚地,位於夠熱的星球內部三個阿爾法粒子可反應產生一個$^{12}_6$C原子核,然而此過程的截面積(12.7節)對於反應來說似乎是太小了。在1953年時,英國天文學家霍爾(Fred Hoyle)認為三重阿爾法過程的共振將會大大地增加其可能性,他的計算指出共振將會對應於7.7 MeV中$^{12}_6$C的受激態,很快地實驗證實了這個受激態的確存在,且截面積增加10^7倍,因此也排除了瞭解元素來源最大的障礙。

超過$^{56}_{26}$Fe的核素如何產生呢?答案可藉由連續的中子的捕捉,和適當中子/質子比所需的貝他衰變而來,中子將以下面反應來釋放

$$^1_1\text{H} + ^{12}_6\text{C} \rightarrow ^{13}_7\text{N} + \gamma$$

$$^{13}_7\text{N} \rightarrow ^{13}_6\text{C} + e^+ + \nu$$

$$^4_2\text{He} + ^{13}_6\text{C} \rightarrow ^{16}_8\text{O} + ^1_0n$$

在星球內部的中子捕捉反應可建立最大的穩定原子核為$^{209}_{83}$Bi,且不能再大。在快速反應過程中,中子的密度不夠大,故無法在$A > 209$的原子核衰變之前被捕捉。

然而，當一個非常重的星球燃料快要耗盡時，其核心會塌陷且會產生猛烈的爆炸，在太空中將宛如超新星一樣亮。在塌陷過程中會產生很多中子，有些中子會被富含中子的原子核在碰撞中蛻變為阿爾法粒子和中子，而有些中子則藉由下列反應產生 $e^- + p \rightarrow n + \nu$，此巨大的中子流雖僅持續數秒，但並不足以產生質量數超過260的原子核。

像我們的銀河系一樣的星雲中，每世紀約有一次或兩次的超新星爆炸，而飛散至太空中的大部分星球質量會分散在星際物質中。因此產生的新星（和它們的行星，如地球）包含了核素的完整譜，而不只是早期宇宙的氫和氦原子譜，我們都是由星塵造成的。

12.12 融合反應爐
Fusion Reactors

未來的能源在那兒？

和分裂所產生的巨大能量一樣，輕原子融合形成重原子核每公斤的初始物質可產生更多能量。核融合成為地球上的終極能量來源似乎是可能的：安全、相對不具污染，以及由海洋所提供幾乎無限制的燃料。

在地球上，任何反應的質量大小必須有所限制，一個有效率的融合過程不能超過一個步驟，最有可能推動融合反應爐的兩個反應含有兩個氘結合形成一個氚核及一個質子

$$_1^2H + _1^2H \rightarrow _1^3H + _1^1H + 4.0 \text{ MeV} \tag{12.28}$$

或結合形成一個 $_2^3He$ 原子核及一個中子

$$_1^2H + _1^2H \rightarrow _2^3He + _0^1n + 3.3 \text{ MeV} \tag{12.29}$$

兩種D-D反應都具有大約相同的機率，這些反應的主要優點為氘存在於海水中，且可非常便宜萃取。雖然它在海水裡的濃度僅為 33 g/m³，但全世界海洋可得到 10^{15} 噸的氘。一加侖海水中的氘透過融合可產生比600加侖石油透過燃燒而得的能量還多出許多。

第一個融合反應爐比較可能利用氘-氚混合物來達成，因為 D-T 反應

$$_1^3H + _1^2H \rightarrow _2^4He + _0^1n + 17.6 \text{ MeV} \tag{12.30}$$

比其他反應具有較高的產率，且其溫度較低。海水的含氚量太小，故無經濟開採價值，但是可利用中子轟擊天然鋰的兩個同位素來產生：

$$_3^6Li + _0^1n \rightarrow _1^3H + _2^4He \tag{12.31}$$

$$_3^7Li + _0^1n \rightarrow _1^3H + _2^4He + _0^1n \tag{12.32}$$

事實上，未來的融合反應爐計畫應包含鋰包層，以使它們需要的氚可藉由融合反應所釋放出的中子而吸收。

在要求的溫度下，融合反應爐的燃料將以**電漿**(plasma)形式存在，電漿為完全游離化的氣體。當產生的能量等於輸入反應電漿的能量時為**持平狀態**(breakeven)，而比較困難的目標（或許是不必要的）是**點火**(ignition)，是在自我維持反應可以產生足夠的能量時發生。

一個成功的融合反應爐需要符合三個基本條件：

1. 電漿溫度必須夠高以產生適當數目的離子，克服這些離子之間的斥力，此溫度可產生使離子非常接近的速度以發生反應，考慮許多離子超過平均速度且穿隧過位能障礙會減少所須的離子能量，點燃D-T電漿的極小溫度約為1億K，對應於離子溫度kT為 ~10 keV。
2. 電漿密度n（離子／m^3）必須夠高以確保原子核能頻繁地碰撞。
3. 反應原子核之電漿必須停留夠長一段時間τ，時間長短和$n\tau$之乘積，侷限品質參數有關。在D-T電漿之kT約為10 keV的狀況下，對於持平狀態而言，$n\tau$必須大於10^{20} s/m^3，對於點火狀態而言則需要更高（圖 12.29）。

不同於星球內部，融合需要的溫度、密度和侷限時間至今僅在分裂炸彈（即原子彈）爆炸中出現過，若將融合反應的成分組合為炸彈時，將會產生更加毀滅性的武器——氫彈。

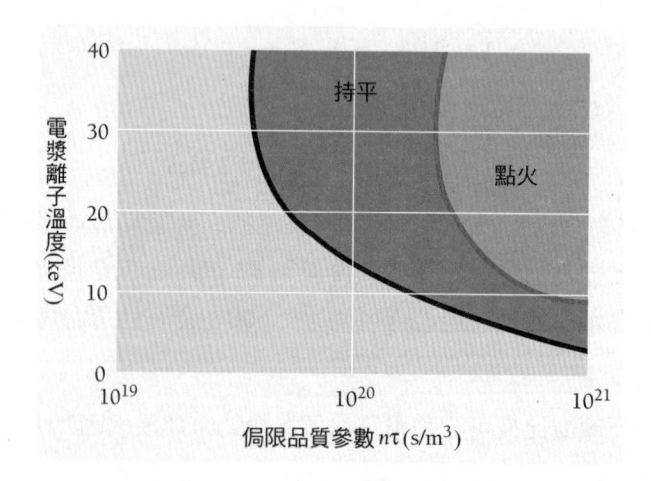

圖 12.29 在融合反應爐中之持平（能量輸出等於輸入）和點火（自我維持反應）的條件，現存在的反應爐非常接近持平，計畫中的國際熱核實驗反應爐正準備要超過這個條件。

聯合歐洲環形為一個實驗用托卡馬克融合反應爐,置於英國的卡漢(Culham),反應爐可將25 MW的輸出功率轉為16 MW的輸出功率,目前已經相當接近持平,非常令人振奮。

侷限法

至今控制融合能量釋放最有效的方法是利用強磁場將反應電漿侷限住,在俄羅斯設計的**托卡馬克**(*tokamak*)裝置中,磁場形式為修正的圓環面(甜甜圈),如圖 12.30 所示,(在俄羅斯,托卡馬克代表繞軸的磁室)因為環形的磁力線是彎曲的,而在磁場中螺旋狀路徑移動的離子會漂移過磁場而脫離。為預防這個現象,托卡馬克須

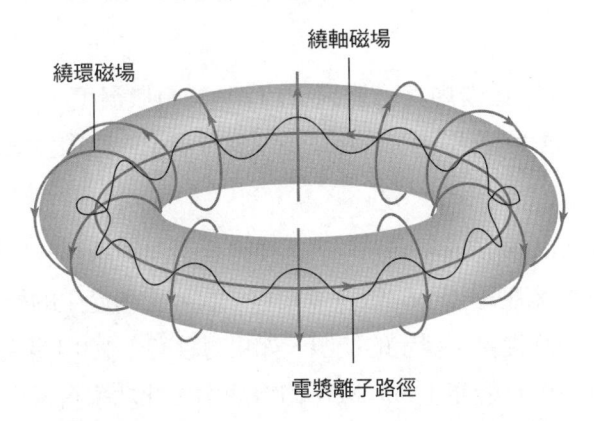

圖 12.30 托卡馬克中,結合繞軸和繞環磁場侷限了電漿。

沿繞軸加一繞環磁力線，稱之為繞環場，此繞環場可由電漿中的電流來產生，而此電流則由改變環形爐中心電磁鐵的繞軸磁場來產生。此電流也會加熱電漿，一旦電漿夠熱時，電流只需要一點點補充就可以繼續。

國際熱核實驗反應爐

計畫中的國際熱核實驗反應爐(International Thermonuclear Experimental Reactor, ITER)代表希望是融合能量實現之前的最後一個步驟，ITER 是由日本和許多歐洲國家所資助，美國則因原始設計和成本退出這個計畫，俄羅斯則因不能負擔成本而退出（只提供一些工作人員）。重新設計的 ITER 預期能從氘－氚反應中產生 400 MW 的功率，重 32,000 噸，需要花費 30 億美金，並且需要 10 至 15 年的時間建造。超導磁石（主要成本）將反應離子侷限在甜甜圈形狀的區域，其體積有如一間大房子，大約釋放能量的 80% 會被產生的中子帶走，且這些中子會被環繞反應室的管線中的鋰顆粒吸收，循環水將會帶走所產生的熱，這些熱可用於商業的反應爐來推動連接至發電機的渦輪。

即使 ITER 如預期成功運轉，並非每個對於融合計畫抱持悲觀態度的人都能轉而相信，融合反應爐將會非常複雜、昂貴且不完全安全：鋰是極易反應的金屬，接觸到水時會燃燒或爆炸，而且當鋰吸收式(12.31)和(12.32)反應中的中子時，會產生放射性的氚，因此若發生意外將會是非常大的災難。當然，樂觀主義者可能是正確的，融合可能會被認為是未來較佳的能量來源，但即使是在這樣的情況下，幾十年前存在的能量問題仍然存在。分裂反應爐使用已經建立的技術和方式來安全地產生能量，但是三哩島和車諾比的記憶，再加上一直存在的放射性核廢棄物處理問題，持續地影響公眾對它們的看法，而現在石化燃料又將耗盡，且燃燒後所得的 CO_2 會影響氣候和天氣，而綠色能源——太陽電池和風力渦輪又不太能提供我們所需能量的一小部分（雖然受歡迎），所以目前世界上已知且廣被接受的能量策略並不明顯。

今日威力最強大的托卡馬克已達到 30 keV 的電漿溫度，且侷限品質 $n\tau$ 值為 2×10^{19} s/m^3，但仍不是持平，持平或許要等到計畫中的國際熱核實驗反應爐完成時才會出現。

慣性侷限(*inertial confinement*)——一種完全不同的過程——使用高能量束加熱且藉由全方位爆炸來壓縮很小的氘－氚顆粒，實際上所產生的結果為小型的氫彈爆炸，這一連串的爆炸提供了穩定的能源，如果每秒有十個 0.1 毫克的顆粒被點燃，平均熱輸出約為 1 GW 且能產生 300 MW 的電功率，此功率可提供一個人口為 175,000 人的城市。

附錄　阿爾法衰變的理論　　12-51

世界上威力最強大的雷射(laser)，位於加州的勞倫斯國家實驗室，使用在慣性侷限實驗中，它每奈秒(10^{-9} s)輸出脈衝 60 KJ 並分為 10 束由各方向同時打到氘氚顆粒，以促使融合反應發生。

　　雷射束在慣性侷限中已受到最多的矚目，但是電子束和質子束也能達到此目標，束能量被外層燃料顆粒吸收而向外爆炸。動量守恆向內產生衝擊波並且推擠其餘的顆粒，使其密度為原來的 10^4 倍，並且足以加熱燃料以啟動融合反應，所需要的束能量比今日的雷射還強，但或許在不久的將來即可達成，而粒子束也越接近所需要的能量，但仍然很難聚焦在微小的燃料顆粒。研究工作仍持續地進行，但是磁場侷限似乎也距離可運作的融合反應爐的目標不遠了。

附錄

阿爾法衰變的理論
Theory of Alpha Decay

在 5.10節穿隧效應的討論中，考慮動能為 E 的粒子束入射於一個長方形位能障礙，其高度 U 大於 E，穿遂機率的近似值——我們發現通過位障的粒子數和到達粒子數的比例為

近似穿隧機率 $$T = e^{-2k_2 L} \tag{5.60}$$

其中 L 為能障寬度且

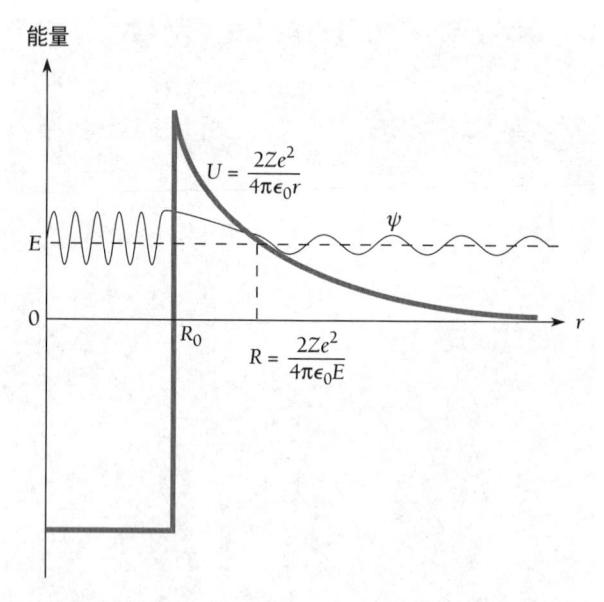

图 **12.31** 從量子力學觀點來看的阿爾法衰變,阿爾法粒子的動能為 E。

能障中的波數
$$k_2 = \frac{\sqrt{2m(U-E)}}{\hbar} \tag{5.61}$$

式(5.60)為由長方形位能障礙導出,而在原子核中的阿爾法粒子所面臨的位障高度會變化,如圖12.8和圖12.31所示。現在我們的工作是將式(5.60)應用至原子核阿爾法粒子的情況。

第一步先將式(5.60)重寫為
$$\ln T = -2k_2 L \tag{12.33}$$

然後以積分表示

$$\ln T = -2\int_0^L k_2(r)\,dr = -2\int_{R_0}^R k_2(r)\,dr \tag{12.34}$$

其中 R_0 為原子核半徑,而 R 為從中心到 $U = E$ 的距離。對 $r > R$ 而言,動能 E 大於位能 U,故如果阿爾法粒子可以到達 R 時,將會永遠地脫離原子核。

距離電荷為 Ze 之原子核中心為 r,阿爾法粒子之電位能為

$$U(r) = \frac{2Ze^2}{4\pi\epsilon_0 r}$$

在此 Ze 為原子核電荷減去阿爾法粒子電荷 $2e$,因此 Z 為子原子核的原子序。

因此我們得到

$$k_2 = \frac{\sqrt{2m(U-E)}}{\hbar} = \left(\frac{2m}{\hbar^2}\right)^{1/2}\left(\frac{2Ze^2}{4\pi\epsilon_0 r} - E\right)^{1/2}$$

因為當 $r = R$ 時，$U = E$

$$E = \frac{2Ze^2}{4\pi\epsilon_0 R} \tag{12.35}$$

我們可將 k_2 寫成

$$k_2 = \left(\frac{2mE}{\hbar^2}\right)^{1/2} \left(\frac{R}{r} - 1\right)^{1/2} \tag{12.36}$$

因此

$$\begin{aligned}\ln T &= -2 \int_{R_0}^{R} k_2(r)\, dr \\ &= -2\left(\frac{2mE}{\hbar^2}\right)^{1/2} \int_{R_0}^{R} \left(\frac{R}{r} - 1\right)^{1/2} dr \\ &= -2\left(\frac{2mE}{\hbar^2}\right)^{1/2} R\left[\cos^{-1}\left(\frac{R_0}{R}\right)^{1/2} - \left(\frac{R_0}{R}\right)^{1/2}\left(1 - \frac{R_0}{R}\right)^{1/2}\right]\end{aligned} \tag{12.37}$$

因為位能障礙相當寬，$R \gg R_0$，且

$$\cos^{-1}\left(\frac{R_0}{R}\right)^{1/2} \approx \frac{\pi}{2} - \left(\frac{R_0}{R}\right)^{1/2}$$

$$\left(1 - \frac{R_0}{R}\right)^{1/2} \approx 1$$

所以結果為

$$\ln T = -2\left(\frac{2mE}{\hbar^2}\right)^{1/2} R\left[\frac{\pi}{2} - 2\left(\frac{R_0}{R}\right)^{1/2}\right]$$

從式(12.35)中得知，

$$R = \frac{2Ze^2}{4\pi\epsilon_0 E}$$

所以

$$\ln T = \frac{4e}{\hbar}\left(\frac{m}{\pi\epsilon_0}\right)^{1/2} Z^{1/2} R_0^{1/2} - \frac{e^2}{\hbar\epsilon_0}\left(\frac{m}{2}\right)^{1/2} Z E^{-1/2} \tag{12.38}$$

計算式(12.38)中不同的常數結果為

$$\ln T = 2.97 Z^{1/2} R_0^{1/2} - 3.95 Z E^{-1/2} \tag{12.39}$$

其中 E（阿爾法粒子動能）的單位為 MeV，R_0（原子核半徑）以飛米($1 \text{ fm} = 10^{-15}$ m)表示，而 Z 為原子核的原子序減去阿爾法粒子，因為

$$\log_{10} A = (\log_{10} e)(\ln A) = 0.4343 \ln A$$

我們得到

$$\log_{10} T = 1.29Z^{1/2}R_0^{1/2} - 1.72ZE^{-1/2} \tag{12.40}$$

從式(12.12)和(12.13)中可知道衰變常數λ為

$$\lambda = \nu T = \frac{v}{2R_0}T$$

其中v為阿爾法粒子速度，將式的兩邊取對數並取代穿隧機率 T 可得

阿爾法衰變常數

$$\log_{10}\lambda = \log_{10}\left(\frac{v}{2R_0}\right) + 1.29Z^{1/2}R_0^{1/2} - 1.72ZE^{-1/2} \tag{12.14}$$

這就是 12.4 節末所引用的公式，並繪於圖 12.9 中。

習題

What we have to learn to do, we learn by doing. -Aristotle.

12.2 半衰期

1. 氚($^3_1$H)貝他衰變的半衰期為 12.5 年，一個氚樣本在 25 年後有多少比例未產生貝他衰變呢？

2. 在室溫下熱中子的最可能的能量為 0.025 eV，在什麼距離時 0.025 eV 中子束會衰變一半呢？中子的半衰期為 10.3 分。

3. 求出特別原子核 ^{38}Cl 在任意 1.00 秒間隔中產生貝他衰變的機率，^{38}Cl 的半衰期為 37.2 分。

4. 某放射性核素的活性在 10 天中減少為原來的 15%，求出其半衰期。

5. ^{24}Na 的半衰期為 15.0 小時，此核素的樣本衰變 80% 時要多久？

6. 放射性核素 ^{24}Na 其貝他衰變的半衰期為 15 小時，包含 0.0500 μCi 的 ^{24}Na 溶液被注入人體的血管中，在 4.50 小時後，人體血液樣本的活性為 8.00 pCi/cm³，人體含有多少公升的血液呢？

7. 1 克的 ^{226}Ra 其活性約 1 Ci，決定 ^{226}Ra 的半衰期。

8. ^{214}Pb 的毫居里質量為 3.0×10^{-14} kg，求出 ^{214}Pb 的衰變常數。

9. $^{238}_{92}$U 阿爾法衰變的半衰期為 4.5×10^9 年，求出 1.0 克 ^{238}U 的活性。

10. 使用本書附錄的資料來證明 12.1 節末所述，由 ^{40}K 含量所構成的普通鉀活性為每公斤 0.7 μCi。

11. 阿爾法放射子 ^{210}Po 的半衰期為 138 天，作為 10 mCi 的放射源時需要多少質量的 ^{210}Po？

12. ^{210}Po（$T_{1/2}$ = 138 天）所釋放之阿爾法粒子能量為 5.30 MeV，(a)如果能量轉換效率為 8.00% 時，需要多少公斤的 ^{210}Po 來驅動 1.00 W 的熱電池呢？(b)在 1.00 年後功率輸出為何？

13. 未知放射性核素樣本的活性 R 需花費數個小時間隔來量測，結果以 MBq 表示為 80.5, 36.2, 16.3, 7.3 和 3.3，以下列方式求出放射性核素的半衰期，首先證明一般而言 $\ln(R/R_0) = -\lambda t$，再繪出 $\ln(R/R_0)$ 對 t 的關係圖，且從此圖形中求出 λ，最後從 λ 計算出 $T_{1/2}$ 的值。

14. 未知放射性核素樣本的活性 R 需花費數天間隔來量測，結果以 MBq 表示為 32.1, 27.2, 23.0, 19.5 和 16.5，求出此放射性核素的半衰期。

15. 一岩石樣本包含 1.00 mg 的 ^{206}Pb 和 4.00 mg 的 ^{238}U，而半衰期為 4.47×10^9 年，岩石是在多久以前形成的？

16. 在例 12.5 中提到生命體的放射性活性為每克碳含量每分鐘 16 次銳變，從這個資料來求出在大氣的 CO_2 中 ^{14}C 和 ^{12}C 的比。

17. 從一片古代營火的殘留物中的木炭所得之相對放射碳活性為現代樣本的 0.18 倍，此營火的年代為何？

18. 天然釷全由阿爾法放射性同位素 ^{232}Th 所組成，其半衰期為 1.4×10^{10} 年，如果一個在 35 億年固化的岩石樣本在今日包含了 0.100% 的 ^{232}Th，當此岩石固化時包含此核素的百分比為何？

19. 如本章所討論的，最重的核素可能在超新星爆炸時產生，且會分散於後來星球（和它們的行星）所形成的星雲物質中，假設在地球上和超新星狀況相同所產生的 ^{235}U 和 ^{238}U 的含量相同，計算它們到達今日分別相對含量 0.7% 和 99.3% 所需的時間，其半衰期分別為 7.0×10^8 年和 4.5×10^9 年。

12.3 放射系

20. 在以 ^{238}U 開始的鈾衰變系中，^{214}Bi 貝他衰變為 ^{214}Po，半衰期為 19.9 分。而 ^{214}Po 阿爾法衰變為 ^{210}Pb，而半衰期為 163 μs，^{210}Pb 以半衰期 22.3 年進行貝他衰變。如果這三個核素在包含 1.00 克 ^{210}Pb 之礦物樣本中處於放射性平衡時，樣本中的 ^{214}Bi 和 ^{214}Po 質量為何？

21. 放射性核素 $^{238}_{92}$U 經過八個連續的阿爾法粒子和六個電子輻射衰變為鉛同位素，鉛同位素的符號為何？總共釋放多少能量呢？

12.4 阿爾法衰變

22. 放射性核素 ^{232}U 阿爾法衰變為 ^{228}Th，(a) 找出衰變中放出的能量，(b) 對 ^{232}U 而言，有可能釋放一個中子而變成 ^{231}U 嗎？(c) 對 ^{232}U 而言，有可能釋放一個質子而變成 ^{231}Pa 嗎？^{231}U 和 ^{231}Pa 的原子質量分別為 231.036270 u 和 231.035880 u。

23. 對質量數為 A 之原子核衰變所釋放的阿爾法粒子動能而言，導出式(12.11) $KE_\alpha = (A - 4)Q/A$，假設阿爾法粒子和子原子質量比 $M_\alpha/M_d/4(A-4)$。

24. 在 ^{226}Ra 的阿爾法衰變中釋放的能量為 4.87 MeV，(a) 確認其子核素，(b) 求出阿爾法粒子能量和其子原子的反彈能量，(c) 如果阿爾法粒子能量在(b)中的能量，有多少個德布羅依波長會在原子核內呢？(d) 阿爾法粒子每秒會撞擊原子核邊界多少次？

12.5 貝他衰變

25. 正子放射和電子放射除了它們的能量譜形狀不同外，其他特性都相似：有許多低能電子被釋放，但卻很少低能正子，因此在貝他衰變中的平均電子能量約為 0.3 KE_{max}，而平均正子能量約為 0.4 KE_{max}，你能提出一個簡單理由來解釋此現象嗎？

26. (a) 當釋放電子時，(b) 當釋放正子時和 (c) 電子捕捉時，母原子的原子質量必須超過子原子的原子質量多少呢？

27. 不穩定的 ^{7}Be 核素會藉由電子捕捉衰變為 ^{7}Li，為何它不會藉由正子放射來衰變呢？

28. 證明對 ^{64}Cu 而言，非常有可能藉由電子放射、正子放射和電子捕捉而產生貝他衰變，並且求出在每個狀況中所釋放的能量。

29. 對 ^{80}Br 而言，繼續習題 28 的計算。

30. 計算在 ^{12}B 貝他衰變中所釋放的極大電子能量。

31. 求出產生逆貝他衰變反應 $p + \bar{\nu} \to n + e^+$ 所需的極小反微中子能量。

32. 求出啟動由戴維斯實驗中偵測到的太陽微中子反應 $\nu + {}^{37}\text{Cl} \to {}^{37}\text{Ar} + e^-$ 所需的微中子能量。

12.6 伽瑪衰變

33. 利用圖 11.18 來決定 ^{89}Y 的第 39 個質子的基態和最低受激態的能量，使用此訊息來解釋 ^{89}Y 的異構化現象和 6.9 節中所提在不同角動量狀態之間的輻射躍遷是非常不可能發生的。

34. 當一個受激原子核釋放出伽瑪射線光子時，一些受激能量會變成原子核反彈的動能，(a) 當原子核質量 200 u 的原子釋放 2.0 MeV 伽瑪射線時，求出反彈能量和光子能量的比，(b) 受激原子核狀態的生命期典型地約為 10^{-14} 秒，比較受激態能量和反彈能量的對應不確定值（參閱第 2 章的習題 53，以學習穆斯堡爾效應如何將原子核反彈極小化）。

12.7 截面積

35. 可比較的中子一和質子誘發核反應的截面積隨能量變化，如圖 12.32 所示之近似趨勢，為何中子截面積隨著能量增加而減少，而質子截面積會增加呢？

36. 對某一入射粒子束而言，吸收板的厚度恰好為一個平均自由路徑，多少百分比的粒子會穿透此板呢？

37. ^{59}Co 對熱中子的捕捉截面積為 37 b，(a) 有多少百分比的熱中子束會穿透 1.0 mm 厚的 ^{59}Co 板呢？^{59}Co 的密度為 $8.9 \times 10^3 \text{ kg/m}^3$，(b) 在 ^{59}Co 中熱中子的平均自由路徑為何？

38. 微中子和物質交互作用的截面積約為 10^{-47} m²，求出密度為 $7.8 \times 10^3 \text{ kg/m}^3$ 且平均原子質量為 55.9 u 的固態鐵中微中子的平均自由路徑，以光年（光在真空中走一年的距離）來表示答案。

39. 硼同位素 ^{10}B 捕捉中子於 (n, α) 反應中——中子進，阿爾法粒子出——其熱中子截面積為 4.0×10^3 b，^{10}B 的密度為 $2.2 \times 10^3 \text{ kg/m}^3$，吸收 99% 的入射熱中子需要多厚的 ^{10}B？

40. 在固態鋁中大約有 6×10^{28} 原子 /m³，一 0.5 MeV 中子束朝向 0.1 mm 厚的鋁箔，如果在鋁此能量的中子捕捉截面積為 2×10^{-31} m²，求出有多少入射中子會被捕捉？

41. 天然鈷完全由同位素 ^{59}Co 所組成，在熱中子捕捉時的截面積為 37 b，當 ^{59}Co 吸收一個中子時，它會變成貝他放射性的 ^{60}Co，半衰期為 5.27 年，如果一個 10.0 g 的鈷樣本放置於熱中子束流 5.0×10^{17} 中子 /m² 中 10.0 個小時，之後此樣本的活性為何？

42. 天然鈉完全由同位素 ^{23}Na 所組成，在熱中子捕捉時的截面積為 0.53 b，當 ^{23}Na 吸收一個中子時，它會變成貝他放射性的 ^{24}Na，半衰期為 15.0 小時。一個包含鈉的樣本放置於熱中子束流 2.0×10^{18} 中子 /m² 中 1.00 小時，樣本活性為 5.0 μCi，在樣本中有多少個鈉呢？（這是非常靈敏的**中子活性分析**(*neutron activation analysis*)的例子。）

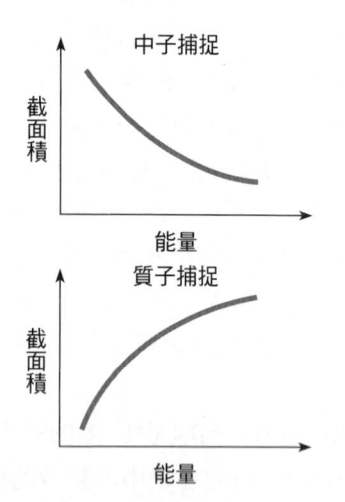

圖 12.32 中子和質子捕捉截面積隨粒子能量而有不同的變化。

12.8 核子反應

43. 完成這些核反應：

$$^{6}_{3}\text{Li} + ? \rightarrow {^{7}_{4}}\text{Be} + {^{1}_{0}}n$$

$$^{35}_{17}\text{Cl} + ? \rightarrow {^{32}_{16}}\text{S} + {^{4}_{2}}\text{He}$$

$$^{9}_{4}\text{Be} + {^{4}_{2}}\text{He} \rightarrow 3\,{^{4}_{2}}\text{He} + ?$$

$$^{79}_{35}\text{Br} + {^{2}_{1}}\text{H} \rightarrow ? + 2\,{^{1}_{0}}n$$

44. 求出在實驗室系統中，質子啟始下列反應的極小能量。

$$^{1}_{0}n + {^{16}_{8}}\text{O} + 2.20 \text{ MeV} \rightarrow {^{13}_{6}}\text{C} + {^{4}_{2}}\text{He}$$

45. 求出在實驗室系統中，質子啟始下列反應的極小能量。

$$p + d + 2.22 \text{ MeV} \rightarrow p + p + n$$

46. 求出在實驗室系統中質子啟動 $^{15}\text{N}(p, n)^{15}\text{O}$ 反應的極小能量。

47. 一個 5 MeV 的阿爾法粒子撞擊靜止的 $^{16}_{8}\text{O}$ 靶，求出系統的質心速度和粒子相對於質心的動能。

48. 一個熱中子導致了習題 39 的反應，求出阿爾法粒子的動能。

49. 一阿爾法粒子彈性碰撞靜止的原子核，且以相對於原先運動方向 60° 繼續行進，而原子核則和此方向呈 30° 反彈，此原子核的質量數為何？

50. 中子可利用 $^{9}_{4}\text{Be}(\alpha, n)^{12}_{6}\text{C}$ 反應來發現，其中 5.30 MeV 能量的阿爾法粒子（在實驗室系統中）從釙同位素 ^{210}Po 被 ^{9}Be 原子核撞擊之後衰變而來（圖 11.2），在質心系統中此反應的能量為何？

51. (a) 質量 m_A 和動能 KE_A 的粒子撞擊質量為 m_B 的靜止原子核，以產生質量為 m_C 的複核，以 m_A、m_C、KE_A 和反應的 Q 值來表示複核的受激能量。【注意：$|Q| \ll mc^2$。】(b) 在 ^{16}O 中的受激態發生在 16.2 MeV 時，求出以一質子和靜止的 ^{15}N 原子核反應，以產生此狀態的 ^{16}O 原子核所需的動能。

52. (a) 求出實驗室系統中一質子和 $^{65}_{29}\text{Cu}$ 反應以產生 $^{65}_{30}\text{Zn}$ 的極小動能，(b) 求出一質子和 $^{65}_{29}\text{Cu}$ 接觸的極小動能，(c) 如果在(b)中的能量比(a)中的能量大，具有(a)之能量的質子有任何方式能和 $^{65}_{29}\text{Cu}$ 反應嗎？

12.9 核子分裂

53. 當分裂發生時，會釋放出許多中子且分裂的碎片為具輻射性的貝他衰變性，為何？

54. ^{235}U 在分裂時損失約 0.1% 的能量，(a) 當 1 kg 的 ^{235}U 在分裂時會釋放出多少能量呢？(b) 一噸的黃色炸藥(TNT)在爆炸時會釋放約 4 GJ 的能量，而包含 1 kg 的 ^{235}U 炸彈破壞性等效於多少噸的 TNT 呢？

55. 假設在圖 12.17 所示之分裂事件之後即刻，原子核分裂的碎片為球狀且互相接觸，此系統的位能為何？

56. 使用式(11.18)的半經驗束縛能公式來計算如果 ^{238}U 原子核分裂為兩個相同的碎片時，所釋放的能量為何？

12.10 核子反應爐

57. 可被用在以水做為調變器的反應爐中的燃料限制為何？如果調變器為重水時，為何狀況會不同呢？

58. (a) 以 1.0 GW 功率運轉的核子反應爐每天會耗損多少質量呢？(b) 如果每次分裂釋放 200 MeV，要產生此功率每秒需要產生多少次分裂反應呢？

59. 一個質量為 m_1 且動能為 KE_1 的粒子撞擊一個質量為 m_2 的靜止粒子，兩個粒子和具有動能 KE'_2 的靶粒子分開，(a) 使用非相對論性計算的動量守恆和動能守恆來證明 $KE'_2/KE_1 = 4(m_2/m_1)/(1 + m_2/m_1)^2$，如圖 12.22 所示。(b) 當中子撞擊到質子時，中子損失多少百分比的初始 KE 呢？如果撞擊氘原子核呢？^{12}C 原子核呢？^{238}U 原子核呢？（普通水、重水和以石墨形式存在的碳都可用做核子反應爐的調變器。）

12.11 星球中的核融合

60. 在重星球古老的時期，可藉由下列反應得到部分能量

$$_2^4He + {}_6^{12}C \to {}_8^{16}O$$

該事件釋放出多少能量呢？

61. 在比太陽還熱的星球上，碳反應過程中的初始反應得到能量為

$$_1^1H + {}_6^{12}C \to {}_7^{13}N + \gamma$$

求出質子和 $_6^{12}C$ 原子核接觸必須克服的極小能量。

62. 求出在圖 12.27 中碳循環每個步驟所釋放的能量，且將它們加總以得到總能量。忽略反應粒子的動能，因為動能和反應的 Q 值相較之非常小。【提示：注意電子！】

12.12 融合反應爐

63. 氘原子核之間的電排斥力在其相距 5 fm 時為最大，(a)求出在電漿中的氘具有足夠的平均能量以克服此能障的溫度，(b)氘之間的融合反應可在低於此溫度下發生，你能想出兩個原因嗎？

64. 證明 1.0 kg 的海水中，在 $_1^2H + {}_1^2H$ 中從氘中所釋放的融合能量大於汽油的燃燒熱 47 MJ/kg 的 600 倍。海水含氫量的 0.015% 為氘。

CHAPTER 13

基本粒子
Elementary Particles

CERN（在瑞士日內瓦附近的歐洲粒子物理實驗室）的鳥瞰圖，這裡完成了許多重要的發現。在其周圍大圓圈下的 27 公里隧道有一個新的大強子對撞器，當實驗室中質子和反質子被加速至高能量時，它們將相反方向運動。我們希望它們的交互作用能在產生粒子質量的過程中發光，較小的圓圈為較早期的質子－反質子碰撞器。

13.1 交互作用與粒子
那個會影響那個

13.2 輕子
真實基本粒子的三種配對

13.3 強子
粒子遭遇到強交互作用

13.4 基本粒子的量子數
在外表混沌中找到秩序

13.5 夸克
強子的終極組成物

13.6 場波色子
交互作用的載子

13.7 標準模型與超越其極限
把所有東西集合在一起

13.8 宇宙的歷史
由霹靂開始

13.9 未來
「我的開始是我的結束」(*T. S. Eliot*，四重奏)

一般物質係由質子、中子和電子所組成，乍看之下，而這些粒子似乎已足以解釋我們所在宇宙的結構。然而並非所有的核素都是穩定的，而且產生貝他衰變需要微中子——的確，如果沒有微中子，給星球動力以及創造出比氫重的元素所需的反應序列將不會發生。此外，如11.7節中所討論的，帶電粒子之間的電磁交互作用需要光子做為載子，核子間的交互作用也同樣地需要π，即便如此，似乎僅需要少數的粒子，而且它們所扮演的角色都非常明確。

但是事情並非那麼直接，目前已有數百種「基本粒子」已被發現，且所有粒子都會在被創造出來之後，與其他粒子產生高能碰撞而迅速衰變，而有些粒子（稱為輕子）比其他粒子還要基本，而其他粒子（稱為強子）由許多較少數目的特別粒子（稱為夸克）所組成的事實也很清楚，目前為止夸克仍未被單獨測量到（也有可能永遠量不到）。

13.1 交互作用與粒子
Interactions and Particles
那個會影響那個

我們已經知道的四個交互作用——強、電磁、弱和重力——足以解釋宇宙中所有規模，從原子、核子至銀河系的物理過程和結構。這些作用的基本特性列於表 13.1 中。

基本作用列表已經改變許多年了，很久以前，強交互作用和弱交互作用為未知的交互作用，而吸引物體落下的地球重力（我們稱之為地球引力）是否為太陽吸引行星環繞運動的引力也不甚清楚。牛頓的其中一項偉大成就即為證明地球引力和天文學引力是相同的，另一個著名的統一理論則由馬克士威爾證明出電力和磁力可追溯至帶電粒子的交互作用。

表 13.1　四個基本交互作用。引力子至今尚未由實驗量測到。

交互作用	影響的粒子	範圍	相對強度	交換的粒子	宇宙中的角色
強	夸克 強子	$\sim 10^{-15}$ m	1	膠子 介子	使夸克聚集以形成核子。 使核子聚集以形成原子核。
電磁	帶電粒子	∞	$\sim 10^{-2}$	光子	決定原子、分子、固體和液體的結構，為天文宇宙的重要參數。
弱	夸克和輕子	$\sim 10^{-18}$ m	$\sim 10^{-5}$	中間波色子	調解夸克和輕子間的轉換，協助判定原子核的組成物。
重力	全部	∞	$\sim 10^{-39}$	引力子	將物質組成行星、星球與銀河系。

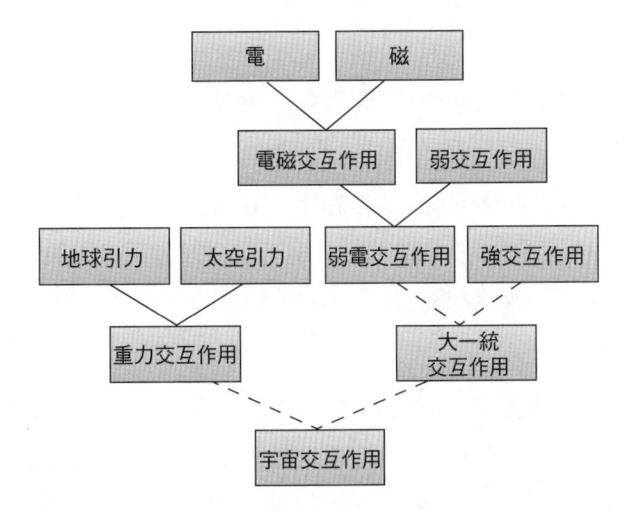

圖 13.1 物理的目標其中一個是結合粒子交互作用方式為單一理論，目前已有許多重大進展但仍未完成。

我們將會看到，電磁和弱交互作用為**弱電交互作用**(*electroweak interaction*)的不同表示方法而已，而這個事實似乎又連結了強交互作用，雖然此關係的細節至今仍不完全明朗，瞭解自然界如何運轉的最後步驟為包含重力的單一模型，且有很強的暗示顯示出**萬有理論**(*Theory of Everything*)並非是不可能的（圖13.1）。

不同交互作用間的相對強度跨越了10的39次方，且它們的有效作用距離非常不同，而鄰近核子間的強力遠遠地超過它們之間的地心引力，當它們距離一毫米時則相反。原子核結構由強交互作用的特性來決定，而原子結構由電磁作用來決定，大塊材料中的物質為電中性，而強交互作用和弱交互作用侷限在某一範圍內，因此地心引力作用在小尺度中完全不明顯，而在大尺度中則變得很重要。弱力可以解釋原子核中不適當的中子／質子比會遭遇到矯正的貝他衰變，但對物質的結構而言，僅為不重要的微擾而已。

如果各種的交互作用強度變化時，宇宙將會變得非常不同，如 11.4 節所提到的，如果強交互作用再稍強一點，宇宙將會充滿雙質子，而釋放能量給星球和創造化學元素的融合反應將不會發生。如果強交互作用變弱的話，質子將不會和中子結合，也不會使得放熱融合成為氦及較重元素。重力作用則和現在的平衡狀態相似，如果它變大，星球內部將會變熱，它們的融合反應將會更常發生，且很快就會爆炸——要在行星上出現生命或許太短暫了。而另一方面，若重力變得更弱時，將不會使物質結合形成星球，故萬有理論的一項任務便是建立為何基本的交互作用和它們所影響的粒子會具有它們現在的特性。

輕子和強子

基本粒子分為兩類，**輕子**(leptons)和**強子**(hadrons)，和它們是否對強交互作用反應（強子）或不對強交互作用反應（輕子）有關。

最簡單的粒子為輕子（leptons為希臘字，其意為輕、迅速），似乎其內部結構或是空間中的延伸再沒有比它更基本的，輕子僅會被電磁（如果帶電的）、弱交互作用和重力作用所影響。在我們已經介紹過的粒子中，電子和微中子為輕子，還有其他四種型態的輕子。

強子（hadrons為希臘字，其意為重、強大）受到強交互作用和其他作用的影響，和輕子不同的是，它們占有空間而不是像輕子的大小為無限小：強子約比1 fm (10^{-15} m) 稍大一點，並且由兩個或三個**夸克**(quark)所組成。夸克和輕子一樣，並不具有結構且對現在的量測儀器而言就像是個點粒子一樣，由三個夸克所組成的強子，如質子和中子，稱為**重子**(baryons)；而**介子**(mesons)，如π，是由兩個夸克所組成。不像自然界的其他物質，夸克的電荷為 $\pm\frac{1}{3}e$ 或 $\pm\frac{2}{3}e$，且它們在強子中的結合總使得強子電荷為0或 $\pm e$。夸克從未在強子外面被觀測到，但是如我們將會看到的，有很令人信服的證據說明它們的確存在，而作用在強子之間的強力，為它們所擁有的夸克之間更基本的交互作用的外在證據，如11.7節中所描述以介子交換來調解。

13.2 輕子

Leptons

真實基本粒子的三種配對

表 13.2 列出了六個已知的輕子和它們的反粒子，因為第12章中所描述貝他衰變中的微中子和電子有關，它們的適當符號為ν_e。

電子為我們所發展出來令人滿意的理論中的第一個基本粒子，這個理論是由迪拉克(Paul A. M. Dirac)在1928年時所提出，他得到在電磁場中，帶電粒子的相對論性正確波方程式。當觀測到的電子質量和電荷放入此方程式中，發現電子的本質

表 **13.2** 輕子，所有輕子都不會被強交互作用影響且為費米子，微中子不帶電，它們的質量仍未知，但是不可能超過 eV/c^2 太多。

輕子	符號	反粒子	質量(MeV/c^2)	平均生命(s)	自旋
電子	e^-	e^+	0.511	穩定	$\frac{1}{2}$
e-微中子	ν_e	$\bar{\nu}_e$	非常小	穩定	$\frac{1}{2}$
渺(μ)	μ^-	μ^+	106	2.2×10^{-6}	$\frac{1}{2}$
μ-微中子	ν_μ	$\bar{\nu}_\mu$	非常小	穩定	$\frac{1}{2}$
濤(τ)	τ^-	τ^+	1777	2.9×10^{-23}	$\frac{1}{2}$
τ-微中子	ν_τ	$\bar{\nu}_\tau$	非常小	穩定	$\frac{1}{2}$

角動量為$\frac{1}{2}\hbar$(也就是自旋$\frac{1}{2}$)，發現其磁力矩為$e\hbar/2m$，為一個波耳磁子。這些預測和實驗符合，且這些符合為迪拉克理論的正確性提供了強烈的證據。

反物質

似乎沒有任何理由可說明為何原子不能由反質子、反中子和正子所組成。這樣的**反物質**(*antimatter*)其特性應該和一般物質一樣，如果由反物質組成的星雲存在，它們的光譜應該和由物質組成的星雲一樣，因此我們將無法分辨這兩種星雲——除非反物質組成物和物質組成物互相接觸，發生相互毀滅並且釋放出大量能量（反物質郵票會消滅物質郵票，其所釋放的能量足以將太空梭送上軌道），但是發生這樣事件特徵的能量的伽瑪射線至今尚未被觀測到，而從太空到達地球的宇宙射線中也從未發現到反粒子的存在。似乎宇宙完全是由一般物質所組成。

迪拉克理論未預期的結果為其需要電子可以具有正能量和負能量，也就是說當相對論的總能量公式為

$$E = \sqrt{m^2c^4 + p^2c^2}$$

應用到電子時，負和正的根都是可接受的解答。但是如果負能量一直下去到$E = -\infty$為可能時，什麼東西可以使得宇宙中的電子沒有負能量呢？穩定原子的存在顯示出電子不可能遭遇到這樣的命運。

迪拉克藉由推論所有負能量態都被填滿來拯救他的理論，包利不相容原理則使得其他電子不會掉入負態中，但是如果在填滿的負態海中的電子具有足夠能量時，如吸收光子能量$h\nu > 2mc^2$，它可以跳離此海並且變成具有正能量的電子（圖13.2），此過程會留下一個位於負能量電子海中的一個電洞，就如同半導體能帶中的電洞一樣，其特性就好像為具有正電荷的粒子——正子。此結果為光子轉換為電子－正子對的物質化過程$\gamma \to e^- + e^+$，如2.8節中所述。

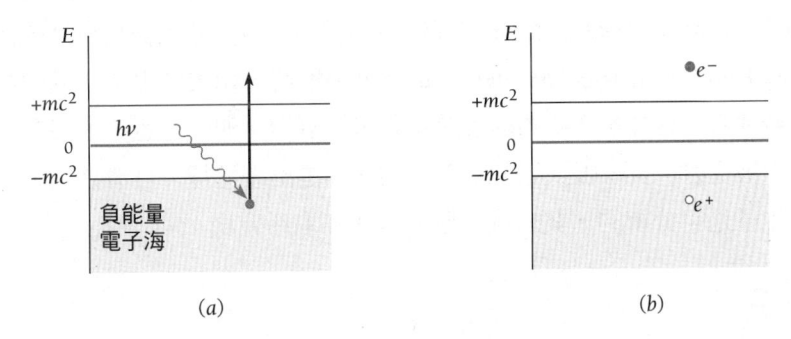

圖13.2 電子－正子配對產生。(*a*)能量$h\nu > 2mc^2$ (> 1.02 MeV)的光子被負能量電子吸收，使得電子具有正能量；(*b*)產生位於負能量電子海中的電洞，其行為就好像具有正電荷的電子。

當迪拉克發展他的理論時，正子仍未知，並且推測質子可能是電子的正電配對物，儘管它們質量不同。最後在1932年時，卡爾‧安德森(Carl Anderson)清楚地在宇宙射線和大氣中的原子核間所產生的碰撞中，量測到二次粒子游中的正子。

正子為電子的**反粒子**(antiparticle)，所有其他的基本粒子也有反粒子，少部分如中性π為自己的反粒子，而一個粒子的反粒子具有相同的質量；自旋，如果不穩時有生命期，但是其電性相反，而其自旋與磁力矩之間的排列或反排列方向也和粒子相反。

微中子和反微中子

微中子ν和反微中子$\bar{\nu}$的區別是很有趣的，微中子的自旋方向和其運動方向相反，如圖13.3所示，從後面看微中子自旋方向為逆時針方向。另一方面，反微中子的自旋方向和運動方向相同，從後面看時，其自旋為順時針方向，因此微中子以左手螺旋在空間中運動，而反微中子則以右手螺旋運動。

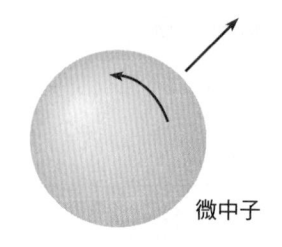

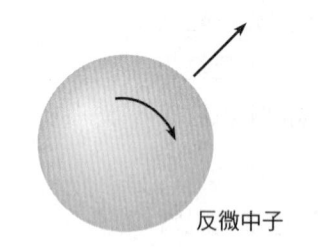

圖 13.3 微中子和反微中子具有相反的自旋方向。

在1956年以前，一般都假設微中子可以為左手或右手螺旋，這暗示了在它們之間除了自旋方向以外不可能有差別，微中子和反微中子是相同的粒子，這個假設的答案可回溯到萊布尼茲(Leibniz)(和牛頓同時期，並且為微積分的另一個發明者)。論證如下：如果我們分別直接或在鏡中觀察一個物體或某種物理過程，我們不能分辨出那個物體或過程是直接被觀測到，或是被反射而來的，按照定義，物理真實性的區別必須要能識別，否則將是無意義的。但是直接看到的東西和在鏡中所看到的東西之間的唯一差別即為左手和右手定則的交換而已，且所有物體和過程對於左右交換的發生機率相同。

這個看似正確的學理對於強和電磁作用而言，的確已在實驗中被證實，然而，直到1956年它被應用於僅牽涉到弱交互作用的微中子時，並未被真實地驗證過。李政道(Tsung Dao Lee)和楊振寧(Chen Ning Yang)推測，如果微中子和反微中子具有不同的旋轉性時，有許多重要的理論差異將可以解釋，即使它意味著沒有粒子可以像在鏡子中被反射。實驗很快地就在它們的理論提出後進行，且清楚地證明出微中子和反微中子是可分辨的，其自旋分別為左手和右手定則。

其他輕子

渺(muon, μ)和它相關的微中子ν_μ是在帶電π的衰變中首度被發現：

帶電π衰變　　　　　　　$\pi^+ \to \mu^+ + \nu_\mu \qquad \pi^- \to \mu^- + \bar{\nu}_\mu$ 　　　　　　(13.1)

在 11.7 節中討論的 π 為它所調解的核子間強力的連結。π 的質量介於電子和質子之間，且對於 $\pi^\pm$ 而言為不穩定，其平均生命為 2.6×10^{-8} s。中性 π 平均生命期為 8.7×10^{-17} s 且會衰變為兩個伽瑪射線：

中性 π 衰變 $$\pi^0 \to \gamma + \gamma \tag{13.2}$$

在 π 衰變中的微中子和貝他衰變中的微中子不同，而另一類的微中子的存在則在1962年被確定。一金屬靶以高能質子轟擊時會產生大量 π。相反的反應，回溯到微中子從這些 π 衰變僅產生 μ，而沒有電子，因此這些微中子在某些方面一定和貝他衰變中的微中子不同。

正 μ 和負 μ 具有相同的靜止質量 106 MeV/c^2 (207 m_e) 且自旋均為 $\frac{1}{2}$，其比較長的平均生命期為 2.2×10^{-6} s，兩種衰變都會產生電子和微中子－反微中子對：

渺衰變 $$\mu^+ \to e^+ + \nu_e + \bar{\nu}_\mu \qquad \mu^- \to e^- + \nu_\mu + \bar{\nu}_e \tag{13.3}$$

和電子一樣，μ 的正電態表示反粒子，但沒有中性 μ。

因為 μ 衰變相當慢且和所有輕子一樣，也不受強交互作用的影響，μ 很容易穿透大量物質。海平面的大量宇宙射線二次粒子為 μ，而 μ 的生命期夠長足以使得負 μ 可暫時取代原子電子而形成 μ 原子（見例 4.7）。

輕子的最後一個配對為 1975 年所發現的*濤*(*tau*, τ)，而其相關的微中子 ν_τ 直到 2000 年時都還沒被實驗確認。τ 的質量為 1777 MeV/c^2，幾乎為質子的兩倍且其平均生命非常短，僅為 2.9×10^{-23} 秒，所有的 τ 都帶電且會和適當的微中子一同衰變為電子、μ 或 π。

太陽的微中子奧秘

太陽和其他星球在其內部所發生的核反應產生大量的微中子，而這些微中子很明顯地能夠自由地在宇宙中移動，此反應中被釋放的幾個百分比的能量被微中子所帶走。

在太陽的情形中，所觀測到的光輝暗示了微中子的產生速率約為每秒 2×10^{38} 個，即是指每秒每平方公分中大約會有600億個微中子到達地球表面。為偵測這些具有高能量的微中子，戴維斯(Raymond Davis)在南達科他州的廢棄金礦地底1.5公里處設置了一個偵測器，以預防宇宙射線的干擾，這個偵測器包含了600噸的乾式清潔液態過氯乙烯(C_2Cl_4)，其反應如下

$$\nu_e + {}^{37}_{17}Cl \to {}^{37}_{18}Ar + e^-$$

氬同位素 ${}^{37}_{18}Ar$ 陷在液體中為溶解的氣體且可被分離，並且可由其貝他衰變為 ${}^{37}_{17}Cl$ 來確認。

在運作的18年期間,僅觀測到基於太陽內部的其他似合理的模型所預期,大約只有四分之一的微中子相互作用(一天少於一次),這個差異超過了量測和計算的不確定值。而最近利用對應於低能微中子方法的研究顯示出較小的差異,但仍然很大。這是在星球如何產生能量的理論中出現了某種嚴重的錯誤,但在其他方面和實驗觀察非常吻合。或是產生微中子,行進經過太空,以及與物質交互作用的理論也出現了錯誤,在其他的預測中都被證實為非常成功。

由於電子微中子(electron neutrinos)以及 μ 和 τ 微中子的存在有一假說。如果微中子具有質量(但必須非常小),則在其被創造出來之後,一種微中子或**味道**(*flavor*)可在該味道與另一種的微中子或上述兩者之間振盪。因為太陽僅釋放出電子微中子,如果當它們到達地球時具有不同的味道,在此所記錄到的電子微中子數目會比預期的還少,我們可以想像每種微中子味道並非具有明確身份的粒子,而為一些波之質量狀態的混合物,這些波會以不同速度前進。波會干涉,且隨著時間變化,不同味道的粒子被觀測到的可能性也會不同。

這個假說於1998年時,由位於日本超級神崗(Kamiokanda)偵測器證實,該偵測器能夠監測入射微中子和桶內50,000噸水的原子核間的交互作用所產生碎片釋放的賽倫克夫輻射(Cerenkov radiation)(參閱1.2節)。此結果顯示出 μ 微中子(由地球大氣中的宇宙射線 π 和 μ 的衰變所產生)的確會從 τ 微中子而來或轉變為 τ 微中子。更進一步的實驗無疑地可對電子微中子是否會產生振盪而轉換為一種味道或多種味道,提供一個明確的答案。此時太陽微中子奧秘似乎不再神奇,且顯示出微中子的確具有質量,這解決了一個七十年的老問題。

13.3 強子

Hadrons

粒子遭遇到強交互作用

與輕子不同,強子受到強交互作用的支配,表13.3列出了抵抗衰變為其他粒子最長生命期的強子。**介子**(*mesons*)為波色子且由一個夸克和反夸克所組成,目前大約已經知道140種。最輕的介子為 π,其他介子的質量都超過質子質量。**重子**(*baryons*)為費米子且由三個夸克所組成,共大約已知120種。在所列出的強子中,π^0 和 η^0 為自己的反粒子,帶電的 π 具有不同的電荷,故它們互為反粒子,但其他特性都相同,所以每個 π 同時為粒子和反粒子。

最輕的重子為質子,也是自由空間中唯一的穩定重子,或是明顯地穩定——目前的理論要求質子以很長生命期衰變,或許比實驗上所決定之下限 10^{32} 年還長。因此質子的最終穩定性仍然是個問題(提供比較,宇宙的年紀僅比 10^{10} 年稍長一點)。

表 13.3 一些強子和其特性。符號 S 表示 13.4 節中所討論的奇異數(strangeness number)，反粒子的奇異數為粒子的奇異數加上負號。

類別	粒子	符號	反粒子	質量 (MeV/c^2)	平均生命 (s)	自旋	S
介子	π (pion)	π^+ π^0 π^-	π^- 本身 π^+	140 135 140	2.6×10^{-8} 8.7×10^{-17} 2.6×10^{-8}	0	0
	K (kaon)	K^+ K^0_S K^0_L	K^- $\overline{K^0_S}$ $\overline{K^0_L}$	494 498 498	1.2×10^{-8} 8.9×10^{-11} 5.2×10^{-8}	0	+1
	η (eta)	η^0 η'	本身 本身	549 958	5×10^{-19} 2.2×10^{-21}	0	0
重子	核子 { 質子 中子	p n	$\bar{p}$ $\bar{n}$	938.3 939.6	穩定 889	$\frac{1}{2}$	0
	λ (lambda)	Λ^0	$\overline{\Lambda^0}$	1116	2.6×10^{-10}	$\frac{1}{2}$	−1
	Σ (sigma)	Σ^+ Σ^0 Σ^-	$\overline{\Sigma^-}$ $\overline{\Sigma^0}$ $\overline{\Sigma^+}$	1189 1193 1197	8.0×10^{-11} 6×10^{-20} 1.5×10^{-10}	$\frac{1}{2}$	−1
	Ξ (xi)	Ξ^0 Ξ^-	$\overline{\Xi^0}$ $\overline{\Xi^+}$	1315 1321	2.9×10^{-10} 1.6×10^{-10}	$\frac{1}{2}$	−2
	Ω (omega)	Ω^-	Ω^+	1672	8.2×10^{-11}	$\frac{3}{2}$	−3

中子雖然在原子核中為穩定，但是在自由空間中的貝他衰變使其轉變為質子，電子和反微中子，其平均生命為 14 分 49 秒。

所有不是核子的重子皆以不同方式衰變，且平均生命小於 10^{-9} s，但最後的結果總是質子或中子。舉例來說，如以下 Ω^- 重子的衰變序列：

$$\Omega^- \to \Xi^0 + \pi^- \\ \hookrightarrow \Lambda^0 + \pi^0 \\ \hookrightarrow p^+ + \pi^-$$

Ξ^0 和 Λ^0 粒子依次地比 Ω^- 輕的重子，而 π^- 和 π^0 介子本身會進行如前面所敘述的衰變，故 Ω^- 衰變的最後結果為一個質子、兩個電子、四個微中子，和兩個光子。

共振粒子

大部分表 13.3 中的粒子都存在夠久，所以在可量測長度的路徑上，可視為不同的個體在行進，且衰變的模式可以不同的裝置觀察。大量的實驗證據也指出許多生命期僅為 10^{-23} s 的強子的確存在，而在這麼短時間內的粒子概念意謂著什麼呢？10^{-23} s 又要如何量測呢？

位於CERN的質子－反質子對撞器的加速器一部分，在這個部分中，質子和反質子需以交流電場加速，並使用磁場將粒子聚焦且維持在圓形的路徑上，因它們需繞軌道運行數百萬次以獲得所需能量。

　　超短命的粒子不能藉由記錄它們的誕生和接下來的衰變來量測，因為即使它們以近似光速前進時，在10^{-23} s中所涵蓋的距離也僅為3×10^{-15} m，即強子的長度特徵尺寸。相反地，這樣的粒子將會出現在和長命粒子（因此很容易被觀察到）交互作用的共振態。共振態在原子像是能階，在4.8節中我們複習了法蘭克－赫茲實驗，藉由電子和原子的非彈性散射僅發生於某些特定能量，來證明原子能階的存在。

　　某些受激態的原子與其基態或另一受激態的原子不同。然而，這樣的受激原子並不會被認為是一種特殊情況。僅因為我們已很瞭解產生受激態的電磁交互作用，此狀況對基本粒子則有所不同，因為支配它們的弱和強交互作用比較複雜，直到最近人們仍不是真正瞭解它們。

　　讓我們來看基本粒子的共振現象和什麼有關，例如，做實驗以高能π^+介子轟擊質子，研究某些反應，如

$$\pi^+ + p \rightarrow \pi^+ + p + \pi^+ + \pi^- + \pi^0$$

高能質子和反質子間的碰撞會產生許多基本粒子，它的特性和衰變體系可藉由CERN巨大的國際聯合學院(UA1)量測器來研究。

π^+和質子交互作用的效應產生了三個新的π，在每個這樣的反應中，新介子的總能量由它們的靜止能量加上相對於質心的動能所組成。

如果我們繪出觀察到的事件數目對每個事件中新介子總能量的關係圖，我們會得到如圖13.4的圖形。很明顯地介子總能量傾向於783 MeV，而在549 MeV具有較弱的傾向，我們可以說反應在549和783 MeV顯示了共振，或是說這個反應會藉由產生質量為549或783 MeV/c^2的中間粒子來進行。

從圖13.4，我們可估計這些未帶電的中間粒子的平均生命期，如η和ω介子。在第12章中，我們使用下列公式

平均生命期 $$\tau = \frac{\hbar}{\Gamma} \tag{12.23}$$

來描述受激原子核態的平均生命期τ和對應共振峰的半高寬Γ的關係，在此運用相同的公式可得到η介子的平均生命期為5×10^{-19} s，而ω介子為7×10^{-25} s。

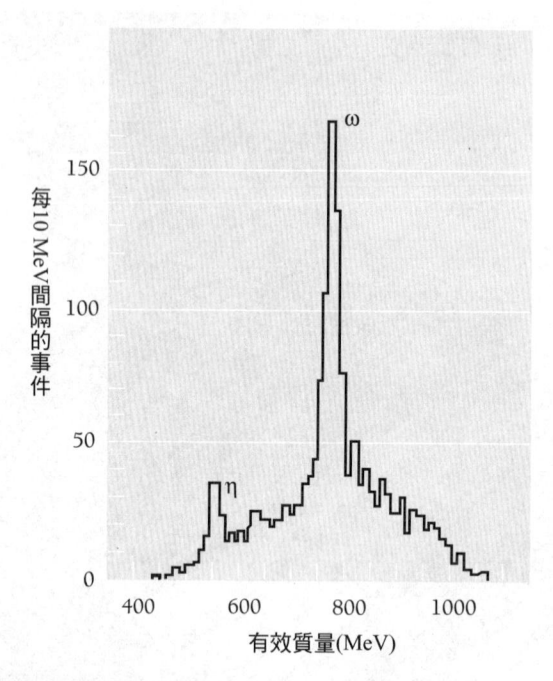

圖 13.4 在反應 $\pi^+ + p > \pi^+ + p + \pi^+ + \pi^- + \pi^0$ 中，共振態發生在有效質量為 549 和 783 MeV/c^2 時。有效質量意指總能量，包含了這三個新介子相對於質心的質能。

13.4 基本粒子的量子數
Elementary Particle Quantum Numbers

在外表混沌中找到秩序

數百種已知的基本粒子由共振的交互作用和衰變形成了似乎令人迷惑的陣列，藉由指派某些量子數給每個粒子以確立那些數為守恆，並且可在已知過程中變化來決定此狀況中的順序。我們已經熟悉兩種描述粒子電荷和自旋的量子數，這些量子數永遠守恆。而在本節中，我們將討論其他在瞭解基本粒子行為已證實為有用的量子數。

重子和輕子數

重子和三類輕子可用有一組量子數來表徵。對所有重子而言，**重子數**(*baryon number*) $B = 1$；而對所有的反重子，$B = -1$；所有其他粒子則為 $B = 0$。對電子和 e- 微中子而言，**輕子數**(*lepton number*) $L_e = 1$；對它們的反粒子 $L_e = -1$；所有其他粒子則為 $L_e = 0$。同樣地對 μ 和 μ- 微中子，輕子數 $L_\mu = 1$，對 τ 輕子和其微中子，輕子數 $L_\tau = 1$。

這些數的重要性在於每種過程中，B, L_e, L_μ 和 L_τ 的總值分別維持不變，重子數和每種輕子數將粒子計算為 $+$，而將其反粒子計算為 $-$，且絕對不會改變。

一個粒子數守恆的例子為中子衰變，在衰變前後 $B = 1$ 且 $L_e = 0$：

中子衰變

$$n^0 \to p^+ + e^- + \bar{\nu}_e$$
$$L_e: \quad 0 \quad\quad 0 \quad\quad +1 \quad -1$$
$$B: \quad +1 \quad +1 \quad\quad 0 \quad\quad 0$$

這是中子衰變的唯一方式，且其能量和重子數B仍然守恆。看似穩定的質子也是需要這些量子數守恆，由於並沒有較小質量的重子，因此它無法衰變。

例 13.1

證明π衰變、渺衰變和配對產生其輕子數L_e和L_μ守恆。

解

π衰變

$$\pi^- \to \mu^- + \bar{\nu}_\mu$$
$$L_\mu: \quad 0 \quad\quad +1 \quad -1$$

渺衰變

$$\mu^- \to e^- + \nu_\mu + \bar{\nu}_e$$
$$L_e: \quad\quad 0 \quad +1 \quad\quad 0 \quad\quad -1$$
$$L_\mu: \quad +1 \quad\quad 0 \quad +1 \quad\quad\quad 0$$

配對產生

$$\gamma \to e^- + e^+$$
$$L_e: \quad 0 \quad +1 \quad -1$$

奇異

引進重子和輕子數仍會在基本粒子世界中留下一些不嚴謹的部分。特別是，發現許多行為不如預期的粒子稱為「**奇異粒子**」(strange particles)。例如，它們僅配對產生，且以某種方式衰變，不會藉由守恆定律允許的方式衰變，為闡明這些觀察，吉爾曼(Murray Gell-Mann)和西駿(K. Nishijina)分別引進了**奇異數**(strangeness number) S，表 13.3 列出了粒子的奇異數。

奇異數 S 在強和電磁作用所調解的所有過程中皆守恆，$S \neq 0$ 時粒子的多重產生為此守恆定律的結果，質子－質子碰撞的結果即為一例：

$$p^+ + p^+ \to \Lambda^0 + K^0 + p^+ + \pi^+$$
$$S: \quad 0 \quad\quad 0 \quad\quad -1 \quad +1 \quad\quad 0 \quad\quad 0$$

另一方面，S可在弱交互作用影響的事件中變化，藉由弱交互作用產生的衰變相當慢，大約比藉由強交互作用（如共振粒子）進行的衰變還慢十億倍或是更多。還有弱交互作用不允許S在一次衰變中變化超過±1，因此Ξ^-重子並不會直接衰變為中子，因為

$$\Xi^- \to n^0 + \pi$$
$$S: \quad -2 \quad\quad 0 \quad\quad 0$$

而會藉由兩個步驟：

$$\begin{array}{cccccccc} & \Xi^- & \to & \Lambda^0 & + & \pi^- & & \Lambda^0 \to n^0 + \pi^0 \\ S: & -2 & & -1 & & 0 & & -1 \quad\; 0 \quad\; 0 \end{array}$$

對稱和守恆定律

一個在本世紀早期被德國數學家艾米‧諾瑟(Emmy Noether)所發現值得注目的理論聲稱

每個守恆定律對應到自然界中的一種對稱。

「對稱」(symmetry)的意義為何？一般而言，當某一特定作用對某些事物沒有產生改變，即表示有某種特殊的對稱存在。蠟燭對於其垂直軸而言為對稱，因為它可以繞此軸轉動而在外觀或是其他特徵上並沒有不同，而鏡子中的反射也為對稱。

最簡單的對稱運作為空間中的移動，意指物理定律並不和我們選擇的座標系的原點在那裡有關。諾瑟證明了自然界描述的不變性和空間中的移動產生了線性動量守恆的結果。另一個簡單的對稱運作為時間移動，意指物理定律並不隨我們選定何時為 $t=0$ 有關，且此不變性會產生能量守恆的結果。在空間中轉動的不變性則是指物理定律不隨它們所使用座標軸的轉向有關，因此有角動量守恆的結果。

電荷守恆和**規範轉換**(*gauge transformations*)有關，規範轉換為純量和向量電磁位能 V 和 $\mathbf{A}$ 零點的位移（在電磁理論中有詳盡的說明，電磁場可以位能 V 和 $\mathbf{A}$ 來表示，而不用 $\mathbf{E}$ 和 $\mathbf{B}$，這兩個描述藉由向量微積分公式連結 $\mathbf{E}=-\nabla V$ 和 $\mathbf{B}=\nabla\times\mathbf{A}$），規範轉換使得 $\mathbf{E}$ 和 $\mathbf{B}$ 不會被影響，因為後者可藉由微分位能來得到，而此不變性導致了電荷守恆。

在系統中相同粒子的交換為導致系統波函數特性仍能保存的對稱性，在此交換中波函數可能是對稱的，且粒子不會遵守包利不相容原理，系統遵守了波色－愛因斯坦統計，或它可能是反對稱的，其粒子遵守不相容原理，系統遵守費米－迪拉克統計。**統計守恆**(*conservation of statistics*)（或等效而言如波函數對稱或反對稱）顯示出在一個隔離系統內所發生的任何過程中，沒有一個過程可以改變的系統行為。一個顯示波色－愛因斯坦統計行為的系統並不能自發地改變自己而呈現費米－迪拉克統計行為，反之亦然。這個守恆原則可應用於核子物理，其中發現了例如奇數核子（質量數 A 為奇數）的原子核遵守費米－迪拉克統計，而偶數 A 的狀況則遵守波色－愛因斯坦統計，統計守恆為核子反應必須更進一步注意的條件。

許多比上面提到更精巧且抽象特性的量為與重子、輕子數與奇異數相關的對稱性，這些對稱性是很重要的思考，因為它導致了現代基本粒子理論的建立，例如最著名的強子的夸克模型。

艾米・諾瑟(Emmy Noether, 1882-1935)在德國出生，且在數學家的環境中長大，包括其父親和哥哥，她的數學研究主要是在代數，有才氣且富創意性，而她的論文及教學也有很重大的影響。1919年她前往位於哥廷根大學非常突出的數學中心，當時該校的氣氛對女性具有敵意，她發現在那兒要得到地位是很困難的，儘管她被偉大的數學家希伯特(David Hilbert)所賞識：「我沒有看到為何性別因素該阻擋她被任命為無薪大學教師，畢竟我們不是公共澡堂。」納粹德國的興起使她於1933年時前往美國，隨後她在普林斯頓的高等研究院一段時間，之後她在布萊恩・梅爾(Bryn Mawr)擔任教授。她曾做了一次看似很成功的手術，但後來的併發症在她53歲時結束了她的生命，即使當時她仍然充滿著靈感與活力。

八重法

從表13.3中，我們可以看到有的強子家族成員的質量相似但是電荷不同，這些家族稱為**多重態**(*multiplets*)，而這些多重態的成員自然可代表單一基本實體的不同電荷態。

所謂**八重法**(*eightfold way*)的強子分類系統是由吉爾曼和尼耶曼(Yuval Ne'eman)獨立提出，此法可適用在許多生命短的共振粒子和表13.3中相當穩定的強子。此法收集了許多多重態而變為超多重態，且其成員具有相同自旋但不同電荷和奇異，圖13.5顯示了兩個超多重態，而圖13.6顯示由自旋$\frac{1}{2}$重子和自旋0介子所組成，都非

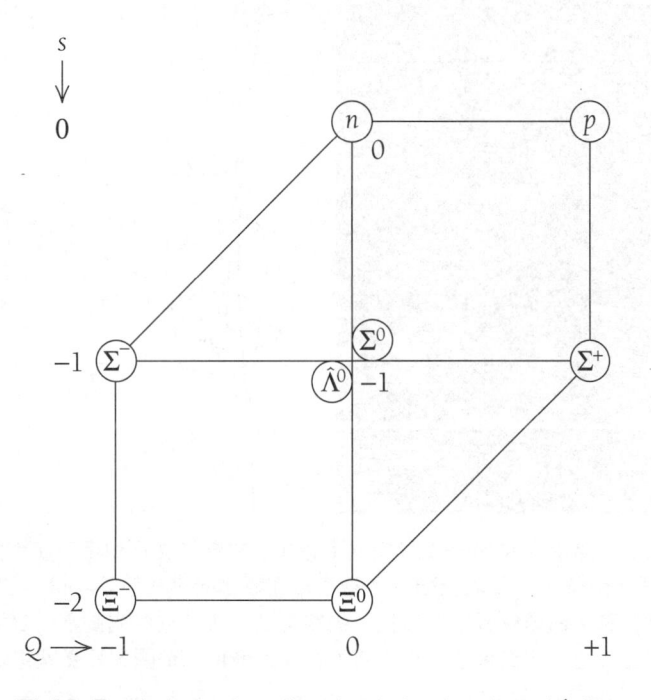

圖 13.5 在奇異S對電荷Q（單位為e）關係圖的$\frac{1}{2}$自旋重子超多重態。

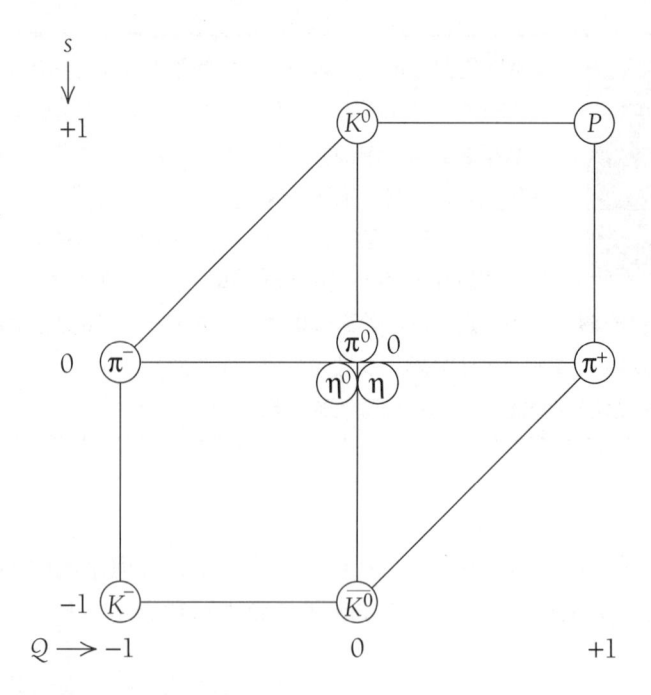

圖 13.6 自旋為 0 的介子超多重態。

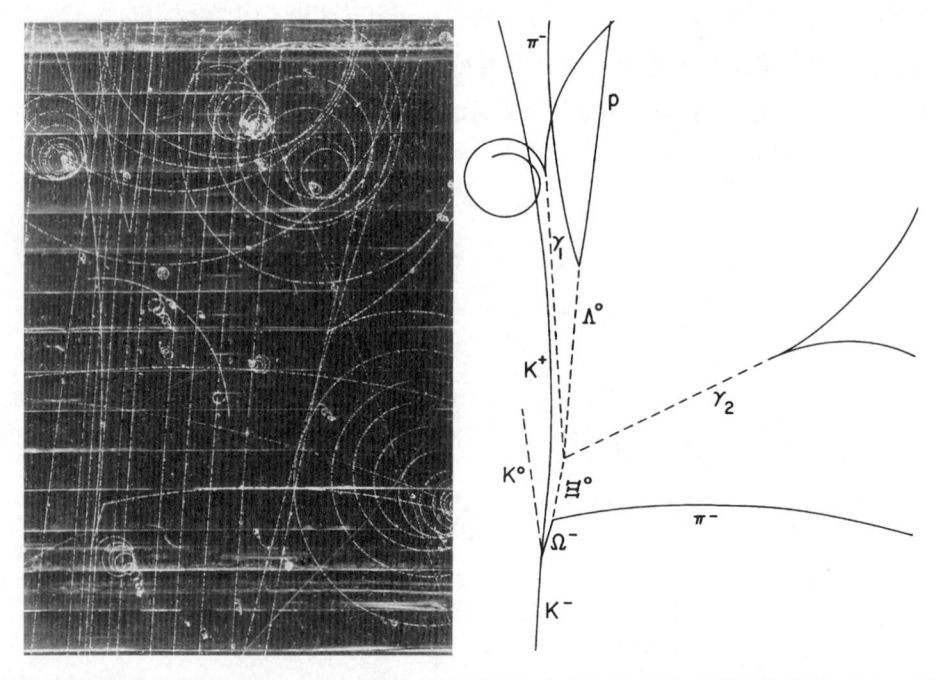

液態氫氣泡室圖照片顯示由 K^- 介子（從底向上移動）和質子交互作用所產生的 Ω^- 重子，隨後 Ω^- 衰變為 Ξ^0 重子和 π^- 介子。此略圖顯示了產生每道痕跡的帶電粒子身份。虛線指示中性粒子的路徑，它不留痕跡。磁場會偏折帶電粒子的路徑並且決定它們的動量，Ω^- 重子在1964年被發現之前已先被理論地預測出來了（布魯克海文(Brookhaven)國家實驗室惠准使用照片）。

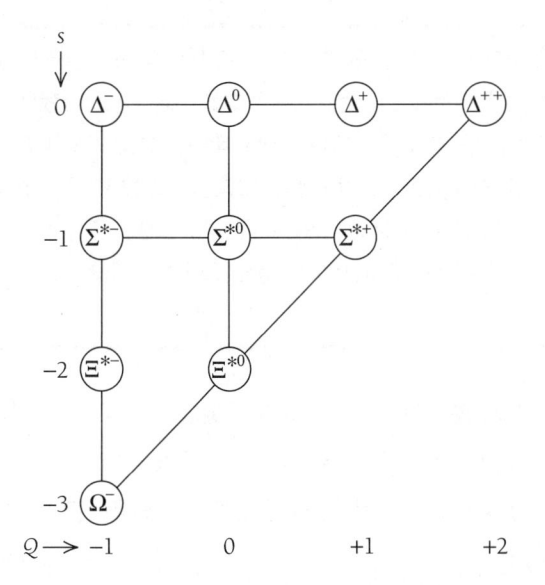

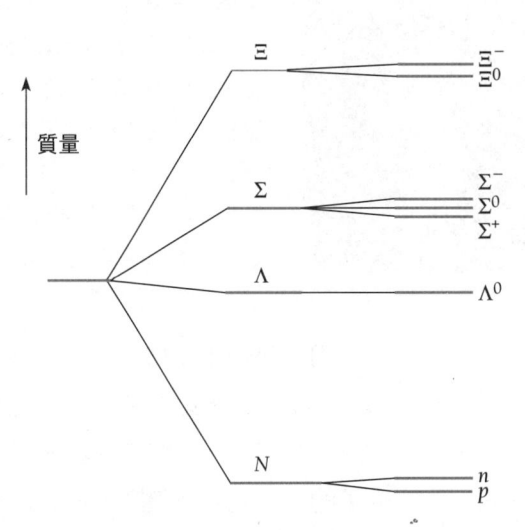

圖 13.7 重子超多重態成員為 $\frac{3}{2}$ 自旋（Ω^- 除外）時為一短生命的共振粒子，此處 Ξ^* 和 Σ^* 粒子較重且和表 13.3 中的粒子具有不同的自旋，Ω^- 粒子可由此預測出來。

圖 13.8 圖 13.5 所示之重子超多重態的來源。

常穩定不會受到強交互作用而產生衰變。圖 13.7 顯示由自旋 $\frac{3}{2}$ 重子組成的超多重態，除了 Ω^- 以外皆為共振粒子。當多重態理論成功時，Ω^- 粒子仍未知是否存在，但稍後的發現確認了這個分類法的正確性。

每個超多重態的成員在沒有任何交互作用時會相同，而多重態之間的差異性是由交互作用所造成。圖 13.8 顯示出這個觀念如何應用於圖 13.5 中的重子超多重態中。強交互作用將基本的重子態分裂為四個成份 Ξ, Σ, Λ 和 N（對核子而言），而電磁作用會再分裂為 Ξ, Σ 和 N 為多重態，因為強交互作用遠比電磁作用強，多重態之間的質量差異比多重態成員之間的差異大很多，因此在 p 和 n 質量之間差為 1.3 MeV 而已，但是將它們從 Λ 質量分離為 176 MeV。

13.5 夸克

Quarks

強子的終極組成物

嘗試解釋為何只會產生某種強子族，如圖 13.5、13.6 和 13.7，使得吉爾曼和則威格 (George Zweig) 分別於 1963 年提出所有重子由三個更基本的粒子所組成。從喬伊斯 (James Joyce) 的《芬尼根守靈夜》(*Finnegan's Wake*) 小說中出現的句子：「三個集合標誌的夸克」得來的靈感，吉爾曼將這些粒子稱為**夸克**(*quarks*)。最初的夸克被稱為**上**(*up, u*)、**下**(*down, d*) 和**怪**（或奇異）(*strange, s*)，其中 u 和 d 夸克的奇異數為 $S = 0$，而 s 夸克 $S = -1$（表 13.4）。

莫瑞·吉爾曼(Murray Gell-Mann, 1929-)出生於紐約並且在15歲時進入耶魯大學就讀,他在1951年於麻省理工學院拿到博士學位,隨即赴普林斯頓高等研究院和芝加哥大學從事研究,之後加入加州理工學院成為教授。在1953年時,吉爾曼引進奇異數及其在某種交互作用中的守恆性,使得我們更加瞭解基本粒子的特性。1961年時他想出一個能將基本粒子分類的方法而預測了隨後發現之Ω^-粒子,兩年後他提出夸克的概念,夸克為粒子受到強交互作用時的終極組成物。他於1969年得到諾貝爾物理獎。

因為每個重子($B = 1$)由三個夸克所組成,所以夸克的重子數為$B = \frac{1}{3}$;反重子($B = -1$)由三個反夸克組成,故反夸克的重子數必定為$B = -\frac{1}{3}$;而$B = 0$的介子則由一個夸克和一個反夸克組成。夸克自旋均為$\frac{1}{2}$,這也說明了重子的半整數自旋,和介子的自旋為0或整數。

為了要使強子具有0或整數倍的$\pm e$電荷,各種夸克必須具有表13.4中所示之分數電荷。自然界中沒有其他粒子具有分數電荷,這也使得夸克假說一開始很難被接受,但是很快地證據也證明出夸克的存在性,指出夸克存在最直接的實驗和質子所產生的高能散射電子(因此為短波長)有關,並顯示出在質子中的確有三個像點一樣的電荷濃度分布。夸克和輕子一樣被認為是基本粒子,且為沒有內在結構的點粒子,圖13.9顯示出圖13.5中強子的夸克組成,表13.5則詳細地說明了一些強子的特性是由它們所包含的夸克而來,圖13.10為核子與反核子的夸克模型。

顏色

由重子為夸克所組成的觀念所產生的一個嚴重的問題,是在某一個特別的粒子中(如質子中的兩個u夸克和Ω^-重子中的三個s夸克),因為它們為自旋$\frac{1}{2}$的費米子,所以同樣種類的兩個或三個夸克會違背不相容原理。為解決這個問題,有人推論夸克和反夸克具有某種能以六種不同方式來顯示之額外特性,而不像電荷可藉由正和

表 13.4 夸克。所有自旋皆為$\frac{1}{2}$而重子數為$B = \frac{1}{3}$,反夸克電性和夸克相反,且重子數為$B = -\frac{1}{3}$。奇異反夸克的奇異數為$S = 1$。

夸克	符號	質量(GeV/c^2)	電荷(e)	奇異
上	u	0.3	$+\frac{2}{3}$	0
下	d	0.3	$-\frac{1}{3}$	0
怪(奇異)	s	0.5	$-\frac{1}{3}$	-1
魅	c	1.5	$+\frac{2}{3}$	0
頂	t	174	$+\frac{2}{3}$	0
底	b	4.3	$-\frac{1}{3}$	0

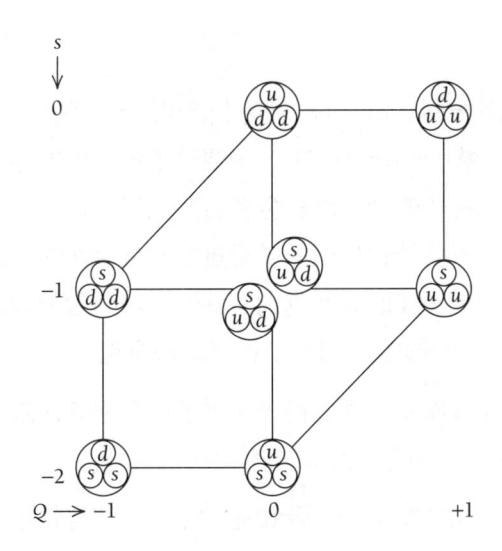

圖 13.9 圖 13.5 中 $\frac{1}{2}$ 自旋重子的夸克組成。

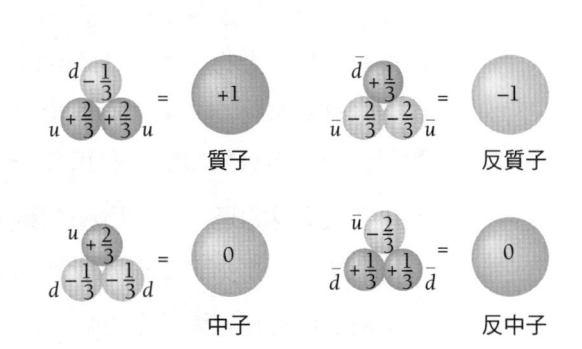

圖 13.10 質子、反質子、中子和反中子的夸克模型，電荷單位以 e 來表示。

表 13.5 根據夸克模型的強子組成。

強子	包含的夸克	重子數	電荷(e)	自旋	奇異
π^+	$u\bar{d}$	$\frac{1}{3}-\frac{1}{3}=0$	$+\frac{2}{3}+\frac{1}{3}=+1$	$\uparrow\downarrow=0$	$0+0=0$
K^+	$u\bar{s}$	$\frac{1}{3}-\frac{1}{3}=0$	$+\frac{2}{3}+\frac{1}{3}=+1$	$\uparrow\downarrow=0$	$0+1=+1$
p^+	uud	$\frac{1}{3}+\frac{1}{3}+\frac{1}{3}=+1$	$+\frac{2}{3}+\frac{2}{3}-\frac{1}{3}=+1$	$\uparrow\uparrow\downarrow=\frac{1}{2}$	$0+0+0=0$
n^0	ddu	$\frac{1}{3}+\frac{1}{3}+\frac{1}{3}=+1$	$-\frac{1}{3}-\frac{1}{3}+\frac{2}{3}=0$	$\downarrow\downarrow\uparrow=\frac{1}{2}$	$0+0+0=0$
Ω^-	sss	$\frac{1}{3}+\frac{1}{3}+\frac{1}{3}=+1$	$-\frac{1}{3}-\frac{1}{3}-\frac{1}{3}=-1$	$\uparrow\uparrow\uparrow=\frac{3}{2}$	$-1-1-1=-3$

負兩這種不同的方式來顯示特性。在夸克的例子中，這個特性被稱為顏色(color)，且它的三個可能性稱為紅、綠和藍，而反夸克顏色為反紅、反綠和反藍。

根據顏色假說，在重子中的所有三個夸克具有不同的顏色，甚至是兩個或三個夸克相同時，因為它們位於不同的態，所以滿足不相容原理。這樣的結合可類比於紅光、綠光和藍光結合成白光（但除了在夸克和真實視覺顏色之間的隱喻之外，並無任何關連）。同樣地，一個反重子由一個反紅、一個反綠和一個反藍夸克所組成。介子由一單色夸克和其反色的反夸克所組成，因此會產生顏色抵消作用，結果是

強子和反強子都沒有顏色

總之夸克顏色為強子中很重要的特性，但從來沒有直接在其以外的世界中被觀察到。

夸克顏色的觀念只不過是環繞著不相容原理而來，對一件事來說，此觀念變為解釋為何中性 π 具有可觀察到的生命期，其更深層次的意義是，強交互作用可視為是由夸克顏色所致，就像電磁相互作用是由電荷所致一樣。

味道

夸克不但有三種顏色,還需要額外種類的**味道**(flavor),夸克才能補足原先的 u, d 和 s 三個一組,見表 13.4,第一個新的稱為**魅**(charm)夸克 c,主要藉由輕子對的存在類比所提出:如果夸克和輕子一樣為基本粒子的話,應該也會有夸克對存在,這可能沒有引起很大的討論,但是不同種類的對稱性在物理中被證實為非常合理的,這樣的夸克其電荷為 $+\frac{2}{3}e$,而魅量子數為 +1,其他的夸克則有 0 魅。魅明顯地會影響某些強子的衰變希望,而包含 c 和 $\bar{c}$ 夸克的魅重子和介子也已經被發現。

令人驚訝的是,一般物質的所有特性可僅基於兩個輕子、電子以及相關的微中子、兩個(上和下)夸克來理解,這些粒子組成了表 13.6 的第一代。

第二代的兩個輕子和兩個夸克——渺和其微中子、魅和怪夸克——使得粒子不穩定並且在高能碰撞中產生共振,所有的第二代都會衰變為第一代。在第三代中,輕子為 τ 介子,質量 1.74 GeV,幾乎是質子和它的微中子的二倍。夸克被稱為**頂**(top)和**底**(bottom),兩者都非常重,皆比質子重很多倍,這也是為何含有這些夸克的強子僅能在最高能量事件中產生,底夸克在 1977 年時被驗證,而頂夸克直到 1995 年時才獲得證實。

會有更新的一代嗎?明顯地不會,對輕子和夸克代的數目很敏感的實驗清楚地指出恰有三代。

夸克侷限

但是對於所有強子的夸克模型說服力,以及尋找自 1963 年以來所發展的成果而言,沒有夸克是能夠獨立存在的。夸克現在的狀態可能就像微中子理論被提出後的二十五年:它們的真實性是被間接的證據所推測出來,但是它們的基本特性阻礙了它們被發現。然而對應的比較並不正確,微中子難以理解僅由於它和物質的微弱交互作用,另一方面,顏色力的基本觀念似乎使得夸克無法獨立存在於強子之外。事實上,偵測一個自由夸克即表示所謂的**量子色動力學**(quantum chromodynamics)的理論失效,因為此理論描述這些夸克及其行為。

夸克侷限的解釋是,兩個夸克間的吸引力就好像它們被一條彈簧連結一樣,當它們離開正常的間隔越大,兩個夸克間的吸引力越大。這意謂著需要越來越多的能量以增加它們之間的距離,但是能量增加至足夠大時,強子中的夸克不會裂開而互相遠離,多出的能量則會產生夸克-反夸克對,這導致了會有介子逃脫。為描述此效應,圖 13.11 顯示出當高能伽瑪射線光子撞擊中子(組成為 udd)且產生夸克-反夸克對 $u\bar{u}$ 時所發生的情形,夸克 $udd + u\bar{u}$ 會重新排列為一質子(duu)和一負 π ($\bar{u}d$),故淨反應為

表 **13.6** 夸克和輕子以及影響它們的交互作用，一般物質只和第一代有關，而每個夸克和輕子有反夸克和反輕子。

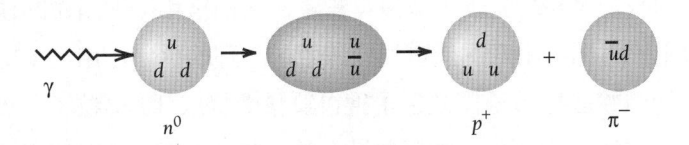

		夸克		輕子	
代	第一	上 u	下 d	電子 e	e-微中子 ν_e
	第二	魅 c	怪（奇異） s	渺 μ	μ-微中子 ν_μ
	第三	頂 t	底 b	濤 τ	τ-微中子 ν_τ
電荷	電	$+\frac{2}{3}$	$-\frac{1}{3}$	-1	0
	顏色	紅綠藍		無色	
交互作用	顏色 電磁 弱				

圖 13.11 無論多少能量傳遞給強子，絕不會出現單一夸克。在此能量藉由光子傳遞給中子，結果在中子裡面產生夸克－反夸克對。各種夸克可能會重新排列成為一個質子和負 π。

$$\gamma + n^0 \rightarrow p^+ + \pi^-$$

夸克侷限不能分離並非是物理中的唯一例子，例如磁石的南北極並不能單獨存在，如果我們將磁石拉開使其分裂時，會變成兩個磁石，每個磁石具有一個南極和北極，而非獨立的南極和北極。

13.6 場波色子
Field Bosons
交互作用的載子

如我們在11.7節中所看到的，兩個粒子之間的交互力可視為藉由它們之間其他粒子的交換來傳送，此觀念適用於所有基本的交互作用，這些交換的粒子皆是波色子，列在表13.1中。**引力子**(*graviton*)為重力場的載子，引力子應該沒有質量且穩定，自旋為2且以光速行進，它的質量為0可由重力的無限制範圍推論出來。如果能量守恆的話，測不準原理要求力的範圍和被交換粒子的質量成反比(見式(11.19))，只有引力子質量為0，重力交互作用可以有無限大的範圍，引力子和物質間的交互作用相當微弱，使其非常難量測到，目前並沒有明確實驗證據支持或反對引力子的存在。

弱交互作用的載子稱為**中間向量波色子**(*intermediate vector bosons*)，並且有兩種。因為弱交互作用範圍很短，故這樣的粒子質量很大，其中一種稱為W，自旋為1且電荷為$\pm e$，負責平常的貝他衰變，其質量為質子的85倍；另一個稱為Z，自旋也為1，電中性，比W($97m_p$)重，它的作用似乎都限制在某些高能的反應事件。兩者都在大約10^{-25} s衰變，雖然W粒子為弱交互作用的自然伴隨物，且在許多年前已提出，Z粒子的觀念則是在最近才結合弱和電磁交互作用的理論而發展出來，它的發現確認了這個理論。

弱和電磁交互作用之間的連結獨立地在1960年代時由溫柏格(Steven Weinberg)和沙朗(Abdus Salam)提出。建構此理論所需克服的關鍵問題為弱力的載子具有質量，而電磁力的載子，亦即光子，並沒有質量。溫柏格和沙朗所做的便是證明在基本層次上，這兩種力都是由四個無質量的波色子調解的單一作用力。經過一個稱為自發對稱斷裂的微妙過程，三個波色子獲得質量而變成W和Z粒子，故其範圍減小至整個交互作用中較弱的部分。觀察此狀況的一種方式便是將W和Z波色子的質量視為它們偶然具有的特性而非本身的特質，第四個電弱波色子——光子，仍維持無質量且整個交互作用的電磁部分其範圍仍維持無限大。

因為強子似乎是由夸克組成，強子間的強交互作用基本上就是會想到夸克間的交互作用，夸克交換所產生此作用的粒子稱為**膠子**(*gluons*)，並且已有八種膠子被提出，膠子不具質量且以光速行進，且每個膠子帶有一種顏色和反顏色。膠子可被夸克吸收或放射而改變夸克的顏色。例如，一個發射藍－反紅膠子的藍色夸克會變成紅色夸克，而吸收此膠子的紅色夸克會變成藍色夸克。因為膠子具有顏色變化，它們應該能相互作用以形成分開的粒子——膠球(*glueballs*)。然而，目前為止膠球的尋找仍然一無所獲。

13.6 場波色子　　13-23

薛爾頓・李・格拉蕭
(Sheldon Lee Glashow, 1932-) 在紐約市成長並且在1958年時於哈佛大學獲得博士學位，現在他也在那兒擔任物理學教授。他是朱利安・史溫格(Julian Schwinger)的學生；史溫格是量子電動力學的先驅，他對於弱交互作用及其與電磁作用可能的關聯性感到興趣。在1961年時格拉蕭跨出了第一步，找到證明連結這些關係的正確路徑，最後在1967年時由溫柏格和沙朗分別證實，他們三人因為在電弱理論的貢獻而共同獲得了1979年的諾貝爾獎，此理論的最終確認是在1983年，當時預測中的 W 和 Z 粒子被日內瓦的CERN實驗室從實驗觀測到。1970年時格拉蕭和兩個同事提出魅夸克的存在，包含魅夸克和反魅夸克的粒子則在幾年後被發現，現在被稱為標準模型的理論結合了強交互作用和電弱交互作用，使得格拉蕭和霍華德・喬奇(Howard Georgi)於1974年時合理說明了許多不能解釋的觀測結果。

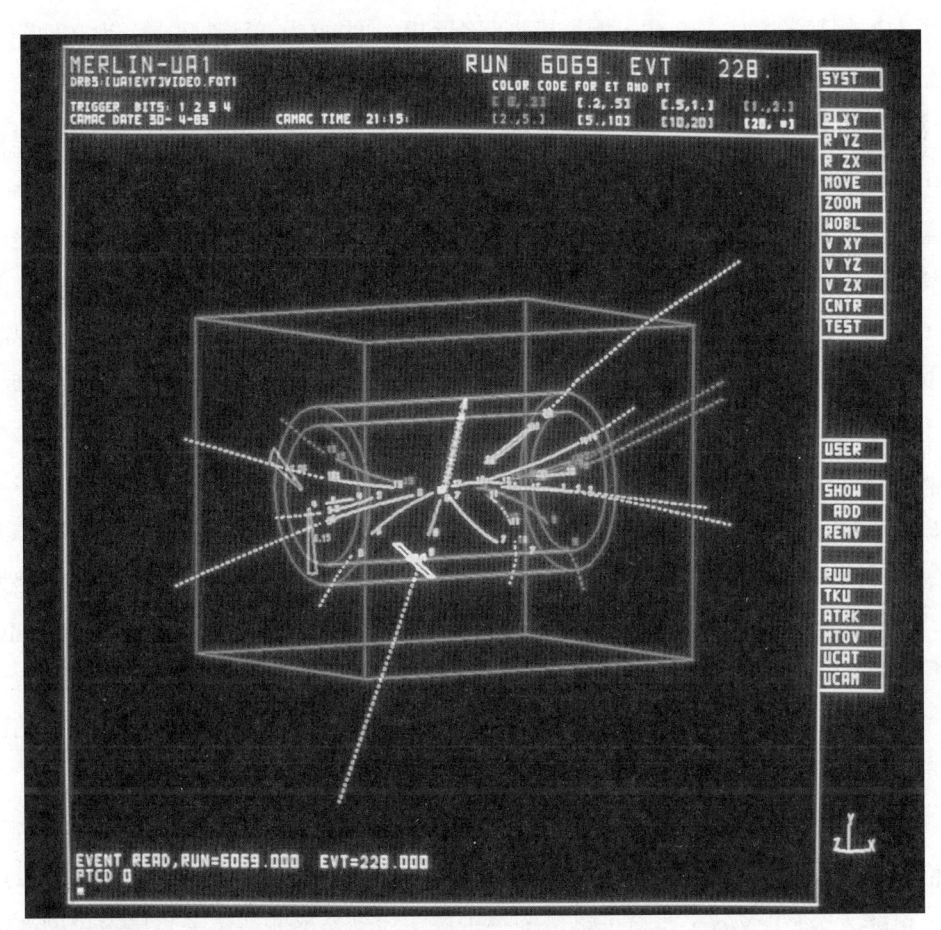

電腦重建質子與反質子碰撞而產生 W 波色子的結果，UA1偵測器如圖中所示，W 波色子為弱力的一個載子，於1983年時首度被CERN證實存在。

13.7 標準模型與超越其極限
The Standard Model and Beyond
把所有東西集合在一起

夸克如何交互作用的理論稱為量子色動力學，因為它是建構在量子電動力學上，而量子電動力學理論是成熟的理論，討論帶電粒子的相互作用，不同的是以夸克顏色取代電荷。量子色動力學嘗試去解釋夸克如何將其特性賦予強子，並且預測了在高能粒子實驗中已經被觀察到的一些效應。

強交互作用的理論加入電弱交互作用中而得到一個完整的構想，稱之為**標準模型**(*Standard Model*)，可描述小到 10^{-18} m 以內的物質結構，它包含了所有已知物質的組成物——六個輕子和六個夸克——以及控制它們行為的四個力中的三個最強的作用力。如其名所代表之意，標準模型已得到重大的成功，且其建立者也在他們多年來對於此理論的貢獻而得到了二十座以上的諾貝爾獎。

但是標準模型包含了太多不嚴謹的結論，因而不可能是最終的指示。首先是模型中的重要元素必須隨意加入，它並沒有告訴我們18個基本量的值，如輕子和夸克質量等，此模型要我們自己量測這些數值；的確，只有三代輕子和夸克的產生是由實驗得來的，而非理論。結合核子而形成原子核的強交互作用力係以介子交換來調解，而結合夸克而形成核子的顏色力係以膠子的交換來調解，強交互作用力可以說是顏色力呈現出來的結果。但實際上沒有人能從顏色夸克力詳細推導出強大的強子力。

希格斯波色子

為了輕子和夸克的標準模型能在數學上一致，蘇格蘭物理學家彼得·希格斯(Peter Higgs)證明了現在稱為**希格斯場**(*Higgs field*)的場必須存在於空間中的每一處。希格斯場具有另外的重要性：粒子藉由交互作用可獲得它們的特徵質量，交互作用越強時，質量越大。我們可將希格斯場視為通過該場粒子的某種黏性拉力，此拉力表現出來就是慣性，定義質量的特性。

和其他場一樣，一個粒子——在此稱為**希格斯波色子**(*Higgs boson*)——調解了希格斯場的作用。希格斯波色子的質量不能從標準模型中預測，但它被認為非常大，可能大至 1 TeV/c^2，為質子質量的一千倍。找到希格斯波色子將是證實標準理論最重要的步驟，若知道其質量和行為將會幫助解決此模型不嚴謹的結論。尋找希格斯波色子為建立比現有威力更強大的粒子加速器的動機之一，因為現有的加速器並不適用於找到此粒子。當然，沒人真正知道加速器會產生什麼東西——這正是建造它們最好的原因。其中有一台新的機器，位於瑞士CREN的大強子對撞器，耗資

40億美金，計畫於 2005 年開始運轉，此外，在芝加哥附近的費米國家實驗室中，另一個高級的加速器稱為太伏電子加速器(Tevatron)應該可更早加入運轉，但功率稍微弱了點（頂夸克便是利用原先的太伏電子加速器而發現）。

下一個步驟就是將電弱和顏色交互作用結合成**大一統理論**(*grand unified theory, GUT*)，以正確地顯示出輕子和夸克間的關係。在其他事情中，有效的GUT應該解釋為何電子、輕子、質子和夸克組成物具有相同大小的電荷。為達到此目的，所提出的GUT需要輕子－夸克交互作用存在，才能使得質子會以半衰期 10^{30} 至 10^{33} 年衰變，即意謂著今日的物質原本就不穩定，如同前面所提到的，實驗顯示出質子的半衰期至少為 10^{32} 年，故最終質子穩定度的問題至今仍沒有答案。

尋找滿意的GUT已經導致了新的對稱原理產生，稱為**超對稱**(*supersymmetry*)。如果宇宙為超對稱，每個粒子都會有其超對稱的配對物——**超粒子**(*sparticle*)——其自旋和配對粒子差了 $\frac{1}{2}$。因此每個費米子必須和一個波色子配對，且每個波色子也需和費米子配對。費米子輕子和夸克的波色子超配對子(superpartner)稱為超輕子(slepton)和超夸克(squak)，而場波色子 γ、$W^{\pm}$ 和膠子的費米子超配對子稱為微光子(photinos)、微諾子(winos)和微膠子(gluinos)。這超對稱(除了對假設性的新粒子有命名的樂趣之外)有兩個顯著的特點，第一是它將不同的理論整合到標準模型中，以形成更滿意的完整理論。第二是儘管做了許多實驗尋找，但並沒有發現超粒子。超粒子可能太重使其無法在現有的加速器中產生，而未來的加速器可能可以產生超粒子，在13.9節中所討論到的宇宙遺失「質量」可能是由超粒子所組成，雖然目前為止並沒有任何跡象顯示它的存在。

一個長期存在的問題，亦為當代物理最基本的問題之一，便是重力如何連結其他基本的交互作用。廣義相對論以時空特性解釋重力，且結論已在很多測試時驗證過了。但是廣義相對論並非是量子力學的理論，不像標準模型和已提出GUT模型的構成要件，故它在非常小的尺度中不能以它現在的形式成立。

根據它的支持者，**弦理論**(*string theory*)可以解決上述問題，且為最終萬有理論(Theory of Everything)的基礎。在此理論中，輕子、夸克和場波色子並非為時空四維空間 (x, y, z, t) 中的點，而是在十維空間中的弦振動迴圈。每個粒子型態表示弦迴圈中的不同振動模式，此迴圈僅為 10^{-35} m 寬，因此對我們而言像個粒子一樣。我們不明白多出來的六維空間為何，因為它們類比於二維平面被「捲起」（如一張紙）而可變成一維的線，數學上非常困難的弦理論納入了GUT的主要特性，並包含了特殊超對稱。

可能有多餘的隱藏空間維度的想法可回溯到1919年，當時波蘭數學家都鐸・卡路沙(Theodor Kaluza)幾乎要成功地擴展廣義相對論，藉由假設一個多餘的維度來

給原本空間中的每個點一個構想，可以將電磁包括進來。卡路沙的構想隨後被瑞典物理學家奧斯卡‧克萊恩(Oskar Klein)繼續發展，但是有一些結論和量測不符，如電子電荷和質量之間的比值。在1920年代伴隨量子力學的激勵，出現了物理學的一陣激盪紛擾，卡路沙和克萊恩的觀念逐漸勢微，直到半世紀後才因為可應用於弦理論中而再度獲得重視。

弦理論有許多吸引人的要素，最著名的是廣義相對論可以自然的方式出現。關於弦理論已有許多研究投入，其結果也鼓舞了許多物理學家相信它是象徵通往萬有理論的道路。但是目前為止，它的預測仍不能直接由實驗結果驗證，故沒有方法能知道在十維空間中的微小弦迴圈是否存在，和其振動是否組成了我們今日所看到的世界。

13.8 宇宙的歷史
History of the Universe

由霹靂開始

觀測到的宇宙均勻擴張指出大霹靂(Big Bang)大約於130億年前在時空中的一個奇異點開始，此點的能量密度和時間曲率皆為無限大。在沒有量子力學理論的重力時，在大霹靂發生之後的瞬間並沒有任何東西可被觀察。然而在10^{-43} s之後，結合強、電磁和弱交互作用的理論雖然並不完全，但還是有了一個概略的構想可描述現今所發生的事情。

在事件的初始，一個密度很大且很熱的物質火球，由大霹靂的輻射開始擴張，而在其特定溫度經過一連串的躍遷之後即開始冷卻。我們可類比為蒸氣，當其溫度降低時，會變成水然後再變成冰。圖13.12顯示出宇宙在溫度（實際上為kT）對時間圖中的不同相位，兩座標軸皆為對數刻度，此處kT的單位為電子伏特，例如10^{-4} eV對應到大約1 K。

普朗克長度和時間

在廣義相對論中有兩個基本常數：重力常數G和光速c。相似地，普朗克常數h為量子理論的基本常數，我們可以結合G, c和h成為一個「自然的」長度單位，稱為**普朗克長度**(Planck length) λ_P，

普朗克長度
$$\lambda_P = \sqrt{\frac{Gh}{c^3}} = 4.05 \times 10^{-35} \text{ m}$$

普朗克長度非常重要，因為對更短的距離，合乎測不準原理的量子擾動會違反廣義相對論的中心思想，即空間是平滑的幾何形狀。在較大的長度，量子理論和廣義相

對論都可以不同的觀點來描述物理的真實性。然而對長度小於 λ_P 而言，兩者都失敗，使得我們不得不忽略在這個尺度中的結構與事務。

物體以光速行進 λ_P 的時間稱為**普朗克時間**(Planck time) t_P，

普朗克時間
$$t_P = \frac{\lambda_P}{c} = \sqrt{\frac{Gh}{t^5}} = 1.35 \times 10^{-43} \text{ s}$$

為處理比 t_P 小的時間間隔，我們也需要一個能將量子理論和廣義相對論結合的理論，到目前為止尚未有這樣的理論出現。缺少這個理論意指今日我們沒有辦法去探索宇宙在大霹靂之後的前 10^{-43} s 看起來的模樣為何。

從 10^{-43} 至 10^{-35} s 時，宇宙從 10^{28} 冷卻至 10^{23} eV。在此能量下，強、電磁和弱交互作用合為一個單一交互作用(unified interaction)，並且被非常重的場粒子，即 X 波色子所調解。至於夸克和輕子則無法被分辨出來。然而在 10^{-35} s 時，粒子能量變得太低故無法產生自由 X 波色子，強交互作用和電弱交互作用而分開來。在這個時候，宇宙大約一毫米寬而已，夸克和輕子現在變成獨立。截至此時為止，物質和反物質的量相等，但是場波色子的衰變不對稱性導致了物質比反物質多了一點——或許僅多了三百億分之一而已。當時間繼續，物質和反物質相互消滅，故留下今日僅包含物質的宇宙。

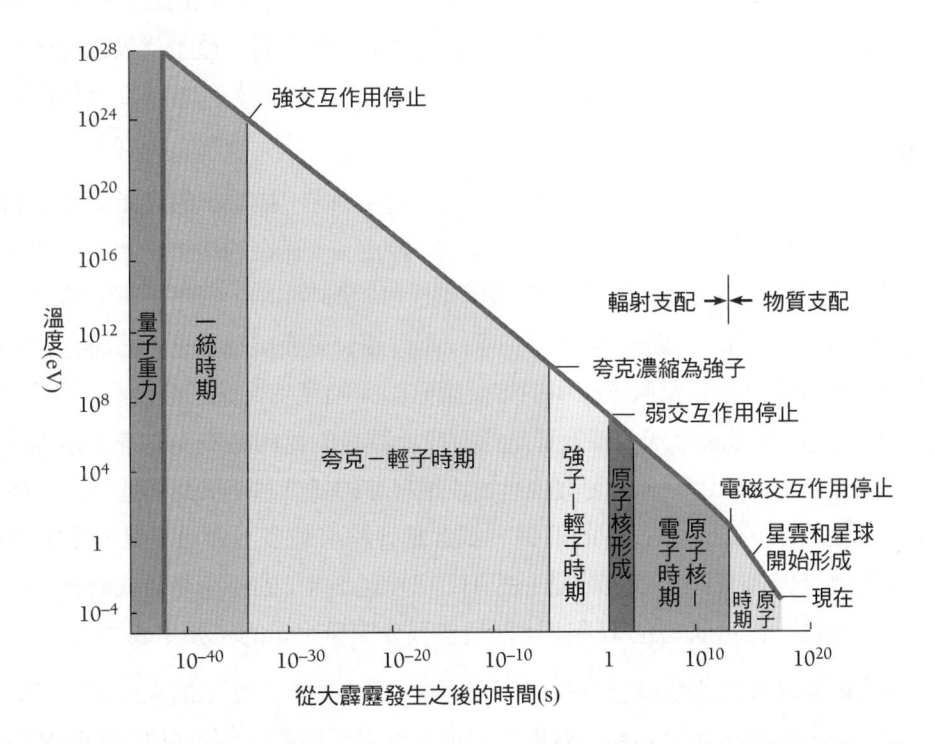

圖13.12 基於現今理論而繪的宇宙熱歷史，由於重力量子力學理論尚未出現，我們只能知道宇宙的狀態在大霹靂發生後 10^{-43} s 的事情。

標示著宇宙擴張的開始，且被認為是從太古火球所放射出的無線電波，首次由潘則士(Arno Penzias)和威爾森(Robert Wilson)在紐澤西的荷姆地(Holmdel)，利用附在 15 m 長天線的靈敏接收器量測而得。

從 10^{-35} 至 10^{-10} s 時，宇宙可說是由一個濃密的夸克和輕子湯所組成，其行為由強、弱電和重力交互作用所控制。在 10^{-10} s 時，冷卻會持續到電弱交互作用分離成今日我們所看到的電磁和弱交互作用，粒子的碰撞不強不足以產生代表電弱交互作用的自由 W 和 Z 波色子，而且它們會以 X 波色子消失，如同先前統一交互作用時期的 X 波色子一樣。

在 10^{-6} s 左右時夸克會濃縮成強子，在大約 1 s 時，微中子的能量會降低到不足以和強子－輕子湯反應，即弱交互作用的「停止」。存在的微中子和反微中子仍維持在宇宙中，但不會再參與任何進一步演化，從那時開始，質子不再能藉由反貝他衰變而轉變為中子，但是自由中子仍可以藉貝他衰變而變為質子。然而在許多中子衰變前，將中子納入氦原子核中的核反應已經開始產生。原子核合成大約在 $T = $ 5 分時停止，根據理論可知此時氦質量相對於總質量的比約為 23 至 24%，這也的確是今日大部分宇宙的比值。沒有發現星雲或是星球的氦含量小於這個比例，當然，在星球的生命中，由於核反應的關係，氦含量會越來越多，在可測量的太陽外層中，氦比例接近 28%，可確定的是一些 ^{2}H 和 ^{3}He 是從 ^{4}He 的不完全合成而來，並且會產生一些鋰，但目前為止 ^{1}H 和 ^{4}He 為最初五分鐘後宇宙的主要組成物。

從大霹靂之後的 5 分鐘至 100,000 年期間，宇宙由熱平衡下的氫、氦原子核及電子的電漿所組成，並且會釋放輻射。一但溫度降至氫原子的游離能 13.6 eV 以下時，將會形成氫原子且不會被打斷，物質和輻射不再作用，宇宙變為透明。則電磁

交互作用將會停止,和之前的強及弱交互作用一樣:光子的能量太小,故無法物質化而成為粒子－反粒子對,且在中性原子的宇宙中,制動輻射不能藉由加速離子來產生。

殘留的輻射持續地漫延整個宇宙,並且會碰到都卜勒效應而往更長更長的波長移動。今日的觀察者會預期此殘留的輻射從所有方向來的強度都相同,且其光譜和 2.7 K 相同的黑體相同,此輻射事實上也在地球和人造衛星所發射出的微波測量中被發現,因此我們有三個觀察能強列地支持大霹靂宇宙論:

1. 宇宙的均勻擴張。
2. 氫和氦在宇宙中的相對含量。
3. 宇宙的背景輻射。

一旦物質和輻射不再交互作用時,重力會變成宇宙演化最具影響的作用力。密度的擾動(其存在性已藉由1992年發現的2.7 K 輻射海中的不規則——「漣漪」——來證明)形成了裝飾今日夜空中的星雲和星球。早期的超新星爆炸湧出許多比氦還重的元素,且隨後納入其他星球或其環繞的行星,生命至少會出現在這些行星中的一個,且也有可能會出現在許多星球上,而帶領我們到今日的世界。

13.9　未來

The Future

「我的開始是我的結束」(*T. S. Eliot*,四重奏)

宇宙會持續膨脹嗎?這和宇宙包含多少物質及其擴張的速度多快有關,有下列三種可能性:

1. 如果宇宙的平均密度ρ比某一臨界密度ρ_c(擴張速率的函數)小時,宇宙是**開放的**(*open*),且擴張永不停止(圖13.13)。最後新星雲和星球將會停止形成,而現存的的星球將以黑矮星、中子星和黑洞終結它們的生命,一個冰冷的死亡。
2. 如果ρ大於ρ_c時,宇宙為**封閉的**(*closed*)。且重力遲早會停止擴張,然後宇宙會開始收縮,整個事件的進展恰好為大霹靂發生後的逆程序,最後將會變成大塌陷(Big Crunch)——一個炙熱的死亡,在那之後會再發生一次大霹靂嗎?如果是這樣的話,宇宙將是循環的,沒有開始也沒有結束。
3. 如果$\rho = \rho_c$,擴張將會以持續減少的速率進行,但是宇宙將不會收縮。在此狀況中,因為在此種宇宙之中的空間形狀之故,宇宙被稱為**平坦的**(*flat*)(圖13.14);如果$\rho < \rho_c$,空間為負曲面,在二維空間的類比即為鞍;如果$\rho > \rho_c$,空間為正曲面,二維的類比為球的表面,然而在所有狀況中,時空都是扭曲的(1.10節)。

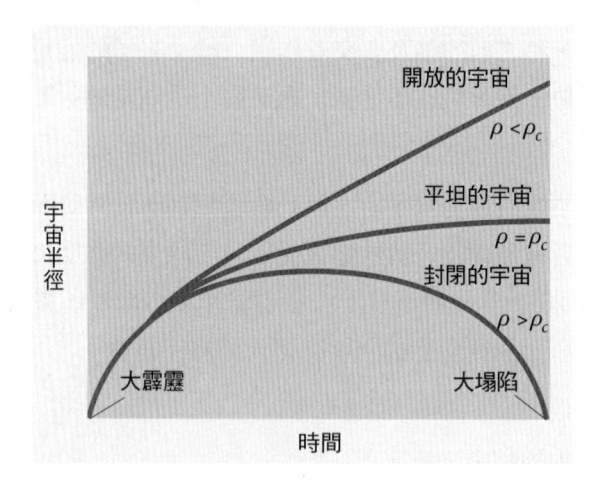

圖 13.13 三種遵守廣義相對論方程式的宇宙模型。數值ρ為宇宙的平均密度，臨界密度ρ_c大約在9×10^{-27} kg/m³ 附近，等效於每立公尺中有 5 個氫原子。

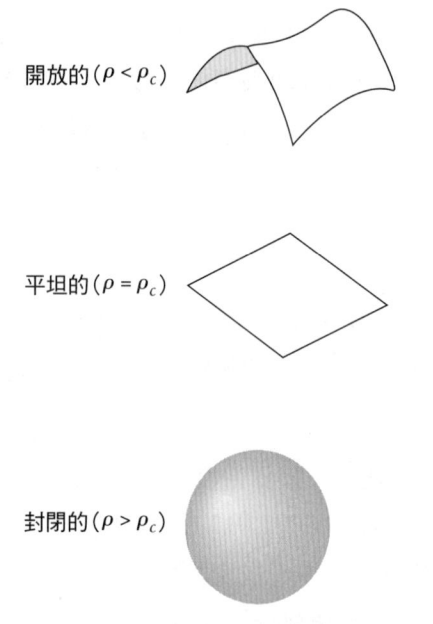

圖 13.14 在開放的、平坦的和封閉的宇宙的空間幾何形狀的二維類比。

為求出臨界密度值ρ_c，我們以找出脫離地球的速度同樣的方法開始。在地球表面質量為m的太空船之重力位能為U，因地球質量M，半徑為R，故$U = -GmM/R$（負位能對應到吸引力）。為了永遠脫離地球，太空船必須擁有極小動能$\frac{1}{2}mv^2$使其總能量E為 0：

$$E = KE + U = \frac{1}{2}mv^2 - \frac{GmM}{R} = 0 \tag{13.9}$$

我們得到脫離速度為$v = \sqrt{2GM/R}$ = 11.2 km/s。

現在我們考慮一個半徑為R的宇宙球狀體積，其中心位於地球。假如宇宙中的物質平均分布，則只有在此體積內部的質量會影響在球表面上星雲的運動，這似乎是在很大的尺度上才會發生。如果在體積裡面的物質密度為ρ，此體積所包含的總質量為$M = \frac{4}{3}\pi R^3 \rho$。根據**哈伯定律**(*Hubble's law*)（1.3節），由於宇宙擴張之故，距地球為R的宇宙向外的速度v和R成正比，因此$v = HR$，其中H為**哈伯參數**(*Hubble's parameter*)，我們稱m為星雲質量，如果它的速度剛好足夠不會回頭時，我們從式(13.9)中可得到

$$\frac{1}{2}mv^2 = \frac{GmM}{R}$$

$$\frac{1}{2}m(HR)^2 = \frac{Gm}{R}\left(\frac{4}{3}\pi R^3 \rho_c\right)$$

臨界密度
$$\rho_c = \frac{3H^2}{8\pi G} \qquad (13.10)$$

平坦宇宙的臨界密度僅和哈伯參數有關，目前此參數的正確值仍未知，H的合理推測值為每百萬光年 21 km/s，得到$\rho_c = 8.9 \times 10^{-27}$ kg/m³，氫原子的質量為1.6×10^{-27} kg，所以臨界密度大約等於每立方公尺中有5.3個氫原子。

黑暗物質

宇宙中的發光物質真正密度為ρ_c的幾個百分點，若將其加入宇宙中輻射的等效質量時，則只會些微增加密度。但是發光物質——我們在天空中所看到的星球和星雲——為宇宙中唯一存在的物質嗎？明顯地不是，非常強烈的證據顯示存在許多**黑暗物質**(*dark matter*)，事實上，宇宙中至少有90%的東西是不發光的。例如，螺旋星雲外圍星球的轉動速度非常快，故推測出不可見物質的球狀環一定環繞著每個星雲。相似地，同時星團中個別星雲的運動也暗示著重力場比可見物質所組成的宇宙還強大約10倍，尚有其他觀測支持宇宙存有許多黑暗物質的觀念。

黑暗物質可以是什麼呢？最明顯的為許多已存在的一般物質，從類行星塊（因太小不足以延續進行融合反應而形成星球）、燒盡的矮星到黑洞都有可能。此種說法的癥結是在未達其所需要的數目，這些物質已經被偵測到了，另一個是我們已知可能蔓佈在空間中的微中子海（每立方公尺超過1億個）。微中子具有質量，但非常小，並不足以解釋所有的黑暗物質。事實上，如果微中子是成為黑暗物質的原因，宇宙可能不會演化成為今日的世界。例如，星雲將比現在還要年輕。微中子可能是答案的一部分，但僅是一部分而已。

仍有其他的可能性均歸類為冷黑暗物質。「冷」意味著粒子移動非常緩慢，不像微中子組成熱黑暗物質。已有兩種冷黑暗物質理論提出，分別為**弱交互作用質量**

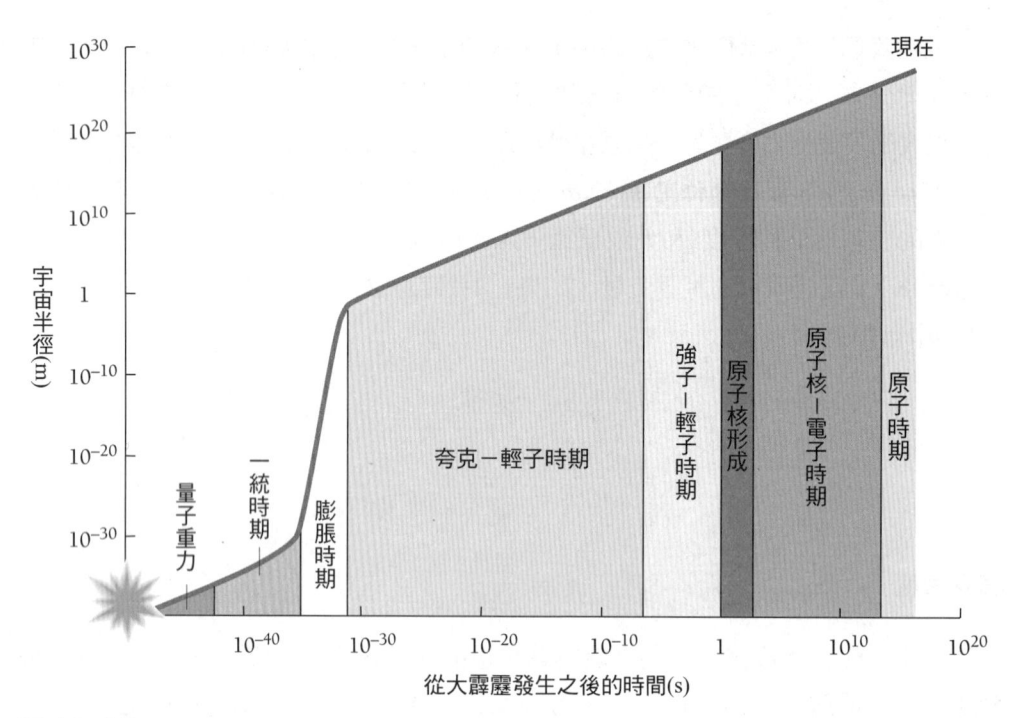

图 13.15　膨脹的宇宙。

粒子(*WIMPs*)和**軸子**(*axions*)，WIMPs(weakly interacting massive particles)為早期宇宙的殘留物假說，如以基本粒子超對稱方法所預測的微光子(photino)，微光子應該是穩定且質量在 10 和 10^3 GeV/c^2 之間，遠比質子質量 0.938 GeV/c^2 大。軸子為弱交作用的波色子，曾用來解決標準模型中所需要的場(field)有關，此為該模型的困難所在。WIMPs 和軸子目前正由實驗尋找中，但至今仍未成功。

　　用來解釋星雲的中星球和星雲團中的星雲運動的黑暗物質使得宇宙的總密度增加到大約為 0.1 ρ_c，然而還可能會有更多的黑暗物質，在1980年時，美國物理學家古斯(Alan Guth)提出在大霹靂 10^{-35} s 之後，宇宙受一個整合的相互作用而分離為強和電弱交互作用的影響而開始迅速擴張，在擴張期間，宇宙會在 10^{-30} s 中從一個比質子小膨脹至一個葡萄柚大小（圖13.15）。**膨脹的宇宙**(*inflationary universe*)會自動解決先前在大霹靂構想中出現的許多問題，且它的基本觀念已被廣泛接受。古斯結論中的一項為宇宙中物質密度必須恰恰是臨界密度 ρ_c。如果擴張現象是正確的話，則宇宙不只是完美的平坦，且有 99% 的物質為黑暗物質（不只是 90%）。發現黑暗物質的性質顯然是所有傑出科學問題中最基礎的一個。

習題

I have yet to see any problem, however complicated, which, when you looked at it in the right way, did not become still more complicated. -Poul Anderson.

13.2 輕子

1. 光子之間的交互作用可藉由假設每個光子可在自由空間中暫時性地變成「虛擬」電子－正子對，且每對粒子可電磁交互作用。(a)如果 $h\nu \ll 2mc^2$ 時，測不準原理允許此虛擬電子－正子對存在多久？其中 m 為電子質量。(b)如果 $h\nu > 2mc^2$，你能利用虛擬電子－正子對的觀念來解釋在真實配對中原子核的角色，並不確保能量和動量同時的守恆嗎？

2. τ^+ 輕子可以下列方式衰變

$$\tau^+ \to e^+ + \nu_e + \bar{\nu}_\tau$$
$$\tau^+ \to \mu^+ + \nu_\mu + \bar{\nu}_\tau$$
$$\tau^+ \to \pi^+ + \bar{\nu}_\tau$$

為何 τ^+ 衰變為 π 時僅釋放一個微中子呢？

13.3 強子

3. 求出在 $\Sigma^0 \to \Lambda^0 + \gamma$ 衰變中所釋放的光子能量。

4. 求出在每個靜止的中性 π 衰變中所產生的伽瑪射線光子能量，為何它們的能量必須相同？

5. 證明 $4m_e c^2$ 為光子和電子碰撞的過程中 $\gamma + e^- \to e^- + e^+ + e^-$，產生電子－正子對所需的極小能量，其中 m_e 為電子質量。

6. π^0 介子沒有電荷矩也沒有磁力矩，故很難去瞭解它是如何衰變為電磁量子對，一個解釋此過程的方法為假設 π^0 會先變成虛擬核子－反核子對，配對成員會透過電磁交互作用而產生兩個能量等於 π^0 能量的光子，測不準原理允許此虛擬核子－反核子對存在多久？此過程夠長到足以觀測到嗎？

7. 動能等於靜止能量的中性 π 在飛行中衰變，求出所產生的兩道伽瑪射線光子之間的角度，假設它們能量相同。

13.4 基本粒子的量子數

8. 為何自由中子不會衰變為電子和正子或質子－反質子對呢？

9. 下列那個反應會發生呢？描述其餘反應所違背的守恆定理。

    (a) $\Lambda^0 \to \pi^+ + \pi^-$
    (b) $\pi^- + p \to n + \pi^0$
    (c) $\pi^+ + p \to \pi^+ + p + \pi^- + \pi^0$
    (d) $\gamma + n \to \pi^- + p$

10. 下列何種反應會發生呢？描述其餘的所違背的守恆定理。

    (a) $p + p \to n + p + \pi^+$
    (b) $p + p \to p + \Lambda^0 + \Sigma^+$
    (c) $e^+ + e^+ \to \mu^+ + \pi^-$
    (d) $p + p \to p + \pi^+ + K^0 + \Lambda^0$

11. 根據物質連續產生理論（和天文觀察的發現並不一致），宇宙的演化是由中子和反中子在自由空間的自發性產生而來，此過程會違背那個守恆定律呢？

12. 快速質子和中子碰撞的產物為一個中子、一個 Σ^0 粒子和另一個粒子，另一個粒子為何？

13. μ^- 渺和一個質子碰撞，產生了一個中子和另一個粒子，另一個粒子為何？

14. 一個正 π 和一個質子碰撞產生了兩個質子和另一個粒子，另一個粒子為何？

15. 一個負 K 和一個質子碰撞產生了一個正 K 和另一個粒子，另一個粒子為何？

16. 粒子的超電荷(hypercharge)Y定義為奇異數和重子數的和：$Y = S + B$，從表 13.3 中證明每個強子群的超電荷為其成員平均電荷（單位為 e）的 2 倍。

13.5 夸克

17. 為何強子中的夸克具有不同的顏色呢？如果它們的自旋為 0 或 1 而非 $\frac{1}{2}$ 時，它們會有不同的顏色嗎？

18. Λ 粒子是由一個 u 夸克、一個 d 夸克和一個 s 夸克組成，其電荷為何？

19. Σ 粒子群的其中一個成員由兩個 u 夸克和一個 s 夸克所組成，其電荷為多少呢？

20. 那個夸克會組成負 π？又 Ξ^- 超子(hyperon)呢？

21. 在表 13.3 的什麼粒子對應到夸克組成 uus 呢？

22. 有一種 D 介子是由一個 c 和 $\bar{u}$ 夸克所組成，其自旋為何？電荷為何？重子數為何？奇異為何？魅為何？

13.6 場波色子

23. 所有共振粒子的生命期都非常短，為什麼可以推測它們一定是強子呢？

24. 重力交互作作用是目前所有作用中最弱的一個，但卻僅有它控制行星環繞太陽以及銀河系中的星球環繞銀河中心運轉，為什麼呢？

25. 質子－質子循環的初始反應提供了太陽大部分的能量

$$_1^1H + _1^1H \rightarrow _1^2H + e^+ + \nu$$

此反應在太陽中並不會常發生，有兩個原因，其中一個為質子必須克服的庫侖「障」，如果它們接近到足以反應時，你認為另一個原因為何？

26. 弱交互作用的載子為 $W^\pm$ 和 Z^0，其質量分別為 82 GeV/c^2 和 93 GeV/c^2，利用 11.7 節的方法來求出弱交互作用的近似範圍。

13.9 未來

27. 圖 1.8 顯示出類比於擴張氣球的宇宙擴張構想，當氣球擴張時黑點的角度間隔（從氣球的中心量起）維持不變，(a)如果 s 為兩個黑點的距離，證明後退速度 ds/dt 正比於 s，亦即等效於哈伯定律中的相同狀況。(b)求出擴張氣球的哈伯參數 H，H 一定是常數嗎？

APPENDIX

原子量
Atomic Masses

以下所列為中性原子、安定的和一些不安定的核子、質量、在自然界發現的相對含量、以及放射性核子的半衰期。已知許多其他的放射性核子。

Z	元素	符號	A	原子量(u)	相對含量(%)	半衰期
0	Neutron－中子	n	1	1.008 665		10.6 min
1	Hydrogen－氫	H	1	1.007 825	99.985	
			2	2.014 102	0.015	
			3	3.016 050		12.3 y
2	Helium－氦	He	3	3.016 029	0.0001	
			4	4.002 603	99.9999	
			6	6.018 891		805 ms
3	Lithium－鋰	Li	6	6.015 123	7.5	
			7	7.016 004	92.5	
			8	8.022 487		844 ms
4	Beryllium－鈹	Be	7	7.016 930		53.3 d
			8	8.005 305		6.7×10^{-17} s
			9	9.012 182	100	
			10	10.013 535		1.6×10^6 y
5	Boron－硼	B	10	10.012 938	20	
			11	11.009 305	80	
			12	12.014 353		20.4 ms
6	Carbon－碳	C	10	10.016 858		19.3 s
			11	11.011 433		20.3 min
			12	12.000 000	98.89	
			13	13.003 355	1.11	
			14	14.003 242		5760 y
			15	15.010 599		2.45 s
7	Nitrogen－氮	N	12	12.018 613		11.0 ms
			13	13.005 739		9.97 min
			14	14.003 074	99.63	
			15	15.000 109	0.37	
			16	16.006 099		7.10 s
			17	17.008 449		4.17 s
8	Oxygen－氧	O	14	14.008 597		70.5 s
			15	15.003 065		122 s
			16	15.994 915	99.758	
			17	16.999 131	0.038	
			18	17.999 159	0.204	
			19	19.003 576		26.8 s

附錄

Z	元素	符號	A	原子量(u)	相對含量(%)	半衰期
9	Fluorine—氟	F	17	17.002 095		64.5 s
			18	18.000 937		109.8 min
			19	18.998 403	100	
			20	19.999 982		11.0 s
			21	20.999 949		4.33 s
10	Neon—氖	Ne	18	18.005 710		1.67 s
			19	19.001 880		17.2 s
			20	19.992 439	90.51	
			21	20.993 845	0.57	
			22	21.991 384	9.22	
			23	22.994 466		37.5 s
			24	23.993 613		3.38 min
11	Sodium—鈉	Na	22	21.994 435		2.60 y
			23	22.989 770	100	
			24	23.990 963		15.0 h
12	Magnesium—鎂	Mg	23	22.994 127		11.3 s
			24	23.985 045	78.99	
			25	24.985 839	10.00	
			26	25.982 595	11.01	
13	Aluminum—鋁	Al	27	26.981 541	100	
14	Silicon—矽	Si	28	27.976 928	92.23	
			29	28.976 496	4.67	
			30	29.973 772	3.10	
15	Phosphorus—磷	P	30	29.978 310		2.50 min
			31	30.973 763	100	
16	Sulfur—硫	S	32	31.972 072	95.02	
			33	32.971 459	0.75	
			34	33.967 868	4.21	
			35	34.969 032		87.2 d
			36	35.967 079	0.017	
17	Chlorine—氯	Cl	35	34.968 853	75.77	
			36	35.968 307		3.01×10^5 y
			37	36.965 903	24.23	
18	Argon—氬	Ar	36	35.967 546	0.337	
			37	36.966 776		34.8 d
			38	37.962 732	0.063	
			39	38.964 315		269 y
			40	39.962 383	99.60	
19	Potassium—鉀	K	39	38.963 708	93.26	
			40	39.963 999	0.01	1.28×10^9 y
			41	40.961 825	6.73	
20	Calcium—鈣	Ca	40	39.962 591	96.94	
			41	40.962 278		1.3×10^5 y
			42	41.958 622	0.647	
			43	42.958 770	0.135	
			44	43.955 485	2.09	

原子量

Z	元素	符號	A	原子量(u)	相對含量(%)	半衰期
			45	44.956 189		163 d
			46	45.953 689	0.0035	
			47	46.954 543		4.5 d
			48	47.952 532	0.187	
21	Scandium－鈧	Sc	45	44.955 914	100	
22	Titanium－鈦	Ti	46	45.952 633	8.25	
			47	46.951 765	7.45	
			48	47.947 947	73.7	
			49	48.947 871	5.4	
			50	49.944 786	5.2	
23	Vanadium－釩	V	48	47.952 257		16 d
			50	49.947 161	0.25	$\sim 10^{17}$ y
			51	50.943 962	99.75	
24	Chromium－鉻	Cr	48	47.954 033		21.6 h
			50	49.946 046	4.35	
			52	51.940 510	83.79	
			53	52.940 651	9.50	
			54	53.938 882	2.36	
25	Manganese－錳	Mn	54	53.940 360		312.5 d
			55	54.938 046	100	
26	Iron－鐵	Fe	54	53.939 612	5.8	
			56	55.934 939	91.8	
			57	56.935 396	2.1	
			58	57.933 278	0.3	
			59	58.934 878		44.6 d
27	Cobalt－鈷	Co	58	57.935 755		70.8 d
			59	58.933 198	100	
			60	59.933 820		5.3 y
28	Nickel－鎳	Ni	58	57.935 347	68.3	
			60	59.930 789	26.1	
			61	60.931 059	1.1	
			62	61.928 346	3.6	
			64	63.927 968	0.9	
29	Copper－銅	Cu	63	62.929 599	69.2	
			64	63.929 766		12.7 h
			65	64.927 792	30.8	
30	Zinc－鋅	Zn	64	63.929 145	48.6	
			65	64.929 244		244 d
			66	65.926 035	27.9	
			67	66.927 129	4.1	
			68	67.924 846	18.8	
			70	69.925 325	0.6	
31	Gallium－鎵	Ga	69	68.925 581	60.1	
			71	70.924 701	39.9	
32	Germanium－鍺	Ge	70	69.924 250	20.5	
			72	71.922 080	27.4	

Z	元素	符號	A	原子量(u)	相對含量(%)	半衰期
			73	72.923 464	7.8	
			74	73.921 179	36.5	
			76	75.921 403	7.8	
33	Arsenic－砷	As	74	73.923 930		17.8 d
			75	74.921 596	100	
34	Selenium－硒	Se	74	73.922 477	0.9	
			76	75.919 207	9.0	
			77	76.919 908	7.6	
			78	77.917 304	23.5	
			80	79.916 520	49.8	
			82	81.916 709	9.2	
35	Bromine－溴	Br	79	78.918 336	50.7	
			80	79.918 528		17.7 min
			81	80.916 290	49.3	
36	Krypton－氪	Kr	78	77.920 397	0.35	
			80	79.916 375	2.25	
			81	80.916 578		2.1×10^5 y
			82	81.913 483	11.6	
			83	82.914 134	11.5	
			84	83.911 506	57.0	
			86	85.910 614	17.3	
37	Rubidium－銣	Rb	85	84.911 800	72.2	
			87	86.909 184	27.8	4.9×10^{10} y
38	Strontium－鍶	Sr	84	83.913 428	0.6	
			86	85.909 273	9.8	
			87	86.908 890	7.0	
			88	87.905 625	82.6	
39	Yttrium－釔	Y	89	88.905 856	100	
40	Zirconium－鋯	Zr	90	89.904 708	51.5	
			91	90.905 644	11.2	
			92	91.905 039	17.1	
			94	93.906 319	17.4	
			96	95.908 272	2.8	
41	Niobium－鈮	Nb	93	92.906 378	100	
42	Molybdenum－鉬	Mo	92	91.906 809	14.8	
			94	93.905 086	9.3	
			95	94.905 838	15.9	
			96	95.904 675	16.7	
			97	96.906 018	9.6	
			98	97.905 405	24.1	
			100	99.907 473	9.6	
43	Technetium－鎝	Tc	99	98.906 252		2.1×10^5 y
44	Ruthenium－釕	Ru	96	95.907 596	5.5	
			98	97.905 287	1.9	
			99	98.905 937	12.7	
			100	99.904 217	12.6	

原子量

Z	元素	符號	A	原子量(u)	相對含量(%)	半衰期
			101	100.905 581	17.0	
			102	101.904 347	31.6	
			104	103.905 422	18.7	
45	Rhodium－銠	Rh	103	102.905 503	100	
46	Palladium－鈀	Pd	102	101.905 609	1.0	
			104	103.904 026	11.0	
			105	104.905 075	22.2	
			106	105.903 475	27.3	
			108	107.903 894	26.7	
			110	109.905 169	11.8	
47	Silver－銀	Ag	107	106.905 095	51.8	
			108	107.905 956		2.41 min
			109	108.904 754	48.2	
48	Cadmium－鎘	Cd	106	105.906 461	1.3	
			108	107.904 186	0.9	
			110	109.903 007	12.5	
			111	110.904 182	12.8	
			112	111.902 761	24.1	
			113	112.904 401	12.2	9×10^{15} y
			114	113.903 361	28.7	
			116	115.904 758	7.5	
49	Indium－銦	In	113	112.904 056	4.3	
			115	114.903 875	95.7	5×10^{14} y
50	Tin－錫	Sn	112	111.904 823	1.0	
			114	113.902 781	0.7	
			115	114.903 344	0.4	
			116	115.901 743	14.7	
			117	116.902 954	7.7	
			118	117.901 607	24.3	
			119	118.903 310	8.6	
			120	119.902 199	32.4	
			122	121.903 440	4.6	
			124	123.905 271	5.6	
51	Antimony－銻	Sb	121	120.903 824	57.3	
			123	122.904 222	42.7	
52	Tellerium－碲	Te	120	119.904 021	0.1	
			122	121.903 055	2.5	
			123	122.904 278	0.9	$\sim 1.2 \times 10^{13}$ y
			124	123.902 825	4.6	
			125	124.904 435	7.0	
			126	125.903 310	18.7	
			127	126.905 222		9.4 h
			128	127.904 464	31.7	
			130	129.906 229	34.5	
53	Iodine－碘	I	127	126.904 477	100	
			131	130.906 119		8.0 d
54	Xenon－氙	Xe	124	123.906 12	0.1	
			126	125.904 281	0.1	

Z	元素	符號	A	原子量(u)	相對含量(%)	半衰期
			128	127.903 531	1.9	
			129	128.904 780	26.4	
			130	129.903 509	4.1	
			131	130.905 076	21.2	
			132	131.904 148	26.9	
			134	133.905 395	10.4	
			136	135.907 219	8.9	
55	Cesium－銫	Cs	133	132.905 433	100	
56	Barium－鋇	Ba	130	129.906 277	0.1	
			132	131.905 042	0.1	
			134	133.904 490	2.4	
			135	134.905 668	6.6	
			136	135.904 556	7.9	
			137	136.905 816	11.2	
			138	137.905 236	71.7	
57	Lanthanum－鑭	La	138	137.907 114	0.1	1×10^{11} y
			139	138.906 355	99.9	
58	Cerium－鈰	Ce	136	135.907 14	0.2	
			138	137.905 996	0.2	
			140	139.905 442	88.5	
			142	141.909 249	11.1	5×10^{16} y
59	Praseodymium－鐠	Pr	141	140.907 657	100	
60	Neodymium－釹	Nd	142	141.907 731	27.2	
			143	142.909 823	12.2	
			144	143.910 096	23.8	2.1×10^{15} y
			145	144.912 582	8.3	$> 10^{17}$ y
			146	145.913 126	17.2	
			148	147.916 901	5.7	
			150	149.920 900	5.6	
61	Promethium－鉕	Pm	147	146.915 148		2.6 yr
62	Samarium－釤	Sm	144	143.912 009	3.1	
			147	146.914 907	15.1	1.1×10^{11} y
			148	147.914 832	11.3	8×10^{15} y
			149	148.917 193	13.9	$> 10^{16}$ y
			150	149.917 285	7.4	
			152	151.919 741	26.7	
			154	153.922 218	22.6	
63	Europium－銪	Eu	151	150.919 860	47.9	
			153	152.921 243	52.1	
64	Gadolinium－釓	Gd	152	151.919 803	0.2	1.1×10^{14} y
			154	153.920 876	2.1	
			155	154.922 629	14.8	
			156	155.922 130	20.6	
			157	156.923 967	15.7	
			158	157.924 111	24.8	
			160	159.927 061	21.8	
65	Terbium－鋱	Tb	159	158.925 350	100	

原子量

Z	元素	符號	A	原子量(u)	相對含量(%)	半衰期
66	Dysprosium－鏑	Dy	156	155.924 287	0.1	$> 1 \times 10^{18}$ y
			158	157.924 412	0.1	
			160	159.925 203	2.3	
			161	160.926 939	19.0	
			162	161.926 805	25.5	
			163	162.928 737	24.9	
			164	163.929 183	28.1	
67	Holmium－鈥	Ho	165	164.930 332	100	
68	Erbium－鉺	Er	162	161.928 787	0.1	
			164	163.929 211	1.6	
			166	165.930 305	33.4	
			167	166.932 061	22.9	
			168	167.932 383	27.1	
			170	169.935 476	14.9	
69	Thulium－銩	Tm	169	168.934 225	100	
70	Ytterbium－鐿	Yb	168	167.933 908	0.1	
			170	169.934 774	3.2	
			171	170.936 338	14.4	
			172	171.936 393	21.9	
			173	172.938 222	16.2	
			174	173.938 873	31.6	
			176	175.942 576	12.6	
71	Lutetium－鎦	Lu	175	174.940 785	97.4	
			176	175.942 694	2.6	2.9×10^{10} y
72	Hafnium－鉿	Hf	174	173.940 065	0.2	2.0×10^{15} y
			176	175.941 420	5.2	
			177	176.943 233	18.6	
			178	177.943 710	27.1	
			179	178.945 827	13.7	
			180	179.946 561	35.2	
73	Tantalum－鉭	Ta	180	179.947 489	0.01	$> 1.6 \times 10^{13}$ y
			181	180.948 014	99.99	
74	Tungsten－鎢	W	180	179.946 727	0.1	
			182	181.948 225	26.3	
			183	182.950 245	14.3	
			184	183.950 953	30.7	
			186	185.954 377	28.6	
75	Rhenium－錸	Re	185	184.952 977	37.4	
			187	186.955 765	62.6	5×10^{10} y
76	Osmium－鋨	Os	184	183.952 514	0.02	
			186	185.953 852	1.6	2×10^{15} y
			187	186.955 762	1.6	
			188	187.955 850	13.3	
			189	188.958 156	16.1	
			190	189.958 455	26.4	
			192	191.961 487	41.0	
77	Iridium－銥	Ir	191	190.960 603	37.3	
			193	192.962 942	62.7	

Z	元素	符號	A	原子量(u)	相對含量(%)	半衰期
78	Platinum－鉑	Pt	190	189.959 937	0.01	6.1×10^{11} y
			192	191.961 049	0.79	
			194	193.962 679	32.9	
			195	194.964 785	33.8	
			196	195.964 947	25.3	
			198	197.967 879	7.2	
79	Gold－金	Au	197	196.966 560	100	
80	Mercury－汞	Hg	196	195.965 812	0.2	
			198	197.966 760	10.0	
			199	198.968 269	16.8	
			200	199.968 316	23.1	
			201	200.970 293	13.2	
			202	201.970 632	29.8	
			204	203.973 481	6.9	
81	Thallium－鉈	Tl	203	202.972 336	29.5	
			205	204.974 410	70.5	
82	Lead－鉛	Pb	204	203.973 037	1.4	1.4×10^{17} y
			206	205.974 455	24.1	
			207	206.975 885	22.1	
			208	207.976 641	52.4	
			210	209.984 178		22.3 y
			214	213.999 764		26.8 min
83	Bismuth－鉍	Bi	209	208.980 388	100	
			212	211.991 267		60.6 min
84	Polonium－釙	Po	210	209.982 876		138 d
			214	213.995 191		0.16 ms
			216	216.001 790		0.15 s
			218	218.008 930		3.05 min
85	Astatine－砈	At	218	218.008 607		1.3 s
86	Radon－氡	Rn	220	220.011 401		56 s
			222	222.017 574		3.824 d
87	Francium－鍅	Fr	223	223.019 73		22 min
88	Radium－鐳	Ra	226	226.025 406		1.60×10^{3} y
89	Actinium－錒	Ac	227	227.027 751		21.8 y
90	Thorium－釷	Th	228	228.028 750		1.9 y
			230	230.033 131		7.7×10^{4} y
			232	232.038 054	100	1.4×10^{10} y
			233	233.041 580		22.2 min
91	Protactinium－鏷	Pa	233	233.040 244		27 d
92	Uranium－鈾	U	232	232.037 168		72 y
			233	233.039 629		1.6×10^{5} y
			234	234.040 947		2.4×10^{5} y
			235	235.043 925	0.72	7.04×10^{8} y
			238	238.050 786	99.28	4.47×10^{9} y

Z	元素	符號	A	原子量(u)	相對含量(%)	半衰期
93	Neptunium－錼	Np	237 239	237.048 169 239.052 932		2.14×10^6 y 2.4 d
94	Plutonium－鈽	Pu	239 240	239.052 158 240.053 809		2.4×10^4 y 6.6×10^3 y
95	Americium－鋂	Am	243	243.061 374		7.7×10^3 y
96	Curium－鋦	Cm	247	247.070 349		1.6×10^7 y
97	Berkelium－鉳	Bk	247	247.070 300		1.4×10^3 y
98	Californium－鉲	Cf	251	251.079 581		900 y
99	Einsteinium－鑀	Es	252	252.082 82		472 d
100	Fermium－鐨	Fm	257	257.095 103		100.5 d
101	Mendelevium－鍆	Md	258	258.098 57		56 d
102	Nobelium－鍩	No	259	259.100 941		58 m
103	Lawrencium－鐒	Lr	260	260.105 36		3.0 m
104	Rutherfordium－鑪	Rf	261	261.108 69		1.1 m
105	Dubnium－鎶	Db	262	262.114 370		0.7 m
106	Seaborgium－饎	Sg	263	263.118 218		0.9 s
107	Nielsbohrium－鈹	Ns	262	262.123 120		115 ms
108	Hassium－鏢	Hs	264	264.128 630		0.08 ms
109	Meitnerium－鎏	Mt	266	266.137 830		3.4 ms

原子序為 110、111、112、114 和 116 等元素已經創造出來，但尚未命名。

奇數題的解答

第 1 章

1. 更明顯。

3. 否定的。因為太空船中的觀測者會比地面上的觀測者有較長的時間間隔而不是較短。

5. (a) 3.93 s。(b)對 B，A 的錶走得較慢。

7. 2.6×10^8 m/s。

9. 210 m。

11. 578 nm。

13. 1.34×10^4 m/s。

17. 6 ft；2.6 ft。

19. 3.32×10^{-8} s。

21. 14°。

23. 5.0 y。

25. 如果 **p** = m**v**，若在一個慣性座標下動量守恆，則相對運動的另一個座標下動量就不守恆，所以動量在物理中並不是很有用的數值。

27. 6.0×10^{-11}。

29. $(\sqrt{3}/2)c$。

31. 1.88×10^8 m/s；1.64×10^8 m/s。

33. $0.9989c$。

35. 0.294 MeV。

41. $\sim 10^{19}$ eV；$\sim 10^5$ y。

43. 0.383 MeV。

45. 885 keV/c。

47. $0.963c$；3.372 GeV/c。

49. 874 MeV/c^2；$0.37c$。

51. 1.97 ms。

53. (a) $\theta' = \tan^{-1} \dfrac{\sin\theta \sqrt{1 - v^2/c^2}}{\cos\theta + v/c}$

    (b) 當 $v \to c$，$\tan\theta' \to 0$ 且 $\theta' \to 0$。這代表當從艙口中看星星會比 $v = 0$ 時更遠。

55. (a) $0.800c$；$0.988c$。(b) $0.900c$；$0.988c$。

第 2 章

1. 較不明顯。
3. KE_{max} 正比於 ν 減去臨界頻率 ν_0。
5. 1.77 eV。
7. 1.72×10^{30} 光子／秒。
9. (a) 4×10^{21} 光子／平方公尺。(b) 4.0×10^{26} W；1.2×10^{45} 光子／秒。
   (c) 1.4×10^{13} 光子／立方公尺。
11. 180 nm。
13. 539 nm；3.9 eV。
15. 0.48 μA。
17. 6.64×10^{-34} J·s；3.0 eV。
19. 在電子不動的參考座標系下，光子的動量必定等於最終電子的動量 p。對應的光子能量 pc，而電子最終的動能是 $\sqrt{p^2c^2 + m^2c^4} - mc^2 \neq pc$，所以在動量與能量守恆下，此過程不可能發生。
21. 2.4×10^{18} Hz；x 射線。
23. 2.9°。
25. 5.0×10^{18} Hz。
27. $\lambda c = 5.8 \times 10^{-8}$ nm $\ll 0.1$ nm。
29. 1.5 pm。
31. 2.4×10^{19} Hz。
33. 64°。
37. 335 keV。
39. 0.821 pm。
43. (b) $2.3/\mu$。
45. 8.9 mm。
47. 11 cm。
49. 0.015 mm。
51. 1.06 pm。
53. (a) 1.9×10^{-3} eV。(b) 1.8×10^{-25} eV。(c) 3.5×10^{18} Hz；7.6 kHz。
55. (a) $v_e = \sqrt{2GM/R}$。(b) $R = 2GM/c^2$。

第 3 章

1. 動量相同；粒子的總能量超過光子的能量；粒子的動能比光子的動能小。
3. 3.3×10^{-29} m。

5. 百分之 4.8 太高。

7. 0.0103 eV；不需要相對論的計算。

9. 5.0 μV。

13. 電子常有較長的波長。粒子有相同的相速度與群速度。

17. $v_p / 2$。

19. $1.16c$；$0.863c$。

21. (b) $v_p = 1.00085c$；$v_g = 0.99915c$。

23. 增加電子的能量使電子的動量增加，所以減少了德布羅依波長，亦減少了散射角 θ。

25. (a) 外面 4.36×10^6 m/s；裡面 5.30×10^6 m/s。(b) 外面 0.167 nm；裡面 0.137 nm。

27. $2.05n^2$ MeV；2.05 MeV。

29. 45.3 fm。

31. 每一個固體中的原子均被限制在某個確定區域的空間內——否則原子的組裝不會形成固體。因此每個原子位置的不確定性是有限的，它的動量和能量也不會是零。理想氣體分子的位置並沒有限制，所以位置的不確定性是無限大，故動量和能量可能為零。

33. 百分之 3.1。

35. 1.44×10^{-13} m。

37. (a) 24 m；752 個波。(b) 12.5 MHz。

第 4 章

1. 大部分原子不佔空間。

3. 1.44×10^{-13} m。

5. 1.46 μm。

7. 負的總能量意謂著電子是被原子核束縛；電子的動能為正值。

11. 2.6×10^{74}。

13. 用此法算的 Δp 是軌道上電子線性動量的一半。

15. 都卜勒效應使光的頻率往高或低偏移，使其產生比靜止狀態寬的譜線。

17. 91.2 nm。

19. 91.2 nm；紫外光。

21. 12.1 V。

23. 91.13 nm。

25. $n = \sqrt{\lambda R/(\lambda R - 1)}$；$n_i = 3$。

27. (a) $E_i - E_f = h\nu(1 + h\nu/2Mc^2)$。(b) $KE/h\nu = 10 \times 10^{-9}$，所以對原子輻射的效應可忽略。

29. $f_n/\nu = (2n^2 + 4n + 2)/(2n^2 + n)$，比 1 大；$f_{n+1}/\nu = 2n^2/(2n^2 + 3n + 1)$，比 1 小。

31. 0.653 nm；x 射線。

33. 0.238 nm。

35. (a) $E_n = -(m'Z^2e^4/8\epsilon_0^2h^2)(1/n^2)$。

(b)

```
              H              He⁺
n = ∞  _____  E = 0
n = 4  _____    n = 8  _____
n = 3  _____    n = 6  _____
                  n = 5  _____
n = 2  _____    n = 4  _____   ↑ 能量
                  n = 3  _____
n = 1  _____    n = 2  _____
```

(c) 2.28×10^{-8} m。

37. 3.49×10^{18} 離子。

39. 小 θ 代表大的撞擊參數，其中靶原子核的所有電荷被電子部分屏蔽。

41. 10°。

43. 0.84。

45. 提示：$f(= 60°, = 90°)/f(= 90°) = [f(= 60°) - f(= 90°)]/f(= 90°)$，其中 $f(= \theta)$ 正比於 $\cot^2 \theta/2$。

47. 0.87″。

第 5 章

1. b 的值兩倍；c 有不連續的微分；d 趨近無窮大；f 不連續。

3. a 和 b 不連續，且在 $\pi/2$，$3\pi/2$，$5\pi/2$，... x 趨近 $\pm\infty$ 時 c 值會無窮大。

5. (a) $\sqrt{8/3\pi}$。(b) 0.462。

7. 波函數無法正規化，所以它不能代表真正的粒子。然而，這些波的線性疊加可以產生一波群 (wave group)，若這波群的兩端 $\psi \to 0$，則可以被正規化。這樣的波群就可以對應真實的粒子。

13. 在 $x = 0$ 附近粒子有更多的動能，因此動量會增加，ψ 會對應到更短的波長。因為速度較快，粒子較不可能在這區域中出現，因此 ψ 在靠近 $x = L$ 處有較小的振幅。

17. $L^2/3 - L^2/2n^2\pi^2$。

19. $1/n$。

21. $(2/L)^{3/2}$。

23. $(n_x^2 + n_y^2 + n_z^2)(\pi^2\hbar^2/2mL^2)$，$E_{3D} = 3E_{1D}$。

25. 0.95 eV。

27. 一個振子的能量不可能能量為零，因為這代表它靜止在一個確定的位置，根據測不準原理：一個確定的位置會對應到的動量具有無限不確定性（能量亦同）。

31. 兩種態都是 $\langle x \rangle = 0$，$\langle x^2 \rangle = E/k$。

33. (a) 2.07×10^{-5} eV；不是。(b) 1.48×10^{28}。

37. (a) II 區內無任何可以反射粒子的東西，因此沒有波會往左行進。(b) 提示：運用邊界條件在 $x = 0$ 處 $\psi_I = \psi_{II}$，$d\psi_I/dx = d\psi_{II}/dx$。(c) 穿隧電流／入射電流 $= T = \frac{8}{9}$，因此穿隧電流為 $\frac{8}{9}$ mA = 0.889 mA，反射的電流為 $\frac{1}{9}$ mA = 0.111 mA。

第 6 章

1. 一個原子的電子可以在三維空間中自由運動；因此，如同在三維盒中的粒子，必須要有三個量子數才能描繪它的運動。

7. 波耳模型：$L = mvr = \hbar$。量子理論：$L = 0$。

9. 只有在 $L = 0$ 的時候，因為 L_z 永遠比 L 小，否則不可能。

11. $0, \pm 1, \pm 2, \pm 3, \pm 4$。

13. 百分之 29，百分之 18，百分之 13。

15. 提示：解 $dP/dr = 0$ 可得 r。

17. $9a_0$。

19. 1.85。

21. (a) 百分之 68。(b) 百分之 24。

31. 1.34 T。

第 7 章

1. (a) 1.39×10^{-4} eV。(b) 8.93 mm。

3. 54.7°；125.3°。

5. $_2^4$He 原子含有偶數個自旋-$\frac{1}{2}$ 粒子，這些成對的粒子使原子的自旋總和為零或整數。這樣的原子不遵守不相容原理。$_2^3$He 原子含有奇數個自旋-$\frac{1}{2}$ 粒子，因此淨自旋為 $\frac{1}{2}$，$\frac{3}{2}$ 或是 $\frac{5}{2}$，所以遵守不相容原理。

7. 鹼金屬原子在封閉的內部殼外有一個電子；鹵素原子缺乏一個電子組成封閉的外部殼層；惰氣原子有封閉的外部殼層。

9. 14。

11. 182。

奇數題的解答   **15**

13. 這些最外層的電子，依態的順序與個別的原子核越遠，因此束縛得越鬆。

15. (a) +2e，相對容易。(b) +6e，相對難。

17. Cl⁻離子有封閉的殼，而Cl原子缺少一個電子核形成封閉的殼，相對上對原子核電荷的屏蔽較差，會吸引其他原子的電子來填補。Na⁺離子有封閉的殼，而Na原子有一個外層電子，相對較容易分離而與其他原子產生化學作用。

19. Li原子比較大，因為作用在其外層電子的有效核電荷比F原子較少。Na原子比較大是因為它有一個額外的電子核。Cl原子比較大是因為有一個額外的電子殼。Na原子比Si原子大的原因如同Li原子。

21. 只有當所有電子自旋與其反向自旋配成對後，才可以使淨自旋為零而不產生異常的塞曼效應。

23. 18.5 T。

25. 2, 3。

27. 所有的次殼都被填滿。

29. (a)沒有其他允許的狀態。(b)這個狀態有最低的L和J值，是唯一可能的基態。

31. $^2P_{1/2}$。

33. 因為 **L** < n，對 $n = 2$ 情況下，D(**L** = 2)狀態是不可能的。

35. (a) $\frac{5}{2}, \frac{7}{2}$；(b) $\sqrt{35}\hbar/2$；$\sqrt{63}\hbar/2$；(c) 60°, 132°；(d) $^2F_{5/2}$；$^2F_{7/2}$。

37. 2**J** + 1；$\Delta E = g_J \mu_B B M_J$。

39. 因為內層封閉殼中的電子躍遷產生x射線光譜，對所有元素都相同。而光學頻譜與最外層的電子的可能狀態還有可允許的躍遷有關，所以在不同原子與不同原子序時會不同。

41. 1.47 keV；0.844 nm。

43. 在單一態(singlet)，外層電子的自旋是反向平行的。在三重態(triplet)時則是平行的。

第 8 章

1. 這兩個質子的額外吸引力超過電子的互相排斥力而增加了束縛的能量。

3. 3.5×10^4 K。

5. 分子鏈結長度的增加使它的轉動慣量增加，因此減低了旋轉頻譜的頻率。另外，較高的量子數J，會越快地旋轉，及越大的離心變形，所以譜線不會緊密地連結。

7. 13。

9. 0.129 nm。

11. 0.22 nm。

15. HD 有較大的縮減質量，因此有比較小的振動頻率與較小的零點能量，HD 有較大的束縛能量，因此它的零點能量對分子分裂的貢獻較少。

17. (a) 1.24×10^{14} Hz。

19. 2.1×10^2 N/m。

21. 不太可能，因為 $E_1 \gg kT$。

第 9 章

1. 1.43×10^4 K。

3. 4.86×10^{-9}。

5. (a) 1（由定義）；1.68:0.882:0.218:0.0277。(b) 是；1.55×10^3 K。

7. 2.00 m/s；2.24 m/s。

9. 1.05×10^5 K。

11. 15.4 pm。

13. $(1/v)_{av} = (1/N) \int_0 (1/v)n(v)\, dv$。

15. 一個費米子氣體會產生最大的壓力，因為費米分布比其他分布有更多高能粒子的比例；一個波色子氣體會產生最小的壓力，因為波色分布會比其他分布有更多低能粒子的比例。

17. 2.5×10^6；2.5×10^2。

19. 百分之 1.3。

21. 0.92 kW/m²。

23. 527°C。

25. 51 W。

27. 494 cm³；6.27 cm。

29. 百分之 2.5。

31. 1.0×10^4 K。

33. 2.9×10^2 K；8.9×10^{11} m。

35. 3.03×10^{-12} J/K。

39. (a) 3.31 eV。(b) 2.56×10^4 K。(c) 1.08×10^6 m/s。

45. 11 eV。

47. 1.43×10^{21} states/eV；是。

49. 在 20°C，$A = (Nh^3/V)(2\pi m_{He}kT)^{-3/2} = 3.56 \times 10^{-6}$，所以 $A \ll 1$。

51. 在 20°C，$A = (Nh^3/2V)(2\pi m_e kT)^{-3/2} = 3.50 \times 10^{-3}$，所以 $A \gg 1$。

53. (a) 1.78 eV；128 keV。(b) $kT = 862$ eV，所以核的氣體是非簡併的 (nondegenerate)，而電子氣體是簡併的 (degenerate)。

第 10 章

1. 鹵素離子的原子序Z越大，它的尺寸就越大，因此離子間隔隨著Z增加。離子間隔越大則內聚能量越小，因此熔點越低。

3. (*a*) 7.29 eV。(*b*) 9.26。

5. 氣體膨脹所損失的熱會等於對抗分子間互相吸引的凡德瓦引力所做的功。

7. (*a*) 凡德瓦引力增加內聚能量，因為它是吸引力。(*b*) 零點震盪減少內聚能量因為它們代表目前固體中所擁有的能量，而不是個別原子或離子的。

9. 只有金屬原子外層殼電子是自由電子氣的成員之一。

11. $1.64 \times 10^{-8} \Omega \cdot m$。

13. 在兩者都有，禁止帶(forbidden band)將價電帶與其上的導電帶分開。在半導體中能帶間隔比絕緣體小，小到讓有一點熱能的價電子即足以跳越此能隙到導電帶。

15. (*a*) 可見光的光子能量介於 1 至 3 eV，可以被金屬中價電帶的自由電子吸收而不離開價電帶。因此金屬是不透明的。絕緣體與半導體的禁止帶對於電子的躍遷而言太寬了，不可能只吸收 1 至 3 eV 就可以越過。因此這樣的固體是透明的。(*b*) 矽，≥ 1130 nm；鑽石，≥ 207 nm。

17. (*a*) *p* 型。(*b*) 鋁原子的外層殼只有三個電子，鍺原子有四個。將一個鍺原子以鋁原子代替會留下一個電洞，因此會是一個 *p* 型半導體。

19. 如下圖所示。

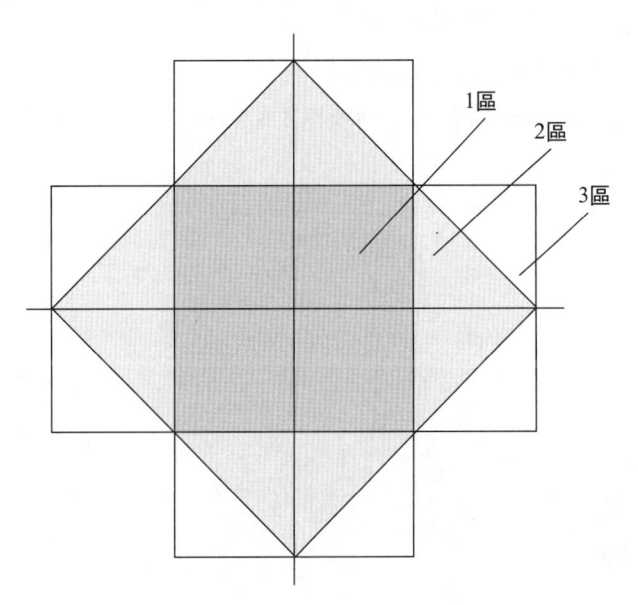

21. (*a*) 5.0 nm。(*b*) 電子的游離能量是 0.009 eV，比能隙小很多，也與 0.025 eV 的 20°C 的 *kT* 值相差不太遠。

23. (a) $v_c = eB/2\pi m^*$。(b) $0.2\ m_e$。(c) 3.4×10^{-7} m。

25. 2.4 GHz。

第 11 章

1. $3n, 3p$；$12n, 10p$；$54n, 40p$；$108n, 72p$。

3. 177 MeV。

5. 7.9 fm。

7. 電子：5.8×10^{-6} eV；質子：8.8×10^{-9} eV。

9. (a) 3.5。(b) 51。(c) 因為數目很接近，感應的發射與感應的吸收差不多相等，所以輻射淨吸收非常小。(d) 因為這是兩階的系統，它不能用來產生雷射。

11. 強核相互作用的限制範圍。

13. $^{7}_{3}\text{Li}$；$^{13}_{6}\text{C}$。

15. 8.03 MeV；8.79 MeV。

17. 20.6 MeV；5.5 MeV；2.2 MeV；兩者的計算結果都是 28.3 MeV。

19. $U = 0.85$ MeV，$\Delta E_b = 0.76$ MeV。因為兩個數字如此接近，因此核力與電荷應該幾乎無關。

21. 計算的，347.95 MeV；實際的，342.05 MeV，大約小百分之 1.7。

23. (a) $R = 3Ze^2/10\pi\epsilon_0(\Delta M + \Delta m)c^2$。(b) 3.42 fm。

25. (a) 7.88 MeV；10.95 MeV；7.46 MeV。(b) 需要更多能量才能將中子自 ^{82}Kr 中移出，因為中子有成對的傾向。

27. $^{127}_{53}\text{I}$ 是穩定的；$^{127}_{52}\text{Te}$ 有負的貝他衰減。

29. 是。對應到 $\Delta x = 2$ fm 的癮的核動能是 1.3 MeV，與 35 MeV 深的電位井相符合。

第 12 章

1. 1/4。

3. 3.10×10^{-4}。

5. 34.8 h。

7. 1.6×10^3 y。

9. 1.23×10^4 Bq。

11. 2.22×10^{-9} kg。

13. 52 min。

15. 1.64×10^9 y。

17. 1.4×10^4 y。

奇數題的解答

19. 5.9×10^9 y。

21. $^{206}_{82}$Pb；48.64 MeV。

25. 一電子受到核的正電荷吸引而離開原子核，能量因而減少。另外，一正子受到排斥力而離開原子核，因此向外加速。

27. 可用的能量小於 $2m_e c^2$。

29. 2.01 MeV；0.85 MeV；1.87 MeV。

31. 1.80 MeV。

33. 在 ^{89}Y 中第 39 個質子通常在 $p_{1/2}$ 態，這個質子的下一個高階態是 $g_{9/2}$ 態，因此兩者之間的輻射躍遷的機率很小。

35. 隨著 E 的增加，中子的碰撞截面積減小，因為中子被捕捉的可能性決定於它有多少時間靠近一個特別的原子核，而反比於它的速度。質子的碰撞截面積在低能量時較少，因為帶正電的原子核產生了排斥力。

37. (a) 71%。 (b) 3.0 mm。

39. 0.087 mm。

41. 0.766 Ci。

43. $^2_1$H；$^1_1$H；$^1_0 n$；$^{79}_{36}$Kr。

45. 3.33 MeV。

47. 3.1×10^6 m/s；4 MeV。

49. 4。

51. $E^* = -Q + KE_A(1 - m_A/m_C)$；4.34 MeV。

53. 穩定的質子／中子比隨著 A 減少而減少，因此當分裂發生時產生過量的中子。某些過量的中子直接被釋放，其他的則以貝他衰變而轉變成質子。

55. 253 MeV。

57. 在普通水中的原子核 $^1_1$H 為質子，容易捕捉到中子而產生 $^2_1$H（氘）核。這些中子在反應爐中不會貢獻連鎖反應，因此用普通水當作調變器的反應爐需要高濃度的可分裂 ^{235}U 同位素來產生作用。氘核比質子較不易捕捉中子；因此用重水調變的反應爐可以用普通的鈾當作燃料。

59. (b) 大約百分之百；百分之89；百分之29；百分之1.7。

61. 2.37 MeV。

63. (a) 2.2×10^9 K。(b) 這個溫度對應到平均氘核能量；但許多氘核比平均能量多相當多。量子力學的穿隧位能障可以發生，允許沒有足夠能量的氘核聚集而產生反應。

第 13 章

1. (a) 3.22×10^{-22} s。(b) 核子的強電場使電子與正子分得夠開,所以它們無法再復合而產生光子。

3. 74.5 MeV。

7. 60°(提示:用相對論的 KE 方法表達求 p_π)。

9. (a) B 不守恆。(b) 可以發生。(c) 電荷不守恆。(d) 可以發生。

11. 能量守恆。

13. ν_μ(μ - 微中子)。

15. 一個負的 xi 粒子 Ξ^-。

17. 為了要遵守不相容原理;不。

19. $+e$。

21. Σ^+。

23. 只有強相互作用可以產生這樣快速的衰變。

25. 因為正子與中子被放射出去,所以與弱相互作用相關。因為這相對於強相互作用很微弱,這個反應即使質子具有足夠的能量可以克服庫侖位障,其發生機率仍不高。

27. (a) 如果 r 是氣球的半徑,$ds/dt = (1/r)(dr/dt)s$,其中 r 和 dr/dt 與任何時間氣球上所有的點都相同。(b) $H = (1/r)(dr/dt)$。如果 dr/dt 正比於 r,H 為常數,否則不是常數。

進階閱讀

有許多不同程度的好書涵蓋了近代物理的不同主題。其中有些雖在數十年前寫成，但對現今學子仍具有參考價值。下面是一份書單，不論其是從不同觀點談論涵蓋與本書內容相同層級的範圍，或是較高或較低的層級，亦或是對某些主題給予較深入的說明均在挑選之列。任何使用大學圖書館的人都可輕易地找到其他更可滿足特別需求的書。

除了書之外，有兩本常常刊登近代物理的新聞與回顧性文章的期刊：《科學的美國人月刊》(Scientific American)與英國《新科學家周刊》(New Scientist)。雖然他們專門報導現今的研究，這些期刊也常包含歷史與傳記性的研究。《科學的美國人月刊》的文章常由非常權威的科學家撰寫；《新科學家周刊》常則常由科學期刊的記者撰寫，但偶爾會有臆測性質的文章。這些期刊都沒有太多數學，許多過去發行的文章都非適合選修近代物理的學生閱讀。

一般性

其他與本書涵蓋相似範圍與深度的書：

J. Bernstein, P. M. Fishbane, and S. G. Gasiorowicz. 2000. *Modern Physics*. Upper Saddle River, N.J.: Prentice-Hall.

K. S. Krane. 1996. *Modern Physics*, 2nd ed. New York: Wiley.

R. A. Serway, C. J. Moses, and C. A. Moger. 1997. *Modern Physics*, 2nd ed. Fort Worth: Saunders.

S. T. Thornton and A. Rex. 2000. *Modern Physics for Scientists and Engineers*, 2nd ed. Fort Worth: Saunders.

P. A. Tipler and R. A. Llewellen. 1999. *Modern Physics*, 3rd ed. New York: Freeman.

這三本書對許多本書中的討論有更詳細說明：

A. Beiser. 1969. *Perspectives of Modern Physics*, New York: McGraw-Hill.

R. Eisberg and R. Resnick. 1985. *Quantum Physics of Atoms, Molecules, Solids, and Particles*, 2nd ed. New York: Wiley.

F. K. Richtmyer, E. H. Kennard, and J. N. Cooper. 1969. *Introduction to Modern Physics*, 6th ed. New York: McGraw-Hill.

相對論

A. P. French. 1968. *Special Relativity*. New York: Norton.

R. Resnick. 1968. *Introduction to Special Relativity*. New York: Wiley.

E. F. Taylor and J. A. Wheeler. 1992. *Spacetime Physics*, 2nd ed. New York: Freeman.

波與粒子

D. Bohm. 1951. *Quantum Theory*. Englewood Cliffs, N.J.: Prentice-Hall.

R. P. Feynman, R. B. Leighton, and M. Sands. 1965. *The Feynman Lectures on Physics*, Vol. 3. Reading, Mass.: Addison-Wesley.

R. Resnick and D. Halliday. 1992. *Basic Concepts in Relativity and Early Quantum Theory*. New York: Macmillan.

W. H. Wichman. 1971. *Quantum Physics*. New York: McGraw-Hill.

量子力學

J. Baggott. 1992. *The Meaning of Quantum Theory*. New York: Oxford University Press.

S. Brandt and H. D. Dahmen. 2001. *Picture Book of Quantum Mechanics*, 3rd ed. NewYork: Springer-Verlag.

A. P. French and E. F. Taylor. 1979. *An Introduction to Quantum Physics*. New York: Nor-ton.

D. J. Griffiths. 1995. *Introduction to Quantum Mechanics*. Upper Saddle River, N.J.: Prentice-Hall.

M. Morrison. 1990. *Understanding Quantum Physics*. Upper Saddle River, N.J.: Prentice-Hall.

L. Pauling and E.B. Wilson. 1935. *Introduction to Quantum Mechanics*. New York: McGraw-Hill.

多電子原子

G. Herzberg. 1944. *Atomic Spectra and Atomic Structure*. New York: Dover.

H. Semat and J. R. Albright. 1972. *Introduction to Atomic and Nuclear Physics*. New York: Holt, Rinehart and Winston.

H. E. White. 1934. *Introduction to Atomic Spectra*. New York: McGraw-Hill.

分子

G. M. Barrow. 1962. *Introduction to Molecular Spectra*. New York: McGraw-Hill.

G. Hertzberg. 1950. *Molecular Spectra and Molecular Structure*. New York: Van Nostrand.

L. Pauling. 1967. *The Nature of the Chemical Bond*, 3rd ed. Ithaca: Cornell University Press.

統計力學

R. Bowley and M. Sanchez. 1996. *Introductory Statistical Mechanics*. New York: Oxford University Press.

C. Kittel and H. Kroemer. 1995. *Thermal Physics*. New York: Freeman.

固態

C. Kittel. 1996. *Introduction to Solid State Physics*, 7th ed. New York: Wiley.

M. N. Rudden and J. Wilson. 1993. *Elements of Solid State Physics*, 2nd ed. New York: John Wiley & Sons, Inc.

J. Singh. 1999. *Modern Physics for Engineers*. New York: Wiley.

S. M. Sze. 1981. *Physics of Semiconductor Devices*, 2nd ed. New York: Wiley.

核子物理

M. Harwit. 1998. *Astrophysical Concepts*, 3rd ed. New York: Springer-Verlag.

I. Kaplan. 1962. *Nuclear Physics. Reading*, Mass.: Addison-Wesley.

K. Krane. 1987. *Introductory Nuclear Physics*. New York: Wiley.

M. R. Wehr, J. A. Richards, and T. W. Adair. 1984. *Physics of the Atom*, 4th ed. Reading, Mass.: Addison-Wesley.

基本粒子與宇宙學

J. Allday. 1998. *Quarks, Leptons, and the Big Bang*. Philadelphia: Institute of Physics Publishers.

B. Greene. 2000. *The Elegant Universe*. New York: W. W. Norton & Co., Inc.

D. Griffiths. 1991. *Introduction to Elementary Particles*. Upper Saddle River, N.J.: Prentice-Hall.

A. Liddle. 1999. *Introduction to Modern Cosmology*. New York: Wiley.

S. Weinberg. 1992. *Dreams of a Final Theory*. New York: Pantheon.

索引

A

Absolute motion　絕對運動　1-3
Absorber thickness　吸收子厚度　2-32
Absorption line spectrum　吸收線光譜　4-10
ac Josephson effect　交流約瑟夫森效應　10-50
Acceptor levels　受子能階　10-26
Actinide　錒系元素　7-11
Activity　活性　12-5
AFM　原子力顯微鏡　5-28
Allowed transitions　允許躍遷　6-20
Alpha decay　阿爾法衰變　11-13, 12-4, 12-16, 12-51
Alpha decay constant　阿爾法衰變常數　12-19, 12-54
Alpha-particle energy　阿爾法粒子能量　12-17
Alpha particles　α粒子　4-2
Amorphous solids　非晶態固體　10-2
Amplitude　振幅　2-4
Anderson, Carl D.　卡爾·安德森　9-16, 11-28, 13-6
Angular frequency　角頻率　3-8
Angular frequency of de Broglie waves　德布羅依波的角頻率　3-10
Angular-momentum states　角動量態　6-10
Annealing　退火　10-4
Anomalous Zeeman effect　異常塞曼效應　7-2
Antimatter　反物質　13-5
Antimony　銻　10-27
Antineutrino　反微中子　12-21, 13-6
Antiparticle　反粒子　13-6
Antisymmetric wave function　反對稱波函數　7-6, 9-11
Arsenic　砷　10-25
Asymmetry energy　非對稱能量　11-21
Atomic bomb　原子彈　12-38
Atomic clocks　原子鐘　4-29
Atomic electron states　原子電子態　6-10
Atomic excitation　原子激發　4-25
Atomic force microscope (AFM)　原子力顯微鏡　5-28

Atomic mass unit　原子質量單位　11-4
Atomic number　原子序　4-4, 11-2
Atomic shells　原子殼　7-11
Atomic spectra　原子光譜（請參照spectra 4-9, 7-31。）
Atomic structure　原子結構　4-1
　　atomic excitation　原子激發　4-25
　　atomic spectra　原子光譜　4-9
　　Bohr atom　波耳原子　4-13
　　classical physics　古典物理　4-8
　　correspondence principle　對應原理　4-20
　　electron orbits　電子軌道　4-6
　　energy levels/spectra　能階和光譜　4-15
　　Franck-Hertz experiment　法朗克－赫茲實驗　4-26
　　Laser　雷射　4-28
　　nuclear atom　核原子　4-2
　　nuclear motion　原子核運動　4-22
　　quantization　量子化　4-18
　　Rutherford scattering　拉塞福散射　4-2, 4-34
　　spectral series　光譜系　4-11
Auger effect　歐傑效應　7-30
Auger, Pierre　皮埃爾·歐傑　7-30
Aurora　極光　4-25
Avalanche multiplication　雪崩倍增　10-33
Axions　軸子　13-32

B

b　12-26
B_2O_3　三氧化二硼　10-2
Baade, Walter　瓦特·巴德　9-35
Balmer, J. J.　巴默　4-11
Balmer series　巴默系　4-11
Band　帶　8-25
Band gaps　能帶隙　10-23
Band theory of solids　固體的能帶理論　10-21
Bardeen, John　約翰·巴丁　10-48
Bardeen-Cooper-Schrieffer (BCS) theory　巴丁·古柏·席里(BCS)理論　10-48

Barn (b)　靶恩，面積單位　12-26
Baryon number　重子數　13-12
Baryons　重子　13-8
Base　基極　10-34
Basov, Nikolai　尼可萊・巴索夫　4-29
BCS theory　BCS 理論　10-47
Beats　節拍　3-8, 3-9
Becker, H.　貝克　11-3
Becquerel (Bq)　貝克勒爾　12-5
Becquerel, Antoine-Henri　安東尼・亨利・貝克勒爾　12-3, 12-14
Bednorz, Georg　喬治・貝德諾茲　10-46
Bell, Jocelyn　約瑟琳・貝爾　9-35
Benzene　苯　8-15
Berg, Moe　默・伯格　3-21
Bernal, J. D.　柏納爾　8-16
Beryllium hydride　氫化鈹　8-26
Beta decay　貝他衰變　11-13, 12-4, 12-20
Bethe, Hans A.　韓斯・貝斯　12-44
Bias　偏壓　10-29
Big Bang　大霹靂　1-14, 13-26
Big Crunch　大塌陷　13-29
Binding energy　束縛能　1-32, 11-14
Binding energy per nucleon　每個核子的束縛能　11-16
Binning, Gert　赭特・賓尼　5-27
Biographies　傳記
　　Bardeen, John　約翰・巴丁　10-48
　　Becquerel, Antoine-Henri　安東尼・亨利・貝克勒爾　12-3
　　Bethe, Hans A.　韓斯・貝斯　12-44
　　Bloch, Felix　菲力克斯・布洛赫　10-21
　　Bohr, Niels　尼爾斯・波耳　4-15
　　Boltzmann, Ludwig　路德威・波茲曼　9-3
　　Born, Max　邁克士・波恩　3-4
　　Chadwick, James　詹姆士・查德威克　11-3
　　Compton, Arthur Holly　亞瑟・荷利・康普頓　2-26
　　Curie, Marie　瑪麗・居里　12-14
　　de Broglie Lewis　路易・德布羅依　3-2
　　Dirac, Paul A.M.　保羅・迪拉克　9-16
　　Einstein, Albert　亞伯特・愛因斯坦　1-10
　　Feynman, Richard P.　理查・費曼　6-23
　　Gell-Mann, Murray　莫瑞・吉爾曼　13-18
　　Glashow, Sheldon Lee　薛爾頓・李・格拉蕭　13-23
　　Goeppert-Mayer, Maria　瑪麗亞・哥柏・梅耶　11-24
　　Heisenberg, Werner　沃納・海森堡　3-21
　　Herzberg, Gerhard　哥哈・赫茲堡　8-22
　　Hodgkin, Dorothy Crowfoot　桃樂斯・克羅福・哈金　8-16
　　Hubble, Edwin　愛德恩・哈伯　1-14
　　Lorentz, Hendrik A.　亨德列克・勞倫茲　1-42
　　Maxwell, James Clerk　詹姆士・克拉克・馬克士威爾　2-3
　　Meitner, Lise　里斯・梅特納　12-36
　　Mendeleev, Dmitri　德米利・門德列夫　7-9
　　Michelson, Albert A.　亞伯特・邁克生　1-4
　　Moseley, Henry G.J.　亨利・莫斯利　7-29
　　Noether, Emmy　艾米・諾瑟　13-15
　　Pauli, Wolfgang　沃夫翰・包利　7-6
　　Pauling, Linus　理納士・包林　8-15
　　Planck, Max　麥克斯・普朗克　2-9
　　Rayleigh, Lord　瑞利男爵　9-18
　　Roentgen, Wilhelm Konrad　威翰姆・康瑞德・崙琴　2-18
　　Rutherford, Ernest　恩尼斯特・拉塞福　4-3
　　Schrödinger, Erwin　爾文・薛丁格　5-9
　　Townes, Charles H.　查爾斯・道恩斯　4-29
　　Yukawa, Hideki　湯川秀樹　11-28
Bismuth　鉍　10-27
Black dwarf　黑矮星　9-34
Black hole　黑洞　2-37, 9-36
Blackbody　黑體　2-6
Blackbody radiation　黑體輻射　2-6
Blackbody spectra　黑體光譜　2-7
Bloch, Felix　菲力克斯・布洛赫　10-21
Bohr, Aage　阿傑・波耳　11-26
Bohr atom　波耳原子　4-13

Bohr magneton 波耳磁子 6-25
Bohr, Niels 尼爾斯・波耳 3-21, 4-2, 4-15, 12-30
Bohr radius 波耳半徑 4-14
Boltzmann, Ludwig 路德威・波茲曼 2-3, 9-3
Boltzmann's constant 波茲曼常數 2-8, 9-4
Born, Max 邁克士・波恩 3-4, 3-21, 5-2, 11-24
Boron trioxide (B_2O_3) 三氧化二硼 10-2
Bose, S. N. 波色 7-8, 9-12
Bose-Einstein condensate 波色—愛因斯坦濃縮物 9-14
Bose-Einstein distribution function 波色—愛因斯坦分布函數 9-12, 9-15
Bosons 波色子，請參閱場波色子 7-8, 9-11
Bothe, W. 波斯 11-3
Bottom 底 13-18, 13-20
Bound electron pairs 束縛電子對 10-47
Bq(becquerel) 貝克勒爾，為活性單位 12-5
Brackett series 布萊克系 4-12
Bragg planes 布拉格平面 2-22
Bragg reflection 布拉格反射 10-36
Bragg, W. L. 布拉格 2-22, 3-5
Brattain, Walter 沃特・布拉頓 10-48
Breakeven 持平狀態 12-48
Breeder reactors 滋生反應爐 12-40
Bremsstrahlung 制動輻射 2-18
Brillouin zones 布里淵區 10-37
Buckyballs 巴克球 10-10
Burnell, Jocelyn Bell 約瑟琳・貝爾・布奈爾 9-35

C

C_{60} buckyball C_{60}巴克球 10-10
Cadmium 鎘 12-27
Cancer 癌症 12-6
Carbon 碳 10-25
Carbon dioxide gas lasers 二氧化碳氣體雷射 4-34
Carbon nanotubes 奈米碳管 10-10
Carbon-carbon group 碳—碳群 8-24
Casimir effect 卡西米爾效應 6-22
Casimir, Hendrik 亨德列克・卡西米爾 6-22

Cavendish, Henry 亨利・卡文迪西 2-3
Center-of-mass coordinate system 質心座標系統 12-32
Cerenkov radiation 賽倫克夫輻射 1-9
CERN 歐洲粒子物理實驗室 13-1, 13-10
Chadwick, James 詹姆士・查德威克 4-3
Chain reaction 連鎖反應 12-37
Chandrasekhar limit 詹德拉西卡限制 9-34
Chandrasekhar, Subrahmanyan 薩布拉曼陽・詹德拉西卡 9-34
Charged pion decay 帶電π衰變 13-6
Charm 魅 13-18, 13-20
Chemical lasers 化學雷射 4-33
Chen Ning Yang 楊振寧 13-6
Chernobyl nuclear accident 車諾比核子意外事件 12-42
Chirped pulse amplification 啾頻脈衝放大 4-33
Ci 居里（單位） 12-6
Classical mechanics 古典力學 5-2
Classical physicsatomic structure 古典物理 4-8
    pillars 棟樑 4-8
    quantum physics 量子物理 4-20
    specific heats of solids 固體比熱 9-26
Clocks, moving vs. at rest 移動vs.靜止的時鐘 1-5~1-10
Closed 封閉 7-13
Closed universe 封閉的宇宙 13-30
CO_2 molecule CO_2分子 8-24
Cohesive energy 聚合能 10-6
Cold dark matter 冷黑暗物質 13-31
Collective model 集體模型 11-26
Collector 集極 10-34
Collision frequency 碰撞頻率 12-19
Collision time 碰撞時間 10-17
Commutation 互換 5-38
Complex molecules 複雜分子 8-10
Compound nucleus 複核 12-30
Compton, Arthur Holly 亞瑟・荷利・康普頓 2-26
Compton effect 康普頓效應 2-23, 2-25
Compton wavelength 康普頓波長 2-26
Condon, Edward U. 艾德華・康頓 12-18

Conduction band　傳導帶　10-24
Conductors　導體　10-23
Conservation of statistics　統計守恆　13-14
Conservation principles　守恆定律　13-14
Constructive interference　建設性干涉　2-5, 2-6
Cooper, Leon　里昂・庫柏　10-48
Cooper pair　庫柏對　10-48
Cornell, Eric　艾瑞克・康乃爾　9-14
Correspondence principle　對應原理　4-20
Coulomb energy　庫侖能量　10-6, 11-19
Covalent bonds　共價鍵　8-2, 8-4
Covalent crystals　共價晶體　10-8
Cowan, C. L.　科文　12-23
Crab nebula　蟹狀星雲　9-1, 9-36
Crick, James Francis　詹姆士・法蘭西斯・克里克　5-9
Critical　臨界　12-38
Critical density　臨界密度　13-31
Critical temperature　臨界溫度　10-43
Cross section　截面積　4-37, 12-25
Crystal　晶體　2-22
Crystal defects　晶體缺陷　10-3
Crystalline solids　晶態固體　10-2
Crystallites　微晶　10-2
CsCl　氯化銫　10-5
Curie (Ci)　居里，輻射劑量單位　12-6
Curie, Irene　愛琳・居里　11-3
Curie, Marie Sklodowska　瑪麗・史可洛道斯卡亞・居里　12-14
Curie, Pierre　皮埃爾・居里　12-14
Cygnus X-1　天鵝座 X-1　2-37

D

Dark matter　黑暗物質　13-31
Davis, Raymond　雷蒙・戴維斯　13-7
Davisson, Clinton　戴文生・柯林頓　3-13
Davisson-Germer experiment　戴文生－基瑪實驗　3-13
dc Josephson effect　直流約瑟夫森效應　10-50
D-D reactions　D-D 反應　12-47
de Broglie group velocity　德布羅依群速度　3-12
de Broglie, Louis　路易・德布羅依　3-2
de Broglie phase velocity　德布羅依相速度　3-6, 3-12
de Broglie wavelength　德布羅依波長　3-2
de Broglie wavelengths of trapped particle　被捕陷粒子的德布羅依波長　3-16
de Broglie waves　德布羅依波　3-2
Debye, Peter　彼得・德拜　9-28
Debye specific heat theory　德拜比熱理論　9-28
Decay constant　衰變常數　12-8, 12-18
Degenerate　簡併的　9-31
Degrees of freedom　自由度　9-8
Delocalized　非定域化　8-15
Depletion region　空乏區　10-31
Destructive interference　破壞性干涉　2-5, 2-6
Deuterium　氘　4-23, 11-2, 11-15
Diamagnetic　反磁的　10-44
Diamond　鑽石　10-9, 10-25
Diffraction　繞射　2-2
　　Particle　粒子　3-13
　　x-ray　x 射線　2-17
Dirac, Paul　保羅・迪拉克　5-2, 7-3, 7-8, 9-12, 9-16, 12-39, 13-14
Disintegration energy　蛻變能　12-16
Dislocation　錯位　10-4
Dispersion　色散　3-9
DNA　去氧核醣核酸　10-13
Donor levels　施子能階　10-26
Doppler effect　都卜勒效應　1-11
Doppler effect in light　光的都卜勒效應　1-12
Doppler effect in sound　聲波中的都卜勒效應　1-11
Double-slit experiment　雙狹縫實驗　5-11
Doublet　雙重態　7-26
Down　下　13-18
Drain　汲極　10-35
Drift velocity　漂移速度　10-17
Drude, Paul　保羅・杜魯德　10-20
Drude-Lorentz model　杜魯德－勞倫茲模型　10-20
D-T reactions　D-T 反應　12-47
Duane-Hunt formula　杜安－杭特公式　2-21

Ductility 延展性 10-4
Duke, Charles M., Jr. 小查爾斯‧杜克 4-13
Dulong-Petit law 杜隆－佩堤定律 9-26
Dye lasers 染料雷射 4-33
Dying stars 瀕死之星 9-32

E

Earth's radioactivity 地球的放射性 12-5
Eddington, Arthur 亞瑟‧艾丁頓 9-34
Edge dislocation 邊緣錯位 10-4
Effective mass 有效質量 10-40
Eigenfunction 本徵函數 5-16
Eigenvalue 本徵值 5-16
Eightfold way 八重法 13-15
Einstein, Albert 亞伯特‧愛因斯坦 1-3, 1-10, 2-12, 2-17, 7-8, 9-3, 9-12, 9-18, 9-23, 9-27
Einstein specific heat formula 愛因斯坦比熱公式 9-27
Elastic collision 彈性碰撞 1-23, 4-27
Electric potential energy 電位能 6-2
Electromagnetic interactions 電磁交互作用 13-2
Electromagnetic radiation 電磁輻射 2-4
Electromagnetic (em) waves 電磁波 2-2
Electron affinity 電子親和力 10-5
Electron capture 電子捕捉 11-13, 12-4, 12-22
Electron configurations of elements 元素的電子組態 7-15, 7-16
Electron magnetic moment 電子磁力矩 6-24
Electron microscope 電子顯微鏡 3-11
Electron orbits 電子軌道 4-6
Electron sharing 電子共享 8-4
Electron shielding 電子屏蔽 7-14
Electron specific heat 電子比熱 9-32
Electron spin 電子自旋 7-2
Electron-energy distribution 電子能量分布 9-31
Electronic excitation 電子激發 8-26
Electronic spectra of molecules 分子的電子光譜 8-25
Electronic transitions 電子躍遷 8-25
Electron-positron pair formation 電子－正子對形成 2-29
Electron-positron pair production 電子－正子配對產生 13-5
Electrons 電子 2-2
Electronvolt (eV) 電子伏特 1-32
Electroweak interaction 弱電交互作用 13-3
Elementary particles 基本粒子 13-1
    baryons 重子 13-8
    dark matter 黑暗物質 13-31
    eightfold way 八重法 13-15
    field bosons 場波色子 13-22
    fundamental interactions 基本交互作用 13-2
    future of the universe 宇宙的未來 13-29
    GUT 大一統理論 13-25
    hadrons 強子 13-8
    Higgs boson 希格斯波色子 13-24
    history of the universe 宇宙的歷史 13-26
    leptons 輕子 13-4
    mesons 介子 13-8
    quantum numbers 量子數 13-12
    quarks 夸克 13-17
    resonance particles 共振粒子 13-9
    solar neutrino mystery 太陽的微中子奧秘 13-7
    Standard Model 標準模型 13-24
    strangeness number 奇異數 13-13
    Theory of Everything 萬有理論 13-25
Em waves 電磁波 2-1
Emission line spectra 放射線光譜 4-10
Emitter 射極 10-34
Energy 能量
    alpha-particle 阿爾法粒子能量 12-17
    asymmetry 非對稱能量 11-21
    binding 束縛能 1-32, 11-14
    cohesive 聚合能 10-6
    coulomb 庫侖能量 10-6, 11-19
    disintegration 蛻變能 12-16
    equipartition 能量均分 9-8
    ionization 游離能 4-17
    kinetic 動能 1-28, 1-30
    mass and 質量與能量 1-27
    momentum and 動量與能量 1-31

  pairing　配對能量　11-22
  photon　光子能量　2-13
  quantization of　能量的量子化　6-8
  repulsive　排斥能　10-6
  rest　靜止能量　1-28
  surface　表面能量　11-19
  time and　時間與能量　3-26
  total　總能量　1-28, 1-31
  volume　體積能量　11-19
Energy band　能帶　10-14
Energy bands (alternate analysis)　能帶：另一種分析　10-36
Energy gap　能隙　10-48
Energy level　能階　3-16, 4-15
Enriched uranium　高濃度鈾　12-40
Equipartition of energy　能量均分　2-8
Equipartition theorem　均分理論　9-8
Equivalence　等效性　1-34
Ethylene　乙烯　8-14
eV　電子伏特　1-32
Even-even nuclides　偶－偶核素　11-13
Even-odd nuclides　偶－奇核素　11-13
Excited state　受激態　4-16
Exclusion principle　不相容原理　7-4
Expanding universe　擴張中的宇宙　1-13
Expectation values　期望值　5-11

F

Famous physicists　（著名的物理學家，請參閱自傳）
Faraday, Michael　麥可・法拉第　2-3
Faraday's law of electromagnetic induction　法拉第電磁感應定律　10-49
Femtometer (fm)　飛米　11-7
Fermi　費米　11-7
Fermi, Enrico　安立可・費米　7-6, 7-8, 9-12, 9-15, 12-21, 12-36, 12-39
Fermi energy　費米能量　9-13, 9-32, 10-14
Fermi gas model　費米氣體模型　11-32
Fermi-Dirac distribution function　費米－迪拉克分布函數　9-12, 9-15
Fermi-Dirac statistics　費米－迪拉克統計　9-16, 12-39

Fermions　費米子　7-8, 9-11
Fermium　鐨　12-39
FET　場效電晶體　10-35
Feynman, Richard P.　理查・費曼　6-23
Field bosons　場波色子　13-22
Field-effect transistor (FET)　場效電晶體　10-35
Fine structure　精細結構　7-2
Fine structure constant　精細結構常數　4-40
Finite potential well　有限位能井　5-24
First Brillouin zone　第一布里淵區　10-37
Fission fragments　分裂碎片　12-35
Flat universe　平坦宇宙　13-29
Flavor　味道　13-20
Fluorescence　螢光　8-26
Fluorescent lamp　螢光燈泡　8-26
Flux quantization　通量量子化　10-49
fm　飛米　11-7
Forbidden band　禁止帶　10-23, 10-38
Forbidden transitions　禁止躍遷　6-20
Forward bias　順向偏壓　10-30
Fourier integral　傅利葉積分　3-19
Fourier transform　傅利葉轉換　3-19
Four-level laser　四階雷射　4-31
Frame of reference　參考座標系　1-2
Franck, James　詹姆士・法朗克　4-26
Franck-Hertz experiment　法朗克－赫茲實驗　4-26
Free electrons in metal　金屬中的自由電子　9-28
Frisch, Otto　奧圖・傅利屈　12-36
Fuller, R. Buckminster　巴克明斯特・富勒　10-10
Fundamental interactions　基本交互作用　13-2
Fusion reactors　融合反應爐　12-47
Future of the universe　宇宙的未來　13-29

G

GaAs　砷化鎵　10-28
Galilean transformation　伽利略轉換　1-38
Gallium　鎵　10-27
Gamma decay　伽瑪衰變　12-4, 12-24

Gamma rays　伽瑪射線　2-18, 12-24
Gamow, George　喬治・蓋摩　11-6, 11-18, 12-18
GaP　磷化鎵　10-28
Gate　閘極　10-35
Gaussian distribution　高斯分布　3-20
Gaussian function　高斯函數　3-20
GBq　核放射性的單位　12-5
Geiger, Hans　漢斯・蓋格　4-2, 4-39
Gell-Mann, Murray　莫瑞・吉爾曼　13-13
General theory of relativity　廣義相對論　1-34
Geological dating　地質定年　12-13
Georgi, Howard　霍華德・喬奇　13-23
Gerlach, Walter　瓦特・格拉克　7-5
Germanium　鍺　10-9, 10-26, 10-30
Germer, Lester　雷斯特・基瑪　3-13
GeV　電子能量單位　1-33
Gigabecquerel (GBq)　放射性單位　12-5
Gigaelectronvolt (GeV)　電子能量單位　1-33
Glashow, Sheldon Lee　薛爾頓・李・格拉蕭　13-23
Glueballs　膠球　13-22
Gluons　膠子　13-22
Goeppert-Mayer, Maria　瑪麗亞・哥柏・梅耶　11-24
Goudsmit, Samuel　山繆・古史密特　7-2, 7-6
Gould, Gordon　古登・高德　4-29
Grand unified theory (GUT)　大一統理論　13-25
Graphite　石墨　10-8
Gravitational interaction　重力交互作用　13-2
Gravitational red shift　重力紅位移　2-36
Gravitational waves　重力波　1-36
Graviton　引力子　13-22
Gravity　重力　1-34, 2-33
Greenhouse effect　溫室效應　9-21
Ground state　基態　4-16
Group velocity　群速度　3-6
Groups　族群　7-9
Gurney, Ronald W.　羅納多・葛尼　12-18
GUT　大一統理論　13-25
Guth, Alan　亞倫・古斯　13-32
Gyromagnetic ratio　迴磁比　6-24

H

H_2O molecular ion　H_2O 分子離子　8-4~8-9
H_2O molecule　H_2O 分子　8-23, 10-13
Hadrons　強子　13-8
Hahn, Otto　奧圖・韓　12-36
Half-life　半衰期　12-7
Hamiltonian operator　漢彌爾頓運算子　5-17
Harmonic oscillator　諧振子　5-28, 8-21, 9-28
Harmonic-oscillator wave functions　諧振子波函數　5-31
H-bar　3-22
HCl molecule　HCl 分子　8-3
Heavy water　重水　11-2
Heisenberg, Werner　沃納・海森堡　3-21, 5-2, 9-28, 11-28
Heitler, Walter　沃特・海特勒　10-21
Helium　氦　7-33
Helium-neon gas laser　氦氖氣體雷射　4-32
He-Ne laser　氦氖雷射　4-33
Hermite polynomial　赫米多項式　5-31
Hertz, Gustav　古斯塔夫・赫茲　4-26
Hertz, Heinrich　亨利希・赫茲　2-3
Herzberg, Gerhard　哥哈・赫茲堡　8-22
Higgs boson　希格斯波色子　13-24
Higgs field　希格絲場　13-24
Higgs, Peter　彼得・希格斯　13-24
High-temperature superconductors　高溫超導　10-46
Hilbert, David　大衛・希伯特　5-9, 13-15
History of the universe　宇宙的歷史　13-26
Hodgkin, Dorothy Crowfoot　桃樂斯・克羅福・哈金　8-16
Hodgkin, Thomas　湯姆士・哈金　8-16
Holes　電洞　10-26
Homonuclear molecules　同類原子分子　8-25
Hooke's law　虎克定律　5-29
Hoyle, Fred　弗瑞德・霍爾　12-46
Hubble, Edwin　愛德恩・哈伯　1-14
Hubble Space Telescope　哈伯太空望遠鏡　10-31
Hubble's law　哈伯定律　1-14
Hubble's parameter　哈伯參數　13-31
Hulse, Russell　羅素・豪斯　1-37

Hund's rule　宏德規則　7-20
Hybrid crystals　混成晶體　8-13~8-15
Hydrogen atom　氫原子，請參閱原子結構，氫原子的量子理論　7-31
Hydrogen bond　氫鍵　10-13
Hydrogen molecular ion　氫分子離子　8-4
Hydrogen molecule　氫分子　8-2, 8-5
Hydrogen spectrum　氫光譜　4-19
Hydrogen-atom wave function　氫原子波函數　6-4
Hydrogenic atom　類氫原子　4-41
Hyperfine structure　超精細結構　7-26

I

IBM Power PC 601　IBM高功率個人電腦　10-28
Ice crystal　冰晶體　10-13
Ideal spectrometer　理想光譜儀　4-10
Ignition　點火　12-48
Impact parameter　撞擊參數　4-34
Impurity semiconductors　雜質半導體　10-25
Indium　銦　10-27
Inelastic collision　非彈性碰撞　4-27
Inertial frame of reference　慣性參考座標系　1-2
Inflationary universe　膨脹的宇宙　13-32
Infrared laser　紅外光雷射　4-1
Infrared spectrometer　紅外光光譜儀　8-1
InP　磷化銦　10-28
InSb　碲化銦　10-28
Instantaneous amplitude　瞬間振幅　2-4
Insulators　絕緣體　10-24
Interacting atoms　交互作用原子　10-22
Interference　干涉　2-2
Interial confinement　慣性侷限　12-50
Intermediate vector bosons　中間向量波色子　13-22
Internal conversion　內在轉換　12-24
International Thermonuclear Experimental Reactor (ITER)　國際熱核實驗反應爐　12-50
Invariant　不變　1-28
Inverse beta decay　反貝他衰變　12-23
Inverse Lorentz transformation　反勞倫茲轉換　1-42
Inverse photoelectric effect　逆向光電效應　2-17
Ionic bonds　離子鍵　8-2
Ionic crystals　離子晶體　10-4, 10-15
Ionization energy　游離能　4-17, 7-17
Island of stability　穩定島　11-27
Isolated n-p-n transistor　孤立的 n-p-n 電晶體　10-34
Isomer　同分異構體　12-24
Isotope effect　同位素效應　10-47
Isotopes　同位素　11-2
ITER　12-50
Iwanenko, Dmitri　德米列·伊瓦南科　11-3

J

Jeans, James　詹姆士·金斯　2-7, 9-18
Jensen, J. H. D.　簡生　11-24
jj coupling　jj 耦合　11-24
Joint European Torus　聯合歐洲環形　12-49
Joliot, Frederic　弗列德瑞克·朱利　11-3
Jordan, Pascual　帕斯庫瓦·喬丹　3-21
Josephson, Brian　布萊恩·約瑟夫森　10-50
Josephson junctions　約瑟夫森接面　10-50
Joule-Thomson effect　焦耳－湯姆森效應　10-52
Junction diode　接面二極體　10-29
Junction transistor　接面電晶體　10-34
Junction-transistor amplifier　接面電晶體放大器　10-34

K

K series　K 系　7-28
Kaluza, Theodor　都鐸·卡路沙　13-25
keV　仟電子伏特　1-33
Kierkegaard, Soren　蘇倫·凱克卡德　3-5
Kiloelectronvolt (keV)　仟電子伏特　1-33
Kinetic energy　動能　1-28, 1-30
Kinetic-energy operator　動能運算子　5-14
Klein, Oskar　奧斯卡·克萊恩　13-26
Kronig, Ralph　羅夫·克羅尼　7-6

L

L series　*L* 系　7-28
Lamb shift　蘭姆位移　7-32
Lanthanide　鑭系元素　7-11
Large Hadron Collider　大強子對撞器　13-24
Laser　雷射　4-28
Lectures on Physics　物理學講演，費曼著　6-23
LED　發光二極體　10-30
Leibniz, Gottfried Wilhelm　高特弗萊德・威爾漢姆・萊布尼茲　13-6
Length contraction　長度收縮　1-15
Lepton number　輕子數　13-12
Leptons　輕子　13-4
Lewis, Gilbert　吉伯特・劉易士　2-13
Light　光
　　em wave as　如光的電磁波　2-2
　　gravity and　重力和光　1-34
　　quantum theory　光的量子理論　2-12
　　speed of　光速　1-8
　　wave theory　光波動理論　2-16
Light-emitting diode (LED)　發光二極體　10-30
Lightlike interval　類光間隔　1-48
Light-sensitive detectors　光敏感偵測器　2-14
Linear attenuation coefficient　線性衰減係數　2-32
Liquid-drop model　液滴模型　11-18
London, Fritz　弗列茲・倫敦　10-21
Longitudinal doppler effect in light　光的縱向都卜勒效應　1-13
Long-range order　長矩序　10-2
Lorentz, Hendrik A.　亨德列克・勞倫茲　1-42, 10-20
Lorentz transformation　勞倫茲轉換
　　Equations　方程式　1-41
　　Galilean transformation　伽利略轉換　1-38
　　inverse transformation　反轉換　1-42
　　simultaneity　同時性　1-45
　　velocity addition　速度相加　1-43
LS coupling　*LS* 耦合　7-24
Lyman series　萊曼系　4-12
Lyra (ring nebula)　天琴座環狀星雲　9-33

M

M series　*M* 系　7-28
Madelung constant　馬德隆常數　10-6
Magic numbers　魔術數字　11-23
Maglev trains　浮磁列車　10-46
Magnesium　鎂　10-24
Magnetic levitation　磁浮　10-46
Magnetic monopoles　磁單極　9-16
Magnetic quantum number　磁量子數　6-6, 6-11
Magnetic resonance imaging (MRI)　磁共振影像處理　11-11
Maiman, Theodore　堤歐朵・梅曼　4-29
Many-electron atoms　多電子原子　7-1
　　atomic spectra　原子光譜　7-31
　　atomic structures　原子結構　7-11
　　Auger effect　歐傑效應　7-30
　　electron configurations of elements　元素的電子組態　7-15, 7-16
　　electron spin　電子自旋　7-2
　　exclusion principle　不相容原理　7-4
　　fermions/bosons　費米子／波色子　7-8
　　Hund's rule　宏德規則　7-20
　　LS coupling　*LS* 耦合　7-24
　　periodic table　週期表　7-8
　　spin-orbit coupling　自旋－軌道耦合　7-20
　　symmetric/antisymmetric wave functions　對稱／反對稱波函數　7-6
　　term symbols　項符號　7-26
　　total angular momentum　總角動量　7-22
　　transition elements　過渡元素　7-19
　　x-ray spectra　x 射線光譜　7-27
Marsden, Ernest　恩尼斯特・馬士丹　4-2, 4-38
Maser　邁射　4-29
Mass　質量
　　Atomic　原子質量　11-4
　　Effective　有效質量　9-39
　　energy, and　能量與質量　1-27
　　relativistic　相對論質量　1-25
　　rest　靜止質量　11-4
Mass unit (u)　質量單位　11-4
Massless particles　無質量粒子　1-32

Maxwell, James Clerk 詹姆士・克拉克・馬克士威爾 1-5, 2-3, 13-2
Maxwell-Boltzmann distribution function 馬克士威爾－波茲曼分布函數 9-4, 9-13, 9-15
Maxwell-Boltzmann speed distribution 馬克士威爾－波茲曼速度分布 9-9
Mayer, Joseph 約瑟夫・梅耶 11-24
MBq 放射性單位 12-5
Mean lifetime 平均生命期 12-10
Mechanics 力學
    Classical 古典力學 5-2
    quantum 量子力學，請參閱量子力學
    statistical 統計力學，請參閱統計力學
Megabecquerel (MBq) 百萬貝克勒爾 12-5
Megaelectronvolt (MeV) 百萬電子伏特 1-33
Meissner effect 邁斯納效應 10-45
Meitner, Lise 里斯・梅特納 12-34, 12-36
Mendeleev, Dmitri 德米列・門德列夫 7-9
Mendelevium 鍆 7-9
Mercury 汞 7-35
Meson theory of nuclear forces 原子核力的介子理論 11-27
Mesons 介子 11-28, 13-8
Metallic bond 金屬鍵 10-14
Metallic glass 金屬玻璃 10-3
Metallic hydrogen 金屬氫 10-16
Metal-oxide-semiconductor FET (MOSFET) 金屬氧化層場效電晶體 10-35
Metastable 亞穩 4-28
MeV 百萬電子伏特 1-33
Michelson, Albert A. 亞伯特・邁克生 1-4
Michelson-Morley experiment 邁克生－莫力實驗 1-4
Milky Way 銀河系 2-37
Miller, Ava Helen 亞弗・海倫・米勒 8-15
Mirror isobars 鏡像同重元素 11-32
Moderator 調變器 12-38
Molecular bond 分子鍵 8-2, 8-12, 10-15
Molecular electronic states 分子電子態 8-17
Molecular energies in ideal gas 理想氣體中的分子能量 9-5
Molecular energy distribution 分子能量分布 9-7

Molecular Spectra and Molecular Structure 分子光譜和分子結構，赫茲堡著 8-22
Molecular-speed distribution 分子速度分布 9-8
Molecules 分子 8-1
    complex molecules 複雜分子 8-10
    electron sharing 電子共享 8-4
    electronic spectra of molecules 分子的電子光譜 8-25
    fluorescence 螢光 8-26
    H_2^+ molecular ion H_2^+ 分子離子 8-5
    hybrid orbital 混成軌道 8-13
    hydrogen molecule 氫分子 8-9
    molecular bond 分子鍵 8-2, 8-12
    phosphorescence 磷光 8-27
    rotational energy levels 轉動能階 8-15
Molten NaCl 熔融 NaCl 8-3
Momentum 動量
    classical definition 古典定義 1-24
    energy and 能量與動量 1-30
    particle in a box 箱中的粒子動量 5-22
    photon 光子 2-13
    relativistic 相對論動量 1-22
    vector quantity as 向量值 2-24
Momentum operator 動量運算子 5-13
Momentum space 動量空間 9-6
Morley, Edward 艾德華・莫力 1-4
Moseley, Henry G.J. 亨利・莫斯利 7-29
MOSFET 金屬氧化層 FET 10-35
Mössbauer effect 莫斯堡爾效應 2-40
Mottelson, Ben 班・摩特森 11-26
MRI 磁共振影像處理 11-11
Muller, Alex 亞歷士・穆勒 10-46
Multiplets 多重態 13-15
Multiplicity 多重數 7-26
Muon 渺 4-24, 11-28, 13-4, 13-6
Muon decay 渺衰變 1-17, 13-7

N

NaCl 氯化鈉 10-6
NaCl crystal NaCl 晶體 8-3
Name of functions 函數的名稱 9-12

Nanotubes 奈米碳管 10-10
Nature of the Chemical Bond, The 化學鍵的性質，包林著 8-15
Nb-NbO-Nb junction Nb-NbO-Nb 接面 10-50
n-channel FET n 通道場效電晶體 10-35
Nd:YAG lasers 釹雅各雷射 4-34
Ne'eman, Yuval 亞弗・尼耶曼 13-15
Negative beta decay 負貝他衰變 11-13
Neptunium 錼 12-14
Neuron stars 中子星 4-6, 9-34
Neutral pion decay 中子π衰變 13-7
Neutrino 微中子 7-6, 12-21, 13-6
Neutron activation analysis 中子活性分析 12-56
Neutron decay 中子衰變 13-13
Newton, Sir Isaac 艾薩克・牛頓 13-2
Newtonian mechanics 牛頓力學 5-2
NMR 核磁共振 11-1, 11-10
Noether, Emmy 艾米・諾瑟 13-15
Nonpolar molecule 非極性分子 10-12
Normal Zeeman effect 正常塞曼效應 6-25, 7-2
Normalization 正規化 5-3
n-type semiconductor n 型半導體 10-26
Nuclear accidents 核能意外 12-42
Nuclear atom 核原子，參閱原子結構 4-2
Nuclear composition 原子核組成 11-2
Nuclear decay 核衰變 11-13, 12-2
Nuclear electrons 核電子 11-5
Nuclear energy 核能 12-41
Nuclear fission 核分裂 11-17, 12-37
Nuclear fusion 核融合 11-17
Nuclear fusion in stars 星球中的核融合 12-43
Nuclear magnetic resonance (NMR) 核磁共振 11-1, 11-10
Nuclear magneton 核磁子 11-8
Nuclear motion 原子核運動 4-22
Nuclear power plant 核子動力發電廠 12-40
Nuclear reaction 核子反應 12-30
Nuclear reactors 核子反應爐 12-38
Nuclear spin 核自旋 11-5

Nuclear structure 原子核結構 11-1
   atomic masses 原子質量 11-4
   binding energy 束縛能 11-14
   collective model 集體模型 11-26
   liquid-drop model 液滴模型 11-18
   meson theory of nuclear forces 原子核力的介子理論 11-27
   NMR 核磁共振 11-10
   nuclear composition 原子核組成 11-2
   nuclear electrons 核電子 11-5
   pion π 11-28, 11-30
   shell model 殼模型 11-23
   spin 自旋 11-8
   stable nuclei 穩定原子核 11-11, 11-27
   virtual photons 虛擬光子 11-30
   volume/radius 體積／半徑 11-6
Nuclear transformations 核子的轉換 12-1
   alpha decay 阿爾法衰變 12-4, 12-16, 12-51
   beta decay 貝他衰變 12-4, 12-20
   breeder reactors 滋生反應爐 12-40
   center-of-mass coordinate system 質心座標系統 12-32
   confinement methods 侷限法 12-49
   cross section 截面積 12-25
   fusion reactors 融合反應爐 12-47
   gamma decay 伽瑪衰變 12-4, 12-24
   geological dating 地質定年 12-13
   nuclear accidents 核能意外 12-42
   nuclear energy 核能 12-41
   nuclear fission 核子分裂 12-34
   nuclear fusion in stars 星球中的核融合 12-43
   nuclear reactions 核子反應 12-30
   nuclear reactors 核子反應爐 12-38
   radioactive decay 放射性衰變 12-2
   radioactive series 放射系 12-14
   radiometric dating 放射性定時法 12-11
   triple-alpha reaction 三重阿爾法反應 12-46
Nucleons 核子 11-2
Nuclides 核素 11-3

O

Odd-even nuclides 奇－偶核素 11-13
Ohm's law 歐姆定律 10-16
"On Faraday's Lines of Force" 在法拉第的力線上，馬克士威爾著 2-3
Onnes, Heike Kamerlingh 海克·凱末林·翁內斯 10-43
Open universe 開放的宇宙 13-29
Operators 運算子 5-13
Optical properties of solids 固體的光學特性 10-26
Optical pumping 光泵 4-30
Orbital 軌道 8-9, 8-12
Orbital quantum number 軌道量子數 6-6, 6-9
Order 冪次 2-23
Orthogonal 正交 5-38
Orthohelium 正氦 7-34
Oscillator energies 振盪器能量 2-10

P

Pair annihilation 配對滅絕 2-29
Pair production 配對產生 2-28
Pairing energy 配對能量 11-22
Parahelium 仲氦 7-34
Partial derivative 偏微分 5-5
Particle in a box 箱子中的粒子 3-16, 5-18
Particle properties of waves 波的粒子特性 2-1
    black holes 黑洞 2-36
    blackbody radiation 黑體輻射 2-6
    Compton effect 康普頓效應 2-23
    electromagnetic waves 電磁波 2-2
    gravitational red shift 重力紅位移 2-36
    light, what is it 光是什麼 2-16
    pair production 配對產生 2-28
    photoelectric effect 光電效應 2-11
    photons and gravity 光子與重力 2-33
    Planck radiation formula 普朗克輻射公式 2-9
    work function 功函數 2-14
    x-ray diffraction x射線繞射 2-21
    x-rays x射線 2-17
Particles 粒子，請參閱基本粒子

Paschen series 帕申系 4-12
Pauli exclusion principle 包利不相容原理 13-5
Pauli, Wolfgang 渥夫漢·包利 3-21, 7-2, 7-6, 12-39
Pauling, Linus 理納士·包林 8-15
Penzias, Arno 阿諾·潘則士 13-28
Perihelion of Mercury's orbit 水星軌道近日點 1-36
Perihelion of planetary orbit 行星軌道的近日點 1-36
Periodic law 週期定律 7-8
Periodic table 週期表 7-8
Periods 週期 7-9
PET scan PET掃瞄 12-22
Pfund series 方德系 4-12
Phase velocity 相速度 3-6
Phonon 聲子 9-2, 9-28
Phosphorescence 磷光 8-27
Phosphorescent radiation 磷光輻射 8-27
Phosphorus 磷 10-27
Photoelectric effect 光電效應 2-11
Photoelectric work function 光電功函數 2-14
Photoelectrons 光電子 2-11
Photon absorption 光子吸收 2-31
Photon distribution function 光子分布函數 9-19
Photon energy 光子能量 2-15
Photon mass 光子質量 2-33
Photon momentum 光子動量 2-24
Photon wavelength 光子波長 3-2
Photons 光子 2-13
Physicists 物理學家，參閱自傳
Piezoelectricity 壓電性 5-28
Pion π 11-28, 11-30, 13-6
Planck length 普朗克長度 13-26
Planck, Max 麥克斯·普朗克 2-9, 2-13, 9-3, 9-19
Planck radiation formula 普朗克輻射公式 2-9, 9-19
Planck radiation law 普朗克輻射定律 9-19
Planck time 普朗克時間 13-26
Planck's constant 普朗克常數 2-9
Plasma 電漿 12-48

Plutonium　鈽　12-40
p-n junction　*p-n* 接面　10-28
Point defect　點缺陷　10-3
Polar molecules　極性分子　10-11
Polarizability　極化係數　10-11
Polyatomic molecules　多原子分子　8-26
Population inversion　居量反轉　4-30
Positive beta decay　正貝他衰變　11-13
Positron emission　正子放射　11-13, 12-4, 12-22
Positron emission tomography (PET) scan　正子放射斷層掃描　12-22
Postulates of special relativity　特殊相對論假設　1-3
Pound, Robert V.　羅伯特・龐德　2-34
Pound-Rebka experiment　龐德－瑞布卡實驗　2-35
Powell, C. F.　包威爾　11-28
Practical lasers　實際的雷射　4-32
Principal quantum number　主量子數　6-6
Principle of equivalence　等效性原理　1-34
Principle of relativity　相對論原理　1-3
Principle of superposition　疊加原理　2-4, 5-10
Probability density　機率密度　3-5
Prokhorov, Aleksander　亞歷山大・普羅克赫羅夫　4-29
Proper length　固有長度　1-15
Proper mass　固有質量　1-25
Proper time　固有時間　1-5
Proton-proton cycle　質子－質子循環　12-43
p-type semiconductor　*p* 型半導體　10-26
Pulsars　脈衝星　1-36, 9-35
Purcell, Edward　愛德華・浦塞爾　10-21

Q

Quantization　量子化
　　angular-momentum direction of　角動量方向　6-11
　　angular-momentum magnitude of　角動量大小　6-9
　　atomic world　原子世界　4-18
　　energy, of　能量　6-8
　　flux　通量　10-49
　　space　空間　6-11
Quantization as an Eigenvalue Problem(Schrödinger)　量子化即本徵值問題，薛丁格著　5-9
Quantum (quanta)　量子　2-10
Quantum chromodynamics　量子色動力學　13-20, 13-24
Quantum electrodynamics　量子電動力學　6-22
Quantum mechanics　量子力學　5-1
　　expectation values　期望值　5-11
　　finite potential well　有限位能井　5-24
　　harmonic oscillator　諧振子　5-28
　　linearity/superposition　線性／疊加　5-10
　　normalization　正規化　5-3
　　operators　運算子　5-13
　　particle in a box　箱子中的粒子　5-18
　　Schrödinger equation　薛丁格方程式，參閱薛丁格方程式
　　steady-state Schrödinger equation　穩態薛丁格方程式　5-15
　　time-dependent Schrödinger equation　時間相依型薛丁格方程式　5-7
　　tunnel effect　穿隧效應　5-25, 5-33
　　wave equation　波動方程式　5-5
　　wave function　波函數　5-3
　　well-behaved wave functions　良好行為的波函數　5-4
Quantum number　量子數　3-16, 4-14
　　atomic electron of　原子電子量子數　7-4
　　elementary particles　基本粒子量子數　13-12
　　magnetic　磁量子數　6-11
　　orbital　軌道量子數　6-9
　　principal　主量子數　6-8
　　rotational　轉動量子數　8-17
　　vibrational　振動量子數　8-21
Quantum physics　量子物理　4-20
Quantum statistics　量子統計學　9-11
Quantum theory of hydrogen atom　氫原子的量子理論　6-1
　　electron probability density　電子機率密度　6-12
　　magnetic quantum number　磁量子數　6-11

　　　　orbital quantum number　軌道量子數　6-9
　　　　principal quantum number　主量子數　6-8
　　　　quantum electrodynamics　量子電動力學
　　　　6-22
　　　　radiative transitions　輻射躍遷　6-18
　　　　Schrödinger equation　薛丁格方程式
　　　　6-2
　　　　selection rules　選擇規則　6-20
　　　　separation of variables　變數分離　6-4
　　　　Zeeman effect　塞曼效應　6-23
Quantum theory of light　光的量子理論
2-12~2-16
Quark confinement　夸克侷限　13-20
Quarks　夸克　13-17
Quasar　類星體　1-36, 2-37

R

Radiation　輻射
　　　　blackbody　黑體　2-6
　　　　Cerenkov　賽倫克夫　1-9
　　　　electromagnetic　電磁　2-4
　　　　phosphorescent　磷光　8-27
Radiation dosage　輻射劑量　12-6
Radiation hazards　輻射危害　12-6
Radiation intensity　輻射強度　2-32
Radiative transitions　輻射躍遷　6-18
Radioactive delay　放射性衰變　12-2
Radioactive equilibrium　放射性平衡　12-15
Radioactive series　放射系　12-14
Radiocarbon　放射性碳　12-11
Radiometric dating　放射性定年法　12-11
Radon　氡　12-6
Ramsay, William　威廉‧雷姆賽　9-18
Rare earths　稀土　7-11
Rayleigh, Lord　瑞利男爵　2-7, 9-18
Rayleigh-Jeans formula　瑞利－金斯公式　2-8,
9-16
Rebka, Glen A.　格蘭‧瑞布卡　2-34
Reduced mass　縮減質量　4-23, 8-17
Reines, F.　雷尼斯　12-23
Relativistic length contraction　相對長度縮短
1-17
Relativistic mass　相對論質量　1-25

Relativistic momentum　相對論動量　1-25
Relativistic second law　相對論中的第二運動
定律　1-26
Relativistic velocity transformation　相對論速
度轉換　1-44
Relativity　相對論　1-1
　　　　doppler effect　都卜勒效應　1-11
　　　　electricity and magnetism　電與磁　1-20
　　　　general　廣義相對論　1-34
　　　　gravity and light　重力和光　1-34
　　　　length contraction　長度收縮　1-15
　　　　Lorentz transformation　勞倫茲轉換　1-37
　　　　mass and energy　質量與能量　1-27
　　　　massless particles　無質量粒子　1-32
　　　　relativistic momentum　相對論動量　1-22
　　　　spacetime　時空　1-46
　　　　special　特殊相對論　1-2
　　　　time dilation　時間擴張　1-5
　　　　twin paradox　孿生難題　1-18
Relaxation time　鬆弛時間　11-11
Renormalization　再正規化　6-23
Repulsive energy　排斥能　10-6
Resistance　電阻　10-16
Resistivity　電阻係數　10-19
Resonance　共振　12-32
Resonance particles　共振粒子　13-9
Rest energy　靜止能量　1-28
Rest mass　靜止質量　1-25, 11-29
Reverse bias　逆向偏壓　10-30
rf radiation　射頻輻射　11-11
Ring nebula (Lyra)　環狀星雲（天琴座）　9-33
RMS speed　均方根速度　9-9
Rock salt　岩鹽　8-2
Roentgen, Wilhelm Konrad　威爾姆‧康瑞德‧
崙琴　2-17, 2-18, 12-3
Rohrer, Heinrich　亨利希‧羅爾　5-27
Root-mean-square (RMS) speed　均方根速度
9-9
Rotational energy levels　轉動能階　8-15
Rotational quantum number　轉動量子數　8-17
Rotational spectra　轉動光譜　8-19
Rotational states　轉動態　8-15
Rotations about bond axis　關於鍵結軸的轉動
8-18

Rotella, Frank J.　法蘭克・羅特拉　3-15
Ruby laser　紅寶石雷射　4-31
Ruska, Ernst　恩斯特・羅斯卡　5-27
Rutherford, Ernest　恩尼斯特・拉塞福　4-3, 7-29, 11-3
Rutherford model of atom　拉塞福原子模型　4-4
Rutherford scattering　拉塞福散射　4-5, 4-34
Rutherford scattering formula　拉塞福散射公式　4-4, 4-9, 4-37
Rydberg atoms　雷德堡原子　4-17
Rydberg constant　雷德堡常數　4-20

S

Salam, Abdus　阿布杜斯・沙朗　13-22
Saturation　飽和　11-13
Scanning tunneling microscope (STM)　掃描穿隧顯微鏡　5-1, 5-27
Scattering　散射　2-21
Scattering angle　散射角　4-34
Schawlow, Arthur　亞瑟・夏洛　4-29
Schrieffer, J. Robert　羅伯特・薛佛　10-47
Schröddinger, Erwin　爾文・薛丁格　3-2, 5-2, 5-8
Schröddinger equation　薛丁格方程式
　　fundamental equation of quantum mechanics as　量子力學基本方程式　5-4
　　hydrogen atom　氫原子　6-2
　　linearity　線性　5-10
　　steady-state form　穩態形式　5-15
　　time-dependent form　時間相依型　5-7
Schultz, Arthur J.　亞瑟・舒茲　3-15
Schwarzschild radius　史瓦茲希德半徑　2-36
Schwinger, Julian　朱利安・史溫格　6-23, 13-23
Screw dislocation　螺旋錯位　10-4
Second Brillouin zone　第二布里淵區　10-37
Selection rules　選擇規則　6-20
Semiconductor devices　半導體元件　10-28
Semiconductor laser　半導體雷射　10-31
Semiconductors　半導體　10-25
Semiempirical binding-energy formula　束縛能半經驗公式　11-22

Series limit　系極限　4-11
Shell　殼　7-11
Shell model　殼模型　11-23
Shockley, William　威廉・蕭克利　10-48
Short-range order　短矩序　10-2
Sieverts (Sv)　西弗特　12-6
Silicon　矽　10-9, 10-25, 10-31
Silicon carbide　碳化矽　10-9
Simultaneity　同時性　1-45
Singlet　單一態　7-26
Slow neutron cross sections　慢中子截面積　12-29
Snowflake　雪片　10-14
Soddy, Frederick　弗瑞德瑞克・索迪　4-3
Sodium　鈉　7-32, 10-23
Sodium chloride　氯化鈉　10-5
Solar cell　太陽電池　10-31
Solar neutrino mystery　太陽的微中子奧秘　13-7
Solid state　固態　10-1
　　amorphous solids　非晶態固體　10-2
　　band theory of solids　固體的能帶理論　10-21
　　bound electron pairs　束縛電子對　10-47
　　buckyballs　巴克球　10-10
　　conductors　導體　10-21
　　covalent crystals　共價晶體　10-8, 10-15
　　crystalline solids　晶態固體　10-2
　　energy bands (alternate analysis)　能帶　10-36
　　FET　場效電晶體　10-35
　　hydrogen bonds　氫鍵　10-13
　　insulators　絕緣體　10-24
　　ionic crystals　離子晶體　10-4, 10-15
　　Josephson junctions　約瑟夫森接面　10-50
　　junction diode　接面二極體　10-29
　　junction transistor　接面電晶體　10-34
　　metallic bond　金屬鍵　10-14
　　nanotubes　奈米碳管　10-10
　　Ohm's law　歐姆定律　10-16
　　optical properties of solids　固體的光學特性　10-26

  semiconductor devices 半導體元件 10-28
  semiconductors 半導體 10-25
  superconductivity 超導性 10-43
  tunnel diode 穿隧二極體 10-32
  van der Waals bond 凡德瓦鍵 10-11, 10-15
  Weidemann-Franz law 韋德曼－法蘭茲定理 10-20
  Zener diode 齊納二極體 10-33
Source 源極 10-35
sp^2 hybrids sp^2 混成軌道 8-14
sp^3 hybrids sp^3 混成軌道 8-14
Space quantization 空間量子化 6-11
Spacetime 時空 1-46
Spacetime intervals 時空間隔 1-47
Sparticle 超粒子 13-25
Special relativity 特殊相對論 1-2
Specific heats of solids 固體的比熱 9-26
Spectra 光譜
  absorption line 吸收線 4-10
  atomic 原子 4-9, 7-31
  blackbody 黑體 2-6
  electronic, of molecules 分子的電子光譜 8-25
  emission line 放射線 4-10
  hydrogen 氫 4-18
  rotational 轉動 8-19
  vibrational 振動 8-22
  vibration-rotation 振動－轉動 8-25
  x-ray x 射線 7-27
Spectral series 光譜系 4-11
Spectrometer 光譜儀 4-10
Speed limit 速度極限 1-8
Speed of light 光速 1-8
Spherical polar coordinates 球狀極座標 6-2
Spin 自旋 7-2, 11-8
Spin angular momentum 自旋角動量 7-3
Spin-orbit coupling 自旋－軌道耦合 7-20
Spontaneous emission 自發放射 4-29, 9-24
SQUID 超導量子干涉儀 10-51
Stable nuclei 穩定原子核 11-11, 11-27
Standard deviation 標準偏差 3-20
Standard Model 標準模型 13-24

Stars 星球 12-43
Statistical distributions 統計分布 9-2
Statistical mechanics 統計力學 9-1
  black holes 黑洞 9-36
  Bose-Einstein condensate 波色－愛因斯坦濃縮物 9-14
  Bose-Einstein distribution function 波色－愛因斯坦分布函數 9-12, 9-15
  bosons/fermions 波色子／費米子 9-11
  defined 定義 9-2
  dying stars 瀕死之星 9-32
  Einstein's approach 愛因斯坦的處理方法 9-23
  electron-energy distribution 電子能量分布 9-31
  Fermi-Dirac distribution function 費米－迪拉克分布函數 9-12, 9-15
  free electrons in metal 金屬中的自由電子 9-28
  Maxwell-Boltzmann distribution function 馬克士威爾－波茲曼分布函數 9-4, 9-15
  Maxwell-Boltzmann statistics 馬克士威爾統計 9-4
  molecular energies in ideal gas 理想氣體中的分子能量 9-5
  neuron stars 中子星 9-34
  Planck radiation law 普朗克輻射定律 9-19
  pulsars 脈衝星 9-35
  quantum statistics 量子統計學 9-11
  Rayleigh-Jeans formula 瑞利－金斯公式 9-16
  specific heats of solids 固體的比熱 9-26
  statistical distributions 統計分布 9-2
  Stefan-Boltzmann law 史蒂芬－波茲曼定律 9-22
  white dwarfs 白矮星 9-33
  Wien's displacement law 文氏位移定律 9-22
Steady-state Schrödinger equation 穩態薛丁格方程式 5-15
Stefan, Josef 約瑟夫·史蒂芬 9-3
Stefan-Boltzmann law 史蒂芬－波茲曼定律 9-3, 9-22

Stefan's constant　史蒂芬常數　9-23
Stern, Otto　奧圖·史坦　4-15, 7-5
Stern-Gerlach experiment　史坦－格拉克實驗　7-5
Stimulated absorption　受激吸收　4-29
Stimulated emission　受激放射　4-29, 9-23
STM　掃描穿隧顯微鏡　5-27
Strange　奇異　13-17
Strange particles　奇異粒子　13-13
Strangeness number　奇異數　13-13
Strassmann, Fritz　弗利茲·史翠斯曼　12-36
String theory　弦理論　13-25
Strong interaction　強交互作用　11-17, 13-2
Subcritical　次臨界　12-38
Subshell　子殼　7-12
Sun　太陽　12-43, 13-7
Superconducting quantum interference device (SQUID)　超導量子干涉儀　10-51
Superconductivity　超導性　10-43
Supercritical　超臨界　12-38
Supermultiplets　超多重態　13-15
Supernova　超新星　9-34, 12-47
Superposition　疊加　2-4, 5-10
Supersymmetry　超對稱　13-25
Surface energy　表面能量　11-19
Sv　西弗特　12-6
Symmetric wave function　對稱波函數　7-6, 9-11
Symmetries　對稱　13-14

T

Tau　濤　13-7
Taylor, Joseph　約瑟夫·泰勒　1-37
Teller, Edward　愛德華·泰勒　12-19
Tensor　張量　1-47
Term symbols　項符號　7-26
Tevatron　太伏電子加速器　13-25
Thallium　鉈　10-27
Theorem of equipartition of energy　能量均分定律　2-8
Theory of Everything　萬有理論　13-3, 13-25
Theory of relativity　相對論　1-3

Thermal neutron　熱中子　12-27
Thermionic emission　熱離子放射　2-16
Thermograph　熱感式圖形　9-21
Thioacetic acid　硫代醋酸　8-24
Thomson, G. P.　湯姆森　3-13
Thomson, J. J.　湯姆森　3-13, 4-2
Three Mile Island incident　三哩島意外　12-41
Three-level laser　三階雷射　4-30
$3s$ level　$3s$ 階　10-23
Time dilation　時間擴張　1-5
Time-dependent Schrödinger equation　時間相依薛丁格方程式　5-7
Timelike interval　類時間間隔　1-48
Tokamak　托卡馬克　12-49
Tokamak Fusion Test Reactor　托卡馬克環形核融合反應爐　12-1
Tomonaga, Sin-Itiro　朝永振一郎　6-23
Top　頂　13-18, 13-20
Total angular momentum　總角動量　7-22
Total atomic angular momentum　原子的總角動量　7-23
Total energy　總能量　1-28, 1-31
Total-energy operator　總能量運算子　5-14
Townes, Charles H.　查爾斯·道恩斯　4-29
Transistor　電晶體　10-34
Transition elements　過渡元素　7-11, 7-19
Transuranic elements　超鈾元素　12-40
Transverse doppler effect in light　光的橫向波都卜勒效應　1-12
Triple-alpha reaction　三重阿爾法反應　12-46
Triplet　三重態　7-26
Tritium　氚　11-2
Tsung Dao Lee　李政道　13-6
Tunable dye laser　可調式染料雷射　8-25
Tunnel diode　穿隧二極體　10-32
Tunnel effect　穿隧效應　5-25, 5-33
Tunnel theory of alpha decay　阿爾法粒子的穿隧理論　12-17
Twin paradox　孿生難題　1-18
Two-body oscillator　二體振盪器　8-21
Type I superconductors　第一類超導體　10-44
Type II superconductors　第二類超導體　10-45

U

u　質量單位　11-4
Uhlenbeck, George　喬治・烏蘭別克　7-2, 7-6
Ultraviolet catastrophe　紫外線大災難　2-7, 2-8
Uncertainty principle　測不準原理
　　pion　π　11-28
Uncertainty principles　測不準原理
　　applying　應用　3-25
　　energy and time　能量與時間　3-26
　　principle 1　原理一　3-18
　　principle 2　原理二　3-23
　　space quantization　空間量子化　6-11
Universe　宇宙
　　future of　未來　13-29
　　history of　歷史　13-26
Universe, expanding　擴張中的宇宙　1-13
Unsöld's theorem　溫索德理論　6-27
Up　上　13-18
Uranium　鈾　12-6
Uranium decay series　鈾衰變系　12-15

V

Vacuum fluctuations　真空擾動　9-25
Valence　價　8-10
Valence band　價電帶　10-24
van der Waals forces　凡德瓦鍵　10-11, 10-15
van der Waals, Johannes　約翰尼斯・凡德瓦　10-11
Velocity addition　速度相加　1-43
Vibration-rotation band　振動－轉動帶　8-25
Vibration-rotation spectra　振動－轉動光譜　8-25
Vibrational energy levels　振動能階　8-20
Vibrational quantum number　振動量子數　8-21
Vibrational spectra　振動光譜　8-22
Vibrational states　振動態　8-17
Video camera　攝影機　2-14
Virtual photon　虛擬光子　11-30
Volume enërgy　體積能量　11-19
von Laue, Max　馬克士・馮羅　2-18, 4-15
von Weizacker, C.F.　馮・威薩克　11-18, 11-22
Vulcan　祝融　1-36

W

W　13-22
Wave equation　波動方程式　5-4
Wave formula　波動公式　3-7
Wave function　波函數，請參閱量子力學　3-4, 5-3
Wave group　波群　3-8
Wave number　波數　3-8
Wave number of de Broglie waves　德布羅依波的波數　3-10
Wave packet　波包　3-8
Wave propagation　波的傳遞　3-7
Wave properties of particles　粒子的波特性　3-1
　　angular frequency of de Broglie waves　德布羅依波的角頻率　3-10
　　Davisson-Germer experiment　戴文生－基瑪實驗　3-13
　　de Broglie waves　德布羅依波　3-2
　　energy and time　能量與時間　3-26
　　general formula for waves　波的一般公式　3-6
　　particle diffraction　粒子繞射　3-13
　　particle in a box　箱子中的粒子　3-16
　　phase/group velocities　相／群速度　3-8
　　uncertainty principles　測不準原理　3-18
　　wave number of de Broglie waves　德布羅依波的波數　3-10
　　waves of probability　機率波　3-4
Wave theory of light　光的波動理論　2-17
Wave-particle duality　波－粒子二元性，請參閱波的粒子特性和粒子的波特性
Weak interaction　弱相互作用　11-17, 12-23, 13-2
Weakly interacting massive particles (WIMPs)　弱交互作用質量粒子　13-31
Weidemann-Franz law　韋德曼－法蘭茲定律　10-20
Weinberg, Steven　史蒂芬・溫柏格　13-22

Well-behaved wave function　良好行為的波函數　5-4
What Is Life? (Schrödinger)　《生命是什麼？》薛丁格著　5-9
Wheeler, J. A.　惠勒　1-34
White dwarf　白矮星　2-36, 9-33
Wieman, Carl　卡爾‧威曼　9-14
Wien's displacement law　文氏位移定律　2-7, 9-22
Wigner, Eugene　尤金‧韋格納　5-2
Wilson, Robert　羅伯特‧威爾森　13-28
WIMPs　13-32
Work function　功函數　2-14
Work hardening　加工硬化　10-4

X

X-ray　x射線　2-17, 12-7
X-ray diffraction　x射線繞射　2-21
X-ray production　x射線產生　2-20, 2-21
X-ray spectra　x射線光譜　7-27
X-ray spectrometer　x射線光譜儀　2-23
X-ray tube　x射線管　2-18
X-ray wavelengths　x射線波長　2-21

Y

Young, Thomas　湯瑪士‧楊　2-5, 2-6
Yukawa, Hideki　湯川秀樹　11-28

Z

Zeeman effect　塞曼效應　6-1, 6-23, 7-2
Zeeman, Pieter　彼得‧塞曼　1-42, 6-25
Zener breakdown　齊納崩潰　10-33
Zener diode　齊納二極體　10-33
Zero-point energy　零點能量　3-28, 5-31, 9-19
Zweig, George　喬治‧則威格　13-17
Zwicky, Fritz　弗利茲‧則威奇　9-35